华章IT

HZBOOKS | Information Technology

SOFTWARE ARCHITECTURE
THEORY AND PRACTICE

软件架构理论与实践

李必信 廖力 王璐璐 孔祥龙 周颖 编著

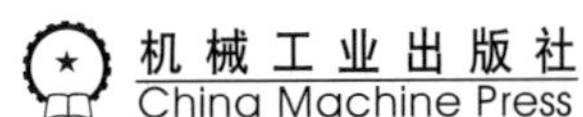

图书在版编目（CIP）数据

软件架构理论与实践 / 李必信等编著 . —北京：机械工业出版社，2019.1
（架构师书库）

ISBN 978-7-111-62070-9

I. 软… II. 李… III. 软件设计 IV. TP311.1

中国版本图书馆 CIP 数据核字（2019）第 034211 号

本书全面介绍了软件架构基础理论和最佳实践，内容涵盖软件架构发展的过去、现在到可能的未来，以及软件架构的基础理论方法和技术手段、软件架构的设计开发实践和质量保障实践等，涉及与软件架构相关的几乎所有必要的知识点。

本书可以作为高等院校相关专业高年级本科生和研究生的教材，也可以作为软件架构研究人员、软件架构师以及其他工程技术人员的工具书。

出版发行：机械工业出版社（北京市西城区百万庄大街 22 号 邮政编码：100037）

责任编辑：佘 洁 责任校对：李秋荣

印 刷：北京市兆成印刷有限责任公司 版 次：2019 年 3 月第 1 版第 1 次印刷

开 本：186mm × 240mm 1/16 印 张：32.25

书 号：ISBN 978-7-111-62070-9 定 价：99.00 元

凡购本书，如有缺页、倒页、脱页，由本社发行部调换

客服热线：(010) 88378991 88361066 投稿热线：(010) 88379604

购书热线：(010) 68326294 88379649 68995259 读者信箱：hzjsj@hzbook.com

前　言

软件架构（Software Architecture，SA）设计是成熟软件开发过程中的一个重要环节，它不仅是连接用户需求和进一步设计、实现的桥梁，也是软件开发早期阶段质量保证的关键步骤。无数例子告诉我们，那些忽视 SA 设计质量的企业最终的教训总是惨痛的。SA 是软件系统的一种整体的高层次结构表示，是系统的骨架和根基，决定了软件系统的健壮性和生命周期长短。“根基不稳，大厦将倾”这句话在软件系统中同样适用。

近几年，在与大型企业的合作过程中笔者更加感觉到 SA 的重要性，大量的试验已经证明 SA 不仅与软件产品的质量属性（如安全性、可靠性、可维护性等）有关，还与软件产品的寿命有关。一个设计不够完善的 SA 存在脆弱性问题，容易招致恶意攻击，严重时会带来安全风险；一个设计不够完善的 SA 也有可能存在难以维护和扩展的问题，导致升级困难，影响软件产品的寿命，等等。

如你所知，在物理世界中，房屋、桥梁、汽车的架构等都是决定它们质量好坏和生命周期长短的重要因素之一；同样，在软件世界中，SA 也是决定软件质量好坏和软件生命周期长短的重要因素之一。好的 SA 会使得软件自身的性能、可靠性、安全性、可维护性等质量指标能够很好地满足用户的需求，不好的 SA 会导致所有这些指标或部分指标达不到用户要求。可见，“SA 设计非常重要！那么，如何在实践中设计和实现一个好的 SA，如何评价某个 SA 的好与不好，以及如何控制 SA 的设计和演化过程，以便获得质量更高的 SA？这些都是软件利益相关者日常关注的问题。

本书全面介绍了 SA，从 SA 发展的历史、现在到可能的未来，从 SA 的基础理论方法到技术手段，从 SA 的设计开发实践到质量保障实践，从静态 SA 到动态 SA 再到运行态 SA 等，涵盖了 SA 涉及的几乎所有必要的知识点。本书包括三篇：**基础理论篇（上篇）**包含 6 章内容，详细介绍了 SA 的基础理论方法和技术手段；**工程实践篇（中篇）**包含 10 章内容，详细介绍了 SA 的开发实践和质量保障实践；**未来主题篇（下篇）**包含 7 章内容，详细介绍了 SA 的新研究主题、新业界关注点以及 SA 未来发展趋势等。

本书的读者对象如下：

- 作为高等学校软件工程、计算机科学技术、网络空间安全等相关学科的入门级教科书，面向高年级本科生和研究生；

- 作为SA研究人员的参考书，本书讨论的SA度量、仿真、验证、评估等各种质量保障技术，以及解耦、技术债、演化、重构等各种软件架构主题，为相关研究人员提供了很好的启迪和行动指南；
- 作为软件架构师及其他工程技术人员的工具书，本书针对SA进行全方位介绍，涵盖了与SA相关的几乎所有知识点，为系统地学习和熟练掌握SA提供了所需的各方面知识。

由于本书的定位是软件架构入门级教材，我们将为广大教师和学生提供丰富的教学和学习资源（可从华章网站www.hzbook.com获取），包括课件、思考题解答、案例库、训练题库，以及部分在线的软件架构监控、仿真、度量、验证和重构等原型工具。

参与本书撰写的人员主要是来自东南大学软件工程研究所、计算机科学与工程学院的教师，包括李必信博士、廖力博士、王璐璐博士、周颖博士、孔祥龙博士等，其中李必信博士负责规划全书内容和结构，并参与所有章节的撰写，其他几位老师分别参与部分章节的撰写以及全书的校订和完善工作。软件工程研究所的部分博士后、博士生和硕士生参与了文字校对和画图等工作，他们是李宗花、董瑞志、刘辉辉、王桐、熊壬浩、王丽、宋启威、韩伟娜、李慧丹、谢仁松、杨安奇、杜鹏程、尹强、宋震天、汪小飞、苏晓威、段鹏飞、王家慧、汤立辉、杜成杰、程昕云、张理想、张春光、廖飞龙、许周等。

在本书写作过程中，还得到了来自武汉大学的应时教授和梁鹏教授、大连理工大学的江贺教授、南京大学的郑滔教授、华为公司的吴文胜先生的指导和帮助，在此对他们的辛苦劳动表示衷心的感谢。

限于水平，作者对软件架构的理解和语言表达难免存在不当之处，在此敬请读者批评指正。

李必信

·· 教学建议 ··

教学章节	教学要求	课时
第 1 章 软件架构概述	了解软件架构发展历史	1
第 2 章 软件架构的概念	熟悉软件架构的两种定义	2
第 3 章 软件架构模型	熟悉软件架构的建模原理	1
	熟悉可视化建模方法	2
	熟悉形式化建模方法	2
第 4 章 软件架构的风格与模式	熟悉至少 20 种软件架构风格或模式 了解 50 种左右软件架构风格或模式	3
第 5 章 软件架构描述语言	熟悉 2 ～ 3 种 ADL 了解 5 ～ 10 种 ADL	2
第 6 章 软件架构与敏捷开发	了解软件架构和一些典型敏捷开发方法的关系	2
第 7 章 架构驱动的软件开发	熟悉架构驱动的软件开发过程 了解架构驱动的软件开发过程与其他过程的区别	4
第 8 章 软件架构设计和实现	熟悉多种软件架构设计和实现方法	4
第 9 章 软件架构的演化和维护	熟悉软件架构的演化和维护原理 熟悉几种软件架构演化和维护技术	4
第 10 章 软件架构恢复	熟悉软件架构恢复过程 掌握几种软件架构恢复技术	4
第 11 章 软件架构质量	熟悉多种软件架构质量保障技术	4
第 12 章 软件架构仿真	了解软件架构仿真过程	2
第 13 章（选讲） 软件架构度量和评估	掌握多种软件架构度量和评估方法	2
第 14 章（选讲） 软件架构形式化验证	了解软件架构形式化验证方法	2

（续）

教学章节	教学要求	课时
第 15 章 软件架构分析与测试	熟悉多种软件架构分析和测试技术	2
第 16 章 软件架构重构	熟悉软件架构重构原理	2
	掌握多种软件架构重构技术	2
第 17 章 软件架构的腐蚀和对策	熟悉软件架构腐蚀现象	1
	了解各种对策	1
第 18 章 软件架构解耦	掌握多种软件架构解耦技术	2
第 19 章 软件架构技术债	熟悉造成技术债的各种因素	2
	掌握处理技术债的各种技术	2
第 20 章 软件架构坏味道	熟悉 10 种以上软件架构坏味道	2
	掌握架构坏味道的检测方法和处理方法	2
第 21 章 软件架构脆弱性	了解软件架构脆弱性及应对措施	2
第 22 章 软件架构模式识别	掌握一些软件架构模式识别和确认技术	2
第 23 章 结束语	了解软件架构未来发展趋势	1
总课时	第 1 ～ 23 章授课课时	64
	课外项目课时	12

说明：

1）建议课堂教学全部在多媒体机房内完成，实现“讲 - 练”结合。

2）建议教学分为核心知识技能模块（前 16 章的内容）和技能提高模块（第 17 ～ 23 章的内容），不同学校可以根据各自的教学要求和计划学时数对教学内容进行取舍。

3）建议本科生的教学内容是第 1 ～ 16 章必修，第 17 ～ 23 章选修；研究生的教学内容是第 1 ～ 23 章全部必修。

目　录

上篇　基础理论篇

下篇 未来主题篇

上　篇

基础理论篇

基础理论篇涵盖了第 1 ～ 6 章的内容，重点介绍软件架构的基本理论和方法，内容包括软件架构的发展历史、软件架构的概念和建模方法、软件架构风格和模式、软件架构描述语言，以及软件架构与敏捷开发之间的关系等。其中：

- 第 1 章　软件架构概述：简述了软件架构的意义以及软件架构发展历史。
- 第 2 章　软件架构的概念：概述了软件架构的主要定义派别以及它们之间的不同。
- 第 3 章　软件架构模型：介绍了软件架构建模的几种主流方法，如可视化建模、形式化建模等。
- 第 4 章　软件架构的风格与模式：详细讨论了多种主流的软件架构风格和模式，如管道－过滤器风格、黑板系统风格、正交架构风格等。
- 第 5 章　软件架构描述语言：概述了一些主流软件架构描述语言，如 ACME、Wright 等。
- 第 6 章　软件架构与敏捷开发：简单讨论了软件架构与敏捷开发的关系。

第 1 章　软件架构概述

最初，软件架构（Software Architecture，又称软件体系结构）是用来刻画软件系统整体抽象结构的一种手段，软件架构设计是软件开发过程中的一个重要环节，但随着研究的深入和应用的推广，软件架构逐渐成为软件工程学科的重要分支方向，在基础理论、技术方法和工程实践等方面形成了自己独特的理念和完整的体系。作为软件架构的背景知识，本章简要介绍软件架构产生的背景、主要思想、特征和发展轨迹。

1.1　软件架构产生的背景

众所周知，20 世纪 60 年代中期开始爆发大规模的软件危机，软件危机的突出表现就是软件生产不仅效率低，而且质量差。究其原因，主要是因为软件开发的理论方法不够系统、技术手段相对滞后，主要的软件生产都是手工作坊式的。为了解决软件危机，北大西洋公约组织（NATO）分别于 1968 年和 1969 年连续召开两次著名的软件会议，后人称之为 NATO 会议。NATO 会议提出了软件工程的概念，发展了软件工程的理论和方法，形成了软件工程专业的教育、培养和训练体系，为软件产业的发展指明了方向。

但是随着软件规模的进一步扩大和软件复杂性的不断提高，新一轮的软件危机再次出现。1995 年，Standish Group 研究机构以美国境内 8000 个软件工程项目作为调查样本进行调查，其结果显示，有 84%的软件项目无法按时按需完成，超过 30%的项目夭折，工程项目耗费平均超出预算 189%。软件工程遇到了前所未有的困难 [1]。

通过避免软件开发中重复劳动的方式提升软件开发效率、保障软件质量，软件重用与组件化成为解决此次危机的行之有效的方案。随着组件化软件开发方式的发展，如何在设计阶段对软件系统进行抽象，获取系统蓝图以支持系统开发中的决策成为迫切而现实的问题。分析问题的根源和产生的原因，以下现象应该获得关注：

1）软件复杂、易变，其行为特性难以预见，软件开发过程中需求和设计之间缺乏有效的转换，导致软件开发过程困难和不可控。

2）随着软件系统规模越来越大、越来越复杂，整个系统的结构和规格说明显得越来越重要。

3）对于大规模的复杂软件系统，相较于对计算算法和数据结构的选择，总体的系统结构设计和规格说明已经变得明显重要得多。

4）对软件系统结构的深入研究将会成为提高软件生产率和解决软件维护问题的最有希

望的新途径。

在这种情况下，软件架构应运而生。

20 世纪 90 年代，研究人员展开了关于软件架构的基础研究，主要集中于架构风格（模式）、架构描述语言、架构文档和形式化方法。众多研究机构在促进软件架构成为一门学科的过程中发挥了举足轻重的作用。例如，卡内基 – 梅隆大学的 Mary Shaw 和 David Garlan 的专著推广了软件架构的概念，即组件、连接件和风格的集合。加州大学欧文分校针对架构风格、架构描述语言和动态架构也开展了深入的研究。

软件架构在高层次上对软件进行描述，便于软件开发过程中各个视角（如用户、业务和系统）的统一，能够及早发现开发中的问题并支持各种解决方案的评估和预测 [2]。

软件架构的意义贯穿软件生命周期的各个阶段：需求分析阶段需要使用软件架构的理念对规约进行完善，继而支持由需求模型向架构模型的转化；通过验证的架构设计借助形式化或多角度具象描述，成为进一步细化设计的基础；在程序的开发和维护阶段，架构能够帮助开发和维护人员理解软件、尽早地发现和修复问题。因此良好的架构是软件得以顺利实现过程中至关重要的因素。

1.2　软件架构的主要思想和特征

1.2.1　软件架构的主要思想

软件架构是一个软件系统的设计图，并不仅限于软件系统的总体结构，还包含一些质量属性以及功能与结构之间的映射关系，即设计决策 [3]。软件架构的两个主要焦点是系统的总体结构以及需求和实现之间的对应。软件架构的主要思想是将注意力集中在系统总体结构的组织上，实现的手段是运用抽象方法来屏蔽错综复杂的模块间连接，使人们的认知提升并保持在整体结构的组件交互层次，并进一步将交互从计算中分离出来，建立“组件 + 连接件 + 配置”的软件系统高层结构组织方式。

1.2.2　软件架构的特征

（1）注重可重用性

重用是软件开发中避免重复劳动的解决方案，其出发点是应用系统的开发不再采用一切“从零开始”的模式，而是充分利用已有系统开发中积累的知识和经验 [4]。通过重用不仅可以提高软件开发效率，而且因为可以避免重新开发引入新的错误，从而可提高当前软件的质量。软件架构中的组件就是重用思想的重要体现，此外有关软件架构风格的研究还提供了架构级别的重用。

（2）利益相关者较多

软件系统通常有多个利益相关者，每个利益相关者都会因为利益关系而对系统有一定的需求，软件系统需要满足每个利益相关者的需求[3]。架构设计工作就是要平衡这些需求并将它们反映到系统中。

（3）关注点分离

关注点分离是计算科学和软件工程在长期实践中确立的一项方法论原则[5]，此原则在业界更多的时候以“分而治之”（divide-and-conquer）的形式出现，即将整体看成为部分的组合体并对各部分分别加以处理[6]。模块化（modularization）是其中最有代表性的具体设计原则之一。软件架构的关注点就是指在软件架构设计中对利益相关者的利益来说比较关键或重要的方面。已有的架构方法采用分离关注点的办法来简化复杂性，以此来驱动设计，这种分离被称作“架构视角”。

（4）质量驱动

软件系统的设计已经从传统的功能性需求及数据流驱动逐渐向质量驱动转变，利益相关者的关注点往往体现在质量属性的需求上，如可靠性、可扩展性需求等[3]。质量属性需求是影响软件系统复杂度的关键因素，软件架构是处理质量属性需求和控制复杂性的主要手段，质量属性是软件架构中最为重要的关注点。

（5）提倡概念完整性

软件架构的设计决策是一个持续的过程，每个决策都要在其前面设计决策的基础上进行，既要符合前面设计决策所规定的设计规则和约束，又要解决本身的特定问题和关注点[3]。因此，每个设计决策的上下文环境、规则、约束都是不同的。但是有一个至高的设计规则是所有的设计决策都必须遵守的，即概念完整性。Frederick Brooks 首先在软件系统设计中明确提出了概念完整性规则：“我认为概念完整性是系统设计中最重要的考虑因素。一个为了反映一组设计思想而省略不规则特性及改进的系统，要好过一个包含很多虽然好但独立、不协调的设计思想的系统。”[7] 简单地说，概念完整性是要求用相似的方法做相似的事情。

（6）循环风格

与建筑架构类似，软件架构也提出了标准的方法来处理反复出现的问题。这些方法的命名被看作不同层次的抽象，常见的如架构风格、架构策略、参考结构、架构模式等[3]。

1.3 软件架构的发展阶段

软件架构自概念诞生之初便得到了广泛关注，至今已经历了一系列发展阶段。整体上来看，软件架构的发展可以分为如下几个阶段。

1.3.1 基础研究阶段（1968—1994）

术语“软件架构”在 1968 年的北大西洋公约组织会议上第一次出现，但并没有得到明确定义。直到 20 世纪 80 年代，“架构”一词在大部分情况下被用于表示计算机系统的物理结构，偶尔被用于表示计算机指令集的特定体系。从 20 世纪 80 年代起，为应对大型软件开发中存在的危机，对软件结构进行描述的方法开始在大型软件开发过程中广泛使用，并在实践中积累了大量经验，经研究者总结归纳，逐渐形成了以描述软件高层次结构为目的的理论体系，实质上形成了软件架构研究领域的雏形。在这一阶段，随着软件规模增大，开发者已经开始尝试模块化的实践，为后续软件架构理论的发展奠定了基础。

具体来说，模块化指的是一种软件开发方法，即把一个待开发的软件分解成若干小的简单的部分，称为模块。每一个模块都独立地开发、测试，最后再组装出整个软件。这种开发方法是对待复杂事物的“分而治之”的一般原则在软件开发领域的具体体现。

在软件中，模块是执行一个特殊任务或实现一个特殊的抽象数据类型的一组例程和数据结构，通常由接口和实现两部分组成。接口使得模块内部的具体实现被隐藏，使得能够面向接口开发而不是面向具体应用开发，体现了良好的封装性，易于独立的开发、修改和测试。

模块化开发方法涉及的主要问题是模块设计的规则，即系统如何分解成模块。在把系统分解成模块时，应该遵循以下规则：①最高模块内聚。也就是在一个模块内部的元素最大限度地关联。只实现一种功能的模块是最高内聚的，具有三种以上功能的模块则是低内聚的。②最低耦合。也就是不同模块之间的关系尽可能弱，以利于软件的升级和扩展。③模块大小适度。粒度过大会造成模块内部维护困难，而粒度过小又会导致模块间的耦合增加。④模块调用链的深度（嵌套层次）不可过多。⑤接口干净，信息隐蔽。⑥尽可能地复用已有模块。

一般来说，模块的粒度小于服务组件的粒度。服务组件可以在应用之间复用。由于服务的调用通常是基于分布式协议（比如 SOAP、HTTP、RMI/IIOP）的，且通常是远程调用，因此出于分布式请求性能的考虑一般粒度比较大。而当只想复用服务中特定的行为时，复制代码或者暴露新的服务接口都不是很好的选择，这时基于模块则可以得到一种更为优雅的解决方案。由于模块比服务粒度更小，而且又是一种部署单元，因此可以将这种特定的行为实现为模块，这样不仅支持复用，同时为组装应用带来了更大的灵活性。

随着全球化的发展趋势和全球化市场竞争压力的增加，一方面企业需要提高业务灵活性和创新能力；另一方面随着 IT 环境复杂度和历史遗留系统的增加，企业面临新的挑战。模块化的思想恰恰能够帮助企业从根本上解决这一问题，它一方面通过抽象、封装、分解、层次化等基本的科学方法，对各种软件组件和软件应用进行打包，提高对企业现有资产的重用水平和能力；另一方面，基于模块化思想，业界提出了面向服务架构（Service-Oriented Architecture，SOA）思想，它提供一组基于标准的方法和技术，通过有效整合和重用现有应用系统和各种资源实现服务组件化，并基于服务组件实现各种新业务应用的快速组装，帮助企业更好地应对业务的灵活性要求。它通过有效平衡业务的灵活性和 IT 的复杂度，为开发者提供了新的视角，有效拉近了 IT 和业务的距离。

1.3.2 概念体系和核心技术形成阶段（1991—2000）

基于工程实践经验，研究者对软件开发中所采用的结构描述方法进行了反思，软件架构概念作为一个独立的研究领域出现是在 20 世纪 90 年代，Winston W. Royce 与 Walker Royce 在 1991 年的一篇文章中首次对软件架构进行了定义[8]。1992 年 D.E.Perry 与 A.L.Wolf 对软件架构进行了阐述，创造性地提出了著名的“{elements, forms, rationale} = software architecture”公式[9]，使之成为后续软件架构概念发展的基础。与此同时，大量关于软件架构的研究陆续展开并卓有成效，其中最著名的是卡内基－梅隆大学软件工程研究所（CMU/SEI）进行的研究。1996 年 CMU/SEI 的 Mary Shaw 和 David Garlan 出版了《Software Architecture: Perspectives on an Emerging Discipline》[10]，其对软件架构概念的内涵与外延进行了详尽阐述，这对软件架构概念的形成起到了至关重要的作用。

从 1995 年起，软件架构研究领域开始进入快速发展阶段，来自于工业界与学术界的研究成果大量出现。在这一阶段中，研究关注点主要集中于对前一阶段研究成果进行整合与完善，使得软件架构作为一个技术领域日渐成熟。在此阶段中，对软件架构概念的探讨越加深入，Booch、Rumbaugh 和 Jacobson 从另一个角度对软件架构的概念进行了全新的诠释[11]，认为架构是一系列重要决策的集合。此阶段还提出了第一个由软件工程研究机构提出的软件架构实践方法体系——SAAM[12]；企业界也提出并完善了多视角软件架构表示方法以及针对软件架构的特定设计模式[13–14]。Siemens、Nokia、Philips、Nortel、Lockheed Martin、IBM，以及其他一些大型软件开发组织开始关注软件架构，并联手进行了软件产品线架构的重用性调查。Rechtin 与 Mark Maier 在 1998 年出版的《The Art of Systems Architecting》一书中很好地阐述了系统与软件的关系[15]。

2000 年，IEEE 1471—2000 的“软件密集型系统架构描述的推荐实践”发布[16]，第一次定义了软件架构的形式化标准。这标志着软件架构理论体系已基本建立，并已具备普及应用的基础。

这一阶段最重要的成果之一就是软件组件化技术，通过沿用 20 世纪的工业组件概念，提升了软件重用能力和质量。

软件技术发展在几十年里经历了面向机器、面向过程、面向对象、面向组件的发展历程，每个阶段较于前一个阶段在关注点和思维层次上都有一定的升华，并解决了某类问题，对当时的软件发展起到了重要作用。

首先，业务组件之间相对独立，并且具有可组装性和可插拔性。每个组件的运行仅依赖于平台或者容器，组件与组件之间不存在直接的耦合关系。同时，组件与组件之间又并非绝对的独立。组件经过组装后可以与其他组件进行业务上的交互。

组件化开发并不等同于模块化开发。模块化开发只是在逻辑上做了切分，物理上（开发出的系统代码）通常并没有真正意义上的隔离。组件化也不等同于应用集成，应用集成是将一些基于不同平台或不同方案的应用软件和系统有机地集成到一个无缝的、并列的、易于访问的单一系统中，以建立一个统一的综合应用。组件化应比模块化更独立，但比应用集成结合得更加紧密。

1.3.3　理论体系完善与发展阶段（1996 年至今）

随着基于组件软件架构理论的建立，与之相关的一些研究方向逐渐成为软件工程领域的研究热点，主要包括：软件架构的描述与表示；软件架构分析、设计与测试；软件架构发现、演化与重用；基于软件架构的开发方法；软件架构风格等。

1998 年，P. Bengtsson 和 J. Bosch 在 ICSR（International Conference on Software Reuse）上发表了《Scenario-based Software Architecture Reengineering》[17]，展开软件架构的“再工程”。P. Oreizy、N. Medvidovic 和 R. N. Taylor 在 ICSE 会议上发表了《Architecture-based Runtime Software Evolution》[18]，开创了动态软件架构的研究。

1.3.4　普及应用阶段（1999 年至今）

在软件架构发展历程中 1999 年是一个关键年份，这一年召开了第一届 IFIP 软件架构会议[19]，并成立了 IFIP 工作组 2.10 与全球软件架构师协会，许多企业开始将软件架构相关理论投入实践，为了使架构描述能够在实践中得到更广泛的应用，Open Group 提出了 ADML[20]，它是一种基于 XML 的架构描述语言，支持广泛的架构模型共享。由于企业对重用以及产品族的形成有着更多考虑，因此软件产品线成为软件架构的一个重要分支，吸引了大量大型企业的关注。2000 年，IEEE 1471—2000 的发布[16]为软件架构的普及应用制定了标准化规范，为软件架构的后续发展奠定了基础，该标准随后分别于 2007 年与 2011 年得到扩充与修改。2003 年，L. Bass、P. Clements 和 R. Kazman 出版了《Software Architecture in Practice》一书[21]，引起巨大反响，书中总结了软件架构研究领域的最新成果，并介绍了如何在实践中应用这些理论成果。

纵观软件架构的发展历程，其完成了由实践上升到理论，再由理论反馈指导实践的过程，理论与实践均处于健康发展中，已经形成良性的发展循环。

1.4　软件架构研究和应用现状

当前，软件架构尚处于迅速发展之中，至今尚无统一的定义，但软件架构作为软件工程领域中的一个组成部分，已经取得了长足的发展，成为软件工程领域的研究热点，作为一门学科受到越来越多软件系统设计和研究人员的重视。目前软件架构的相关研究主要集中在以下两个方面。

1.4.1 软件架构理论和方法研究

（1）软件架构描述与构造表示

ADL是一种规范化架构描述，提供了具体的语法与刻画架构的概念框架，是支持架构描述和推理的形式化语言。目前已经提出了许多软件架构描述语言。国外比较典型的有基于组件和消息的软件架构描述语言C2 SADL[22]，分布、并发类型的架构描述语言Wright[23]，架构互换语言ACME[24]，基于组件和连接的架构描述语言UniCon[25]，基于事件的架构描述语言Rapide[26]，以及其他比较有影响力的Darwin、MetaH、Aesop、Weaves、SADL、xADL等架构描述语言[36]。国内提出的ADL有基于框架和角色模型的软件架构规约FRADL[27]、多智能体系统架构描述语言A-ADL[28]、基于主动连接件的架构描述语言Tracer[29]、基于XML的软件架构描述语言ABC/ADL[30]、功耗-体系结构描述语言XP-ADL[31]、基于层次消息总线的软件架构描述语言JB/SADL[32]、基于时序逻辑的可视化架构描述语言XYZ/ADL[33–34]、基于高阶多型π演算的动态架构语言D-ADL[35]等。

架构表示是指按照一定的描述方法，用架构描述语言对架构进行说明的结果，并将描述架构的过程称为架构构造。目前常见的架构描述方法包括形式化的架构描述方法、Kruchten的“4+1”架构模型、使用UML的架构描述方法以及IEEE的软件架构描述规范等[36]。

形式化方法是指在严格的数学基础（逻辑、代数、自动机、图论等）之上的方法。该方法按所采用的技术可以分为五类：基于模型的方法、代数方法、过程代数方法、基于逻辑的方法以及基于网格的方法。目前被广泛使用的形式化方法Z规约语言，是一种以状态机为模型的形式规约语言，可以把架构描述的基本语法元素（组件、连接件以及对应的配置）形式化。

Kruchten的“4+1”架构模型从5个不同的视角（包括逻辑视角、过程视角、物理视角、开发视角和场景视角）来描述软件架构。每一个视角只关心系统的一个侧面，5个视角结合在一起才能够反映系统软件架构的全部内容，比较细致地描述了需求和架构之间的关系[37]。类似的还有Siemens的四视角模型，其由Siemens公司研究所开发，从概念、执行、模块和代码架构四个视角分离不同的工程关注点，从而降低架构设计任务的复杂性[38]。

统一建模语言（Unified Modeling Language，UML）是一种通过可视化方法对系统进行描述、实施和说明的标准语言。UML不属于ADL，它更关心使用性，更多地适用于应用软件系统设计，对系统的可构建性建模能力较弱，不具备ADL可构造的组件–连接器框架特征。Medvovonic总结了用UML描述架构的3种途径：不改变UML用法而直接对架构建模；利用UML支持的扩充机制扩展UML的元模型以实现对架构建模概念的支持；对UML进行扩充，增加架构建模元素[36]。

IEEE于1995年成立了架构工作组（AWG），起草了架构描述框架标准[39]，即IEEE 1471—2000，该标准建立了架构描述的框架，定义了架构描述的内容，并提供了关键概念和术语的基本原理、与其他标准之间的关系和用法的例子，用于处理软件密集系统架构的创建、分析和支持，以及用架构描述术语记录这些架构。

此外，Rational 起草了可重用的软件资产规格说明，并专门讨论了架构描述的规格说明，提出了一套易于重用的架构描述规范 [40]。该规范是基于 RUP（Rational United Process）开发的，采用 UML 模型来描述软件架构；认为架构描述的关键是定义视点、视图以及各种建模元素之间的映射关系。

（2）软件架构分析、设计与测试

架构分析的内容可分为结构分析、功能分析和非功能分析。软件架构分析的目的是在系统被实际构造之前预测其质量属性。目前存在的方法有基于场景的架构分析方法 SAAM[41] 及其 3 个扩展，其中一个是基于复杂场景的 SAAMCS[42]，另两个是对可重用性扩展的 ESAAMI[43] 和 SAAMER[44]；架构折中分析方法 ATAM[45]；基于场景的架构再工程 SBAR[46]；架构层次的软件可维护性预测 ALPSM[47]；软件架构评估模型 SAEM[48] 等。

软件架构设计指生成一个满足用户需求的软件架构的过程 [49]。主要的设计方法有从工件描述中提取架构描述的工件驱动（artifact-driven）方法、从用例导出架构抽象的用例驱动（use-case-driven）方法、从模式导出架构抽象的模式驱动（pattern-driven）方法、从领域模型导出架构抽象的域驱动（domain-driven）方法，以及从设计过程中获得架构质量属性需求的属性驱动设计（attribute-driven design）方法等。

软件架构测试着重于仿真系统模型、解决架构层的主要问题。由于测试的抽象层次不同、架构测试策略可以分为单元、子系统、集成、验收测试等阶段的测试策略。在架构集成测试阶段提出了多种技术，其中包括 Debra 等人提出的一组针对架构的测试覆盖准则，如组件覆盖准则等 [50]；基于霍尔公理的组件设计正确性验证技术 [51]；基于 CHAM（CHemical Abstract Machine）的架构动态语义验证技术等 [52]。

（3）软件架构发现、演化与复用

软件架构发现解决如何从已经存在的系统中提取软件架构的问题，属于逆向工程。Waters 等人提出了一种迭代式架构发现过程，即由不同的人员对系统进行描述，然后对这些描述进行分类并融合，发现并解除冲突，将架构新属性加入已有的架构模型中，并重复该过程直至架构描述充分 [53]。

软件架构的演化即由于系统需求、技术、环境、分布等因素的变化而最终导致软件架构的变动。软件系统在运行时刻的架构变化称为架构动态性，而将架构的静态修改称为架构扩展。架构扩展与架构动态性都是架构适应性和演化性的研究范畴。Darwin 和 C2 直接支持结构动态性，CHAM、Wright、Rapide 支持语义动态性。在 C2 中定义有专门支持架构修改的描述语言 AML，而 Darwin 对架构的修改则采用相应的脚本语言，CHAM 通过多值演算实现系统架构的变换，Wright 通过顺序通信进程 CSP 描述组件的交互语义 [36]。

软件架构复用属于设计重用，比代码重用更抽象。架构模式就是架构复用的一个研究成果。

（4）基于软件架构的开发模型

软件开发模型是跨越整个软件生存周期的系统开发、运行、维护所实施的全部工作和任务的结构框架，给出了软件开发活动各阶段之间的关系。目前，常见的软件开发模型大致可分为三种类型：①以软件需求完全确定为前提的瀑布模型。②在软件开发初始阶段只能提供基本需求时采用的渐进式开发模型，如螺旋模型等。③以形式化开发方法为基础的变换模型。为了更好地支持软件开发，Bass 等人提出了基于架构的软件开发过程[21]。

（5）软件架构风格与模式

人们在软件开发实践中总结出了许多软件架构风格。架构风格（架构模式）是针对给定场景中经常出现的问题提供的一般性可重用方案，它反映了领域中众多系统所共有的结构和语义特性，并指导如何将各个模块和子系统有效地组织成一个完整的系统。对软件架构风格的研究和实践促进了对设计的复用，一些经过实践证实的解决方案也可以可靠地用于解决新的问题。

David Garlan 和 Mary Shaw 等人总结出若干被广泛接受的架构风格，并将其分成五种主要的类型[54]：

1）数据流风格：批处理序列；管道 – 过滤器。

2）调用 / 返回风格：主程序 / 子程序；面向对象；层次化结构。

3）独立组件风格：进程通信；事件系统。

4）虚拟机风格：解释器；基于规则的系统。

5）仓库风格：数据库系统；超文本系统；黑板系统。

之后仍有扩充，如出现了 C2 风格、GenVoca 风格、REST 风格等。此外，针对不同的系统类型又提出若干种架构风格，如分布式系统、交互式系统和适应性系统的架构风格等[55]。

（6）软件产品线架构

软件产品线表示着一组具有公共的系统需求集的软件系统，它们都是根据基本的用户需求对标准的产品线架构进行定制，将可重用组件与系统独有的部分集成而得到的[48]。在这种开发生产中，基于同一个软件架构，可以创建具有不同功能的多个系统。在软件产品族之间共享架构和一组可重用的组件，可以降低开发和维护成本。由美国国防部支持的两个典型项目——关于基于特定领域软件架构的软件开发方法的研究项目（DSSA）与关于过程驱动、特定领域和基于重用的软件开发方法的研究项目（STARS），分别从软件架构和软件重用两个方面推动了软件产品线的研究和发展。

软件产品线架构的发展是依托着特定领域软件架构（Domain Specific Software Architecture，DSSA）的研究深入而进行的[43]。尽管业界对 DSSA 尚无统一的定义，但各种观点中 DSSA 都必须具备以下 4 个特征：①一个严格定义的问题域 / 解域；②具有普遍性，使其可以用于领域中某个特定应用的开发；③对整个领域的适度抽象；④具备该领域固定的、典型的在开发过程中可复用的元素。目前已有一些较好的 DSSA 应用，如 IBM/Aerospace/MIT/UCI 开发的适用于航空电子领域的软件架构，北京大学杨芙清院士牵头实现的支持组件复用的青鸟Ⅲ型系统等[49]。

（7）软件架构支持工具

在软件架构支持工具中，支持架构分析的工具包含支持静态分析的工具、支持类型检查的工具、支持架构层次依赖分析的工具、支持架构动态特性仿真的工具、支持架构性能仿真的工具等；然而支持架构设计的工具还很不成熟，相关研究成果较少，难以进行实用化比较。著名的软件架构支持工具包括卡内基 – 梅隆大学研发的 Acme，其以 Acme 架构语言为基础，提供了 Acme 工具开发人员库（Acmelib），用于表示和操作 Acme 的设计，并提供了一个具有图形化用户界面的软件架构开发环境 AcmeStudio；支持 C2 架构风格的 ArchStudio3、UniCon、Aesop 等架构支持环境；支持主动连接件的 Tracer 工具等[49]。

1.4.2　软件架构的应用研究

（1）软件架构风格的应用

软件架构风格是在实践中被多次应用，综合若干设计思想得出的，具有已经被熟知的特性，并且可以实现有效复用，在实际设计和开发中具有指导性作用。不同的架构风格具有各自的优缺点和应用场景。例如管道 - 过滤器风格适用于将系统分成几个独立的处理步骤；主程序 / 子程序和面向对象的架构风格可用来对组件内部进行设计；虚拟机风格经常用于构造解释器或专家系统；C/S 和 B/S 风格适合于数据和处理分布在一定范围、通过网络连接构成的系统；平台 / 插件风格适用于具有插件扩展功能的应用程序；MVC 风格被广泛地应用于用户交互程序的设计；SOA 风格应用在企业集成等方面；JB/HMB 风格的典型应用是青鸟软件生产线；C2 风格适用于 GUI 软件开发，用以构建灵活和可扩展的应用系统，等等。

现代大型软件很少采用单一架构风格进行设计和开发，而是混合多种风格。了解“纯”的架构风格有助于在设计时选择更为合理的架构并对各种架构进行有效组合，同时，理解背离此种风格所带来的结果和影响对保障软件的可靠性、可扩展性、可维护性等也有所帮助。

（2）软件架构在开发过程中的应用

软件架构是软件生命周期中的重要产物，它影响软件开发的各个阶段[36,56]。

需求阶段：把 SA 的概念引入需求分析阶段，有助于保证需求规约和系统设计之间的可追踪性和一致性。该阶段主要是根据需求来决定系统的功能，在此阶段，设计者应对目标对象和环境进行细致深入的调查，收集目标对象的基本信息，从中找出有用信息，这是一个抽象思维、逻辑推理的过程，结果是软件规格说明。

从需求模型向软件架构模型的转换：该阶段主要关注两个问题，一是如何根据需求模型构建 SA 模型，二是如何保证模型转换的可追踪性。这两个问题的解决方案因所采用的需求模型的不同而各异。在需求阶段研究 SA，有助于将 SA 的概念贯穿整个软件生命周期，从而保证软件开发过程的概念完整性，有利于各阶段参与者的交流，也易于维护各阶段的可追踪性。

设计阶段：设计阶段是SA研究关注得最早和最多的阶段，这一阶段的SA研究主要包括SA模型的描述、SA模型的设计与分析方法，以及对SA设计经验的总结与复用等。该阶段需要细化至对系统进行模块化并选定描述各个部件间的详细接口、算法和数据类型，对上支持建立架构阶段形成的框架，对下提供实现基础。

实现阶段：将设计阶段设计的算法及数据类型用程序设计语言进行表示，满足设计、架构和需求分析要求，从而得到满足设计需求的目标系统。软件架构在系统开发的全过程中起着基础作用，是设计的起点和依据，同时也是装配和维护的指南。

维护阶段：为了保证软件具有良好的维护性，在软件架构中针对维护性目标进行分析时，需要对一些有关维护性的属性（如可扩展性、可替换性等）进行规定，当架构经过一定的开发过程实现和形成软件系统时，这些属性也相应地反映了软件的维护性。

（3）常见软件产品的架构

1）人人网采用JavaEE技术作为主要的业务解决方案，基本按照通用的JavaEE模型进行架构设计：① Web层基于REST风格和MVC风格，为用户提供基于Web的访问接口，人人网采用的是自己开发的Web框架Rose，该框架基于Spring Framework，类似RoR框架，增强了对Controller编码部分的默认约定和REST风格URL的支持；②业务层封装业务逻辑，为Web层提供业务接口，操作由数据访问层提供的数据。人人网开发了自己的SOA框架XOA以支持业务层抽象，该框架结合Rose框架，以REST风格对业务进行分类、消息格式封装和路由。XOA支持远程调用，并可以通过简单添加服务器的方式进行横向扩展。③数据访问层提供对数据库访问的封装。人人网使用Java语言开发了自己的Object-Relation Mapping框架JADE(Java Database Engine)，并支持数据库的水平横向切分。④数据持久层实现数据的持久存储，人人网主要采用MySQL数据库，并且开发了自己的海量存储系统Nuclear。

2）金蝶EAS（Enterprise Application Suite）是金蝶国际软件集团推出的新一代企业应用套件。金蝶EAS构建于金蝶自主研发的业务操作系统——金蝶BOS（Business Operating System）之上，提供了集成的集团财务管理、集团人力资源管理、集团采购管理、集团分销管理、供应链管理、协同平台等50多个应用模块，并为企业提供行业及个性化解决方案、移动商务解决方案，实现企业间的业务协作和电子商务的应用集成。基于金蝶BOS构建的金蝶EAS系统在架构模型上遵循SOA架构体系，由四部分构成：①信息门户。将企业不同角色的相关人员通过Internet紧密地结合在一起协同工作，并能有效整合第三方系统。②业务流程。涉及可灵活配置的流程引擎。其中业务流程和工作流都是可视的，企业可以随时查阅每一项业务的流程规则、路线、处理状态及参与者，用户的操作也变得更加简单和直观。③业务服务。提供统一的接口标准，使所有业务都作为功能插件连接在业务流程上，这些服务可以根据用户的需要来决定是否使用甚至更换。④基础平台。将包含各种底层存储、计算和传输的技术细节通过封装进行屏蔽，有效降低系统集成、应用部署的复杂度。

3）Lucene 作为一个优秀的全文检索引擎，其系统架构具有强烈的面向对象特征。首先其定义了一个与平台无关的索引文件格式，其次通过抽象将系统的核心组成部分设计为抽象类，具体的平台实现部分设计为抽象类的实现，此外与具体平台相关的部分比如文件存储也封装为类，经过层层的面向对象式的处理，最终实现一个低耦合高效率、容易二次开发的检索引擎系统。Lucene 的一大优势在于其开源。这样我们对于 Lucene 的架构分析可以直接从它的包以及云代码入手。

4）OpenStack 实际上是由众多服务组合而成的，服务之间的关联或多或少，而且具有一定的层次关系，每个服务就像积木块一样，可以根据实际需要进行取舍并组合搭建，因此良好的运营架构整合能力是应用 OpenStack 的前提。实际上，OpenStack 既是一个社区，也是一个项目和一个开源软件，它提供了一个部署云的操作平台或工具集。其宗旨在于帮助组织为虚拟计算或存储服务的云，为公有云、私有云，也为大云、小云提供可扩展的、灵活的云计算。

5）12306 网站或系统采用的是两地三中心混合云架构。12306 的后端架构由阿里巴巴的技术团队提供支持，从阿里自己的业务上来看，这套架构可以承载“双十一”和“双十二”这样的大型抢购活动。这种软件架构需要很好地支撑并发业务，支持高可靠、高性能业务的需求。该系统的架构设计应该能够面对系统数据、用户数增长 10 倍以上的情况，并且能够提供一个稳定的响应时间，不能出现剧烈的波动等。

6）大数据时代，移动互联、社交网络、数据分析、云服务等应用的迅速普及，对数据中心提出革命性需求，存储基础架构已经成为 IT 核心之一。数据的价值日益突显，数据已经成为不可或缺的资产。作为数据的载体和驱动力量，存储系统成为大数据基础架构中最为关键的核心。数据驱动的软件架构（Data-Driven Software Architecture，DDSA）目前在各行各业得到研究开发和推广应用。

1.5　本章小结

作为本书的第 1 章，本章简要介绍了软件架构产生的背景，以及软件架构的核心思想、典型特征和发展轨迹。

思考题

1.1　结合生活中遇到的各种架构（如桥梁架构、房屋架构等），阐述软件架构的理论意义和工程意义。

1.2　根据你的经验判断：软件架构的现有理论研究成果与工程实践还存在哪些差距？

1.3　你熟悉的软件架构都是什么样子的？用简洁的语言描述其存在的问题。

参考文献

[1] 维基百科 [EB/OL].http://zh.wikipedia.org/wiki/.

[2] Chapter 1: What is Software Architecture? [EB/OL].http://msdn.microsoft.com/en-us/lib ary/ee658098.aspx, 2009.

[3] Software architecture[EB/OL].http://en.wikipedia.org/wiki/Software_architecture.

[4] 梅宏 , 李克勤 . 软件复用与软件构件技术 [J]. 电子学报 , 1999, 27(2): 51-68.

[5] D L Parnas. On the criteria to be used in decomposing systems into modules[J]. Communications of the ACM, 1972, 15(12): 1053-1058.

[6] E W Dijkstra.On the cruelty of really teaching computing science[J].Communications of the ACM, 1989, 32(12): 1398-1404.

[7] F P Brooks. The mythical man-month[M]. Addison-Wesley, 1975.

[8] W Royce, W Royce.Software architecture: Integrating process and technology[J].TRW Quest, 1991, 14(1): 2-15.

[9] D E Perry, A L Wolf.Foundations for the study of software architecture[J].ACM SIGSOFT Software Engineering Notes, 1992, 17(4): 40-52.

[10] M Shaw, D Garlan.Software Architecture: Perspectives on an Emerging Discipline[J].Prentice-Hall, 1996, 24(1):129-132(4).

[11] G Booch, J Rumbaugh, I Jacobson.The unified modeling language user guide[M].Pearson Education India, 1999.

[12] R Kazman, L Bass, G Abowd, et al.SAAM: A method for analyzing the properties of software architectures[C]. Proceedings of 16th International Conference on Software Engineering. IEEE, 1994: 81-90.

[13] P Kruchten.The 4+1 view model of architecture[J].Software, IEEE, 1995, 12(6): 42-50.

[14] D Soni, R Nord, C Hofmeister.Software architecture in industrial applications[C].Proceedings of the 17th International Conference on Software Engineering.IEEE, 1995: 196-196.

[15] M Maier, E Rechtin. The art of systems architecting[M]. CRC Press, 2000.

[16] R Hilliard.IEEE-std-1471—2000 recommended practice for architectural description of software-intensive systems[S/OL]. http://standards.ieee.org.

[17] P O Bengtsson, J Bosch.Scenario-based software architecture reengineering[C].Proceedings of the 5th International Conference on Software Reuse. IEEE, 1998: 308-317.

[18] P Oreizy, N Medvidovic , R N Taylor.Architecture-based runtime software evolution[C].Proceedings of the 20th International Conference on Software Engineering.IEEE Computer Society, 1998: 177-186.

[19] Software Architecture—1st IFIP Conf. Software Architecture (WICSA 1) [C].Kluwer Academic Publishers, 1999.

[20] J Spencer.Architecture Description Markup Language (ADML): creating an open market for IT Architecture tools[R]. Open Group White Paper, 2000.

[21] L. Bass, P. Clements, R. Kazman Software architecture in practice[M]. Addison Wesley, 2003.

[22] N Medvidovic, D Rosenblum, R Taylor.A language and environment for architecture-based software development and evolution[C].Proceedings of the 1999 International Conference on Software Engineering, 1999: 44-53.

[23] R Allen, D Garlan.A formal basis for architectural connection[J].ACM Transactions on Software Engineering and Methodology (TOSEM), 1997, 6(3): 213-249.

[24] D Garlan, R T Monroe, D Wile.Acme: Architectural description of component-based systems[J]. Foundations of component-based systems, 2000（68）: 47-68.

[25] M Shaw, R DeLine, D V Klein, et al.Abstractions for software architecture and tools to support them[J]. IEEE Transactions on Software Engineering, 1995, 21(4): 314-335.

[26] D C Luckham, J J Kenney, L M Augustin, et al.Specification and analysis of system architecture using Rapide[J].IEEE Transactions on Software Engineering, 1995, 21(4): 336-354.

[27] 马铁 , 张皋晨 , 陈伟 , 等 . 基于框架和角色模型的软件体系结构规约 [J]. 软件学报 , 2000 (8): 1078-1086.

[28] 马俊涛 , 傅韶勇 , 刘积仁 .A-ADL: 一种多智能体系统体系结构描述语言 [J]. 软件学报 , 2000, 11(10): 1382-1389.

[29] 张家晨 , 冯铁 , 陈伟 , 等 . 基于主动连接的软件体系结构及其描述方法 [J]. 软件学报 , 2000, 11(8): 1047-1052.

[30] H Mei, F Chen, Q Wang, et al.ABC/ADL: An ADL supporting component composition [M]//Formal Methods and Software Engineering.Springer Berlin Heidelberg, 2002: 38-47.

[31] 熊悦 , 李曦 , 周学海 , 等 . 功耗 – 体系结构描述语言 XP-ADL 及其设计环境 [J]. 小型微型计算机系统 , 2003, 24(8): 1470-1473.

[32] 张世琨 , 王立福 , 常欣 , 等 . 基于层次消息总线的软件体系结构描述语言 [J]. 电子学报 , 2001, 29(5): 581-584.

[33] X Y Zhu, Z S Tang.A temporal logic-based software architecture description language XYZ/ADL[J]. Journal of Software, 2003, 14(4): 713-720.

[34] 骆华俊 , 唐稚松 , 郑建丹 . 可视化体系结构描述语言 XYZ/ADL[J]. 软件学报 , 2000, 11(8): 1024-1029.

[35] 李长云 , 李赣生 , 何频捷 . 一种形式化的动态体系结构描述语言 [J]. 软件学报 , 2006, 17(6): 1349-1359.

[36] 孙昌爱 , 金茂忠 , 刘超 . 软件体系结构研究综述 [J]. 软件学报 , 2002, 13(7): 1228-1237.

[37] P B Kruchten.The 4+1 view model of architecture[J].IEEE Software, 1995, 12(6): 42-50.

[38] C Hofmeister, P Kruchten, R L Nord, et al.A general model of software architecture design derived from five industrial approaches[J].Journal of Systems and Software, 2007, 80(1): 106-126.

[39] IEEE ARG.IEEE 1471—2000 Recommended Practice for Architectural Description[S].2000.

[40] IBM Knowledge Center [EB/OL].https://www.ibm.com/support/knowledgecenter/.

[41] R Kazman, L Bass, M Webb, et al.SAAM: A method for analyzing the properties of software

architectures[C].Proceedings of the 16th international conference on Software engineering. IEEE Computer Society Press, 1994: 81-90.

[42] N Lassing, D Rijsenbrij, H van Vliet.On software architecture analysis of flexibility, Complexity of changes: Size isn't everything[C].Proceedings of the Second Nordic Software Architecture Workshop NOSA.1999: 1103-1581.

[43] G Molter.Integrating SAAM in domain-centric and reuse-based development processes[C].Proceedings of the 2nd Nordic Workshop on Software Architecture, Ronneby.1999: 1-10.

[44] C H Lung, S Bot, K Kalaichelvan, et al.An approach to software architecture analysis for evolution and reusability[C].Proceedings of the 1997 conference of the Centre for Advanced Studies on Collaborative research.IBM Press, 1997: 15.

[45] R Kazman, M Klein, M Barbacci, et al.The architecture tradeoff analysis method[C].Proceedings of the 4th IEEE International Conference on Engineering of Complex Computer Systems, 1998(ICECCS'98). IEEE, 1998: 68-78.

[46] P O Bengtsson, J Bosch.Scenario-based software architecture reengineering[C].Proceedings of the 5th International Conference on Software Reuse.IEEE, 1998: 308-317.

[47] P Bengtsson, J Bosch.Architecture level prediction of software maintenance[C].Proceedings of the 3rd European Conference on Software Maintenance and Reengineering, IEEE, 1999: 139-147.

[48] J C Dueñas, W L de Oliveira, A Juan.A software architecture evaluation model[M]//Development and Evolution of Software Architectures for Product Families.Springer Berlin Heidelberg, 1998: 148-157.

[49] 王映辉 . 软件构件与体系结构 : 原理 , 方法与技术 [M]. 北京：机械工业出版社 , 2009.

[50] D J Richardson, A L Wolf.Software testing at the architectural level[C].Proceedings of the second international software architecture workshop (ISAW-2) and international workshop on multiple perspectives in software development (Viewpoints' 96) on SIGSOFT'96 workshops. ACM, 1996: 68-71.

[51] 云晓春 , 方滨兴 . 基于构件设计的正确性验证 [J]. 小型微型计算机系统 , 1999, 20(5): 330-334.

[52] P Inverardi, A Wolf, D Yankelevich.Behavioral type checking of architectural components based on assumptions[R].Technical Report CU-CS-861-98, University of Colorado, Department of Computer Science, 1998.

[53] R Waters, G D Abowd.Architectural synthesis: Integrating multiple architectural perspectives[C]. Proceedings of the 6th Working Conference on Reverse Engineering.IEEE, 1999: 2-12.

[54] M Shaw, D Garlan.Software Architecture[M].Tsinghua University Press/Prentice Hall, 1997.

[55] 梅宏 , 申峻嵘 . 软件体系结构研究进展 [J]. 软件学报 , 2006, 17(6): 1257-1275.

[56] 任雪莲 . 软件体系结构在软件开发过程中的实践研究 [J]. 才智 , 2009(1): 131.

第2章　软件架构的概念

虽然软件架构已经在软件工程领域中有着广泛的应用，但迄今为止还没有一个被大家所公认的定义。但从目前存在的100多个软件架构定义来看，大体上可以分成决策派定义、组成派定义和其他定义三大类。本章简要介绍这些定义，并简要讨论这些定义的优势和不足。

2.1　引言

软件架构的定义似乎从此概念一出现就存在比较大的争论。研究人员一般认为：软件架构就是一个系统的草图。软件架构描述的对象是直接构成系统的抽象组件。各个组件之间的连接则明确和相对细致地描述组件之间的通信。在实现阶段，这些抽象组件被细化为实际的组件，比如，在面向对象领域中，组件就是具体某个类或者对象，而组件之间的连接通常用接口来实现。与建筑师设定建筑项目的设计原则和目标作为绘图员画图的基础一样，一个软件架构师或者系统架构师把对软件架构的陈述作为满足不同客户需求的实际系统设计方案的基础。业界人士虽然也认同研究人员对软件架构概念的描述，但鉴于现实系统，特别是遇到的现实问题，很多时候很难用某个软件架构定义来进行系统、全面、准确的刻画，解决遇到的问题时也很难达到满意的程度，导致业界人士面对五花八门的软件架构定义时经常感到困惑，甚至刻意回避一些学术界认为比较好的做法。

在国内很多软件企业中，从事软件架构工作的人缺少系统的专业训练，虽然很多人是从编程人员、工程师的队伍中发展起来的，具有良好的软件系统开发经验和解决实际问题的能力，但是缺少很好的问题抽象能力，所以他（她）们谈论的软件架构往往与真正的架构师、研究人员心目中的软件架构不一样，他（她）们非常注重细节问题，而这些细节问题往往使得软件架构师，特别是研究人员比较困惑。而在研究人员的心目中，软件架构只是软件系统的一个比较高层次的抽象，也可以说是软件系统的骨架，这个骨架可支撑软件系统稳定、可靠、安全和高质量地运行。如果某一天这个骨架出现问题，软件系统就可能变得不稳定、不可靠、不安全，甚至不能有效运行了。所以，研究人员花费大量的人力、物力和财力研究软件架构如何建模、描述、验证和确认等，也研究出了大量的软件架构建模方法、软件架构描述语言（ADL），以及各种软件架构度量、评估、分析、测试、验证的方法和工具。但是这些成果对业界人士来说，很多都是纸上谈兵、难以落地，研究人员在业界很难找到认同感。究其原因，很多研究人员并没有多少工程实践经验，甚至没有从工程实践出发来提炼问题，所以给出的软件架构定义太过学术化，在此基础上上获得的研究成果势必与实际需求存在比较大的差异，也很难在工程实践中推广使用。

综上，由于学术界和工业界的联系不紧密，甚至脱节，导致它们对软件架构的认识不一致，从而使得软件架构至今很难有一个统一的定义，甚至是一个近似统一的定义。本章首先选择一些典型的软件架构定义进行阐述，然后在此基础上结合笔者的理解，对软件架构的定义给出一个框架性描述。

正如 Martin Fowler 所言：软件业的人乐于做这样的事情——找一些词汇，并将它们引申到大量微妙而又互相矛盾的含义中。其中最大的受害者就是“架构”这个词，很多人都试图给它下定义，而这些定义本身却很难统一。软件架构的定义驳杂多端，其中影响较大的定义派别是组成派和决策派：前者关注软件本身，将软件架构看作组件和交互的集合；后者关注软件架构中的实体（人），将软件架构视为一系列重要设计决策的集合。软件架构兴起初期，研究者对于软件架构的定义大都倾向组成派的观点，但随着软件架构的应用和发展，组成派观点的一些缺陷逐渐显露出来，由于软件开发者只注重软件本身，特别是组件本身，开发过程中经常会出现违背原始设计的现象，导致软件成品不能完全满足需求，软件架构形成之后的评价和演化也面临困难。在这样的条件下，决策派的观点引起了重视，即以人的决策为描述对象，从设计决策的角度来指导软件开发。然而决策派观点也有其不足之处，即对设计决策的优化程度要求很高，修改代价大。

2.2 组成派的主要定义

组成派定义的主要依据是软件架构主要反映系统由哪些部分组成，以及这些部分是如何组成的，强调软件系统的整体结构和配置。这里介绍几种有代表性的组成派定义。

1992 年 Dewayne 和 Alexander 给出了软件架构最早的定义之一 [1]，他们认为软件是由架构元素（element）、架构形式（form）和架构原理（rationale）组成的集合，也就是，软件架构 ={ 元素，组成，原理 }，其中元素是指具有一定形式的结构化元素，包括处理元素（processing element）、数据元素（data element）和连接元素（connecting element）。处理元素负责对数据进行加工，数据元素是被加工的信息，连接元素把架构的不同部分组合连接起来。架构组成由加权的属性（weighted property）和关系（weighted relationship）构成，其中加权是指下列两种情况之一：①属性或关系的重要性；②在多个候选项之间选择的必要性，因为某些候选项相比其他的可能更受青睐。属性用来约束架构元素的选择，关系用来约束架构元素的放置（placement）。架构原理是软件架构的基础理论部分，用于指导在定义架构时面临的多种选择。架构原理指导如何准确捕获架构风格、架构元素和架构形式的选择动机。在构建软件架构时，架构原理解释了基本的哲学和美学思想，对架构师有很好的启发作用。

1993 年 David 和 Mary 定义的软件架构包括组件（component）、连接件（connector）和约束（constraint）三大要素 [2]，认为软件架构是软件设计过程的层次之一，该层次超越计算过程中的算法设计和数据结构设计。组件可以是一组代码，也可以是独立的程序；连接件可以是过程调用、管道和消息等，用于表示组件之间的相互关系；约束一般为组件连接时的条件。

1994 年 Jones 认为软件架构是组件以及组件之间交互规则的集合 [3]。

1994 年波音公司（The Boeing Company）和 DSG（Defense and Space Group）给出了一个 CFRP 模型 [4]：软件系统由一组元素（element）构成。这组元素分成处理元素和数据元素。每个元素有一个接口（interface），一组元素的互连（connection）构成系统的拓扑结构。元素互连的语义包括静态互连语义（如数据元素的互连）、描述动态连接的信息转换协议（如过程调用、管道等）。

1995 年 Hayes 认为软件架构是一个抽象的系统规范，主要包括由其行为和接口来描述的功能组件以及组件之间的相互连接关系 [5]。

1995 年 David 和 Dewayne 认为软件架构即一个程序或系统各组件的结构、它们之间的相互关系以及进行设计的原则和随时间演化的指导方针等 [6]。该定义与系统的整体结构定义没有太大的区别，更加抽象，就是一种哲学思想而已。

1995 年 Cristina 等人认为一个软件架构包括软件系统的组件、互联和约束的集合，系统需求说明的集合，以及说明组件的基本原理等 [7]。

1997 年 Bass 等人认为一个程序或计算机系统的软件架构包括软件组件、软件组件外部的可见特性及其相互关系 [8]。其中，软件组件外部的可见特性是指软件组件提供的服务、性能、错误处理、共享资源使用等。

2003 年 Fowler 在《Patterns of Enterprise Application Architecture》中对软件架构的定义如下 [9]：在较高的层次上将系统分解，其中的决策稳定不变，同一系统的架构可以多种多样，架构上的主要内容会影响整个系统的生命周期，架构归结为所有重要之物。

2004 年张友生在《软件体系结构》一书中将软件架构定义为 [10]：为软件系统提供了一个结构、行为和属性的高级抽象，由构成系统的元素的描述、这些元素的相互作用、指导元素集成的模式以及这些模式的约束组成。软件架构不仅指定了系统的组织结构和拓扑结构，而且显示了系统需求和构成系统的元素之间的对应关系，并提供了一些设计决策的基本原理。

2011 年 ISO/IEC/IEEE 标准中 [11] 定义软件架构为某一系统的基本组织结构，其内容包括软件组件、组件间的联系、组件与其环境间的联系，以及指导上述内容设计与演化的原理。

2.3　决策派的主要定义

决策派定义的主要依据是软件架构设计是软件设计的一部分，软件设计实际上是开发人员意志和决策在软件开发过程中的体现，软件架构更是高层领导和架构师意志和决策的体现，强调的是设计决策，所以更加注重架构风格和模式的选择。这里介绍几种代表性的决策派定义。

1999 年 Booch 等人认为软件架构是一系列重要决策的集合 [12]，这些决策与以下内容有关：软件系统的组织；选择组成系统的结构元素和它们之间的接口，以及当这些元素相互协作时所体现的行为；如何组合这些元素，使它们逐渐合成为更大的子系统；用于指导这个系统组织的架构风格。

2005 年 Jansen 等人认为软件架构是架构层次上所有设计决策的集合体 [13]，这些设计决策与以下内容有关：架构改造的影响、原理、设计准则、设计约束以及附加需求。架构改造指的是对软件架构进行增加、删除和移动等操作，原理即说明为什么要对软件架构进行这样的修改，设计准则说明在设计中哪些操作可以做，设计约束则说明设计中哪些操作不可以做，附加需求是指做出一个设计决策后可能会产生的一些新需求。

2006 年 Kruchten 等人 [14] 将软件架构简单地定义为“设计决策 + 设计”，这里的设计指的是设计决策的推理过程。

2.4 其他定义

业界还存在一些软件架构的其他定义，它们从独特的角度诠释了软件架构。

一些资深软件架构师根据他们的从业经历，也给出了软件架构的描述性定义 [15]。比较有代表性的如下：Vivek Khare 认为软件架构是设计和构建软件应用的科学和艺术，这些软件应用满足生命周期中用户的各种需求；Aakash Ahmad 则认为软件架构是包含设计、演化、组件配置和组件互连关系的高层抽象结构；Andreas Rausch 认为软件架构是一个针对软件改变的框架 [15]；而 Muthu Rajagopal 则认为软件架构是能够有效组合在一起的软件和硬件组件的集合，这些组件组合后能满足预期需求。

2.5 参考定义框架

以上讨论的各种软件架构定义之所以同时存在，是因为人们还很难利用某个架构定义框架来统一它们。根本原因在于：软件架构与软件系统的应用领域有很大的关联，不同应用领域的软件架构师在强调软件架构共性的同时也热衷于强调个性化。所以出现有些架构定义难以理解，有些架构定义太过简单抽象的情况。例如，Jones 的定义相对比较抽象，也比较片面，没有明确指出如何进行软件系统的整体配置，以及软件与外部环境的交互机制，而波音公司和 DSG 的定义又比较复杂，难以理解等。但是，不同应用领域的软件架构也是有共性的，特别是不同应用领域的相同类型的软件系统（如人事管理系统、考勤系统等）。站在一个更高的抽象程度，软件架构应该有统一的定义，或者存在某个参考定义框架。例如，Dewayne 和 Alexander 的定义提倡的处理元素、数据元素和连接元素的思想，以及架构组成思想、架构原理思想，为后续的各种软件架构定义奠定了很好的基础，而且在很多其他定义中得到保持。David 和 Mary 的定义给出了软件架构定义的 3C（Component、Connector 和 Constraint）模型，明确了软件架构的核心组成内容，现在很多人都称之为软件架构的核心模型。

笔者基于国内外普遍认可的看法推荐如下参考定义框架[16]，如图 2-1 所示。也就是说，软件架构一般由五种元素构成，即组件（component）、连接件（connector）、配置（configuration）、端口（port）和角色（role）。

组件：具有某种功能的可重用的软件模块单元，表示了系统中主要的计算单元和数据存储。组件有两种，即组合组件和原子组件。组合组件由其他组合组件和原子组件连接而成。

连接件：表示了组件之间的交互，简单的连接件有管道（pipe）、过程调用（procedure-call）、事件广播（event broadcast）等。复杂的连接件有客户端 - 服务器（client-server）通信协议、数据库和应用之间的 SQL 连接等。

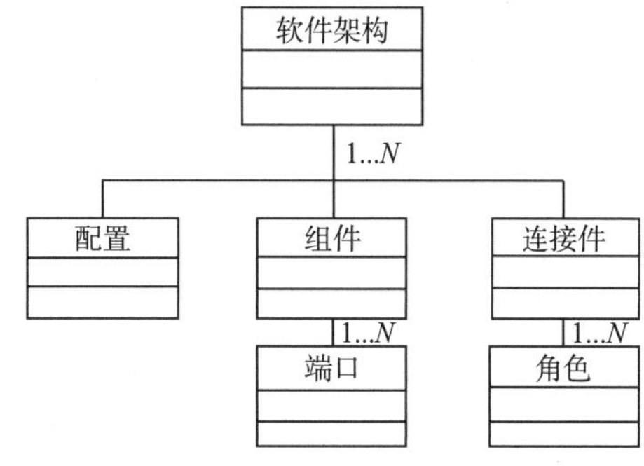

图 2-1　软件架构的基本概念

配置：表示了组件和连接件的拓扑逻辑和约束。

端口：组件作为一个封装的实体，只能通过接口与外部交互，组件的接口由一组端口组成，每个端口表示了组件和外部环境的交汇点。通过不同的端口类型，一个组件可以提供多重接口。端口可以很简单，如过程调用；也可以很复杂，如通信协议。

角色：连接件作为建模软件架构的主要实体，同样也有接口，连接件的接口由一组角色组成，连接件的每个角色定义了该连接件表示的交互的参与者。二元连接件有两个角色，如 RPC 的角色为 caller 和 callee，管道的角色是 reading 和 writing，消息传递的角色是 sender 和 receiver 等。有的连接件有多于两个的角色，如事件广播有一个事件发布者角色和任意多个事件接收者角色。

2.6　本章小结

本章主要介绍了软件架构的两个代表性定义派别：组成派和决策派。其中组成派定义关注的是软件架构的组成部分有哪些，以及这些部分是如何组成的，强调软件系统的整体结构和配置；决策派定义强调的是设计决策，认为设计实际上是开发人员意志和决策在软件开发过程中的体现，软件架构更是高层领导和架构师意志和决策的体现，所以更加注重架构风格和模式的选择。

思考题

2.1 软件架构组成派定义和决策派定义的本质区别是什么？

2.2 软件架构的本质是什么？软件架构这些定义之间有无共同点？若有，则共同点是什么？若无，则原因是什么？

2.3 软件架构与软件系统所处的应用领域有关，谈谈你对这个问题的理解。

参考文献

[1] D E Perry, A L Wolf. Foundations for the Study of Software Architecture[J]. ACM SIGSOFT Software Engineering Notes, 1992, 17(4): 40-52.

[2] D Garlan, M Shaw. An introduction to software architecture[M]. Advances in software engineering and knowledge engineering, 1993: 1-39.

[3] A K Jones. The Maturing of Software Architecture[C]. Proceedings of the Software Engineering Symposium. Software Engineering Institute, Pittsburgh, 1994.

[4] R E Creps, M A Simos. STARS conceptual framework for reuse processes[R]. STARS Program Technical Report, 1994.

[5] B Hayes-Roth, K Pfleger, P Lalanda, et al. A domain-specific software architecture for adaptive intelligent systems[J]. IEEE Transactions on Software Engineering, 1995, 21(4): 288-301.

[6] D Garlan, D Perry. Introduction to the Special Issue on Software Architecture[C]. IEEE PRESS, 1995.

[7] C Gacek, A Abd-Allah, B Clark, et al. On the Definition of Software System Architecture[C]. Proceedings of the First International Workshop on Architectures for Software Systems, 1995: 85-94.

[8] L Bass, P Clements, R Kazman. Software Architecture in Practice[R]. DAPNIA, 1998.

[9] M Fowler. Patterns of enterprise application architecture[M]. Addison-Wesley Professional, 2003.

[10] 张友生 . 软件体系结构 [M]. 北京：清华大学出版社 , 2004.

[11] ISO/IEC/IEEE 42010[R/OL].http://en.wikipedia.org/wiki/ISO/IEC_42010.

[12] G Booch, J Rumbaugh, I Jacobson. The Unified Modeling Language User Guide [M]. 2nd ed. Addison Wesley, 1999.

[13] A Jansen, J Bosch. Software Architecture as a Set of Architectural Design Decisions[C]. Proceedings of the 5th Working IEEE/IFIP Conference on Software Architeture. IEEE, 2005: 109-120.

[14] P Kruchten, P Lago, H V Vliet. Building up and reasoning about architectural knowledge[C]. Proceedings of the International Conference on the Quality of Software Architectures. Springer, Berlin, Heidelberg, 2006: 43-58.

[15] Community Software Architecture Definitions[EB/OL].http://www.sei.cmu.edu/architecture/start/community.cfm, 2018.

[16] 付燕 . 软件体系结构实用教程 [M]. 西安：西安电子科技大学出版社 , 2009.

第3章 软件架构模型

软件架构模型为软件架构提供了一种抽象、可视化或形式化的表示，为软件架构师、需求分析人员、软件工程师、潜在用户等提供了一个交流平台，并起到了从软件需求分析文档到软件详细设计和实现的桥梁作用。本章详细讨论软件架构的各种建模方法，包括各种图形可视化建模方法、UML 建模方法、利用形式化语言的建模方法、数学建模方法和文本建模方法等。但是，至今没有一种建模方法能够满足软件架构建模的所有需求，所以本章讨论软件架构建模，旨在强调软件架构建模的意义和重要性，而统一的、能被业界普遍接受的软件架构建模方法仍然处于研究探索过程中。由于软件架构建模方法太多，无法将每种方法都展开介绍，本章只是向读者展现一个软件架构建模的路线图，有需要的读者可根据路线图寻找相关的建模方法以深入学习。另外，业界通常还会采用一些非常简单的方法，如盒线图方法、草图法等，由于它们的原理比较简单，而且没有系统和统一的语义基础，本章中就不一一介绍了。

3.1 引言

软件架构是一个系统概念，软件架构模型是捕捉部分或全部架构设计决策的人工产物，通过一个或多个角度对软件架构的各个侧面进行展示和说明，使得软件架构的不同利益相关者之间能够有效交流。软件架构建模是对架构设计决策的具象化和文档化 [1]。

软件架构建模的意义在于，它能够将软件架构的某些关键或关注的方面剥离出来，使用统一的图形、文档和数据进行描述，达到直观便捷地理解、分析和交流的目的。

以时间为序，软件架构建模先后出现了五类方法：

1）**基于非规范的图形表示的建模方法：**在没有标准化架构建模的时候，人们通过线和框等结构来描述架构，具有较大的随意性，虽然便于记忆、富有启发性，但是不够精确。此类方法与架构利益相关者的经验习惯有关。在此过程中，还出现了一种基于模块连接语言的方法，该方法采用若干程序设计语言的模块的连接方式描述架构，直接与编程相关，易于理解和实现，但是抽象程度不够，难以处理高层次的架构元素。此类方法始于 1981 年 [2]，止于 1994 年 [3]，现已基本过时，本书不再做详细介绍。

2）**基于 UML 的建模方法：**UML 是较为流行的软件建模方式，同时能够较为直接地应用到架构建模之中，特别是 UML 2.0 增加的组件描述方便了架构的图形建模 [4]。UML 建模主要属于可视化方法，但是也有研究利用其扩展机制进行形式化架构建模，后文中会详细讨论。

3）**基于形式化的建模方法**：与图形可视化方法不同，此类方法的重点不在于架构模型展示的直观性，而在于精确性，通过形式语言（包括 OCL 模型）对架构模型进行描述，具备严格的语义规范和一定的推理能力。

4）**基于 UML 形式化的方法**：该方法通过将 UML 的一些架构描述结构形式化处理，来提高 UML 描述软件架构的能力，包括正确性、一致性验证能力，克服了 UML 在描述软件架构方面的不足。

5）**其他建模方法**：在软件架构建模实践中，还出现了一些类似文本语言建模的方法，以便提高软件架构描述的通用性、易理解性和易变性，并进一步适应软件架构师的发散思维。

3.2 软件架构的可视化建模方法

3.2.1 基于图形可视化的建模方法

图形可视化是将软件架构按照图形的方式进行表达，强调便于利益相关者阅读、理解和交流，使之不会因图形过于复杂而难以把握软件架构的概况。

图形可视化方法可分为两类：正式图形表示和非正式图形表示。后者包括盒线图（Box-Line Diagram）、PowerPoint 风格图形等，不具有严格的标准，较为随意，有一定的方便交流的作用。而正式图形表示需要有严格定义的结构，下面我们就从架构的三个基本要素（层次结构、组件关系和特性）来简单阐述软件架构的各种正式图形表示。

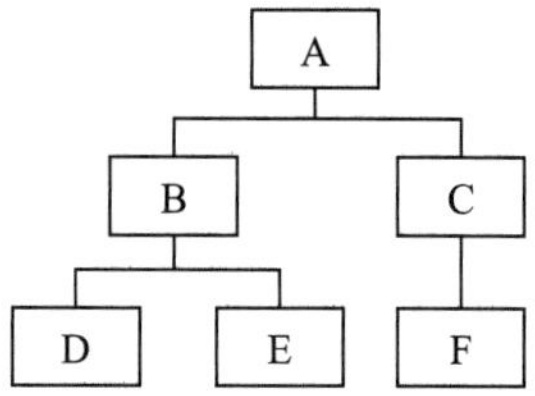

树形结构：树形结构是显示层次性软件架构的理想方式，简单易行。如图 3-1 所示的节点连接（node-link）表示。但是这种结构难以处理复杂的问题，鉴于当今软件的复杂层次关系，需要更完善的模型 [4]。

图 3-1　节点连接表示图

树地图（TreeMap）：这种结构是由 Johnson 和 Schneiderman 提出的 [5]，是展示整个软件层次架构的有效方法。这种技术的实质是一种空间填充方法，将层次信息作为嵌套的矩形集合显示。通常使用的是“花砖算法”（tiling algorithm），即对于每个层次，将相应的大盒子（box）分割为数个小盒子，这样迭代地进行水平和垂直分割，直至结束。在架构可视化方面，底层盒子往往用于表示方法，而组合盒子往往用于表示类。

改进的树地图：在树地图的基础上，有数种改进的架构可视化模型。文献 [7] 引入非正则形状（如泰森多边形、Voronoi）来代替矩形，以支持更多信息的显示。文献 [8] 研究了树地图中矩形的染色问题，以提高其表达能力。针对树地图主要显示的是软件架构的末端信息问题，文献 [9] 提出了圆形树地图，使用环来实现架构可视化，但是空间利用率不高。

冰块图（Icicle Plot）：冰块图中每一行代表树的一个层次，并且按照其子节点的数量进行分割[10]。冰块图有助于理解结构化的关系，如包可以用树根表示，而类和方法可以用树元素表示。但是对于大型系统的层次化架构，这种可视化技术的扩展性和导航性存在问题[8]。

旭日图（Sunburst）：这种模型最初由 Stasko 和 Zhang 提出，他们使用一个圆形或径向显示（而非矩形显示）来描述层次结构[11]。在这种图中层次结构呈放射状地与根铺设在中心，而更深层次则一步步远离这个中心。

与树地图相反但是与冰块图类似的是，旭日图的设计具有较好的弹性：图中元素的角度和颜色。研究结果表明，旭日图与树地图相比更易学习且更令人舒适[12]。

双曲树（Hyperbolic Tree）：在本质上，使用双曲空间比使用欧几里得空间有更多的显示空间，这种技术就称为双曲树显示。这种结构最初是在文献 [13] 中提出的，从本质上讲，它在双曲平面上列出了统一的层次结构，并将结构映射到欧几里得空间。由此产生的层次结构平铺在一个圆形的显示区域，可能会辅以焦点和上下文技术（如鱼眼变形[14]）。

双曲树能够带来一个更大的表示中心或集中区域，同时依然能够显示树的整体结构。当图过于庞大而无法有效呈现时，图中的节点可以聚在一起，并能够通过扩展来显示子树的结构。

在学术界和工业界都有许多可用的工具，以迎合利益相关者的各种需求[15-28]。在工业界，供应商开发了很多软件架构可视化商业工具，如 Lattix、Enterprise Architect、NDepend、Klockwork Architect、IBM Rational Architect、Bauhaus 等。在学术界，研究团体也开发了大量的工具，如 SHriMP、BugCrawler、DiffArchViz 等。商业工具通常旨在被直接使用，而研究工具都是开源的，允许用户定制。

3.2.2　基于 UML 的建模方法

UML 模型由多种模型组成，每种模型从不同角度和观点来描述系统。UML 模型可通过用例图、类图、对象图、包图、活动图、合作图、顺序图、状态图、组件图和配置图来表示[29]。可用对象约束语言（Object Constraint Language，OCL）来扩展这些模型的语义。UML 语义通过其元模型来严格地定义。元模型本身也是一种 UML 模型，它用来说明 UML 模型的抽象语法，这类似于用 BNF 范式来说明程序设计语言的语法。UML 的扩展机制是 UML 的基本组成部分，它说明怎样用新的语义来定制、扩展 UML 的模型元素。UML 的扩展机制包括类别模板（构造型）、约束和标记值。其中最重要的扩展机制是构造型，可适用于所有类型的建模元素。它是一种在已定义的模型元素的基础上构造新的模型元素的机制，构造的新的建模元素就称为构造型的建模元素，被扩展的元素称为基元素。构造型实际上是一组命名的约束和标记值，由 OCL 语句组成，可应用到其他模型元素中。因此构造型元素不能改变基元素的结构，但可扩充元素的语义。UML 定义了一组丰富的模型元素以建模组件、接口、关系和约束。对于大部分架构构造，在 UML 中都可以找到相应的元素与之相对应。因此可以把 UML 看作一种架构建模语言。

UML 旨在进行软件的细节设计，并不是专门为了描述软件架构而提出的，但是 UML 具有很强的架构建模特性，并且具有开放的标准、广泛的应用和众多厂商的支持。另外，UML 作为一个工业化标准的可视化建模语言，支持多角度、多层次、多方面的建模需求，支持扩展，并有强大的工具支持，确实是一种可选的架构描述语言。许多学者建议使用 UML 来描述架构。Booch 在他的一次题为“Software Architecture and the UML”的演讲中提出：可以将 Kruchten 的“4+1”视图[30]映射到 UML 图，其中，逻辑视图利用类图来形式化表示，过程视图映射成活动图，实现视图和配置视图分别映射为组件图和配置图，第五视图通过顺序图和协作图来表示。

Garlan 等也曾提到使用 UML 来对软件架构进行建模的方法，主要思想是考虑如何利用类图和对象来构造组件以及如何利用 UML 组件对架构进行建模。在把现实世界的构造思想映射到 UML 元素之前，必须确定和识别组成架构的构造元素，如组件、连接件、系统的属性和风格。2000 年，软件工程国际会议（International Conference on Software Engineering，ICSE）纲要中也强调使用 UML 描述软件架构。

在 UML 图中也隐含了架构的元素。例如，用例图从概念上描述了系统的逻辑功能，类图反映了架构中的静态关系，顺序图反映了系统的同步与并行逻辑，活动图表现了一定的并发行为，组件图反映了系统的逻辑结构，部署图描述了物理资源的分布情况。

UML 提供了对架构中组成要素建模的支持，具体体现在（见表 3-1）：

1）UML 的关系支持架构的连接件。

2）UML 建模元素中的接口支持架构的接口。

3）UML 的约束支持架构的约束。

表 3-1　UML 元素和架构元素的对应示例

架构元素	UML 模型元素
组件	分类器（如类、组件、节点、用例等）
接口	接口
关系（连接件）	关系（如泛化、关联、依赖等）
约束（规则）	规则

4）UML 结构元素中的类、组件、节点、用例以及组织元素中的包、子系统和模型相当于架构中的组件。

5）架构的配置可以由 UML 的组件图、包图和配置图很好地描述。

6）UML 用例模型和一些 UML 预定义及用户自己扩展的构造型能够较好地表达架构的行为模型。

为了降低架构建模的复杂度，软件设计人员可以利用 UML 从多个不同的视角来描述软件架构：利用单一视图来描述框架的某个侧面和特性，然后将多个视图结合起来，全面地反映软件架构的内容和本质。

逻辑视图可以采用 UML 用例图来实现。UML 用例图包括用例、参与者和系统边界等实体。用例图将系统功能划分成对参与者有用的需求。从所有参与者的角度出发，通过用例来描述他们对系统概念的理解，每一个用例相当于一个功能概念。

在开发视图中，用 UML 的类图、对象图和组件图来表示模块，用包来表示子系统，用连接表示模块或子系统之间的关联。

过程视图可以采用 UML 的状态图、顺序图和活动图来实现。活动图是多目的过程流图，可用于动态过程建模和应用系统建模。活动图可以帮助设计人员更细致地分析用例，捕获多个用例之间的交互关系。

物理视图定义了功能单元的分布状况，描述用于执行用例和保存数据的业务地点，可以使用 UML 的配置图来实现。

另外，UML 的合作图可以用来描述组件之间的消息传递及其空间分布，揭示组件之间的交互。

使用 UML 对软件架构建模的主要优点有：

1）具有通用的模型表示法、统一的标准，便于理解和交流。

2）支持多视图结构，能够从不同角度来刻画软件架构，可以有效地用于分析、设计和实现过程。

3）有效利用模型操作工具（支持 UML 的工具集）可缩短开发周期，提高开发效率。

4）统一的交叉引用（cross-referencing）模型信息的方法有利于维护开发元素的可处理性，避免错误的产生。

虽然 UML 可以对软件架构进行较好的描述，但它只是针对特定的面向对象的架构，对架构缺少形式化的支持等。使用 UML 建模存在如下一些问题：

1）对架构的构造性建模能力不强，缺乏对架构风格和显式连接件的直接支持。

2）虽然 UML 使用交互图、状态图和活动图描述系统行为，但语义的精确性不足。

3）使用 UML 多视图建模产生信息冗余和不一致。

4）对架构的建模只能到达非形式化的层次，不能保证软件开发过程的可靠性，不能充分表现软件架构的本质。

1. 基于 UML 的 SA 通用建模方法和过程

使用 UML 元模型可以捕获和表示各种视图（包括非 UML 标准视图）元素，为了保持与 UML 定义的一致性和获得 UML 工具的支持，一般选择不更改 UML 元模型，而是通过扩展机制在已有 UML 元素的基础上构造新元素，在不改变原有元素结构的同时扩充元素的语义并加以区分。

基于 UML 对软件架构建模的主要思路是使用 UML 构造型（stereotype）表示新概念并构造新的模型元素，使用 OCL 对约束规则进行描述，然后进行相应转换，最后在 UML 视图中表示出来。

构造型可以用于在预定义的模型元素基础上构造新的模型元素，提供了一种在模型层中加入新的模型元素的方法。这样定制出来的模型元素可看作原模型元素的一个子类，其在属性和关系方面与原模型元素形式相同，只是添加了新的语义，用途更为具体。

标记值是一对字符串，包括一个标记字符串和一个值字符串，值字符串存储有关元素的信息。标记值可以与任何独立元素相关，包括模型元素和表达元素。标记是建模者想要记录的一些特性的名字，值是给定元素的特性值。

约束是模型元素之间的一种语义关系，是对模型元素语义的限制。

使用 UML 表示软件架构的具体实现如下：

1）软件架构仅由其组件元素构成。

2）每一个组件具有两个标记值（tagged value）。其中 kindofComponent 表示它是原子组件或是组合组件，其中 sub-Components 表示子组件。

3）组件只能通过端口与其他连接件相关联，而不能直接与其他组件相关联。

4）组件不能没有端口。

5）组件在执行时可以有多个实例。

6）每一个连接件至少与两个组件相连，且组件和连接件不参加其语义范围以外的任何关联。

7）组合组件的子组件只能是由连接件连接起来的组合组件或原子组件。

8）原子组件不能再包含其他组件（原子组件或子组件）。

9）每一个端口至多能与一个连接件关联。

Medividovic 比较系统地总结了用 UML 对架构进行建模的三种途径[31]：

1）不改变 UML 用法而是将 UML 看作一种软件架构描述语言并直接对架构建模。这种方法最简单，实质是利用现有的 UML 符号来表示软件架构。用户很容易理解所建立的软件架构模型，并可以用与 UML 兼容的工具对其进行编辑和修改。但现有的 UML 结构无法与架构的概念直接对应起来。例如，连接件和软件架构风格在 UML 中无直接对应的元素，其对应关系必须由建模人员来维护。

2）利用 UML 支持的扩展机制约束 UML 的元模型以满足软件架构建模的需求。UML 是一种可扩展的语言，人们可通过扩展机制增添新的结构而不改变现有的语法或语义。这种方法能显式地表示软件架构的约束，所建立的软件架构模型仍然可用标准的 UML 工具进行操纵，UML 用户理解起来也比较容易。然而，对 OCL 约束进行检查的工具还不是很多。

3）对 UML 的元模型进行扩充，增加架构模型元素，使其直接支持软件架构的概念。该方法使 UML 中包含各种 ADL 所具有的优良特性，并且使其具有直接支持软件架构建模的能力。然而，扩展的概念不符合 UML 标准，因而与 UML 工具不兼容。

在用于软件架构建模时，UML 缺少分析架构所需的语义。UML 的模型元素与 ADL 的元素在结构上并无太大差异，但在语义上有较大的差别，因此必须用 UML 的扩展机制对其语义进行扩充，使之与 ADL 的语义相符。结合这两种方法的优点并充分利用 UML 工具，对软件系统的开发具有很大价值。

（1）将 UML 模型转换为架构模型

该类方法直接使用 UML 建模，并将其转换为架构模型[32]。该方法的关键是保证 UML 中的应用设计兼具 UML 中的建模属性和 ADL 的强制约束（也可能是潜在的架构风格规则）。该方法的主要步骤如下：

1）建立基于 UML 的应用领域模型。

2）建立非形式化的架构图，如 C2 图。架构图对于领域模型中的类和架构图中的组件之间的转换很重要。这个步骤类似于 DSSA。转换的目的是要表达 UML 中无法有效支持的连接件、组件消息接口等架构元素。

其中步骤 2 又分为 4 个子步骤，分别是：①定义类接口，以表示架构中的主要组件元素——消息接口。这里使用 <<interface>> 对接口建模。每个类对应一个组件输出接口。②定义连接件类。连接件类与它们连接的组件实现相同的接口。每个连接件可以被认为是一个简单类，它将接收到的消息发送到合适的组件。③建立表示架构风格的 UML 类图，主要描述类之间的接口关系。该步主要是建立精化的类图。④使用协作图描述类的实例，表达拓扑内容。

然而，UML 没有为架构制品建模提供专门的构造型，也没有提供相应的工具集支持相应的转换。

（2）通过扩展机制对 UML 进行约束

该方法利用扩展机制对 UML 进行约束，使用 OCL 约束 UML 元模型中已有的元类：

- 从 UML 元模型中选择一个或者多个已有的元类，满足 ADL 建模构造或者建模能力。
- 定义一种可以应用在这些元类实例中的构造型，目的是将它们的语义约束到相关的 ADL 属性中。

以 C2 风格架构建模为例，具体的方法如下：

1）**在 UML 中表示 C2 消息：**UML 元类的操作和 C2 的消息规约相匹配。利用 UML 创建 C2 消息规约时需要定义一种构造型，包含标记值以及对于操作的定量约束。为了对 C2 消息规约进行建模，需要添加一个标签来区分通知和请求，还要约束操作，使其没有返回值。

2）**在 UML 中表示 C2 组件：**UML 元类 Class 和 C2 的组件符号比较接近。不过，UML 中的操作是一种过程抽象的规约（可选前置和后置条件，方法是过程体），而 C2 中的组件只提供操作，而不是方法，这些操作是组件所提供的接口的一部分。

3）**在 UML 中表示 C2 连接件：**C2 连接件受到很多 C2 组件的约束。不过连接件和组件在架构组合规则上是有区别的。另外，连接件可能不定义自己的接口，而是由与它们相连接的组件所确定。可以使用构造型《 C2Connector 》来对 C2 连接件进行建模，这与构造型《 C2Component 》类似。首先定义三种构造型，用于对组件和连接件的附件进行建模。这些附件是确定组件接口所需要的。

上面的构造型解决了 UML 通常不考虑的关联序列问题。这对于架构的拓扑信息编码是必需的。其中《 C2Attach 》可以根据与模型元素相关联的构造型指定约束。以后需要定义《 C2Architecture 》构造型来保证当定义 C2 架构拓扑时 C2 构造型使用的一致性和完整性。

4）**在 UML 中表示 C2 架构：**这一步是对系统架构中的组件和连接件的整体组合。一个定义良好的 C2 架构包含组件和连接件，组件的顶端和底部都有一个连接件，连接件的顶端（或底部）连接另外一个连接件的底部（或顶端）。UML 和 C2 都通过消息传递来交互。

2. 基于 UML 的性能模型

性能模型又称作面向分析的模型，是指为了进行性能或其他非功能性属性分析所建立的模型 [33-46]。

传统的软件开发方法通常只关注软件的功能性需求，一般在软件生命周期的后期阶段才引入性能问题。它往往是在经过系统测试之后，才确定该设计是否真正满足系统功能、性能和可靠性方面的需求，若不满足系统的性能需求则重新设计软件系统，而这将会导致整个项目成本急剧增加。如果在软件开发早期就对软件模型的性能进行研究，则可通过对现有的软件架构设计方案进行定量的预测和评价，以及对各种设计决策进行比较，选择更优的软件架构设计方案，并指导整个设计过程。

UML 是目前常用的架构描述方式，它侧重于描述系统的功能性行为。为了使 UML 模型能够描述系统性能需求，一种称为 SPT 性能文档的扩展语言已经被 OMG 组织采纳并定为规范。SPT 性能文档通过构造型（stereotype）和标记值（tagged value）扩展了 UML 语言，以反映系统的性能需求，为设计时评估系统性能提供了方便。该扩展标准由一系列子扩展标准组成。扩展标准的核心是由一系列子扩展标准表示的通用资源模型框架。它为所有分析提供了一个公共的基础。

性能分析只需要其中的 PAprofile、RTtimeModeling、RTresourceModeling 扩展标准包。

1）**通用资源建模**：通用资源模型（GRM）是任何 UML 模型定量分析的基础。它由两个视图组成：一个是领域视图，即在实时系统和实时系统分析方法方面的结构和规则，GRM 的这部分主要独立于 UML 元模型扩展而来；另一个视图是 UML 视图，其定义如何将领域模型的元素在 UML 中实现，由一系列 UML 扩展组成（构造型、标记值、约束）。它包含 7 个子包：

- 核心资源模型包是通用资源模型框架的基础，它定义了资源和 QoS 的基本准则，包含两个基本元素，一个是资源、提供的服务、服务的性能特性的描述符，另一个是与其相关的具体实例。
- 因果模型包基于 UML 1.4 的动态语义，但它具有更多的细节，在某些情况下也更精确。
- 资源利用模型包是核心资源模型包的补充。
- 动态使用模型包表示为一个场景实例，由预定义的一系列执行动作组成。
- 资源类型包用于将资源划分为若干类型。
- 资源管理包负责管理资源的访问控制策略，以及通过资源控制策略和资源本身创建和保持资源。
- 实现模型包又称为部署模型包，用于定义一系列资源服务及其能够提供的 QoS 值和其他 QoS 值。

2）**通用时间建模**：通用时间模型描述了如何将软件系统中的响应时间和时间相关机制

进行适当的模型化。时间领域视图定义了一系列时间相关原则和语义，分别包括：

- 时间和时间值模型化原则。
- 时间事件和时间相关信号模型化原则。
- 时间机制模型化原则。
- 时间服务模型化原则。

3）**性能分析领域建模**：性能分析领域模型定义了一个通用的性能规则模型框架。

性能上下文（PerformanceContext）用来描述系统在各种情况下的性能特征，它由场景（PScenario）、资源（PResource）和负载（Workload）组成。

- 场景用来描述系统的执行细节，它由一系列有序的步骤组成，每个步骤代表一个相应的系统动作。它定义了系统的响应路径，附带有响应时间、吞吐量等 QoS 需求。场景由多个场景步骤通过顺序、循环、分支等结构组成。一个场景步骤既可以是最小粒度的基本操作，也可以是由多个基本步骤组合而成的子场景。
- 负载用来体现在执行一个特定的场景时该场景对相关资源的需求强度，用响应时间来描述。
- 资源表示执行场景步骤、提供服务使步骤得以完成的实体。资源可以分为处理资源和被动资源两种。处理资源包括处理器、接口设备、存储设备等物理设备。被动资源指有访问控制的资源，被多个并发资源操作共享。

在给性能模型指定参数方面，可以利用 SPT 性能文档在 UML 活动图中标记性能信息，比如执行时间、访问频率或资源需求等，然后利用 LQN 模型求解工具对导出的性能模型求解，进而可以根据求解结果评价和指导系统设计。

3.3　软件架构的形式化建模方法

软件架构建模通常采用非形式化方法，然而这种非形式化方法并不能很好地描述不同系统组成部分之间的一些特性，已经难以适应软件架构建模的进一步发展。同时形式化方法作为一种严格以数学为基础的方法，能够清晰、精确、抽象、简明地规范和验证软件系统及其性质，帮助发现其他方法不容易发现的系统描述的不一致、不明确或不完整，有助于增强软件开发人员对系统的理解。总之，形式化的建模方法能够极大地提高软件的非功能属性。

目前，在软件架构建模中，包含基于形式化规格说明语言的建模和基于 UML 形式化的建模两种软件架构形式化建模方法 [47]。

1）基于形式化规格说明语言的建模：其基本思想是利用一些已知特性的数学抽象来为目标软件系统的状态特征和行为特征构造模型，如 Z 语言、B 语言、VDM、Petri 网等都是面向模型的方法。或者，它为目标软件系统的规格说明提供了一些特殊的机制，包括描述抽象概念并进行进程间连接和推理的方法，如 CSP、CCS、CLEAR 等都是代数方法。

2）基于 UML 形式化的建模：其基本思想是利用形式化与 UML 结合的建模方法研究成果，对 UML 图形赋予形式化语义，然后就可以利用已有的形式化语言和工具对 UML 模型进行推理验证。我们可以将 UML 相关图形转换成 Z 语言、B 语言、XYZ/E、Petri 网等不同的形式化语言，这提高了 UML 的准确性，为精确建模奠定了良好的基础。

3.3.1 基于形式化规格说明语言的建模方法

软件开发中的形式化建模方法主要是使用形式化规格说明语言来展示系统的架构，解析系统的特性。目前广泛应用的一些形式化描述方法有 Z 语言、Petri 网、B 语言、VDM、CSP 等，这些形式化方法在功能上各有侧重，可以互补。

1. Z 语言

Z 语言是迄今为止应用最为广泛的形式化语言之一，软件企业在软件特别是大型软件的开发中经常采用 Z 语言进行需求分析、软件架构建模。Z 语言是由英国牛津大学程序研究组（PRG）的 Jean Raymond Abrial、Bernard Sufrin 等人设计的一种基于一阶谓词逻辑和集合论的形式化规格说明语言，它采用了严格的数学理论，将函数、映射、关系等数学方法用于规格说明，具有精确、简洁、无二义性且可证明等优点。Z 语言是一种功能很强的形式化规格说明语言，可以保证其书写的规格说明文档的正确性，同时还能保证有很好的可读性和可理解性。Z 语言借助于模式（schema）来表达系统结构。模式有水平和垂直两种形式。一个模式由变量声明和谓词约束两部分组成，可用来描述系统的状态和操作，即“模式 = 声明 + 谓词”。声明部分引入变量，谓词部分表示了关于变量值的要求。

Z 语言规范一般由四个部分组成：给定的集合、数据类型和常数；状态定义；初始状态；操作。在实际应用中，Z 语言的一个规范（即语言文档）由形式化的数学描述和非形式化的文字解释或说明组成。形式化的数学描述由段落构成，这些段落按顺序给出各种构造类型描述、全局变量定义以及基本类型描述。具体描述时，一个段落可以给出一个或多个构造类型描述。根据段落的含义不同，段落的种类有基本类型、公理、约束条件、构造类型、缩写、通用构造类型、通用常量和自由类型。

Z 语言作为一种广泛应用的形式化规格说明语言，在软件架构建模方面也得到了广泛关注。通过使用 Z 语言对软件架构进行形式化建模，软件开发者可以得到精确、严谨的架构描述。文献 [48] 中运用 Z 语言给出了管道 – 过滤器结构详尽的形式化描述的实例。该结构包括过程抽象和操作抽象。其中，过程抽象包括管道模式、过滤器模式、管线模式，用于描述管道 – 过滤器这一软件架构风格的静态性质；而操作抽象包括管道操作模式、过滤器操作模式、管线操作模式，详细地描述了管道 – 过滤器的动态行为。文献 [49] 以 Z 语言的形式化描述为基础，使用数据抽象和过程抽象，利用关系、函数、集合、序列、包等将数据从数据结构的表示细节中抽象出来，通过组件、连接件的添加及删除来实现准确描述软件架构的建模过程。

2. Petri 网

Petri 网是一种系统的数学和图形的建模和分析工具，适用于对具有并发、同步、冲突等特点的系统进行模拟和分析，并被广泛应用于复杂系统的设计与分析中[50]。Petri 网是用于表述分布式系统的众多数学方法之一，作为一种建模语言，它采用图形化方法将一个分布式系统结构表述为带标签的有向双边图。

Petri 网的元素包括库所（place）、变迁（transition）、有向弧（arc）和令牌（token），其中有向弧存在于库所和变迁之间，令牌是库所中的动态对象，可以从一个库所移动到另一个库所。Petri 网的规则是：有向弧是有方向的，两个库所或变迁之间不允许有弧，库所可以拥有任意数量的令牌[51]。

在软件架构领域，为了应对软件动态演化面临的挑战，应提高所建立的软件架构的动态演化性。利用 Petri 网及其扩展，对面向动态演化的软件架构进行建模能够有效提高所建立软件架构模型的动态演化性。因此，关于利用 Petri 网对软件架构建模的研究主要集中在描述软件架构的动态演化性方面。

经典的软件架构的 Petri 网描述是一个四元组，其形式化定义为 $L=(C_{\mathrm{m}}, C_{\mathrm{e}}, R_{\mathrm{r}}, C_{\mathrm{a}})$，其中 C_{m} 为软件架构中的组件，C_{e} 为软件架构中的连接件，R_{r} 为软件架构中的角色，C_{a} 为软件架构中的约束。Petri 网形象地描述了软件架构的动态语义，通过变迁的发射 Token 从一个库所分配到另外一个库所，表明了资源或消息的传递，较好地说明了整个软件系统的流程。Petri 网还可以用形式化的分析方法对软件系统的死锁和活性进行动态分析和验证，以进行早期的预防和检测，避免建模时的人为错误，同时可以利用相应的 Petri 网支持工具对软件架构模型进行模拟。

文献 [52] 提出了一种基于 Petri 网的软件架构——PSA（Petri-Software-Architecture）。PSA 着眼于有关系统架构全局特性方面的问题，利用 Petri 网对系统元素间输入 / 输出以及系统静态、动态特性的描述能力，使用 Petri 网的可达标识图给出了一种计算组件贡献大小的方法，同时还给出了架构演化中组件删除、增加、修改以及合并与分解等各种变化引起的波及效应分析。通过系统 PSA 的可达标识图（RMG）可以很容易界定某一组件变化所影响的其他组件，即组件对 SA 影响的大小（称为贡献或者贡献大小），比传统方法[53]中通过系统可达矩阵计算更加直观，而且组件变化后不一定需要每次重新计算，而可达矩阵方法需要在每次更新系统后重新计算其可达矩阵。

运用基于 PSA 模型的可达标识图来分析软件架构性能，一方面能给系统架构师提供系统信息参考，如组件贡献大小可以帮助合适地改变系统架构，同时也可适当地更改原有系统可达标识图并快速分析变更后新系统的特性；另一方面，首次用 Petri 技术分析系统架构性能为软件架构研究提供了一个全新的思路。进一步的工作是利用 Petri 网辅助完成软件架构其他方面的设计，如辅助完成系统运行时的故障诊断与自校正设计。

文献 [54] 设计了一种面向动态演化的软件架构元模型，其选取 Petri 网作为软件架构建模的主形式化工具，使得模型在具有直观图形表示的同时，又具有精确且严格的语义。该软件架构元模型包括静态和动态两个视图。静态视图表达软件架构的静态结构，动态视图以静态视图为基础，反映系统行为导致的软件架构状态变化。其中，静态视图以 Petri 网的网结构表示，动态视图以网系统表示，组件之间的交互就相应地以 Petri 之间的交互和融合展示出来，软件系统的动态行为以 Petri 网中变迁点火引起的网系统的动态运行来展示。通过变迁的分类来映射稳定和易变需求，通过库所的分类来映射主动和被动需求，通过区分端口和接口来映射计算和交互的相对隔离等机制，在软件架构建模中继承和保持需求建模对动态演化的支持机制。

3. B 语言

B 方法用一种简单的伪程序语言来描述需求模型、规格说明，并进行中间设计和实现，这个语言就是 B 语言[55]。B 语言支持规格说明的类型检测、动态验证、数学证明等以确保设计过程的正确性，同时分层次开发以降低大型软件开发的复杂性。分层次的方法可以将高层实现表示成低层的规范，一个完整的开发就是逐步实施的规范 / 实现过程。规范 / 实现过程在最低级的实现可以从预先实现的可重用的组件库中得到，高级的重用也可通过不断扩展新的组件库从而支持整个开发过程，每一层的实现过程是将规范翻译成可维护的独立编译的源代码和可执行指令的过程。同其他面向对象方法一样，B 语言中的结构化机制增强了信息隐藏和数据封装特性，确保了大型开发中各个组件的独立开发。

B 语言使用简单熟悉的符号表示法[56]。这种符号表示法用广义替换表示状态转换，从规格说明到编码，这种统一的形式减少了学习的难度和转换中的语法错误，这种“数学程序设计语言”可使人们使用一种非常具体的规格说明形式，而且对软件工程师来说也是极为有益的。B 语言采用模块化构造，从规格说明到实现的模块化构造允许将规格说明和验证过程分解为多个子任务进行，相比其他类似的规格说明语言这个优点是非常突出的，而且比 ADA 和 C++ 中的结构化构造更容易学习。B 语言有大量实用的工具支持，它们支持了 B 方法中软件开发周期的所有阶段，甚至包括动画制作和文档生成等，其他形式化方法似乎还没有如此强大的类似集成工具。

作为一种较新的、基于模型范畴的形式化方法，B 语言将程序和程序规格说明严格处于统一的数学框架下，采用基于 Zermelo-Frankel 集合论的符号表示法书写。B 语言包含一种结构化机制（从需求规格说明到精化再到实现），以一种伪码语言即抽象机符号表示法（Abstract Machine Notation，AMN）构造需求模型并设计和实现，由于 AMN 支持规范说明的类型检测、动态验证，所以确保了设计过程的正确性。B 语言在软件架构建模领域应用较多，文献 [57] 通过分析 UML 和 B 语言的优缺点，将二者结合，对 UML 模型图使用 B 语言进行形式化，定义映射规则，并使用 B 工具 Atelier-B 对所建模型进行自动检查与验证。文献 [58] 通过将 UML 转换为 B AMN，利用 Linux 下的 B 语言工具集如 BToolKit 进行细化、实现及验证。

4. VDM

VDM 是在 1969 年开发 PL/1 语言时由 IBM 公司维也纳实验室的研究小组提出的。VDM 是一种功能构造性规格说明技术，它通过一阶谓词逻辑和已建立的抽象数据类型来描述每个运算或函数的功能。20 世纪 90 年代初这种方法在欧美许多研究机构或大学得到了广泛的应用 [59]。

VDM 技术的基本思想是运用抽象数据类型、数学概念和符号来规定运算或函数的功能，而且这种规定的过程是结构化的，其目的是在系统实现之前简短而明确地指出软件系统要完成的功能。由于这种形式化规格说明中采用了数学符号和抽象数据类型，所以可使软件系统的功能描述在抽象级上进行，完全摆脱了实现细节，这样为软件实现者提供了很大的灵活性。此外，这种形式化规格说明还为程序正确性证明提供了依据。应用 VDM 技术进行系统开发包含了形式化规格说明、程序实现和程序正确性证明三个部分。

使用 VDM 定义形式化规格说明具有以下三个明显的优点：①只告诉计算机做什么；②提供了程序正确性证明的依据；③使规格说明描述简练、精确。此外，使用 VDM 还可以使程序设计者牢固树立先抽象后具体的不断证明其正确性的逐步分解、自顶向下的开发思想，从而在整个程序开发的过程中用系统而严密的方法来保证所开发程序的正确性。文献 [60] 在 VDM 的基础上，使用其工具语言 Meta- Ⅳ，通过抽象软件系统的语法域、语义域及语义函数来形式化表示软件架构的建模过程。文献 [60] 利用 VDM 的扩展语言——面向对象的 VDM++，在 RUP 的分析和设计工作中将 UML 视图转换为相应的 VDM++ 形式化规格说明，以规范软件架构的建模过程。同时通过 VDM++ 形式化规格说明的每次静态检测与模拟执行，确定本次开发周期中所建模的规格说明满足评价标准的程度，以及在下一次开发周期中可做的改进，通过如此不断迭代的过程使得软件规范逐渐满足评价标准。

5. CSP

CSP 即基于进程代数的描述语言，它以进程和进程之间关系的描述为基础，用来描述一个复杂并发系统的动态交互行为特性。CSP 进程通过事件的有序序列来定义。在事件中，一个进程与它的环境相交互。一个进程的所有事件集合构成该进程的字母表。例如 αP 表示进程 P 的事件集合，即字母表。事件一般用小写字母表示，进程用大写字母表示。对字母表中的不同事件，进程将做出不同的动作，例如 $x{:}A \rightarrow P(x)$ 表示进程 P 的字母表 A 中的事件 x 发生后，进程 P 以 x 事件为初始事件继续进行。进程到某一时刻为止所处理的事件序列定义为进程的迹（trace）。针对复杂进程的描述，CSP 允许进程的嵌套，一个大的进程可以由许多小的进程组成。CSP 进程之间发送消息交互，进程之间的关系（即进程的组合方式）通过一些运算定义，如顺序、并发、选择、分支以及其他非确定性的交织等。另外，CSP 定义了两个原语进程——Skip（正常终止）和 Stop（死锁），用来终止一个进程。

CSP 使用的符号子集包括以下元素 [61]：进程和事件，进程描述了交互事件中的一个实体，事件可以是原子的，也可以包含数据，最简单的进程 Stop 表示没有事件；前缀，如

果有 $e \rightarrow P$，则 e 为 P 的前缀；替代（alternative），即确定性选择，一个进程可以表现为 P 或 Q，由它自己决定，表示为 $P \Pi Q$；决定（decision），非确定性选择，一个进程可以表现为 P 或 Q，且由它所处的环境（与其他过程的交互）决定，表示为 $P[]Q$；命名进程（named process），进程名称可以与进程的表达式相关联。

CSP 以事件为核心，通过事件集合实现进程及其关系的描述，并且通过失效 / 偏差模型对进程行为进行判别。失效由迹和拒绝集成对定义，拒绝集也是一个事件集合，它给出进程在指定迹上面可以拒绝的事件集合。偏差用于描述无法预测的环境。CSP 的主要优点在于 CSP 规范的可执行特性，因此可以检查内在的一致性。此外，CSP 还支持从规范验证到设计和实现的一致性，即如果规范是正确的，并且转换也是正确的，那么设计和实现也是正确的。CSP 不仅可以用于建立刻画系统行为的模型，还可以用于建立推理的形式演算模型，研究者们发现 CSP 能够很好地描述软件架构模型的各种语义属性。文献 [62] 在 CSP 理论的基础上，对软件架构的形式语义和代数语义进行了分析，并对软件架构的元模型进行了描述，将元模型的每一层都描述为一个进程，然后利用 CSP 严密的语义特性表达能力和演算推理分析能力对整个模型进行良好的语义描述分析和检测。

3.3.2 基于 UML 的形式化建模方法

由于软件架构建模的本质在于预先给出待建系统的模型并分析其各种行为和特征，因此如何精确地描述模型显然是非常重要的。尽管 UML 可以用于描述软件架构，对各种软件系统或离散型系统进行建模，并且通过相应支持工具的配合可进行架构的文档化和部分目标语言代码的生成，然而 UML 不是一种形式化的语言，不能精确地描述系统的运行语义。因此，非形式化描述方法不能支持在软件架构的抽象模型层面进行相关分析和测试，需要进一步采用形式化建模方法及其支持语言和工具。

形式化方法和 UML 存在很大的互补性，二者的结合研究对提高软件架构的建模质量有着非常重要的意义。形式化与 UML 结合的建模过程和 UML 统一建模过程有明显的不同，它的目标是直接构造出尽可能正确的系统。图 3-2 是形式化与 UML 结合的开发过程图。因为形式化与 UML 结合的建模过程和 UML 统一建模过程的目标不同，所以它们的开发模式也不一样。形式化与 UML 结合的建模过程的需求分析和设计阶段需要投入大量工作量，通常占到全部工作量的 60% ～ 70%，编码和测试工作则只占 30% ～ 40%。而 UML 统一建模过程的编码和测试所需工作量非常大，一般要占到 60% ～ 70%[63]。从这里可以看出形式化与 UML 结合的建模过程在需求分析和设计阶段所投入的工作量要远远大于 UML 统一建模过程，这主要是因为其在设计阶段使用了形式化描述与验证，保证了软件架构设计的一致性和可靠性，从而使得后期的编码和测试工作变得相对简单。

下面我们来看看如何将形式化方法与 UML 结合在一起，其中使用的形式化方法以 Z 语言为例，而 UML 中以常用的类图、用例图、状态图和顺序图为例。

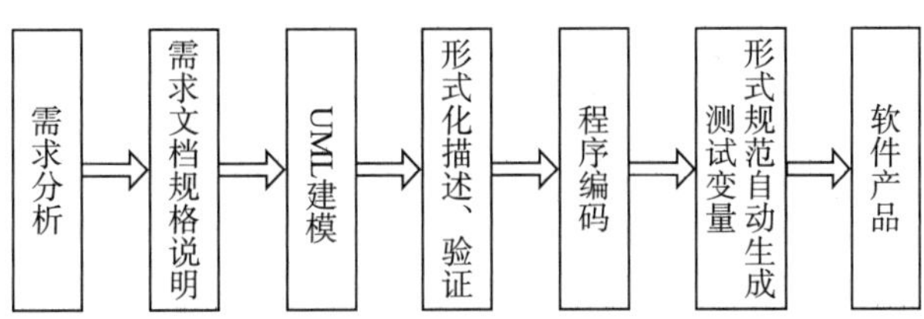

图 3-2　形式化与 UML 结合的建模过程

1. UML 类图的形式化

UML 类图是由类、泛化和关联组成的。类包括属性和操作，其中操作包含一组有序的参数。泛化表示了子类和超类的关系。关联一般有两个关联端，每个关联端具有若干属性。UML 类图的形式化可以转化为对类、关联、泛化的形式化描述 [64]。

（1）类的形式化

在 UML 中，类是一组具有公共特性的对象的抽象。类有名称、属性和操作。其中，属性有名称、可见性、类型和多重性；操作有名称、可见性和参数，操作的每个参数有名称和类型。在定义图形元素之前，先定义几个集合：Name、Type 和 Expression。用 Z 语言表示为 [Name, Type, Expression]。在属性中多重性表示属性数据取值的可能数目。在 UML 中可见性可以是私有的、公共的和保护的。如图 3-3 所示为类的属性和参数的形式化表示。

```
VisibilityKind::=private | public | protected
```

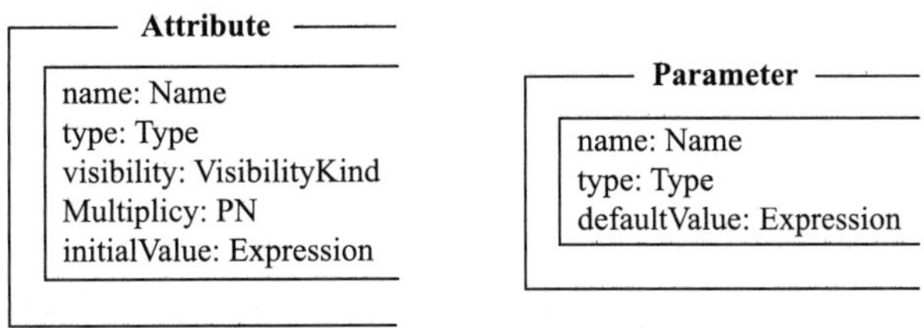

图 3-3　类的属性和参数的形式化表示

操作中的参数是一个序列，而且参数名必须唯一。如图 3-4 所示。

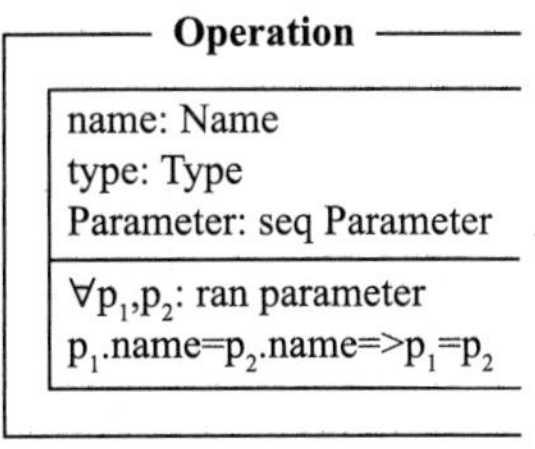

图 3-4　类的操作的形式化表示

在类中定义的属性名应该不同，并且操作应该带有不同的参数。如图 3-5 所示。

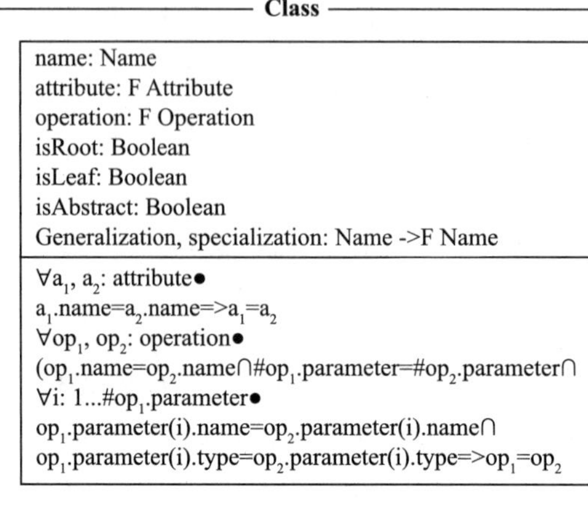

图 3-5　类的形式化表示

（2）关联的形式化

在 UML 中，类之间的关系用关联来表示。在大多数情况下，类图中两个类之间的关联是二元的，而且聚集和组合总是二元关联。因此，我们只考虑二元关联。二元关联有一个关联名和两个关联端。每个关联端有一个角色名和一个多重性约束、一个描述导航性的属性和一个描述关系类型（聚集、组合）的属性。多重性约束描述的非负整数的范围表示该位置上可以有多少个对象，并且限制了一端的一个对象可以与另一端的多少个对象有关联。谓词部分的约束表示多重性不能为 0，对组合而言，组合端的多重性至多为 1。如图 3-6 所示为关联端的形式化表示。

```
AggregationKind::=none | aggregate | composite
```

二元关联有一个名称并且恰好有两个关联端。谓词部分的属性表示了关联的特性：每个角色名必须不同。对聚集和组合关联来说，应该只有一个聚集或组合端并且另一端是部分或者聚集值为 none。假定 e1 是聚集或组合端，则关联的另一端的聚集值为 none，并且属性名和角色名不重叠。如图 3-7 所示。

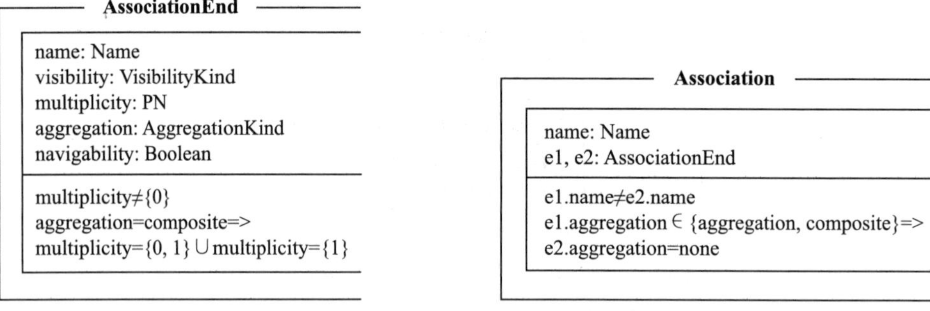

图 3-6　关联端的形式化表示　　　　图 3-7　关联的形式化表示

（3）泛化的形式化

在 UML 中，泛化描述了对象之间的分类关系，其中超类对象描述了通用的信息，子类对象描述了特定的信息。如图 3-8 所示约束表达式表示不允许循环继承。

（4）类图的形式化

UML 类图是由类、关联和泛化组成的。约束表达式表示在类图中，类的名称是唯一的，并且关联和泛化涉及的类应该在同一个类图中。如图 3-9 所示。

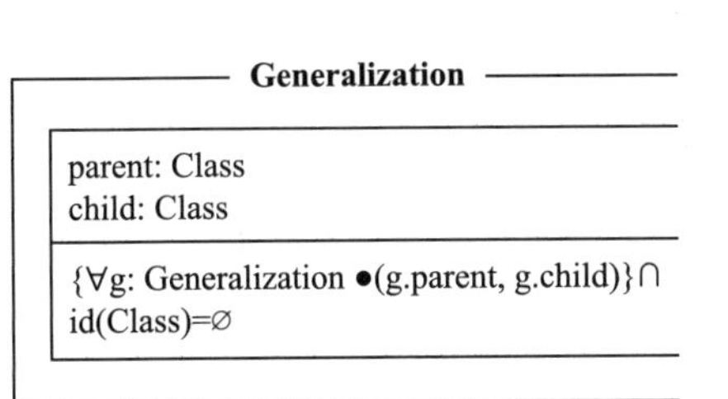

图 3-8　泛化的形式化表示

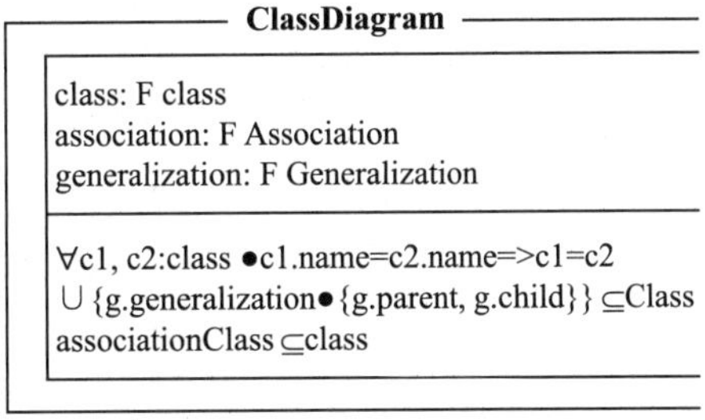

ClassDiagram

class: F class
association: F Association
generalization: F Generalization

∀c1, c2:class ●c1.name=c2.name=>c1=c2
∪{g.generalization●{g.parent, g.child}} ⊆Class
associationClass ⊆class

图 3-9　类图的形式化表示

2. UML 用例图的形式化

用例图由角色、用例和系统三个部分组成，所以对用例图的形式化工作可转化为对这三种元素的形式化描述 [64]。

（1）角色的形式化描述

角色是与系统交互的外部实体（人或事），代表的是一类能使用某个功能的人或事，所以它的形式化描述比较简单。假设类 A 和类 B 使用系统的功能时具有角色 C，则角色 C 可以表示成"Actor C==AVB"。

（2）用例的形式化描述

利用 Z 语言可以将用例形式化为如图 3-10 所示格式。

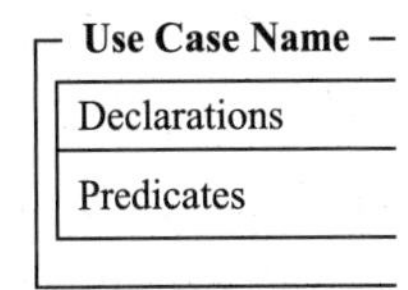

图 3-10　用例的形式化描述

其中，Use Case Name 是模式名，Declarations 是声明部分，Predicates 是谓词不变式部分。对用例模式而言，声明部分是状态变量和输入 / 输出声明，谓词不变式是执行用例的功能时应满足的条件和执行用例的功能后引起的变化。用例模式的谓词不变式可以表示如下：

```
Predicates = Pre-Pred ∩ Post-Pred
```

不变式中的"∩"表示"并且"的关系，意思是 Predicates 由 Pre-Pred 和 Post-Pred 两部分组成。Pre-Pred 表示执行用例的功能前状态变量和输入应满足的条件，即用例的前置条件；Post-Pred 表示执行用例的功能后状态变量和输出应满足的条件，即用例的后置条件。

1）独立用例的形式化描述：这里的独立用例是指该用例与其他用例之间不存在 use 或

extend关系。前面所介绍的用例模式可以用来表示独立用例的形式化，为了更清晰地描述用例模式的前置条件和后置条件，将其用例模式的谓词不变式部分分成两部分表示，表示方法如图3-11所示。

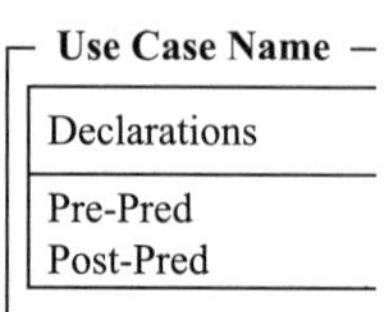

图3-11　基于Z的独立用例的形式化描述

2）有关系的用例的形式化描述：这里有关系的用例指的是与其他用例之间存在扩展或使用关系的用例的形式化。图3-12是扩展关系和使用关系的用例图。由于在这两种关系的用例中，Use Case A均继承了Use Case B中的一些行为，因此把Use Case B看作父用例，Use Case A看作子用例。形式化描述具有扩展和使用关系的用例时，对于父用例（即Use Case B）将按照独立用例的形式化方法进行描述；而对于子用例（也就是Use Case A)，则将其描述成包含父用例的模式，如图3-13所示。

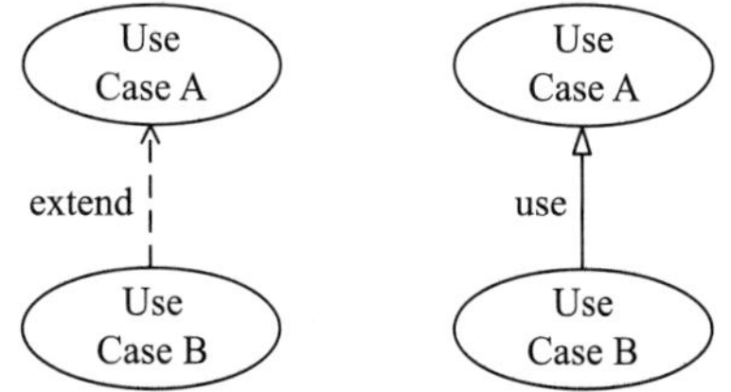

图3-12　具有扩展关系和使用关系的用例图

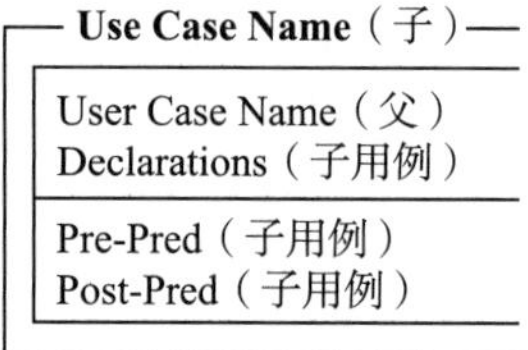

图3-13　有关系的用例图的形式化表示

相对于独立用例的形式化，具有扩展和使用关系的用例（子用例）的描述只需要在Declarations部分增加其所继承的用例的声明即可。

（3）系统的形式化描述

系统是用例图的另一个组成部分，它的形式化描述同样可以按照图3-13的格式给出，只不过将Use Case Name用System Name代替，如图3-14所示，图中System Name是系统的名称，Declarations是系统所提供的功能（即用例）的声明，Predicates是对用例的约束，主要用来表示各个用例之间的关系。

System Name
Declarations
Predicates

图3-14　系统的形式化表示

（4）用例图的形式化描述

用例图是由角色、用例和系统组成的，所以只要将角色、用例和系统的形式化描述组织起来，就可得到用例图的形式化描述。用例图的形式化描述如图3-15所示。图中，Declarations部分是角色、用例和系统的说明，Predicates部分用于表示角色和用例之间的关系，也就是说用来表示某个角色与哪些用例之间有关系，即使用了用例的功能。

UCDiagram Name
Declarations
Predicates

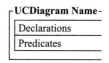

图3-15　用例图的形式化表示

3. UML 状态图的形式化

UML 状态图由状态和迁移组成，对应地，在形式化过程中我们分别定义了迁移模式和状态模式，状态模式之间的层次化结构机制用 Z 语言的模式运算来表示 [65]。

（1）迁移模式

迁移模式表征一个迁移所引起的状态变化，关联迁移前的变量值与迁移后的变量值。迁移具有触发事件、迁移条件、动作、源状态和目标状态，在定义 Z 语言的模式之前，先定义几个集合：事件集 EE、迁移条件集 CE、动作集 AE。

```
EE::={Request_Event, Transform_Event, Signal_Event, Time_Event}
CE::={Boolean_Expression}
AE::={Assignment,Call,Create,Destory,Rerurn,Send,Terminate,Uninterpreted}
```

EE 中的事件是具有时间和空间位置的显著发生的某件事。事件带有参数，参数可用于迁移中的动作。事件可以划分为请求事件（Request_Event)、变更事件（Transform_Event)、信号事件（Signal_Event）和时间事件（Time_Event）[66]，如表 3-2 所示。

表 3-2　事件的种类和对应描述

事件类型	描述	语法
Request_Event	接收同步请求	Op(a:T)
Transform_Event	布尔表达式值的更改	When(exp)
Signal_Event	接收异步通信	Sname(a:T)
Time_Event	某个绝对时间内发生的事件	After(time)

EE 中的迁移条件是布尔条件表达式，它可能引用附属于该状态的对象的属性以及触发事件的参数。迁移条件在触发事件发生时被求值，如果表达式为真，则迁移被激发。AE 中的动作在迁移被激发时执行，动作通常是赋值语句或单个的计算，还包括调用操作、设置返回值、创建和销毁对象以及其他指定的控制动作。迁移模式定义如图 3-16 所示，其中 Name 是标识符集合，name 指迁移名，Source_state 指迁移模式连接的源状态模式，TriggerEE 指触发事件集，Object_state 指迁移的目标状态模式。

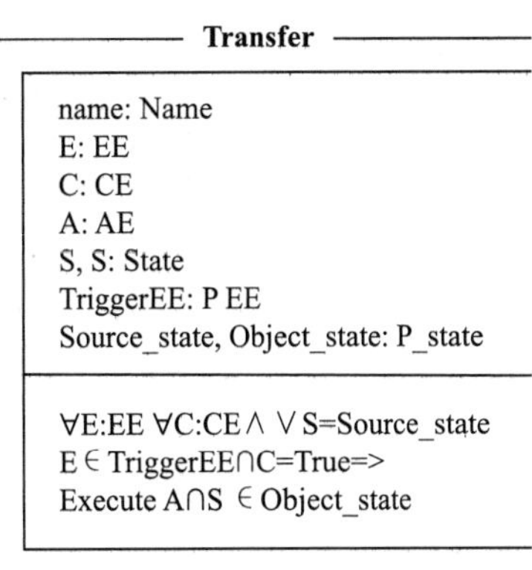

图 3-16　迁移模式的形式化表示

（2）状态模式

状态模式包含变量声明和使用声明变量的谓词集，其动态属性由迁移模式描述，静态属性则由状态模式和操作模式来描述，定义如图 3-17 所示。

（3）层次化结构机制表示

为了支持大中型软件开发，Z 语言引入了层次化结构机制，允许用成组框将相关的图元结合在一起，成组框可以嵌套，从而支持对目标软件系统功能的逐级分解。下面我们利用 Z 语言的模式运算来定义组合状态的状态模式，从而表示层次化结构机制。

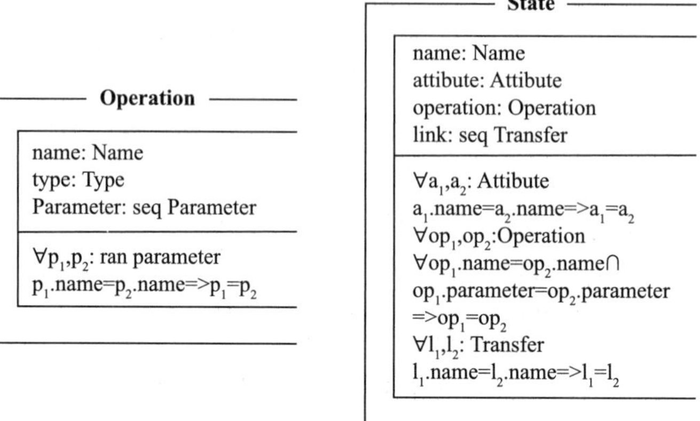

图 3-17　操作模式以及状态模式的形式化表示

状态模式之间的 OR、AND、SAND 三种关系可以分别使用操作符“‖”“&”“#”来定义，其语法为：Schema-Exp::=Schema-Exp op Schema-Exp（其中 op 为 ‖、& 或 #）。

这三个操作符都是二元操作符，操作数为模式表达式。模式运算定义为合并子模式的变量声明和断言以形成一个新的模式。对于 ‖ 和 & 操作符，两个模式必须类型兼容，# 操作符用于描述顺序系统，要求两个模式共享的输入、输出变量的类型一致，它的操作效果是对于所有共享变量，第一个模式的输出值将作为第二个模式的输入值。在定义了迁移模式和基本状态模式 S2、S3、S4、S5、S7、S8 后，图 3-18 中的 UML 状态机示例可用模式运算表示为：

```
sub1::=S2#S3  sub2::=S4#S5  S6::=S7#S8  S1::=sub1&sub2
S::=S1||S6
```

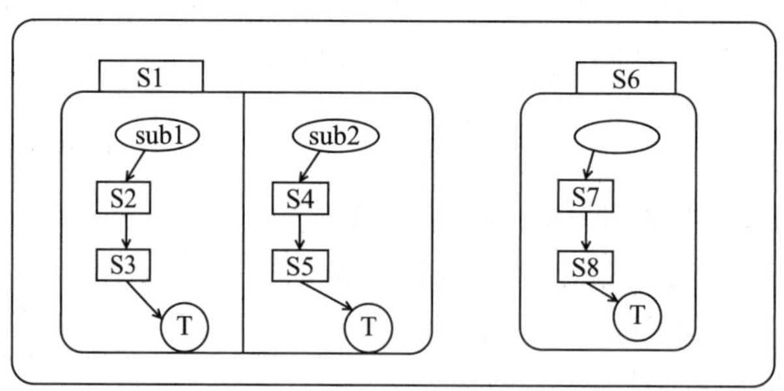

图 3-18　UML 状态机示例

另外 S2、S3、S4、S5、S7、S8 也可以是引用子状态机状态或者占位状态，可以在逐步求精中不断细化，外层的状态细化成多个内部状态，每个子状态继承父状态的迁移。

4. UML 顺序图的形式化

UML 顺序图用于描述对象间动态的交互关系，着重体现对象间消息传递的时间顺序 [67–68]。顺序图采用两个轴：水平轴表示不同的实例（其实是角色，每个角色代表一个特定的对象或一组对象的集合，以下称之为实例），垂直轴表示时间。两个实例生命线间带有箭头的线表示消息，消息的箭头形状表明了消息的类型是发送还是返回。消息按发生的时间顺序从上到下排列，每个消息旁边标有消息名，也可加上参数。图 3-19 给出了顺序图的一个具体实例。

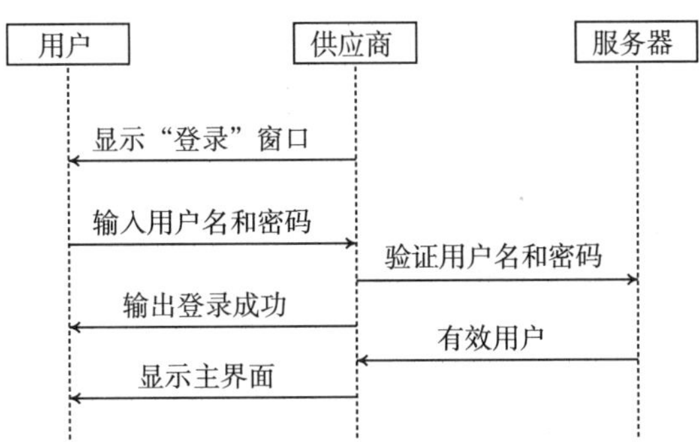

图 3-19　用户成功登录到服务器的 UML 顺序图

（1）实例的形式化描述

顺序图具有一定的抽象句法，也必须满足一些合式规则。这里使用 Z 语言严格地对它们进行描述，规格说明使用了以下给定的类型：[INSTANCE, TYPE, NAME]，其中 INSTANCE、TYPE、NAME 分别是所有实例、类型和名称的集合。

在顺序图中实例的生命线上发送或接收消息的点称为位置点，每个实例的生命线上存在着有限个离散的位置点。如图 3-20 所示的全程变量 l _max，表示系统所允许的最大位置点。实例生命线上的位置点用模式 ILocation 描述，其中任意一个位置点均不大于 l_max。

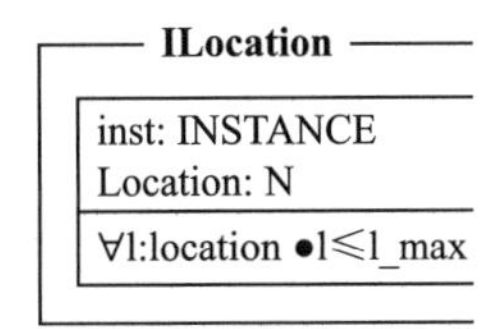

图 3-20　ILocation 的形式化描述

（2）消息的形式化描述

在每个位置点上可以有一个或多个消息发送给其他实例，或者接收从自身或其他实例发送过来的一个消息。每个消息上标记有消息的名称和对应的参数，其中消息的参数类型应与系统模型中类图给出的操作说明一致。为了区分相同发送实例和接收实例间激活相同操作的两个消息，每个消息还附带一个唯一的标识号。消息标识用模式 MsgId 描述，其中任意两个消息的标识号均不相同。如图 3-21 所示。

MsgId

m_name: Name
paralist: seq(P TYPE*NAME)
returnv: TYPE
m_no: N

$\forall m_1,m_2$:m_no $\bullet m_1 \neq m_2$

图 3-21　MsgId 的形式化描述

顺序图中可以使用返回标记，它表示从消息处理中返回，而不是一个新消息，所以返回标记与原来的消息具有相同的消息标识。通常情况下它带有一个返回值，其类型也与类图中的说明相一致。返回标记可以由模式 ReturnId 定义，如图 3-22 所示。

```
—— ReturnId ——
m_id:Msgld
returnv: TYPE
——————
∀i1,i2:m_id•i1≠i2
```

图 3-22　ReturnId 的形式化描述

用 S 和 R 分别表示消息的发送和接收，则消息的发送接收标志 MSRFlag 定义为：

```
MSRFlag ::= S | R
```

顺序图中的每个消息与实例生命线上的两点相关，即发送消息的位置点和接收消息的位置点，可以用模式 Message 描述。如图 3-23 所示。

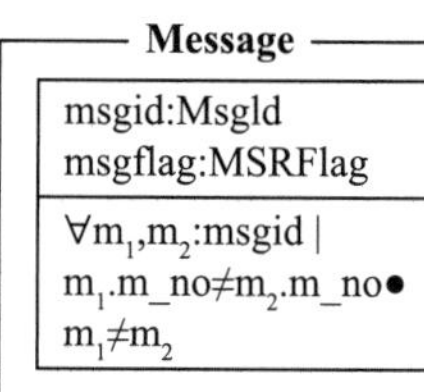
Message
msgid:Msgld
msgflag:MSRFlag
∀m1,m2:msgid |
m1.m_no≠m2.m_no•
m1≠m2

图 3-23　Message 的形式化描述

另外，用映射 msg 来描述顺序图中位置与消息之间的对应关系，定义函数 source、target 来描述消息与发送或接收该消息的实例之间的对应关系：

```
/msg: ILocation        F Message
source,target: Message → F1 INSTANCE
```

顺序图可用模式 WFSequenceDiagram 描述，其中至少有一个实例和一个消息，并且对于任意的消息，其发送位置点与接收位置点应不同。如图 3-24 所示。

```
—— WFSequenceDiagram ——
instance: F1 INSTANCE
iloc: F Ilocation
message: F message
msg: llocation <->F Message
Source, target: Message ->: F1 INSTANCE
——————
#inst≥1
#message≥1
∀l:iloc; m_id:Msgld; u: message |
u=(m_id,S)∧u∈msg(l)•source(u)=l.inst
∀l:iloc;m_id:Msgld;u:message |
u=(m_id,R)∧u∈msg(l)•target(u)=l.inst
∀m:message•source(m)≠target(m)
```

图 3-24　WFSequenceDiagram 的形式化描述

UML 与 Z 结合的建模过程是在目前软件规模和复杂性不断增大的情况下提出的，它对现在工业界软件架构建模过程做了一些改进，并提出了一些新的思路和构想。不只是 Z 语言，其他形式化方法也可以将非形式化的 UML 图形转换为具有精确语义的形式化规格说明，在非形式化的图形表示与形式化定义之间建立映射关系。UML 中的类图、用例图、状态图以及顺序图较适合形式化描述，用形式化描述方法其他图反而使得描述过程更加复杂，容易降低效率。

3.4　其他建模方法

3.4.1　文本语言建模方法

文本语言建模即通过文本文件描绘架构[69-70]。文本文件通常需要符合某些特殊的句法格式，就像 .c 和 .java 文件分别需要符合 C 语言和 Java 语言规范一样。（当然，架构决策也可以用自然语言进行文档化，这种情况下建模需要受到该语言的语法和拼写规则等的限制。）

针对只由一个组件——Web 浏览器构成的 Web 客户机，图 3-25 和图 3-26 显示了两种对其架构进行描述的方法。其中图 3-25 使用了 xADL 本身的 XML 文本建模，图 3-26 使用了 xADLite 文本建模。这是一个应用不同文本建模方法来描述同一模型的例子。使用 XML 文本建模方法具有易读性和易操作性，并且可以用 XML 工具进行句法验证。而 xADLite 文本建模方法在描述同一模型时，在阅读性方面做了优化。

```
<instance: xArch  xsi: type = "instance: XArch">
  <types: archStructure  xsi: type = "types: ArchStructure"
                          types: id = "ClientArch">
    <types: description  xsi: type = "instance: Description">
      Client Architecture
    </types: description>
    <types: component  xsi: type = "types: Component"
                          types: id = "WebBrowser">
      <types: description  xsi: type = "instance: Description">
        Web Browser
      </types: description>
      <types: interface  xsi: type = "types: Interface"
                          types: id = "WebBrowserInterface">
        <types: description  xsi: type = "instance: Description">
          Web Browser Interface
        </types: description>
        <types: direction  xsi: type = "instance: Direction">
          inout
        </types: direction>
      </types: interface>
    </types: component>
  </types: archStructure>
</instance: xArch>
```

图 3-25　XML 文本建模方法

使用文本语言建模有如下优势：它可以在单个文档中描述整体架构，并且存在众多文本编辑器以方便用户与文本文档的交互。由于对结构化文本的语法分析、处理和编辑等相关技术的研究已经持续数年，当使用一种元语言（如 BNF（Backus-Naur Form））来定义文本的句法时，许多工具能够生成程序库来对使用该语言的文本文档进行句法分析和检查。许多编辑器附带额外的开发支持工具，如当用户输入时可实现自动补全或语法检查等。

```
xArch{
  archStructure{
    id = "ClientArch"
    description = "Client Architecture"
    component{
      id = "WebBrowser"
      description = "Web Browser"
      interface{
        id = "WebBrowserInterface"
        description = "Web Browser Interface"
        direction = "inout"
      }
    }
  }
}
```

图 3-26　xADLite 文本建模方法

然而文本语言建模也有如下问题：文本符号可以很好地描述线性和层次结构（例如在 C 语言和 Java 语言中，线性顺序可用从上至下的行表示，层次结构可用括号和缩进表示），然而用文本语言建模方法表示类图结构不易理解。另外，文本编辑器通常限于显示连续满屏的文本，很难以其他方式组织文本（也有一些环境允许代码折叠，使得用户可以将某个文本块限制在一行之内）。

文本语言建模方法不仅要能够描绘模型，也要方便用户与模型之间的互动，如编辑、修改等，一般来说可使用一个普通的文本编辑器或字处理器，也可使用专门的工具或平台。为了使文本更易阅读和理解，原始的方法是使用分隔符、空白符和换行符等使得程序结构更加突出。另外还有一些装饰方法，如可以使用不同的字形、字体和颜色（例如，关键字用粗体表示，评论用斜体表示，不同字体大小表示不同的嵌套等级等），还可以使用表格或提纲。文本语言建模方法中一些先进的机制有语法高亮显示、文本的静态检查、自动补全、代码折叠等。

1. 语法高亮显示

语法高亮显示是文本编辑器在显示文本尤其是显示源代码时的重要特性之一，它根据不同类型显示不同的颜色和字体[69]。这一特性使得编写结构化语言如程序语言或标记语言时，其结构错误和语法错误能够明显区分开来。高亮不会影响文本本身的含义，它仅仅方便相关人员的阅读和编辑。

2. 文本的静态检查

静态程序分析是指在不实际执行程序的情况下对计算机软件进行分析（在执行程序过程中的分析被称为动态分析）[70]。大多数情况下是通过源代码进行分析，然而在某些情况下也会根据目标代码进行分析。该术语通常指自动化工具的分析，人工分析被称为程序理解或代码审查。

3. 自动补全

许多工具，如 Web 浏览器、电子邮件程序、搜索引擎接口、源代码编辑器、数据库查询工具、文字处理软件、命令行解释器等，都提供自动补全这一功能。一般的文本编辑器也逐渐集成这一功能。自动补全需要程序在用户没有完全输入时已能够预测用户想要输入的单词或短语。当可以根据输入记录来预测当前输入的词语时，这一特性是非常有效的，如只有有限个可用的或常用的短语（常出现在电子邮件程序、Web 浏览器或命令行的解释器等情况中），或输入的文本是高度结构化并易于预测的语言（例如在源代码编辑器中）。文本编辑器可根据一种或多种语言的单词列表进行预测。许多自动补全程序在用户输入某个单词若干次后会自动学习。许多自动补全的程序都能够在学习新单词后（如用户写了几次之后），基于个人用户的学习习惯提出其他建议。自动补全或单词预测均可加快书写速度，非常适合使用环境中的人机交互。

4. 代码折叠

代码折叠是文本编辑器、源代码编辑器以及集成开发环境（IDE）的一个特殊功能，允许用户选择性地隐藏和显示当前编辑的文件的某些部分。它允许用户在任意时刻管理大量文本的同时只需要关注那些相关文本。这一特性有利于开发人员管理源代码文件。区别于文本折叠，代码折叠还需要遵循相关标记语言或程序语言的句法。

3.4.2　模型驱动的架构建模方法

软件架构是软件开发的重要手段。现阶段与软件架构相关的技术中有两个特别值得注意：开发驱动架构（Development Driven Architecture）与模型驱动架构（Model Driven Architecture, MDA）[71]。软件架构原则集中于通过抽象和分离关注点来降低复杂性。它形成了成功的软件密集型系统的骨干，且被认为是系统设计和建模的一级元素。架构是一个软件系统的质量属性（如性能或可靠性）的主要载体。

模型驱动架构（MDA）是 OMG 于 2001 年正式提出的一个框架规范。不同于 OMG 颁布的另一个框架规范 OMA，MDA 不是一个实现分布式系统的软件架构，而是一个利用模型技术进行软件开发的方法。与传统的软件开发方法相比较，MDA 致力于将软件开发从以代码为中心变为以模型为中心，使模型不仅被作为设计文档和规格说明来使用，更成为一种能够自动转换为最终可运行系统的重要软件制品。

MDA 将模型区分为平台无关模型（Platform Independent Model，PIM）和平台相关模型（Platform Specific Model，PSM）。PIM 是一个系统的形式化规格说明，它与具体的实现技术无关，PSM 则是基于某一具体目标平台的形式化规格说明（这里的平台指的是使用特定的技术）。模型不再仅仅是描绘系统、辅助沟通的工具，而是软件开发的核心和主干。它的核心思想是抽象出与实现技术无关、完整描述业务功能的平台独立模型，针对不同实现技术制定多个映射规则，并通过这些映射规则及辅助工具将 PIM 转换成与具体实现技术相关的平台模型 PSM，最后将 PSM 转换成代码 [72]。

PIM 与 PSM 这两种模型是 MDA 架构中对于一个系统的不同视角的模型描述，它们之间是抽象和求精的关系。与具体实现技术无关，PIM 可以被多种实现技术重用，当技术平台发生变迁时，PIM 不必做改动；PIM 可以更加精确地体现系统的本质特征，对跨平台互操作问题进行建模非常容易。因为使用与平台无关的通用术语，语义表达会更加清晰。PIM 与 PSM 两个模型之间通过模型映射机制相互映射，从而保证了模型的可追溯性，这也体现了 MDA 软件开发过程是一个自顶向下、逐步求精的过程。MDA 的一个目标是简化分析模型的重用。由于平台的相关性，同样的分析模型可以用在许多不同的平台环境下。

以架构为中心和模型驱动的范式组合可以方便地用于自动化改造过程中，也可以实现 MDA 方法的重用。基于此，文献 [73] 提出了 ArchMDE，其主要思想就是在任何平台上实现软件架构的独立性。因此，独立于平台的架构问题必须在 PIM 层次处理。出于这个原因，文献 [5] 将 PIM 分为两个层次：架构独立模型（AIM）和架构具体模型（ASM）。AIM 和 ASM 都是不包含任何具体实施技术的系统模型。作为一个分析模型，AIM 表现出一定的架构独立性，使其适用于大量不同的架构设计。 ASM 结合了 AIM 中的规格，可以指定该系统如何使用一个特定风格的架构细节。既然已经将 PIM 分为 AIM 和 ASM 两层，自然允许集中架构设计决策，以改善架构特性的清晰度。AIM 及其适应性使得可重用性得以增加。而在从 PIM 到 PSM 的转换中，ASM 使得这种转换独立于执行平台。

面向 MDA 的建模和映射技术主要包括元对象机制（Meta Object Facility, MOF）、统一建模语言（UML）、公共仓库元模型（Common Warehouse Meta Model，CWM）[74]。

MOF 是 OMG 提出的一个对元模型进行描述的规范的公共抽象定义语言。MOF 是一种元－元模型，即元模型的元模型。MDA 中的 UML、CWM 元模型均以 MOF 为基础。MOF 标准的建立确保了不同元模型之间的交换。作为一个描述建模语言的标准语言，MOF 标准避免了将来由于建模语言不同而产生建模语言间相互理解与转换的障碍 [75]。

CWM 为数据仓库和业务分析领域最为常见的业务与技术相关元数据的表示定义了元模型 [76]。CWM 实际上提供了一个基于模型的方法来实现异构软件系统之间的元数据交换。这样，对于依据 CWM 建立的数据模型，尽管它们存储于不同的软件系统中，但可以很便利地被整合和集成，进而确保数据挖掘等应用可以跨越企业数据库的边界。

模型驱动软件架构不仅能够用标准的符号表示这些开发模型，还能够定义模型间的转换来获得最终的软件产品。如果模型遵循 MOF 规范，以及 MOF2.0 的查询 / 视图 / 转换（Query/View/Transformation，QVT）语言，就能够形式化定义这些转换。模型驱动架构最大的好处在于只需要较少的时间和精力来开发整个系统，从而提高了生产率。此外，模型驱动架构还能为系统的演化、集成、互操作性、轻便性、适应性和重用性提供支持。

目标系统的需求由公共信息模型（CIM）定义，根据 CIM 生成与平台无关的模型（PIM），接着再根据不同的平台和技术，将 PIM 自动转换成与特定平台相关的模型（PSM），最后根据 PSM 生成代码，得到最终的软件架构。

3.5　软件架构建模方法的发展趋势分析

20 世纪 80 年代出现的面向对象技术是软件技术的一次革命，系统分析人员开始借助面向对象技术对将要建造的软件系统建模。这些模型元素几乎与代码元素相同，所以从模型生成代码成为可能。而且用模型代替代码使得开发人员可以在更高的抽象层次上讨论问题，避免了对代码语法不必要的纠缠。随着软件架构建模技术的发展，建模领域也出现了一些问题：工具开发商不得不耗时费力地在同一个工具里支持大量不同的图形、符号、表示法，而软件开发人员面对众多的方法、工具则显得无所适从。若要解决这些问题，需要提出一个完备的、灵活的、精确的、可扩展的架构建模解决方案，这也是学术界和工业界共同的奋斗目标。下面我们来分析架构建模技术是如何向这一奋斗目标发展的。

在软件开发过程中有一个模型成熟度级别（Modeling Maturity Level，MML）的概念[77]，用来衡量模型的效率和模型的层次级别。通过这种衡量，可构建出更加优良的模型，从而提高软件开发的效率，减少人力成本。MML 有六层示意图，分别如下：

- 第 0 层：没有标准，模型存在于开发者的头脑中。
- 第 1 层：文本表达，用自然语言描述想法。
- 第 2 层：文本和图，用自然语言以及一些图形来描述想法。
- 第 3 层：模型和图，用建模语言描述的图来表达模型，用自然语言加以辅助。
- 第 4 层：精确的模型，用一致而又连贯的文本 / 图来精确地描述模型，它们是没有歧义的，可以直接映射到编程语言。
- 第 5 层：只有模型，此时的模型是对系统的完备、一致、详细和精确的描述。它足以完成全部代码的生成工作，生成的代码无须任何改动即可运行。

这里结合 MML 的层次概念来分析软件架构建模技术的发展趋势。从原始的文本建模（第 1 层）到目前广泛应用的 UML 建模（第 3 层），技术的发展核心都是如何让架构模型能够更完备地反映出架构的设计决策，重心在模型本身。从第 4 层开始，人们的关注点转移到如何将模型精确、完备地转换成代码，这里应用了形式化的建模技术，重心在于模型到代码的转换过程。第 5 层是人们的一种设想，模型取代程序代码成为软件开发过程中的产品，建立精确的模型后可以直接生成全部代码，无须修改即可交付。这里的层次只是一种方法论的划分，软件架构建模技术并不是顺序地从一个层次发展到下一个层次，而是各个层次上的技术都在不断进步、共同发展。图 3-27 是软件架构建模的技术发展路线。

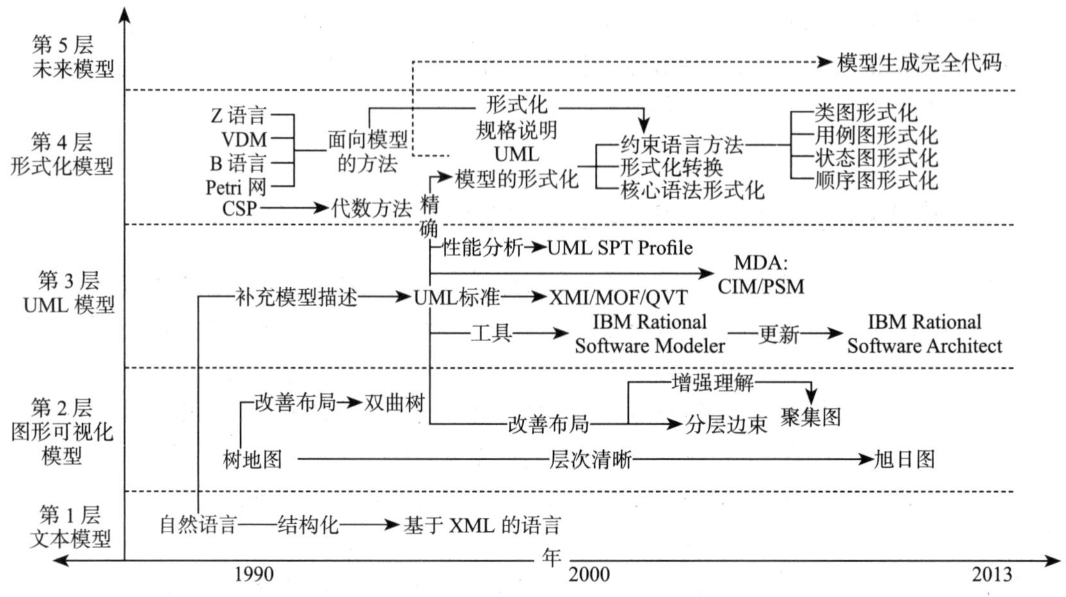

图 3-27 软件架构建模的技术发展路线

3.5.1 第 1 层：文本模型

第 1 层是文本模型，从原始的自然语言文档化到以 XML 为代表的有固定规范、结构的文档化，都是通过文本文件来描述软件架构。由于对结构化文本的语法分析、处理和编辑等相关技术的研究已经持续数年，当使用一种元语言来定义文本的句法时，许多工具能够生成程序库来对使用该语言的文本文档进行句法分析和检查。文本符号可以很好地描述线性和层次结构，但是描述类图结构时不易理解。

3.5.2 第 2 层：图形可视化模型

第 2 层是图形可视化模型，其实 UML 也是一种图形可视化的建模方法，但由于其地位重要、应用广泛，将 UML 单独作为第 3 层来分析 [78]。图形可视化是将软件架构按照图形的方式进行表达，需要便于利益相关者阅读、理解和交流，使之不致因图形过于复杂而难以把握软件架构的概况。

3.5.3 第 3 层：UML 模型

第 3 层是 UML 模型，UML 模型之所以能够得到学术界和工业界的广泛支持，是因为其可以使用单一的集成表示法来对系统的多个方面进行建模，模型范畴包括系统的静态结构和动态行为特征、系统的逻辑功能和物理部署。

3.5.4　第 4 层：形式化模型

第 4 层是形式化模型。在目前通用的软件架构建模方法中，通常还是非形式化方法。然而这种非形式化方法并不能很好地描述不同系统的组成部分之间的一些特性，已经难以适应软件架构建模的进一步发展。因此，在软件架构的建模过程中必须要有具备精确描述能力的形式化方法和研究工具。目前在软件架构建模领域，形式化方法的关注热点主要集中在使用形式化规格说明语言进行建模和基于 UML 形式化建模这两方面。表 3-3 对这两个研究热点进行了比较分析。

表 3-3　两个形式化研究热点的比较

<table>
<tr><th></th><th>兴起时间</th><th>理论基础</th><th>研究方法</th><th>缺点</th></tr>
<tr><td rowspan="2">形式化建模</td><td rowspan="2">20 世纪 90 年代初期</td><td rowspan="2">形式化规格说明语言</td><td>基于模型的方法</td><td>规范难以确认</td></tr>
<tr><td>代数方法</td><td>难以理解，扩展性差</td></tr>
<tr><td rowspan="3">UML 模型的形式化</td><td rowspan="3">20 世纪 90 年代后期</td><td rowspan="3">UML 模型和形式化规格说明语言</td><td>核心语法形式化</td><td>难以与各种 UML 图形匹配</td></tr>
<tr><td>约束语言方法</td><td>难以获得元模型数据</td></tr>
<tr><td>形式化转换</td><td>受到形式语言技术的制约</td></tr>
</table>

形式化建模的理论基础是形式化规格说明语言，这种语言采用数学的形式描述系统将要“做什么”，用带有精确定义的形式语言来描述程序的功能，它是设计与实现程序的出发点，也作为验证程序是否正确的依据。关于形式化规格说明语言的研究主要分为以下两类：

1）**基于模型的方法**：其基本思想是利用一些已知特性的数学抽象来为目标软件系统的状态特征和行为特征构造模型。如 Z 语言、B 语言、VDM、Petri 网等都是基于模型的方法。每一种基于模型的方法都会提出一套自己的规范，然后采用数学方法来说明规范，但是规范所使用的数学工具并不能保证规范是正确的。当然也可以使用证明技术来辅助确认，但这也只能简单地缩短形式化方法与现实世界之间的距离，并不能消除它。

2）**代数方法**：它为目标软件系统的规格说明提供了一些特殊的机制，包括描述抽象概念并进行进程间连接和推理的方法。如 CSP、CCS、CLEAR 等都是代数方法。代数方法对开发人员的要求很高，对于架构的描述往往难以理解，导致架构只能为“小众”服务，同时代数方法可扩展性差，对架构进行修改后需要重新进行代数计算和验证，代价很大。

由于形式化建模方法本身的局限性，研究人员逐渐把视线转移到 UML 模型的形式化上。鉴于 UML 建模的龙头地位，基于 UML 模型的形式化无论在理论上还是应用上都较易普及。UML 的语法结构采用形式化规格说明，是精确的；但是其语义部分采用自然语言描述，缺乏精确性，使得不能对 UML 模型进行分析和论证。目前，对 UML 语义的形式化研究主要有以下三种思路：

1）**对 UML 核心语法进行形式化，使得 UML 成为精确的语言**：其目标是运用浅显的数学知识将 UML 发展为一种精确的（形式化的）建模语言[79]。这种方法通过对 UML 核心语法进行形式化，使得 UML 符合形式化规格说明语言的要求。它是在元模型层次上进行的，可保证在此基础上建立的 UML 模型层和用户对象层有可靠的数学模型基础，为构造、操纵和细化 UML 模型提供一种通用的办法。在此基础上建立的 UML 模型具有可靠的数学基础，便于细化和验证，但这种思路的实现难度较大，而且核心语法进行形式化处理后，存在与现有的各种 UML 图形不匹配的问题。

2）**约束语言方法**：此方法的思想是通过设置一个好的约束来消除语义歧义性，比如扩展 OCL 以加强其约束能力而达到精确性，但这种方法经常需要获取难以得到的元模型数据。

3）**形式化转换方法**：利用形式化语言在不丢失或者少丢失信息的前提下，把对象模型转换为具有一致性管理过程和强有力的工具支持的形式注释[80]。可以将 UML 相关图形转换成 Z 语言、B 语言、XYZ/E、Petri 网等不同的形式化语言，以提高 UML 的准确性，为精确建模提供良好的基础。由于前两种方法难度极大或要获得难以得到的元模型数据，因而进行研究的学者和机构比较少，取得的成果也非常少，现在研究最多的是第 3 种方法。

3.5.5 第 5 层：未来模型

第 5 层是一种设想，这一设想中只有模型，是学术界和工业界的共同奋斗目标。这一奋斗目标的达成需要前四层技术都发展到相当成熟的阶段。高层次的方法虽然在方法论上较先进，但是在某些实际应用中并不一定比低层次的建模方法更优秀。Werner Heijstek 等人设计了一项实验[81]，以比较图形化方式和文本化方式在软件架构设计决策交流方面哪个更为有效，其中图形化方式采用的是 UML，而文本化方式采用的是自然语言描述，参与者是来自工业界和学术界的 47 名成员。研究结果表明，以 UML 为主导的方法和以自然语言为主导的方法都不能被证明是更为有效的对软件架构设计决策进行交互的方法，并且对于母语非英语的参与者，这种图形化方式并不能消除其在文档中提取信息的困难。Soni 等人在 1995 年对 11 家工业系统进行调查发现，非形式化和半形式化的技术被结合用来描述软件架构[82]，其中非形式化的图表和自然语言可以用来描述很多形式化图表也不能描述的架构。他们指出，即使用形式化符号表达，但辅以非形式化和一些图表也可增强对形式化模型的理解。只有将各个层次的先进技术结合在一起，才能建立完备、精确的模型，才能利用模型直接生成全部代码。

3.6 本章小结

本章详细讨论了软件架构建模的各种方法，包括图形可视化建模方法、UML 建模方法、形式化建模方法，以及文本建模方法等。但是，至今没有一种建模方法能够满足软件架构建模的所有需求，所以本章讨论软件架构建模，旨在强调软件架构建模的意义和重要性，而一种统一的、能被业界普遍接受的软件架构建模方法仍然处于研究探索过程中。已有的资料表明，目前 UML 建模和形式化建模是两种主流的建模方法。

思考题

3.1　软件架构建模的本质问题是什么？
3.2　为什么很难提供一种统一的软件架构建模方法？
3.3　请讨论软件架构建模的意义。
3.4　简述软件架构可视化建模的主要不足。
3.5　简述软件架构形式化建模的主要不足。
3.6　请比较一下各种软件架构建模方法的优缺点。
3.7　为什么 Medvidovic 等人认为 UML 不是一种软件架构建模语言？
3.8　什么是软件架构的功能建模和性能建模？如何进行软件架构功能建模和性能建模？
3.9　针对软件架构建模，未来你能做的事情有哪些？

参考文献

[1] R N Taylor, N Medvidovic, E M Dashofy. Software architecture: foundations, theory, and practice[C]. Proceedings of the 32nd ACM/IEEE International Conference on Software Engineering-Volume 2. ACM, 2010: 471-472.

[2] J L Archibald. The external structure: Experience with an automated module interconnection language[J]. Journal of Systems and Software, 1981, 2(2): 147-157.

[3] T R Dean, D A Lamb. A theory model core for module interconnection languages[C]. Proceedings of the 1994 conference of the Centre for Advanced Studies on Collaborative research. IBM Press, 1994: 13.

[4] T Khan, H Barthel, A Ebert, er al. Visualization and evolution of software architectures[C]. Proceedings of IRTG 1131 on Visualization of Large and Unstructured Data Sets Workshop 2011: 25-42.

[5] A Telea, L Voinea, H Sassenburg. Visual tools for software architecture understanding: A stakeholder perspective[J]. IEEE software, 2010, 27(6): 46-53.

[6] B Johnson, B Shneiderma. Tree-maps: A space-filling approach to the visualization of hierarchical information structures[C]. Proceedings of the IEEE Conference on Visualization, 1991 (IEEE Visualization'91), 1991: 284-291.

[7] M Balzer, O Deussen, C Lewerentz. Voronoi treemaps for the visualization of software metrics[C]. Proceedings of the 2005 ACM symposium on Software visualization. ACM, 2005: 165-172.

[8] S Ducasse, S Denier, F Balmas, et al. Visualization of Practices and Metrics[J]. Squale project Workpackage, 2009, 1.

[9] W Wang, H Wang, G Dai, et al. Visualization of large hierarchical data by circle packing[C]. Proceedings

of the SIGCHI conference on Human Factors in computing systems. ACM, 2006: 517-520.

[10] T Barlow, P Neville. A comparison of 2-d visualizations of hierarchies[C]. Proceedings of the IEEE Symposium on Information Visualization 2001 (INFOVIS' 01), 2001: 131-138.

[11] W Randelshofer. Visualization of large tree structures [EB/OL]. http://www.randelshofer.ch/blog/2007/09/visualizing-large-tree-structures/. 2007-09-24.

[12] J Stasko, E Zhang. Focus+Context Display and Navigation Techniques for Enhancing Radial, Space-Filling Hierarchy Visualizations[C]. Proceedings of the IEEE Symposium on Information Visualization. IEEE, 2000.

[13] J Lamping, R Rao, P Pirolli. A focus+context technique based on hyperbolic geometry for visualizing large hierarchies[C]. Proceedings of the SIGCHI conference on Human factors in computing systems, CHI' 95, 1995:401-408.

[14] T A Keahey , E L. Robertson. Nonlinear magnification fields[C]. Proceedings of the IEEE Symposium on Information Visualization. IEEE, 1997: 51-58.

[15] S Duszynski, J Knodel, M Lindvall. Save: Software architecture visualization and evaluation[C]. Proceedings of the European Conference on Software Maintenance and Reengineering. IEEE, 2009: 323-324.

[16] D Zeckzer. Visualizing software entities using a matrix layout[C]. Proceedings of the 5th international symposium on Software visualization. ACM, 2010: 207-208.

[17] N Sangal, E Jordan, V Sinha, et al. Using dependency models to manage complex software architecture[C]. Proceedings of the 20th Annual ACM Sigplan Conference on Object-Oriented Programming, Systems, Languages, and Applications, Aan Diego, CA, USA, 2005, 40(10): 167-176.

[18] D Holten. Hierarchical edge bundles: Visualization of adjacency relations in hierarchical data[J]. IEEE Transactions on visualization and computer graphics, 2006, 12(5): 741-748.

[19] M Balzer, O Deussen. Level-of-detail visualization of clustered graph layouts[C]. Proceedings of the 2007 6th International Asia-Pacific Symposium on Visualization, 2007(APVIS'07). IEEE, 2007: 133-140.

[20] M Termeer, C F J Lange, A Telea, et al. Visual exploration of combined architectural and metric information[C]. Proceedings of the 3rd IEEE International Workshop on Visualizing Software for Understanding and Analysis. IEEE, 2005.

[21] H Byelas, A Telea. Visualizing metrics on areas of interest in software architecture diagrams[C]. Proceedings of the IEEE International Conference on Visualization Symposium, IEEE, 2009: 33-40.

[22] S Alam, P Dugerdil. Evospaces visualization tool: Exploring software architecture in 3d[C]. Proceedings of the 14th IEEE Working Conference on Reverse Engineering, IEEE, 2007: 269-270.

[23] M Balzer, O Deussen. Hierarchy based 3D visualization of large software structures[C]. Proceedings of the IEEE Conference on Visualization, IEEE, 2004.

[24] Telea, D Auber. Code flows: Visualizing structural evolution of source code[C]. Proceedings of the IEEE Conference on Computer Graphics Forum. Oxford, UK: Blackwell Publishing Ltd, 2008, 27(3):

831-838.

[25] Collberg, S Kobourov, J Nagra, et al. A system for graph-based visualization of the evolution of software[C]. Proceedings of the 2003 ACM symposium on Software visualization. ACM, 2003.

[26] M Lanza. The evolution matrix: Recovering software evolution using software visualization techniques[C]. Proceedings of the 4th international workshop on principles of software evolution. ACM, 2001: 37-42.

[27] G Langelier, H Sahraoui, P Poulin. Exploring the evolution of software quality with animated visualization[C]. Proceedings of the IEEE Conference on Visual Languages and Human-Centric Computing, IEEE, 2008: 13-20.

[28] M Pinzger, H Gall, M Fischer, et al. Visualizing multiple evolution metrics[C]. Proceedings of the 2005 ACM symposium on Software visualization. ACM, 2005: 67-75.

[29] Steven Hovater. 在您的开发项目中使用 IBM Rational Software Modeler 和 IBM Rational RequisitePro 可视化跟踪能力 [EB/OL]. http://www.uml.org.cn/requirementproject/200805132.asp, 2008-05-13.

[30] P Krunchten. Architectural blueprints—The "4+1" view model of software architecture[J]. Tutorial Proceedings of Tri-Ada, 1995, 95: 540-555.

[31] N Medvidovic, D S Rosenblum, D F Redmiles, et al. Modeling software architectures in the Unified Modeling Language[J]. ACM Transactions on Software Engineering and Methodology (TOSEM), 2002, 11(1): 2-57.

[32] G P Gu, D C Petriu. From UML to LQN by XML algebra-based model transformations[C]. Proceedings of the 5th international workshop on Software and performance. ACM, 2005: 99-110.

[33] H Gomaa, D A Menascé. Design and performance modeling of component interconnection patterns for distributed software architectures[C]. Proceedings of the 2nd international workshop on Software and performance. ACM, 2000: 117-126.

[34] S Balsamo, M Marzolla. Performance evaluation of UML software architectures with multiclass Queueing Network models[C]. Proceedings of the 5th international workshop on Software and performance. ACM, 2005: 37-42.

[35] D'Ambrogio. A model transformation framework for the automated building of performance models from UML models[C]. Proceedings of the 5th international workshop on Software and performance. ACM, 2005: 75-86.

[36] D C Petriu, X Wang. From UML descriptions of high-level software architectures to LQN performance models[C]. Proceedings of the IEEE Conference on International Workshop on Applications of Graph Transformations with Industrial Relevance. Springer, Berlin, Heidelberg, 1999: 47-63.

[37] D C Petriu, H Shen. Applying the UML performance profile: Graph grammar-based derivation of LQN models from UML specifications[C]. Proceedings of the International Conference on Modelling Techniques and Tools for Computer Performance Evaluation. Springer, Berlin, Heidelberg, 2002: 159-177.

[38] 李传煌，王伟明，施银燕．一种 UML 软件架构性能预测方法及其自动化研究 [J]. 软件学报，2013(7): 1512-1528.

[39] D A Menasce, H Gomaa. A method for design and performance modeling of client/server systems[J]. IEEE transactions on software engineering, 2000, 26(11): 1066-1085.

[40] G P Gu, D C Petriu. XSLT transformation from UML models to LQN performance models[C]. Proceedings of the 3rd international workshop on Software and performance. ACM, 2002: 227-234.

[41] M Woodside, D C Petriu, D B Petriu, et al. Performance by unified model analysis (PUMA)[C]. Proceedings of the 5th international workshop on Software and performance. ACM, 2005: 1-12.

[42] L G Williams, C U Smith. Performance solutions: a practical guide to creating responsive, scalable software[M]. Addison Wesley Longman, 2002.

[43] V Cortellessa, R Mirandola. Deriving a queueing network based performance model from UML diagrams[C]. Proceedings of the 2nd international workshop on Software and performance. New York, NY, USA: ACM, 2000: 58-70.

[44] A Alsaadi. A performance analysis approach based on the UML class diagram[J]. ACM Sigsoft Software Engineering Notes, 2004, 29(1): 254-260.

[45] C U Smith, C M Lladó, V Cortellessa, et al. From UML models to software performance results: An SPE process based on XML interchange formats[C]. Proceedings of the 5th international workshop on Software and performance. New York, NY, USA: ACM, 2005: 87-98.

[46] 黄玉麟，赵瑞莲．一种基于顺序图的软件性能分析方法 [J]. 北京化工大学学报（自然科学版），2007, 34(s1): 89-92.

[47] M Shaw, D Garlan. Software Architecture: Perspectives on an Emerging Discipline[J]. Prentice Hall, 1996, 24(1): 129-132.

[48] 郭广义，李代平，梅小虎．Z 语言与软件体系结构风格的形式化 [J]. 计算机技术与发展，2009, 19(5): 140-142.

[49] 段玉春，朱小艳．软件体系结构动态演化的 Z 描述语言扩展方法 [J]. 兰州理工大学学报，2013, 39(1): 88-91.

[50] 于振华，蔡远利．基于面向对象 Petri 网的软件体系结构描述语言 [J]. 西安交通大学学报，2004, 38(12): 1236-1239.

[51] 沈军．软件架构 [M]. 南京：东南大学出版社，2012: 182-322.

[52] 吴小兰，王忠群，刘涛，等．基于 Petri 网的软件架构演化波及效应分析 [J]. 计算机技术与发展，2007, 17(12): 99-102.

[53] 王映辉，张世琨，刘瑜，等．基于可达矩阵的软件体系结构演化波及效应分析 [J]. 软件学报，2004, 15(8): 1107-1115.

[54] 谢仲文，李彤，代飞，等．基于 Petri 网的面向动态演化的软件体系结构建模 [J]. 计算机应用与软件，2012(10): 36-39.

[55] J R Abrial, M K O Lee, D S Neilson, et al. The B-method[C]. Proceedings of the International Symposium of VDM Europe. Berlin, Heidelberg: Springer, 1991: 398-405.

[56] 邹盛荣 , 郑国梁 . B 语言和方法与 Z、VDM 的比较 [J]. 计算机科学 , 2002, 29(10): 136-138.

[57] 杨丽丽 . 基于 B Method 的软件建模方法研究 [D]. 长春 : 东北师范大学 , 2012.

[58] 周欣 , 魏生民 . 基于 B 语言的 UML 形式化方法 [J]. 计算机工程 , 2004, 30(12): 62-64.

[59] 柳西玲 . 一种大型系统软件开发方法 VDM 介绍 [J]. 计算机科学 , 1986, 13(4): 21-27.

[60] 王新苏 , 罗文坚 , 毛晨晓 , 等 . 基于 RUP 和 VDM++ 的软件形式化开发方法的研究 [J]. 计算机工程与应用 , 2005, 41(26): 100-103.

[61] D Garlan. Formal modeling and analysis of software architecture: Components, connectors, and events[C]. Proceedings of the International School on Formal Methods for the Design of Computer, Communication and Software Systems. Berlin, Heidelberg: Springer, 2003: 1-24.

[62] 张昂 . 基于 CSP 的软件演化过程描述及研究 [D]. 昆明 : 云南大学 , 2010.

[63] 祝义 , 张永常 , 张广泉 , 等 . UML 与 Z 结合的建模过程及其应用 [J]. 计算机科学 , 2007, 34(5): 273-276.

[64] 韦银星 , 张申生 , 曹健 . UML 类图的形式化及分析 [J]. 计算机工程与应用 , 2002, 38(10): 5-7.

[65] 张文静 . 基于 UML 和形式化方法的软件体系结构研究与应用 [D]. 保定：华北电力大学 , 2006.

[66] 李桂 , 苏一丹 . UML 状态图的形式化 [J]. 广西大学学报 (自然科学版), 2003, 28(4): 318-321.

[67] J Rumbaugh, I Jacobson, G Booch. Unified Modeling Language Reference Manual[M]. Addison-Wesley Professional, 2010.

[68] 李景峰 , 李琰 , 陈平 . UML 序列图的 Z 形式规范 [J]. 西安电子科技大学学报 (自然科学版）, 2002, 29(6): 772-776.

[69] J D’Anjou, S Fairbrother, D Kehn, et al. The Java developer's guide to Eclipse[M]. Addison-Wesley Professional, 2005.

[70] B A Wichmann , A A Canning , D W R Marsh , et al. Industrial perspective on static analysis[J]. Software Engineering Journal, 2002, 10(2): 69-75.

[71] N Elleuch, A Khalfallah, S B Ahmed. Software Architecture in Model Driven Architecture[C]. Proceedings of the International Symposium on Computational Intelligence & Intelligent Informatics. Agadir, Morocco: IEEE, 2007.

[72] 张天 , 张岩 , 于笑丰 , 等 . 基于 MDA 的设计模式建模与模型转换 [J]. 软件学报 , 2008, 19(9): 2203-2217.

[73] Y Singh, M Sood. Models and Transformations in MDA[C]. Proceedings of the First International Conference on Computational Intelligence. Indore, India: IEEE Computer Society, 2009: 253-258.

[74] 张德芬 , 李师贤 , 古思山 . MDA 中的模型转换技术综述 [J]. 计算机科学 , 2006, 33(10):228-230.

[75] 梁正平 , 毋国庆 , 肖敬 , 等 . 基于模型驱动的软件体系结构 [J]. 计算机应用研究 , 2002, 19(11): 44-46.

[76] J Poole, D Chang, D Tolbert, et al. Common warehouse metamodel[M]. John Wiley & Sons, 2002.

[77] H Störrle. Models of software architecture[J]. Design and Analysis with UML and Petri-nets, Ludwig-Maximilians-Universit at München, 2000.

[78] Janvlug Unified Modeling Language[EB/OL]. http://en.wikipedia.org/wiki/Unified_Modeling_

Language,2018-10-24.

[79] A Evans , R France, K Lano, et al. Meta-Modelling Semantics of UML[M]. Springer US, 1999.

[80] A Idani , Y Ledru. Dynamic graphical UML views from formal B specifications[J]. Information and Software Technology, 2006, 48(3): 154-169.

[81] W Heijstek, T Kuhne, M R V Chaudron. Experimental analysis of textual and graphical representations for software architecture design[C]. Proceedings of the Experimental Software Engineering and Measurement (ESEM). Banff, AB, Canada: IEEE, 2011: 167-176.

[82] D Soni, R L Nord, C Hofmeister. Software Architecture in Industrial Applications[C]. Proceedings of the International Conference on Software Engineering. Eattle, Washington, USA: IEEE, 1995: 131-138.

第 4 章　软件架构的风格与模式

本章将要讨论软件架构的风格和模式，很多人把架构风格和架构模式混为一谈，笔者认为这里存在误解。软件架构风格是对软件架构整体方案的展现形式，反映的是整体方案实施之后的效果；软件架构模式仍然是软件设计模式的一种，也是一种问题 - 解决方案对（problem-solution pair），反映的是针对某个需求问题，至今为止最佳的解决方案是什么。虽然软件架构风格也与解决方案有关，但它并没有强调一定是最佳方案，而软件架构模式具有这种潜在要求。

软件架构的风格和模式由系统人员根据多年工作经验得来，他们在长期开发某类软件的过程中摸索到了一些规律性内容，并从中提炼和总结而得到普遍的构建模式。软件架构设计的特点之一是对架构风格的使用 [1–4]，使用基于模式或者设计风格的开发方式在工程领域非常普遍。Shaw 等人指出，一个设计良好的通用设计模式往往是这个工程领域技术成熟的标志。本章主要介绍软件架构风格的定义、分类和一些目前较为典型的软件架构风格，并给出软件架构模式的定义和一些典型应用。

4.1　软件架构风格的定义

软件架构风格（software architecture style）又称软件架构惯用范型（software architecture idiomatic paradigm），是描述某一特定应用领域中系统组织方式的惯用范型，作为“可复用的组织模式和习语”，为设计人员的交流提供公共的术语空间，促进了设计复用与代码复用 [5]。

架构风格包含一些基本属性。首先是设计元素的词汇表，包括组件、连接件的类型以及数据元素，如管道、过滤器、对象、服务等。其次，在架构风格中需要一系列配置规则来决定元素组合的拓扑约束，如限制某一风格中的组件至多与其他两个组件相连。此外，还须给出元素组合的语义解释以及使用某种风格构建的系统的相关分析 [14]。

使用架构风格有许多优势。首先，它极大地促进了设计的重用性和代码的重用性，并且使得系统的组织结构易被理解。比如，即使没有给出具体实现细节，依然可以通过客户机 / 服务器架构风格大致推测出系统的组成结构和工作方式。另外，使用标准的架构风格可较好地支持系统内部的互操作性以及针对特定风格的分析，如管道 - 过滤器风格可用来分析调度、吞吐量、延迟和死锁等问题。一般针对不同的架构风格有不同的可视化方法，使得相关工作人员可以更有效地对架构风格进行描述 [6]。

4.2 软件架构风格的分类

David Garlan 和 Mary Shaw 等人总结出若干被广泛接受的架构风格，并将其分成五种主要的类型[7]：数据流风格、调用 / 返回风格、独立组件风格、虚拟机风格和仓库风格。之后仍有扩充，如出现了 C2 风格、GenVoca 风格、REST 风格等。此外，针对不同的系统类型又提出若干种架构风格，如分布式系统、交互式系统和适应性系统的架构风格等[5]。

考察上述架构风格分类可以发现，架构风格是基于不同的视角或层次抽象出来的。不同风格之间常常出现交叉现象。例如，主程序 / 子程序风格以及面向对象风格几乎是目前一切软件组件、连接件的设计和实现基础；层次化风格几乎是一切复杂系统的基本结构；事件驱动风格体现一种受操作系统管理控制的组件连接方式；仓库风格是一种以数据库或知识库为中心的设计结构；管道 - 过滤器、客户机 / 服务器、解释器等则是特殊的系统结构组织方式。也就是说，对于同一种软件架构，从不同的视角和层次可能抽象出不同的架构风格[8]。

4.3 典型的软件架构风格

本节从基本思想、优缺点和应用实例三个方面重点介绍 20 种比较流行的软件架构风格，其他没有介绍的软件架构风格还有很多，限于篇幅，很难面面俱到，读者可以自行学习。

4.3.1 管道 – 过滤器风格

基本思想：管道 - 过滤器（pipes and filters）风格[1,9]最早在 UNIX 中出现，已有超过 20 年的历史。它适用于对于有序数据进行一系列已经定义的独立计算的应用程序。

在管道 - 过滤器风格中，每个组件都有一组输入集和输出集，组件从输入源读入数据流，并在输出池产生输出数据流，组件对输入流进行内部转换和增量计算，因此在输入数据流被全部处理之前，输出就已经开始了。这种组件被称为过滤器（filter）。位于过滤器之间，起到信息流的导管作用的连接件被称为管道（pipe），如图 4-1 所示。

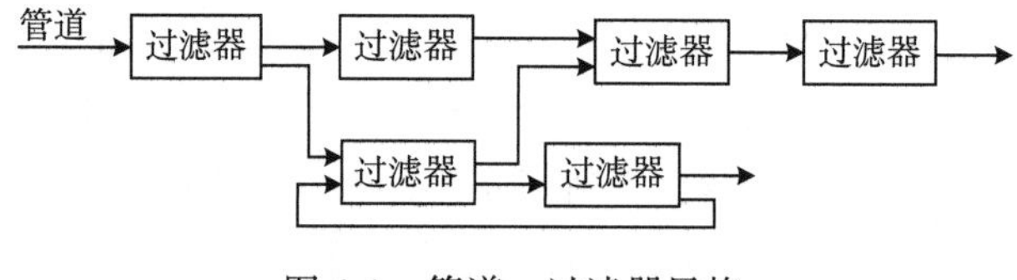

图 4-1 管道 – 过滤器风格

在该架构风格中，对于每个过滤器，它必须是一个独立的实体，特别是不能与其他过滤器共享状态，并且该过滤器无须知道与其输入管道和输出管道所连接的其他过滤器的存在，只须关注输入管道和输出管道上的数据流情况。在整个管道 - 过滤器网络中，虽然公平调度仍然是有必要的，但整体的输出结果的正确性不应依赖其内部过滤器的执行顺序。

当系统中的每个过滤器作为一个单一实体处理输入数据时，就成为一个退化的管线结构，这时管道 – 过滤器模式就变成一个批处理序列系统。在这种情况下，管道不提供数据流，功能大大退化了。所以这样的系统最好看成是一个单独的架构风格的实例。

优缺点分析：管道 – 过滤器架构风格的优点包括：①由于每个组件行为不受其他组件的影响，整个系统的行为易于理解；②支持功能模块的重用，任意两个过滤器只要相互间所传输的数据格式上达到一致，就可以连接在一起；③系统易于维护和扩展，新的过滤器容易加入系统，旧的过滤器也可被改进的过滤器替换；④支持特殊的分析，如吞吐量分析、死锁分析；⑤支持并发执行，每个过滤器既可以独立运行，也可以与其他过滤器并发执行。

管道 – 过滤器架构风格的缺点包括：①容易误用，导致转变为批处理风格的系统设计。虽然系统中的过滤器对数据采取增量的方式，但过滤器的独立性很强，这样设计者必须考虑每个过滤器完成从输入到输出的完整转换。此外，由于过滤器的传输特性，管道 – 过滤器模式通常不适用于交互性很强的应用，尤其是在系统需要逐步显示数据流变化的过程时，问题会变得更加难以解决，因为增量显示和过滤器的输出数据差距太大。②不适用于交互式应用程序。③在数据传输时可能会被迫使用底层公共命名，导致过滤器必须对输入、输出管道中的数据进行解析或反解析的额外工作，提高了复杂性。

应用实例：管道 – 过滤器最著名的例子是在 UNIX 的 shell 中编写的程序，其通过提供符号来表示要连接的组件（表示成 UNIX 进程）和提供运行时机制来实现管道，从而支持这种模式。另一个著名的例子是传统编译器，它常常被看作管线系统（尽管各阶段常常不是渐增的）。其他例子存在于信号处理领域[10]、并行计算[11]、功能编程[12]、分布式系统[13]等。下面将以编译器为例详细介绍管道 – 过滤器架构风格在实际产品中的应用。

从编译器的发展可以看出，系统的架构会随着技术的发展而改变。在 20 世纪 70 年代，编译过程被视为一个顺序过程，编译器的组织结构可被表示为如图 4-2 所示形式。文本从左端输入，并经过一系列转换（包括词法分析、句法分析、语义分析、中间代码生成等），最终在右端生成机器代码。这种编译模型常常被视为管线结构，虽然它最初更接近批处理架构风格，即每一部分完成工作后下一部分才会开始。

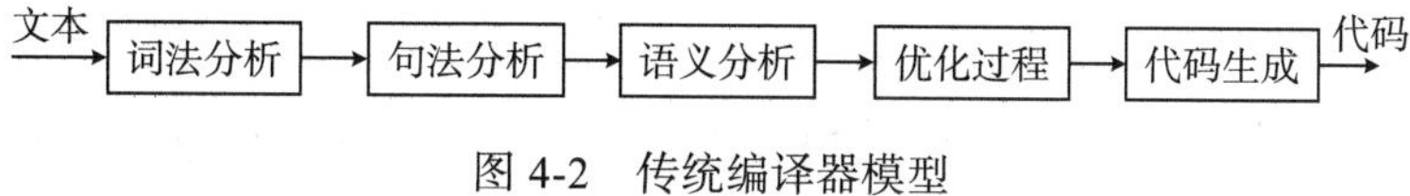

图 4-2　传统编译器模型

实际上，用批处理序列风格来描述这种模型也并不精确。大多数编译器在进行词法分析时会生成一个独立的词汇表，并在随后的阶段对该表进行使用和更新。该表不随着数据流经过各个阶段，而是独立于所有的过程之外。因而采用图 4-3 来进行描述更为合适。

随着时间推移，编译器技术变得愈加成熟。编译的算法和表示方法愈加复杂化，人们的注意力渐渐转向编译过程中程序的中间表示形式。改进的理论理解如属性文法等加速了这一趋势，其结果是到 20 世纪 80 年代中期，中间表示方法如属性语法树等成为关注的焦点。它在编译过程中更早地生成并被后续阶段使用，数据结构在细节上会有所改变，但整体上保持增长趋势。然而，我们依旧将编译模型表示为顺序的数据流，如图 4-4 所示。

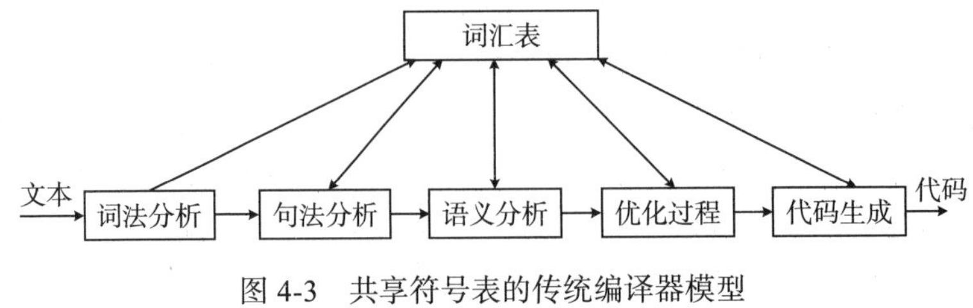

图 4-3　共享符号表的传统编译器模型

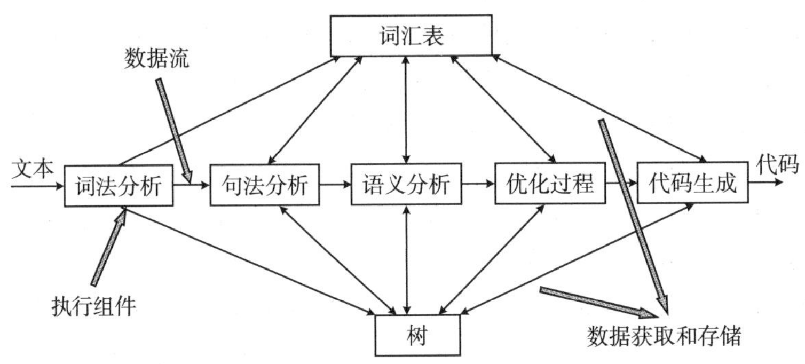

图 4-4　改进的编译器模型

虽然编译器架构被传统地表示成管线模式，但由于其编译的各个阶段共享信息（如符号、抽象语法树等），现代编译器结构大多表示成以数据为中心的架构风格（如黑板系统架构风格）。

4.3.2　主程序 / 子程序风格

早期的计算机程序是非结构化的，即所有的程序代码均包含在一个主程序文件中。这种程序结构产生很多缺陷，易导致逻辑不清，且代码无法复用，难以与其他代码合并，修改和调试都非常困难。

基本思想：20 世纪 70 年代，以 Pascal 程序为代表的结构化程序设计方式出现，极大地缓解了这一问题，主程序 / 子程序（Main Program/ Subroutines）风格[9,15] 亦成为结构化设计的一种典型风格。该架构风格从功能的观点设计系统，通过逐步分解和逐步细化得到系统架构，即将大系统分解为若干模块（模块化），主程序调用这些模块实现完整的系统功能，因此主程序的正确性依赖于它所调用的子程序的正确性。在该风格中，组件为主程序和子程序，连接件为调用 – 返回机制，拓扑结构为层次化结构，其结构如图 4-5 所示。

优缺点分析：主程序 / 子程序风格已被证明是成功的设计方法，可以被用于较大程序。相较于传统的非结构化程序，该风格使用结构化设计与逐步细化，使得程序逻辑清晰，更易理解。然而，随着程序规模的迅速增长，主程序 / 子程序架构风格显示出诸多弊端。对于大型程序，采用这种架构会导致开发过程缓慢，如对于某个子过程的修改常常会引起其他模块的修改，从而导致程序可维护性差以及测试困难等问题。

应用实例：主程序 / 子程序架构风格已经非常成熟且被广泛使用，适合用来设计程序的细部控制结构。我们将以 KWIC 检索系统为例阐述该风格的应用。

KWIC（Key Word in Context）检索系统接受有序的行集合，每一行是单词的有序集合，每一个单词又是字母的有序集合。通过重复地删除行中第一个单词并把它插入行尾，每一行可以被“循环地移动”。KWIC 检索系统以字母表的顺序输出一个所有行循环移动的列表 [16]。UNIX 帮助页中“改变序列”的索引基本上就是这样一个系统。

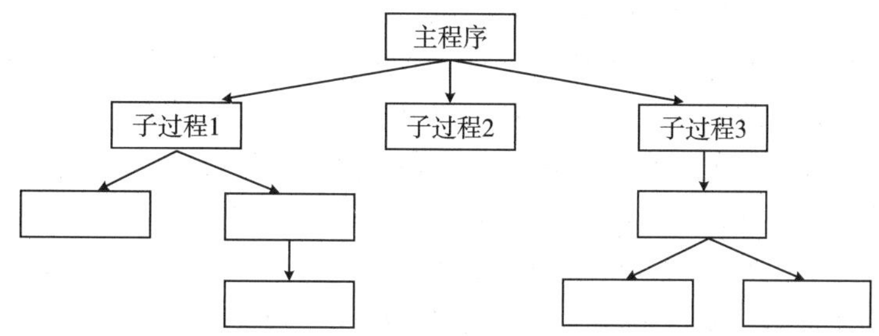

图 4-5 主程序 / 子程序风格

对此可以将该问题分为四个基本功能：输入、移位、排序、输出。所有计算组件（功能模块）作为子程序协同工作，并且由一个主程序顺序地调用这些子程序。组件通过共享存储区（核心存储区）交换数据。因为协同工作的子程序能够保证共享数据的顺序访问，因此使计算组件和共享数据之间基于一个不受约束的读写协议的通信成为可能，如图 4-6 所示。

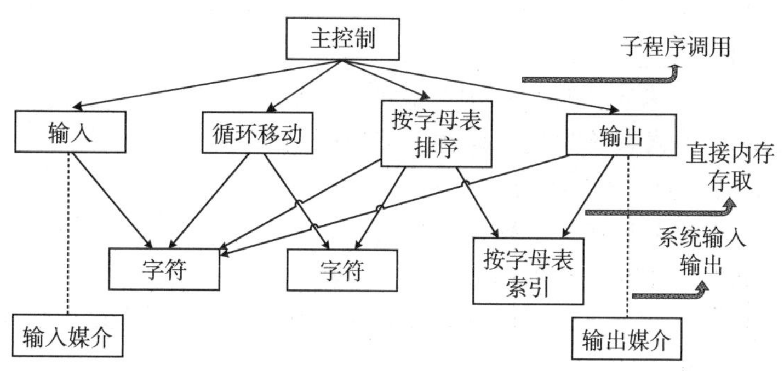

图 4-6 KWIC 解决方案（具有数据共享的主程序 / 子程序架构风格）

基于具有数据共享的主程序 / 子程序架构风格来设计 KWIC 检索系统的解决方案有如下优点：①具有很高的数据访问效率，因为计算共享同一个存储区；②不同的计算功能被划分在不同的模块中。然而，该方案在处理变更的能力上有许多严重的缺陷：①对数据存储格式的变化将会影响几乎所有的模块；②对处理流程的改变与系统功能的增强也很难适应，依赖于控制模块内部的调用次序；③这种分解方案难以支持有效的复用。

4.3.3 面向对象风格

基本思想：面向对象（Object-Oriented）[9,15,17,18] 方法是 20 世纪 80 年代初期提出的一种新型的程序设计方法，它彻底改变了过去数据流、事物流分析方式的缺点，采用直接对问题域进行自然抽象的方法，并逐渐发展成包括面向对象分析、设计、编程、测试、维护等一整套内容的完整体系。面向对象方法的基本思想是从现实世界中客观存在的事物出发，强调直接以问题域中的事物为中心来思考、认识问题，根据这些事物的本质特征将其抽象为系统中的对象，并作为系统中的基本构成单位。

在面向对象组织结构中，系统被看作对象的集合。数据表示和相关的基本操作封装在抽象数据类型（ADT）或对象（object）中。对象是一类称为管理者的组件实例。对象通过函数和过程调用来实现交互，因而这种消息传递和过程调用方式即为该风格的连接件。面向对象组织结构有两个重要特点：①对象负责维护其表示的完整性（通常是通过保持其表示上的一些不变式来实现的）；②对象的表示对其他对象而言是隐蔽的。抽象数据类型以及面向对象系统的使用已经非常普遍，目前有很多这样的变种。比如，一些系统允许对象是并发的任务；还有一些系统允许对象拥有多个接口 [20,21]。该风格如图 4-7 所示。

优缺点分析：优点包括：①因为对象隐藏了其实现细节，所以可以在不影响其他对象的情况下改变对象的实现，不仅使得对象的使用变得简单、方便，而且具有很高的安全性和可靠性；②设计者可将一些数据存取操作的问题分解成一些交互的代理程序的集合。缺点是当一个对象和其他对象通过过程调用等方式进行交互时，必须知道其他对象的标识。无论何时改变对象的标识，都必须修改所有显式调用它的其他对象，并消除由此带来的一些副作用。与此相反的是管道－过滤器系统，其中过滤器之间进行交互时不需要知道系统中其他过滤器的存在。

应用实例：面向对象风格已经得到广泛的应用。我们依然使用 KWIC 检索系统为例，描述其使用面向对象风格的解决方案，如图 4-8 所示。

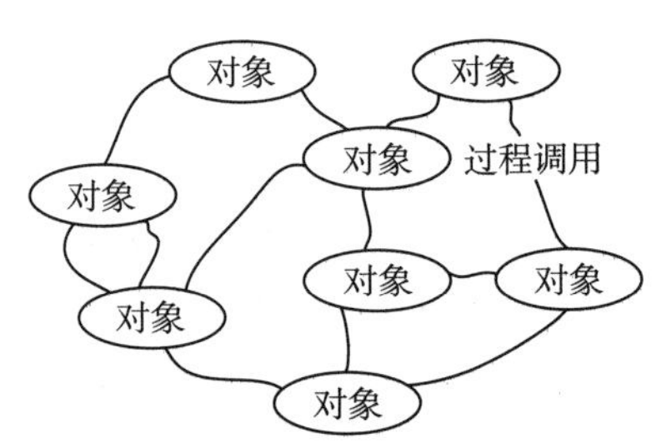

图 4-7　面向对象风格

该解决方案将系统分解成 5 个模块。然而，在这种情况下数据不再直接地被计算组件共享。取而代之的是，每个模块提供一个接口，该接口允许其他组件通过调用接口中的过程来访问数据（每个组件提供了一个过程集合，这些过程决定了系统中其他组件访问该组件的形式）。

在该系统中，抽象数据类型为：

- ❑ LineStorage object（存储和处理字符、单词、行）

- ❑ Input object（负责从输入文件中读取数据并将其存储在 LineStorage 对象中）
- ❑ CircularShifter object（负责对 LineStorage 对象中存储的数据进行循环移位）
- ❑ Alphabetizer object（负责对循环移位后得到的数据进行排序）
- ❑ Output object（负责打印输出排序后的数据）
- ❑ Master control object（主控制对象：负责控制其他各对象中方法的调用次序）

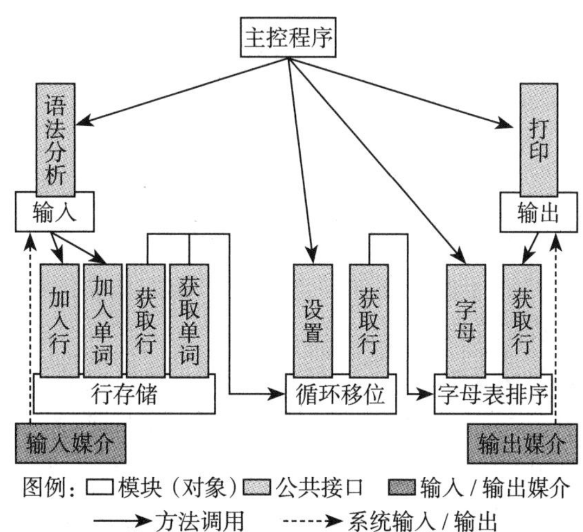

图 4-8　KWIC 解决方案（面向对象风格）

这种解决方案同样将系统在逻辑上分成几个处理模块。然而，当设计变更时，这种方案具有一些优势。特别是在一个独立的模块中，算法和数据表示的改变不会影响其他模块。另外，该方案为重用提供了更好的支持，因为模块几乎不需要考虑与其交互的其他模块的情况。

同样，这种解决方案存在一些弊端，因为它不能很好地适应功能扩展的情况。主要的问题是在向系统中加入一个新功能时，实现者要么平衡其简明性和完整性而修改现存模块，要么添加新的模块而导致性能下降 [19]。

4.3.4　层次化风格

基本思想：层次化早已经成为一种复杂系统设计的普遍性原则。在分层系统（Layered System）中，系统被组织成若干层次，每个层次由一系列组件组成；层次之间存在接口，通过接口形成 call/return 的关系—下层构件向上层构件提供服务，上层构件被看作下层组件的客户端。在某些分层系统中，内层只对其相邻的层和某些用于输出的函数是可见的，对其他外部的层是隐藏的。在这些系统中，组件在某些层中实现虚拟机（在其他分层系统中，层次可能只是部分透明的）。连接件通过协议来定义，而协议规定了层次之间的交互方式。拓扑结构限制包括限制相邻层间的交互，如图 4-9 所示。

优缺点分析：层次化风格有许多优点：①支持基于可增加抽象层的设计，允许将一个复杂问题分解成一个增量步骤序列的实现。②支持扩展。每一层的改变最多只影响相邻层。③支持重用。只要给相邻层提供相同的接口，它允许系统中同一层的不同实现相互交换使用。这使得定义标准层接口成为可能，在此接口上可建立不同实现（如 OSI 的 ISO 模型和 X Window System 协议）。

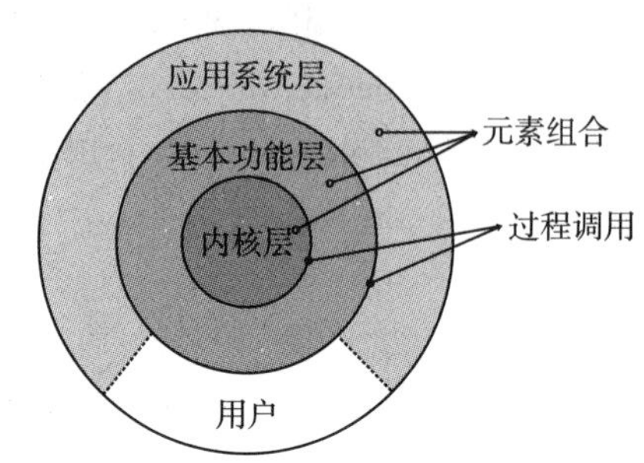

图 4-9　层次化风格

层次化风格也同样存在缺点。并不是所有系统都容易使用这种风格来构建，而且即使一个系统能够从逻辑上被构建成层次结构，出于对性能的考虑，也需要将逻辑上高层次的功能和相对低层次的实现结合起来。另外，定义一个合适的抽象层次可能会非常困难，特别是对于标准化的层次模型。例如，实际的通信协议体就很难映射到 ISO 框架中，因为其中许多协议跨多个层。

应用实例：这种架构风格最著名的例子就是分层通信协议 [22]。在这个应用中，在某种抽象程度上，每一层向其他层提供通信基础。较低层定义较低层的交互，最底层通常通过硬件连接来定义。其他应用领域包括数据库系统和操作系统 [43,44,45]。

下面将具体以 TCP/IP 协议架构来描述层次化风格的应用，TCP/IP 组织结构如图 4-10 所示。

TCP/IP（Transmission Control Protocol/Internet Protocol，传输控制协议 / 因特网互联协议，又名网络通信协议）是 Internet 最基本的协议和 Internet 国际互联网络的基础，由网络层的 IP 和传输层的 TCP 组成。TCP/IP 定义了电子设备如何连入因特网，以及数据如何在它们之间传输的标准。协议采用了 4 层的层级结构（应用层、传输层、网际层、网络接口层），每一层都呼叫它的下一层所提供的网络来完成自己的需求。通俗而言：TCP 负责发现传输的问题，一有问题就发出信号，要求重新传输，直到所有数据安全正确地传输到目的地。而 IP 是给因特网的每一台计算机规定一个地址。

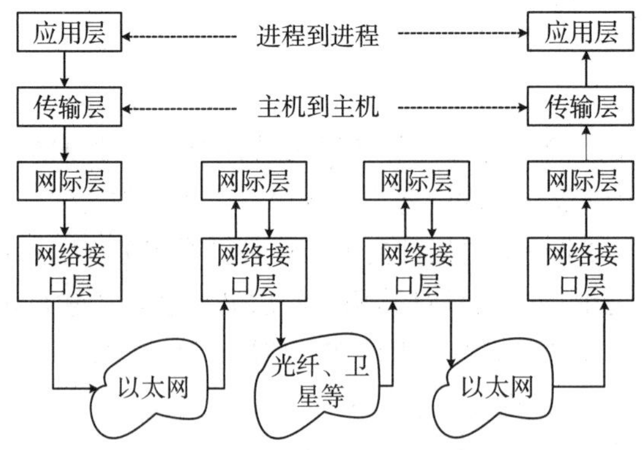

图 4-10　TCP/IP 组织结构

（1）应用层

应用层（application layer）是架构中的最高层，直接为用户的应用提供服务。如支持万维网应用的 HTTP、支持电子邮件的 SMTP、支持文件传送的 FTP 等。

（2）传输层

传输层（transport layer）的任务就是负责为两个主机中进程之间的通信提供服务。由于一个主机可同时运行多个进程，因此传输层有复用和分用的功能。传输层主要使用以下两种协议：传输控制协议（Transmission Control Protocol，TCP）和用户数据报协议（User Datagram Protocol，UDP）。

（3）网际层

网际层（internet layer）负责为分组交换网上的不同主机提供通信服务。在发送数据时，网际层把传输层产生的报文段封装成分组或包进行传送。在 TCP/IP 体系中，由于网际层使用 IP 协议，因此分组也叫作 IP 数据报，或简称数据报。

网际层的另一个任务就是选择合适的路由，使源主机传输层所传下来的分组能够通过网络中的路由器找到目的主机。

（4）网络接口层

两个相邻节点之间（主机和路由器之间或两个路由器之间）传送数据是直接传送的（点对点的），这时就需要使用专门的链路层协议。在两个相邻的节点之间传送数据时，数据链路层将网际层的 IP 数据报组装成帧，在两个相邻节点之间的链路上“透明”地传送帧中的数据。数据链路层的下面是物理层，其作用是透明地传送比特流以及确定引脚连接方式等。它们共同形成网络接口层（link layer）。

4.3.5　事件驱动风格

基本思想：在一个系统中，比如面向对象系统，组件接口提供了访问过程或函数的端口的集合，典型的情况是，组件通过显式地调用这些过程或函数与其他组件交互。然而，另一种可供选择的集成技术非常受关注，它基于隐式调用（implicit invocation），该技术就是事件驱动的软件架构风格。

这种风格的基本思想是不直接调用一个过程，而是发布或广播一个或多个事件。系统中的其他组件通过注册与一个事件关联起来的过程来表示对某一个事件感兴趣。当这个事件发生时，系统本身会调用所有注册了这个事件的过程。这样一个事件的激发会导致其他模块中过程的隐式调用。

这种风格的主要特点是，事件发布者不知道哪些组件会受到事件的影响。这样，组件不能对事件的处理顺序或者事件发生后的处理结果做任何假设。正因为这个原因，许多事件驱动系统也包括显式调用（如正常的过程调用），以此作为组件交互的补充形式。

从架构上来说，事件驱动系统的组件提供了一个过程集合和一组事件。过程可以使用显式的方法进行调用，也可以由组件在系统事件中注册。当触发事件时，会自动引发这些过程的调用。因而在这种架构中，连接件既可以是显式过程调用，也可以是一种绑定事件声明和过程调用的手段。事件驱动风格如图 4-11 所示。

优缺点分析：其优点包括：①事件声明者不需要知道哪些组件会影响事件，组件之间关联较弱。②提高软件复用能力。只要在系统事件中注册组件的过程，就可以将该组件集成到系统中。③系统便于升级。只要组件名和事件中所注册的过程名保持不变，原有组件就可以被新组件替代。

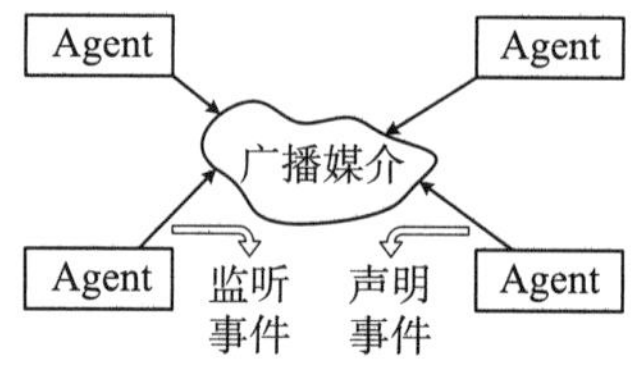

图 4-11 事件驱动风格

其缺点如下：①组件放弃了对计算的控制权，完全由系统来决定。当组件触发一个事件时，它不能保证其他组件会对其做出响应。即使它能够肯定该事件会被其他组件响应，也不知道其他组件是如何对其进行处理的。②存在数据交换问题。有时数据通过事件传递，但在某些情况下，事件系统必须依赖一个共享缓冲区，以便于数据的交换。这样，整体的性能和资源的管理可能成为关键性问题。③该风格中正确性验证成为一个问题。因为发布事件的过程的具体含义与事件激发的上下文有关。这与传统的过程调用验证不同，当对调用功能行为进行验证时，传统的过程调用只需考虑过程前和过程后的条件。

应用实例：使用隐式调用的例子非常多[19]。例如，在 Field 系统中[26]，诸如编辑器和变量监视器等工具会注册调试器的断点事件。当一个调试器停止在一个断点上，它会发布一个事件，这个事件会使系统自动地调用那些已注册工具的相应过程。这些过程会使编辑器滚动到相应的代码行，或者重新显示被监视的变量的值。在这个方案中，调试器仅仅发布一个事件，但是它既不需要知道其他工具或动作是否与这个事件相关联，也不需要知道这个事件发布后它们将要做什么。如图 4-12 所示。

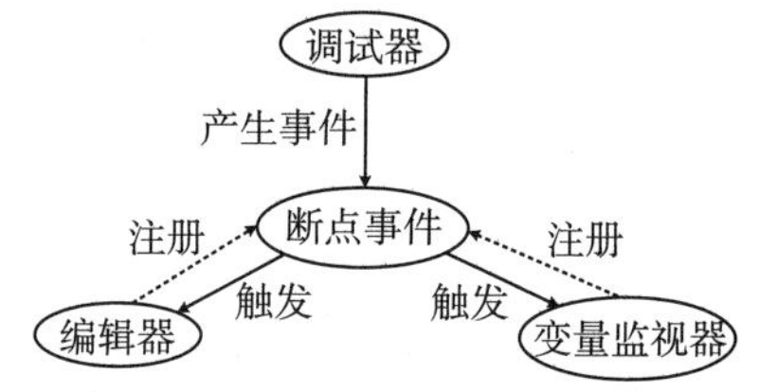

图 4-12 调试器中的断点处理

另外的例子如 Win32 GUI 程序——事件及消息机制[24]。Windows 是事件驱动（消息驱动）的 OS，也是基于消息的 OS。

事件驱动围绕消息的产生与处理展开，它是靠消息循环机制来实现的，其中消息是一种报告有关事件发生的通知。Windows 消息来源有以下 4 种：输入消息、控制消息、系统消息和用户消息。

在 Windows 应用程序中，消息有两种送出途径：①直接。Windows 或某些运行的应用程序可直接发布消息给窗口过程。②排队。可将消息送到消息队列，在应用程序执行期间，应用程序对象连续不断轮询消息队列的消息。凡是以排队方式送出的消息都被送到一个由操作系统提供的消息队列的保留区。在 OS 中当前执行的每个进程都有各自的消息队列。

由于事件驱动程序不是由事件的顺序来控制，而是由事件的发生来控制，而事件的发生是随机的、不确定的，这就允许程序的用户使用各种合理的顺序来安排程序的流程，其事件驱动模型如图 4-13 所示。

另外的例子如数据库管理系统中的一致性约束[25,27]、用户界面中数据表示与管理数据的应用程序的分离[28,29]、语法导向的增量语义检查[30,31]。

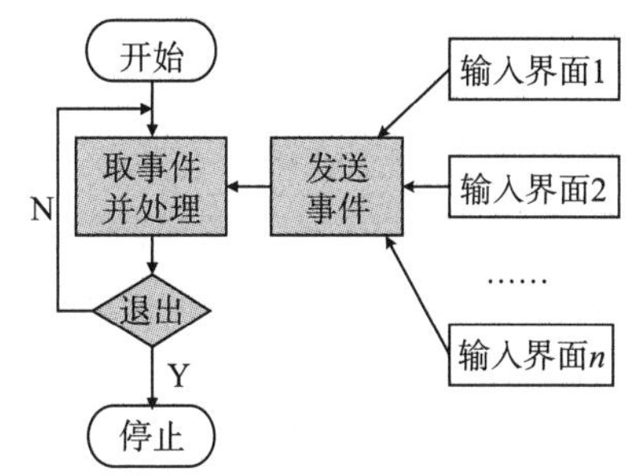

图 4-13　Windows 事件驱动模型

4.3.6　解释器风格

基本思想：解释器（interpreter）[9,15,32] 是一个用来执行其他程序的程序，它针对不同的硬件平台实现了一个虚拟机，将高抽象层次的程序翻译为低抽象层次所能理解的指令，以弥合程序语义所期望的与硬件提供的计算引擎之间的差距，如图 4-14 所示。

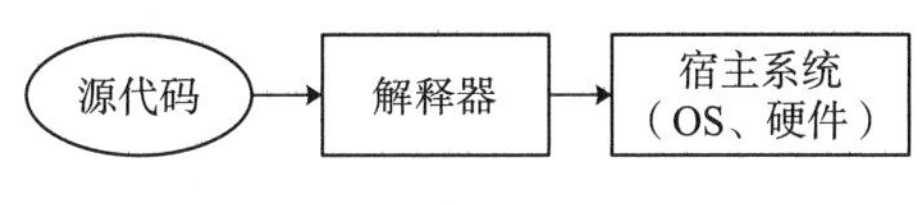

图 4-14　解释执行过程

一个解释器包括正在被解释执行的伪码和解释引擎本身。其中，伪码由需要被解释的源代码和解释引擎分析所得到的中间代码组成。而解释引擎包括语法、解释器的定义和解释器当前执行状态。

解释器风格由解释引擎、存储区、被解释的程序（伪码）、内部解释器状态和需要执行的指令以及当前运行的程序状态组成，其中包含相应的数据访问连接件。如图 4-15 所示。

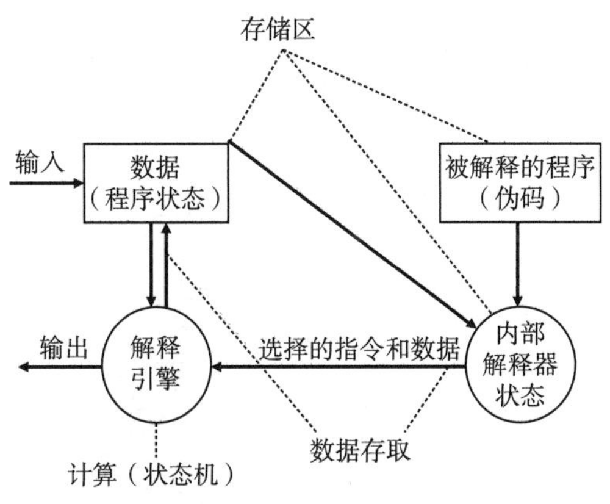

图 4-15　解释器风格

优缺点分析：解释器的特殊结构使它具有很多优点：①它有利于实现程序的可移植性和语言的跨平台能力；②可以对未来的硬件进行模拟和仿真，能够降低测试所带来的复杂性和昂贵花费。

解释器风格架构的缺点在于：额外的间接层次导致了系统性能的下降，如在不引入 JIT（Just In Time）技术的情况下，Java 应用程序的运行速度相当慢。

应用实例：解释器风格适用于如下场景：应用程序并不能直接运行在最合适的机器上，或不能直接以最适合的语言执行。常见的有 Java 虚拟机、一些高级语言解释执行器、Microsoft 的 .Net 核心 CLR 支持 IL 的解释执行等。下面将以 JVM 为例来阐述其架构风格的使用。

虚拟机是一种软件，它创建了一种虚拟的环境，将用户与底层平台隔离开来。虚拟机可分为以下两大类：

- **系统级虚拟机**：系统级虚拟机是对操作系统的虚拟，即将一台物理上独立的机器虚拟为多个不同的虚拟机，每个虚拟机可支持运行各自的操作系统，其本质为在操作系统和硬件之间建立隔离。
- **进程级虚拟机**：对单一程序的虚拟，其本质是在应用程序与操作系统之间建立隔离。

应用程序虚拟机是进程级虚拟机，它是将用户使用的应用程序与计算机系统隔离开来的软件，使得应用程序无须针对不同的操作系统和硬件环境而开发不同的版本，只需针对虚拟机开发即可。应用程序需要使用解释器或 JIT 技术加以运行。

最早由 Sun Microsystems 开发的 JVM（Java Virtual Machine）是一个执行 Java 字节码的虚拟机。JVM 可适应多种硬件与 OS 平台，从而使得 Java 具有“一次书写，到处运行”的能力，其结构如图 4-16 所示。

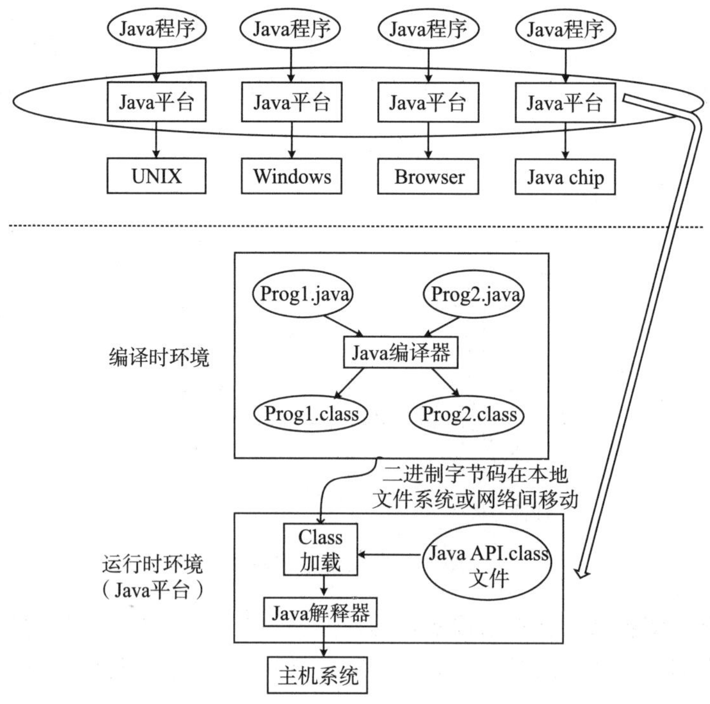

图 4-16　基于 JVM 的 Java 程序执行过程

首先，在 JVM 上运行的程序必须经过一个编译过程，即通过 Java 编译器将 Java 源程序（.java 文件）编译为一种标准的二进制字节码文件（.class 文件）。Java class 文件并不是机器代码或目标代码，而是一种具有标准中间格式的二进制文件，无法直接在任何操作系统平台上执行，必须在 JVM 的支持下才能执行。

Java class 文件在 JVM 下可通过字节码解释器或 JIT 编译器运行。

1）字节码解释器（bytecode interpreter）：在该类解释器下，被“编译”的字节码（与硬件平台无关）可被解释器加以解释。如图 4-17 所示。

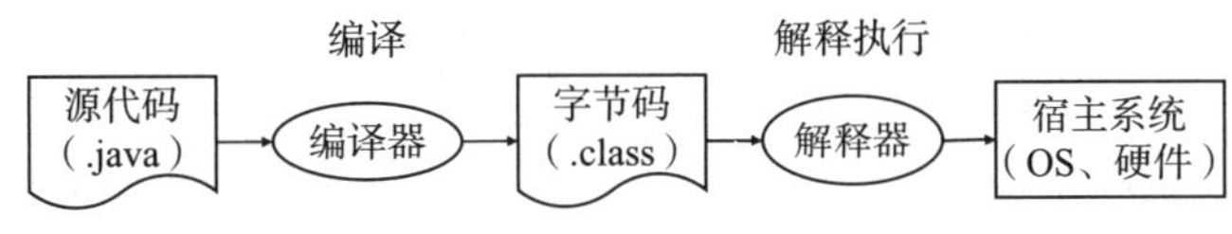

图 4-17　通过解释器执行 .class 文件

2）实时编译（just-in-time compilation）：JIT（实时）编译即字节码在运行时被编译为本机的目标代码。由于只有当某个函数要被执行时才被编译，因此称为 JIT 编译。而且，JIT 编译并非编译全部的代码，而只是编译那些被频繁执行的代码段。如图 4-18 所示

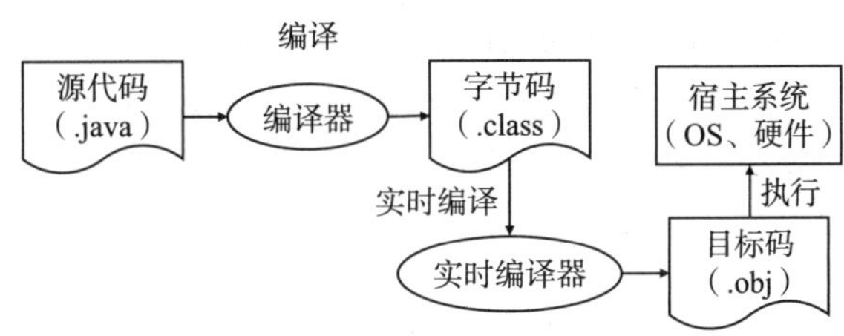

图 4-18　通过实时编译方式执行 .class 文件

4.3.7　基于规则的系统风格

基本思想：现实中业务需求经常频繁地发生变化，软件系统也要随之适应。如果每一次的需求变化都需要程序员来修改代码，那么效率将会非常低，成本也非常高。传统的软件工程要求从需求、设计到编码的流程，然而很多业务逻辑常常在需求阶段可能还没有明确，在设计和编码后还在变化。而这些业务需求一旦被编写为程序源代码，就会埋没于代码之中，不再可能被轻易理解了。另外现实中的业务需求通常采用自然语言来表达，而程序员则要将其“翻译”为程序代码，二者的语法之间存在非常大的区别，从而会导致“语义鸿沟”，也会影响对需求的理解。

因而最好的办法是把频繁变化的业务逻辑抽取出来，形成独立的规则库。这些规则可独立于软件系统存在，可被随时更新。系统在运行时读取规则库，并根据模式匹配的原理，以及依据系统当前运行的状态，从规则库中选择与之匹配的规则，对规则进行解释，并根据结果控制系统运行的流程。即，将“频繁变化的规则”与“较少发生变化的规则执行代

码”分离。

业务逻辑＝固定业务逻辑＋可变业务逻辑（规则）＋规则引擎

基于规则的系统（Rule-based System）[15,33]：一个使用模式匹配搜索来寻找规则并在正确的时候应用正确的逻辑知识的虚拟机。基于规则的系统提供了一种基于专家系统解决问题的手段，将知识表示为“条件－行为”的规则，当满足条件时触发相应的行为，而不是将这些规则直接写在程序源代码中。一般的，规则都是用类似于自然语言的形式书写，无法被系统直接执行，故而需要提供用来解释规则的“解释器”。基于规则的系统风格的基本组件与解释器风格的组件相似，如表 4-1 所示。

表 4-1　基于规则的系统和解释器风格系统中的组件比较

基于规则的系统	解释器风格系统
知识库	待解释的程序（伪码）
规则解释器	解释引擎
规则与数据元素选择器	解释引擎内部的控制状态
工作内存	程序当前的运行状态

基于规则的系统如图 4-19 所示。在该系统中，核心思想是将业务逻辑中可能频繁发生变化的代码从源代码中分离出来，其基本过程为：使用规则定义语言（IF…THEN…的形式，通常基于 XML 或自然语言，但绝不是程序设计语言），将这些变化部分定义为“规则”；在程序运行时，规则引擎根据程序执行的当前状态，判断需要调用并执行哪些规则，进而通过“解释器”的方式来解释执行这些规则；其他直接写在源代码里的程序仍然通过传统的“编译”或“解释”的办法加以执行。

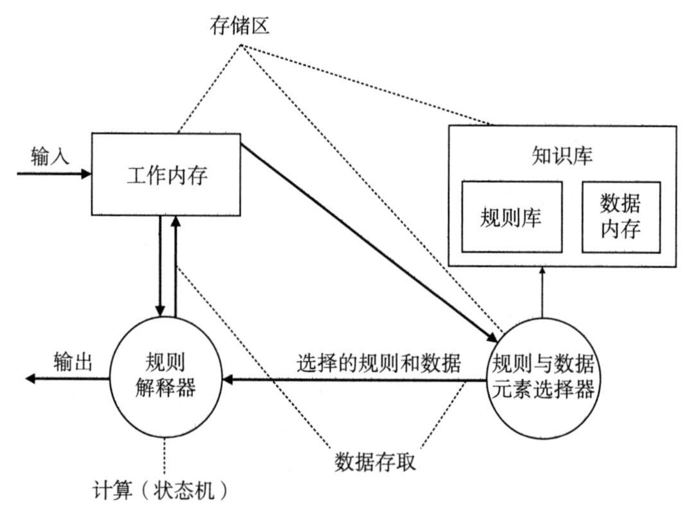

图 4-19　基于规则的系统

基于规则的系统和解释器风格系统的比较如表 4-2 所示。

优缺点分析：基于规则的系统风格的优缺点与解释器风格类似。

表 4-2　基于规则的系统和解释器架构风格的比较

	基于规则的系统	解释器风格系统
相同点	基于规则的系统本质上与解释器风格一致，都是通过“解释器”(“规则引擎”）在两个不同的抽象层次之间建立起一种虚拟的环境	
不同点	在自然语言 /XML 的规则和高级语言的程序源代码之间建立虚拟机环境	在高级语言程序源代码和 OS/ 硬件平台之间建立虚拟机环境

应用实例：调试工具一般包含跟踪设备和断点包。跟踪设备提供程序执行过程中被触发的规则列表。使用断点包则能提前告诉系统哪里应该中断，以备知识工程师或专家即时查看数据库中的当前值。多数专家系统还提供输入输出设备，如运行时知识获取器，以便运行中的专家系统获取数据库之外的必需信息。当知识工程师或专家输入所需信息后，系统接着往下运行。总之，开发者接口、知识获取设备使得领域专家能够直接将知识输入专家系统，以减少打扰知识工程师的次数。如图 4-20 所示为基于规则的专家系统。

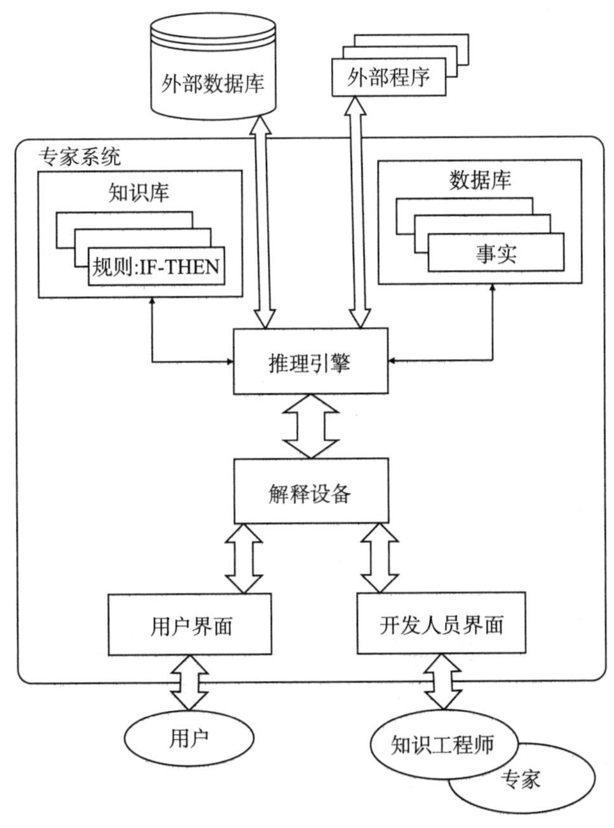

图 4-20　基于规则的专家系统

4.3.8　仓库风格

基本思想：仓库是存储和维护数据的中心场所，在仓库风格（Repository Style）[15]（见

图 4-21）中通常有两种截然不同的功能组件，一个是中央数据结构组件，代表系统当前状态；另一个是一些相对独立的组件的集合，这些组件对中央数据存储进行操作。在不同的系统中，知识库和外部组件集合之间的交互方式存在很大的差异。连接件是仓库与独立组件之间的交互。控制方式的选择将仓库风格分成了两个主要的子类：如果由输入流中事务触发系统相应的进程执行，这种知识库是传统的数据库型知识库；如果由中心数据结构的当前状态触发系统相应的进程执行，这种知识库称为黑板知识库。

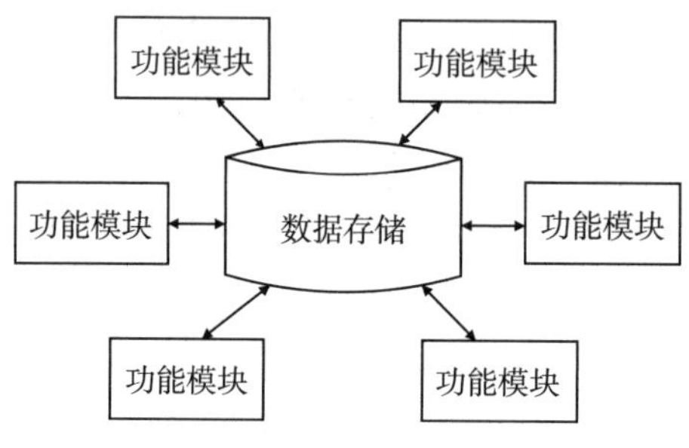

图 4-21　仓库风格

优缺点分析：仓库风格的主要优点包括便于模块间的数据共享，方便模块的添加、更新和删除，避免了知识源的不必要的重复存储等。而仓库风格也有一些缺点，比如对于各个模块，需要一定的同步 / 加锁机制以保证数据结构的完整性和一致性等。

应用实例：该风格典型的应用场合为：①数据处理，用来从传统数据库中构建业务决策系统；②构建软件开发环境，由程序和设计的表示和处理驱动。典型的应用实例为仓库形式的编译器结构、基于数据库的系统结构等。

在 4.3.1 节介绍管道 - 过滤器风格时曾以传统编译器为例，而现代的规范编译器结构如图 4-22 所示。

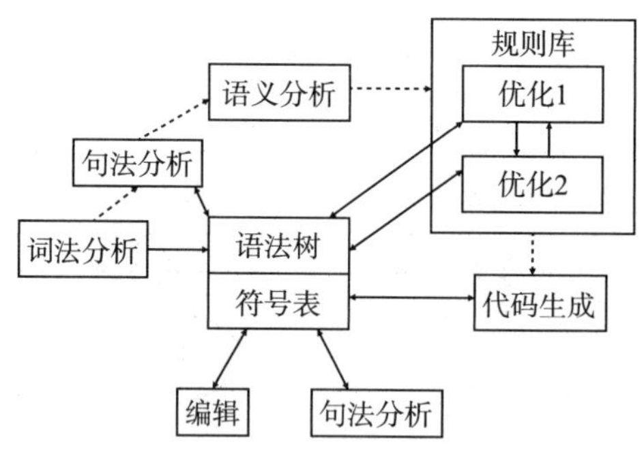

图 4-22　现代的规范编译器结构

另外还有一些基于仓库风格的软件研发环境。以 Eclipse 为例，如图 4-23 所示，其中央是一个专有项目字典，CASE 环境下的工具能够对共享的软件信息进行访问和操作（查询 /

更新模块)，开放表示模块可将共享的软件信息表示格式发布出去，从而允许其他方开放的工具可访问这些信息，转换模块允许将共享的软件信息转换为其他工具所需的格式，无接触部分指的是不允许某些工具访问共享信息。

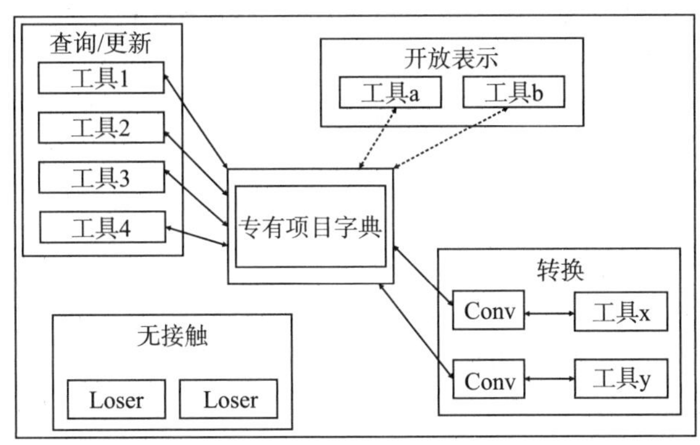

图 4-23　基于仓库风格的 Eclipse 软件研发环境

4.3.9　黑板系统风格

基本思想：黑板系统（Blackboard System）[1,9,34] 是传统上被用于在信号处理方面进行复杂解释的应用程序，以及松散耦合的构件访问共享数据的应用程序。它适用于这样的系统——需要解决冲突并处理可能存在的不确定性，以及从原始数据向高层结构转换的应用问题，如图、表、视觉、图像识别、语言识别、预警等应用领域。这类问题的特点是：当把整个问题分解成子问题时，各个子问题涵盖了不同的领域知识和解决方法。每一个子问题的解决需要不同的问题表达方式和求解模型。在多数情况下，找不到确定的分解策略。这与把问题分解成多个求解部分的功能分解形成对照。

黑板架构实现的基本出发点是已经存在一个对公共数据结构进行协同操作的独立程序集合。每个这样的程序专门解决一个子问题，但需要协同工作才能共同完成整个问题的求解。这些专门程序是相互独立的，它们之间不存在互相调用，也不存在可事先确定的操作顺序。相反，操作次序是由问题求解的进行状态决定的。

黑板系统得名于它反映的是一种信息共享的系统—如同教室里的黑板一样，有多个人读，也有多个人写。这是一个数据驱动或状态驱动的控制机制。它保存着系统的输入、问题求解各个阶段的中间结果和反映整体问题求解进程的状态。

系统在运行时，每当有新输入、新结果和新状态写入黑板时，中心控制组件就对黑板上的信息进行评价，并据此协调各专门程序进行工作。它们试探性地调用各个可能的求解算法，并根据试探导出的启发信息控制后续的处理。

在问题求解过程中，黑板上保存了所有的部分解。它们代表了问题求解的不同阶段，形成了问题可能的解空间，并以不同的抽象层次表达出来，其中最底层的表达就是系统的原始输入。最终的问题解在抽象的最高层次。

黑板系统风格通常由三部分组成，如图4-24所示：①知识源，分离的、独立的、依赖于应用的知识包。知识源仅通过黑板进行交互。②黑板数据结构，即问题求解状态数据，被组织成依赖于应用的层次结构。知识源不断修改黑板中的数据，直到问题得解。③控制器，完全由黑板的状态驱动。一旦黑板的状态使某个知识源可用，知识源就会适时地响应。

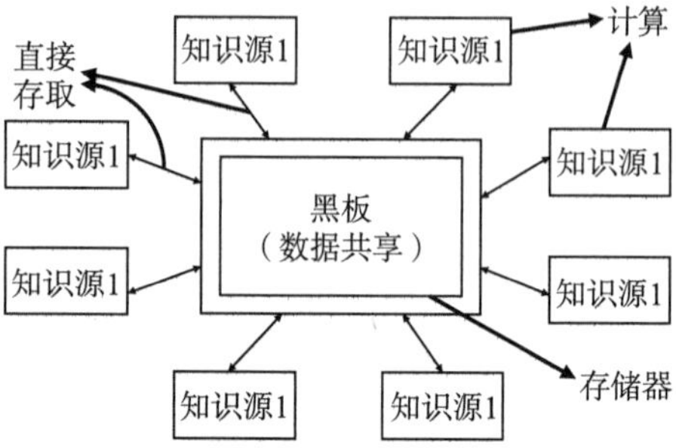

图 4-24　黑板系统风格

优缺点分析：黑板系统风格架构和传统架构有显著区别。它追求的是可能随时间变化的目标，各个代理需要不同资源、关心不同问题，但用一种相互协作的方式来维护共享数据结构。黑板系统风格架构的优点在于可扩充性比较强，模块间耦合比较松散，便于扩充。

黑板系统风格架构的优点有：①便于多客户共享大量数据，他们不关心数据何时产生、谁提供以及怎样提供的。②既便于添加新的作为知识源代理的应用程序，也便于扩展共享的黑板数据结构。③知识源可重用。④支持容错性和健壮性。

黑板系统风格架构的缺点有：①不同的知识源代理对于共享数据结构要达成一致，而且这也造成对黑板数据结构的修改较为困难—要考虑到各个代理的调用。②需要一定的同步/加锁机制来保证数据结构的完整性和一致性，增大了系统复杂度。

应用实例：该结构起源于人工智能领域，典型应用领域有自然语言处理、语音处理、模式识别、图像处理等，一些典型的应用实例如HEARSAY-II（自然语言处理系统，系统输入是自然语言的语音信号，经过语音音节、词汇、句法和语义分析后，获得用户对数据库的查询请求）、HASP/SIAP（在特定海域根据声呐阵列信号探测敌方潜艇出没的系统）、CRYALIS（根据X射线探测数据推测蛋白质分子三维结构的系统）、TRICERO（在分布环境下监视飞机活动的系统）等。

图4-25是HEARSAY-II系统的架构。黑板结构是一个6～8级的层次结构，其中每层从其相邻的低一层中抽取信息，黑板元素代表话语的解释假说。知识源对应以下任务，如分割原始信号、识别音素、产生候选字、推测句法分类、提出语义解释等。每个知识源被组织成条件和动作的集合，当条件被满足时则执行相应动作，即执行与黑板元素相应的过程并产生新的动作。控制组件是黑板的控制者和调度者；

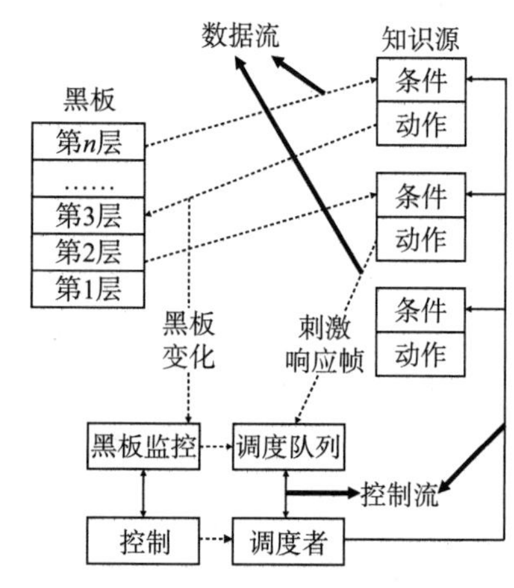

图 4-25　HEARSAY- Ⅱ架构

调度者对黑板实施监控并通过计算决定应优先将知识源应用到哪个黑板元素中。

4.3.10　C2 风格

基本思想：C2 结构是 1995 年由加州大学欧文分校的 Richard N. Taylor 等人提出来的[32,35,36]。C2 是一种基于组件和消息的架构风格，适用于 GUI 软件开发，用以构建灵活和可扩展的应用系统。C2 风格的主要思想来源于 Chiron-1 用户界面系统，因此又被命名为 Chiron-2，简称 C2。

C2 架构风格可以概括为：通过连接件绑定在一起的按照一组规则运作的并行组件网络。C2 风格中的系统组织规则如下：①系统中的组件和连接件都有一个顶部和一个底部；②组件的顶部应连接到某连接件的底部，组件的底部则应连接到某连接件的顶部，而组件与组件之间的直接连接是不允许的；③一个连接件可以与任意数目的其他组件和连接件连接；④当两个连接件进行直接连接时，必须由其中一个的底部连接到另一个的顶部。

该规则规定了所有组件之间的交互必须通过异步消息机制来实现，这也是组件之间的唯一通信方式，其结构如图 4-26 所示。

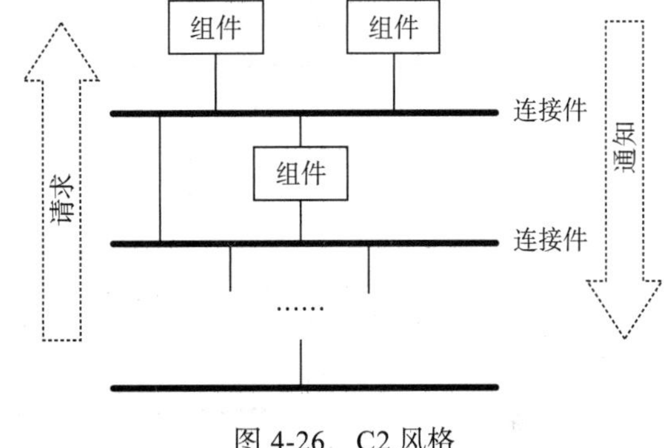

图 4-26　C2 风格

组构件的顶端定义了构件可以对哪些通知做出响应，以及可以发出哪些请求；组件的底端定义了可以向下层发送哪些通知，以及可以响应下层的哪些请求。每个组件只能感知层次高于自己的组件提供的服务，而不能感知层次低于自己的组件的服务。即请求消息只能向上层传送，而通知消息只能向下层传送。

在 C2 架构的内部，通信和处理是分开完成的。会话模块接收所有的通知和请求，并将它们映射到内部对象的操作上，并限制在对象模块内完成。当内部对象的状态改变时，内部对象会向下发送一个通知，下层组件的会话模块会做出响应，并在适当的时候调用其内部对象模块。这种隐式的调用降低了相互通信的组件之间的依赖性。域转换器用于解决相互通信的组件之间的不兼容性问题，诸如消息名称、参数类型和参数顺序的不匹配，它降低了组件对其上层组件的依赖性。C2 架构的内部结构如图 4-27 所示。

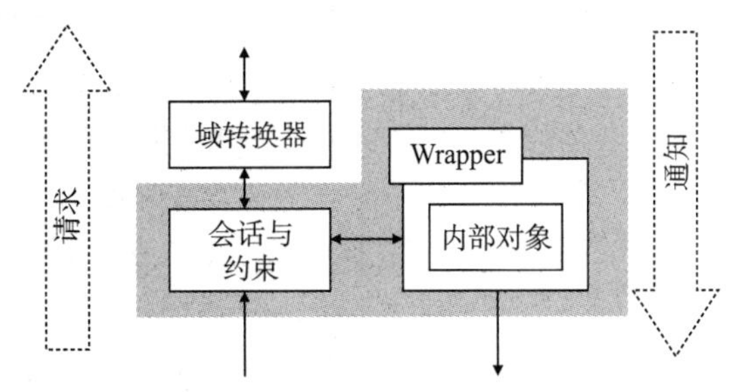

图 4-27　C2 架构的内部结构

优缺点分析：其优点包括：①可使用任何编程语言开发组件，组件重用和替换易实现；②由于组件之间相对独立，依赖较小，因而该风格具有一定扩展能力，可支持不同粒度的组件；③组件无须共享地址空间；④可实现多个用户和多个系统之间的交互；⑤可使用多个工具集和多种媒体类型，动态更新系统框架结构。

缺点：不太适合大规模流式风格系统，以及对数据库使用比较频繁的应用。

应用实例：C2 风格主要用于具有图形化用户界面的应用程序。一个典型的应用 C2 风格的例子是 KLAX 游戏。图 4-28 为该游戏的架构。最顶层是封装了游戏状态的组件，这些组件统称为游戏逻辑（game logic）组件，在内部状态改变时发出通知；game logic 组件的 request 状态的改变与游戏规则相一致。Artist 组件也捕获游戏状态改变的通知，引起对自身描述的改变。每一个 Artist 组件都维护了一套抽象图形对象，当状态改变时，发送状态改变的通知给下层，以期更底层的图形组件能实施这种改变。LayoutManager 组件接收所有来自于 Artist 的通知，并且弥补坐标误差以使得图形对象画在正确的位置。Graphics Binding 组件接收所有关于 Artist 图形对象的通知，并将它们转换为对 Windows 系统的相关调用。用户的事件，如按下键盘的键，被转换为对 Artist 对象相应的请求。

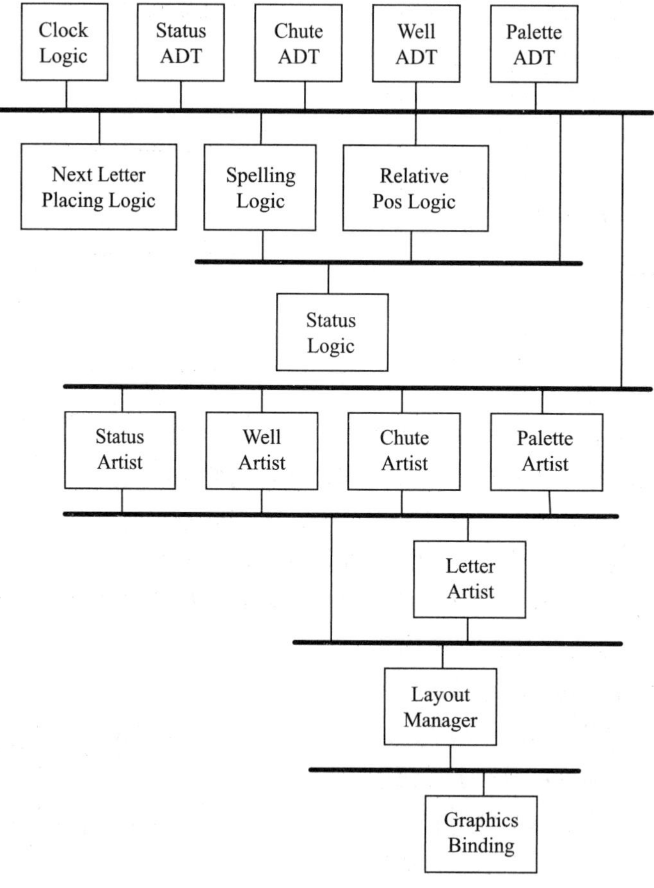

图 4-28　KLAX 游戏架构

4.3.11　客户机 / 服务器风格

基本思想：在集中计算时代，主要采用大型机 / 小型机模型，这种模型通过与宿主机相连的非智能终端来实现宿主机程序的逻辑功能。宿主机程序可以分为与用户交互的前端和管理数据的后端。集中式系统使用户能够共享贵重的硬件资源，如海量存储设备、打印机和调制解调器等。随着用户数量的增多，以及对宿主机的要求越来越高，程序员需要为新应用开发具有同样功能的组件，造成了极大的浪费。

个人计算机和工作站的采用改变了这种协作计算模式，导致了分散计算模型的出现。同时微处理器的快速发展也使得个人计算机和工作站的推广成为可能，并推动了网络的迅速普及，在计算机领域形成了向下规模化的趋势。分散计算模型的主要优点是用户可以选择适合自己的工作站、操作系统和应用程序。在这一时期，集中计算模式逐渐被以 PC 为主的网络计算模式所取代。

客户机 / 服务器（Client/Server）[23] 是 20 世纪 90 年代开始成熟的一项技术，主要针对资源不对等问题而提出的一种共享策略。客户机和服务器是两个相互独立的逻辑系统，它们为了完成特定的任务而形成一种协作关系。

一般的，客户机为完成特定的工作向服务器发出请求；服务器处理客户机的请求并返回结果。

如果客户机程序和服务器程序都配置在同一台计算机上，则可以采用消息、共享存储区和信号量等方法来高效地实现通信连接。如果客户机程序和服务器程序配置在分布式环境中，则需要通过远程过程调用（Remote Produce Call，RPC）协议来进行通信。两层 C/S 架构如图 4-29 和图 4-30 所示。

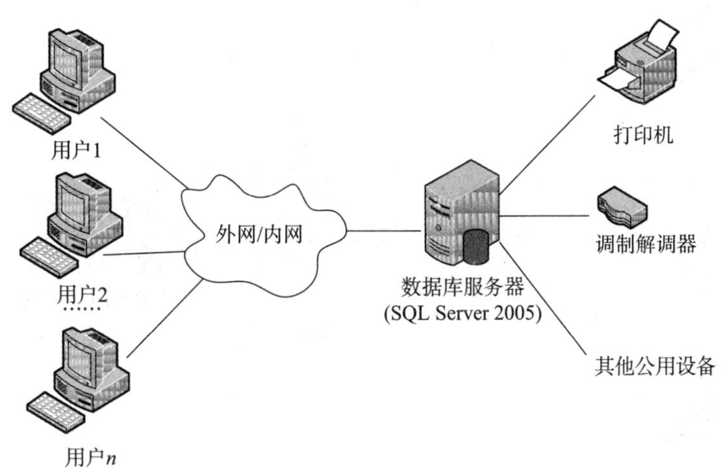

图 4-29　两层 C/S 架构

服务器可以为多个客户机程序管理数据。在 C/S 架构中，客户机程序是针对一个小的和特定的数据集进行操作的（如表的行），而不是像文件服务器那样处理整个文件。由于客户机程序是对某一条记录进行加锁，而不是对整个数据文件进行加锁，因而保证了系统的并发性，使网络上传输的数据量减少到最小，从而改善了系统的性能。

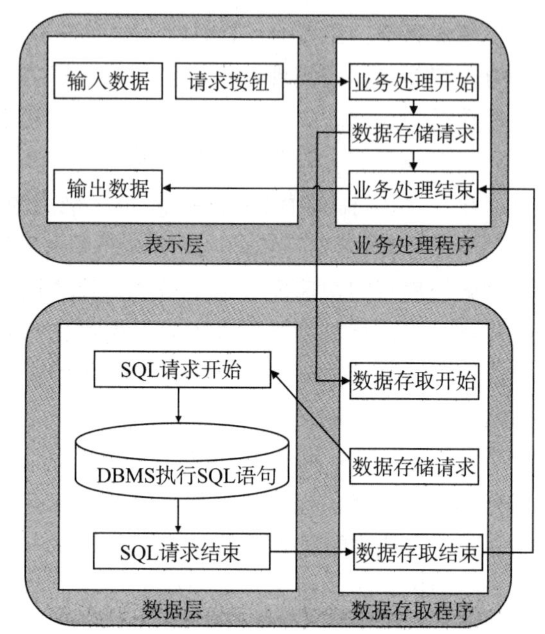

图 4-30　两层 C/S 架构的处理流程

服务器程序负责管理系统资源，其主要任务包括管理数据库的安全性、控制数据库访问的并发性、定义全局数据完整性规则及备份恢复数据库。服务器永远处于激活状态，监听用户请求，为客户提供服务操作。客户机程序的主要任务包括提供用户与数据库交互的界面、向服务器提交用户请求、接收来自服务器的信息及对客户机数据执行业务逻辑操作。网络通信软件的主要功能是完成服务器程序和客户机程序之间的数据传输。

将客户机和服务器中的部分业务逻辑抽取出来，形成功能层，放在应用服务器上，就形成了三层 C/S 架构。三层 C/S 架构包含客户机、应用服务器和数据库服务器三个部分，如图 4-31 所示。

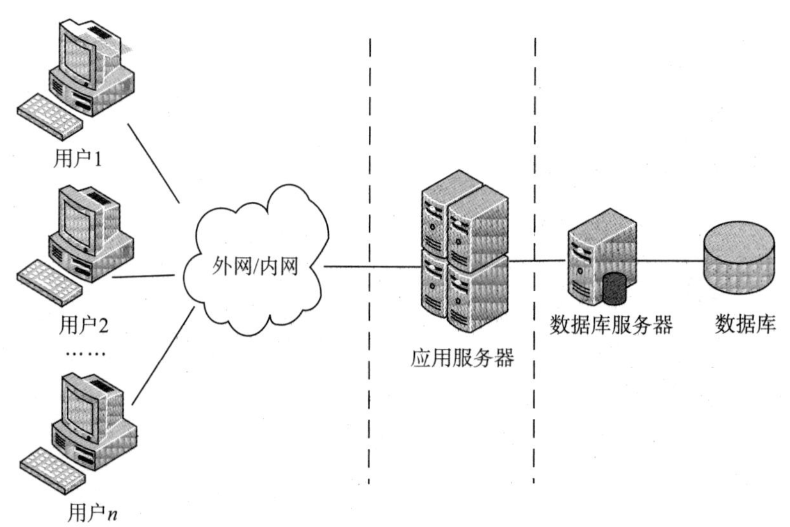

图 4-31　三层 C/S 架构

在三层 C/S 架构中，针对一类应用问题建立了中间层，即功能层，配置在应用服务器上。应用服务器负责处理客户机与数据库服务器之间的交互，而不是直接让客户机与中心数据库相连，因此减少了与数据库服务器相连的客户机的数目，提高了系统安全性。由于将数据存取组件放在应用服务器上，客户机只存放系统的表示层，因此客户机不必关心数据的操作细节，便于实现软件的安装与维护。在三层 C/S 架构中，可通过增加应用服务器，在不增加数据服务器负担的情况下使客户机变“瘦”。这种风格又被称为“瘦客户机”C/S 结构。在三层 C/S 架构中，可以将业务逻辑划分为表示层、功能层和数据层三个部分，其处理流程如图 4-32 所示。

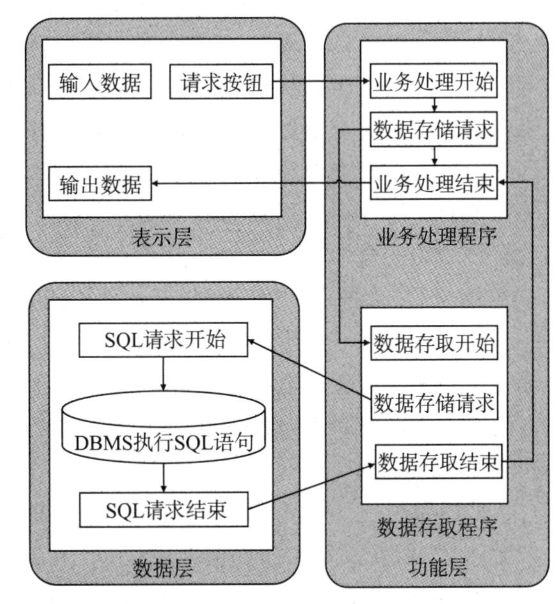

图 4-32 三层 C/S 架构的处理流程

优缺点分析：首先，对于两层 C/S 架构，具有以下优点：①客户机组件和服务器组件分别运行在不同的计算机上，有利于分布式数据的组织和处理。②组件之间的位置是相互透明的，客户机程序和服务器程序都不必考虑对方的实际存储位置。③客户机侧重数据的显示和分析，服务器则注重数据的管理，因此，客户机程序和服务器程序可以运行在不同的操作系统上，便于实现异构环境和多种不同开发技术的融合。④组件之间是彼此独立和充分隔离的，这使得软件环境和硬件环境的配置具有极大的灵活性，易于系统功能的扩展。⑤将大规模的业务逻辑分布到多个通过网络连接的低成本的计算机上，降低了系统的整体开销。

尽管 C/S 架构具有强大的数据操作和事务处理能力，模型构造简单并且易于理解，但是，随着企业规模的日益扩大和软件复杂程度的不断提高，C/S 架构也逐渐暴露出以下六个方面的问题：①开发成本较高。在 C/S 架构中，客户机的软件配置和硬件配置的要求比较高。随着软件版本的升级，对硬件性能的要求也越来越高，从而增加了系统成本，使客户机变得臃肿。②在开发 C/S 架构时，大部分工作都集中在客户机程序的设计上，增加了设计的复杂度。客户机负荷太重，难以应对客户端的大量业务处理，降低了系统性能。③信息内容和形式单一。传统应用一般都是事务处理型，界面基本上遵循数据库的字段解释，在开发之初就已经确定。用户无法及时获取办公信息和文档信息，只能获得单纯的字符和数字，非常枯燥和死板。④如果对 C/S 架构的系统进行升级，开发人员需要到现场来更新客户机程序，同时需要对运行环境进行重新配置，增加了维护费用。⑤两层 C/S 结构采用了单一的服务器，同时以局域网为中心，因此难以扩展到 Intranet 和 Internet 上。⑥数据安全性不高。客户机程序可以直接访问数据库服务器，因此客户机上的其他恶意性程序也有可能访问到数据库，从而无法保证中心数据库的安全。

相比于两层 C/S 架构，三层 C/S 架构有以下优点：①如果合理地划分三层结构的功能，可以使系统的逻辑结构更加清晰，提高了软件的可维护性和可扩充性。②在实现三层 C/S 架构时，可以更有效地选择运行平台和硬件环境，从而使每一层都具有清晰的逻辑结构、良好的负荷处理能力和较好的开放性。③在 C/S 架构中，可以分别选择合适的编程语言来并行地开发每一层的逻辑功能，以提高开发效率，同时每一层的维护也更加容易。④系统具有较高的安全性。可以充分利用功能层来将数据层和表示层分离开来，使未授权用户难以绕过功能层和非法访问数据层，从而保证了中心数据库的安全性。

在使用三层 C/S 架构时须注意以下两个问题：①如果各层之间的通信效率不高，即使每一层的硬件配置都很高，系统的整体性能也不会太高。②必须慎重考虑三层之间的通信方法、通信频率和传输数据量，这与提高各层的独立性一样也是实现三层 C/S 架构的关键性问题。

应用实例：一般，C/S 架构适合于这样的系统——它的数据和处理分布在一定范围的多个组件上，组件之间通过网络连接。

图 4-33 是 AirCG.3D 三维网络字幕系统的结构 [37]。它基于 C/S 架构，三维场景创作、网络播出控制、节目编排和管理、场景存储服务、实时渲染引擎等软件模块可分布在网络中的不同站点，通过网络连接共享资源并通过 IP 协议控制。该系统的主要组成部分如下。

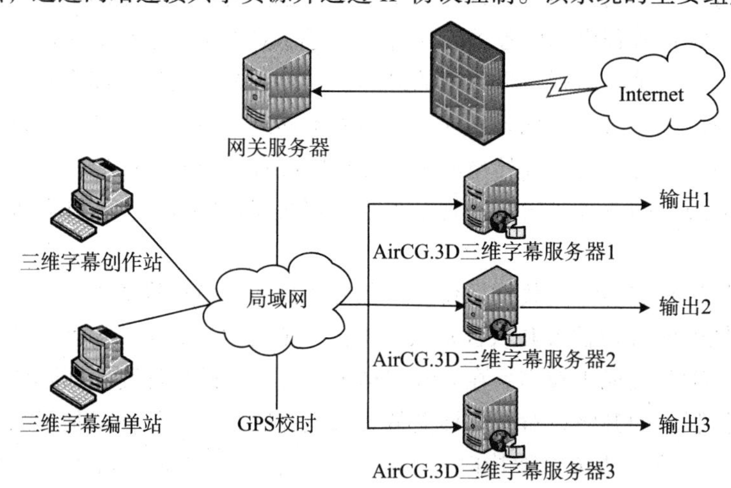

图 4-33　AirCG.3D 三维网络字幕系统的结构

AirCG.3D 三维字幕服务器：满足电视频道播出的业务要求，提供稳定的三维图文动画视频信号。自动调入本频道图文字幕播出节目单，受控自动播出或自主自动播出每档栏目三维图文字幕内容。

三维字幕创作站：利用 GPU 三维图形加速引擎，按照频道要求，通过 Artis 创作软件制作成各频道模板，经过审核后保存到场景库中的指定目录下。

三维字幕编单站：根据应用场合和功能职责不同，大致可细分为图文字幕编排站、分布 / 集中式播出控制站、实时数据获取站、短信实时管理站、股票实时管理站等。

异构网关服务器：字幕系统与外来数据交换的唯一通道，采用的 Linux 操作系统安全可靠，杜绝病毒入侵，防止非法数据的进入。

网络数据库服务器：运行 SQL 服务，是 C/S 结构的核心，是整个系统的数据存储中心，存储的数据包括素材管理信息、节目库、节目单、系统 / 人员设置、日志等信息。

4.3.12　浏览器 / 服务器风格

基本思想：浏览器 / 服务器（Browser/Server）[23,38] 是三层 C/S 风格的一种实现方式，主要包括浏览器、Web 服务器和数据库服务器。B/S 结构主要利用了不断成熟的 WWW 技术，结合浏览器的多脚本语言，采用通用浏览器来实现原来需要复杂的专用软件才能实现的强大功能，节约了开发成本。与三层 C/S 结构的解决方案相比，B/S 架构在客户机上采用了 WWW 浏览器，将 Web 服务器作为应用服务器，其架构如图 4-34 所示。

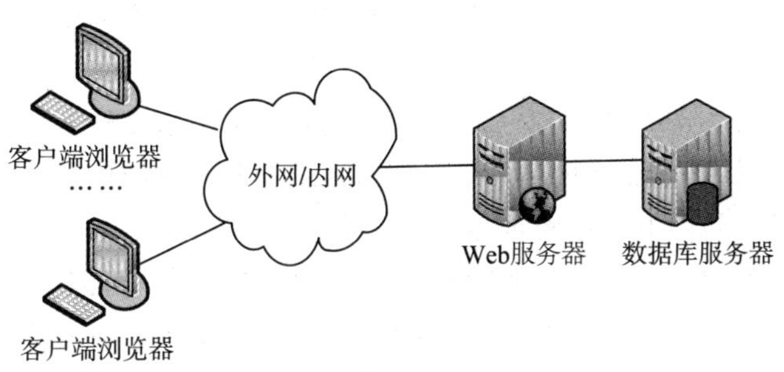

图 4-34　B/S 架构

B/S 架构核心是 Web 服务器，可以将应用程序以网页的形式存放在 Web 服务器上。当用户运行某个程序时，只需要在客户端的浏览器中输入相应的 URL，向 Web 服务器提出 HTTP 请求。Web 服务器接收 HTTP 请求后会调用相关的应用程序，同时向数据库服务器发送数据操作请求。数据库服务器对数据操作请求进行响应，将结果返回给 Web 服务器的应用程序。Web 服务器应用程序执行业务处理逻辑，利用 HTML 来封装操作结果，通过浏览器呈现给用户。在 B/S 架构中，数据请求、网页生成、数据库访问和应用程序执行全部由 Web 服务器来完成。

对于数据库服务器而言，Web 服务器程序是一个客户机程序，只是它的输入数据是 HTTP 请求。当用户查询、修改、添加和删除中心数据时，浏览器将请求封装在 HTTP 中，发送给 Web 服务器，操作结束后 Web 服务器将结果封装在 HTML 中，这样客户就能够间接地获得中心数据库的数据。因此，浏览器与 Web 服务器之间的关系可以认为是一种动态的 HTML 技术。

在 B/S 架构中，系统安装、修改和维护全在服务器端解决，客户端无任何业务逻辑，用户在使用系统时，仅仅需要一个浏览器就可运行全部模块，真正达到了“零客户端”的运作模式。同时，在系统运行期间，很容易对浏览器进行自动升级。B/S 结构为异构机、异构网和异构应用服务的集成提供了有效的框架基础。此外，B/S 结构与 Internet 技术相结合，使电子商务和客户关系管理的实现成为可能。

优缺点分析：B/S 架构具有以下优点：①客户端只需要安装浏览器，操作简单，能够发布动态信息和静态信息。②运用 HTTP 标准协议和统一客户端软件，能够实现跨平台通信。③开发成本比较低，只需要维护 Web 服务器程序和中心数据库。客户端升级可以通过升级浏览器来实现，使所有用户同步更新。

但是，B/S 架构风格也存在一些问题，具体表现在以下 5 个方面①个性化程度比较低，所有客户端程序的功能都是一样的。②客户端数据处理能力比较差，加重了 Web 服务器的工作负担，影响系统的整体性能。③在 B/S 架构中，数据提交一般以页面为单位，动态交互性不强，不利于在线事务处理（Online Transaction Processing，OLTP）。④ B/S 架构的可扩展性比较差，系统安全性难以保障。⑤ B/S 架构的应用系统查询中心数据库的速度要远低于 C/S 架构。

应用实例：虽然 B/S 结构有许多优越性，但是 C/S 结构起步较早，技术很成熟，网络负载也非常小，因而未来一段时间内将会出现 B/S 结构和 C/S 结构共存的现象。然而，计算模式的未来发展趋势将向 B/S 结构转变。

PetShop 是一个范例，微软用它来展示 .Net 企业系统开发的能力。随着版本的不断更新，直至现在基于 .Net 2.0 的 PetShop 4.0 为止，PetShop 整个设计逐渐变得成熟而优雅，有很多可以借鉴之处。PetShop 是一个小型的项目，系统架构与代码都比较简单，但凸显了许多颇有价值的设计与开发理念。

PetShop 架构分为三层：①数据访问层，有时候也称为持久层，其主要负责数据库的访问。②业务逻辑层，它是整个系统的核心，与这个系统的业务（领域）有关。PetShop 业务逻辑层的相关设计均与网上宠物店特有的逻辑相关，如查询宠物、下订单、添加宠物到购物车等。如果涉及数据库的访问，则调用数据访问层。③表示层，它是系统的 UI 部分，负责使用者与整个系统的交互。在该层中，理想的状态是不应包括系统的业务逻辑。表示层中的逻辑代码仅与界面元素有关。PetShop 利用 ASP.Net 来设计，因此包含了许多 Web 控件和相关逻辑。

早期的 PetShop 架构并没有明显的数据访问层设计，这样的设计虽然提高了数据访问的性能，但也同时导致了业务逻辑层与数据访问职责的混乱。一旦要求支持的数据库发生变化或者需要修改数据访问的逻辑，由于没有清晰的分层，会导致项目的大修改。而随着硬件系统性能的提高，以及充分利用缓存、异步处理等机制，分层式结构所带来的性能影响几乎可以忽略不计。PetShop 3.0 中纠正了此前层次不明的问题，将数据访问逻辑作为单独的一层独立出来。PetShop 4.0 基本上延续了 3.0 的结构，但在性能上做了一定的改进，引入了缓存和异步处理机制，同时又充分利用了 ASP.Net 2.0 的新功能 MemberShip。其核心的内容并没有发生变化，在数据访问层（DAL）中仍然采用 DAL Interface 抽象出数据访问逻辑，并以 DAL Factory 作为数据访问层对象的工厂模块。对于 DAL Interface 而言，分别有支持 MS-SQL 的 SQL Server DAL 和支持 Oracle 的 Oracle DAL 具体实现。

4.3.13　平台 / 插件风格

基本思想：插件（Plug-in）是一种遵循统一的预定义接口规范编写出来的程序，应用程序在运行时通过接口规范对插件进行调用，以扩展应用程序的功能。插件最吸引人的地方是其所实现的“运行时”(Run-time）功能扩展。这意味着软件开发者可以通过公布插件的预定义接口规范，从而允许第三方的软件开发者通过开发插件对软件的功能进行扩展，而无须对整个程序代码进行重新编译。

插件的本质在于在不修改程序主体（或者程序运行平台）的情况下对软件功能进行扩展与加强，当插件的接口公开后，任何公司或个人都可以制作自己的插件来解决一些操作上的不便或增加新的功能，也就是实现真正意义上的“即插即用”软件开发。平台 / 插件软件结构是将一个待开发的目标软件分为两部分，一部分为程序的主体或主框架，可定义为平台；另一部分为功能扩展或补充模块，可定义为插件。平台所完成的功能应为一个软件系统的核心和基础，这些基本功能既可为用户使用，也可为插件使用，即又可以将平台基本功能分为两个部分：内核功能和插件处理功能。平台的内核功能是整个软件的重要功能，一个软件的大部分功能应由内核功能完成。平台的插件处理功能用于扩展平台和管理插件，为插件操纵平台和与插件通信提供标准平台扩展接口。插件所完成的功能是对平台功能的扩展与补充，一般插件完成系列化功能，如 Eclipse IDE 是 Eclipse 的运行主体平台。你要编辑 C/C++ 程序，可以应用 CDT 插件；使用 SVN，你可以安装 SVN Repository Exploring。

为了实现平台 / 插件（Platform / Plug-in）[8] 结构的软件设计（见图 4-35），需要定义两个标准接口，一个为由平台所实现的平台扩展接口，一个为插件所实现的插件接口。这里需要说明的是：平台扩展接口完全由平台实现，插件只是调用和使用，插件接口完全由插件实现，平台也只是调用和使用。平台扩展接口实现插件向平台方向的单向通信，插件通过平台扩展接口可获取主框架的各种资源和数据，包括各种系统句柄、程序内部数据以及内存分配等。插件接口实现平台向插件方向的单向通信，平台通过插件接口调用插件所实现的功能，读取插件处理数据等。

开发支持插件功能的应用程序必须解决一个问题：如何在主程序与插件间正确地互相通信？为了在主程序与插件之间正确地互相通信，应该先制定一套通信标准，这套通信标准就是接口，主程序与插件只能通过制定好的接口进行通信。软件开发中，接口只是定义功能并规定调用功能的形式，而不包含功能的实现。接口实质上是软件模块的调用规范。

接口的调用规范与功能实现互相分离有一个很大的优点：尽管不同的插件开发者对同一个接口的具体实现不同，但是在主程序中对这些插件的调用方式是一样的。如果具有主程序实现的接口，在不同的插件中也可以用相同的使用方式调用主程序的功能。这极大地提高了应用程序的灵活性。

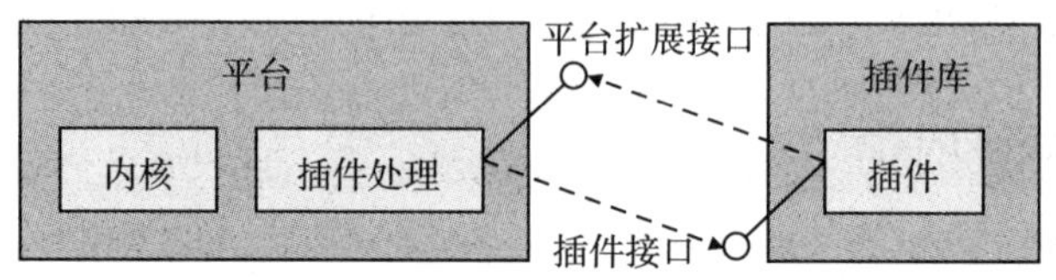

图 4-35　平台 / 插件风格

优缺点分析：采用平台 / 插件式架构设计的优点主要体现在以下几个方面：

1）**降低系统各模块之间的互依赖性**：在进行插件式开发中，任何一个系统功能模块、通用用户界面以及最小的图标等都可以插件的方式进行开发，从而提高了通用功能模块的重用性；各个功能进行独立开发，相互之间不存在互依赖性，使得各个独立的功能都可以单独运行，也可以通过插件框架进行托管运行，从而提高了整个系统的灵活性；对于修改功能模块也不会影响到其他插件模块的正常运行，降低了系统的维护难度，提高了系统的可扩展性。

2）**系统模块独立开发、部署、维护**：每个功能模块都可以按照插件契约服务接口所定义的服务接口，以及相关元数据的形式当作一个插件进行独立开发，开发完成和编译后可独立运行，也可通过插件框架进行托管运行。理论上插件组件是不可以单独运行的，按照插件式架构原理，必须是通过插件管家托管才能运行。实际的开发中或许会因为各种业务需求的不同而不同，具体应该如何对插件开发进行约束，还得结合实际项目需求而定。

3）**根据需求动态地组装、分离系统**：每个功能模块都可以当作一个插件进行开发，通过统一的配置文件维护插件包的部署信息，插件框架可根据活动情况动态地从服务器上下载相应的 xap 插件包或者是 .dll 的动态库文件到客户端并进行插件初始化创建、插件到框架的组合等，插件框架能够灵活地管理各个插件实例以及插件之间的通信机制，也支持插件的卸载。

平台 / 插件式架构的主要缺点是：别人开发的插件可以用到你的主程序中，如果你的通信模块也做成只能服务于你的主程序的插件，那么别的程序自然不能用了，所以可重用性差。

应用实例：关于插件最典型的例子是 Eclipse 开发平台（如图 4-36 所示），早期 Microsoft 的 ActiveX 控件和 COM（Component Object Model，组件对象模型）组件也是插件。实际上 ActiveX 控件不过是一个更高继承层次的 COM 而已。此外还有 Photoshop 的滤镜（Filter）也是一种比较常见的插件，Mozilla Firefox、Foobar 等也遵循着插件机制。

Eclipse 插件之间有依赖关系，不过这些依赖关系都被 Eclipse 运行时内核统一管理着。

Eclipse 运行时内核是健壮而微小的，主要具有如下功能：

- 定义了插件必须符合的结构以及应该具有的信息。
- 查找、装入、注销插件。
- 管理着一个插件注册表并记录各插件的配置信息，以备调入插件时使用。

Eclipse 类似于“软总线”的架构，Eclipse 的核心部分（Platform Runtime）类似于一条“即插即用”的“总线”，它提供了许多插槽（即扩展点：extension point）。其余部分都可看成类似于外部设备的插件，可随时加载和卸载。更为灵活的是每个插件又提供了插槽可继续安装其他插件。

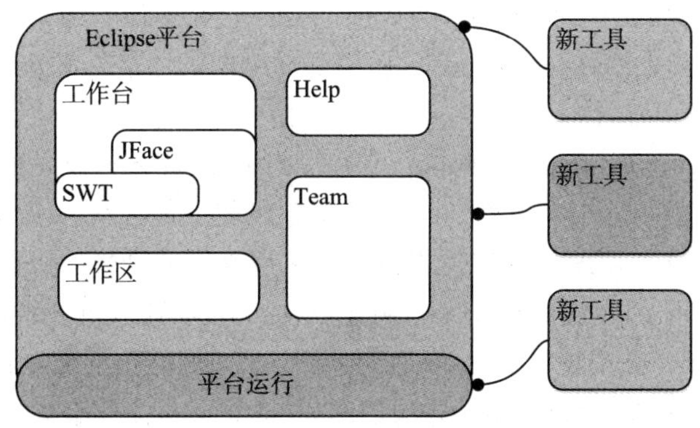

图 4-36　Eclipse 的插件机制

Eclipse 分为 Eclipse 平台、JDT、PDE、其他插件几个部分。其中 Eclipse 平台是整个系统的基础、Eclipse 的核心。JDT 是提供了用于编辑、查看、编译、调试和运行 Java 代码的专门插件。PDE 构建于 Eclipse 平台和 JDT 之上，提供了专门开发插件的工具。

4.3.14　面向 Agent 风格

基本思想：面向 Agent 风格 [40,41,42] 的基本思想是认为事物的属性，特别是动态特性在很大程度上受到与其密切相关的人和环境的影响，并将影响事物的主观与客观特征相结合抽象为系统中的 Agent，作为系统的基本构成单位，通过 Agent 之间的合作实现系统的整体目标。

归纳起来，Agent 可定义为“一个能够根据它对环境的感知，主动采取决策和行为的软件实体”，其关键属性主要有自主性、交互性、适应性、智能性、协同性、移动性等。

Agent 组件是对系统处理的高度抽象，具有高度灵活和高度智能特色的软件实体，对系统需求是不敏感的，其能力可以通过修改其义务与选择知识集合动态地变更，而自身形态保持不变。

Agent 连接件是一种对组合型组件的连接，该连接能够提供通信、协调、转换、接通等服务，可以通过参数在组件间传递所需的数据，通过服务请求、过程调用等方式来传递控制流，可以对传递的数据类型、格式进行转换或包装，以增强数据的互操作性，消除架构的不匹配，通过提供统一的接口增强组件生存环境的稳定性，并可以通过交互控制连接关系的调整。

Agent 组件有别于以往任何系统的组件类型，其所具有的自主性、智能性、交互性等特性是传统架构对象所不具备的。另外，多 Agent 系统中的连接件并非显式地将两个不同的组件联系起来，如对象调用等。不同 Agent 之间的联系在静态模型中几乎是不可见的，Agent 须在系统运行时根据自身当时的状态决定是否提供某种服务。

面向对象一般是被动的，对象之间的通信是通过直接调用方法实现的。而面向 Agent 的方法更接近客观世界的真实情况和人类解决问题的一般方法与习惯，是对面向对象的完善和发展。面向 Agent 中的 Agent 是主动的，Agent 之间的通信处于知识级，通过通信原语来完成。

例如，Woo ldrige、Jennings 和 Kinny 等人提出的 Gaia 方法学，Gaia 支持 Agent 的结构以及 Agent 之间社会和组织的建模，Gaia 的服务封装了包含在一个活动空间中具有复杂性和异构性的实体，这个可编程的实体支持具有适应性、移动性、以用户为中心、资源意识、对内容敏感的应用的实施。近年来，由于 PAD、数字摄像机、智能电话、智能手表、可配戴的计算机和 MP3 点唱机的大量涌现，对 Agent 架构的研究从 Gaia 架构转移到 Multi Agent 以及移动 Gaia 架构。移动 Gaia 架构如图 4-37 所示，各种服务作为一个组件能够被动态地装卸，每个服务以两种角色存在，一种是协调者的角色，另一种是客户角色，移动 Gaia 使用一个服务部署框架来决定唤醒哪一个服务角色。系统管理服务发现在它附近的设备、协调设备加入系统和管理系统。事件服务管理系统中设备之间事件的通信，本地服务融合系统中来自不同设备的本地信息，对整个系统提供设备的信息。安全服务主要由两部分组成：授权和存取控制。服务交互层被用作内部个人空间的通信。应用框架分解一个应用成多个组件。

基于 Agent 技术的 Gaia 方法对 Agent 的标识来自自顶向下分析过程中的角色，而不是自底向上中的组件。另一方面，由于 Agent 的结构局限在一个自治空间中，缺乏对 Agent 社会结构的描述和外部环境的分析。

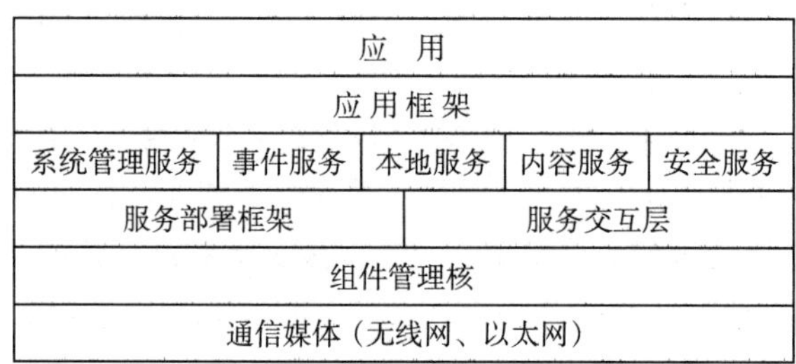

图 4-37　移动 Gaia 架构

优缺点分析：毫无疑问，面向 Agent 的软件工程方法对于解决复杂问题是一种好的技术，特别是对于分布开放异构的软件环境。但大多数结构中 Agent 自身缺乏社会性结构描述和与环境的交互。

而针对以网络技术为核心的网格计算环境自治性、异构性、混沌性的特点提出的新的 Agent 的软件架构目前还只是一个原型系统，还有许多问题需要解决。首先，须通过复杂的应用测试，在实际中不断完善该架构；其次须更进一步研究 Agent 中的任务管理、资源管理，以及安全服务等问题。

应用实例：LASP——基于移动 Agent 的物流管理。

LASP 从全局出发，对服务过程优化，确保整个物流的运行和服务质量。其中，物料需求方（客户方）向 LASP 提出服务申请，获取所需服务。服务提供方提供各种资源或工具，并在 LASP 的索引库中注册。

由此，LASP 为客户屏蔽了服务提供方的具体细节。同时，借助移动 Agent 的搜索、定位功能，LASP 不必建立完整的共享整合资源数据库，就可实现服务资源的统一共享，又确保资源的相对自治。

图 4-38 给出了基于移动 Agent 的物流管理系统的架构，由客户端、物流服务企业集群和 LASP 组成。LASP 包括接口层、代理层、业务逻辑层和资源层。

1）**接口层**：提供客户与物流服务企业进出 LASP 的门户接口，它基于 XML/XSL 定义，给出了面向客户的客户需求可视化模板与面向企业集群的交互操作可视化模板。

2）**代理层**：包括物流服务 Agent 和移动 Agent。客户代理 Agent 和服务代理 Agent 通过人机或机机交互执行多个客户企业和物流服务企业在 LASP 中的登录、申请、服务注册和查询等操作。客户代理 Agent 接收到客户需求信息后，结合客户信息库中的客户信息进行逻辑推理，确定客户企业物流需求服务的优先级别、相关属性，同时明确客户的物流服务需求，并将这些分析结果告知任务求解 Agent。任务求解 Agent 根据客户代理 Agent 发来的相关信息，通过查询服务企业索引库进行任务求解，制定合理的物流服务计划草案并将其发送给服务代理 Agent。服务代理 Agent 根据物流服务计划草案内容分别通知仓储 Agent、运输 Agent 等服务 Agent，各服务 Agent 首先在实时服务资源库中搜索 LASP 正在支配的、满足服务需求的服务资源（记为 RTRS）。若服务不足以完成物流服务计划，则搜索服务企业索引库，获取相应服务的服务企业的位置信息，并告知移动 Agent 管理，由其派遣移动 Agent 到网络中进行服务搜索。当搜索完成后，其被自动召回，并返回搜索结果（记为 ERS）。任务求解 Agent 和控制管理 Agent 结合物流服务计划草案，采用表上作业法，对 RTRS 和 ERS 进行评估，从中选择满足客户需求的、最优的物流服务，形成满足客户需求的物流计划。服务代理 Agent 根据物流服务计划，通过移动 Agent 管理派遣移动 Agent 到相应的物流服务企业签订合同，提供物流服务。

此外，服务代理 Agent 接收来自物流服务企业集群中服务企业的注册索引信息，对其进行分析，并传给相应的仓储 Agent、运输 Agent 等服务 Agent，以及对服务企业索引库中的信息进行注册或修改。移动 Agent 管理根据运输 Agent 等服务 Agent 传来的服务资源要求，生成多个移动 Agent，并将其派遣到网络节点进行服务搜索，以及对这些移动 Agent 进行管理、监控。控制管理 Agent 控制、协调和管理其他服务 Agent 的工作，处理任务执行中各 Agent 的冲突与协同，监控任务的执行，从而为整个代理层 Agent 的运行提供支持。

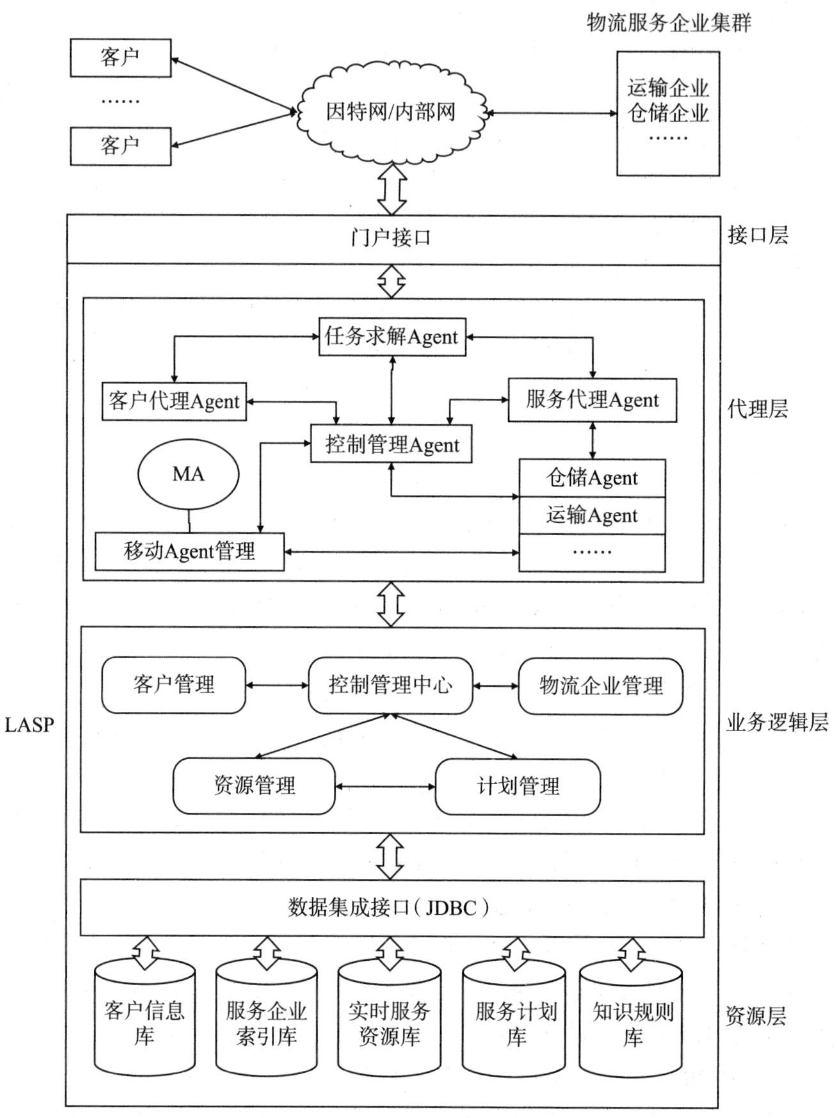

图 4-38　LASP 物流管理系统的架构

3）**业务逻辑层：**提供了基本功能逻辑组件，并通过数据集成接口调用相关信息资源。客户管理帮助客户代理 Agent 分析客户的需求，并在客户信息库中注册、更新客户信息。

计划管理组件负责维护、管理多个用户的物流服务计划，监控物流服务计划的执行。资源管理组件负责实时记录物流服务资源的使用状态等信息，对其进行管理、调度，并将服务资源的状态等信息实时地在实时服务资源库中更新。物流企业管理组件对来自多个物流服务企业的索引信息进行注册、管理，帮助仓储 Agent、运输 Agent 等完成在服务企业索引库中的服务搜索。

4）**资源层**：采用 SQL Server、XML 数据库存储各种信息。客户信息库存储客户属性和相关资料信息；服务企业索引库存储物流服务企业集群中运输、仓储等企业的属性和相关资料索引信息，包括服务名称、地理位置等；实时服务资源库存储 LASP 当前支配的物流服务的服务资源状态等信息；服务计划库存储各客户的供需服务计划清单列表；知识规则库存储 LASP 的相关知识与规则，如服务资源搜索与定位规则等。

4.3.15　面向方面架构风格

基本思想：Extremadura 大学的 Navasa 等人在 2002 年提出了将面向方面软件开发技术引入软件架构的设计中，并称之为面向方面编程（Aspect Oriented Programming，AOP）软件架构 [17]，但没有给出构建面向方面软件架构的详细方法。尽管目前对于 AOP 这个概念尚未形成统一的认识，但是一般认为 AOP 在传统软件架构基础上增加了方面组件（aspect component）这一新的构成单元，通过方面组件来封装系统的横切关注点，如图 4-39 所示。

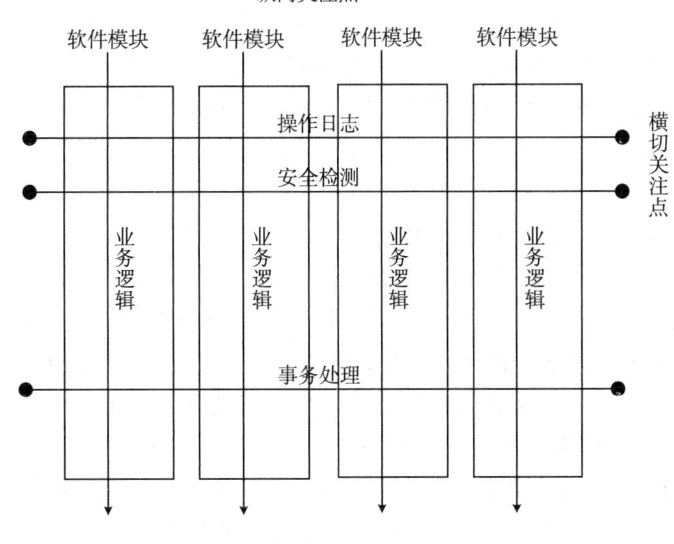

图 4-39　AOP 示意图

系统的有些特性和需求横切于系统的每一个层面并融于系统的每一个组件中，这种特性称为系统的方面（aspect）需求特性或关注点，如系统中的时间要求、业务逻辑、性能、安全性和错误检测、QoS 监测等。一个复杂的软件系统可以看作由许多关注点的实现构成的。

面向方面软件架构风格主要是针对多数复杂系统开发过程中所存在的问题的解决而出现的，如在系统需求关注点的实现中，软件代码混杂、分散，导致软件开发过程的可追踪性差、开发效率低、代码的重用性不好、代码质量不高、软件系统的演变进化困难等，进而直接导致系统的开发难度大、维护性差。

开发一个应用系统就是要实现应用的各种需求，一个应用的需求可以分为核心模块级和系统级两个层次。系统级需求之间、系统级需求与核心模块级需求之间往往是正交的，同时系统级需求也经常横切于核心模块级需求之中，比如在企业应用系统中每一个业务流程的实现就是系统的一个功能或子系统，在每一个业务流程中横切着控制流、数据流和参与者操作等方面的关注，它们反映相互正交的业务逻辑：业务流程、业务活动和参与者。

业务流程是横切于系统各子系统或功能的关注点，可以用工作流来描述，它反映业务活动过程中的控制逻辑，包括开始和中止条件、各个工作环节及相互之间的控制流关系等，可采用基于 Petri 网的 token 驱动模型来对业务过程建模，制定严格描述业务流程的语义、语法规则以及业务流程控制的相关描述信息。这种建模方式可以用开发工具实现，业务过程可用 XML 语言表示。

参与者也是横切于全系统的一个关注点，首先考虑执行一个活动是由人来执行还是由计算机完成，其次一个人可能执行多个功能，一个功能也可能被多人使用，并且人在系统中的角色也可能经常改变。因此需要把业务的执行者这一个关注点和业务流程分离，通过建立企业的组织机构对参与者建模，并分解为三种基本元素，即组织单位、角色和参与者。一个活动的参与者（执行者）可能有三种情况：人员、单位和角色。这三种信息存放在一个企业的组织模型数据库中，以供系统使用。参与者是一个人、组织单位和角色的集合运算表达式。参与者与过程相关，而人、组织单位和角色是独立于过程定义的，只有满足参与者表达式的人、组织单位和角色才能执行该活动。

业务活动是业务流程最小工作单元，它表示了业务的具体功能。对应业务流程中一个逻辑步骤或环节的工作任务，一般分为手工操作和自动处理两类。通过对业务活动建模，可以分离活动的内容和活动的控制逻辑（业务流程关注），这样活动的内容可以是一个用户界面，也可以是一个组件。当业务内容改变时，只需替换具体的功能组件，无须改变业务流程方面的实现。而活动组件的开发可以用 Java、C++ 等开发工具实现。

优缺点分析：面向方面开发是一个令人兴奋不已的新模式。就开发软件系统而言，它的影响力必将与有着数十年应用历史的面向对象开发一样巨大。面向方面编程和面向对象编程不但不是互相竞争的技术，而且彼此还是很好的互补。面向对象编程主要用于为同一对象层次的公用行为建模，它的弱点是将公共行为应用于多个无关对象模型之间，而这恰恰是面向方面编程适合的地方。有了 AOP，我们可以定义交叉的关系，并将这些关系应用于跨模块的、彼此不同的对象模型。同时 AOP 还可以让我们层次化功能性而不是嵌入功能性，从而使得代码有更好的可读性和易于维护。

应用实例：近年来，网上购物发展迅速，网上支付是消费者主要的支付手段之一，

图 4-40 给出了基于面向方面软件架构的网上支付模型，它由四个组件，即一个复合组件、两个方面组件和三个连接件组成。其中 Web 用户组件 WebClientComponent 代表客户端组件，它可以向 Web 银行组件 WebBankComponent 请求 AccountService() 服务，该服务有三个参数，即 username、password、cost，分别对应于用户的网上银行账户名、密码及购买商品的消费金额。

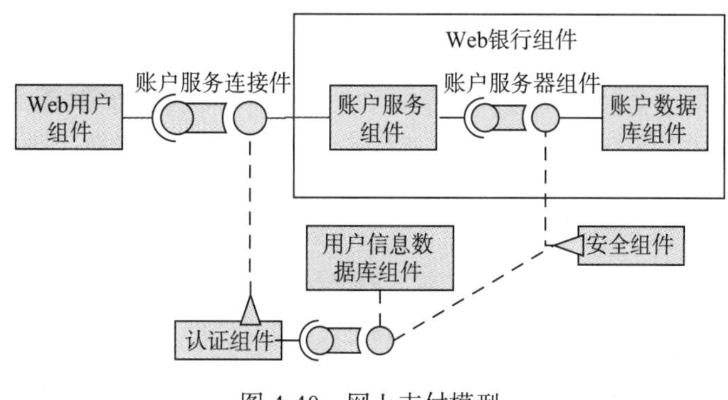

图 4-40　网上支付模型

4.3.16　面向服务架构风格

基本思想：Gartner Group 于 1996 年最早提出了面向服务架构（Service-Oriented Architecture，SOA）模型[4]，其最初的应用目的并不是为了企业系统集成，但是由于 Web Service 技术的广泛应用，企业在 SOA 方面应用的趋势明显加强，尽管 Web Service 并不一定需要 SOA，SOA 也并不都以 Web Service 为基础，但是两种技术所代表的方向与趋势是一致的。Web Service 将 SOA 带向主流用户，同时 SOA 的最佳实践也将使 Web Service 获得最初的成功。

SOA 是一个组件模型，它将应用程序的不同功能单元（称为服务）通过这些服务之间定义良好的接口和契约联系起来。其中服务（service）是一个粗粒度的、可发现的软件实体。它以一个单独的实例存在，并通过一组松散耦合和基于消息的模型与其他应用或服务交互。接口是采用中立的方式进行定义的，它应该独立于实现服务的硬件平台、操作系统和编程语言，使得构建在这样的系统中的各种服务可以以一种统一和通用的方式进行交互。如图 4-41 所示。

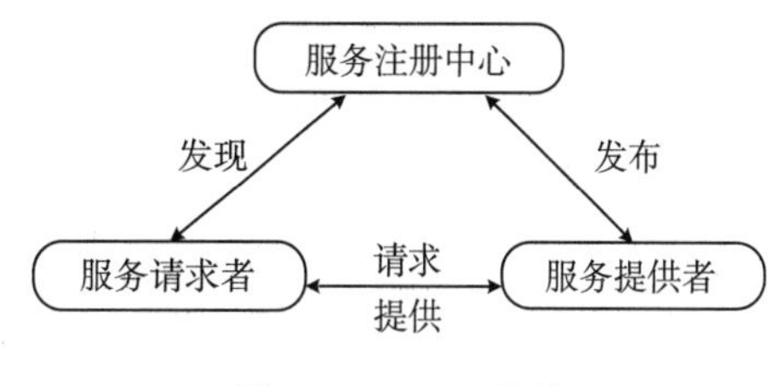

图 4-41　SOA 架构

服务请求者：可以是服务或者第三方的用户，通过查询服务提供者在服务注册中心发布的服务接口的描述，通过服务接口描述、RPC 或者 SOAP 绑定和调用服务提供者所提供的业务或服务。

服务提供者：作为服务管理者和创建者，必

须将服务描述的接口发布到服务注册中心才能被潜在的服务请求发现，能够为合适的服务请求者提供服务。

服务注册中心：相当于服务接口的管理中心，服务请求者能够通过查询服务注册中心的数据库来找到需要的服务调用方式和接口描述信息。

在 SOA 体系架构中实体之间主要有以下操作：

发布：为了便于服务请求者发现，服务提供者将对服务接口的描述信息发布到服务注册中心上。

发现：服务请求者通过查询服务注册中心的数据库来找到需要的服务，服务注册中心能够通过服务的描述对服务进行分类，使服务请求者更快定位所需要的服务范围。

绑定和调用：服务请求者在查询到所需要的服务描述信息后，根据这些信息服务请求者能够调用服务。

面向服务架构风格在于具有基于标准、松散耦合、共享服务和粗粒度等优势，表现为易于集成现有系统、具有标准化的架构、提升开发效率、降低开发维护复杂度等。通过采用 SOA，在开发成本急剧减少的同时，由于系统具有松散耦合的特征使得维护成本也大大减少。面向服务架构提供了灵活性和响应能力，通过 SOA 架构企业信息系统，可以满足企业级应用开发的灵活多变及可重用性高的要求。

优缺点分析：SOA 的优点：①灵活性，根据需求变化，可重新编排服务。②对 IT 资产的复用。③使企业的信息化建设真正以业务为核心。业务人员根据需求编排服务，而不必考虑技术细节。

SOA 的缺点：①服务的划分很困难。②服务的编排是否得当。③如果选择的接口标准有问题，会带来系统的额外开销和不稳定性。④对 IT 硬件资产还谈不上复用。⑤目前主流实现方式接口很多，很难统一。⑥目前主流实现方式只局限于不带界面的服务的共享。

应用实例：金蝶 EAS 是金蝶国际软件集团推出的新一代企业应用套件，技术架构如图 4-42 所示。金蝶 EAS 构建于金蝶自主研发的业务操作系统——金蝶 BOS（Business Operating System）之上，提供了集成的集团财务管理、集团人力资源管理、集团采购管理、集团分销管理、供应链管理、协同平台等 50 多个应用模块，并为企业提供行业及个性化解决方案、移动商务解决方案，可实现企业间的业务协作和电子商务的应用集成。

基于金蝶 BOS 构建的金蝶 EAS 系统在架构模型上遵循 SOA 架构体系，由以下 4 部分构成：

1）信息门户：将企业不同角色的相关人员通过 Internet 紧密地结合在一起协同工作，并能有效整合第三方系统。

2）业务流程：可灵活配置的流程引擎。其中业务流程和工作流都是可视的，企业可以随时查阅每一项业务的流程规则、路线、处理状态及参与者，用户的操作也变得更加简单和直观。

3）业务服务：提供统一的接口标准，使所有业务都作为功能插件连接在业务流程上，这些服务可以根据用户的需要来决定是否使用甚至更换。

4）基础平台：将包含有各种底层存储、计算和传输的技术细节通过封装进行屏蔽，有效降低系统集成、应用部署的复杂度。

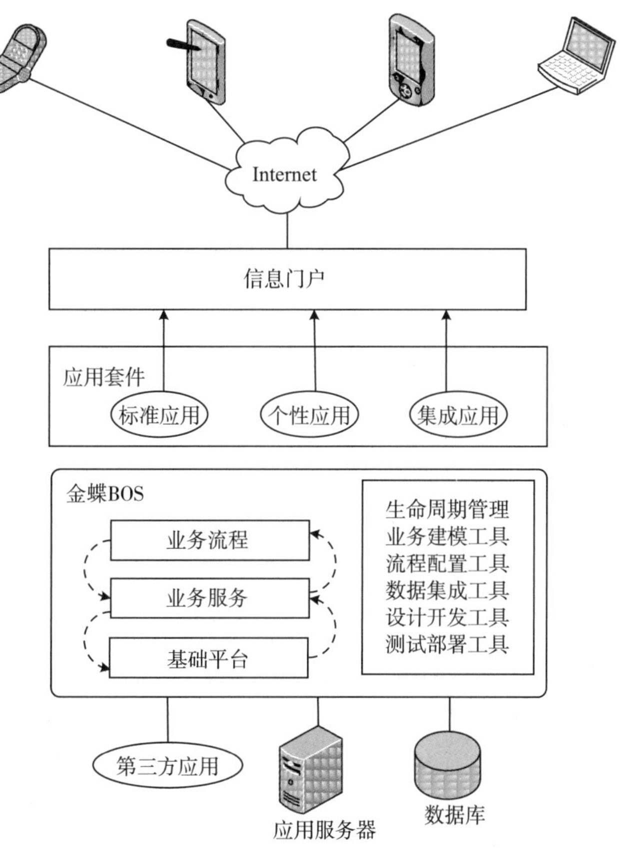

图 4-42　金蝶 EAS 技术架构

4.3.17　正交架构风格

基本思想：正交软件架构（orthogonal software architecture）[23] 由组织层（layer）和线索（thread）的组件构成。层由一组具有相同抽象级别的组件构成。线索是子系统的特例，它由完成不同层次功能的组件组成（通过相互调用来关联），每一条线索完成整个系统中相对独立的一部分功能。每一条线索的实现与其他线索的实现无关或关联很少，同一层的组件之间是不存在相互调用的。

如果线索是相互独立的，即不同线索中的组件之间没有相互调用，那么这个结构就是完全正交的。从以上定义我们可以看出，正交软件架构是一种以垂直线索组件族为基础的层次化结构，其基本思想是把应用系统的结构按功能的正交相关性，垂直分割为若干个线索（子系统），线索又分为几个层次，每个线索由多个具有不同层次功能和不同抽象级别的组件构成。各线索的相同层次的组件具有相同的抽象级别。

特点：①由完成不同功能的 n（n>1）个线索（子系统）组成；②系统具有 m（m>1）个不同抽象级别的层；③线索之间是相互独立的（正交的）；④系统有一个公共驱动层（一般为最高层）和公共数据结构（一般为最低层）。如图 4-43 所示。

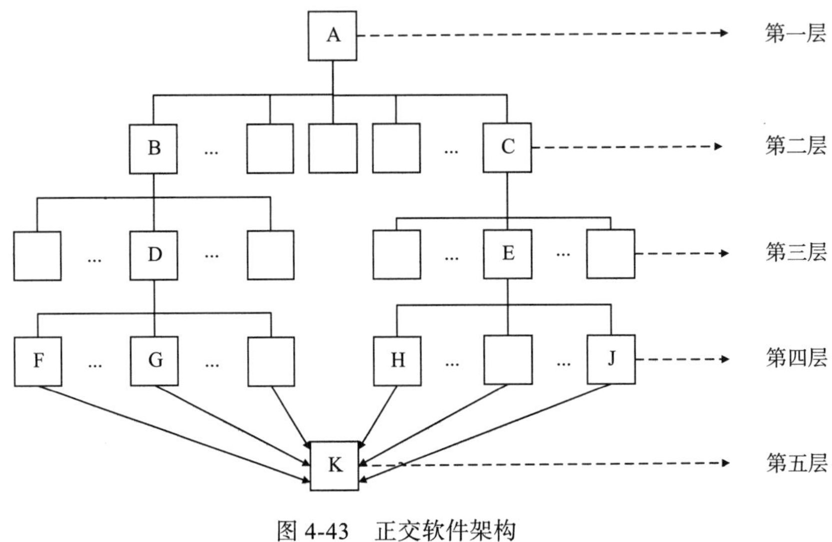

图 4-43　正交软件架构

优缺点分析：优点：①结构清晰，易于理解。由于线索功能相互独立，组件的位置可以清楚地说明它所实现的抽象层次和负担的功能。②易修改，可维护性强。由于线索之间是相互独立的，所以对一个线索的修改不会影响到其他线索。③可移植性强，重用粒度大。因为正交结构可以为一个领域内的所有应用程序所共享，这些软件有着相同或类似的层次和线索，可以实现架构级重用。

缺点：在实际应用中，并不是所有软件系统都能完全正交化，或者有时完全正交化的成本太高。因此，在进行应用项目的软件架构设计时，必须反复权衡进一步正交化的额外开销与所得到的更好性能之间的关系。

应用实例：以下给出汽修服务管理系统的设计方案。考虑到用户需求可能经常会发生变化，在设计时采用了正交架构。大部分线索是独立的，不同线索之间不存在相互调用关系。维修收银功能需要涉及维修时的派工、外出服务和维修用料，因此适当放宽了要求，采用了非完全正交架构，允许线索之间有适当的调用，不同线索之间可以共享组件。由于非完全正交结构的范围不大，因此对整个系统框架的影响可以忽略。汽修服务管理系统的框架结构如图 4-44 所示。其中，系统、维修登记、派工、增加和数据接口形成了一条完整的线索。

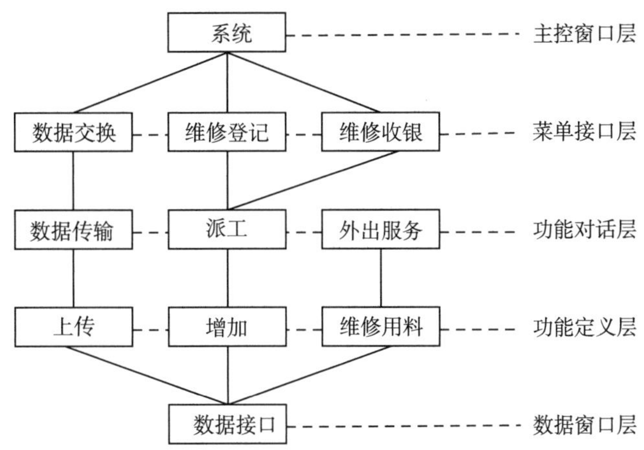

图 4-44　汽修服务管理系统的框架结构

4.3.18　异构风格

基本思想：架构为大粒度重用软件元素提供了便利条件，但如何选用架构风格却没有固定的模式。在设计软件系统时，从不同角度来观察和思考问题会对架构风格的选择产生影响。每一种架构风格都有不同的特点，适用于不同的应用问题，因此，架构风格的选择是多样化和复杂的。在实际应用中，各种软件架构并不是独立存在的，在一个系统中往往会有多种架构共存和相互融合，形成了更复杂的框架结构，即异构架构。

异构架构（heterogeneous architecture）[9,23]不是“纯”的架构风格，而是几种风格的组合。组合方式可能有如下几种：①使用层次结构。一个系统组件被组织成某种架构风格，但它的内部结构可能是另一种完全不同的风格。②允许单一组件使用组合的连接件。如组件可通过接口访问知识库，但通过管道与系统中其他组件进行交互，且又通过其他接口接收控制信息。如 active database，它是一个知识库，通过隐式调用来激活外部组件。另外，也可以用完全不同的架构风格来阐述架构描述的一个角度。

优缺点分析：采用异构架构主要有以下原因：①在实际工作中，总会遇到一些遗留下来的代码，它们仍然有用，但是与新系统的框架结构不一致。出于技术与经济因素的考虑，决定不再重写它们，而选择异构架构风格可以实现遗留代码的重用。②在某一单位中规定了共享软件包和某些标准，但仍会存在解释和表示习惯上的不同，选择异构架构风格可以解决这一问题。主要缺点是不同风格之间的兼容问题有时很难解决。

应用实例：B/S 和 C/S 进行有机结合可以形成一种典型的异构架构。在一个系统中，如果功能模块是在企业内部运作的，则适合采用 C/S 结构；如果功能模块需要向外发布信息，则适合采用 B/S 结构。

B/S 结构和 C/S 结构的组合方式包括“内外有别”和“查改有别”两种。

1）“内外有别”模型。在企业内部使用 C/S 结构，内部用户可以通过局域网直接访问数据库服务器。在企业外部使用B/S结构，外部用户通过Internet访问Web服务器，Web服务器再访问数据库服务器，并将操作结果返回给外部用户，如图4-45所示。该模型的优点是，企业外部用户无法直接访问数据库服务器，能够保证企业数据库的安全；企业内部用户的交互操作比较多，采用C/S结构能够提高查询和修改的响应速度。该模型的缺点是对于企业外部用户而言，采用了B/S结构，在修改和维护数据时需要经过Web服务器，因此响应速度比较慢，数据动态交互性不强。

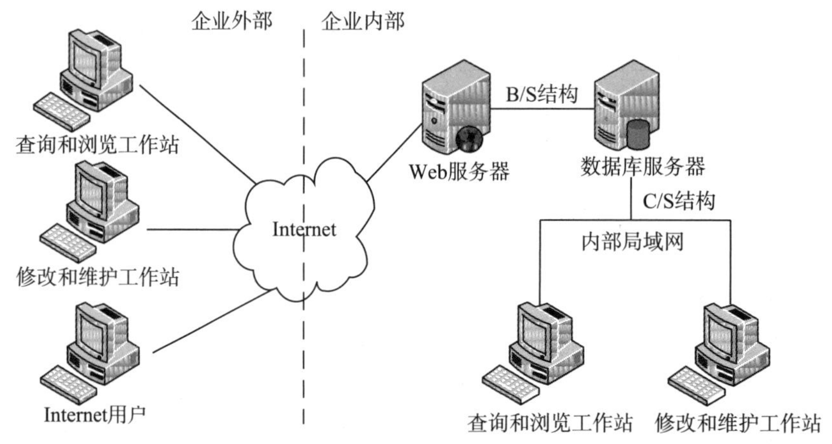

图4-45 “内外有别”模型

2)“查改有别”模型。不管用户采用何种方式与系统互联，如果需要执行维护和修改操作，就采用C/S结构；如果只是执行查询和浏览操作，则采用B/S结构，如图4-46所示。该模型体现了B/S结构和C/S结构的共同优点。但是外部用户能够直接通过Internet访问数据库服务器，给企业数据库的安全造成了一定的威胁。

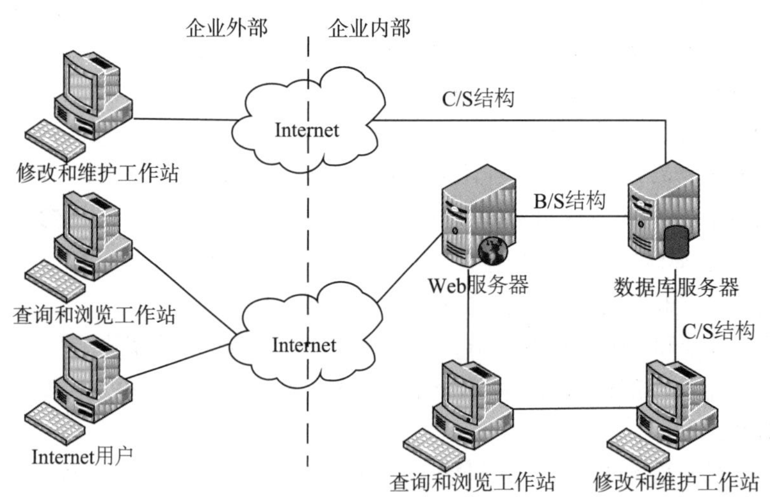

图4-46 “查改有别”模型

虽然 B/S 结构具有很多优点，但是由于 C/S 结构的网络负载较小且技术非常成熟，因此在实际应用中经常会出现 B/S 结构和 C/S 结构共存的现象。供电管理系统的架构如图 4-47 所示，这是一个典型的 B/S 和 C/S 异构结构。

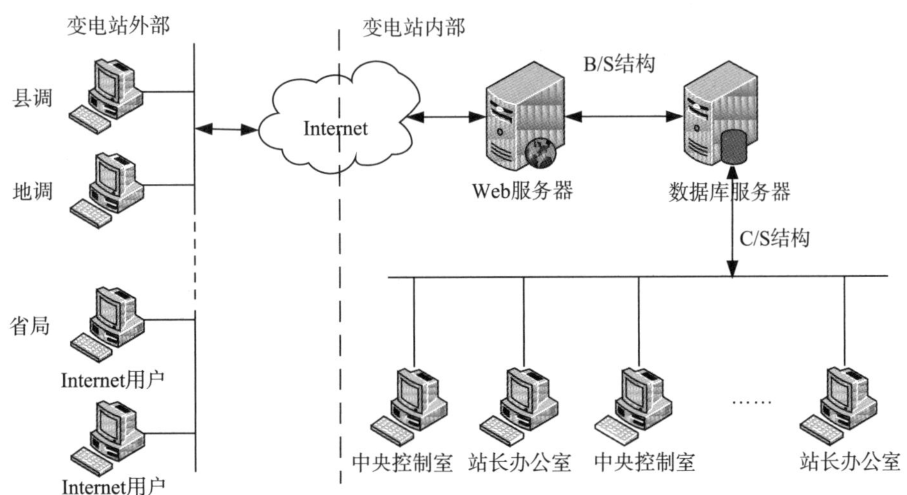

图 4-47　供电管理系统的架构

4.3.19　基于层次消息总线的架构风格

基本思想：青鸟工程对基于组件构架模式的软件工业化生产技术进行了研究，并实现了青鸟软件生产线 151 系统。以青鸟软件生产线的实践为背景，提出了基于层次消息总线的软件架构风格（Jade bird hierarchical message bus based style，以下简称 JB/HMB 风格）[23]，设计了相应的架构描述语言，开发了支持软件架构设计的辅助工具集，并研究了采用 JB/HMB 风格进行应用系统开发的过程框架。

JB/HMB 风格基于层次消息总线，支持组件的分布和并发，组件之间通过消息总线进行通信，如图 4-48 所示。消息总线是系统的连接件，负责消息的分派、传递和过滤以及处理结果的返回。各个组件挂接在消息总线上，向总线登记感兴趣的消息类型。组件根据需要发出消息，由消息总线负责把该消息分派到系统中所有对此消息感兴趣的组件，消息是组件之间通信的唯一方式，组件接收到消息后根据自身状态对消息进行响应，并通过总线返回处理结果。

由于组件通过总线进行连接，并不要求各个组件具有相同的地址空间或局限在一台机器上。其中，系统中的复杂组件可以分解为比较低层的子组件，这些子组件通过局部消息总线进行连接，这种复杂的组件称为组合组件。子组件内部可以采用不同于 JB/HMB 的风格，但必须满足 JB/HMB 风格的组件模型的要求，主要是在接口规约方面的要求。另外，整个系统也可以作为一个组件，通过更高层的消息总线集成到更大的系统中。

优缺点分析：① JB/HMB 风格的组件接口是一种基于消息的互联接口，可以较好地支持架构设计。组件只对消息本身感兴趣，并不关心消息是如何发生的，以及发出者和接收者情况，这降低了组件之间的耦合性，增强了组件的重用性。②该风格支持运行时系统演化，主要体现在可动态增加和删除组件、动态改变组件所响应的消息以及消息过滤这三个方面。缺点是重用要求高，可重用性差。

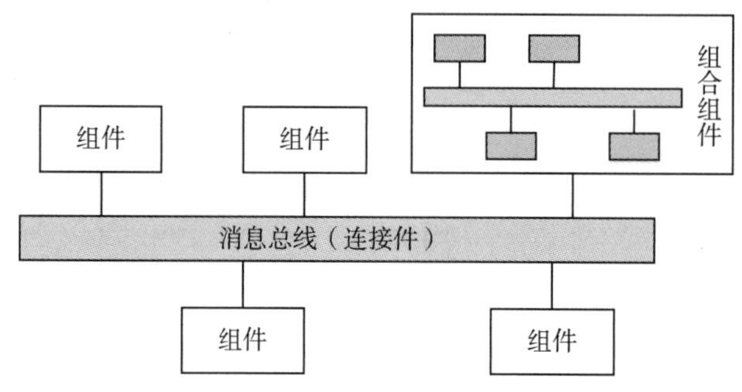

图 4-48　基于层次消息总线的架构风格

应用实例：青鸟工程是国家重点支持的软件产业的共性、基础性建设工程。青鸟工程软件开发过程如图 4-49 所示。

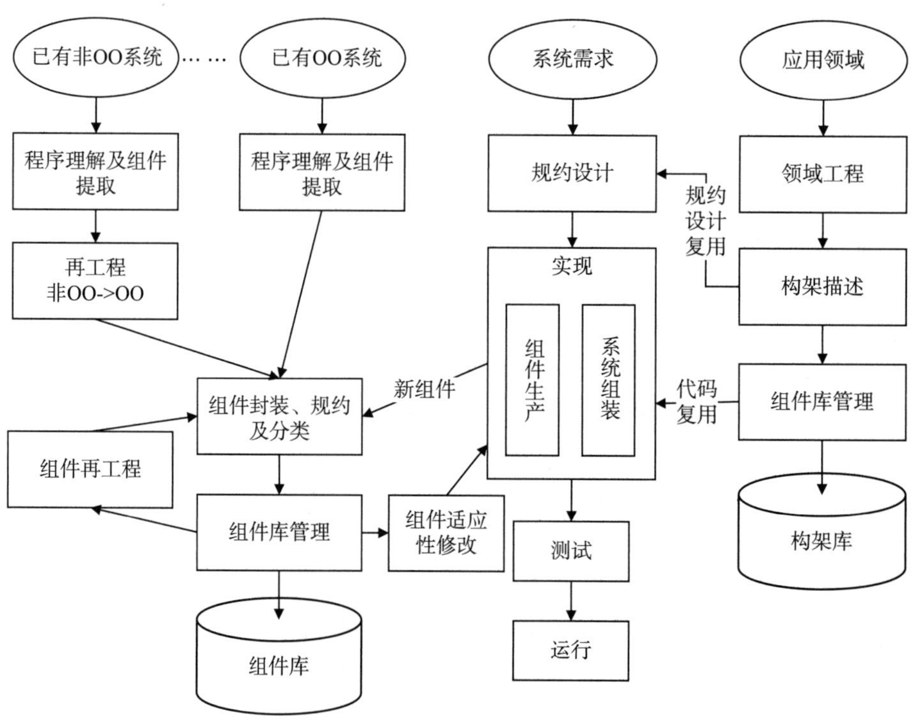

图 4-49　青鸟工程软件开发过程

4.3.20　模型 – 视图 – 控制器风格

基本思想：模型 – 视图 – 控制器（Model- View-Controller，MVC）风格 [23] 主要是针对编程语言 Smalltalk 80 所提出的一种软件设计模式，被广泛地应用于用户交互程序的设计中。在开发具有人机界面的软件系统时，比较适合使用模型 – 视图 – 控制器架构风格。

MVC 结构主要包括模型、视图和控制器三部分，如图 4-50 所示风格。

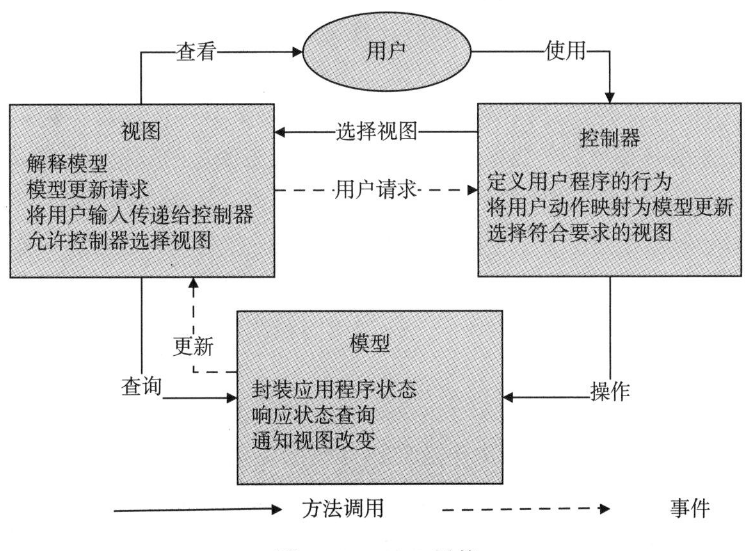

图 4-50　MVC 风格

1）**模型**（Model, M）：模型是应用程序的核心，它封装了问题的核心数据、逻辑关系和计算功能，提供了处理问题的操作过程。模型独立于具体的界面和 I/O 操作。从模型中获取信息的对象都必须注册为该模型的视图。模型接收视图发出的操作请求，并向视图返回最终的处理结果。模型的修改最终将传递给与其关联的所有视图。

2）**视图**（View, V）：视图是模型的表示，提供了交互界面，为用户显示模型信息。视图从模型中获取数据，一个模型可以与多个视图相对应。在初始化时，应该建立视图与模型之间的关联关系。当修改模型时，需要对关联的视图进行更新操作；将模型的变化内容传递给视图，并利用这些信息来更新视图。在 MVC 结构中，视图的功能仅限于采集数据、处理数据和响应用户请求。

3）**控制器**（Controller, C）：控制器负责处理用户与系统之间的交互，为用户提供操作接口。用户通过控制器与系统进行交互。控制器接收用户输入，同时将输入事件映射成服务请求，发送给模型或视图。控制器是使模型和视图协调工作的核心部件，视图与控制器一一对应。

当控制器改变模型时，所有与该模型相关联的视图都应该反映这个变化。因此无论发生何种数据变化，控制器都应该将变化通知到所有与之相关联的视图，从而更新视图显示。

这种变化－传播机制是模型、视图和控制器之间的联系纽带。如果控制器的行为依赖于模型的状态，则应该进行注册并提供相应的更新操作。这样就可以由模型状态的变化来激发控制器的行为，从而导致视图更新。

优缺点分析：优点：①多个视图与一个模型相对应。变化－传播机制确保了所有相关视图都能够及时地获取模型变化信息，从而使得所有视图和控制器同步，便于维护。②具有良好的移植性。由于模型独立于视图，因此可以方便地实现不同部分的移植。③系统被分割为三个独立的部分，当功能发生变化时，改变其中的一个部分就能满足要求。

缺点：①增加了系统设计和运行复杂性。②视图与控制器连接过于紧密，妨碍了二者的独立重用。③视图访问模型的效率比较低。由于模型具有不同的操作接口，因此视图需要多次访问模型才能获得足够的数据。此外，频繁访问未变化的数据也将降低系统的性能。

应用实例：目前比较好的传统的 MVC 框架有 Struts、Webwork，新兴的 MVC 框架有 Spring MVC、Tapestry、JSF 等。这些大多是著名团队的作品，另外还有一些边缘团队的作品，也相当出色，如 Dinamica、VRaptor 等。这些框架都提供了较好的层次分隔能力，且在实现良好的 MVC 分隔的基础上提供了一些现成的辅助类库，促进了生产效率的提高。下面以 Spring MVC 为例。

Spring 是一个开源框架，由 Rod Johnson 创建并且在他的著作《 J2EE 设计开发编程指南》里进行了描述。它是为了解决企业应用开发的复杂性而创建的。Spring 使用基本的 JavaBeans 来完成以前只可能由 EJB 完成的事情。然而，Spring 的用途不仅限于服务器端的开发。从简单性、可测试性和松耦合的角度而言，任何 Java 应用都可以从 Spring 中受益。

Spring 是一个轻量的控制反转和面向切面的容器框架。当然，这个描述有点过于简单，但它的确概括出了 Spring。Spring 一般具有下述特点：

1）**轻量**。从大小与开销而言 Spring 都是轻量的。完整的 Spring 框架可在一个大小 1 MB 多的 JAR 文件里发布。并且 Spring 所需的处理开销也微不足道。此外，Spring 是非侵入式的，也就是说 Spring 应用中的对象不依赖于 Sprimg 的特定类。

2）**控制反转**。Spring 通过一种称作控制反转（IoC）的技术促进了松耦合。当应用了 IoC，对象被动地传递它们的依赖而不是自己创建或者查找依赖对象。可以认为 IoC 与 JNDI 相反，即不是对象从容器中查找依赖，而是容器在对象初始化时且被请求前就将依赖传递给它。

3）**面向切面**。Spring 包含对面向切面编程的丰富支持，允许通过分离应用的业务逻辑与系统服务（例如审计与事务管理）进行内聚性开发。应用对象只做它们应该做的，即完成业务逻辑，并不负责（甚至是意识）其他的系统关注点，如日志或事务支持。

4）**容器**。Spring 包含并管理应用对象的配置和生命周期，在这个意义上它是一种容器。你可以配置每个 bean 是如何被创建的，以及它们如何相互关联。然而，与传统的重量级的 EJB 容器不同，Spring 更轻巧、更灵活。

5）**框架**。Spring 可以将简单的组件配置、组合成为复杂的应用。在 Spring 中，应用对象被声明式地组合，典型地是在一个 XML 文件中。Spring 也提供了很多基础功能（事务管理、持久化框架集成等），而将应用逻辑的开发留给了用户。

Spring 的所有这些特征使用户能够编写更干净、更可管理，并且更易于测试的代码。它们也为 Spring 中的各种模块提供了基础支持。

4.4　软件架构模式

Dwayne E. Perry 和 Alexander L. Wolf 从组件的角度给出了软件架构模式的定义：根据系统的结构组织定义了软件系统族，以及构成系统族的组件之间的关系。它们是通过组件应用的限制和组件的组织与设计规则来确定和表现的。它代表模式系统中的最高等级模式，它确定了一个应用的基本结构，并在后期的每个开发活动中都遵循这种结构。

对于软件架构风格和软件架构模式的争论持续至今。Mary Shaw 和 David Garlan 认为架构风格等同于架构模式，它们是可以相互通用的术语；但 Frank Buschmann 认为体系结构的模式与风格是有区别的，它们的区别和联系主要在于：

1）**架构风格主要描述应用系统的总体结构框架。**架构模式可存在于各种应用系统规模和抽象层次上，包括从定义应用系统的总体结构到描述怎样用给定的编程语言实现特定问题的惯用法模式。

2）**架构风格相对独立。**各应用系统采用不同的风格后，与由其他风格构成的系统联系较少。而模式往往依赖于它所包含的较小的模式或者与它相互作用的模式。

3）**架构模式比架构风格更加面向问题。**架构风格侧重于从应用系统中抽取出它们的总体组织结构，而较少从实际设计环境来考虑设计的技术。而架构模式通常由问题出现的语境、解决方案和适用场景组成。

在一般意义上，大多数人认为模式即风格，它们之间没有本质区别。

Frank Buschmann 等按照有助于支持相似属性的模式的方式，将软件架构模式主要分为 4 类：

1）**从混沌到结构：**分层模式、管道 – 过滤器模式、黑板模式。

2）**分布式系统：**代理者模式、微核（microkernel）模式、管道 – 过滤器模式。

3）**交互式系统：**模型 – 视图 – 控制器（MVC）模式、表示 – 抽象 – 控制（PAC）模式。

4）**适应性系统：**反射（reflection）模式、微核模式[32]。

4.5　本章小结

本章比较详细地介绍了 20 种最典型的软件架构风格，同时简要介绍几种常见的软件架构模式。虽然在不少论文或者书中把软件架构风格和模式混用，但笔者认为：模式是针对某个特定问题的一种最好的解决方案，我们可以简单地认为模式就是一个有名字的问题 - 解决方案对；而风格则反映设计效果，与问题无关，不存在问题 - 解决方案对之说。

思考题

4.1 什么是软件架构风格？什么是软件架构模式？二者的区别是什么？

4.2 各种软件架构风格的优缺点、应用领域和支撑 ADL 是什么？

4.3 软件架构模式和设计模式的区别和联系分别是什么？

4.4 如何辨别和获取软件架构模式？

4.5 软件架构模式的作用是什么？

4.6 分析实际应用中的几种软件架构，看看它们的风格和模式如何？

参考文献

[1] V Ambriola, G Tortor. Advances in Software Engineering and Knowledge Engineering[M]. World Scientific Publishing Company, 1993.

[2] D E Perry, A L Wolf. Foundations for the study of software architecture[J]. ACM SIGSOFT Software Engineering Notes, 1992, 17(4): 40-52.

[3] E Mettala, M H Graham. The domain-specific software architecture program[R]. Carnegie-Mellon Univ. Pittsburgh Pa Software Engineering Inst., 1992.

[4] E Gamma, R Helm, R Johnson, et al. Design Patterns: Micro-Architectures for Reusable Object-Oriented Design[M]. Reading: Addison-Wesley, 1994.

[5] 梅宏，申峻嵘 . 软件体系结构研究进展 [J]. 软件学报，2006，17(6)：1257-1275.

[6] R T Monroe, A Kompanek, R Melton, et al. Architectural styles, design patterns, and objects[J]. IEEE Software, 1997, 14(1):43-52.

[7] M Shaw, D Garlan. Software Architecture: Perspectives on an Emerging Discipline[M]. New Jersey: Prentice Hall, 1996.

[8] 李俊娥，周洞汝 . “平台 / 插件” 软件体系结构风格 [J]. 小型微型计算机系统 , 2007, 28(5): 876-881.

[9] M Shaw, D Garlan. 软件体系结构 [M]. 北京：清华大学出版社，2007.

[10] N Dellsie, D Gartan. A formal specification of an oscilloscope[J]. IEEE Software, 1990, 7(5): 29-36.

[11] J C Browne, M Azam, S Sobek. CODE: A unified approach to parallel programming[J]. IEEE Software, 1989, 6(4): 10-18.

[12] K Gilles. The semantics of a simple language for parallel programming[J].Information Processing, 1974,74:471-475.

[13] M R Barbacci, C B Weinstock, J M Wing. Programming at the processor-memory-switch level[C].

Proceedings of the 10th International Conference on Software engineering. IEEE Computer Society Press, 1988: 19-28.

[14] R N Taylor, N Medvidovic, E M Dashofy. Software architecture: foundations, theory, and practice[M]. Wiley Publishing, 2009.

[15] 以数据为中心的仓库体系结构 [EB/OL].http://www.docin.com/p-377596117.html.

[16] D L Parnas. On the criteria to be used in decomposing systems into modules[J]. Communications of the ACM, 1972, 15(12): 1053-1058.

[17] 王一宾 , 张玉州 , 程一飞 . 几种新型软件体系结构风格的分析 [J]. 计算机技术与发展 , 2008, 18(8):39-42.

[18] Granham lan. Object-Oriented Methods[M]. Addison Wesley Publishing Company, 1991.

[19] D Garlan, G E Kaiser, D Notkin. Using tool abstraction to compose systems[J]. Computer, 1992, 25(6): 30-38.

[20] G E Kaiser, D Garlan. Synthesizing programming environments from reusable features[C].Proceedings of the Software reusability(ACM),1989: 35-55.

[21] W Harrison. RPDE super (3): A framework for integrating tool fragments[J]. IEEE Software, 1987, 4(6): 46-56.

[22] R G McClain. Open Systems Interconnection Handbook[M]. New York: McGraw-Hill, 1991.

[23] 张春祥 , 高雪瑶 . 软件体系结构理论与实践 [M]. 北京 : 中国电力出版社，2011.

[24] SA 风格 [EB/OL].http://wenku.baidu.com/view/89d56c6527d3240c8447efa4.

[25] C Hewitt. PLANNER: A language for proving theorems in robots[C]. Proceedings of the 1st international joint conference (Artificial intelligence), 1969:295-301.

[26] S P Reiss. Connecting tools using message passing in the Field environment[J]. IEEE Software, 1990, 7(4): 57-66.

[27] R M Balzer. Living in the next generation operating system[J]. IEEE Software, 1987, 4(6):77-85.

[28] G E Krasner, S T Pope. A cookbook for using the model-view-controller user interface paradigm in Smalltalk-80[J]. Journal of Object Oriented Programming, 1988, 1(3):26-49.

[29] M Shaw, E Borison, M Horowitz, et al. A programming-language approach to interactive display interfaces[J]. ACM SIGPLAN Notices, 1983, 18(6):100-111.

[30] A N Habermann, D Notkin. Gandalf: Software development environments[J]. IEEE Transactions on Software Engineering, 1986, SE-12(12):1117-1127.

[31] A N Habermann, D Garlan, D Notkin. Generation of integrated task-specific software environments[J]. CMU Computer Science: A 25th Commemorative, Anthology Series, 1991:69-98.

[32] 王映辉 . 软件构件与体系结构——原理、方法与技术 [M]. 北京 : 机械工业出版社，2009.

[33] 尼格尼维斯基 . 人工智能：智能系统指南（原书第 3 版）[M]. 陈薇，等译 . 北京 : 机械工业出版社，2012.

[34] C L Pape. Using constraint propagation in blackboard systems: a flexible software architecture for reactive and distributed systems[J]. Computer, 1992, 25(5):60-62.

[35] R N Taylor, N Medvidovic, K M Anderson, et al. A Component- and Message-Based Architectural Style for GUI Software[J]. IEEE Transactions on Software Engineering, 1996,22(6): 390-406.

[36] N Medvidovic, D S Rosenblum, R N Taylor. A language and environment for architecture-based software development and evolution[C].Proceedings of the 21st international conference on Software Engineering(ACM),1999: 44-53.

[37] [EB/OL].http://www.ltech.cc/product.asp?third_id=7.

[38] PetShop 的 系 统 架 构 设 计 [EB/OL].http://www.cnblogs.com/wayfarer/archive/2006/04/14/375382.html.

[39] 朱春国，曾国荪 . 一种面向方面软件体系结构模型 [J]. 计算机应用研究 , 2010, 27(9):3387-3394

[40] N R Jennings, M J Wooldinge. Agent Technology-Foundation, Application and Markets[M]. Springer Science & Business Media, 1998.

[41] 孙志勇 . 多 Agent 系统体系结构及建模方法研究 [D]. 合肥 : 合肥工业大学 ,2004.

[42] 王崇海，朱云龙，尹朝万 . 面向物流管理的移动 Agent 应用 [J]. 计算机工程，2006,32（10）：224-226.

[43] D Batory, S O'malley. The design and implementation of hierarchical software systems with reusable components[J]. ACM Transactions on Software Engineering and Methodology (TOSEM), 1992, 1(4): 355-398.

[44] M Fridrich, W Older. Helix: The Architecture of the XMS Distributed File System[J]. IEEE Software, 1985, 2(3):21-29.

[45] H C Lauer, E H Satterthwaite. The Impact of Mesa on System Design[C]. Proceedings of the 4th International Conference on Software Engineering(IEEE), 1979:174-182.

第 5 章　软件架构描述语言

本章比较详细地讨论什么是软件架构描述语言（Architecture Description Language, ADL）、为什么需要 ADL、有哪些典型 ADL、每种 ADL 都有哪些优点和缺点，以及为什么没有一个统一 ADL 等问题。同时简单介绍一些典型的比较常用的 ADL。

5.1　引言

ISO/IEC/IEEE 42010 标准讨论了系统和软件工程架构描述方面的内容，认为软件架构描述语言（ADL）就是任何用于软件架构的表示形式，还讨论了定义 ADL 的最小需求 [1]。

目前主要的架构描述语言有 Aesop、MetaH、C2 SADL、Rapide、SADL、UniCon 和 Wright 等，尽管它们都描述软件架构，却有不同的特点。例如，Aesop 支持架构风格的应用；MetaH 为设计者提供了关于实时电子控制软件系统的设计指导；C2 SADL 支持基于消息传递风格的用户界面系统的描述；Rapide 支持架构设计的模拟并提供了分析模拟结果的工具；SADL 提供了关于架构的形式化基础；UniCon 支持异构的组件和连接类型，并提供了关于架构的高层编译器；Wright 支持架构组件之间交互的说明和分析等。

这些 ADL 强调了架构的不同侧面，对架构的研究和应用起到了重要的作用，但也有负面的影响。每一种 ADL 都以独立的形式存在，描述语法不同且互不兼容，同时又有许多共同的特征，这使得设计人员很难选择一种合适的 ADL；若设计特定领域的软件架构则需要从头开始描述。另外，我们应该将高层设计符号语言、MIL、编程语言、面向对象的建模符号、形式化说明语言等排除在 ADL 之外。ADL 与需求语言的区别在于后者描述的是问题空间，而前者扎根于解空间。ADL 与建模语言的区别在于后者对整体行为的关注要大于对部分的关注，而 ADL 集中在组件的表示上。ADL 与传统的程序设计语言的构成元素既有许多相似之处，又各自有着很大的不同。

5.2　ADL 的核心设计元素

ISO/IEC/IEEE 42010 标准定义了 ADL 的最小需求：一个 ADL 至少应该支持的核心设计元素包括组件（component）、连接件（connector）、架构配置（architecture configuration）和约束（constraint）条件四个方面。其中组件表示系统中主要的计算元素和数据存储，如客户端、服务器、数据库等；连接件定义了组件之间的交互关系，如过程调用、消息传递、事件广播等；架构配置描述了组件、连接件之间的拓扑关系；约束条件定义了组件之间依赖、组件与连接件之间依赖的约束。组件、连接件定义中的一个重要方面是对其外部特性的描述，即接口（interface）、端口（port）和角色（role）的定义。通常，ADL 还采用一种形式化技术作为语义信息描述的理论基础，如 *π–calculus*、偏序事件集理论等。

5.2.1 组件

组件是一个计算单元或数据存储，即组件是计算与状态存在的场所。在架构中，一个组件可能小至只有一个过程或大至整个应用程序。它可以有自己的数据和执行空间，也可以与其他组件共享这些空间。组件本身包含了多种属性，如接口、类型、语义、约束、演化和非功能属性等。

接口是组件与外部世界的一组交互点。与面向对象方法中的类说明相同，ADL 中的组件接口说明了组件提供的服务（消息、操作、变量）。这样，接口就定义了组件能够提出的计算委托及其用途上的约束。

组件作为一个封装的实体，只能通过其接口与外部环境交互，组件的接口由一组端口组成，每个端口表示组件与外部环境的交互点。通过不同的端口类型，一个组件可以提供多重接口。一个端口可以非常简单，如一个过程调用；也可以表示为更复杂的界面，如必须以某种顺序调用的一组过程调用。

组件类型是实现组件重用的手段。组件类型保证了组件能够在架构描述中多次实例化，并且每个实例可以对应于组件的不同实现。抽象组件类型也可以参数化，进一步促进重用。现有的 ADL 都将组件类型与实例区分开。

组件的演化能力是系统演化的基础。ADL 是通过组件的子类型及其特性的细化来支持演化过程的。目前只有少数几种 ADL 部分地支持演化，对演化的支持程度通常依赖于所选择的程序设计语言。

5.2.2 连接件

连接件是用来建立组件间的交互关系，以及支配这些交互规则的架构模块。与组件不同，连接件可以不与实现系统中的编译单元对应。它们可能以兼容不同消息的路由设备实现（如 C2），也可以以共享变量、表入口、缓冲区、动态数据结构、内嵌在代码中的过程调用序列、初始化参数、客户服务协议、管道、数据库、应用程序之间的 SQL 语句等形式出现。

连接件作为建模软件架构的主要实体，同样也有接口。连接件的接口由一组角色组成，连接件的每一个角色定义了该连接件表示的交互参与者。二元连接件有两个角色，如消息传递连接件的角色是发送者和接收者。有的连接件有多于两个的角色，如事件广播有一个事件发布者角色和任意多个事件接收者角色。

连接件的接口是一组它与所连接组件之间的交互点。为了保证架构中组件连接正确以及它们之间的通信正确，连接件应该导出所期待的服务作为它的接口。架构配置中要求组件端口和连接件角色的显式连接。

架构级的通信需要用复杂协议来表示。为了抽象这些协议并使之能够重用，ADL 应将连接件构造为类型。

为了完成对组件接口的有用分析、保证跨架构抽象层的细化一致性、强调互联与通信约束等，ADL 应该提供连接件协议以及变换语法。为了确保执行计划好的交互协议，建立起内部连接件依赖关系，强制用途边界，就必须说明连接件约束。ADL 可以通过强制风格不变性来实现约束。

5.2.3　架构配置

架构配置是描述架构的组件与连接件的连接图。架构配置提供信息来确定组件是否正确连接、接口是否匹配、连接件构成的通信是否正确，并说明实现要求行为的组合语义。

利用配置来支持系统的变化，使不同的技术人员都能理解并熟悉系统。对于架构配置说明，除了文本形式外，有些 ADL 还提供了图形说明形式。文本描述和图形描述可以相互转换。多视图多场景的架构说明方法在最新研究中得到了明显的加强。

5.3　几种典型的 ADL

本节重点介绍 12 种比较有代表性的 ADL，包括 Aesop、C2 SADL、MetaH、UniCon、Rapide、Wright、Darwin、XYZ/ADL、ACME、xADL 和 ABC/ADL 等。限于篇幅，本书只是做简单介绍。

5.3.1　Aesop

Aesop 软件架构语言是由卡内基－梅隆大学 David Garlan 等人设计开发的 [2–4]。

语言简介：Aesop 语言开发目的是建立一个工具包，为领域特定的架构快速构建软件架构的设计环境。

语法语义：组件、连接件、端口、角色、表示和绑定；以子类型方式对通用类型进行扩展可定义新类型；每个对象类型用一个 C++ 类表示，软件架构风格信息内嵌在 C++ 类的代码实现中。

语言功能：外部工具的集成；语法指导的类型检查；代码编译；可执行系统的生成；循环、资源冲突、调度可行性检查。

例子：利用 Aesop 描述一个管道－过滤器架构的例子。

```
//Generates code for a pipe-filter system
int main(int argc, char * *argv)
{
    fable_init_event_system(&argc, argv, BUILD_PF);
```

```
        fam_initialize(argc, argv);

        arch_db = fam_arch_db: : fetch();
        t = arch_db.open(READ_TRANSACTION)

        fam_object o = get_object_parameter(argc, argv);

        if (!o.valid() || !o.type().is_type(pf_filter_type))
        {
            cerr<<argv[0]<<": invalid parameter\n";
            t.close();
            fam_terminate();
            exit(1);
        }

        pf_filter root = pf_filter: : typed(o);
        pf_aggregate ag = find_pf_aggregate(root);

        start_main();
        outer_io(root);

        if (ag.valid())
        {
            pipe_name(ag);
            bindings(root);
            spawn_filters(ag);
        }

        finish_main();

        make_filter_header(num_pipes);

        t.close();
        fam_terminate();
        fable_main_event_loop();
        fable_finish();
        return 0;
    }
```

5.3.2 C2 SADL

架构描述语言 C2 SADL 由南加州大学 Medvidovic 等人设计开发[5–6]。

语言简介：C2 是一种用于用户界面密集系统的软件架构风格。C2 SADL 是用于描述 C2 风格架构的 ADL，它为架构的演化提供了特别支持。常常用 C2 来指代 C2 风格和 C2 SADL 的结合。在 C2 风格的架构中，连接件在组件之间转发消息，组件负责维护状态、进行操作、通过两个接口（顶端接口和底端接口）与其他组件交换消息。每一个接口包括一个可以发送的消息集合和一个可以接收的消息集合。组件之间的消息或者是请求组件执行一个操作，或者是一个通知（有关某个组件已经进行了一个操作或已经改变了状态）。

适用范围和目的：主要面向 C2 风格软件架构的描述，适用于分布式异构环境、基于消息的图形用户界面应用系统的设计。C2 没有严密的形式化基础，不能对体系的动态行为进行严格的分析和推演。

基本元素：主要设计元素包括组件、连接件，以及它们之间的拓扑关系；组件间只能通过连接件相连，具有“受限的可见性”；异步通知消息和请求消息是组件间唯一的通信方式。

具备能力：架构演化；架构动态配置；多形式的类型检查；设计决策过程支持；可执行代码生成。

语法语义：

（1）C2 对组件的描述

```
Component : : =
    component component_name is
        interface  component_message_interface
        parameters  component_parameters
        methods  component_methods
        [behavior component_behavior]
        [context component_context]
    End component_name;
```

（2）C2 对接口的描述

```
Component_message_interface : : =
    top_domain_interface
bottom_domain_interface

top_domain_interface : : =
    top_domain is
        out interface_request
        in interface_notifications

bottom_domain_interface : : =
    bottom_domain is
        out interface_notifications
        in interface_request

interface_request : : =
    {request; } | null;

Interface_notifications : : =
    {notification; } | null;

request : : =
    message_name(request_parameters)

request_parameters : : =
    [to component_name][parameter_list]

Notification : : =
    Message_name[parameter_list]
```

例子：利用 C2 SADL 对会议调度者问题进行架构建模（如图 5-1 所示）。

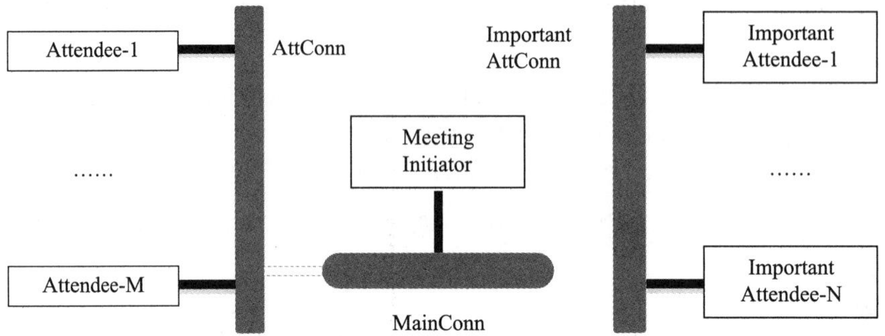

图 5-1　一个会议调度系统的 C2 风格架构

MeetingInitiator 组件仅通过上面的端口和架构的其他部分进行通信，它在 behavior 部分的 startup 段说明启动计算请求。

```
    component MeetingInitiator is
        interface
            top_domain is
            out
                GetPrefSet();
                GetExclSet();
                GetEquipReqts();
                GetLocPrefs();
                RemoveExclSet();
                RequestWithdrawal (to Attendee);
                RequestWithdrawal (to ImportantAttendee);
                AddPrefDates();
                MarkMtg (d: date; l: lov_type);
            in
                PrefSet(p: date_mg);
                ExclSet(e: data_mg);
                EquipReqts(eq: equip_type);
                LocPref (l: loc_type)
            behavior
                startup always_generate GetPrefSet,  GetExclSet,  GetEquipReqts,
GetLocPrefs;
                received_messages  PrefSet  may_generate  RemoveExclSet  xor
                    Request Withdrawl xor MarkMtg;
                received_messages  ExclSet  may_generate  AddPrefDates xor
RemoveExclSet
                    xor RequestWithdrawal xor MarkMtg;
                received_messages EquipReqts may_generate AddPrefDates xor
                    RemoveExclSet xor RequestWithdrawal xor MarkMtg;
                received_messages LocPref always_generate null;
            end MeetingInitiator;
```

每个 Attendee-N 和 ImportantAttendee-N 组件从 Initiator 接收会议调度请求，并且向它发送合适的信息。这两种类型的组件仅通过下面的端口和架构的其他部分进行通信。

```
component Attendee is
    interface
        bottom_domain is
            out
                Prefset(p: date_mg);
                ExclSet(e: date_mg);
                EquipReqts(eq: equip_type);
            In
                GetPrefSet();
                GetExclSet();
                GetEquipReqts();
                RemoveExclSet();
                RequestWithdrawal();
                AddPrefDates();
                MarkMtg(d: date; I: loc_type);
    behavior
        received_messages GetPrefSet always_generate PrefSet;
        received_messages AddPrefDates always_generate PrefSet;
        received_messages GetExclSet always_generate ExclSet;
        received_messages GetEquipReqts always_generate EquipReqtst;
        received_messages RemoveExclSet always_generate ExclSet;
        received_messages RequestWithdrawal always_generate null;
        received_messages MarkMtg always_generate null;
    end Attendee
```

ImportantAttendee 是 Attendee 组件的一个特化，它具有 Attendee 的所有功能并且增加了对会议地点进行选择的规约。

```
component ImportantAttendee is subtype Attendee(int and beh)
    interface
        bottom_domain is
            out
                LocPrefs(I: loc_type);
            In
                GetLocPrefs();
    behavior
        received_messages GetLocPrefs always_generate LocPrefs;
end ImportantAttendee
```

MeetingScheduler 的软件架构对应的文本描述如下：

```
architecture MeetingScheduler is
    conceptual_components
        Attendee; ImpotantAttendee; MeetingInitiator;
    connectors
        connector MainConn is message_filter no_filtering;
```

```
        connector AttConn is message_filter no_filtering;
        connector ImportantAttConn is message_filter no_filtering;
    architectural_topology
        connector AttConn connections
            top_ports Attendee;
            botton_ports MainConn;
        connector ImportantAttConn connection;
            top_ports ImportantAttendee;
            bottom_ports MainConn;
        connector MainConn connections
            top_ports AttConn; ImportantAttconn;
            bottom_ports MeetingInitiator;
end MeetingScheduler;
```

5.3.3 UniCon

UniCon 架构描述语言是由卡内基梅隆大学 Mary Shaw 等人设计开发的[7]。

语言简介：UniCon 是一种围绕着组件和连接件这两个基本概念组织的架构描述语言。组件代表软件系统中的计算和数据的处所，用于将计算和数据组织成多个部分。连接件是代表组件间交互作用的类，它们在组件之间的交互中起到中介作用。

UniCon 主要在于支持对架构的描述，对组件交互模式进行定位和编码，并且对需要不同交互模式的组件通过打包加以区分。具体说，UniCon 及其支持工具的主要目的有如下几方面：①提供对大量组件和连接件的统一访问。②区分不同类型的组件和连接件，以便对架构配置进行检查。③支持不同表示方式和不同开发人员的分析工具。④支持对现有组件的使用。

在 UniCon 中，通过定义类型、特性列表与用于连接件相连的交互点来描述组件。连接件也是通过类型、特性列表和交互点来描述的。其中组件的交互点称为端口，连接件的交互点称为角色。系统组合通过定义组件的端口和连接件的角色之间的连接来完成。

适用范围和目的：一种通用类型的 ADL，支持多种常用组件和连接件类型的综合应用。

基本元素：主要设计元素为组件和连接件，组件和连接件类型以枚举的方式预定义，并定义了组件类型和连接件类型之间的匹配规则，连接件机制内嵌到工具的实现。

具备的能力：类型检查，编译、链接和可执行系统的自动完成；外部工具的集成，进程调度分析。

语法语义：UniCon 中，组件的定义主要包括接口和实现。组件是通过接口来定义的，接口定义了组件所承担的计算任务，并规定了在使用组件时的约束条件。

定义组件的语法如下：

```
<Component>: ==COMPONENT<identifier>
                <interface>
                <component_implementation>
            END<identifier>
```

UniCon 中，定义接口的语法如下：

```
<interface>: ==INTERFACE  IS
            TYPE<component_type>
            <property_list>
            <player_list>
<component_type>: ==Module|Computation|SharedData|SeqFile|Filter|Process|General
```

UniCon 中，定义连接件的语法如下：

```
<connector>: ==CONNECTOR<identifier>
            <protocol>
            <connector_implementation>
                  END<identifier>
```

UniCon 中，定义协议的语法如下：

```
<protocol>: ==PROTOCOL  IS
            TYPE<connector_type>
            <protocol_list>
            <role_list>
            END PROTOCOL
```

例子：假设有一个实时系统，采用客户机 / 服务器架构，在该结构中，有两个任务共享同一个计算机资源，这种共享通过远程过程调用（PRC）实现。UniCon 对该架构的描述如下：

```
component Real_Time_System
    interface is
        type General
    implementation is
        uses client interface rtclient
            PRIORITY(10)
            …
        end client
        uses server interface rtserver
            PRIORITY(10)
            …
        end server
        establish RTM-realtime-sched with
            client.application1 as load
            client.application2 as load
            server.services as load
            algorithe (rate_monotonic)
            …
        end RTM-realtime-sched
        establish RTM-remote-proc-call with
            client.timeget as caller
            server.timeget as definer
```

```
            IDLTYPE(March)
        end RTM-remote-proc-call
        ...
    end implementation
end Real-Time-System
connector RTM-realtime-sched
    protocol is
        type RTScheduler
        role load is load
    end protocol
    implementation is builtin
    end implementation
end RTM-realtime-sched
```

5.3.4 Wright

Wright 架构描述语言是由卡内基梅隆大学的 Robert Allen、David Garlan 等人设计开发的 [8]。

语言简介： Wright 的关键思想是把架构连接件定义为明确的语义实体。这些实体用协议的集合来说明，而这些协议代表了交互中的各个参与角色及其相互作用。

适用范围和目的： 一种完全形式化的 ADL，将连接件语义进行了显式的形式化表示，支持用户将复杂的交互模式定义成新的连接件类型。

基本元素： 主要设计元素包括组件、连接件和配置，软件定义包括端口和计算，连接件定义包括角色和胶水（Glue），支持用户定义接口类型和风格，以 CSP 作为语义基础。

具备能力： 用户能够自定义软件架构风格，可进行风格约束检查；模型一致性、完整性检查；死锁分析等。

例子： 用 Wright 语言描述一个简单的客户机 / 服务器系统的架构。

```
System SimpleExample
– Component Server =
    · port provide [provide protocol]
    · spec [Server specification]
– Component Client =
    · port request [request protocol]
    · spec [Client specification]
– Connector C-S-connector =
    · role client[client protocol]
    · role server[server protocol]
    · glue [glue protocol]
Instances
    – s: Server
    – c: Client
    – cs: C-S-connector
Attachments
    – s.provide as cs.server
    – c.provide as cs.client
end SimpleExample
```

5.3.5 XYZ/ADL

XYZ/ADL 架构描述语言是由中国科学院软件研究所骆华俊、唐稚松、郑建丹等人设计开发的[9-11]。

语言简介：XYZ/ADL 是一种可视化架构描述语言，结合 XYZ/E 文本描述，能够描述各种不同的架构，并自动或半自动地生成相对应的 XYZ/E 程序，从而可以逐层地进行架构设计。可以在统一框架下描述和分析架构的静态语义和动态语义。

适用范围和目的：一种可视化的、通用类型的 ADL，具有较强的形式化理论基础，能够支持多种设计方法和多种软件架构风格的综合运用。

基本元素：主要设计元素包括组件（包括接口和计算）、连接件（接口和交互协议）和交互端（port）。语义基于时序逻辑语言 XYZ/E，可对设计元素的静态和动态语义进行严格的形式化描述。

语法语义：

1）**组件：**就是具有一定功能的逻辑单元或者用户级逻辑对象，如外部文件或共享数据等，是 XYZ/ADL 中最基本的设计单元。每一个组件由规约和内部结构实现两部分组成。其中规约用于描述组件的逻辑功能，它刻画了组件"做什么"，一般用 Pre-Post 断言来表示。

2）**连接件：**表示组件之间的交互方式，也就是说，连接件定义了组件之间的交互规则并且给出了一些实现的机制。连接件包括外部界面、内部实现和交互单元 3 个部分。外部界面被称作协议（protocol），刻画了这个连接件所表示的交互的行为。连接件所表示的交互行为总是发生在它的交互单元之间。

3）**交互端：**连接件通过交互端连接不同的组件，而组件通过各自的交互端与环境进行交互。交互端就是组件对外交互的一个抽象。在可视化环境中，用依附在表示组件的矩形上的小圆圈或小椭圆来表示。交互端总是依附在某个组件上，它描述了这个组件对外交互的方式和行为。

具备能力：支持软件架构的逐层细化、分析、验证和自动代码的生成；支持用户自定义软件架构风格。

例子：组件 Filter1 有一个数据输入端口 DataIn 来输入整数、一个数据输出端口 DataOut 来输出结果，如果该组件用来计算输入数的阶乘，则其抽象描述如下：

```
%COMPONENT Filter1==[
    %PORT DataIn==INT;
            □ [LB=Start⇒DataIn?x ∧ $OLB=L1;
                LB=L1 ∧ ~(x=EOF)⇒DataIn?x ∧ $OLB=L1;
                LB=L1 ∧ (x=EOF)⇒$OLB=EXIT]
    %PORTDataOut==INT;
            □ [LB=Start⇒$OLB=L1;
                LB=L1 ∧ ~(y=EOF)⇒DataOut!y ∧ $OLB=L1;
                LB=L1 ∧ (y=EOF)⇒DataOut!EOF ∧ $OLB=EXIT]
    %FUNCTION==[x>0 →◇ (y=x!)]
```

```
%COMPUTATION==□[LB=Start⇒$OLB=L0;
                LB=L0⇒DataIn?x ∧ $OLB=L1;
                LB=L1 ∧ ~(x=EOF)⇒$OLB=L2;
                LB=L1 ∧ (x=EOF)⇒$OLB=End;
                LB=L2 ∧ ~(x<0)⇒◇(y=x! ∧ LB=L3);
                LB=L2 ∧ (x<0)⇒$OLB=L0;
                LB=L3⇒DataOut!y ∧ $OLB=L0;
                LB=End⇒DataOut!EOF ∧ $OLB=EXIT
                ]WHERE 1=0! ∧ g=(x-1)! ∧ y=g*x → y=x!; ]
```

5.3.6 ACME

ACME 架构描述语言是由卡内基梅隆大学 David Garlan 等人设计开发的 [12]。

语言简介：ACME 是一种架构交换语言，支持架构的规格说明在不同的 ADL 之间转换。ACME 和 ACME 工具开发库（ACME Tool Developer's Library, AcmeLib）为软件架构的描述、表示、生成和分析提供了一种通用的、可扩展的基础设施。严格来说，ACME 并不是真正意义上的 ADL。

适用范围和目的：一种架构交换语言，为 ADL 及其工具之间信息的共享和交换提供了一个公共的集成架构。目的是创建一般性的 ADL，能用来为架构设计工具转换形式，为开发新的设计和分析工具提供基础。

基本元素：ACME 的基本元素有 7 个，即组件、连接件、系统、端口、角色、表述和表述映射（re-map, representation map）。

具备能力：ACME 语言和开发工具包能够提供架构的相互交换、为新的架构设计和分析工具提供了可扩展的基础以及架构的描述。

例子：下面用 ACME 描述一个简单的 C/S 架构。其中 Client 组件只有一个 sendRequest 端口；Server 组件也只有一个 receiveRequest 端口；连接件 rpc 有两个角色，分别为 caller 和 callee。该系统的布局由组件端口和连接件角色绑定的 Attachments 定义，其中 Client 的请求绑定到 rpc 的 caller 角色，Server 的请求处理端口绑定到 rpc 的 callee 端口。

```
System simple_CS = {
    Component Client = { Port sendRequest }
    Component Server = { Port receiveRequest }
    Connector rpc = { caller, callee } }
    Attachments {
        Client.sendRequest  to  rpc.caller ;
        Server.receiveRequest  to rpc.callee }
}
```

5.3.7 XBA

XBA 是复旦大学计算机系的赵文耘教授和他的学生张志提出的 [13]。

语言简介： 采用 XML Schema 作为定义的机制。XBA 主要是把 XML 应用于软件架构的描述，通过对组成架构的基本元素进行描述，同时利用 XML 的可扩展性，对现有的各种 ADL 进行描述和定义。

语法语义： XBA 主要围绕架构的 3 个基本抽象元素（组件、连接件和配置）来展开，实现了一种切实可行的描述系统结构的方法。

1）**组件：** 在 XBA 中，一个组件描述了一个局部的、独立的计算。对一个组件的描述有两个重要的部分，即接口和计算。一个接口由一组端口组成，每一个端口代表这个组件可能参与的交互。计算部分描述了这个组件所做的动作，计算实现了端口所描述的交互并且显示了它们是怎样被连接在一起并构成一个整体的。下面是 component 类型的 XMLSchema 定义：

```
<complexType name="componentType">
<sequence>
    <element name="Port" type="portType" minOccurs="0" maxOccurs="unbounded"/>
    <element name="Computation" type="computationType" minOccurs="0" />
</sequence>
<attribute name="Name" type="string" />
</complexType>

<complexType name="portType">
    <element name="Description" type="string" minOccurs="0" />
    <attribute name="Name" type="string" />
</complexType>

<complexType name="computationType">
    <element name="Description" type="string" />
    <element name="Name" type="string" />
</complexType>
```

2）**连接件：** 一个连接件代表了一组组件间的交互。一个连接件实际上提供了组件必须满足的一系列要求和一个隐藏的边界，这个边界阐明了组件对外部环境的要求。连接件说明描述了在一个实际的语境中这个组件怎样与其他部分合作。一个连接件由一组角色（Role）和胶水（Glue）组成。连接件 Rpc 的 XBA 描述如下：

```
<Connector name="Rpc">
    <Role name="Source">
        <Description>
            Get request from client
        </Description>
    </Role>
    <Role name="Sink">
        <Description>
            Give request to server
        </Description>
```

```
    </Role>
    <Glue>
        get request from client and pass it to server through some protocol
    </Glue>
</Connector>
```

3）**配置**：一个配置就是通过连接件连接起来的一组组件实例。C/S 架构的 XBA 描述如下：

```
<Configuration name="Client-Server">
    <Component name="Client" />
    <Component name="Server" />
    <Connector name="Rpc" />
    <Instances>
        <ComponentInstance>
            <ComponentName>MyClient</ComponentName>
            <ComponentTypeName>Client</ComponentTypeName>
        </ComponentInstance>
        <! -etc.—>
        <ConnectorInstance>
            <ConnectorName>MyRpc</ConnectorName>
            <ConnectorTypeName>Rpc</ConnectorTypeName>
        </ConnectorInstance>
    </Instance>
    <Attachments>
        <Attachment>
            <From>MyClient.Request</From>
            <To>MyRpc.Source</To>
        </Attachment>
        <!- -etc- - >
    </Attachments>
</Configuration>
```

XBA 具有开放的语义结构。利用 XML 的链接机制，XBA 可以实现架构的协作开发。它可实现不同 ADL 开发环境之间的模型共享。

5.3.8 ABC/ADL

ABC/ ADL 架构描述语言是由北京大学王晓光、冯耀东、梅宏等人设计开发的 [14,15]。

语言简介：ABC/ ADL 使用 XML Schema 定义了 ABC 方法的架构描述语言。ABC/ ADL 具备大多数 ADL 描述软件系统的高层结构的能力，还支持系统的逐步精化与演化，并支持系统自动化的组装和验证。可以使用除 ABC 工具外的更广范围的通用 XML 工具存取 ABC/ADL；XML 也提供了软件系统的运行时刻信息和设计阶段模型之间的信息交换和反射的能力。ABC 工具支持对架构的图形化建模，并支持图形化模型和 ABC/ ADL 之间的转换。

语义语法：ABC/ ADL 用两个方案来定义架构的建模元素。如表 5-1 所示，style.xsd 定义了描述架构风格的语言元素，即风格、组件模板、连接件模板和连接约束等；adl.xsd 定义了描述架构的语言元素，包括组件、连接件和配置等。

表 5-1　ACB/ADL 的建模元素表

方案	ABC/ADL 的建模元素	语言框架
style.xsd	风格（style）、组件模板（component template）、连接件模板（connector template）、扮演者模板（player template）、连接约束（connector template）	元语言层
adl.xsd	组件（component）、连接件（connector）、扮演者（player）、方面（aspect）	定义层
	组件实例（component instance）、连接件实例（connector instance）、架构配置（config）、交织（weaving）	实例层

适用范围和目的：一种通用类型的 ADL，以面向对象分析和设计方法为主导。

基本元素：主要包括组件、连接件和架构风格，并吸收了面向对象 Aspect 的开发思想。

具备能力：最突出的是支持软件架构描述向详细设计和实现的映射，并支持组件的组成。

5.3.9　MetaH

MetaH 架构描述语言是由 Honeywell 公司技术中心 Steve Vestal 等人设计开发的[16,17]。

语言简介：MetaH 主要支持实时、容错、安全、多处理和嵌入式软件系统分析、验证及开发。在航空领域，MetaH 已成为架构规格说明的标准语言。MetaH 提供了集成的、可跟踪的架构规格说明、架构分析和架构实现环境。MetaH 保证真实系统的行为与模型一致，可以通过精确和快速的评估方式来改善系统的设计质量。MetaH 不仅可以使用文本方式的语法来表示架构，还可以使用图形方式来描述架构。

适用范围和目的：一种特定领域的 ADL，支持对可靠性和安全性要求较高的多处理器实时嵌入式系统的创建、分析和验证，主要适用于航空电子控制软件系统。

基本元素：语义基于形式化调度和数据流模型，提供预定义的组件和连接件类型，与领域密切相关；组件类型包括事件、端口、子程序、包、监视器和进程等；连接类型包括时间连接、端口连接、等价连接和存取连接等。

具备的主要能力：软硬件绑定，实时调度，可靠性和安全性分析，代码自动生成、编译和链接。

5.3.10　Rapide

Rapide 架构描述语言是由 Stanford 大学 David Luchham 等人设计开发的[18]。

语言简介：Rapide 通过事件的偏序集合来刻画系统的行为。组件计算由组件接收到的时间触发，并进一步产生事件传送到其他组件，由此触发其他计算。Rapide 模型执行结果为一个事件的集合，其中的事件满足一定的因果或时序关系。但 Rapide 不允许单独对连接件进行描述和分析，并且没有提供相关机制将多个连接机制捆绑成一个整体，构成复杂的交互模式。Rapide 由 5 种子语言构成：类型语言、模式语言、可执行语言、架构语言和约束语言。

适用范围和目的：主要用于基于事件的、复杂、并发、分布式系统的架构描述。目的在于通过定义并模拟基于事件的行为对分布式并发系统建模。

基本元素：主要设计元素由接口（相当于组件）和连接规则组成，接口定义包括动作、服务、行为和约束；组件的计算和交互语义通过偏序事件集（posets）定义，组件的行为约束通过抽象状态和状态转换规则定义。

具备能力：能够提供多种分析工具，如软件架构模拟执行工具、模拟结果分析工具（包括约束检查器、posets 浏览器、模拟动画工具等），以及软件架构的动态配置和代码生成工具等。它所支持的分析都基于某个检测在某个模拟的事件中是否违反了某种次序关系。

5.3.11 Darwin

Darwin 架构描述语言是由 Imperial 学院 Jeff Magee、Jeff Kramer 等人设计开发的 [19]。

语言简介：Darwin 是当前 Philips 公司使用的 Koala 语言的基础。

适用范围和目的：主要用来对基于消息传递的分布式系统进行描述。

基本元素：主要设计元素由组件组成，组件定义包括提供的服务和要求的服务，没有对连接件提供显式的描述，组件之间的交互通过绑定关系表示，以 *π–calculus* 为语义基础。

具备能力：系统动态配置，代码自动生成和编译。

5.3.12 xADL 2.0

架构描述语言 xADL 2.0 是由加州大学欧文分校的教授们设计开发的 [5,6,20]。

语言简介：xADL 2.0 是一个具有高可扩展性的软件架构描述语言，通常用于描述架构的不同方面。在 xADL 2.0 中，对架构的描述主要由 4 个方面组成，分别为组件、连接件、接口和链接。xADL 2.0 模式的核心是实例模式，在 instance.xsd 文件中定义了实例模式，该模式由加州大学欧文分校和卡内基梅隆大学合作创建。

语义语法：

1）**接口：**提供组件和连接件交互时的消息入口点和出口点。

2）**组件：**xADL 2.0 中，组件是系统计算的核心，组件与外界的交互通过组件接口，但接口的数量不受限制。

3）**连接件：**在 xADL 2.0 中，连接件是系统通信的核心，连接件将各个组件连接起来并充当它们交互的中间件。广义上，消息路由、共享变量、入口表、缓存区等都可以作为连接件。连接件也要通过接口与组件或连接件相连，以便实现组件间的交互，连接件的接口没有数量限制，只与所连接的组件或连接件的数量有关。

4）**链接：**实例模式中约定接口之间通过链接实现连接，链接的端点是接口，而且接口是组件和连接件通往外部世界的“门户”。

5.4 本章小结

本章介绍的 12 种软件架构描述语言只是 ADL 的一部分，限于篇幅，还有一些不错的 ADL（如 AADL、ADML 等）就不再一一介绍了，有兴趣的读者可以自行查找相应的文档进行阅读。为了便于大家进一步理解这 12 种典型的 ADL，下面将它们的设计目的和应用场景总结一下，如表 5-2 所示。

表 5-2　12 种典型 ADL 的应用场景对比

编号	典型的 ADL	应用场景
1	Aesop	特定领域的软件系统
2	C2 SADL	用户界面密集系统
3	MetaH	实时、容错、安全等系统
4	UniCon	大量组件和连接件的管理
5	Rapide	基于事件的、复杂、并发、分布式系统
6	Wright	复杂交互
7	Darwin	基于消息传递的分布式系统
8	XYZ/ADL	架构逐层细化、分析、验证和自动代码的生成
9	ACME	架构在不同 ADL 之间变换、共享
10	xADL 2.0	实时系统、产品线架构
11	XBA	不同 ADL 的模型共享与协作开发
12	ABC/ADL	架构建模元素定义

思考题

5.1　为什么很难有一种统一的软件架构描述语言（ADL）？软件架构自身是如何影响 ADL 的？

5.2　本章介绍的 12 种 ADL 的主要异同点是什么？

5.3　简述 ADL 与软件架构模型之间的关系。

5.4　简述现有的 ADL 存在的主要不足。为什么工业界对 ADL 的重视程度一直没有想象的那么好？

5.5　简述 ADL 与建模语言，以及 ADL 与程序设计语言的区别。

5.6　ADL 是否有可能发展成为支持软件开发全生命周期的语言？如果可以，如何解决架构元素与语言的语法语义元素之间的关系？

参考文献

[1] WSBPEL Web Services Business Process Execution Language Version 2.0[EB/OL]. http://docs.oasis-open.org/wsbpel/2.0/OS/wsbpel-v2.0-OS.html, 2007.

[2] Aesop Software Architecture Design Environment[EB/OL]. http://www.cs.cmu.edu/afs/cs/project/able/

www/aesop/aesop_home.html.

[3] S Mary G David. Software Architecture：Perspectives on an Emerging Discipline[M]. Prentice-Hall, 1996.

[4] R T Monroe, A Kompanek, R Melton, et al. Architectural styles, design patterns, and objects[J]. IEEE Software, 1997, 14(1)：43-52.

[5] ISR[EB/OL]. http://isr.uci.edu/architecture/.

[6] xADL 3.0 Highly-extensible Architecture Description Language for Software and Systems[EB/OL]. http://isr.uci.edu/projects/xarchuci/.

[7] The UniCon Architecture Description Language[EB/OL]. http://www.cs.cmu.edu/~UniCon/reference-manual/Reference_Manual_1.html.

[8] The Wright Architecture Description Language[EB/OL]. http://www.cs.cmu.edu/afs/cs/project/able/www/wright/index.html.

[9] 骆华俊，唐稚松，郑建丹. 可视化体系结构描述语言 XYZ/ADL[J]. 软件学报，2000, 11(8)：1024-1029.

[10] 朱雪阳，唐稚松. 基于时序逻辑的软件体系结构描述语言 XYZ/ADL[J]. 软件学报，2003, 14(4)：713-720.

[11] 张广泉，骆华俊，郑建丹. 可视化软件体系结构描述工具 XYZ/ADL 的设计与实现 [J]. 重庆师范大学学报（自然科学版），2001, 18(2)：1-6.

[12] The Acme Architectural Description Language and Design Environment[EB/OL]. http://www.cs.cmu.edu/~acme/.

[13] 赵文耘，张志. 基于 XML 的架构描述语言 XBA 的研究 [J]. 电子学报，2002, 30(S1)：2036-2039.

[14] 王晓光，冯耀东，梅宏. ABC/ADL：一种基于 XML 的软件体系结构描述语言 [J]. 计算机研究与发展，2004, 41(9)：1521-1531.

[15] 梅宏，申峻嵘. 软件体系结构研究进展 [J]. 软件学报，2006, 17(6)：1257-1275.

[16] S Vestal. Software Programmer's Manual for the Honeywell Aerospace Compiled Kernel (MetaH Language Reference Manual)[M]. Honeywell Technology Center, Minneapolis, MN, 1993.

[17] Rapide[EB/OL]. http://complexevents.com/stanford/rapide/.

[18] D C Luckham. Rapide：A Language and Toolset for Simulation of Distributed Systems by Partial Orderings of Events[C]. Proceedings of the DIMACS Partial Order Methods Workshop IV, Princeton University, 1996.

[19] Darwin (ADL) [EB/OL]. https://en.wikipedia.org/wiki/Darwin_(ADL) .

[20] AADL Architecture Analysis and Design Language[EB/OL]. http://www.aadl.info/aadl/currentsite/, 2004.

第 6 章　软件架构与敏捷开发

软件开发方法发展到今天，在日常的软件开发实践中迭代、增量和持续集成的思想已经主导了软件项目的开发过程，这实际上就是敏捷开发的核心思想。在这种主流思想的指导下，软件架构设计面临着诸多新的挑战，特别是在敏捷开发中，软件架构的设计过程其实已经演变成软件架构的演化过程，也就是说软件架构是通过逐步演化形成的。本章详细讨论了软件架构和敏捷开发之间的关系，包括敏捷开发如何影响软件架构的设计、敏捷开发中软件架构的作用和意义，以及几种典型的敏捷软件架构设计方法等。

6.1　软件开发的发展简史

纵观软件开发的历史，其经历了四个明显的阶段：①松散的软件开发阶段；②基于软件工程思想的开发阶段；③基于敏捷过程的软件开发阶段；④智能化软件开发阶段。

（1）松散的软件开发阶段

这个阶段开始的标志性事件就是 1946 年数字电子计算机的诞生，软件开发的主要任务是编码和纠错（Code & Fix），绝大多数情况下是手工作坊式的软件开发。虽然 1951 年首次出现了软件开发的概念，随之产生的子例行程序受到推广应用，但是由于缺乏系统的、规范的软件开发流程，使得软件开发的效率低、成本高，最终导致软件产品的质量不高、修改维护困难。在这个阶段没有软件架构的概念。

（2）基于软件工程思想的开发阶段

这个阶段开始的标志性事件是北大西洋公约组织（NATO）于 1968 年和 1969 年召开的两次会议，其提出了软件工程的思想并推动了软件工程学科的建立。本阶段的主要特征就是软件开发具有系统化、规范化的流程，以软件过程为基础，所有的软件开发相关活动都是在某个软件过程中完成的。其中，软件开发过程是由需求分析、概要设计、详细设计、编码、测试和部署维护几个阶段组成（如图 6-1a 所示）。其中概要设计（preliminary design）类似架构设计，所以说这个阶段开始有了软件架构的初步思想，然后是局部完善发展，直到 20 世纪 90 年代初，软件架构的思想像雨后春笋般地发展起来了。但是，软件架构与概要设计是不同的，最明显的不同有：①软件架构有名字，便于交流；②软件架构可重用，是针对某类问题的已知的最优解决方案；③软件架构有模式和风格等概念，等等。但是，由于在传统的软件工程过程中，黑盒开发（black-box development）占据了主流的软件开发实践，用户的参与粒度不够，导致了新的软件效率低、开发成本高和质量不高的问题。千呼万唤之下，敏捷开发诞生了。

（3）基于敏捷过程的软件开发阶段

这个阶段开始的标志性事件是2001年敏捷联盟的成立。该阶段的主要特点是软件开发是一个迭代、增量和持续集成的过程，是黑盒开发和白盒开发协同推进的过程（如图6-1b所示）。该阶段又弱化了软件过程的概念，但是软件架构的概念得到了进一步的深化，强调软件架构是演化而不是设计来的，而且这种思想在工业界非常受推崇。其核心思想是根据用户需求，通过原型化方法很快建立初始的软件架构，然后通过持续的演化和评估，得到最终想要的软件架构；而且这种软件架构还会随着需求的变化、环境的变化发生自适应的调整，使得它在很长时间内保持着对应用需求的有用性。

（4）智能化软件开发阶段

这个阶段开始的标志性事件目前未定，期间软件架构的演化思想得到进一步深化，软件架构具有自主演化、感知能力、学习能力、推理能力和决策能力等。在这个过程中，一方面大量的人工智能技术应用于软件架构的构造过程中，即智能化的软件架构构建过程，而软件架构自身不一定具有智能；另一方面，软件架构是由一些智能体（如Agent）组成的，也就是说组件、连接件都是智能体，具有感知、学习、推理和决策能力。或者软件架构的组成元素本身不是智能体，但SA自带智能助手。智能助手相当于架构师，具有感知、学习、推理和决策的能力，但似乎比架构师更强大。

在传统的软件开发过程（通常也称惯例过程）中，软件架构是总体设计阶段的产物，架构设计是设计阶段的一个重要环节，软件架构是需求和详细设计的桥梁，所以软件架构和传统软件开发的关系非常密切，甚至可以说软件架构的好坏直接决定了最终软件产品的好坏，所以本书绝大部分章节的讨论都与此有关。而在敏捷开发过程（通常也称敏捷过程）中，软件开发是在一个迭代、增量和持续集成的过程中完成的，软件架构也是如此，有一些特殊的因素需要考虑，也有一些特殊的措施需要加强，所以，本章专门讨论一下软件架构和敏捷开发之间的关系。

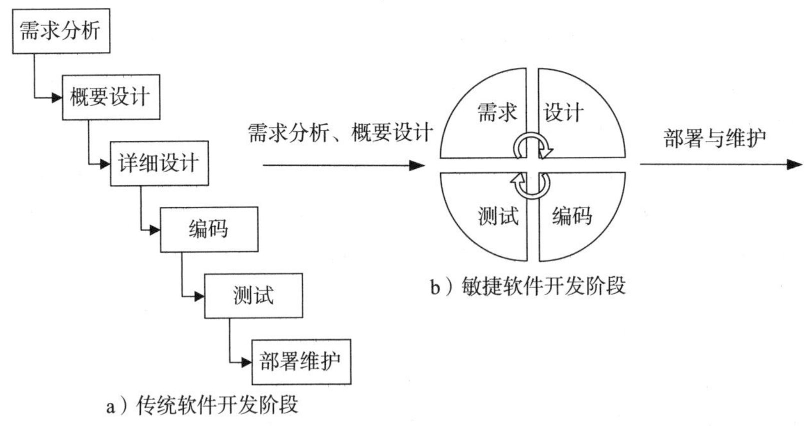

a）传统软件开发阶段

b）敏捷软件开发阶段

图6–1　传统软件开发阶段与敏捷软件开发阶段

6.2　敏捷开发

6.2.1　敏捷开发的基本理念

在软件开发过程中，原则（principle）、模式（pattern）和实践（practice）是保障软件开发获得成功的一些非常重要的因素 [1]。但是，决定软件开发最终能否成功的关键因素是人。在软件开发过程中，人与人之间的沟通非常重要，特别是开发人员和用户之间的沟通，沟通顺畅会使得开发时间缩短、效率提高，而且质量也得到很好的保障。但是，人与人之间的沟通是很复杂的，并且沟通效果都难以预料，如何进行软件开发团队与用户、项目经理、赞助商及其他共同兴趣者等之间的有效沟通正是敏捷开发方法关注的核心问题之一。

2001 年，Kent Beck 和其他 16 位知名软件开发者、软件工程作家以及软件咨询师（被称为敏捷联盟）共同签署了“敏捷软件开发宣言” [2]，敏捷开发对软件开发目标性与开发过程有序性进行了权衡，重视人的作用，一切活动以完成软件为目标。在“敏捷软件开发宣言”中，倡导者们提倡的 4 个核心观点是：①强调个体和互动比强调过程和工具更好；②强调获得可运行的软件比强调完成详尽的文档好；③强调与客户合作比强调进行详细的合同谈判好；④强调响应变化比强调遵循既定的计划好。敏捷开发是一种轻量级的开发方法，它不提倡宽泛的、任务繁重的过程，强调与人交流的重要性，提倡用高质量可运行的软件代替文档，具有能够适应需求变化、进行快速开发的能力。这类方法以快捷、轻便的思维方式，迅速解决了一些传统软件开发中存在的问题，提高了软件企业的生产效率，得到了迅速的推广。

在“敏捷软件开发宣言”中，除了上述 4 个核心思想之外，还有下面 12 条有价值的原则 [3]，它们是敏捷开发过程区别于其他传统软件开发过程的特征所在：①尽早并持续地交付有价值的软件以满足顾客需求；②敏捷流程欢迎需求的变化，并利用这种变化来提高用户的竞争优势；③经常交付可用的软件，发布间隔可以从几周到几个月，能短则短；④业务人员和开发人员在项目开发过程中应该每天共同工作；⑤选择有进取心的人作为项目核心人员，充分支持并信任他们；⑥无论团队内外，面对面的交流始终是最有效的沟通方式；⑦可用的软件是衡量项目进展的主要指标；⑧敏捷流程应能保持可持续的发展。责任人、开发者和用户应该能够保持一个长期的、恒定的开发速度；⑨不断关注技术和设计会增强敏捷能力；⑩保持简明（尽可能简化工作量的技艺）极为重要；⑪ 最好的构架、需求和设计出自于自组织的团队；⑫ 时时总结如何提高团队效率并付诸行动。

目前，具有代表性的敏捷开发的方法有极限编程（Extreme Programming，XP）、Scrum 方法、特征驱动软件开发（Feature Driven Development，FDD）、Crystal 方法、精益开发方法、动态系统开发方法（Dynamic Systems Development Methodology，DSDM）、自适应软件开发方法（Adaptive Software Development，ASD）等。

6.2.2 敏捷开发实践

敏捷开发在实践中表现为一种迭代、增量和持续集成的开发方法。迭代反映了项目的开发节奏，是一个多周期的开发过程；增量说明了项目的实际进展，整个项目就是由很多增量构成的；持续集成反映了集成增量的过程是持续进行的 [4]。

如图 6-1 所示，相对于传统的瀑布式软件开发方法，敏捷开发在项目初期就引入了编码和测试，并重复迭代过程。敏捷开发在概要设计阶段得到一个初始的、关键模块的软件架构（有人称之为种子架构），在迭代过程中通过不断的需求分析和设计，逐步完善系统的软件架构。由此可以看出，软件架构完善是敏捷开发实践中的一个重要环节。为此，下面将详细讨论软件架构和敏捷开发之间的关系。

1. 软件架构与敏捷开发的出发点是一致的

软件架构和敏捷开发都是一个权衡的过程，它们的目的都是为了提高软件开发效率、提高软件质量、降低软件成本，将开发团队的价值最大化。软件架构设计需要权衡利益相关者的各种需求，在众多的解决方案中确定唯一的架构设计方案，从而保证软件开发的有效性。敏捷开发是对软件开发的两个极端做出的一种权衡，一个极端是没有任何的管理成本，所有的工作都是为了软件的产出，但是这种方式却往往导致软件开发过程的混沌、产品的低质量、团队士气的低落。另一个是大量管理活动的加入，如评审、变更管理、缺陷跟踪，虽然管理活动的加入能够在一定程度上提高开发过程的有序性，但是成本却因此提高，更糟糕的是很容易导致团队的低效率，降低创新能力。敏捷开发就是要在这两个极端中做出权衡，用低成本的管理活动带来最大的产出，即软件的高质量。

2. 敏捷开发也需要重视软件架构

在架构设计过程中，不可避免地要进行一些预先的考虑。在敏捷开发的支持者看来，软件架构可能会带来大量的预先设计活动，过多的预先设计是与敏捷思想相违的，因为过多的预先设计使得软件开发过程在面对变化时缺乏灵活性，在预先设计中所投入的管理成本极有可能由于后续的重构而成为无用功。因此，在敏捷开发发展早期，软件架构能否同敏捷开发共同发挥作用仍存在疑问。为此，学术界与企业界对于敏捷开发是否需要重视软件架构也做了一些研究。Pekka Abrahamsson 等人指出敏捷开发中软件架构设计是不可缺少的一部分，提出敏捷软件架构师的设计原则并表示敏捷开发过程中也需要将架构文档化，文档化的时间安排在开发末期 [5]。Roland Faber 是通过另一个视角来说明需要重视软件架构的，他强调了软件架构师和设计原则的作用，认为软件架构是保障软件高质量的关键要素 [6]。James Madison 结合 Scrum 迭代模型，说明了各个阶段与软件架构有关的开发活动，他认为软件架构师与编码人员间的交流和合作是保障软件高质量的关键要素 [7]。Babak 等人扩展了软件架构的思想，提出了一个敏捷企业架构框架（AEAF），使用该框架可以保障敏捷软件开发的高效率 [8]。Robert 等人通过具体案例分析了极限编程中应怎样进行软件架构设计，并指出软件开发过程中的各个阶段是以架构为核心结合在一起的[9]。Davide 等人对 72 位 IBM 软件开发者就软件架构与敏捷开发间的关系在软件开发实践中的现状进行了一项调查，调查结果显示，大多数软件开发者认为软件架构与敏捷开发在软件开发实践中是能够共同存在的，且具有互相促进的效果[10]。

3. 敏捷开发改变了软件架构的设计方式

相对于传统软件开发过程，敏捷开发过程中的开发人员可能会感觉不到详细的架构设计，这是由于敏捷思想中将详细的设计过程分散到具体的开发过程当中，敏捷开发非常重视软件的架构设计，但是“轻”架构的详细设计。传统软件开发和敏捷软件开发在架构设计方式上的区别如图 6-2 所示。

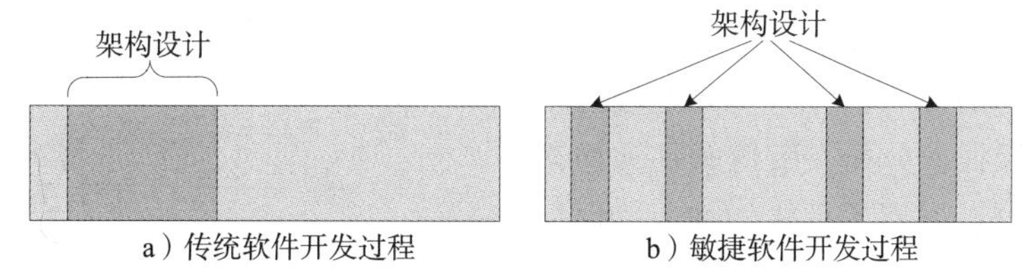

图 6–2　架构设计方式的改变

传统软件架构的设计包含详细设计，如具体的 UML 图等。出于以下两个方面的考虑，敏捷开发不适合这种架构设计：① 在当今快速变化的社会中，业务需求和技术也在快速变化着，在软件过程前期花费 30%（甚至更多）的时间进行架构设计，要么开发出来的软件不符合市场需求，要么就是一旦需求变动，就造成较大的改动成本。② 详细的总体架构设计需要大量的时间，但软件开发阶段的编码阶段同样蕴含了很多详细设计的内容，所以二者之间存在重复的情况。换句话说，现在敏捷开发提倡“Code is design”，而以前是“Design is code”。

基于以上两种原因，敏捷思想将传统的架构设计分成种子架构设计和详细架构设计。种子架构设计关注软件系统的骨架或轮廓的设计，而将详细架构设计转移到编码阶段、重构阶段、单元测试阶段等。分离后，敏捷软件种子架构轻装上阵，内容可以包括：软件的架构层次，重要模块、重要类的说明（无须设计全部的类和方法）等。

Christine Miyachi 结合敏捷软件架构的思想，将敏捷开发过程的架构设计原则总结如下[11]：①重要、关键的设计决策必须在软件开发前确定，对于其他详细的设计决策则在必须要做的时候才做，即在开发到这个模块之前才做这个模块的设计工作。②在开发过程中，所有的利益相关者都必须全程在一起，因为一些设计的确定需要权衡众多利益相关者的需求，需要利益相关者进行充分的交流。③将需求文档化，重视需求，明确表示出不同需求之间的权衡过程。④开发人员要及时地验证架构。⑤如果必须要进行修改，改动越早越好。⑥不要突发奇想地修改架构，修改架构需要大家深思熟虑。

6.3 敏捷开发过程中的软件架构设计

敏捷开发把传统软件开发前期的详细架构设计分散到了整个敏捷开发软件过程中，以达到提高效率、减少风险的目的。图 6-3 是敏捷软件架构的一般设计方法。

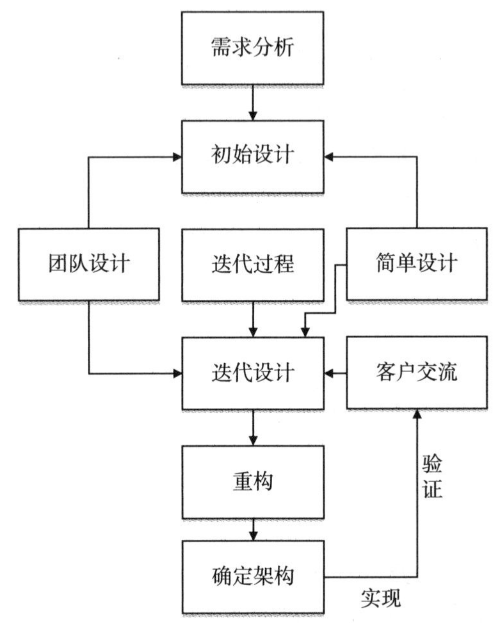

图 6-3 敏捷软件架构的一般设计过程

6.3.1 需求分析

评判软件成功的标准不一，对于敏捷开发来说，成功的标准首先在于是否交付可用的软件。为了保证软件的可用性，最重要的就是做好需求分析。敏捷开发中的需求分析引入了架构设计的理念，分为初始阶段需求分析和迭代阶段需求分析。敏捷软件架构初始阶段的需求分析摒弃了具体的细节，仅仅抓住软件最高层的概念，也就是最上层、优先级最高、风险最大的那部分需求。迭代阶段需求分析是随着项目的进展逐步完善的，具有高适应性。

6.3.2 初始设计

初始阶段的目标是在所有利益相关者之间达成关于项目的生命周期目标的协议，在项目进行之前确定重要的业务和需求风险。初始设计需要对软件系统的设计进行全局抽象层次上的考虑，包括系统的基本处理流程、系统的组织结构、模块划分、功能分配等，为软件的详细设计提供基础。

6.3.3 迭代过程

软件在开发过程中是没有物质实体的，直到使用的时候客户才知道哪些功能点是有价值的、哪些是没有价值的，这就要求软件需求是可以变化的。需求不仅仅是可变，而且是应该变，只有这样才能最大化软件的价值。针对需求的不可预见性，在敏捷开发中使用了迭代过程。迭代式开发对于可以预见的过程同样有效，只不过在不可预见的环境中它是必要的，因为这时要应对变化。长期的计划通常是不稳定的，而单次迭代的短期计划是稳定的。迭代开发都是基于上次迭代的结果，每次迭代都有一个坚实的基础。

（1）迭代设计

每一次迭代过程都好像是一个小型的传统软件开发过程，有需求分析、设计、编码、测试等阶段。迭代设计即根据当前迭代过程需要完成的工作任务来进行设计，首先进行需求分析，明确当前迭代过程的细化任务，然后开发团队通过讨论确定任务分配和初步解决方案，方案确定后则进入编码阶段。

（2）重构

迭代过程中的重构往往发生在编码阶段，重构是对软件架构的持续改进，重构的原因可能是开发人员在编码过程中遇到障碍，也可能是需求突然发生了变化。重构和迭代设计是相辅相成的，有了重构，仍然要做迭代设计，但不必是最优的设计，只需要一个合理的解决方案就足够了。重构的过程需要进行文档化操作，将对上一次迭代过程产生的软件架构改进或者增加的过程进行记录，以便开发人员理解程序代码，并为下一次的迭代过程做好准备。

（3）确定架构

确定架构指的是迭代过程中生产出的软件（或组件）经过测试后确实能达到预期的要求，即意味着生产出了可交付的软件产品。敏捷开发中的架构都是伴随着软件产品的发布确定下来的，这也符合“Code is design”的思想。

（4）客户交流

由于实际开发过程中很难做到 XP 中要求的那样，让客户与开发人员每天都在一起交流，所以在经过一次或几次迭代过程后，需要及时交付可用的软件并与客户进行充分交流，要求客户及时反馈信息。与客户的交流可能会带来需求的变更，这就要求开发团队能快速有效地适应变化，在后续的迭代过程中完成客户的新要求。

6.3.4　敏捷的设计思想

以上是对敏捷软件开发中架构设计的一般方法的描述，描述内容偏向于方法论，并没有给出具体的实施步骤，因为每个开发团队都有自己的特点，实际应用中不变的只有敏捷的思想。敏捷思想在软件架构设计中最主要的体现就是团队设计和简单设计这两种设计理念。

（1）团队设计

团队设计的理论依据是群体决策。与个人决策相比，群体决策的最大好处就是其结论要更加的完整。而群体决策虽然有其优点，但其缺点也是很明显的，需要额外付出沟通成本、决策效率低、责任不明确等。但是如果能够组织得当的话，群体决策是能够在架构设计中发挥很大优势的。对软件来说，架构设计是一项至关重要的工作，团队的成果较之个人的成果，在稳定性和思考的周密程度上都要更胜一筹。基于团队设计在实际开发中提倡使用一些简单的图例、比喻的方式来表达软件的架构，而这种架构设计是无时无刻不在进行的。

在敏捷开发中，团队设计可以避免象牙塔式的架构设计，即避免理论上完美，但程序员无法实现的架构设计。软件架构在软件生命周期全过程中都很重要，软件开发团队中的所有人员都需要与架构打交道，因此最好的团队组织方式是所有开发人员都参与架构的设计，这样保证了所有开发人员都能够对架构设计提出自己的见解，综合多方面的意见，在全体开发人员中达成一致。很多团队由于种种原因不适合采用全员参与的方式，那么组织优秀的开发人员组成设计组也是比较好的方式。一般选择那些在项目中比较重要的、有较多开发经验或是理论扎实的那些人来组成设计组。设计组不同于象牙塔式架构设计师。设计组设计出来的架构只能称为原始架构，它需要不断地反馈和改进。因此，在架构实现过程中，设计组的成员将会分布到开发团队的各个领域，把架构的思想带给所有开发人员，编写代码来检验架构并获得具体的反馈，然后所有成员再集中到设计组中来讨论架构的演进[21]。

（2）简单设计

传统的软件架构设计是非常复杂的，带有大量的文档和图表，开发人员花在理解架构本身上的时间甚至超出了实现架构的时间。敏捷思想要求软件架构设计必须是简单设计，这里的“简单”体现在两个方面，即表达方式的简单化和现实抽象的简单化[22]。表达方式的简单化指的是敏捷开发中对详细架构描述文档等中间产物的弱化，通过减少不必要的工件（artifact）来降低维护和沟通成本，表达方式只需要满足能够在利益相关者之间进行有效沟通这一最小的必要条件即可。现实抽象的简单化指的是仅针对当前需求建模分析，不做“多余的”工作。

在敏捷开发中，简单设计可以降低开发成本、提升沟通效率、增强适应性和稳定性。无论是模式、可重用组件，还是框架技术，其使用目的都是为了降低开发的成本。但是它们都需要先进行大量的投入，然后再节省后续的开发成本。敏捷开发恰恰相反，在处理用户的第一个需求的时候，不必要也不可能就设计出具有弹性、近乎完美的架构来。这项工作应该是随着开发的演进慢慢成熟起来的。在一开始就制作出完美架构的设想并没有错，关键是很难做到这一点，总是会有很多问题是你在做设计时没有考虑到的。这样，一开始花费大量精力设计出的“完美无缺”的架构必然会遇到意想不到的问题，这时候，复杂的架构反而会影响到设计的改进，导致开发成本的上升。简单的架构设计可以加快开发团队理解架构的速度，也方便开发人员进行交流，并一起参与到架构设计当中。由于敏捷开发中的简单设计原则，所以架构易于理解，当需求发生变化时，能够快速有效地针对需求的变化进行架构设计的调整，从而提高了软件开发的适应性。简单设计要求用最少的类和方法实现功能，这样也提高了软件的稳定性，架构越简单，其稳定性越好。

6.4 两类常见的敏捷软件架构设计方法

符合敏捷开发原则的软件架构称为敏捷软件架构。良好的敏捷软件架构是保障敏捷开发顺利开展的关键[11]。优秀的敏捷软件架构的设计过程一般同时包含规划式设计（planned design）和演进式设计（evolutionary design）[12]，具体体现为初始阶段设计和迭代过程中的设计。

6.4.1　敏捷开发初始阶段设计

敏捷开发初始阶段的架构设计是非常简单但是重要的，各种敏捷开发方法在实际应用中基本上都会在正式编码前有一个初步的设计。凡事预则立，不预则废，这个“预”在敏捷开发过程中指的就是初始阶段设计。不同方法的初始阶段设计大同小异。

1. 初始阶段设计的目的相同

不同方法的初始阶段设计都是为了得到一个原始架构，原始架构对于后续的架构设计是非常重要的。软件架构源于需求，其中原始架构来源于那些比较重要、稳定的需求。

2. 初始阶段设计的输出形式不同

XP 初始阶段输出的原始架构是以系统隐喻（system metaphor）的方式存在的，系统隐喻是 XP 中 12 个关键实践之一 [13]，它指的是把系统架构、系统设计或者开发过程中的一些重要、复杂或关键的概念用隐喻描述出来。隐喻本属于语言学的范畴，而在 XP 中担当系统架构设计的重任，为此系统隐喻成为 XP 诸多实践中受到质疑最多的一个，XP 的反对者认为 XP 在架构方面存在缺陷，即以此作为批评依据。以系统隐喻方式存在的原始架构通过运用那些能够简单描述系统、众所周知的用户故事（user story）来指导所有开发。举个例子，比如要开发一个以恒定速度将文字输出到屏幕上的程序，需要把程序产生的文本放入缓冲区，然后将缓冲区中的文本输出到屏幕。缓冲区快满的时候，程序停止产生文本；缓冲区快空的时候，程序开始产生文本；在极限编程中，就可以将这个系统隐喻为一个装卸卡车运垃圾的实例，缓冲区是卡车，屏幕是垃圾场，程序是垃圾制造者。对于比较复杂的需求或系统，开发人员和客户往往会从不同的侧面和高度来理解和分析并交流领域知识和专业技术知识。这样，对于同一个设计，可能会有多个系统隐喻 [14]。

Scrum 初始阶段输出的原始架构是以产品 Backlog[15] 的方式存在的，产品 Backlog 是一个产品或项目期望的、排列好优先级的功能列表，优先级由商业价值、风险和必要性决定。产品负责人负责产品 Backlog 的内容、可用性和优先级。产品 Backlog 永远不会是完整的，最初的版本只列出最基本的和非常明确的需求，这些需求至少要足够一个迭代过程（Sprint）开发。随着团队对产品以及它的客户或用户的了解，产品 Backlog 在不断地演进，所以产品 Backlog 是动态的，它经常发生变化以确保产品更合理、更具竞争力和更有用。产品 Backlog 的条目可以包括功能性需求（使用业务语言描述，以用户为中心），也包括非功能性需求（从技术层面出发，产品需要具备的能力）。优先级高的产品 Backlog 条目需要立即进行开发。优先级越高的条目越详细具体，优先级越低的条目越简单抽象。使用用户故事来描述产品 Backlog 条目是一个非常有效的实践，通常也把验收条件作为产品 Backlog 条目的一个属性 [16]。

FDD 初始阶段输出的原始架构是一个特征表 [17]，设计人员使用从需求分析中获得的知识标注特征，可能也使用一些现有的参考资料或需求文档，比如对象模型、功能需求等，对于以这种方式确定的特征用原文档进行注释。构造特征表是从领域划分开始的简单功能分解，领域被分解成区域（主要特征集），然后被分解成活动（特征集），最后被分解成特征。每一个特征代表一个活动里的一步。特征是用术语描述的对客户有价值的细小功能，使用如下命名模板：<action><result><object>，比如“计算总销售额”。特征是细小的。完成一个特征应该不超过两周，但它也不能仅仅像赋值操作那么简单。两周是一个上限，大多数特征不需要这么长的时间。当某一步过于复杂时，设计人员应该把它分解成更小的步，并使其成为新的特征。

6.4.2 敏捷开发迭代过程中的设计

初始阶段输出了一个软件系统的原始架构，然后通过迭代过程进行完善，每一次的迭代都是在上一次迭代的基础上进行的，迭代将致力于重用、修改、增强目前的架构，以使架构越来越强壮。我们将迭代过程中的设计简称为迭代设计，不同方法的迭代过程中的区别导致了迭代设计的不同。

1. 迭代的思想相同

迭代过程实施的是一种重复和半并行化的开发活动，在整个项目开发中多次重复地执行软件开发周期（需求、设计、编程等）。一个项目讨论会面对的是一些抽象层次非常高的需求，项目团队将会对这些需求中的某个重要需求（一般是最高优先级的需求）进行重点关注并进行详细研究。随后在详细需求的基础上设计并编写程序代码，然后执行测试用例，发布第一个增量版本，移交给用户使用，从测试人员和用户获得及时反馈，此时完成第一次迭代。再确定第二次迭代的需求，进行设计、实现、测试、发布第二个增量、移交用户等，迭代过程持续进行直至完成用户的全部需求。如图 6-4 所示，随着迭代过程的进行，以及多个增量的连续集成，最终完成项目，满足用户需求。

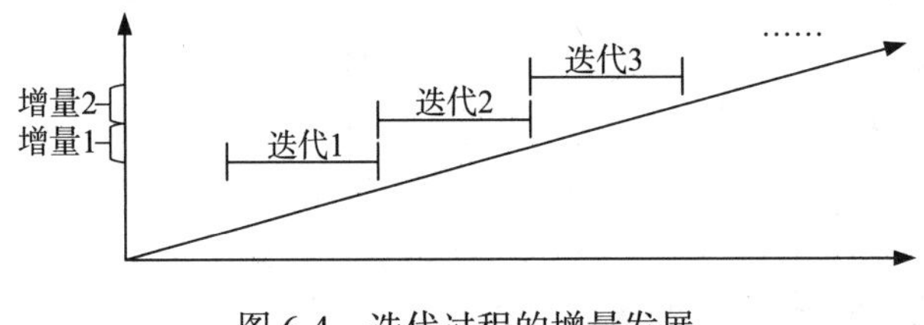

图 6-4　迭代过程的增量发展

2. 迭代的过程不同

（1）XP 的迭代过程

如图 6-5 所示，XP 中提倡简单设计，这里的简单指的是你不需要为一个以后才会需要的功能花费精力，在当前设计的架构中类和方法越少越好。XP 有两个非常响亮的口号：“做可能有效的最简单的东西”（Do The Simplest Thing that Could Possibly Work）和“你不会需要它”（You Aren’t Going to Need It，通常称之为 YAGNI）。XP 的简单思想表现为不要为第一个需要这个功能的情况建立一个灵活性组件，而是让这些结构在必要的时候自己成长。

如果今天需要建立一个 Money 类，它只需要处理加法操作而不是乘法操作，那么就只添加加法操作进入这个类。尽管可确定在下一个迭代周期需要乘法，也还是会把它放在下一个迭代周期中。XP 的创始人 Kent 给出了“简单”的四个标准 [18]：运行所有测试（runs all the tests）、表达所有意图（reveals all the intention）、无任何重复（no duplication）、最少的类和方法（fewest number of classes or methods）。XP 中的简单设计需要根据上一次迭代的结果与客户交流，确定新的迭代过程的计划，然后将新的任务分配给各位开发人员。迭代周期一般为 1 ～ 3 周，且不超过 4 周。

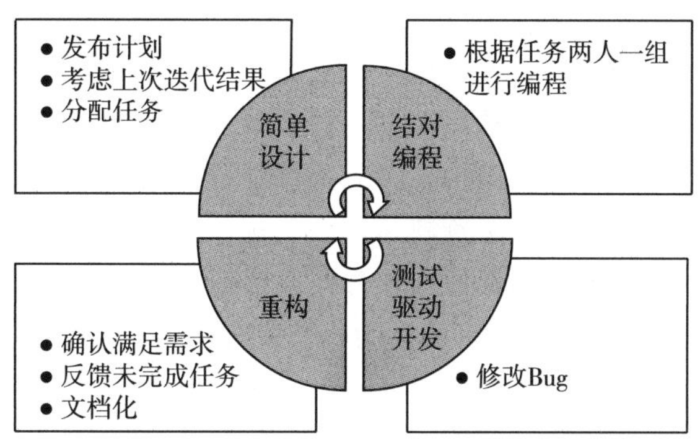

图 6-5　XP 中的迭代过程

（2）Scrum 的迭代过程

如图 6-6 所示，Scrum 中将一个迭代过程称为一个冲刺（Sprint），Sprint 是贯穿于开发工作中保持不变的时间为一个月（或更短时间）的迭代。所有 Sprint 都采用相同的 Scrum 框架，并且都交付潜在可发布的产品增量。通常开发团队先从设计展开工作，这个设计工作一般安排在 Sprint 计划会议（Sprint planning meeting）中，Sprint 计划会议包含两部分内容：“做什么”和“怎么做”。在设计过程中，团队首先要确定任务，这些任务就是把产品的待定项（backlog）转化成可用的软件。任务需要进一步分解成任务列表，这个任务列表就是冲刺待定项（Sprint backlog），每个冲刺待定项可以在一天内完成。过程中发生的变化和问题可以在每日例会（daily scrum meeting）上得到理解和交流。

每日例会不是进度汇报会议，是一个每天进行 15 分钟的检验和适应的开发团队。在每日例会上，团队成员需要汇报三个问题：从上次会议到现在都完成了哪些工作、下次每日例会之前准备完成什么、工作中遇到了哪些障碍。每日例会实际上是一个详细设计交流过程。会议 Sprint 燃尽图（Sprint burn down chart）展现的是当前 Sprint 内剩余的 Sprint Backlog 工作数量，若创建该图，则需要通过累计 Sprint 中每

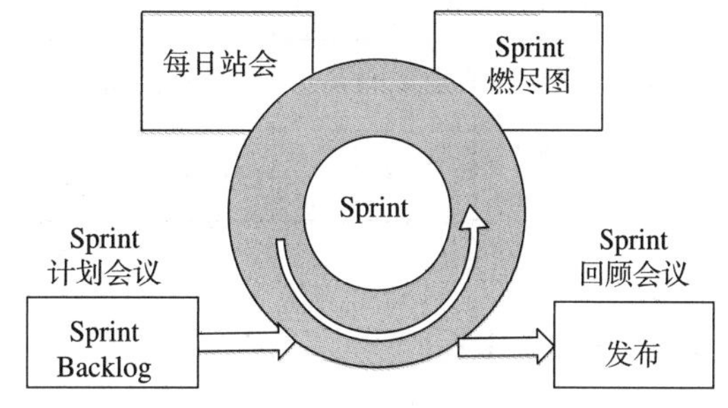

图 6-6　Scrum 中的迭代过程

日 Backlog 估算来确定剩余工作量。在一个 Sprint 开发过程基本结束时，会举行一个 Sprint 评审会议（Sprint review meeting），会议对该 Sprint 周期中的人、关系、过程和工具进行评审，评审通过后才可以发布可用软件，如有问题则尽快修改。Sprint 的迭代周期一般为 2～4 周[19]。

（3）FDD 的迭代过程

如图 6-7 所示，在 FDD 中，经过初始阶段设计后得到一个特征列表，然后根据特征列表中的各个特征生成一个软件开发计划。项目经理、开发经理和主程序员根据特征的相关性、开发小组的工作负荷及特征的复杂性，计划实现特征的顺序。每一个特征开发活动都会产生一个设计包（design package）。主程序员从特征列表中选出一些具有相同类的特征，然后把这些特征分配给几个具体开发人员，分配到任务的开发人员构成特征小组。这个小组根据分配的特征任务生成详细的顺序图，主程序员随后基于顺序图内容，进一步精化对象模型，开发人员写出类和方法的型构，然后进行审查。完成以上步骤后即生成了设计包中的内容。设计包应包含特征及参考资料、详细的顺序图、更新后的类图、更新后的类及方法原型、开发小组认为有价值的其他实现方案。根据特征进行软件开发是以设计包为起点，再通过类的所有者实现它们所拥有的类的一个多次迭代过程。迭代周期一般为两周[20]。

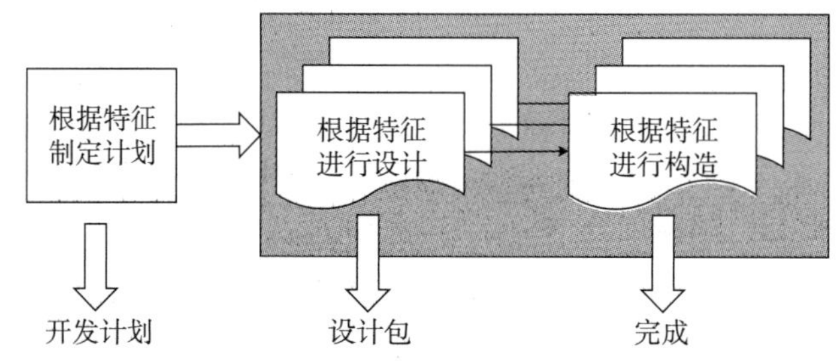

图 6-7　FDD 中的迭代过程

下面对这三种常见的敏捷开发方法中软件架构的特点进行总结，如表 6-1 所示。

表 6-1　三种敏捷开发方法中的软件架构特点对比

	初始阶段		迭代阶段		
	架构设计人员	架构表现方式	架构设计人员	架构表现方式	迭代设计周期
极限编程（XP）	全体开发人员	系统隐喻	全体开发人员（以结对编程的 2 人为单位）	用户故事（隐喻）	1～3 周
Scrum	Scrum Master	产品 Backlog	Scrum Master 和全体开发人员	Sprint Backlog	2～4 周
特征驱动软件开发（FDD）	主设计师	特征表	主程序员	设计包	2 周

6.5　本章小结

架构设计与针对系统做出的关键决策有关，是项目相关人员对系统内部结构和开发方式达成的共同认识。从开发过程的视角上来看，架构反映开发团队的组织和沟通方式、各成员之间的日常交流方式，以及团队成员对软件系统未来发展的憧憬，也是开发团队成员互相协作与讨论工作的媒介，是开发过程的指南针。一个优秀成熟的架构应该有优秀的适应性并支持敏捷的思想，及时地适应需求的变化并对架构做出适当的调整，并使开发人员的思想可以得到真正的融合和实现，这样才可以真正提高效率。一个优秀架构的价值也许并不会直接体现在商业价值上，但它可以减少实现商业价值所需的成本，具体体现在可以减少开发过程中的资源浪费上。在敏捷开发中应能够设计出“刚好够用”的架构，以及开发人员完成“刚好满足需求”的工作，以使得开发团队的效率最大化、利益最大化。

思考题

6.1　软件架构在传统软件开发过程中的重要性和意义是什么？其又有什么缺陷？

6.2　软件架构在敏捷开发过程中是如何形成的？

6.3　常见的敏捷软件架构设计方法有哪些？

6.4　为什么说在敏捷开发过程中软件架构是演化来的？

6.5　请详细说明敏捷开发的迭代、增量和持续集成的开发思想。

6.6　敏捷开发方法提倡的主要观念有哪些？它与传统的软件开发方法有什么不同？

参考文献

[1]　马丁，邓辉．敏捷软件开发：原则模式与实践 [M]. 北京：清华大学出版社，2003.

[2]　Manifesto for Agile Software Development[EB/OL]. http://agilemanifesto.org/iso/zhchs/manifesto.html, 2001.

[3]　Principles behind the Agile Manifesto [EB/OL].http://www.agilemanifesto.org/principles.html, 2001.

[4]　施瓦伯，李国彪．敏捷项目管理 [M]. 北京：清华大学出版社，2007.

[5]　P Abrahamsson, M A Babar, P Kruchten. Agility and architecture：Can they coexist?[J]. IEEE Software, 2010, 27(2)：16-22.

[6]　R Faber. Architects as service providers[M]. IEEE Computer Society Press, 2010.

[7]　J Madison. Agile architecture interactions[M]. IEEE Computer Society Press, 2010.

[8]　B D Rouhani, H Shirazi, A F Nezhad, et al. Presenting a framework for agile enterprise architecture[C]. Proceedings of the International Conference on Information Technology. Gdansk, Poland, 2008：1-4.

[9]　R Nord, J E Tomayko, R Wojcik. Integrating Software-Architecture-Centric Methods into Extreme Programming (XP) Technical Note[J]. CMU/SEI, 2004.

[10]　D Falessi, G Cantone, S Sarcia, et al. Peaceful coexistence：Agile developer perspectives on software architecture[J]. IEEE Software, 2010, 27(2)：23-25.

[11] C Miyachi, M A Babar, A W Brown, et al. Agile software architecture[J]. ACM SIGSOFT Software Engineering Notes, 2011, 36(2)：1-3.

[12] M Fowler. Is design dead?[M]. Addison-Wesley Longman Publishing Co. Inc, 2001.

[13] Extreme programming practices[EB/OL].http://en.wikipedia.org/wiki/Extreme_programming_practices, 2008.

[14] 李敬华 , 胥光辉 . 极限编程中的系统隐喻 [J]. 南京大学学报 (自然科学), 2005, 41(z1)：85-89.

[15] Scrum Glossary[EB/OL].http://www.scrum.org/Resources/Scrum-Glossary, 2009.

[16] SCRUM 的三个工件 [EB/OL].http://www.scrumcn.com/scrumptc/html/?25.html, 2008.

[17] 李日榄 . 特征驱动开发的研究和实践 [D]. 广州：中山大学，2005.

[18] K Beck, C Andres. Extreme programming explained：embrace change[M]. Addison-Wesley Professional, 2004.

[19] The Scrum Guide[EB/OL].http://www.scrum.org/Scrum-Guides, 2009.

[20] 吕世富，特征驱动软件开发方法应用研究 [D]. 上海：华东师范大学，2004.

[21] 林星 . 敏捷思维——架构设计中的方法学 [Z]. IBM DW 中国 , 2002.

[22] 张鹏 , 唐发根 , 林广艳 . 软件架构设计在 XP 方法中的实施 [J]. 计算机工程与应用 , 2003, 39(33)：106-109.

中 篇

工程实践篇

工程实践篇重点关注两个方面的内容：①软件架构制导的软件开发实践，涵盖了第7～10章的内容；②软件架构质量保障实践，涵盖第11～16章的内容。其中：

- 第7章　架构驱动的软件开发：主要讨论了一种软件架构驱动的软件开发过程，包括架构需求获取、架构设计、架构文档化、架构评估、架构实现与维护等几个阶段。
- 第8章　软件架构设计和实现：详细讨论了从用户需求分析到架构设计、从软件架构到详细设计和实现的过程，同时还讨论了软件架构设计需要遵循的设计原则，以及可能面临的主要威胁及应对措施等。
- 第9章　软件架构的演化和维护：详细讨论了软件架构的演化和维护问题，包括基本概念、演化类型和维护手段，还介绍了一些实际有用的软件架构演化原则等。
- 第10章　软件架构恢复：重点讨论了软件架构恢复的意义和定义、软件架构恢复研究现状，以及软件架构恢复的各种技术。
- 第11章　软件架构质量：重点讨论了软件架构相关的各种质量指标、以及质量保障和评估方法。
- 第12章　软件架构仿真：简要介绍了软件架构仿真的基本概念和基本过程、各种仿真方法、以及一些初步的仿真实验结果的分析和评估等。
- 第13章　软件架构度量和评估：详细介绍了软件架构度量的基本概念、原理和实践，以及各种度量模型和方法。
- 第14章　软件架构形式化验证：详细讨论了软件架构验证相关问题，包括验证的意义、验证过程，以及各种验证方法。
- 第15章　软件架构分析与测试：详细介绍了19种软件架构分析方法。
- 第16章　软件架构重构：详细讨论了软件架构重构或重建的基本概念和现状分析，包括软件重构点识别和定位方法、典型软件重构技术等。

第 7 章　架构驱动的软件开发

本章简要介绍基于架构的软件开发的基本思想及其关注点。本章的主要内容参考了美国 CMU SEI 的 Len Bass 和 Rick Kazman 共同撰写的著名的技术报告《Architecture-Based Development》。本章的基本结构如下：7.2 节介绍架构需求的获取，以及将架构的需求通过特定的质量场景进行描述；7.3 节介绍架构驱动的软件开发的关键部分——架构设计、文档化和评估，着重强调架构的设计过程和评估时“权衡点”和“敏感点”的获取；7.4 节介绍架构的最终实现和维护。

7.1　架构驱动的软件开发简介

软件架构是开发大型软件密集型系统时贯穿始终的关键所在，同时软件架构也是软件开发的基础。即使软件架构非常重要，但是以架构为驱动的软件开发过程仍然存在很多模糊的地方。本章将介绍架构驱动的软件开发的基本流程[1]，并且对开发的关键过程和关键点进行较为详细的介绍。

如图 7-1 所示，架构驱动的软件开发主要包括以下几个步骤：①架构需求获取；②基本架构设计；③架构文档化；④架构评估；⑤架构实现；⑥架构维护。

如图 7-1 所示，步骤 2、步骤 3 和步骤 4，是一个迭代的过程。这三个步骤也是架构驱动的软件开发的核心所在，只有设计的架构满足了所有的需求，并且经过记录和评估后才可以进行软件的编码实现。

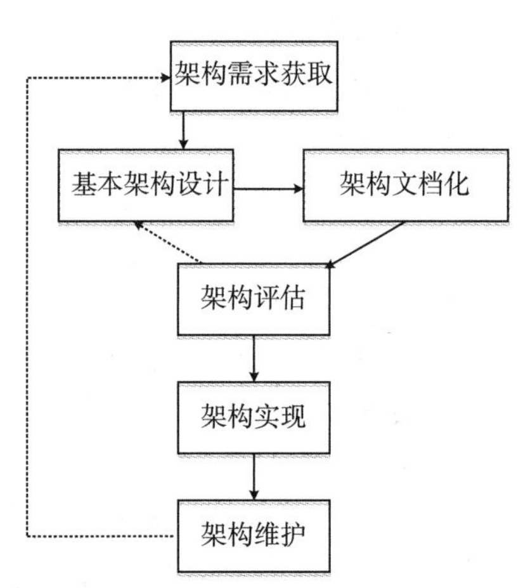

图 7-1　架构驱动的软件开发流程图

7.2　架构需求获取

如图 7-2 所示，架构相关需求是从软件的用户群和技术环境中提取的，同时如何抽取恰当的架构相关需求信息还和参与设计的架构师的经验密不可分。

在这里需要注意的是对软件的需求很多，其中很大一部分是功能性需求，这些功能性需求可以进行一定层次上的抽象，并且通过用例来进行描述[2]。在架构驱动的软件设计过程中，我们在设计架构的时候只需要讨论架构层次的需求，没有必要再深入到功能性需求，那些更细化的工作应当放在架构设计完成之后。需要注意的是，架构的需求与功能的需求是不同的。一般来说，架构的需求不会超过 20 个。

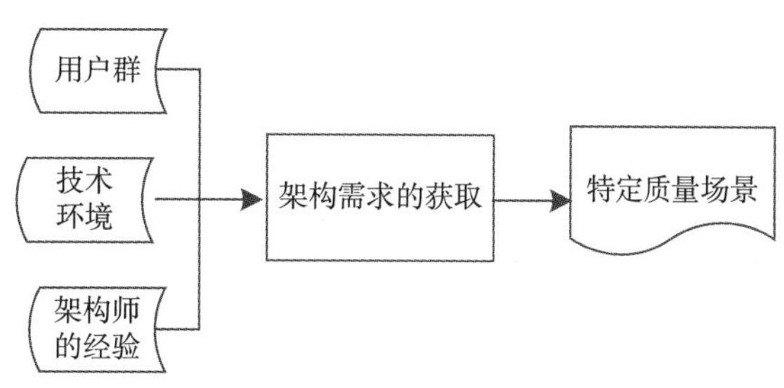

图 7-2　架构需求的获取阶段任务描述图

一般而言，架构的需求源于系统的质量目标、系统的业务目标、软件的利益相关者中的一个或多个。通常在对架构需求进行获取的最开始阶段，领域专家会首先确定选择开发的软件系统所需的架构风格。下面着重介绍如何对架构的需求进行描述，使得架构的需求能够直观地呈现给架构设计和评估人员。

通过质量模型描述架构需求

通常架构的需求是十分抽象的，编程语言一般不会提供实现架构需求的机制。因此，首先要做的是将架构的需求通过一定的场景进行描述，接着通过一定的模型来描述这种场景，以获得架构需求的结构化描述。按照上述思路，下面将分别介绍质量场景、软件质量模型，以及如何将质量场景通过软件质量理想模型进行描述。

1. 质量场景

表 7-1 是对 Yinzer 系统架构需求的一个完整的质量场景的描述。针对不同类型的软件开发，会提出不同的抽象场景；而针对软件开发过程中特定的质量属性，也需要设计对应于特定属性的质量场景。

表 7-1　对 Yinzer 系统架构需求的一个完整的质量场景的描述

源	Yinzer 用户
触发	请求 Yinzer 服务器上的网页
环境	正常操作
制品	整个系统
响应	服务器返回网页
响应测试	Yinzer 系统在 1s 内返回页面
完整的质量场景	Yinzer 用户点击浏览器中的链接；浏览器向 Yinzer 系统发送请求，Yinzer 系统在 1s 内返回页面

1）什么是抽象场景？尽管软件开发暂时无法实现完全的自动化，但是我们还是可以根据软件的使用来进行一定层面的分类。比如这个软件是采用软件流水线方式还是采用三层结构？这些分类就会对这一类别下的软件提出一定的需求，这一类的需求即为架构需求的抽象场景。

可以考虑这样一段描述：“ Yinzer 用户点击浏览器中的链接；浏览器向 Yinzer 系统发

送请求。”这种描述是比较抽象的，并没有特别指出这是哪一种质量需求，并且这样的场景描述适用于所有用到浏览器和客户端的软件系统架构分析。

2）特定质量属性场景：对于架构师和领域专家来说，需要做的是从抽象场景描述中获得特定的质量属性场景。如表 7-1 中所述，针对特定的系统开发，“要求 1s 内返回页面”就对性能提出了要求，这样的特定质量属性场景就给架构的设计人员和开发人员提供了极大的便利。

通常来说，我们考虑的特定质量场景是对性能、可移植性、可替换性、可重用性等质量属性产生影响时的质量场景。

用户提出的需求可能会同时影响性能、安全性和适应性等这类的质量属性。因此，在分析和获取质量场景时，需要考虑某一个质量场景可能会影响多个质量属性。同时，需求的获取往往来自于利益相关者，然而不同的利益相关者对于需求的要求也是不一样的，因此不同的利益相关者对于需求的描述也应当反映到质量场景中。综合上述两点，在设计质量场景时，我们采用了如图 7-3 所示的三维立方体来进行描述。

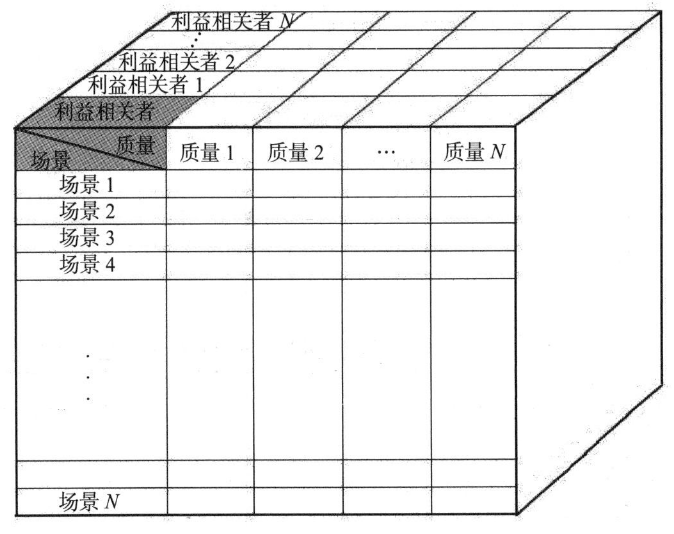

图 7-3　提取质量场景的模型示意图

2. 软件质量模型

利用如图 7-4 所示的软件质量理想模型来对质量场景进行描述 [3]，这一软件质量模型将基于分类的 ISO 9126 模型 [4]、基于度量的 MI 模型 [5] 和基于预测的 RGM 模型 [6] 的主要思想进行融合。通过 ISO 9126 中的分类思想，对软件质量属性进行定义；通过基于度量的 MI 模型对软件的质量进行评估；同样，利用 RGM 模型对质量进行预测。尽管软件质量的定义、评估、预测都出于不同的目的，但是上述三者不是互相独立的。例如，在对质量进行评估的同时，评估者需要首先获得这些质量属性，对质量的评估也是找出设计中存在的潜在威胁。因此，我们将这种综合的软件质量模型命名为软件质量理想模型。

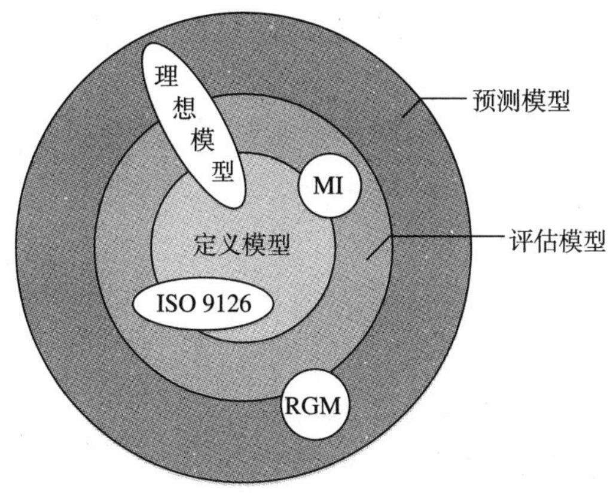

图 7-4　软件质量理想模型结构图

为了能够更好地描述质量场景，我们给出软件质量理想模型的定义，由于软件需求的多样性，这种定义是非形式化的。

软件质量理想模型：可以用来描述、评估和预测质量属性的模型。

高质量的软件质量理想模型除了与架构师的设计经验有关之外，也与质量模型的设计原则有关，下面给出了软件质量元模型（也就是软件质量理想模型）的设计原则的定义。

软件质量元模型（软件质量理想模型）：可以清晰地描述质量模型中元素和元素之间相互关系的模型。

最后，为了在软件架构设计和演化过程中使用这种模型，我们定义了软件质量理想模型框架，用于在整个软件生命周期中创建并维护软件质量理想模型。

软件质量理想模型框架：描述了如何将软件质量元模型进行实例化，并且可以对质量属性进行定义、评估、预测，即切实提高软件质量属性的框架。

3. 将质量场景映射到软件质量理想模型

我们已经介绍了质量场景和软件质量理想模型，在这一部分，我们将会提出如何将质量场景映射到质量模型，将描述架构需求的质量场景中所描述的信息通过软件质量理想模型进行清晰和结构化的描述，从而将架构需求清晰地呈现给所有的利益相关者、架构师和评估人员。

通常，我们获得的质量场景都是以文本的形式呈现的，将质量场景映射到质量模型中需要对质量场景描述的内容进行分解和细化。对于质量场景中那些很抽象的描述可以将其规约为抽象场景质量模型，对于特定的质量场景，也会将其规约到特定质量的模型中。

为了使得软件的质量模型足够清晰和结构化，就需要有明确的质量元模型的定义。图 7-5 表述了软件质量元模型结构图，软件质量元模型包括实例化的软件质量理想模型和对质量场景的注解。

对于细化之后的质量场景我们需要用一些注解来进行描述，通常这些注解需要包括以下几个部分：

1）这一质量场景的来源：可以追溯到哪些文档中？

2）这一质量场景的目的是什么：商业目标还是业界标准？

3）这一质量场景的改变会影响到其他哪些质量场景？

同样地，设计出来的软件质量理想模型也必须能够被开发人员理解和实现，也需要能够在产生错误的情况下进行重构，因此我们需要考虑质量场景对于不同工具和平台的支持性能。如何在理想的质量模型下记录质量场景的评估模型和预测模型？不妨遵循以下几条规则：

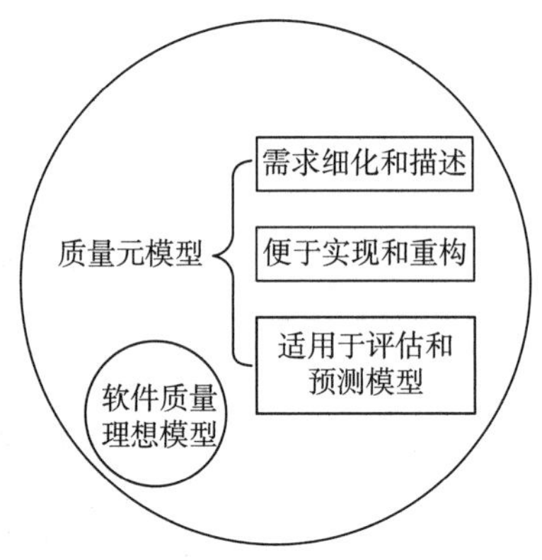

图 7-5　软件质量元模型结构图

1）记录在评估模型中的所有质量场景必须都是可以被评估的，评估可以是定性的也可以是定量的。也就是说在评估模型中不能出现抽象场景。

2）由于同一质量场景会受整个软件系统中不同约束的影响，因此，我们需要记录这一部分特定的环境要求，从而使得在评估中能够轻而易举地进行区分。

3）在预测模型中，我们通常会采用统计回归的方式来规避偶然发生的误差，因此，记录下缺陷出现的次数就显得尤为重要。

7.3　架构设计、文档化和评估

7.3.1　架构设计、文档化和评估是一个迭代过程

如图 7-1 所示，架构的基本设计、通过文档对架构进行记录和对设计的架构进行评估这三个阶段是一个迭代的过程，这三个步骤也是架构驱动的软件开发的核心所在，只有设计的架构满足所有的需求，并且经过记录和评估后才可以进行软件的编码实现。

1. 基本架构设计

图 7-6 对架构基本设计阶段的任务进行了描述，通过获得的架构需求信息，架构师对架构进行设计并通过文档进行记录。

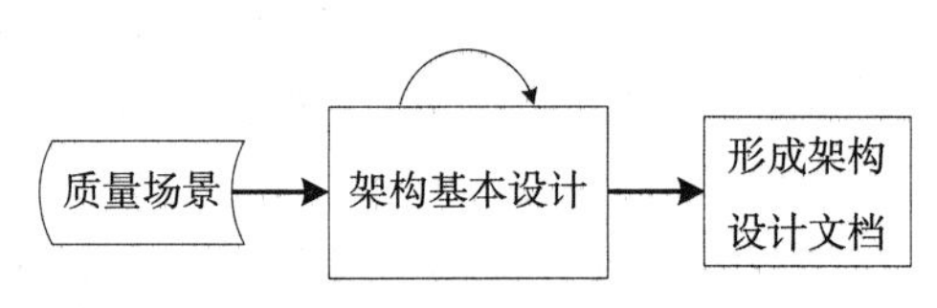

图 7-6　基本架构设计阶段的任务描述图

软件的开发环境将决定开发过程。如果需要进行开发的系统可以从正在开发或已经开发

完成的现有系统中获得一个或多个恰当的开发视图或开发组件，这也未尝不可。在本节中，我们针对从零开始的软件系统开发提出基本架构设计的过程。这个过程需要从以下几个步骤逐步进行推进。

1）首先，通过功能性需求列表，抽取出架构需求列表和类功能列表。第一步的目标是开发一个候选的子系统列表，这个列表需要包括所有类的功能。

2）接着，需要选择进行开发的子系统，每一个可选的开发子系统都将对应一个实际的子系统。第二步的目标是将对应的设计子系统记录到基于功能的架构结构中。

3）第三步的主要任务是通过基于功能的架构结构完成并发架构结构的设计。通过对系统内部线程结构的设计和同步，确定并行的基本单位。同时，根据并行单位的分布确定物理架构结构的设计。

基本架构设计也是一个迭代的过程，有一些设计的决策需要进行反复的推理、验证以至于重构，直到所有架构设计都能够满足架构的需求。架构师在进行架构设计决策的时候，会首先通过多个视图对架构的需求进行描述，这种迭代递增并同时使用多个视图的概念不同于 Kruchten[7] 和 Soni、Nord 和 Hofmeister [8] 描述的基于开发顺序的视图，因为单个视图会显示部分信息，但也会隐藏其他信息。尽管这种基于多视图的架构设计可能会耗费一些时间，但是由于整体架构需求的数量有限，这种更加周全的方法有利于设计出更加完善的软件架构。

用于架构设计的具体系统也是多种多样的，例如智能软件架构原理捕获系统（Intelligent Software Architecture Rationale Capture system，ISARCS）[9]，图 7-7 描述了使用 ISARCS 解决设计问题的设计流程。一个设计问题通常来自一组软件需求和现有的软件架构元素，而设计问题可以用各种设计方案来解决。但是，并非所有的设计方案都对现有的架构产生相同的影响，或者可能对软件需求有不同级别的满意程度。利益相关方使用 ISARCS 来讨论每种设计方案的利弊，以及相关的软件需求和架构元素。系统维护架构知识，帮助架构师或利益相关者在需要的情况下重新访问架构。

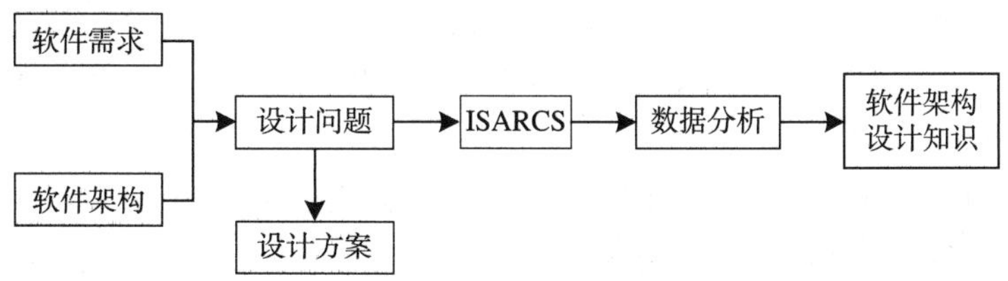

图 7-7　ISARCS 解决设计问题的设计流程图

ISARCS 建立在智能参数系统上，它显示了在解决一般问题中可能得到的结果。在软件开发期间，需求收集阶段收集了大量需求。一些需求可能导致需要解决某些设计问题，以设计系统的架构。因此，并非所有捕获的需求都对一个设计问题负责，所述的设计问题应当被映射到相关的需求。作为 ISARCS 的一部分，系统捕获了设计问题和与问题相关的需求之间的关系。除了需求，有时一个设计问题可能会影响现有的架构元素。在这种情况下，系统还将捕获由于设计问题的解决而可能受影响的元素，将相关需求和现有架构元素清晰地映射到设计问题，使得利益相关者在参与在线讨论之前能够理解各种关系，从而协同解决问题。

其中，ISARCS 的智能分析具体包含三个方面。首先，确定一个群体在不同观点上的集体意见，并检测在在线讨论中受到重视的观点。其次，开发可追溯性矩阵，将各种软件架构元素关联到其相关的软件需求。需求可追溯性有助于维护软件系统和处理变更管理。第三，对利益相关者的观点进行文本分析，以确定讨论最多的主题。

2. 架构文档化

架构文档化旨在方便程序员和分析师的工作，可以加强软件系统的利益相关者之间的联系，从而确定出满足需求的软件架构。因此，好的架构设计文档是架构驱动的软件开发成功的关键因素。大多数架构都是抽象的。例如，没有一种编程语言有着层的概念的定义，并且软件架构的主要用途之一是作为系统的利益相关者之间交流的媒介。因此，软件系统的架构唯一的体现方式就是它的文档[10]。文档的质量和完整性是架构驱动的软件开发成功的关键因素。图 7-8 描述了通过文档对架构进行记录的各项任务和目标，以下对架构设计文档提出几点建议：

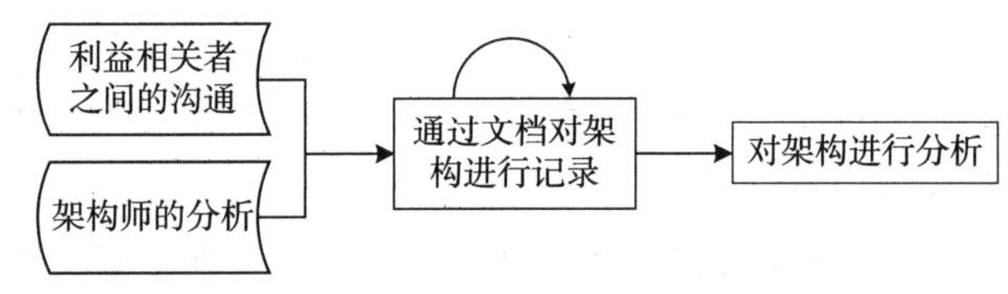

图 7-8　形成架构设计文档的任务描述图

- 软件架构的设计文档必须是完整的，并且可以追溯。也就是说，具有一定的领域知识但是此前没有软件架构开发经验的软件工程师能够轻而易举地阅读这一软件架构设计文档。
- 整个架构设计文档必须要包含一个显著的起点，同时所有的子系统必须要连接成一个完整的集合，每一个子系统都必须有相应的名称，并且这个名称能够清晰地反映出这个子系统的功能和职责。每个子系统需要提供相应的指针指向子系统内部的详细设计文档。
- 软件架构的设计必须受到用于通信，以及数据分配的资源管理、时间管理和其他基础设施服务条件的约束。在架构设计文档中应该有一个预先规定的约束框架，使得软件能够在性能、容错性、可维护性、安全性等方面具有良好的表现。
- 架构设计文档要向所有利益相关者公开。

3. 架构评估

在最开始就提到了，在架构驱动的软件开发过程中，基本架构设计阶段、形成架构设计文档阶段和对架构进行评估这三个阶段是一个迭代循环的综合体，三个阶段循环迭代直到设计出的架构能够完全符合要求。因此，对于如何判断架构是否符合要求，需要提供一个设计外部第三方审查者的架构评估阶段。评估的目的是分析架构以识别潜在风险并验证设计中已经满足的质量需求。图 7-9 描述了对架构进行评估的任务。

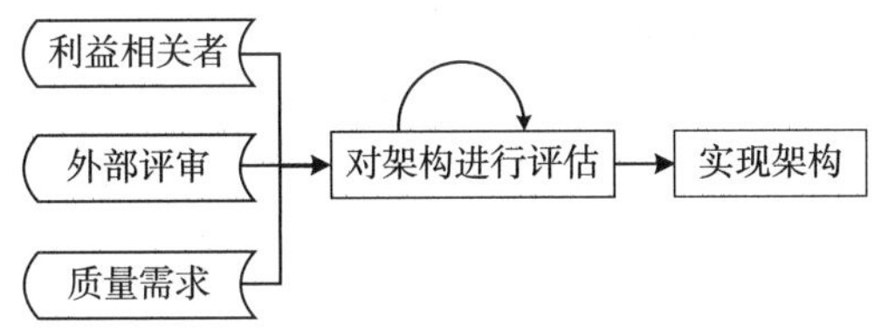

图 7-9　对架构进行评估的任务描述图

对架构进行评估能够对架构文档进行加强，能够对风险进行检测，同时可以对架构进行改进。首先会讨论一般的架构评估，然后讨论对可变性、性能、可靠性和安全性等特殊性质的评估。

7.3.2　什么是架构的结构

我们通常会通过一定的结构对软件架构进行描述，并把这样的结构称为架构结构。在架构结构中，具有相同类型的节点通常被称为“组件”，节点之间的关系被称为“连接件”。针对这些“组件”和“连接件”，我们会利用“属性”来对其进行补充注释。属性用于区分不同类型的组件和连接件，并提供对各种架构分析（如性能、安全性或可靠性分析）等有用的信息。架构结构描述了架构的基本信息，也包括类、方法、对象、文件、库等所有人为的设计和编码。架构视图是由架构结构派生而来的，它可以是架构结构的子部分，也可以是多个架构结构信息的综合。

对架构结构的描述有很多种方法，其中有 5 种最基本的类型，如图 7-10 所示。接下来会从结构的定义，结构中“组件”“连接件”的定义以及这种架构结构的重要性这三个方面介绍这 5 种架构结构。同时，表 7-2 描述了不同架构结构与软件质量属性之间的影响关系。

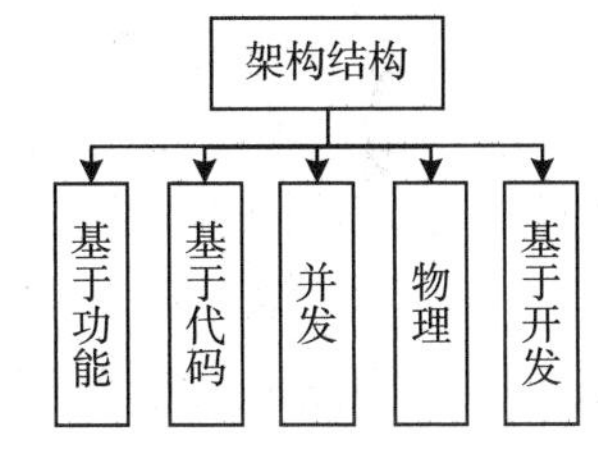

图 7-10　基本的架构结构分类图

表 7-2　不同架构结构与软件质量属性之间的影响关系表

质量属性	架构结构
性能	并发架构结构，物理架构结构
安全性	并发架构结构，基于代码的架构结构
可靠性 / 可用性	并发架构结构，物理架构结构
可修改性 / 可维护性	基于功能的架构结构，基于代码的架构结构，基于开发的架构结构

基于功能的架构结构：该结构是对软件系统的功能性需求的分解和描述。在基于功能

的架构结构中，“组件”是功能（域）实体；“连接件”是数据的传输实体。这种结构有助于我们理解功能实体之间的交互，对软件系统的功能性需求有更加深刻的理解，从而设计出满足功能性需求的软件架构。

基于代码的架构结构：该结构是对软件设计过程中关键性代码的抽象描述。在基于代码的架构结构中，“组件”是包、类、对象、过程、函数、方法等，是各种抽象级别封装功能的载体；“连接件”可以是控制流、传输流、共享流、调用关系、对象的实例等。这种结构对于了解系统的可维护性、可修改性、可重用性和可移植性至关重要。

并发架构结构：该结构与软件系统的并发逻辑性有关，包含系统的线程和 / 或进程的数量、执行时间和优先级等信息。在并行架构结构中，“组件”是可以细化为线程或者进程的并发单元；“连接件”包括同步、优先级、数据的传输和互斥。这种结构对软件系统的运作有着至关重要的作用，同时也有助于实现软件系统的安全性和可靠性。

物理架构结构：该结构涉及中央处理器（CPU）、存储器、总线、网络和输入输出设备，从中可以清晰了解软件系统的可用性、带宽、容量等信息。

基于开发的架构结构：该结构涉及文件信息和目录信息。这种架构结构对于软件系统的管理和控制有着重要的作用，同时也可作为团队分工的重要依据。

7.3.3 从架构需求出发的评估

本小节会介绍一种特定的架构评估方法，称为架构权衡分析法（ATAM）。对于架构的评估，要求评估者必须了解架构，识别所使用的架构参数，以及知道这些架构参数的影响。由于架构的评估仅仅是在架构的基础上而不是在现有系统上进行的，所以架构的输入、输出本质上是不精确的。在 ATAM 中需要评估和确定的问题区域被称为“敏感点”和“权衡点”。所谓的“敏感点”是架构中对实现特定质量场景至关重要的组件的集合，“权衡点”指的是对实现多个质量需求至关重要的敏感点。

一个完整的 ATAM 实施通常会花费 3 天，其中每天都需要对图 7-11 中的 3 个过程：场景提出、架构提出和将场景映射到架构上，以及分析进行评估。

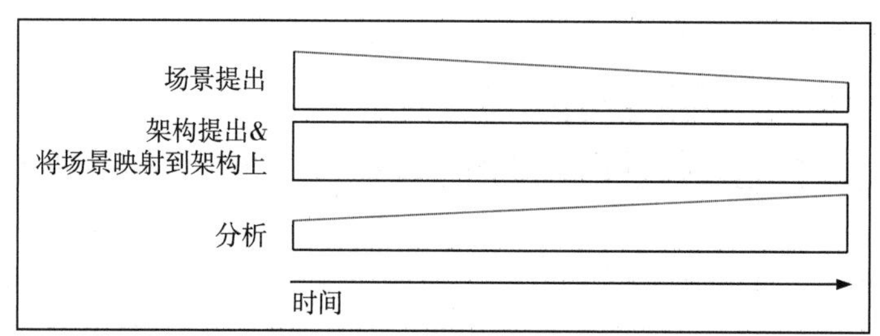

图 7-11　ATAM 活动及其重要性对比图

随着时间的推进，每个过程所占的比例也是不同的，如图 7-11 所示，每个活动所处的多边形宽度显示当时活动中预期的活动量。在第 1 天和第 2 天，更加强调方法的早期步骤

（场景提出、架构提出和场景映射）。在第 2 天和第 3 天，更加强调该方法的后续步骤（模型建立和分析，敏感点、权衡点的识别）。

ATAM 不是一个瀑布过程，有时候，评估师会根据需要返回到前面的步骤、跳到后面的步骤或者在某些步骤之间迭代循环。评估需要清楚地描述 ATAM 所涉及的活动以及这些活动的产出。

7.3.4　寻找 ATAM 中的“权衡点”和“敏感点”

上文已经提出了采用 ATAM 权衡评估的目的是：当需要满足某一质量需求时会使得其他质量需求变差，我们需要权衡这种改变是否值得。本小节将介绍通过 AHP（层次分析过程）寻找 ATAM 中的“权衡点”和“敏感点”的方法[11]，通过 AHP 可以将质量属性和影响质量属性的架构需求按其重要程度进行排序，当然我们也会通过一个现实中分布式软件系统架构的例子，来具体阐述上述这种方法是如何应用的。

在这个分布式软件系统的架构中，我们设想采用了以下 4 种可能的架构形式：①三层结构的 J2EE（THHJ）；②三层结构的 .Net（THTD）；③两层的结构（TWTO）；④支持分布式代理的平台结构（TWTO）。

在这个分布式软件系统中，我们考虑的质量属性有：可修改性（modifiability）、可扩展性（scalability）、性能（performance）、成本（cost）、开发投入（development effort）、可移植性（portability）和易安装性（ease of installation）。

1. 对“权衡点”的寻找

寻找“权衡点”的目的是在两种或多种质量属性之间进行权衡，可以通过绝对值和相对值两种方式来进行衡量。下面举例说明：

- 为了实现架构所要求的可移植的质量需求，这就导致了数据的传输性能需要从 4500TPS（每秒的传输速率）下降到 3000TPS，下降的值 1500TPS 可以作为性能和可移植性这两个质量需求的权衡值。
- 在更多情况下，我们是无法求出这种绝对值的，因此采用相对值来进行表示。为了支持更高的可修改性需求，我们不得不降低性能质量需求，因此确定性能对可修改性的权衡值为 0.346。

又如，我们对上文所述的分布式软件系统进行了权衡值的计算，绘制了如图 7-12 所示的可移植性对可扩展性的“权衡点”的寻找结果示意图。图中 4 个点就是所要寻找的可移植性对可扩展性的“权衡点”。

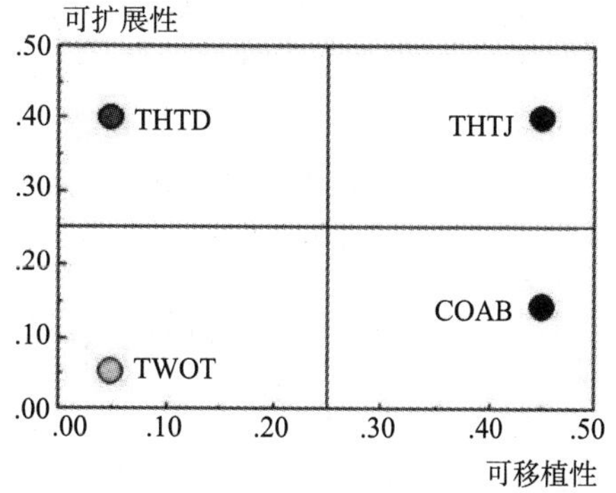

图 7-12　可移植性对可扩展性“权衡点”的结果示意图

上述对“权衡点”的寻找是一个从零开始的评估，往往更多的情况是在评估之前软件架构的需求就规定了：对于每种质量需求都会有不同的权重值，这导致“权衡点”的改变。因此，我们在寻找“权衡点”的过程中也需要考虑权值。

表 7-3 给出了分布式软件系统不同质量需求的权值表。

表 7-3　不同质量需求的权值表

质量需求	候选架构驱动器			
	THTD	THTJ	COAB	TWOT
可修改性	0.1459	0.0510	0.01239	0.0700
可扩展性	0.0330	0.0330	0.0044	0.0117
性能	0.0198	0.0198	0.0337	0.0239
成本	0.0224	0.0162	0.0657	0.0306
开发投入	0.0205	0.0149	0.0695	0.0301
可移植性	0.0423	0.0047	0.0047	0.0423
易安装性	0.0297	0.0651	0.0453	0.0368

找到如图 7-13 所示的考虑质量需求权值后可移植性对可扩展性的“权衡点”，可以帮助评估人员对设计的架构进行更加完整的评估，同时为下一次从设计、记录到评估的迭代过程提供更加可靠的依据。

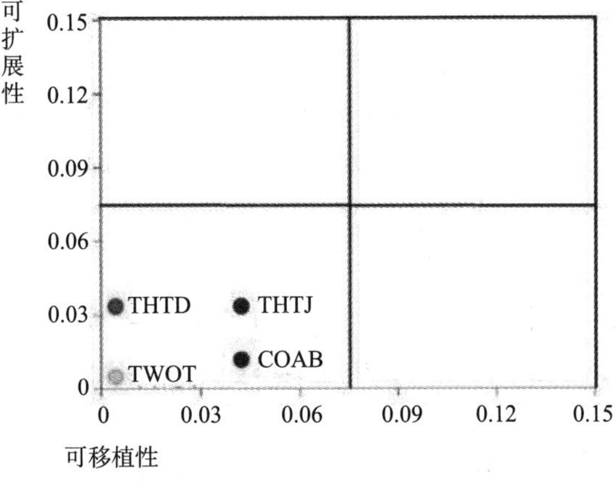

图 7-13　考虑质量需求权值后可移植性对可扩展性的“权衡点”结果示意图

2. 对“敏感点”的寻找

在通常情况下，对架构进行评估时，哪一种质量需求所占的比重最高，我们可能就会将这种质量需求作为架构的关键点，但是这种判断过于武断。因此在通过 AHP 寻找“敏感点”的过程中我们做了如下处理。

首先，假设在需要进行评估的架构中共做出了 M 种决策 A_i (i=1, 2, 3, …, M)，一共要满足 N 种质量需求准则 Q_j (j=1, 2, 3, …, N)。对于某一质量需求准则，评估者会事先考虑这种质量需求在架构设计中所占的权重 W_j，且满足 $\sum_{j=1}^{N} W_j = 1$。

这样，在做出决策 A_i 和 A_j，并希望质量需求 Q_k 得到满足时，如果对整体架构的变更用 $D_{k,i,j}(1 \leqslant i<j \leqslant M,\ 1 \leqslant k \leqslant N)$ 表示，则它可以通过如下公式进行计算，具体证明可以参考文献：

$$D_{k,i,j,}=\frac{\left|\left(P_j-P_i\right)\right|}{\left|\left(a_{jk}-a_{ik}\right)\right|}\times\frac{100}{W_k}$$

其中，P_i、P_j 表示架构师做出决策 A_i 和 A_j 的可能性，a_{ik}、a_{jk} 表示当做出决策 A_i 和 A_j 后对质量需求 Q_k 的影响程度。

通过上式的计算，当 $D_{k,i,j}$ 的值最小时，也就意味着：

1）质量需求 Q_k 是整个架构中的“敏感点”，也就是说 Q_k 是整个架构设计的关键，应当有最高的优先考虑级别。

2）同样，当对于某一质量需求 Q_k 而言，当 Q_k 保持不变、$D_{k,i,j}$ 的值最小时，决策 A_i 和 A_j 就是质量需求 Q_k 的“敏感点”，也就是说，A_i 和 A_j 是影响 Q_k 的关键因素，应当有最高的优先考虑级别。

我们将这种方式应用到上述分布式软件系统中，寻找“敏感点”后获得的结果如表 7-4 所示。

表 7-4　对分布式软件系统进行“敏感点”寻找后的结果

质量需求	候选决策 A_i	候选决策 A_j	最小的影响值 $D_{k,i,j}$
性能	TWOT	COAB	9.4
成本	TWOT	COAB	5.1
开发投入	TWOT	COAB	3.1
可移植性	TWOT	COAB	2.4
易安装性	TWOT	COAB	13.5
可扩展性	COAB	THTD	5.7
可修改性	COAB	TWOT	3.9

7.4　架构的实现与维护

7.4.1　架构的实现

当将架构转换为代码时，必须考虑所有常见的软件工程和项目管理注意事项：进行详细的设计、实现、测试、配置管理等工作。但是，架构驱动的软件开发的特点之一是软件架构结构与开发团队组织结构具有一致性。也就是说，开发团队的组织结构必须反映到软件架构结构上，反之亦然。这一点 Conway 在 40 多年前就已经强调过了 [12]。Conway 描述了如何从软件架构结构中获得软件开发团队的组织结构。同样，因为开发团队的组织结构和系统结构之间的关系是双向的，也要能够从开发团队的组织结构映射出软件架构结构。

因此，架构结构对开发团队组织结构的影响是显而易见的。一旦同意在建的系统的架构，团队即被分配相应的主要组件，并创建一个可反映这些团队工作任务的分解结构，然后每个团队开展各自的内部工作。对于大型系统，每个团队可能属于不同的外包商。工作内容将包括诸如通信功能开发、网页制作、文件命名约定，以及版本控制系统维护升级等。所有的这些可能在不同的团队之间是不同的，特别是对于大型系统的情况。此外，将为每个团队设立质量保证和测试程序，每个团队需要建立联络并与其他团队协调，努力达到低耦合和高内聚的效果。

7.4.2 架构的维护

上述分别介绍了架构相关的需求分析、基本架构设计、形成架构设计文档、对架构进行评估和实现。但是，只是拥有一个软件架构与拥有一个具有良好文档、良好组织结构和良好维护性的架构是完全不一样的。如果没有这些，架构将不可避免地偏离原来的方向。这种风险会导致经过精心设计的架构在实现的时候发生不可弥补的错误。后文将讨论如何确保设计的系统架构在开发和维护过程中保持不变。

人为评估架构在设计时的主体维持性是一项极其困难的任务。因此，一直以来就在探索一种工具，以对实现的系统进行架构提取，从而以此来检查真正实现的软件是否偏离原来设计的软件架构。

然而，即使使用工具支持，这种技术也不简单，原因如下：

- 许多软件系统没有对架构进行有效的文档化描述。
- 开发人员往往都是通过源代码进行架构的描述。
- 即使存在描述软件架构的文档，但是在软件开发的过程中没有对软件的变化进行文档记录，导致文档和实际架构不同步。

除了上述这些原因，还有一点值得注意：许多架构结构在程序员实际开发和维护过程中，在代码文件中无法找到架构中的层、子系统、功能模块。这些概念通常只存在于架构师或者开发人员的脑海中，并不能通过开发语言直观地体现出来。为了解决上述问题，架构师会考虑通过对文件或者目录结构命名来解决，但这些都是不彻底的。

7.5 本章小结

本章简要介绍了一种基于架构的软件开发过程，该过程包括以下几个步骤：架构需求获取、基本架构设计、架构记录和文档化、架构评估、架构实现和架构维护。这是一种软件架构驱动的开发过程，与传统的惯例过程、敏捷过程有着明显的不同。

思考题

7.1 软件架构需求和软件需求有什么不同？

7.2　软件架构设计、模块设计、接口设计、数据库设计以及数据结构设计有什么不同？

7.3　为什么架构设计、文档化和评估是一个迭代过程？

7.4　软件架构评估方法包括定性和定量两种方法，请自己收集资料并整理出所有软件架构评估方法。

7.5　架构驱动的软件开发过程与传统的软件开发过程（线性的、非线性的）有什么不同？

7.6　在软件架构设计中，功能部署和质量部署为什么重要？如何进行功能部署和质量部署比较好？

参考文献

[1] L Bass, R Kazman. Architecture-Based Development[R]. Pittsburgh：Carnegie Mellon Software Engineering Institute, 1999.

[2] I Jacobson, M Christerson, P Jonsson, et al. Object-oriented software engineering. A use case driven approach[M]. Addison Wesley Longman Publishing Co. Inc，2004.

[3] F Deissenboeck, Jürgens, Elmar，et al. Software quality models：Purposes, usage scenarios and requirements[C]. Proceedings of the IEEE Workshop on Software Quality. IEEE, 2009：9-14.

[4] F Coallier. Software engineering - Product quality - Part 1：Quality model[S]. International Organization for Standardization：Geneva, Switzerland, 2001.

[5] M D Coleman, B Lowther, W P Oman. The application of software maintainability models in industrial software[J]. Journal of Systems & Software, 1995, 29(1)：3-16.

[6] K R Iyer, I Lee. Measurement-based analysis of software reliability[M]//Handbook of software reliability engineering. McGraw-Hill, Inc. 1996.

[7] P Kruchten. The 4+1 View Model of Architecture[J]. IEEE Software, 1995, 12(6)：42-50.

[8] D Soni, L R Nord, C Hofmeister. Software Architecture in Industrial Applications[C]. Proceedings of the IEEE International Conference on Software Engineering. IEEE, 1995：196-196.

[9] P N Chanda, F X Liu. Intelligent analysis of software architecture rationale for collaborative software design[C]. Proceedings of the IEEE International Conference on Collaboration Technologies & Systems. IEEE, 2015.

[10] R Kazman. Experience with performing architecture tradeoff analysis[C]. Proceedings of the IEEE International Conference on Software Engineering. ACM, 1999：54-63.

[11] L Zhu, AurumAybüke, I Gorton, et al. Tradeoff and Sensitivity Analysis in Software Architecture Evaluation Using Analytic Hierarchy Process[J]. Software Quality Journal, 2005, 13(4)：357-375.

[12] E M Conway. How do committees invent[J]. Datamation, 1968, 14(4)：28-31.

第 8 章　软件架构设计和实现

软件架构是连接软件需求软件设计和实现的桥梁，本章详细讨论如何在进行需求分析时考虑架构设计，以及如何从需求分析中提炼软件架构、从需求模型映射到架构设计、从架构设计出发实现模块设计和算法设计及代码设计等。

著名软件架构专家温昱先生在他的《软件架构设计》书中写着：软件架构是软件系统质量的核心，必须得到足够重视，成功的软件架构能够在各方面保障软件项目的开发过程，其应具有以下品质[1]：①良好的模块化：每个模块职责明确，模块间松耦合，模块内部高内聚并合理地实现了信息隐藏。②适应功能需求的变化，适应技术的变化：应保持应用相关模块和领域通用模块的分离，技术平台相关模块和独立于具体技术的模块相分离，从而达到“隔离变化”的效果。③对系统的动态运行有良好的规划：标识出哪些是主动模块、哪些是被动模块，明确这些模块之间的调用关系和加锁策略，并说明关键的进程、线程、队列、消息等机制。④对数据的良好规划：不仅应包括数据的持久化存储方案，还可能包括数据传递、数据复制和数据同步等策略。⑤明确、灵活的部署规划：往往涉及可移植性、可伸缩性、持续可用性和用户操作性等大型企业软件特别关注的质量属性的架构策略。

那么，如何获得成功的软件架构、在软件架构设计和实现中需要考虑哪些问题，都是本章的讨论重点。为此，本章讨论的内容包括：从需求分析到架构设计需要关注的问题，从软件架构到详细设计中需要关注的问题，软件架构设计需要遵循的一些基本原则，以及架构设计目前还存在的一些问题等。

8.1　从需求分析到架构设计

需求分析和软件架构设计是软件全生命周期中两个关键活动。需求分析主要考虑问题域和系统责任，其目的是得到一个正确、一致并且无二义的需求规约，并将此规约作为后续开发、验证及系统演化的基础。需求分析包括两个阶段：需求定义和需求管理（包括变更管理）。前者更关注需求的衍生，后者更关注需求的实现。软件架构设计是一个架构的定义、文档编写、维护、改进和验证正确实现的活动[2]，它主要考虑解空间的高层系统结构，其目的是将系统的高层结构显式地表达出来，在较高的抽象层次上为后续的开发活动提供“蓝图”。卡内基梅隆大学软件工程研究所的 Len Bass 指出[3]：“功能、质量和商业需求的某个集合‘塑造’了软件架构。”

需求到软件架构的映射是一个既复杂又细致的工作，对相同的需求采用不同的映射机制会得到不同风格的架构。Paul Grunbacher 认为有两个概念能够有效指导如何从需求向架构进行映射[4]：①架构风格，它可以捕获结构、行为和交互模式等；②特定领域的软件架构（domain-specific software architecture，DSSA），一个 DSSA 关联了一个模型和它的应用领域，连接了一组共性需求（称为参考需求）和通用的应用程序架构（称为参考架构）。

在从用户需求获取软件架构的过程中，有两件事情必须要做：①探索如何用软件架构的概念和描述手段在较高抽象层次上刻画问题空间（用户需求）的软件需求，获得软件需求规约；②探讨如何从软件需求规约自动或半自动地变换到软件架构设计。所以，8.1.1 节先讨论软件架构对需求的影响，8.1.2 节再讨论如何映射软件需求到软件架构。

8.1.1　软件架构对需求的影响

软件架构设计是一种重要的设计理念，影响着软件开发方法和过程，包括需求工程。如果软件开发中依然用传统的方法产生需求规约，而不考虑软件架构概念和原则，那么在软件架构设计阶段，建立需求规约与架构的映射将相对困难。而把架构概念引入需求分析阶段，有助于保证需求规约、系统设计之间的可追踪性和一致性，最终有效保持软件质量和软件演化。另外，需求规约是重要的可重用资源（可重用资源是指如下资源：当且仅当它们具有重用价值并且在它们的描述中说明了具有可重用的可能性），将软件架构概念和原则引入需求分析，可以让我们获得更有结构性和可重用的需求规约。

例如，梅宏等人提出了一种面向软件架构的需求工程方法，这种方法有助于支持需求重用、需求规约和系统设计之间的可追溯性，并保证它们在软件开发过程中的一致性[5]。具体步骤如下：①确定问题空间范围。对于任何需求分析方法，确定范围是第一步也是重要的一步。②确定系统用户及他们的职责。通过确定系统用户及他们的职责，便于区分系统和外部的联系，有益于探索系统功能和行为，并将系统分割成子系统或组件。③从用户角度探索整体外部行为。这一步将系统看成黑盒，根据不同用户观点从不同视图探索其整体行为，最终产生系统的顶层模型。④确定组件和连接件。通过前面三个步骤获得的信息，确定问题空间中的组件和连接件，并将它们分成不同的子系统。⑤规范组件和连接件。所有组件和连接件将被规范化，用于支持潜在的重用性。⑥建立面向软件架构的高层需求规约。这一步将规约组件和连接件组合成系统需求规约，所得到的需求规约包括组件的需求规约、连接件的需求规约及约束需求规约等。⑦检查规约。检查面向软件架构需求规约，包括完整性、一致性和死锁等。

Davor Svetinovic 等人提出架构级需求规约的概念，目的在于更加合理组织并规范需求描述，建立强调结构、高质量、稳定的需求描述并能够获取需求的变化[6]。架构级需求规约由一组软件架构层次的用例构成，每个软件架构层次的用例包括相应的参与者、事件、系统、目的、优先级、概述、相关用例、职责、条件、主要场景、语义规约、质量属性规约等软件架构层次的元素。

Jon G. Hall 等人提出一种关联软件需求与架构的问题框架，其目的在于促进需求与架构的协同组合[7]。问题框架是指通过获取问题特征、关注事务的相互连接，以及获取解决问题的关注点和难点，从而定义问题的模型。问题框架将架构结构、服务等归为问题域的一部分，提供了一种手段来分析和分解问题。他们强调外部计算，帮助开发人员把重点放在问题域，而不是转向解决方案。

8.1.2 基于软件需求的软件架构设计

不考虑软件需求便进行软件架构设计很可能导致架构设计的失败，因此要设计一个成功的软件架构，如何把软件需求映射到软件架构至关重要。然而软件需求和软件架构的差异导致很难构建起两者间的桥梁，从软件需求到软件架构存在的难点有：①软件需求是频繁获取的非正规的自然语言，而软件架构规约常常是一种正式的语言。②系统属性中描述的非功能性需求通常很难在架构模型中形成规约。③以迭代和同步演化的方式进行软件需求理解和软件架构开发，需要基于一个不完整的软件需求来开发软件架构，而且有些软件需求只能在建模后甚至是在系统架构实现时才被准确理解。④在从软件需求映射到软件架构的过程中，保持一致性和可追溯性很难，且复杂程度很高，因为单一的软件需求可能定位到多个软件架构的关注点，单个软件架构元素也可能有多个有意义的软件需求。⑤现实世界中大规模系统必须满足数以千计的需求，从而导致很难确定和细化包含这些需求的架构相关信息。⑥从利益相关者的角度来看，软件需求和软件架构是在相互冲突的目标、期望和术语中产生的，需要满足不同利益相关者的需求，很难在这些不同利益中找到正确的平衡点。

从软件需求向软件架构转换主要关注两个问题：①如何把软件需求模型转换成软件架构模型；②如何保证模型转换的可追踪性。针对这两个问题的解决方案根据所采用的需求模型的不同而各异。

1. 面向目标和场景的软件架构设计方法

Lin Liu 等人提出了一种面向目标的需求语言（Goal-oriented Requirement Language，GRL）和一种面向场景的架构符号 UCM（Use Case Map），从而支持面向目标和代理的建模和论证，并指导架构设计过程[13]。GRL 是一种支持目标和代理目标建模、推导需求的语言，特别是在处理非功能需求方面，它能够描述需求和高层架构中的各类概念，包括三个主要概念类别：策划元素（intentional element）、连接（link）和参与者（actor），其中策划元素指 GRL 中的目标、任务、软目标（soft goal）、资源等。UCM 提供一种场景可视化符号，描述和推导系统中大粒度行为模式。UCM 使用场景路径来说明因果关系，并且提供了一个行为和结构的集成视图。该建模方法旨在对需求进行启发、求精和实现，直到得到一个满意的架构设计方案。具体步骤如下：①建立面向目标的需求模型。建模系统初始的功能和非功能需求。②建立用例图模型。用基本的场景来实现面向目标的需求模型中的功能性目标。③在用例图中划分组件，即将责任与未来系统的组件进行绑定，从而得到一个参考的架构设计方案。④参考上述用例图，在面向目标的需求模型中对目标进行精细化，并将初始功能目标与表示当前设计方案的任务节点相连接。再对上述用例图所表示的架构设计方案是否满足系统的非功能性目标即软目标进行评估，如果满足则转入步骤 6。⑤如果上述的架构设计无法满足系统的非功能性目标，则通过分析找出新的目标和需求以便寻求其他解决方案。在用例图中改变责任的绑定方式，从而得到一个新的架构，重新返回步骤 4，再对这个新的架构重新进行评估。⑥在得到满足系统的功能性和非功能性目标的架构后，还须考虑其他可行方案，再利用系统的非功能性目标即软目标在这些满足条件的方案中进行权衡，以找出最佳架构设计方案。

2. 基于 APL 的软件架构设计方法

Brandozzi 和 Perry 介绍了一种架构规约语言（Architecture Prescription Language，APL），用于指定架构及其组件在应用领域的描述语言，通过这种高层次架构规约有助于从需求规约到架构规约的映射 [12]。架构规约是指通过限制架构元素（流程、数据、连接件）、交互关系、约束关系展现系统结构空间，从而实现系统。架构规约主要集中在架构最关键的环节，这些约束是最自然的问题空间表述，而架构描述是一个完整的元素描述以及元素间的交互，并非针对问题空间。使用 APL 的具体步骤如下 [12]：

1）将需求转变成 KAOS 需求规约。KAOS（knowledge acquisition in automated specification）语言定义了四种主要模型：目标模型、主体模型、操作模型和对象模型。目标模型对用户所期望的系统的目标进行规约，可以通过细化产生细化树。主体模型将目标分配给对应的系统模块，既可以是自治的组件，也可以是管理员。目标的执行主体负责保证目标的达成。主体模型可以借助目标模型导出。操作模型定义了主体为了实现目标而进行的操作。对象模型确定了在 KAOS 模型中所涉及的对象，可以是实体（entity）、代理（agent）、事件（event）、关系（relationship），其中实体对象指没有自主性的对象，如非自治的硬件或软件组件；代理对象是活动的对象；事件对象是瞬时对象；关系对象是指依赖于其他对象的对象。

2）KAOS 需求规约到软件系统架构规约。每个需求中的对象映射一个架构组件，如代理对象对应一个流程或连接件；事件对象对应架构中的事件；实体对象对应数据元素；关系对象对应于连接两个或以上对象的数据元素；目标对象对应软件系统组件中一个或多个约束。

3）建立架构细化树。其中根组件是软件系统本身。树中节点包括 KAOS 规约、类型、约束、组成、事件、用途。KAOS 规约表示组件的规约；类型表示组件的类型；约束表示组件满足哪些需求，它是最重要的组件属性；组成表示该组件由哪些子组件组成。事件表示由连接件传入，要求组件处理的事件。用途表示该组件在哪些交互组件上应用。

3. 基于规则的架构决策诱导框架

Liu wenqian 和 Steve Easterbrook 提出了一个基于规则的架构决策诱导框架（Architectural

Decision Elicitation Framework，ADEF）[15]。该框架可以帮助评估现有的架构决策知识并且定义需求、架构决策、架构属性之间的关系，从而提供更高的自动化过程，最小化人为的参与，最终从需求推导出架构决策。该框架的具体价值可以分为以下四类：①可以自定义任何应用程序域，并可以很容易更新；②已有的架构决策知识可以用这个框架进行评估；③对知识的评估可以帮助我们定义需求和架构属性间的关系；④这个框架具有较高的自动化程度，可以一次性覆盖足够的决策策略。

基于规则的架构决策诱导框架有两个主要的模块：推导（reasoning）模块和描述（presentation）模块，如图 8-1 所示。其中推导模块由映射、转换、分析三个子模块组成，它的主要作用是根据决策知识，通过需求诱导出架构决策。描述模块显示架构决策并更新以前的决策结果，反复进行这个过程直至生成新的需求规约版本。

该框架具体执行步骤如下：①借助映射子模块对架构特征属性进行诱导。通过内置决策树，指导用户手动映射每个需求规约到一个或多个重要的架构属性。②转换成可分析的描述方法。将映射子模块中产生的决策单元转换成可以被分析模块解释的形式，并将生成的转换以新断言的形式传送给分析模块。③借助分析模块提供自动化推导，制定架构决策以及解决冲突决策。该分析模块是基于规则的实现，通过目标产品规则，捕获制定架构决策及解决冲突所需的知识和策略。④显示架构决策并更新以前的决策结果，反复进行这个过程直至生成新的需求规约版本。

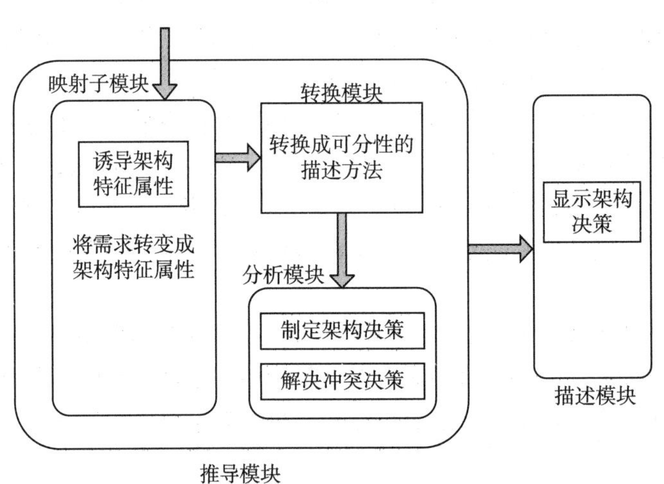

图 8-1　架构决策诱导框架

4. 基于全局分析的架构形成方法

Hofmeister Christine 等人提出了一种更为通用的方法，通过全局分析实现从需求模型到软件架构模型的转换[16]。其中全局分析包括：①分析影响因素。②定义问题和制定策略，通过影响因素表、问题卡等记录全局分析过程并维护一致性。需求工程的分析工作包括对需求分组、组织，分析它们的依赖性和冲突性，而全局分析放宽了专项限制，包含组织和技术因素，借助用户分析开发的策略来指导设计，从而确保系统能够建立。

该方法的具体步骤如下：①检查产品需求、使用情况、系统需求及交互，确保理解环境、用户及与该系统交互的其他系统接口。识别系统的操作模式，并特别关注功能性需求、系统性质及全局性质。②分析产品、技术及组织因素，并为这 3 类因素生成因素表。③识别问题并开发相关策略以解决这些问题。④使用全局分析中生成的策略指导决策，并改进系统的应变能力。具体包括以下活动：定义系统组件和连接件；定义组件和连接件如何相互连接；将系统功能映射到组件和连接件，并将功能行为集中到组件，而将控制集中到连接件；定义产品组件和连接件类型的实例以及实例之间的连接。

该方法是从西门子公司的软件开发实践中得来的，得到了较为广泛的认同，其中提到的应用有图像采集与处理系统、核电站的数字 I&C 系统、嵌入式实时病人监控系统、病人监控中央工作站和计算机控制数字转换系统产品线。

5. 面向模式的架构形成方法

MS Rajasree 等人提出一种面向模式的软件开发方法。通过这种方法，应用程序框架可以通过先前确定的模式知识来感知，对应的功能需求可进一步围绕这个基本结构进行演化 [17]。该方法为需求规约和应用程序架构之间建立起桥梁，不仅建立了高度灵活和可重用的设计解决方案，还保证了设计解决方案中需求的可追溯性。模式由专家设计者的经验提炼而成，因此面向模式的开发模型是一个系统化、规范化的方法。

该方法的主要步骤如下：①基于整体计算和交互模型，建立应用程序的一个全局性软件架构。②细化这个软件架构并进行设计。在这一步需要详细分析需求，确定系统和子系统的低层次模式。这是一个循环迭代的过程，需求和应用程序的结构同时进行演化，每个活动为对方形成相应的上下文，最终利用模式将软件需求与软件架构设计决策联系起来。

该方法应用于一个反馈控制系统，通过在该系统中的应用，展现了面向模式的周期模型。该方法有三个方面优势：首先，允许开发人员专注于现有域的交互，并系统性地在设计阶段进行表达。其次，需求被映射到相应的模式并随着设计演化，这使得解决方案中的需求很容易追溯。最后，由于模式是独立抽象的实体，这也保证了解决方案的可重用性。

6. 需求与架构协同演化方法

Paola Inverardi 等人提出了一种需求与架构协同演化方法，并讨论了模型间一致性检查方法 [18,19]，如图 8-2 所示。

需求与架构协同演化方法具体步骤如下：①基于 UML 的开发过程，通过用例和交互图在需求层面捕获协同策略。②从 UML 图到架构模型。分析步骤 1 建立的交互图，了解架构组件的动态交互关系，通过架构语言表述系统行为。不过这一步并没有定义正式 UML 场景到架构的映射，这只是驱动了架构的建模，并帮助软件架构师能够确定架构的交互关系。③验证软件架构动态模型的交互关系。从架构描述中导出带标签的转换系统（Labeled

Transition System，LTS)，该 LTS 的节点和弧标签分别表示状态和软件架构动态环境中的转换。每个 LTS 完整路径描述了一种场景的执行，所有 LTS 完整路径描述了系统的所有可能的行为。为了在已有的需求基础上保证软件架构模型的正确性，需要在交互图上进行模型检查并验证 LTS。④从软件架构模型到 IWIM（Idealized Worker Idealized Manager[20]）模型。通过架构描述驱动产生 IWIM 形式的协同模型规约。IWIM 模型用来描述流程、端口、通道和事件。一个流程是一个黑箱操作单元，可以看成一个工作流程或管理流程；端口用于信息交换，每个交互流程都至少有一个端口；通道代表生产者流程到消费者流程间的交互连接。具体软件架构模型到 IWIM 映射规则如下：软件架构协同组件映射成为管理流程，其他映射成工作流程；软件架构通道场景映射成 IWIM 通道场景；软件架构的 LTS 模型映射成 IWIM 事件。

模型转换时一致性检查方法具体步骤如下：①将组件状态图转变成一个元语言规约。这个映射构建了元数据规约，展现了组件与连接件的分离。②将系统场景表述为线性时间时序逻辑（Linear-time Temporal Logic，LTL）公式。每个场景代表了一个预期的系统行为，通过使用 SPIN 来检查架构模型是否符合选择的场景。其中，SPIN 是一个流行的开源软件验证工具，用于多线程的软件应用程序的形式验证。该工具由贝尔实验室开发[18]。③在这些规约上运行 SPIN 模型检查器，检查场景是否完美地描述了基于元语言规约模型所生成的系统行为。

这种方法应用于电信业务和远程医疗保健系统，并取得了较大的成功。

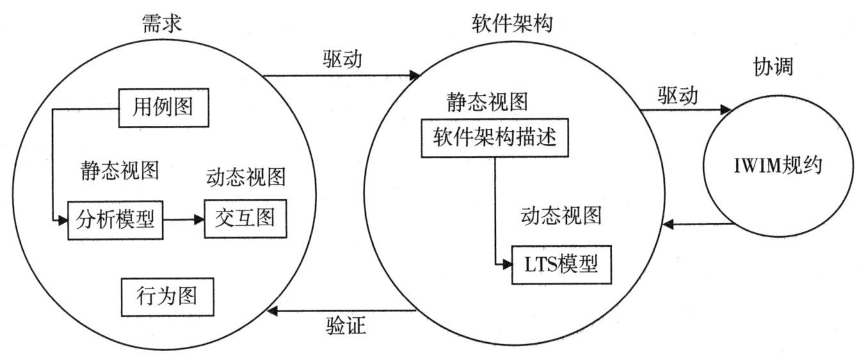

图 8-2　需求和架构协同演化方法

7. 基于 CBSP 的架构形成方法

Paul Grunbacher 等人提出了一种保持软件需求与架构一致性的组件 - 总线 - 系统 - 特性（Component-Bus-System-Property，CBSP）方法[4]。CBSP 方法用以识别系统需求中关键的架构元素以及这些元素间的依赖关系，通过架构维度的分类方法完善架构的需求集。该方法处理的对象是一组不完整、一般的需求。处理的结果是产生一个中级模型，它从一个不完整的草案架构中捕获架构决策，并指导架构风格的选取。

CBSP 方法的具体实施步骤如下（参见图 8-3）：①首先定义 CBSP 分类法，CBSP 维度包括一组通用架构关注点，可以进行系统需求的分类和细化，捕获架构权衡问题并进行选择。CBSP 维度有以下 6 种——C 是指架构中单一的组件；B 是指一个连接件；S 是指一个由系统组件和连接件组成的系统级功能；CP 是指数据或流程组件的属性；BP 是指总线属性；SP 是指系统或子系统属性。②进一步选择需求，降低处理大量需求的复杂度，通过协作优先级消除不重要或不可行的需求，形成一组核心需求。③分类需求，所有需求通过专家评估，各自关联 CBSP 维度，并用一个顺序量表进行记录。④识别和解决分类中的冲突，应用投票方式接受或拒绝需求。这一步提出了一个观点——接受一个架构需求需要三分之一及以上的项目相关人员投票赞同。如果利益相关者无法达成一致的架构需求，他们将各自发表观点从而进行进一步讨论，这也会导致将架构需求细化成更多的架构维度。⑤细化需求，每个需求通过共识阈值（consensus threshold）可能需要改进或重新描述，并融入一些架构问题。在这个过程中，一个给定的 CBSP 工件可能由于不同的需求出现多次，通过这个 CBSP 模型可以识别和消除这种冗余，并合并多个相关 CBSP 工件成一个工件。⑥派生出架构风格，在这一步，需求应该已经被细化和重新描述到 CBSP 工件，并且没有利益相关者的利益冲突，所有工件都至少包括 CBSP 六个维度。架构风格的选择基于应用程序域的特征以及在 CBSP 流程中所需的系统属性。选择满足条件的最佳风格，根据其规则和启发式方法，将 CBSP 工件转化成组件、连接件、配置和数据等。

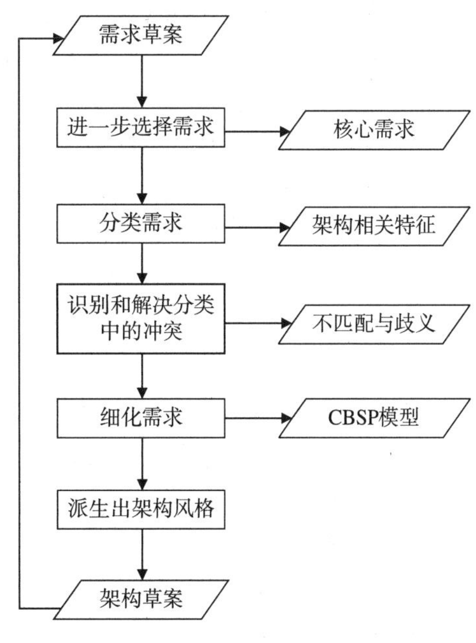

图 8-3　CBSP 流程

该方法应用于一个货物运输网络系统 [4]。这个系统是与美国主要的软件开发组织合作开发的，主要用于处理货物从港口到仓库配送中心的运输。货物通过地形、天气及其他因素选择相应的车辆（如火车或卡车）运输。该系统还要估计货物到达时间、车辆状态。通过上述方法的应用，可顺利从需求映射到架构。

8. 基于 WinWin 模型与 CBSP 结合的架构形成方法

Nenad Medvidovic 等人首先开发了 WinWin 模型用于协助需求协商 [9,21–23]。在需求协商阶段，所有利益相关者提出的事关项目成败的需求都应该考虑。经验表明对部分人员的 Win-Lose 最终会造成对所有人员的 Lose-Lose。WinWin 定义了一个模型，用于指导协商过程：利益相关者的目标被表述为胜利条件，通过捕获已知的约束、问题、冲突进行分析并提供解决方案，如果开发人员与利益相关者达成共识，则方案将被确定。它定义了一组制品 WIOA，即赢条件（Win condition）、冲突（Issue）、选项（Option）和共识（Agreement）。该方法成功应用于 100 多个正式客户项目。其次，他们开发了一种轻量级技术，用于传递 WinWin 需求规约到系统的架构模型。他们提供了一种框架将需求映射到架构，该方法是在 Paul Grunbacher 描述的 CBSP 基础上引入了更系统的需求建模。

该方法的具体实施步骤如下：①对软件需求进行建模。用 WinWin 模型进行需求建模。②建立需求到架构的模型连接件。用 CBSP 模型连接件桥接需求和架构。③对软件架构进行建模。通过 CBSP 得出软件架构风格，根据开发情况选择满足条件的最优软件架构风格。

该方法应用于一个货物运输网络系统中，获得了满意的需求模型，并顺利地从需求映射到期望的软件架构 [21–23]。

9. 面向特征的映射和转换方法

刘冬云和梅宏探讨了一种面向特征的映射和转换方法，通过在需求工程和架构设计中引入“面向特征”泛型，改善了需求模型与软件架构之间的映射关系和可追踪性 [14]，进而考虑功能性特征和非功能性特征对软件架构的不同影响，采用迭代的、增量的方式分别在不同的模型中进行处理。该方法适合于迭代的、增量的或演化的开发范型。

该方法的具体实施步骤如下：①面向特征的需求建模。首先用应用特征来捕捉用户（或客户）对所要求的系统行为的高层描述，接着分析这些特征之间的关系，并且把这些特征细化并组织为面向特征的需求规约。建模主要包括以下部分，即特征诱导、特征组织与分析、特征详述。其中，特征诱导表示诱导用户用特征表达需求，特征组织与分析即把需求划分为 3 个不同的抽象层次——业务需求、用户需求和功能需求。特征详述把这些特征细化为足够详细的、能够被实现的功能需求。②概念架构建模。概念架构建模基于问题域和需求的结构来描述系统的抽象视图，而不考虑技术细节。概念架构的组件或者直接对应于应用功能特征，或者来自于对问题域实体的抽象。它强调解决功能特征而不是非功能特征。每一个高层的功能特征（如业务层和交互层的功能特征）可映射为概念架构中的一个概念子系统，而这个概念子系统可实现为一组领域对象的协作。每一个功能层的功能则映射为对象的操作。在需求 – 架构映射表中维护功能特征和组件之间的映射关系。③逻辑架构建模。逻辑架构建模依据非功能特征，考虑具体的实现环境约束，对概念架构进行精化、调整和转换。与概念架构相比，逻辑架构建模关注技术方案，引入了许多设计决策和细节，详细定义了组件、组件接口及组件间的交互，可能会对原来的结构做较大的调整。不同于功能特征，一个非功能特征一般不能定位于一个或几个组件，但是非功能特征与设计策略之间具有直接的映射关系，在需求 – 架构映射表中维护这种映射关系。④部署架构建模。部署架构建模关注功能如何分布于计算节点及计算节点之间如何交互，以满足相关的非功能特征。

该方法应用于银行账户与事务系统（BAT 系统），并通过这个案例对该映射方法进行了验证 [14]。

8.1.3　需求与架构的协同演化

软件需求和软件架构两者是相辅相成的关系，一方面软件需求影响软件架构设计，另一方面软件架构帮助需求分析的明确和细化。具体来讲，软件需求会影响软件架构风格的选择，以及软件架构相应组成的设计和布局，如组件、连接件等。它约束架构的功能和质量部署，并通过架构反映自身规约的合理性。软件架构通过自身的设计对需求进行分析实现，并在设计过程中产生新的需求、去除不合理的需求，从而制定更符合规约的需求。需求与架构的相互影响可以看成一个螺旋过程，也是一个双峰模型。

Nuseibeh 等人描述了一种双峰模型（如图 8-4 所示）[11]。双峰模型强调软件需求和软件架构的平等性，它是简化版的螺旋模型，在发展需求和架构规约的同时，继续从解决方案的结构和规约中分离问题的结构和规约，在一个反复的过程中，产生更详细的需求和设计规约，最终将交织在软件开发过程中的设计和需求规约分离开来。双峰模型解决了三个管理问题：①“当我看到它我才知道他”（I’ll Know It When I See It，IKIWISI）[24]。需求经常在用户查看模型或原型并提出反馈时出现。双峰模型允许增量开发和管理开发带来的风险，并可以让用户更早地探索解决方案。②如何选择商用软件（Commercial Off-the-shelf Software，COTS）。软件开发实际上是一个识别并从现有软件中选择理想需求的过程。通过双峰模型，开发人员可以从商业可用产品中确定需求及相应的架构，而且可以快速缩小选择范围和确定关键架构决策。③如何适应快速改变（rapid change）。对于分析和识别软件系统核心需求，要求建立一个能适应需求变化的稳定的架构，双峰模型着眼于细粒度发展，它们接受改变。

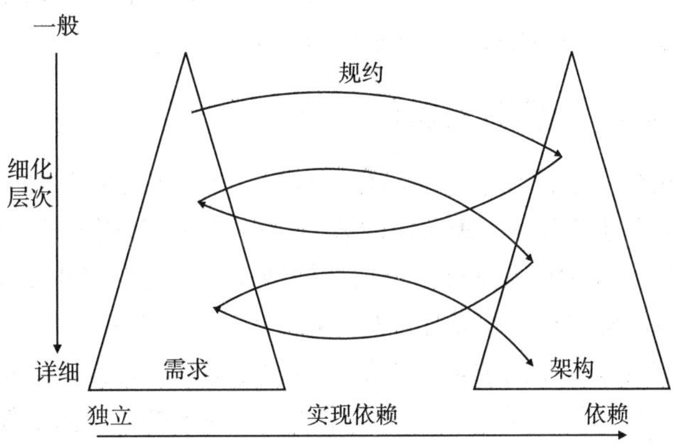

图 8-4　双峰模型

8.2　从软件架构到详细设计

架构设计一般是指关于如何构建软件的一些最重要的设计决策，这些决策往往围绕将系统分为哪些部分，以及各部分之间如何交互展开的；而详细设计是针对每个部分的内部进行设计，是对系统架构设计的精化。软件架构设计应当解决的是全局性的、涉及不同“局部”之间交互的设计问题，一般由软件架构师负责，而不同“局部”的设计由后续的详细设计人员负责。因此，在软件架构所提供的“合作契约”的指导下，众多局部问题被很好地按问题广度分而治之，对局部的详细设计完全可以并行进行，如图 8-5 所示。

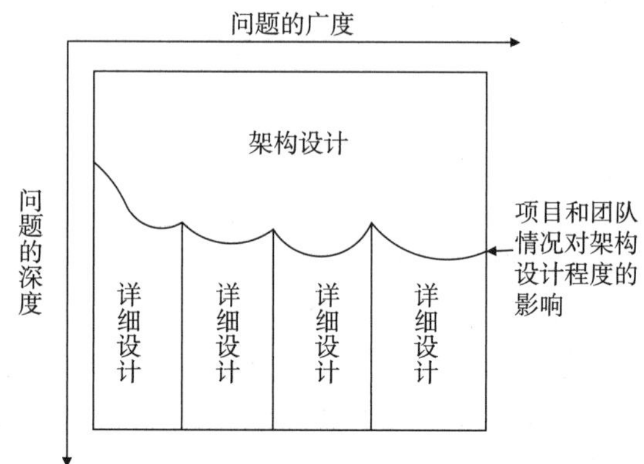

图 8-5　架构设计与详细设计关系图

例如，按照统一软件过程（Rational Unified Process，RUP）的统一建模语言（UML）的要求，系统功能的详细设计包括系统在静态属性方面的设计和动态功能方面的设计。系统的静态属性设计主要是用类图来描述，动态功能主要是用顺序图来描述。类图主要描述了系统实体之间的静态关系，顺序图则描述了各对象之间的动态交互关系。为了填补高层软件架构模型和底层实现之间的鸿沟，需要尽量封装底层的实现细节，并通过模型转换、精化等手段缩小概念之间的差距。

目前有以下几类典型的方法：①软件架构模型中引入实现阶段的概念，如引入程序设计语言元素等。②通过模型转换技术，将高层的软件架构模型逐步精化成能够支持实现的模型。③封装底层的实现细节，使之成为较大粒度组件，在软件架构指导下通过组件组装的方式实现系统，这往往需要底层中间件平台的支持[29]。

8.2.1　详细设计对软件架构的影响

详细设计主要集中于架构表达式的细化、选择详细的数据结构和算法。具体地说，详细设计阶段就是要确定如何具体实现所需的系统，得到一个接近源代码的软件表示。目前，随着 UML 的不断成熟，UML 不仅可用于描述详细设计中的类图及交互关系，而且可用于架构的描述，这也为从架构到详细设计进行了很好的过渡。借助 UML，开发者可以从软件架构合理过渡到详细设计，而无须苦恼于架构层的抽象。但是比较广泛的架构描述方法依然是软件架构描述语言，为了促进从架构向详细设计的转换，可以在软件架构设计中引入详细设计的概念，即在软件架构描述语言中引入与实现相关的元素。

1. 将 Java 语言扩展到支持软件架构描述的 ArchJava

Jonathan Aldrich 等人提出了一种新型的软件架构描述语言 ArchJava[26,27]。ArchJava 是 Java 语言的扩展，在 Java 语言中增加了组件、连接件、端口等建模元素，用于描述软件架构模型。它将软件架构与实现完美地统一起来，确保实现符合架构的限制，支持架构和实现共同开发。在 ArchJava 中，软件架构用组件组进行表示，而组件组由许多具有各自功能的组件组成。其中组件是一种特殊的对象，它以一种构造好的方法与其他组件通信，组件是组件类的实例。组件类除了包括普通的类的定义外，还包括端口定义和连接定义，组件类可以继承其他组件。一个组件实例通过端口与外部组件通信。一个端口表示一个在逻辑上与之相连的一个或多个组件之间的通信通道。ArchJava 对组件进行了一定的约束，包括：组件不可以包含静态内部类；不能继承普通类（除了对象），除非在安全模式下；普通类不可以定义组件；组件或组件组不能出现在组件方法的定义中，除非它们是私有或保护的等。ArchJava 对端口的约束包括：端口只能在组件类中定义，除非是在编译器的开发模型中；端口中的 provided 方法不能直接调用；在端口内部的每个方法的名字和标识最多只能出现一次等。ArchJava 对链接的约束包括：链接只在架构类中出现；在打开的组件构造程序中调用 super 方法后立即初始化链接；链接可以连接接口也可以连接端口等。该方法应用于一个电路设计系统，ArchJava 对该系统架构进行了有效的描述，并增加了程序的可理解性以及软件的演化 [26]。

之后，Abi-Antoun M 等人又将 ArchJava 和 ACME 结合起来，并提供支持工具 AcmeStudio，可以在设计阶段直接采用 Java 语言元素进行建模，从而缩短了 ADL 与程序设计语言的距离 [27]。该工具不仅可以帮助架构师对架构进行建模，还可以验证所需的架构属性，在开发人员完成系统功能时，该工具可以保证实现的功能满足架构要求 [26,27]。

2. 在 ADL 中引入数据类型和函数等以支持详细设计

Nenad Medvidovic 等人将面向对象的类型系统引入 C2 中，并可以在设计阶段通过面向对象的类、子类型化等概念来规约软件架构建模元素。它不仅有助于阐述组件和连接件的组成属性，还可以通过面向对象概念对软件架构有一个很好的理解，帮助开发者很好地从架构到详细设计过渡。它通过一个基于 C2 风格的视频游戏 KLAX 案例进行上述方法的阐述 [28]。

Dashofy 等人提出的 xADL2 在组件、连接件等基本建模元素的基础上引入了抽象实现的扩展机制，作为实现细节的占位符，允许软件架构设计人员定义与平台或语言（如 CORBA、Java 等）相关的数据类型、函数声明等，从而可以在自动化工具的支持下，从软件架构模型无缝过渡到系统实现 [29]。

xADL2 用于许多领域，其中包括：①一个美国的庞大军事系统 AWACS（Airborne Warning and Control System）的软件架构建模与仿真，演示了基础设施的可扩展性。②航天器系统的架构建模，展现了在统一建模需求下基础设施架构的可适应性能力。③两种产品线架构 Koala 和 Mae，展示了 XML 的可扩展性 [29,30]。

梅宏等人提出的 ABC/ADL 借鉴了程序设计语言中的类型和实例关系概念，区分类型图和（实例）配置图，从而有利于软件架构模型到程序设计语言的转换 [31,32]。软件架构模型合成系统的面向对象设计模型就是将组件和组件之间（或者如果组件之间使用复杂连接件的话，则是组件和复杂连接件之间）的关联映射到类（调用者的接入点类和被调用者实现接口的类）之间的关联关系。进一步地，在关联的基础上可以生成基本的系统协作图。而且他们还基于该思想提出了一个工具，这个工具对用户屏蔽了 ABC 方法的技术细节，如 ABC/ADL 的详细语法、ABC/ADL 到 UML 的转换等，这一方面减轻了用户学习和使用 ABC 方法的负担，另一方面也可以避免用户因疏忽而造成的错误，保证了开发过程的质量。同时，自动组装系统的工作必须由该工具来完成。ABC 工具的主要功能包括：①图形化的软件架构建模，用户可以用直观的图形建模方式生成系统的类型图和配置图；②组件库管理，提供用户管理组件库中可复用组件的能力；③软件架构模型到 OOD 设计模型的映射，即把应用系统的架构模型映射为 OOD 的设计模型；④软件架构模型到代码的映射，即把应用系统的架构模型直接转换成实现代码的框架；⑤新组件的开发，即支持用户根据自己的需要开发新的组件；⑥系统语法和语义的一致性检查，保证组装系统的正确性；⑦组件自动组装，生成可运行于中间件支撑平台的应用系统。该工具应用于网上订、售火车票系统，利用工具支持的自动转换机制，提供了一整套从系统高层设计到最终实现的系统化的解决方案[31–33]。

上述 ADL（包括 ArchJava）将实现相关信息引入 ADL 的描述之中，虽然有利于从设计到实现的转换，但需要在 ADL 中引入诸如类型系统等细节信息，增加了 ADL 的复杂程度；同时也要求设计人员必须考虑到实现细节，在一定程度上增加了设计人员的工作量。

8.2.2 从软件架构映射到详细设计

由于项目、开发团队情况的不同，软件架构设计的详细程度会有所不同。而软件架构应当为开发人员提供足够的指导和限制。软件架构是团队开发的基础，它从大局着手，就技术方面的重大问题做出决策，构造一个具有一定抽象层次的解决方案，而不是将所有细节统统展开，从而有效地控制了技术复杂性。软件架构包含了关于各元素或模块之间如何交互的信息，从而把不同模块分配给不同小组分头开发时，软件架构设计方案可以在这些小组之间扮演“桥梁”和“合作契约”的作用。设计阶段的软件架构模型向代码的转换也是将设计阶段的软件架构模型逐步精化的过程。

1. 映射时存在的问题和解决方法

软件架构可以看成概念层的设计，详细设计是更进一步的设计，其基于软件架构并将软件架构的粒度变得细小。因此，软件架构应该比较明确地规定后期分头开发时必须要遵守的一些共性设计约定，为分头开发提供足够的指导和限制，而且架构设计的合理与否直接关系着详细设计及最终产品的好坏。

软件架构映射到详细设计时经常出现的问题有：①缺失重要架构视图。认为软件架构设计完全是用例驱动，片面强调用例描述的功能需求。此外，架构设计对非功能需求关注不够，既没有深入设计软件的运行架构，也没有深入设计软件的开发架构。对于开发人员，既没有说明程序包的组织结构，也没有明确架构设计中的关键抽象和所采用的框架的关系等。该问题导致的结果是遗漏了对团队某些角色的指导。②浅尝辄止、不够深入。架构设计方案过于笼统，基本还停留在概念性架构的层面，没有提供明确的技术蓝图。架构设计阶段遗漏了全局性设计决策，到了大规模开发实现阶段，这些决策往往被具体开发人员从局部视角考虑并确定下来。如此一来，就会在模块写作方面出现问题，而且公共的服务模块也未能被识别出来。该问题导致的结果是将重大技术风险遗漏到后续开发中。③名不副实的分层架构。有些架构自称采用了分层架构，却仅用分层来进行职责划分，而没有规划层次之间的交互接口和交互机制。在缺失交互接口和交互机制的分层架构中，“层”已退化成笼统意义上的职责模块。④架构设计时常常会在某些方面过度设计。为了一些根本不会发生的变化而进行一系列复杂的设计，这样的设计就称为度设计，往往会带来资源的浪费并且会增加开发的工作量或难度。

可能的解决方法有：①对于缺失重要架构视图问题，可以针对遗漏的架构视图进行设计。②对于浅尝辄止、不够深入问题，需要将设计决策细化到与技术相关的层面。③对于名不副实的分层架构问题，需要步步深入，明确各层之间的交互接口和交互机制。④虽然我们必须考虑系统的扩展性、可维护性等，但切忌过度设计。有时或许你并不能判断出哪些设计是过度设计，此时你可以请教你的项目经理，让他站在整个项目的高度来帮助你判断。

2. 从架构描述到语言的直接映射方法

目前的解决方案或者是将高层软件架构模型直接映射为程序代码，或者经过一系列中间模型的转换，渐进地映射到程序代码。在工具支持下，不少 ADL 提供了从软件架构模型直接映射到代码的机制。如 C2 架构描述语言允许将软件架构设计的建模元素映射到面向对象程序设计语言，并提供了支持 C++ 和 Java 的程序库，将软件架构设计规约中的组件、连接件等分别映射到实际的面向对象程序中的类和类之间的关联。Rapide 允许将软件架构设计规约映射成为某一子语言的实现或者常见的程序设计语言 C++ 和 Ada 等 [33]。

除了上述特定的 ADL 之外，还有定义了从通用软件架构描述语言 ACME 向 CORBA 的映射规则，如将系统映射成为模块，将组件的端口映射成为接口等，将用 ACME 描述的软件架构模型映射到 CORBA IDL。从 ADL 向程序代码的映射需要考虑若干问题，包括建立从软件架构建模元素到目标语言元素的映射关系、确保映射过程中的语义正确性、提供自动化的转换工具或环境等 [34,35]。

3. 基于 MDA 的映射方法

由于 ADL 通常在较高的层次规约系统的行为，缺乏实现层次上的细节说明，通过直接映射将 ADL 转化成为程序语言往往只能生成较为简单的程序代码框架。为了填补从软件架构设计到实现细节的鸿沟，研究者们提出了通过逐步精化软件架构设计模型，将软件架构设计规约转换为实际系统实现的方法。模型驱动软件架构（Model Driven Architecture，MDA）区分了三类模型：计算独立模型（Computation Independent Model，CIM)、平台独立模型

（Platform Independent Model，PIM）以及平台特定模型（Platform Specific Model，PSM）。

典型的 MDA 开发步骤包括：①用 CIM 捕获需求；②创建 PIM；③将 PIM 转化成为一个或多个 PSM，并加入平台特定的规则和代码；④将 PSM 转化为代码等。其中，第 3、4 步可以视为逐步精化软件架构设计模型（PIM），得到实现阶段的软件架构（PSM），并进一步转化成为代码的过程。作为从软件架构设计模型到可执行代码的中间层，PSM 考虑了更多与平台相关的细节，如操作系统、程序设计语言、数据存储、用户界面等。研究者和实践者们提出了很多 MDA 方法和工具，典型的如 OptimalJ，在自动化工具的支持下，通过内建的转换模式实现从 PIM 到 PSM 的转换，并允许用户修改所得到的 PSM 以定义更多的细节信息。

现阶段，利用 MDA 方法来转换软件架构设计模型存在若干局限。一方面，常见的 MDA 方法都是基于 UML 而不是基于 ADL，所以只能借鉴 MDA 的基本思路，无法直接使用 MDA 提供的转换工具；另一方面，现有的 MDA 方法还处于发展阶段，比如还需要用户手工加入若干与业务相关的代码，这也限制了 MDA 方法在软件架构设计模型转换中的广泛应用。需要说明的是，虽然 MDA 提供了从软件架构设计模型向代码渐进转换的机制，但 MDA 已成为相对独立的软件工程研究领域，限于篇幅，这里不再做详细论述 [36]。

8.2.3 软件架构视图

为了更好地发挥软件架构在系统实现阶段的指导与交流作用，研究者们提出了若干针对实现阶段的软件架构视图，如执行视图、代码视图、构建视图、并发视图等。

Hofmeister Christine 提出 4 种视图：概念视图、模块视图、执行视图、代码视图。其中，执行视图和代码视图有利于指导系统的实现阶段 [16]。

执行视图描述了模块如何映射到运行时平台所提供的元素，以及这些元素又如何映射到硬件架构。执行视图定义系统的执行时实体及其属性。执行视图的一个重要部分是控制流，它关注的是从运行时平台的观点来看控制流。执行视图的设计任务包括全局分析，以及定义运行时实体、通信路径、配置和资源分配。相对于其他视图而言，执行视图可以更加精确地描述出那些需要内部通信和并发处理的协议。

其具体任务如下：①全局分析。全局分析是第一个任务，该方法在本章前面有介绍，它贯穿于整个设计过程中。②定义运行时实体。先将概念性组件分配到平台元素中，作为对运行时实体的第一步逼近，接着通过将模块映射到运行时实体中，来对这种划分进行改进。最后产生的结果是一组运行时实体、它们的属性以及指派给它们的模块。③定义运行实体之间预期的、允许的通信路径，这包括通信所使用的机制和资源。④通过刻画运行时实体实例的特征和介绍它们的互连方式，来描述系统的运行时拓扑结构以及这些运行时实例之间的互连，其通过一个执行配置图来描述这一信息。⑤把配置任务中所定义的运行时实例和预算分配到特定的硬件设备中，同时将特定的值赋给预设的属性（如设置进程的优先级）。

代码视图描述了实现系统的软件是如何被组织的。在这个视图中，源代码组件实现了模块视图中的独立元素，而视图中的部署组件（如执行文件、库文件以及配置文件）实例化了执行视图中的运行时实体。代码视图描述了这些组件如何通过中间组件相互联系，以及所有这些组件在开发组织的特定开发环境中如何被实现。该视图还描述了与配置管理、多版本以及测试相关的设计决策。代码视图最主要的目的是加快系统的构造、集成、安装及其测试，同时又兼顾其他 3 种架构视图的完整性。代码视图设计任务是组织源代码组件、中间组件和部署组件，使它们与模块视图和执行视图中元素的对应关系清晰化。

具体任务如下：①设计源代码组件。识别源代码组件，并且将模块视图的元素和它们的依赖关系映射到源代码组件和它们的依赖关系上，并且使用存储结构（如目录或文件）来组织源代码组件。②将这些源代码组件组织起来，由开发人员对其进行开发和测试。用 UML 包层次来描述组件在代码架构视图中的组织。③设计中间组件。识别中间组件以及它们和源代码组件之间的依赖关系，并使用存储结构（文件或目录）组织它们。④设计部署组件。识别并映射执行视图中的运行时实体及其依赖关系，并且将它们与部署组件及其依赖关系对应起来，以便设计部署组件。⑤构造过程。设计构造和安装中间组件以及部署组件的过程。⑥配置管理。确定与版本管理和组件发布有关的设计决策。

Qiang Tu 提出的构建视图与代码视图类似，用于描述最终实现系统的源代码结构。该视图以目录、源文件、中间编译文件、可执行文件等作为组件，以它们之间的包含和依赖关系为连接件，构建视图有助于控制系统的规模和安排实现计划[37]。Kruchten P B 提到的并发视图与执行视图类似，描述运行时系统进程或线程之间的并发、同步关系。该视图以进程和线程为组件，以数据流、事件、对共享资源的同步等为连接件描述进程和线程之间的交互。虽然并发视图描述的是系统运行阶段的情形，但是该视图一般在实现阶段就已经给出，为实现人员提供对系统性能、可用性等方面的参考[38–40]。

8.3　软件架构设计原则

软件架构师、软件工程师及其他资深软件开发人员在实践中总结了很多软件架构设计原则，这些原则对软件架构设计有很好的指导意义，软件开发从业人员应该尽可能多地掌握这些原则。

软件架构设计原则有一般（基本）设计原则和关键设计原则两类[41–42]。一般原则包含商业原则、数据原则、应用程序原则、技术原则等；关键设计原则包含关注分离点、单一职责原则、最少知识原则等。下面简单介绍这些原则。

8.3.1　架构设计的一些基本原则

1. 商业原则

- 企业利益最大化：整体来说，制定信息管理决策是为了让企业利益最大化。

- 信息管理，人人有责：企业所有机构参与信息管理决策，从而完成业务目标。
- 事务持续性：即使系统中断，企业也要正常运营。
- 使用通用软件：在企业应用程序开发中，首选类似或相同的应用程序。
- 守法：企业信息管理须遵守所有相关法律、政策和规范。
- IT 责任：IT 组织有责任拥有和实施 IT 流程和基础设施，使解决方案能够满足功能要求、服务水平和交付时间上的用户定义需求。
- 知识产权保护：企业的知识产权（IP）必须得到保护，这些保护措施体现在 IT 架构、政策实施和管理流程上。

2. 数据原则

- 数据资产：数据就是财产，对企业来说是有价值的，所以要合理管理数据。
- 数据共享：用户有权使用必要的数据，因此，数据在企业职能和组织间共享。
- 数据访问：为使用户履行其职能，数据是可存取的。
- 数据托管：从数据质量上考虑，每个数据元素都要有相应的托管人。
- 使用常用词汇、有数据定义：数据在整个企业里要一致定义，且数据定义是可理解的，可提供给所有用户。
- 数据安全：要防止数据的未授权使用和披露。除了国家安全分类的传统做法外，数据安全还包括预决策、敏感、源选择敏感和一些专有信息的保护，但数据安全不仅限于这些。

3. 应用程序原则

- 技术独立性：应用程序要独立于特定的技术选择，可在不同的技术平台上运行。
- 易用性：应用程序使用起来容易，底层技术对用户来说是透明的，以便用户可以集中于当前任务。

4. 技术原则

- 需求变化：只有响应业务需求变化的技术才是好技术。
- 响应变更管理：企业信息化环境的改变也要及时实施。
- 控制技术多样性：技术的分集控制是使得技术维护成本最小化的主要方式。
- 互操作性：软件和硬件应该符合确定的标准，从而促进数据、程序和技术之间的互操作性。

8.3.2 架构设计的关键原则

- 关注点分离：将程序分解为独立的、功能重叠部分尽可能少的一个个模块，从而达到高内聚和低耦合。然而，错误地分解功能也会导致高耦合，甚至导致每个功能模块内部的子功能模块之间的复杂性会隐含地重叠。
- 单一职责原则：每个组件或模块应负责一个特定特征或功能，或者内聚功能的集合。

- 最少知识原则（又被称为迪米特法则，LoD）：一个组件或对象应该对其他组件或对象的内部细节尽可能少地了解。
- 不重复自身（DRY）原则：只需在一个地方指定意图，例如，对于程序设计，特定功能只能在一个组件内实现，且该功能不能复制到任何其他组件内。
- 尽量减少前期设计：只设计必要的。在某些情况下，如果开发成本和设计的故障率非常高，可能需要在前期进行全面设计和测试。在某些情况下，特别是对于敏捷开发，可以避免大量的前期设计（Big Design Upfront ,BDUF)。如果程序需求不明确，或者随着时间推移有设计演变的可能性，这就避免了大量过早的设计工作。这个原则有时也被称为 YAGNI（你不需要它）。

8.4　软件架构设计面临的主要威胁及对策

一个软件项目能否成功，软件架构十分关键。在实践中，许多软件项目因架构问题而返工甚至失败，关注软件架构并不代表能够得到成功的架构，在架构设计以及架构实施的工作过程中，存在着一些威胁或风险，需要软件开发者谨慎对待[25, 43]。

为了得到成功的软件架构设计，软件开发者需要在软件架构设计过程中正确识别可能导致架构失败的威胁并正确应对，下面介绍在软件架构设计过程中主要面临的威胁。

8.4.1　被忽略的重要非功能需求

非功能需求是最重要的“架构决定因素”之一。非功能需求大致分为质量属性与约束两大类。质量属性是软件系统的整体质量品质，往往与绝大多数功能有关，而不仅仅表现在某个功能的内部。易用性、性能、可伸缩性、持续可用性、健壮性、安全性、可扩展性、可重用性、可移植性、易理解性和易测试性等都可能是软件的质量属性需求。但是实际上只有少数几个质量属性在架构设计中的重要性最高，它们通常会左右架构风格的选择。至于约束，它们要么是架构设计中必须遵循的限制，要么转化为质量属性需求或者功能需求。

从开发的角度来看，功能需求的缺陷可以通过编程级的努力补回，而最终提供的软件系统能否达到非功能需求，特别是少数至关重要的非功能需求，是无法通过编程级的努力达到的，必须重新架构。所以非功能需求与约束是成功的软件架构必须关注的关键要素。若在架构设计阶段仅关注功能需求而忽视了非功能需求，则很有可能导致架构的返工或失败。

对策：全面认识需求

软件架构强调的是整体，而整体性设计决策必须给予对需求的全面认识：软件架构应该是稳定的，而遗漏了重要需求的架构设计面临的是返工的命运。成功的软件架构设计应全面认识需求，分门别类地将需求梳理清楚。

一方面，需求是分层次的。一个成功的软件系统，对客户高层而言能够帮助他们达到业务目标，这些目标就是客户高层眼中的需求；对实际使用系统的最终用户而言，系统提供的能力能够辅助他们完成日常工作，这些能力就是最终用户眼中的需求；对开发者而言，则有着更多用户没有觉察到“需求”。

另一方面，需求应该被分为不同的类型。一个软件产品的需求通常可分为功能需求、质量属性、约束性需求。对需求进行分类有助于全面认识需求、分门别类地把握需求和设计出高质量的软件架构。

全面认识需求还有一层含义，那就是应当在充分考虑后做出合适的需求权衡与取舍。一方面，众多需求间可能存在冲突，我们必须进行权衡；另一方面，如果由复杂设计所支持的变化根本不会发生，那么这种过度设计就造成了资源浪费并增加了开发难度。

8.4.2 频繁变化的需求

之所以说需求变更蕴含着风险，是因为不存在不需要成本的需求变更。任何需求变更都可能意味着时间和金钱的消耗，并且大量需求变更之后程序可能变得混乱，势必导致 Bug 增多，继而影响产品质量。

软件系统最具挑战的特点就是频繁的变化，未来需求越来越不可预测，随需应变的要求日趋显著，而且技术的更新进步也在促进需求的变化。如果不能驯服数量巨大且频繁变化的需求，则软件项目还没有开发出来甚至架构还没有完成，软件系统就可能已经不再适用了。因此，系统功能可能的扩展点与趋势也是成功的软件架构的关键。需要提出的是，不是关注功能变化或扩展后的需求细节，而是关注功能在什么地方可能进行变化或扩展，以及变化或扩展的规律与趋势是什么。在进行架构设计的过程中若忽视了需求变化，将使得软件项目耗时增加、质量下降，甚至可能导致项目失败。

对策：关键需求决定架构

由于需求的多变性，软件架构的设计不可能对所有需求都进行深入分析，在软件架构设计中接受变化的普遍存在性是必要的，在设计过程中，采用以关键需求决定架构的策略可以有效应对频繁变化的需求。

分析关键需求要求限制架构设计中进行深入分析用例的个数，另外，重点考虑不同质量属性间的制约，对关键质量属性进行权衡，这样设计的架构能够体现各方利益相关者的关注，同时不失灵活性，可以从容应对后续的变化。关键需求决定架构的策略有利于集中精力深入分析最为重要的需求，集中力量于较少的关键需求更有利于得到透彻的认识，从而设计出合理的架构。

8.4.3 考虑不全面的架构设计

软件架构必须为开发提供足够的指导和限制，这在软件系统越来越复杂的今天，无疑意味着软件架构是复杂的。例如，为了满足性能、持续可用性等方面的需求，架构设计人员必须深入研究软件系统运行期间的情况，合理划分系统不同部分的职责，权衡轻重缓急，并制定相应的并行、分时、队列、缓存和批处理等设计决策。而要满足可扩展性、可重用性等方面的需求，则要求深入研究软件系统开发期间的职责划分、变化隔离、框架使用和代码组织等情况，制定有效的设计决策。另外，软件架构应该能够反映各方利益相关者不同角度的关注。若不能妥善处理软件架构设计中的复杂性，使软件项目各方利益相关者的关注都能够清晰表达，则将极大地影响软件项目的进行。

对策：多视图探寻架构

对软件进行架构级设计与软件复杂性增长有关，软件架构也成为战胜复杂性的主要手段之一。而架构设计本身的高复杂性威胁也可以通过相似的思想进行解决，对待软件架构设计中所涉及的复杂性，分而治之是切实有效的策略，基于多视图的架构设计方法使得在设计过程中无须对所有方面同时进行考虑，而是可以按照关注点每次只围绕少数概念和技术展开，分别处理软件架构各方面内容，使不同的利益相关者关注点在设计过程中都可以得到有序的表达，从而促进软件架构设计正常有序地进行。

8.4.4　不及时的架构验证

现代软件开发非常注重尽早降低风险。架构设计是现代软件开发中最为关键的一环，架构设计得是否合理将直接影响软件系统最终是否能够成功。软件架构中包含了关于如何构建软件的一些最重要的设计决策，因此，若未对软件架构合理性进行及早验证，将为软件开发过程带来巨大风险。

对策：尽早验证架构

为了降低架构设计可能带入的技术风险，尽早地验证架构是十分必要的，若不进行早期架构验证，软件架构是否能达到运行期质量属性的要求就不得而知，这将埋下众多技术风险。应对早期架构进行编码实现，而不仅仅是评审。要对原型进行测试，重点要确保早期架构考虑的质量属性是否达到预期，从而降低引入技术风险的可能性，为软件开发过程提供保障。

8.4.5　较高的创造性架构比重

在软件架构设计过程中，通常的做法是根据软件项目特征选取某个已有的经典架构作为基础，然后在其基础上根据项目具体要求进行修改和调整[2]。架构的重用也是采用软件架构为软件开发过程所带来的巨大好处之一。但是，对已有架构的理解同样需要时间，可能理解已有架构所耗费的时间比重新设计一个新的架构更多。在这样的情景下，设计新架构貌似是合理的决策。然而，这样的决定将为项目带来风险。风险来自于新设计架构部分所引入的不确定性，已有架构经过实践的检验与修正具有更加稳定的性质，所以在考虑项目时间时引入过多创造性新架构可能为软件开发过程带来风险。

对策：合理分配经验架构与创新架构比重

为了得到成功的软件架构，应进行大量的考虑与权衡，而确定经验架构与创新架构比重的分配是其中重要的一点，其关键在于不能仅仅考虑软件开发时间，而忽视了创新架构可能引入的风险。调查显示，80% 的经验架构加 20% 的创新架构是比较合理的分配比重 [3]。

8.4.6 架构的低可执行性

软件架构是从较高层次对软件的抽象，但架构设计的本质是为了保障软件开发过程的顺利进行，所以架构设计并非“好的就是成功的”，而是“适合的才是成功的”。在架构设计过程中，架构的可执行性应该是贯穿其中的指导思想，架构设计人员没有绝对的技术选择自由，要充分考虑经济型、技术复杂性、发展趋势和团队水平等多方面的因素，制定出合适的架构决策。若一味追求架构的完善性、准确性，而忽视其可执行性，将为软件开发过程带来风险。

对策：验证架构的可执行性

尽管从架构到实现是软件开发过程中通常迭代出现的活动，强调对架构可执行性进行验证仍然是十分必要的，进行架构可执行性验证能够对架构设计过程产生约束效果，从而避免过度设计给软件项目开发带来的风险。

8.5 本章小结

本章详细讨论了与软件架构设计和实现相关的多个主题，包括如何在需求分析时考虑架构设计，如何从需求分析中提炼软件架构、如何将需求模型映射到架构设计，以及如何从架构设计出发实现模块设计、算法设计和代码设计等。

思考题

8.1 软件架构设计与传统的概要设计说法有何不同？
8.2 影响软件架构设计的主要因素有哪些？
8.3 什么是软件架构需求？如何从用户需求和软件需求中获得软件架构需求？
8.4 为什么说软件架构的质量决定了最终软件的质量？
8.5 软件架构对哪些软件质量属性有直接的、比较大的影响？请详细分析一下。
8.6 为什么说软件架构是需求和设计以及实现的桥梁？
8.7 什么是软件架构设计原则？这些原则为什么重要？
8.8 软件架构设计原则和软件设计原则的异同点是什么？
8.9 软件架构实现中需要注意哪些问题？

参考文献

[1] 温昱 . 软件架构设计 [M]. 北京：电子工业出版社 ,2007.

[2] IEEE Recommended Practice for Architectural Description for Software-Intensive Systems[EB/OL]. http://standards.ieee.org/findstds/standard/1471-2000.html.

[3] L Bass, P Clements, R Kazman. Software Architecture in Practice[M]. Addison Wesley, 2012.

[4] P Grunbacher, A Egyed, N Medvidovic. Reconciling software requirements and architectures: the CBSP approach[C]. Proceedings of the IEEE International Symposium on Requirements Engineering. IEEE, 2001: 202-211.

[5] H Mei. A complementary approach to requirements engineering-software architecture orientation[J]. ACM SIGSOFT Software Engineering Notes, 2000: 40-45.

[6] D Svetinovic. Architecture-Level Requirements Specfication[C]. Proceedings of the Software Requirements to Architectures Workshop (STRAW), 2003: 14-19.

[7] Hall, G Jon, C Robin, et al. Relating software requirements and architectures using problem frames[C]. Proceedings of the IEEE Joint International Conference on Requirements Engineering. IEEE, 2002: 137-144.

[8] Egyed, B Boehm. Comparing software system requirements negotiation patterns[J].Systems Engineering, 1999, 2(1): 1-14.

[9] B Boehm, A Egyed, J Kwan, et al. Using the Win Win spiral model: a case study[J]. Computer, 1998, 31(7): 33-44.

[10] N Medvidovic, R N Taylor. A classification and comparison framework for software architecture description languages[J]. IEEE Transactions on Software Engineering, 2000, 26(1): 70-93.

[11] B Nuseibeh. Weaving together requirements and architectures[J]. Computer, 2001, 24(3): 115-119.

[12] M Brandozzi, D E Perry. Transforming goal oriented requirement specifications into architecture prescriptions[C]. Proceedings of the ICSE-2001 from Software Requirements to Architectures Workshop (STRAW 2001), 2001: 54-61.

[13] L Liu, E Yu. From requirements to architectural design-using goals and scenarios[C]. Proceedings of the ICSE-2001 from Software Requirements to Architectures Workshop (STRAW 2001), 2001: 22-30.

[14] 刘冬云，梅宏 . 从需求到软件体系结构：一种面向特征的映射方法 [J]. 北京大学学报 (自然科学版), 2004, 40(3): 372-378.

[15] W Q Liu, S Easterbrook. Eliciting architectural decisions from requirements using a rule-based framework[C]. Proceedings of the 2nd International Software Requirements to Architectures Workshop (STRAW 03), Portland, 2003: 94-99.

[16] C Hofmeister, R Nord, D Soni. Applied software architecture[M]. Assison-Weslery Professional, 2000.

[17] M S Rajasree, P Reddy, D Janakiram. Pattern oriented software development: Moving seamlessly from requirements to architecture[C]. Proceedings of the 2nd International Software Requirements to Architectures Workshop (STRAW 03), Portland, 2003: 54-60.

[18] P Inverardi, H Muccini, P Pelliccione. Checking consistency between architectural models using SPIN[C]. Proceedings of the International Software Requirements to Architectures Workshop (STRAW' 01), 2001: 42-50.

[19] P Inverardi, H Muccini. Coordination models and software architectures in a unified software development process[M]//Coordination Languages and Models. Springer Berlin Heidelberg, 2000：323-328.

[20] F Arbab. The IWIM model for coordination of concurrent activities[M]//Coordination languages and models. Springer Berlin Heidelberg, 1996：34-56.

[21] P Grunbacher, R O Briggs. Surfacing tacit knowledge in requirements negotiation：experiences using EasyWinWin[C]. Proceedings of the 34th Annual Hawaii International Conference on System Sciences, 2001 (System Sciences).IEEE, 2001.

[22] B Boehm, P Grunbacher, R O Briggs. EasyWinWin：a groupware-supported methodology for requirements negotiation[C]. ACM SIGSOFT Software Engineering Notes, 2001：720-721.

[23] 张瑞民，杨达，李娟．基于 WinWin 模型的需求协商工具的设计与开发 [J]. 计算机工程与设计，2009, 30(1)：100-104.

[24] B Boehm. Requirements that handle IKIWISI, COTS, and rapid change[J]. Computer, 2000, 33(7)：99-102.

[25] G Fairbanks. Just enough software architecture：a risk-driven approach[M]. Marshall & Brainerd, 2010.

[26] J Aldrich, C Chambers, D Notkin. ArchJava：connecting software architecture to implementation[C]. Proceedings of the 24rd International Conference on Software Engineering. IEEE, ICSE.2002：187-197.

[27] M Abi-Antoun, J Aldrich, D Garlan, et al. Modeling and implementing software architecture with acme and archJava[C]. Proceedings of the 27th international conference on Software engineering. ACM, 2005：676-677.

[28] N Medvidovic, P Gruenbacher, A Egyed, et al. Bridging models across the software lifecycle[J]. Journal of Systems and Software, 2003, 68(3)：199-215.

[29] N Medvidovic, P Oreizy, J E Robbins, et al. Using object-oriented typing to support architectural design in the C2 style[J]. ACM SIGSOFT Software Engineering Notes. ACM, 1996, 21(6)：24-32.

[30] N Medvidovic, N R Mehta, M Mikic-Rakic. A family of software architecture implementation frameworks[C]. Proceedings of the IFIP 17th World Computer Congress-TC2 Stream/3rd IEEE/IFIP Conference on Software Architecture：System Design, Development and Maintenance. Kluwer, BV, 2002：221-235.

[31] 梅宏，陈锋，冯耀东，等．ABC：基于体系结构，面向构件的软件开发方法 [J]. 软件学报，2003, 14(4)：721-732.

[32] H Mei, F Chen, Q Wang, et al. ABC/ADL：An ADL supporting component composition[M]/Formal Methods and Software Engineering. Springer Berlin Heidelberg, 2002：38-47.

[33] 梅宏，申峻嵘．软件体系结构研究进展 [J]. 软件学报，2006, 17(6)：1257-1275.

[34] D C Luckham, J J Kenney, L M Augustin, et al. Specification and analysis of system architecture using Rapide[J]. IEEE Transactions on Software Engineering, 1995, 21(4)：336-354.

[35] M J Rodrigues, L Lucena, T Batista. From acme to CORBA：Bridging the gap[M]//Software

Architecture. Springer Berlin Heidelberg, 2004：103-114.

[36] S David. Model driven architecture：applying MDA to enterprise computing[M]. Wiley publishing. 2003.

[37] Q Tu, M W Godfrey. The build-time software view[C]. Proceedings of the IEEE International Conference on Software Maintenance. IEEE Computer Society, 2001：398-407.

[38] P B Kruchten. The 4+1 view model of architecture[J]. IEEE Software, 1995,12(6)：42-50.

[39] E Perry, A L Wolf. Foundations for the study of software architecture[J]. ACM SIGSOFT Software Engineering Notes, 1992, 17(4)：40-52.

[40] M Dashofy, A Hoek, R N Taylor. A comprehensive approach for the development of modular software architecture description languages[J]. ACM Transactions on Software Engineering and Methodology (TOSEM), 2005, 14(2)：199-245.

[41] Architecture Principles[EB/OL]. http://pubs.opengroup.org/architecture/togaf8-doc/arch/chap29.html, 1998.

[42] Software Architecture and Design[EB/OL]. https://msdn.microsoft.com/en-us/library/ee658124.aspx, 2010.

[43] 成功软件架构的关键[EB/OL]. http://www.cnblogs.com/seaskycheng/archive/2009/12/02/1614966.html, 1999.

第 9 章　软件架构的演化和维护

软件架构一般会经历初始设计、实际使用、修改完善、退化弃用的过程，其中修改完善的过程实际上就是软件架构的演化和维护过程，演化和维护的目的就是为了使得软件能够适应环境的变化进行的纠错性修改、完善性修改等。软件架构的演化和维护过程是一个不断迭代的过程，通过演化和维护，软件架构逐步得到完善，以满足用户需求。本章详细讨论软件架构的演化和维护问题，包括基本概念、演化类型和维护手段，还介绍了一些实际有用的软件架构演化原则。

为了适应用户的新需求、业务环境和运行环境的变化等，软件架构需要不断地进行自身的演化，也就是说软件架构演化就是为了维持软件架构自身的有用性。本质上讲，软件架构的演化就是软件整体结构的演化，演化过程涵盖软件架构的全生命周期，包括软件架构需求的获取、软件架构建模、软件架构文档、软件架构实现以及软件架构维护等阶段。所以，我们通常说软件架构是演化来的，而不是设计来的。

为什么软件架构演化如此重要？首先，软件架构作为软件系统的骨架支撑整个软件系统，是软件系统具备诸多好的特性的重要保障。因为最终软件系统的性能、可靠性、安全性和易维护性等是软件系统最重要的质量和功能属性，是决定软件系统是否被用户接受、是否具有市场竞争力、是否具有进一步改造升级的可能性、是否具有较长生命周期的重要因素；软件架构自身的好坏直接影响着它们是否满足用户需求，而软件架构演化正是为了保障这些方面向人们预期的方向发展的重要措施。其次，软件架构作为软件蓝图为人们宏观管控软件系统的整体复杂性和变化性提供了一条有效途径，而且基于软件架构进行的软件检测和修改成本相对较低，所以要刻画复杂的软件演化，并对演化中的影响效应进行观察和控制，从软件架构演化出发更加合理。

软件架构的演化可以更好地保证软件演化的一致性和正确性，而且明显降低软件演化的成本，并且软件架构演化使得软件系统演化更加便捷[1-7]，因为：①对系统的软件架构进行的形式化、可视化表示提高了软件的可构造性，便于软件演化；②软件架构设计方案涵盖的整体结构信息、配置信息、约束信息等有助于开发人员充分考虑未来可能出现的演化问题、演化情况和演化环境；③架构设计时对系统组件之间的耦合描述有助于软件系统的动态调整。

9.1 软件架构演化和软件架构定义的关系

由于软件架构的定义很多，根据不完全统计已有近百种不同的定义。本书第 2 章介绍了其中的组成派定义和决策派定义，也介绍了一些其他定义。不同的定义确定了不同的软件架构组成方式和组成规则。同时在这些定义中，一些定义给出的架构又有很多共性的描述。所以，软件架构演化根据这些定义体现了相同面，也体现了不同面。所以，我们在理解软件架构演化时，需要考虑具体的软件架构定义。

例如，如果软件架构定义是 SA={components，connectors，constraints}[8]，也就是说，软件架构包括组件（components）、连接件（connectors）和约束（constraints）三大要素，这类软件架构演化主要关注的就是组件、连接件和约束的添加、修改与删除等。

组件是软件架构的基本要素和结构单元，表示系统中主要的计算元素、数据存储以及一些重要模块，当需要消除软件架构存在的缺陷、增加新的功能、适应新的环境时几乎都涉及组件的演化。组件的演化体现在组件中模块的增加、删除或修改。通常模块的增加、删除和修改会产生波及效应，其中增加模块会导致增加新的交互消息，删除模块会导致删除已有交互消息，改变模块会导致改变已有交互消息。

连接件是组件之间的交互关系，大多数情况下组件的演化牵涉到连接件的演化。连接件的演化体现在组件交互消息的增加、删除或改变，它除了伴随模块的改变而改变外，还有一种情况是由于系统内部结构的调整导致的人与系统交互流程的改变，即组件之间交互消息的增加、删除或改变。

约束是组件和连接件之间的拓扑关系和配置，它为组件和连接件提供额外数据支撑，可以是架构的约束数据，也可以是架构的参数。约束的演化体现在知识库中仿真数据的增加、删除或改变。无论是组件、连接件还是约束的演化都可能导致一系列的波及效应，从而分为受变更直接影响的组件、连接件、约束，以及受到变更波及的组件、连接件、约束两类变更元素。最终这两类变更元素和不受影响的元素共同组成了演化后的软件架构。

进一步，假设这种软件架构对应到具体的架构风格或模式，我们就可以讨论演化的各种具体操作了。下面我们以面向对象软件架构为例，结合 UML 顺序图来进一步讨论各种演化操作，利用层次自动机给出各个演化操作的具体演化规则[9-13]。

9.1.1 对象演化

在顺序图中，组件的实体为对象。组件本身包含了众多的属性，如接口、类型、语义等，这些属性的演化是对象自身的演化，对于描述对象之间的交互过程并无影响。因此，会对架构设计的动态行为产生影响的演化只包括 Add Object（AO）和 Delete Object（DO）两种，如图 9-1 所示。

AO 在顺序图中添加一个新的对象。这种演化一般是在系统需要添加新的对象来实现某种新的功能，或需要将现有对象的某个功能独立以增加架构灵活性的时候发生。自动机中

AO 按照规则 9.1 进行演化。

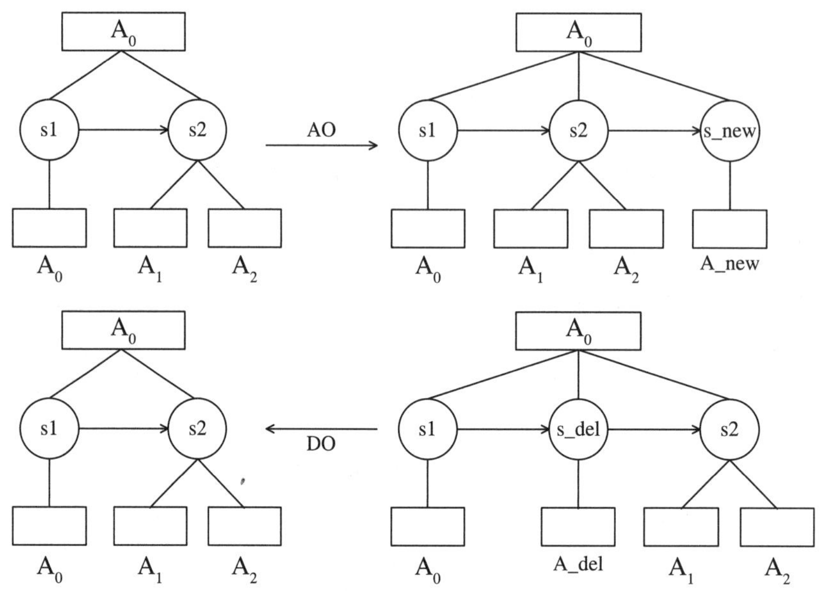

图 9-1　对象演化的自动机表示

规则 9.1（AO 的演化规则）　在根自动机 A_0 中新增状态 s_new，插入至终止状态与前一个状态 s_pre 之间，并修改相应的转移关系，从 s_pre → s_end 至 s_pre → s_new → s_end；组合函数中新增由 s_new 至新的对象所对应的串行自动机的映射 A_new=ρ(s_new)。

DO 删除顺序图中现有的一个对象。这种演化一般在系统需要移除某个现有的功能，或需要合并某些对象及其功能来降低架构的复杂度的时候发生。自动机中 DO 按照规则 9.2 进行演化。

规则 9.2（DO 的演化规则）　移除组合函数中由状态 s_del 至待删除对象所对应的串行自动机的映射关系；如果 s_del 对应唯一的自动机 A_del，则在根自动机 A_0 中移除状态 s_del，并修改相应的转移关系，从 s_pre → s_del → s_next 至 s_pre → s_next。

对于发生演化的对象，如果其没有与现有的任何一个对象产生交互关系，则可以认为其对于系统而言没有任何意义，因为这种演化不会对当前的架构正确性或时态属性产生影响。因此，在发生对象演化时，一般会伴随着相应的消息演化，新增相应的消息以完成交互，从而对架构的正确性或时态属性产生影响。

9.1.2　消息演化

消息是顺序图中的核心元素，包含了名称、源对象、目标对象、时序等信息。这些信息与其他对象或消息相关联，产生的变化会直接影响到对象之间的交互，从而对架构的正确性或时态属性产生影响。另外，消息自身的属性，如接口、类型等，产生的变化不会影响到对象之间交互的过程，则不考虑其发生的演化类型。因此，我们将消息演化分为 Add Message（AM）、Delete Message（DM）、Swap Message Order（SMO）、Overturn Message（OM）、Change Message Module（CMM）五种，如图 9-2 所示，其中状态里的是行为信息，即对象发出的消息；边上的是转移信息，即对象接收到的消息。由于消息是由一个对象发送给另一个对象，因此每次消息产生演化时均会涉及两个对象的自动机的变化，而 obj1 和 obj2 分别为产生变化的两个对象。为了表示消息的发送和接收的对应关系，这里用 m1、m2 来表示消息的一一对应关系。

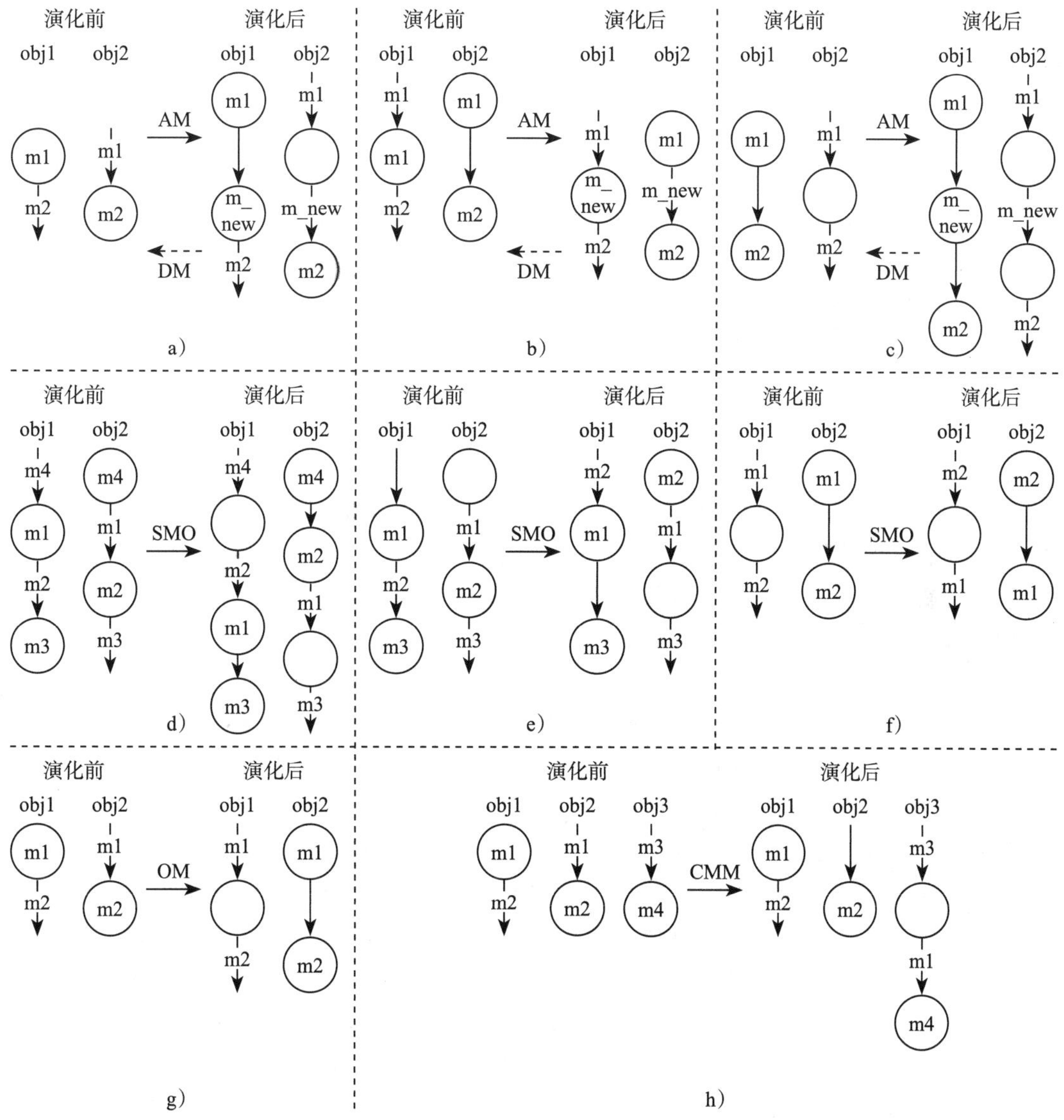

图 9-2　消息演化的自动机表示

在给出消息演化的具体演化规则前，首先给出三个基础规则。

规则 9.3（无效状态缩减） 当出现空状态 s_b 和直接转移 t_b 直接相连的情况时，则直接移除该状态和转移，并连接进入 s_b 的转移与 t_b 的目标状态，即将 $\xrightarrow{t\_pre}$ s_b $\xrightarrow{t\_b}$ s_next 缩减成 $\xrightarrow{t\_pre}$ s_next 。

规则 9.4（状态活动分割） 当出现一个状态中包含多个活动时，则按照时间顺序分割这些活动至连续的状态中，保持每个状态只包含一个活动，并在状态之间插入直接转移，即将 s_(1，2，3) 分割为 s_1 → s_2 → s_3。

规则 9.5（转移事件分割） 当出现一个转移中包含多个事件时，则按照时间顺序分割这些事件至连续的转移中，保持每个转移只包含一个事件，并在转移之间插入空状态，即将 s_1 $\xrightarrow{t\_(1, 2, 3)}$ s_2 分割为 s_1 $\xrightarrow{t\_1}$ s_b $\xrightarrow{t\_2}$ s_b $\xrightarrow{t\_3}$ s_2 。

考虑到连续的消息演化可能生成大量的无效状态，因此规则 9.3 主要用于缩减这些无效状态。而由于消息的发出和接收都是成对出现的，导致状态的行为和转移的触发事件也都是成对出现的（分别处于不同的对象所对应的自动机）。而消息演化会导致一个状态中包含多个行为，或一个转移中包含多个触发事件，而这是我们定义的扩展层次自动机所禁止的，因此采用规则 9.4 和规则 9.5 用于保持状态活动和转移的触发事件的唯一性。这里由于转移条件总是依附于触发事件，因此我们在分割触发事件时将相对应的转移条件同时分割，下文不再说明。

在规则 9.3 和规则 9.4 的基础上，接下来将给出消息演化的具体行为，以及相应的演化规则。

AM 增添一条新的消息，产生在对象之间需要增加新的交互行为的时候。自动机中的 AM 按照规则 9.6 进行演化。

DM 删除当前的一条消息，产生在需要移除某个交互行为的时候，是 AM 的逆向演化。自动机中的 DM 按照规则 9.7 进行演化。

规则 9.6（AM 的演化规则） 将新增的消息发送所对应的状态活动（消息接收所对应的触发事件）插入相应位置处的状态（转移）中，而后依次执行规则 9.4(规则 9.5）和规则 9.3。

规则 9.7（DM 的演化规则） 移除删除的消息发送所对应的状态活动（消息接收所对应的触发事件），而后执行规则 3。

例如要在消息 m1 和 m2 中插入新的由对象 obj1 发给 obj2 的消息 m_new，根据规则 9.6，插入的相应位置按照具体的情况有三种不同的可能性，分别如图 9-2 中 a、b、c 所示。图 9-2a 中 obj1 将新增的状态活动放入 m1 中，而后根据规则 9.4 进行状态活动分割，obj2 将新增的触发事件放入 m1 中，而后根据规则 9.5 进行触发事件分割；图 9-2b 中 obj1 将新增的状态活动放入空状态中，obj2 将新增的触发事件放入直接转移中，此时无须进行状态活动分割或触发事件分割；图 9-2c 中 obj1 将新增的状态活动放入 m1 中，而后根据规则 9.4 进行状态分割，obj2 将触发事件放入 m1 中，而后根据规则 9.5 进行触发事件分割。

SMO 交换两条消息的时间顺序，发生在需要改变两个交互行为之间关系的时候。自动机中的 SMO 按照规则 9.8 进行演化。

规则 9.8（SMO 的演化规则）　如果待交换的消息有着相同的发送对象和接收对象，则直接交换二者的状态活动或转移的触发事件；如果二者的发送对象和接收对象不同，则将状态活动放置于原转移状态的目标状态中，将转移状态放置于进入原状态活动的转移中，而后依次执行规则 9.4、规则 9.5 和规则 9.3。

如图 9-2 中的 d、e、f 所示是 SMO 的演化示例，待交换的消息为 m1 和 m2。图 9-2f 中待交换的消息有相同的发送对象和接收对象，则直接交换 m1 和 m2 即可；图 9-2d 中 obj1 将 m1 的行为状态放入 m3 中，将 m2 的触发事件放入 m4 中，而后依次执行规则 9.4、规则 9.5 和规则 9.3，obj2 也进行了类似的过程；图 9-2e 与图 9-2d 的情况类似，区别仅在于少了一个触发事件（m4），因此规则 9.3 执行完后移除了一处无效状态。

OM 反转消息的发送对象与接收对象，发生在需要修改某个交互行为本身的时候。自动机中的 OM 按照规则 9.9 进行演化。

规则 9.9（OM 的演化规则）　将待反转的消息所对应的状态活动（转移的触发事件）直接放入直接相连的转移（状态）中，而后依次执行规则 9.5（规则 9.4）和规则 9.3。

如图 9-2g 所示是 OM 的演化示例：反转消息 m1。Obj1 将 m1 的行为状态放入 obj2 中的 m2 里，obj2 将 m1 的触发事件放入 obj1 中的 m2 里，而后分别依次执行规则 9.4、规则 9.5 和规则 9.3。

CMM 改变消息的发送或接收对象，发生在需要修改某个交互行为本身的时候。自动机中的 CMM 按照规则 9.10 进行演化。

规则 9.10（CMM 的演化规则）　将改变的消息的状态活动（转移的触发事件）从原自动机移到目标自动机，置于相应位置的状态（转移）中，而后依次执行规则 9.4（规则 9.5）和规则 9.3。

如图 9-2h 所示是 CMM 的演化示例：将消息 m1 的接收对象从 obj2 改变成 obj3。从图中可以看出 obj1 并未发生变化；obj2 直接移除 m1 的触发事件，而后执行规则 9.3；obj3 在相应的位置，即 m3 和 m4 之间插入触发事件 m1（插入至 m3 中），而后依次执行规则 9.5 和规则 9.3。

消息与约束直接相关，消息的演化会直接影响到对象之间的交互行为，但不一定会违背约束。我们可以将这种演化分为三类。第一类演化与当前约束无关，如 Add Message 在大多数情况下与当前的约束无关，这些演化不会对架构设计的正确性或时态属性产生影响。第二类演化与约束直接关联但不会违背约束，如 Change Message Module 后的消息不会违背“在某处产生”的约束，这些演化同样不会对架构设计的正确性或时态属性产生影响。第三类演化与约束直接关联并会违背约束，如 Delete Message 删除的某条消息是某条约束的内容之一，这种演化后的架构违背了约束，我们认为其是不正确的演化。

消息是顺序图的核心内容，消息演化是顺序图演化的核心。对象的演化会伴随着消息演化，否则没有意义；复合片段和约束均基于消息存在，二者的演化也直接受到消息演化的影响。因此，对其他演化进行分析研究的同时，也要对相关联的消息演化进行分析。

9.1.3 复合片段演化

复合片段是对象交互关系的控制流描述，表示可能发生在不同场合的交互，与消息同属于连接件范畴。复合片段本身的信息包括类型、成立条件和内部执行序列，其中内部执行序列的演化等价于消息序列演化。根据文献 [9] 中所述，会产生分支的复合片段包括 ref、loop、break、alt、opt、par，其余的复合片段类型并不会产生分支，因此我们主要考虑这些会产生分支的复合片段所产生的演化。我们将复合片段的演化分为 Add Fragment（AF）、Delete Fragment（DF）、Fragment Type Change（FTC）和 Fragment Condition Change（FCC），如图 9-3 所示。实际上的复合片段的修改与相应的语义有关，会有非常多可能的控制流，这里仅仅列出了其中一些常见的示例。

FCC 改变复合片段内部执行的条件，发生在改变当前控制流的执行条件时。自动机中与控制流执行条件相对应的转移包括两个，一个是符合条件时的转移，另一个是不符合条件时的转移，因此每次发生 FFC 演化时会同时修改这两个转移的触发事件。自动机中的 FFC 按照规则 9.11 进行演化。

规则 9.11（FCC 的演化规则） 直接修改复合片段执行条件所对应的转移的触发事件。

AF 在某几条消息上新增复合片段，发生在需要增添新的控制流时。复合片段所产生的分支是不同类型的，例如 ref 会关联到另一个顺序图，par 会产生并行消息，其余的则为分支过程。在添加复合片段时，自动机所产生演化的规则是不一样的。因此，自动机中的 AF 按照规则 9.12 ～ 9.14 进行演化。

规则 9.12（AF（ref）的演化规则） 在新增 ref 块的位置处插入一个空状态和直接转移，将关联的顺序图中相应对象所对应的自动机插入至空状态的位置并代替空状态，而后执行规则 9.3。

如图 9-3b 所示是 AF（ref）的演化示例：在 m1 和 m2 之间增加一个 ref 块。新关联的顺序图中 obj1 所对应的自动机 A1 被插入至相应的位置，即 obj1 中 m1 和 m2 之间。obj2 执行相同的规则。

规则 9.13（AF（par）的演化规则） 在新增 par 块的位置处插入一个空状态和直接转移并移除所有处于 par 块空的消息所对应的状态和转移，而后执行规则 9.3；将并行块里的消息用子层次自动机表示，每个原子并行序列对应子层次自动机里的一个顺序自动机，将由空状态到该子层次自动机的映射添加至组合函数中。

如图 9-3c 所示是 AF（par）的演化示例，即将 par 块增添至 m1 和 m2 之间的消息处，使得 m3、m4 为一组，与 m5 为并行消息。将 m3、m4 和 m5 分别用串行自动机表示，par 块包含的部分用层次自动机表示，并连接至新的空状态中，将映射关系 $\rho(s_{par})$ 添加至组合函数中。

规则 9.14（AF（loop,alt,opt,break）的演化规则） 在新增复合片段块的状态序列的前后分别插入空状态，根据不同的控制流要求新增直接转移，而后执行规则 9.11。

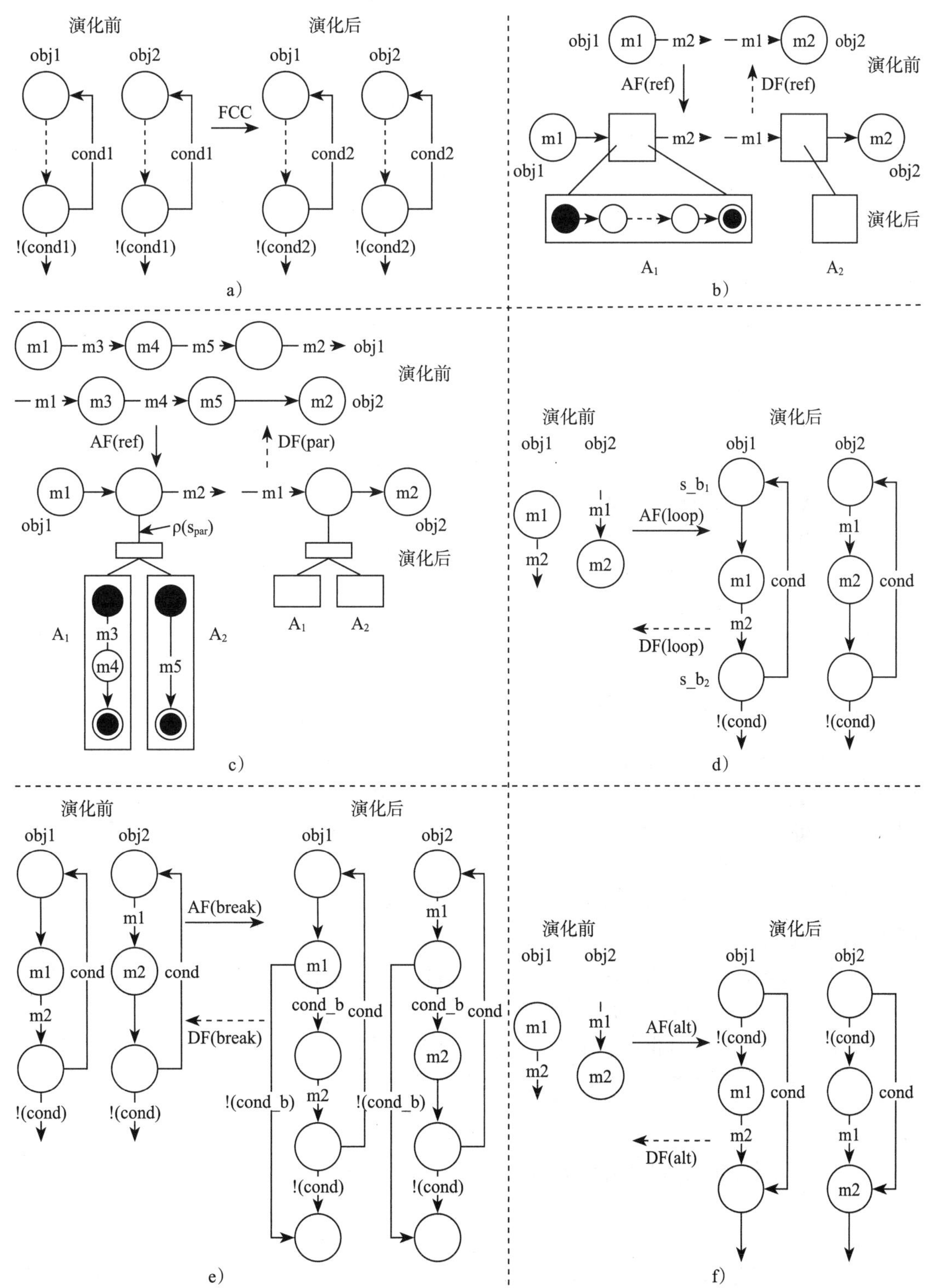

图 9-3　复合片段的演化说明

图 9-3d ～ f 所示是 AF（loop，alt，opt，break）的演化案例。图 9-3d 新增循环条件为 cond 的 loop 块，包含消息 m1 和 m2。obj1 在 m1、m2 前后新增两个空状态 s_b_1、s_b_2，新增一条由 s_b_2 指向 s_b_1 的转移并以循环条件 cond 作为触发事件，修改 s_b_2 指向下一个状态的转移的触发事件为循环条件的逻辑非。图 9-3f 是 alt 和 opt 块的演化案例，alt 可以视为多个 opt 的同时选择，它们的演化过程与 loop 类似，这里不再单独说明。图 9-3e 是 break 块的演化案例，break 一般位于选择或者循环体中，这里采用一个 loop 的例子说明，在消息 m2 处添加 break 块，条件是 cond_b。

DF 删除某个现有的复合片段，发生在需要移除当前某段控制流时。DF 与 AF 互为逆向演化过程，因此这里不再单独说明。

FTC 改变复合片段的类型，发生在需要改变某段控制流时。类型演化意味着交互流程的改变，一般伴随着条件、内部执行序列的同时演化，可以视为复合片段的删除与添加的组合。

复合片段的演化对应着对象之间交互流程的变化，因此会对架构设计的正确性及其他时态属性产生影响。新的复合片段的增加、条件的改变可能会直接改变消息的执行流程，从而使得违背约束的情况出现。因此需要对复合片段演化的情况进行验证，以保证演化后不会产生预料之外的错误。

9.1.4 约束演化

顺序图中的约束信息以文字描述的方式存储于对象或消息中，如通常可以用 LTL 来描述时态属性约束。约束演化对应着架构配置的演化，一般来源于系统属性的改变，而更多情况下约束会伴随着消息的改变而发生改变。由于其不存在可视化的描述，因此约束演化的信息并未存储于定义的层次自动机中，其不存在自动机描述方式。约束演化即直接对约束信息进行添加、删除。

AC（Add Constraint）直接添加新的约束信息，会对架构设计产生直接的影响，需要判断当前设计是否满足新添加的约束要求。

DC（Delete Constraint）直接移除某条约束信息，发生在去除某些不必要的条件的时候，一般而言当前架构设计均会满足演化后的约束。

同样由于约束缺乏可视化的描述，因此如果对约束信息进行修改，可以视同为删除了原有约束并添加了新的约束，这里不再另外列出。

9.2 软件架构演化方式的分类

软件架构演化方式很多，有些人试着对它进行分类。例如：

1）按照软件架构的实现方式和实施粒度分类：基于过程和函数的演化、面向对象的演化、基于组件的演化和基于架构的演化[9]。

2）Jeffrey M. Barnes 等人按照研究方法将软件架构演化方式分为四类[6]：第一类是对演化的支持，如代码模块化的准则[7]、可维护性的指示（如内聚和耦合）[14,15]、代码重构[16]等；第二类是版本和工程的管理工具，如 CVS[17] 和 COCOMO[18]；第三类是架构变换的形式方法，包括系统结构和行为变换的模型[19-22]，以及架构演化的重现风格[23-27]等；第四类是架构演化的成本收益分析，决定如何增加系统的弹性[28-30]。

3）针对软件架构的演化过程是否处于系统运行时期，可以将软件架构演化分为静态演化（static evolution）和动态演化（dynamic evolution），前者发生在软件架构的设计、实现和维护过程中，软件系统还未运行或者处在运行停止状态[3]，后者发生在软件系统运行过程中[31]。

软件架构演化发生的四个时期如下：

- 设计时演化（design-time evolution）：演化发生在体系结构模型和与之相关的代码编译之前。
- 运行前演化（pre-execution evolution）：演化发生在执行之前、编译之后，这时由于应用程序并未执行，修改时可以不考虑应用程序的状态，但需要考虑系统的体系结构，且系统需要具有添加和删除组件的机制。
- 有限制的运行时演化（constrained runtime evolution）：系统在设计时就规定了演化的具体条件，将系统置于“安全”模式下，演化只发生在某些特定约束满足时，可以进行一些规定好的演化操作。
- 运行时演化（runtime evolution）：系统的体系结构在运行时不能满足要求时发生的改变，包括添加组件、删除组件、升级替换组件、改变体系结构的拓扑结构等。此时的演化是最难实现的。

限于篇幅，本章重点介绍软件架构的静态演化和动态演化。

9.2.1　软件架构静态演化

1. 静态演化需求

软件架构静态演化的需求是广泛存在的，可以归结为两个方面：①设计时演化需求，在架构开发和实现过程中对原有架构进行调整，保证软件实现与架构的一致性以及软件开发过程的顺利进行；②运行前演化需求，软件发布之后由于运行环境的变化，需要对软件进行修改升级，在此期间软件的架构同样要进行演化。

下面分别介绍软件演化中的架构静态演化、适应该静态演化的应用实例—正交软件架构，以及软件开发过程中的架构静态演化。

2. 静态演化一般过程

软件静态演化是系统停止运行期间的修改和更新，即一般意义上的软件修复和升级。与此相对应的维护方法有三类：更正性维护、适应性维护和完善性维护。

软件的静态演化一般包括如下五个步骤，如图 9-4 所示 [2]。

- 软件理解：查阅软件文档，分析软件架构，识别系统组成元素及其之间的相互关系，提取系统的抽象表示形式。
- 需求变更分析：静态演化往往是由于用户需求变化、系统运行出错和运行环境发生改变等原因所引起的，需要找出新的软件需求与原有的差异。
- 演化计划：分析原系统，确定演化范围和成本，选择合适的演化计划。
- 系统重构：根据演化计划对系统进行重构，使之适应当前的需求。
- 系统测试：对演化后的系统进行测试，查找其中的错误和不足之处。

在系统未运行的情况下，软件功能的变更或环境变化可能会带来架构中组件元素的增加、替换、删除、组合和拆分操作。架构静态演化需要对这些操作给其他组件和系统本身带来的影响进行分析。通过对组件间的影响关系进行建模，按照可达矩阵的方式即可计算出每种组件变更操作所影响的范围。

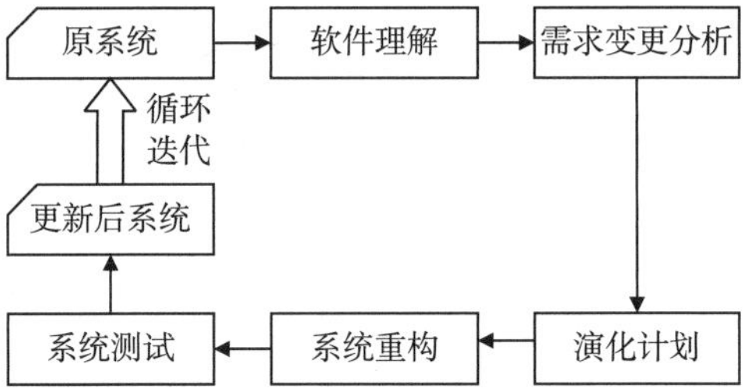

图 9-4　静态演化过程模型

3. 静态演化的原子演化操作

一次完整软件架构演化过程可以看作经过一系列原子演化操作组合而成。所谓原子演化操作，是指基于 UML 模型表示的软件架构，在逻辑语义上粒度最小的架构修改操作。这些操作并非物理结构上不可分割。例如增加一个新的模块，该模块需要与架构其余部分相关联，必然导致模块间依赖关系的增加。然而模块的增加还涉及模块内部的类、接口以及与模块相关的规约条件，这些对架构相关质量属性的度量均有影响，因而我们认为模块的增加是单独的原子粒度不可再拆分的架构修改操作。每经过一次原子演化操作，架构会形成一个演化中间版本 A_i。对于不同的质量属性度量和评估，影响该质量属性变化的原子演化操作类型不同，形成软件架构的中间版本序列 A_0、A_1、A_2、…、A_n 也不同。例如，假设我们需要度量软件架构的可维护性和可靠性，就应该讨论影响可维护性和可靠性的度量结果的各种原子演化操作。

（1）与可维护性相关的架构演化操作

架构演化的可维护性度量基于组件图表示的软件架构，在较高层次上评估架构的某个原子修改操作对整个架构所产生的影响。这些原子修改操作包括增加 / 删除模块间的依赖、增加 / 删除模块间的接口、增加 / 删除模块、拆分 / 聚合模块等，如表 9-1 所示。

表 9-1　可维护性相关架构演化操作

AMD（Add Module Dependence）	增加模块间的依赖关系
RMD（Remove Module Dependence）	删除模块间的依赖关系
AMI（Add Module Interface）	增加模块间的接口

（续）

RMI（Remove Module Interface）	删除模块间的接口
AM（Add Module）	增加一个模块
RM（Remove Module）	删除一个模块
SM（Split Module）	拆分模块
AGM（Aggregate Modules）	聚合模块

AMD/RMD：模块间的依赖关系体现了模块逻辑组织结构和控制关系，包含模块对其他模块的直接依赖和间接依赖，对模块依赖关系的修改改变了模块的控制关系以及逻辑响应，从整体上影响了架构的组织结构，可能导致架构的外部质量属性发生变化。

- AMI/RMI：模块间的接口表示模块间的调用方式，模块通过接口直接提供相应可执行功能，对接口的修改可直接改变模块间的调用关系和调用方式，并可能导致具体的执行事件的顺序和方式发生更改。
- AM/RM：在架构中，模块封装一系列逻辑耦合度高或部署紧密的子模块，用来表达完整的功能。模块的增加、删除不仅仅表示软件功能的更改，该模块与其他模块的耦合方式可能使得架构整体组织结构的变化，从而引入 AMD 和 RMD 操作。过多的耦合会造成修改影响范围增大，不利于软件的维护以及持续演化。另外模块本身内部设计的正确性、合理性等问题将会影响软件潜在风险。
- SM/AGM：拆分和聚合模块通常发生在软件调整过程中，对模块的拆分和聚合可直接影响软件的内聚度和耦合度，从而影响软件整体复杂性。

（2）与可靠性相关的架构演化操作

架构演化的可靠性评估基于用例图、部署图和顺序图，分析在架构模块的交互过程中某个原子演化操作对交互场景的可靠程度的影响。这些原子修改操作包括增加 / 删除消息、增加 / 删除交互对象、增加 / 删除 / 修改消息片段、增加 / 删除用例执行、增加 / 删除角色等，如表 9-2 所示。

表 9-2　可靠性相关架构修改操作

AMS（Add Message）	在顺序图中增加模块交互消息
RMS（Remove Message）	在顺序图中删除模块交互消息
AO（Add Object）	在顺序图中增加交互对象
RO（Remove Object）	在顺序图中删除交互对象
AF（Add Fragment）	在顺序图中增加消息片段
RF（Remove Fragment）	在顺序图中删除消息片段
CF（Change Fragment）	在顺序图中修改消息片段
AU（Add Use Case）	在用例图中为参与者增加一个可执行用例
RU（Remove Use Case）	在用例图中为参与者删除某个可执行用例
AA（Add Actor）	在用例图中增加参与者
RA（Remove Actor）	在用例图中删除参与者

- AMS/RMS：模块间的消息交互体现在 UML 顺序图中。消息变化包含增加消息、删除消息和修改消息。消息的修改可能为顺序更改、交互对象更改等，该变化可通过删除原消息和增加新的消息等操作组合而成，因而我们只讨论原子粒度的增加消息、删除消息两种操作。消息的删减导致交互过程中时序复杂度的变化，可能引入运行时风险。
- AO/RO：在顺序图中增加或删除交互对象将引入 AMS/DMS 操作，即与该对象相关的消息将同时被增加或删除，同时，在部署图中还须将该模块添加到相关站点或从相关站点删除该模块。由于一个执行场景的可靠性直接取决于组件可靠性和连接件可靠性，交互对象的增减将直接影响一个或多个包含该模块的场景的交互复杂性。
- AF/RF/CF：消息片段为顺序图中一组交互消息的循环调用，消息片段的增加、删除或者调用次数的修改将影响交互过程的复杂度，从而影响该场景的执行风险。
- AU/RU：为参与者增加或删除可执行用例，表示参与者执行权限的变化，一般来说可执行用例越多的参与者其权限越高。用户在运行系统时以某一参与者的身份执行用例，由于其参与的执行事件的增加或者事件执行方式的多样化，将导致系统运行更为复杂，运行时风险增加。
- AA/RA：增加或删除某一参与者意味着执行权限的增加或减少，该操作将引入 AU/RU 操作。参与者的增减虽然不会导致软件结构上的变化，然而不同的参与者有不同的执行方式，因而会导致系统动态交互上的变化，对程序运行时风险有影响。

4. 例子：正交软件架构

在静态演化中，为了高效地对修改进行分析和管理，一种应用广泛的处理方式就是使用正交软件架构。

对于复杂的应用系统，通过对功能进行分层和线索化，可以形成正交体系结构，同一层次中的组件不允许相互调用，故每个变动仅影响一条线索。如图 9-5 所示。

这样，正交体系的演化过程概括如下：①需求变动归类，使需求的变化和现有组件及线索相对应，判断重用情况；②制定架构演化计划；③修改、增加或删除组件；④更新组件之间的相互作用；⑤产生演化后的软件架构，作为系统更新的详细设计方案和实现基础。

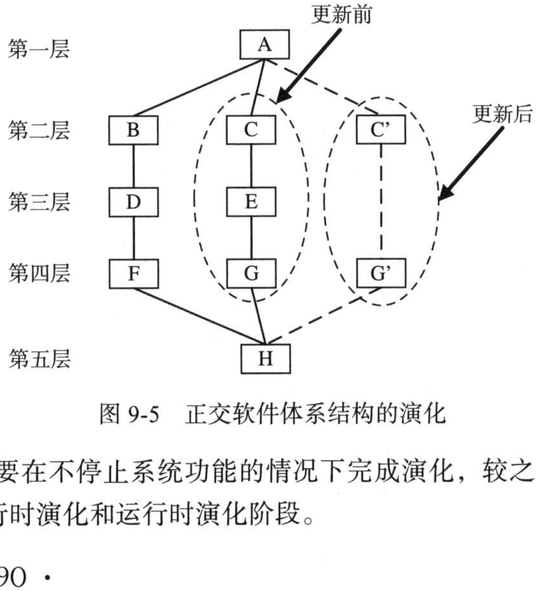

图 9-5 正交软件体系结构的演化

9.2.2 软件架构动态演化

动态演化是在系统运行期间的演化，需要在不停止系统功能的情况下完成演化，较之静态演化更加困难。具体发生在有限制的运行时演化和运行时演化阶段。

1. 动态演化的需求

架构的动态演化主要来自两类需求：①软件内部执行所导致的体系结构改变。例如，许多服务器端软件会在客户请求到达时创建新的组件来响应用户需求；②软件系统外部的请求对软件进行的重配置。例如，操作系统在升级时无须重新启动，在运行过程中就完成对体系结构的修改。

对于一些需要长期运行且具有特殊使命的系统（如航空航天、生命维持、金融、交通等），如果系统需求或环境发生了变化，此时停止系统运行进行更新或维护将会产生高额的费用和巨大的风险，对系统的安全性也会产生很大的影响。静态体系结构缺乏表示动态更新的机制，很难用其分析、描述这样的系统，更不能用它来指导系统进行动态演化。因此，动态演化架构的研究应运而生。随着网络和许多新兴软件技术（如 Agent、网格计算、普适计算、移动计算、网构软件等）的发展，对架构提出了许多更高的要求，如架构的扩展性、复用性、适应性等，而传统的静态体系结构已难以满足这些要求。

2. 动态演化的类型

（1）软件动态性的类型

Carlos E. Cuesta 等人将软件的动态性分为三个级别（如图 9-6 所示）：①交互动态性（interactive dynamism），要求数据在固定的结构下动态交互；②结构动态性（structural dynamism），允许对结构进行修改，通常的形式是组件和连接件实例的添加和删除，这种动态性是研究和应用的主流；③架构动态性（architectural dynamism），允许软件架构的基本构造的变动，即结构可以被重定义，如新的组件类型的定义。以此标准衡量，目前软件架构的动态演化研究大多仅支持发生在级别 1 和 2 上的动态性，而对级别 3 上的动态性支持甚少，但是 Cuesta 坚持认为只有级别 3 的架构才是真正的动态架构[33]。

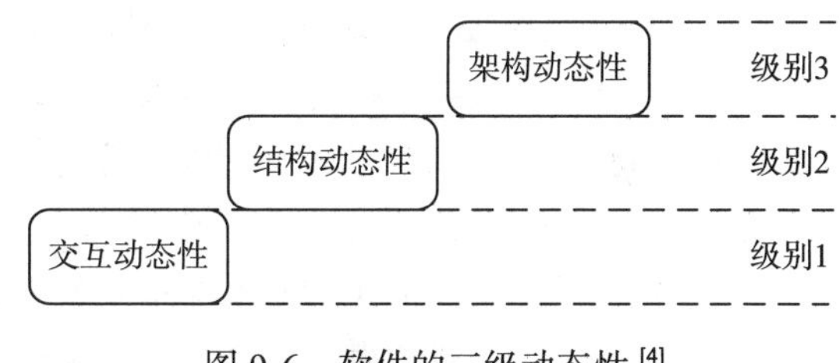

图 9-6　软件的三级动态性[4]

（2）动态演化的内容

根据所修改的内容不同，软件的动态演化主要包括以下四个方面[2-4]：

- 属性改名：目前所有的 ADL 都支持对非功能属性的分析和规约，而在运行过程中，用户可能会对这些指标进行重新定义（如服务响应时间）。
- 行为变化：在运行过程中，用户需求变化或系统自身服务质量的调节都将引发软件行为的变化。诸如，为了提高安全级别而更换加密算法；将 HTTP 协议改为 HTTPS 协议；组件和连接件的替换和重新配置。
- 拓扑结构改变：如增、删组件，增、删连接件，改变组件与连接件之间的关联关系等。

- 风格变化：一般软件演化后其架构风格应当保持不变，如果非要改变软件的架构风格，也只能将架构风格变为其衍生风格，如将两层 C/S 结构调整为三层 C/S 结构或 C/S 和 B/S 的混合结构，将“1 对 1”的请求响应结构改为“1 对 *N*”的请求响应结构，以实现负载的平衡。

目前，实现软件架构动态演化的技术主要有两种：采用动态软件架构（Dynamic Software Architecture，DSA）和进行动态重配置（Dynamic Reconfiguration，DR）。DSA 是指在运行时刻会发生变化的系统框架结构，允许在运行过程中通过框架结构的动态演化实现对架构的修改；DR 从组件和连接件的配置入手，允许在运行过程中增删组件、增删连接件、修改连接关系等操作。二者从不同的侧面对软件和架构的动态演化进行研究，尚无明确的分类。在此，我们将 DSA 归结为架构动态性，将 DR 归结为结构动态性。下面分别对二者进行讨论。

3. 动态软件架构

Perry 在 2000 年第十六届世界计算机大会主题中提出，软件架构中最为重要的三个研究方向，即软件架构风格、软件架构连接件和 DSA[34]。DSA 指那些在软件运行时刻会发生变化的体系结构。与静态软件架构相比，DSA 的特殊之处在于它的动态性。软件架构的动态性指由于系统需求、技术、环境、分布等因素的变化而导致软件架构在软件运行时刻的变化，主要通过软件架构的动态演化来体现。

Bradbury 等人为 DSA 做了如下定义：动态软件架构（DSA）可以修改自身的架构，并在系统执行期间进行修改 [35]。

DSA 的意义主要在于能够减少系统开发的费用和风险。由于采用 DSA，一些具有特殊使命的系统能够在系统运行时根据需求对系统进行更新，并降低更新的费用和风险。此外，DSA 能增强用户自定义性和可扩展性，并可为用户提供更新系统属性的服务。

（1）基于 DSA 实现动态演化的基本原理

实现软件架构动态演化的基本原理是使 DSA 在可运行应用系统中以一类有状态、有行为、可操作的实体显式地表示出来，并且被整个运行环境共享，作为整个系统运行的依据。也就是说，运行时刻体系结构相关信息的改变可用来触发、驱动系统自身的动态调整。此外，对系统自身所做的动态调整结果可反映在体系结构这一抽象层面上。

在系统结构上，通过引入运行时体系结构对象，使得相关协同逻辑可从计算组件中分离出来，显式、集中地得以表达，符合关注分离的原则；同时又解除了系统组件之间的直接耦合，这些都有助于系统的动态调整。由于动态演化实现起来比静态演化复杂得多，系统必须提供 SA 动态演化的一些相关功能。首先，系统必须提供保存当前软件架构信息（拓扑结构、组件状态和数目等）的功能；其次，实施动态演化还须设置一个监控管理机制，对系统有无需求变化进行监视。当发现有需求变化时，应能分析、判断可否实施演化，以及何时演化和演化范围，并最终分析或生成演化策略。再者，还应保证演化操作原子性，即在动态变化过程中，如果其中之一的操作失败了，整个操作集都要被撤销，从而避免系统出现不稳定的状态。

DSA 实施动态演化大体遵循以下四步：①捕捉并分析需求变化；②获取或生成体系结构演化策略；③根据步骤 2 得到的演化策略，选择适当的演化策略并实施演化；④演化后的评估与检测。完成这四个步骤还需要 DSA 描述语言和演化工具的支持。

（2）DSA 描述语言

按照描述视角可将软件动态性建模语言分为三类[4]：①基于行为视角的 π-ADL，使用进程代数来描述具有动态性的行为；②基于反射视角的 Pilar，利用反射理论显式地为元信息建立模型；③基于协调视角的 LIME，注重计算和协调部分的分离，利用协调论的原理来解决动态性交互。

π-ADL

一般来说，软件架构的描述分为两个部分：结构相关描述和行为相关描述。DSA 的重点是运行时对结构进行改变的行为，因此需要对这些行为进行描述和验证。进程代数是处理这一问题的形式化方法，其中以序列化方式执行的一系列行为被抽象为进程，行为的交互被简化为进程的合成。

目前主流的进程代数语言之一就是 π 演算，π-ADL 就是以此为基础设计的架构描述语言，它采用运行时的观点对系统进行建模，其模型包括组件、连接件和行为。所有元素都会随时间演化。

π-ADL 是为移动系统建模设计的，由于移动通信领域中动态性特别明显（如手机移动时会动态改变与服务器的连接关系），移动系统本身就需要使用 DSA。

Pilar

对于动态架构的直观解决方案就是实现架构反射，将模型与系统相关联，模型的修改会反映到系统的修改上，系统的变化也会表现为模型的变化。

形式化的反射模型是一个基于层的模型，其中每一层都作为它的基层的元系统（meta-system），而基层就称为基系统（base-system）。对于每一个元 - 基系统对，元系统描述了系统如何感知或修改自身，而基系统则提供常规的应用操作和结构。

反射模型并没有限定层的数量，但是在实际应用中一般采用少于三层的反射模型。

MARMOL（meta architecture model）是第一个试图将反射和架构结合起来的形式化模型，其主要思想在于：在架构描述中引入多个层次，并利用反射的概念来表示它们。要注意 MARMOL 既不是针对特定问题或项目的模型，也不是一种架构风格或模式，而是一种描述风格，它能够与其他 ADL 结合起来应用，如使用 MARMOL 描述层模型，而对于单个的层则使用其他 ADL 进行描述。

基于 MARMOL 的动态架构描述语言 Pilar 已经出现。在 Pilar 中只有一种顶级元素：组件，而每个组件都由四个部分组成，即接口、配置、具化（reification）和约束。

LIME

在分布式和并行系统的演化中，协调模型（coordination model）的应用广泛。它提供了增强模块性、组件复用性、移植性和语言互操作性的框架。

协调模型与 DSA 的关系在于：大规模并行系统分布在许多逻辑节点上，这些节点的交互行为本质上就是动态的，对于 DSA 的需求即来自于此。

Linda 首次将协调模型应用于计算机科学，而 LIME（Linda In a Mobile Environment）则是 Linda 的扩展，支持移动应用的开发。它既能描述物理移动性，也能描述逻辑移动性，通过分离计算部分和协调部分使得时间、空间因素分离，简化了分布式系统的开发。

（3）DSA 演化工具

动态演化的工具需要支持系统在演化过程中与其软件架构的一致性检查，并能够对架构演化过程进行管理，主要有以下几种方法。

- 使用反射机制：Dowling 等人设计了 K-Component 框架元模型，该模型使用有类型的有向配置图对架构进行表示，能够支持系统的动态调整[36]。北京大学研究的 PKUAS 系统引入运行时软件架构（RSA）作为全局视图，支持置于单个 EJB 容器内的组件演化[37，38]。李长云等提出的基于体系结构空间支持动态演化的软件模型（SASM）使用运行时体系结构（RSAS）作为架构模型，是一个在运行期间有状态、有行为、可访问的对象，支持面向服务架构的动态演化[39，40]。余萍等人提出的 Artemis-ARC 系统是以 ACME 为语义设计的运行时可编程架构模型，支持构架和服务架构演化，可以对 DSA 进行追溯、验证和框架代码检查[41]。
- 基于组件操作：主要有王海燕等提出的一种基于组件的动态体系结构模型[42]和李长云等设计的一个面向应用的、开放的、SA 驱动的分布式运行环境 SACDRE[39，40]。此类工具用于支持基于组件的系统构架进行动态演化。
- 基于 π 演算：π 演算是在 CCS（Calculus of Communicating System）的基础上提出的、基于命名概念的进程代数并发通信行为演算方法，可以用来描述结构不断变化的并发系统。于振华等提出的软件体系抽象模型（Software Architecture Abstract Model，SAAM）便是通过一系列 π 演算进程对 SA 实施演化，并利用 π 演算的相关分析方法对 SA 的一致性进行分析[43]。
- 利用外部的体系结构演化管理器：加州大学欧文分校提出了基于 SA 的开发和运行环境 ArchStudio，该执行工具包含三种体系结构变更源工具——Argo、ArchShell 和扩展向导。Argo 提供一个体系结构的图形描述和操作手段，ArchShell 提供一个文本的、命令式的体系结构变更语言，扩展向导提供一个可执行的脚本更改语言，用来对体系结构进行连续演化。其所定义的系统动态演化方法是如何将体系结构层面表达的动态调整在具体系统中实施的一个典型代表[44]。

（4）DSA 的应用实例：PKUAS

PKUAS[37] 是一个符合 JavaEE 规范的组件运行支撑平台，支持 3 种标准 EJB 容器，包括无态会话容器、有态会话容器和实体容器，并支持远程接口和本地接口，提供 IIOP、JRMP、SOAP 以及 EJBLocal 互操作机制，内置命名服务、安全服务、事务服务、日志服务、数据库连接服务；通过了 JavaEE 蓝图程序 JPS v1.1 的测试。

为了能够明确标识、访问和操纵系统中的计算实体，反射式中间件必须具备组件化的基础设施体系。

基于 Java 虚拟机，PKUAS 将平台自身的实体划分为如下 4 种类型。

1）容器系统：容器是组件运行时所处的空间，负责组件的生命周期管理（如类装载、实例化、缓存、释放等）以及组件运行需要的上下文管理（如命名服务上下文、数据库连接等）。在 PKUAS 内置的 3 种 EJB 容器中，一个容器实例管理一个 EJB 组件的所有实例，而一个应用中所有 EJB 组件的容器实例组成一个容器系统。这种组织模式有利于实现特定于单个应用的配置和管理，如不同应用使用不同的通信端口、认证机制与安全域。

2）公共服务：其实现系统的非功能性约束，如通信、安全、事务等。由于这些服务可通过微内核动态增加、替换和删除，因此，为了保证容器或组件正确调用服务并避免服务卸载的副作用，必须提供服务功能的动态调用机制。对于供容器使用的服务，必须开发相应的截取器作为容器调用服务的执行点。对于供组件使用的服务，必须在命名服务中加以注册。

3）工具：辅助用户使用和管理 PKUAS 的工具集合，主要包括部署工具、配置工具与实时监控工具。其中，部署工具既可热部署整个应用，也可热部署单个组件，从而实现应用的在线演化；配置工具允许用户配置整个服务器或单个应用；而实时监控工具允许用户实时观察系统的运行状态并做出相应调整。

4）微内核：上述 3 类实体统称为系统组件，微内核负责这些系统组件的装载、配置、卸载，以及启动、停止、挂起等状态管理。PKUAS 微内核符合 Java 平台管理标准 JMX（Java Management eXtension），继承了 JMX 可移植、伸缩性强、易于集成其他管理方案、有效利用现有 Java 技术、可扩展等优点。

其中，容器系统、服务、工具等被管理的系统组件组成资源层，通过 MBean 接口对外提供与管理相关的属性和操作。负责注册资源的 MBeanServer 和管理资源的插件组成管理层。MBeanServer 对外提供所有资源的管理接口，允许资源动态地增加或删除。管理插件则是执行其他管理功能的 MBean，如 PKUAS 实时监控管理工具的核心功能就是通过管理插件实现的。

4. 动态重配置

基于软件动态重配置的软件架构动态演化主要是指，在软件部署之后对配置信息的修改，常常被用于系统动态升级时需要进行的配置信息修改。一般来说，动态重配置可能涉及的修改有 [45-48]：①简单任务的相关实现修改；②工作流实例任务的添加和删除；③组合任务流程中的个体修改；④任务输入来源的添加和删除；⑤任务输入来源的优先级修改；⑥组合任务输出目标的添加和删除；⑦组合任务输出目标的优先级修改，等等。

（1）动态重配置模式

每一种重配置模式说明了软件模式中组件是如何协作的，以及如何通过协作来完成整个产品线的动态重配置过程（即从一种配置转化为另一种配置）。

下面介绍 4 种重配置模式[49-51]。

1）主从（Master-Slave）模式：在主从模式中，主组件接收客户端的服务请求，它将工作划分给从组件，然后合并、解释、总结或整理从组件的响应。当主组件没有对从组件分配工作时，从组件处于空闲（idle）状态，并会在新的任务分配时被重新激活。主从模式由主操作重配置状态图描述，其中包含两个正交的图，即主操作状态图和主重配置状态图，主操作状态图定义了主组件的操作状态，主重配置状态图描述了主组件如何安排重配置的过程。

2）中央控制（Centralized Control）模式：中央控制模式广泛应用于实时系统之中。在该模式中，一个中央控制器会控制多个组件，其状态图会维持两个状态，分别标识中央控制器是否处于空闲状态。

3）客户端 / 服务器（Client/Server）模式：客户端 / 服务器模式中客户端组件需要服务器组件所提供的服务，二者通过同步消息进行交互，在客户端 / 服务器重配置模式中，当客户端发起的事务完成之后可以添加或删除客户端组件；当顺序服务器（sequential server）完成了当前的事务，或者并发服务器（concurrent server）完成了当前事务的集合，且将新的事务在服务器消息缓冲中排队完毕之后，可以添加或删除服务器组件。

4）分布式控制（Decentralized Control）模式：分布式控制模式下系统的功能整合在多个分布式控制组件之中。该模式广泛用于分布式应用之中，且有着多种相似的类型，如环形（ring）模式和顺序（serial）模式。环形模式中每个组件有着相同的功能，且在其左右均有一个组件（称为前驱和后继）与之交互；顺序模式中每个组件使用相同的连接与自己的前驱和后继交互，每个组件向自己的前驱发送请求并获得响应。

（2）例子：可重用、可配置的产品线架构

软件产品线是一种软件开发和配置的方法论，促进了软件的有效开发，但是尚存一些不足：配置复杂性高，用户可定制的弹性不足，而且关注点有所偏移，从产品转移到了领域。为此 Bayer 等人给出了 PuLSE（Product Line Software Engineering）方法论（如图 9-7 所示），其能够在各种企业环境中进行软件产品线构想和部署。这是通过以下元素来实现的：在 PuLSE 各步骤中以产品为核心关注点，包括组件的可定制性、增量（组件）导入的能力、结构演化的成熟度，以及主要产品开发过程的适应性调整等[52]。

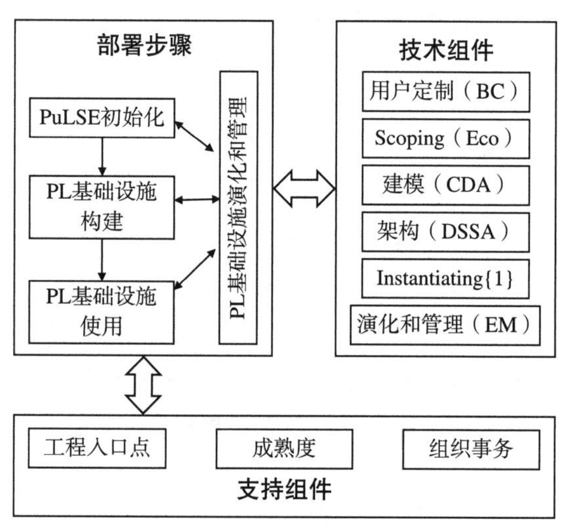

图 9-7　PuLSE 概览

Gomaa 等人提出了一种使用 UML 对软件产品线建立多视角元模型的方

法[53，54]。该模型是一种面向对象的领域模型，能够从多个方面对一个软件产品线进行描述，包括用例模型、静态模型、交互模型、状态机模型和特性模型，并使用对象约束语言（OCL）对各个模型的一致性进行检查。他们开发了一个原型系统 Product Line UML Based Software Engineering Environment（PLUSEE）用以实施该方法。

（3）动态重配置的难点

Tamura 等人提出了在带有服务质量（Quality of Service，QoS）约束的情况下，基于扩展图进行架构重配置的方法[55]。针对此类重配置说明了动态重配置的 4 个难点：①约束定义困难；②性能约束难以静态衡量，需要在软件运行时进行评估；③某些重配置方案能够解决性能约束的某一方面，但是难以管理所有方面；④重配置需要同时保证两个方面，即维持组件系统的完整性和重配置策略的正确和安全性。

9.3　软件架构演化原则

本节列举了 18 种软件架构可持续演化原则，并针对每个原则设计了相应的度量方案。这些度量方案看似简单，但每个方案都能紧抓该原则的本质，可以做到从架构（系统的整体结构）层面提供有价值的信息、帮助对架构进行有效观察。

（1）演化成本控制原则

原则名称：演化成本控制（Evolution Cost Control，ECC）原则

原则解释：演化成本要控制在预期的范围之内，也就是演化成本要明显小于重新开发成本。

原则用途：用于判断架构演化的成本是否在可控范围内，以及用户是否可接受。

度量方案：CoE<<CoRD

方案说明：CoE 为演化成本，CoRD 为重新开发成本，CoE 远小于 CoRD 最佳。

（2）进度可控原则

原则名称：进度可控（schedule control）原则

原则解释：架构演化要在预期时间内完成，也就是时间成本可控。

原则用途：根据该原则可以规划每个演化过程的任务量；体现一种迭代、递增（持续演化）的演化思想。

度量方案：ttask=|Ttask−T'task|。

方案说明：某个演化任务的实际完成时间（Ttask）和预期完成时间（T'task）的时间差，时间差 ttask 越小越好。

（3）风险可控原则

原则名称：风险可控（risk control）原则

原则解释：架构演化过程中的经济风险、时间风险、人力风险、技术风险和环境风险等必须在可控范围内。

原则用途：用于判断架构演化过程中各种风险是否易于控制。

度量方案：分别检验。

方案说明：时间风险、经济风险、人力风险、技术风险都不存在。

（4）主体维持原则

原则名称：主体维持原则

原则解释：对称稳定增长（the Average Incremental Growth，AIG）原则所有其他因素必须与软件演化协调，开发人员、销售人员、用户必须熟悉软件演化的内容，从而达到令人满意的演化。因此，软件演化的平均增量的增长须保持平稳，保证软件系统主体行为稳定。

原则用途：用于判断架构演化是否导致系统主体行为不稳定。

度量方案：计算 AIG 即可，AIG= 主体规模的变更量 / 主体的规模。

方案说明：根据度量动态变更信息（类型、总量、范围）来计算。

（5）系统总体结构优化原则

原则名称：系统总体结构优化（optimization of whole structure）原则

原则解释：架构演化要遵循系统总体结构优化原则，使得演化之后的软件系统整体结构（布局）更加合理。

原则用途：用于判断系统整体结构是否合理、是否最优。

度量方案：检查系统的整体可靠性和性能指标。

方案说明：判断整体结构优劣的主要指标是系统的可靠性和性能。

（6）平滑演化原则

原则名称：平滑演化（Invariant Work Rate，IWR）原则

原则解释：在软件系统的生命周期里，软件的演化速率趋于稳定，如相邻版本的更新率相对固定。

原则用途：用于判断是否存在剧烈架构演化。

度量方案：计算 IWR 即可，IWR= 变更总量 / 项目规模。

方案说明：根据度量动态变更信息（类型、总量、范围等）来计算。

（7）目标一致原则

原则名称：目标一致（objective conformance）原则

原则解释：架构演化的阶段目标和最终目标要一致。

原则用途：用于判断每个演化过程是否达到阶段目标，所有演化过程结束是否能达到最终目标。

度量方案：otask=|Otask−O'task|。

方案说明：阶段目标的实际达成情况（Otask）和预期目标（O'task）的差，otask 越小越好。

（8）模块独立演化原则

原则名称：模块独立演化原则（或修改局部化原则，local change）

原则解释：软件中各模块（相同制品的模块，如 Java 的某个类或包）自身的演化最好相互独立，或者至少保证对其他模块的影响比较小或影响范围比较小。

原则用途：用于判断每个模块自身的演化是否相互独立。

度量方案：检查模块的修改是否是局部的。

方案说明：可以通过计算修改的影响范围来进行度量。

（9）影响可控原则

原则名称：影响可控（Impact Limitation）原则

原则解释：软件中一个模块如果发生变更，其给其他模块带来的影响要在可控范围内，也就是影响范围可预测。

原则用途：用于判断是否存在对某个模块的修改导致大量其他修改的情况。

度量方案：检查影响的范围是否可控。

方案说明：可以通过计算修改的影响范围来进行度量。

（10）复杂性可控原则

原则名称：复杂性可控（complexity controllability）原则

原则解释：架构演化必须要控制架构的复杂性，从而进一步保障软件的复杂性在可控范围内。

原则用途：用于判断演化之后的架构是否易维护、易扩展、易分析、易测试等。

度量方案：CC< 某个阈值。

方案说明：CC 增长可控。

（11）有利于重构原则

原则名称：有利于重构（useful for refactoring）原则

原则解释：架构演化要遵循有利于重构原则，使得演化之后的软件架构更便于重构。

原则用途：用于判断架构易重构性是否得到提高。

度量方案：检查系统的复杂度指标。

方案说明：系统越复杂越不容易重构。

（12）有利于重用原则

原则名称：有利于重用（useful for reuse）原则

原则解释：架构演化最好能维持，甚至提高整体架构的可重用性。

原则用途：用于判断整体架构可重用性是否遭到破坏。

度量方案：检查模块自身的内聚度、模块之间的耦合度。

方案说明：模块的内聚度越高，该模块与其他模块之间的耦合度越低，越容易重用。

（13）设计原则遵从性原则

原则名称：设计原则遵从性（design principles conformance）原则

原则解释：架构演化最好不能与架构设计原则冲突。

原则用途：用于判断架构设计原则是否遭到破坏（架构设计原则是好的设计经验总结，

要保障其得到充分使用)。

度量方案：RCP=|CDP|/|DP|

方案说明：冲突的设计原则集合（CDP）和总的设计原则集合（DP）的比较，RCP越小越好。

（14）适应新技术原则

原则名称：适应新技术（Technology Independence，TI）原则

原则解释：软件要独立于特定的技术手段，这样才能够让软件运行于不同平台。

原则用途：用于判断架构演化是否存在对某种技术依赖过强的情况。

度量方案：TI=1−DDT，其中DDT=|依赖的技术集合|/|用到的技术合集|。

方案说明：根据演化系统对关键技术的依赖程度进行度量。

（15）环境适应性原则

原则名称：环境适应性（platform adaptability）原则

原则解释：架构演化后的软件版本能够比较容易适应新的硬件环境与软件环境。

原则用途：用于判断架构在不同环境下是否仍然可使用，或者容易进行环境配置。

度量方案：硬件/软件兼容性。

方案说明：结合软件质量中兼容性指标进行度量。

（16）标准依从性原则

原则名称：标准依从性（standard conformance）原则

原则解释：架构演化不会违背相关质量标准（国际标准、国家标准、行业标准、企业标准等）。

原则用途：用于判断架构演化是否具有规范性，是否有章可循；而不是胡乱或随意地演化。

度量方案：需要人工判定。

（17）质量向好原则

原则名称：质量向好（Quality Improvement，QI）原则

原则解释：通过演化使得所关注的某个质量指标或某些质量指标的综合效果变得更好或者更满意。例如可靠性提高了。

原则用途：用于判断架构演化是否导致某些质量指标变得很差。

度量方案：EQI ⩾ Q

方案说明：演化之后的质量（EQI）比原来的质量（SQ）要好。

（18）适应新需求原则

原则名称：适应新需求（new requirement adaptability）原则

原则解释：架构演化要很容易适应新的需求变更：架构演化不能降低原有架构适应新需求的能力；架构演化最好可以提高适应新需求的能力。

原则用途：用于判断演化之后的架构是否降低了架构适应新需求的能力。

度量方案：RNR=|ANR|/|NR|。

方案说明：适应的新需求集合（ANR）和实际新需求集合（NR）的比较，RNR 越小越好。

可达性度量的几点说明：

1）绝大多数子原则的可达性度量是可以量化的，需要利用到架构层次中的各种基本信息、变更信息和度量信息。例如，演化成本可控原则的可达性度量就需要计算演化成本：演化成本的计算可以采用 COCOMO II 模型进行计算；复杂度可控原则可以通过计算项目的圈复杂度来度量，等等。

2）对于那些很难（甚至不能）直接量化的子原则，可以采用技术评审或专家评审的方式进行度量。

3）本项目并不追求所有子原则都要进行量化处理，那样并不现实。

9.4　软件架构维护

软件架构是软件开发和维护过程中的一个重点制品，是软件需求和设计、实现之间的桥梁。软件架构的开发和维护是基于架构软件生命周期中的关键环节，与之相关的步骤包括导出架构需求、架构开发、架构文档化、架构分析、架构实现和架构维护。软件架构的维护与演化密不可分，维护需要对软件架构的演化过程进行追踪和控制，以保障软件架构的演化过程能够满足需求（亦有说法将架构维护作为架构演化的一个部分）。

由于软件架构维护过程一般涉及架构知识管理、架构修改管理和架构版本管理等内容，下面分别对它们进行简要介绍。

9.4.1　软件架构知识管理

软件架构知识管理是对架构设计中所隐含的决策来源进行文档化表示，进而在架构维护过程中帮助维护人员对架构的修改进行完善的考虑，并能够为其他软件架构的相关活动提供参考。

1. 架构知识的定义

Lago 等人给出了架构知识的定义：架构知识 = 架构设计 + 架构设计决策。即需要说明在进行架构设计时采用此种架构的原因所在 [56]。

2. 架构知识管理的含义

架构知识管理侧重于软件开发和实现过程所涉及的架构静态演化，从架构文档等信息来源中捕捉架构知识，进而提供架构的质量属性及其设计依据以进行记录和评价 [57, 58]。架构知识管理不仅要涵盖架构的解决方案，也要涵盖产生该方案的架构设计决策、设计依据与其他信息，以有助于架构进一步的演化。

3. 架构知识管理的需求

许多人认为架构知识的可获得性能够极大地提升软件开发流程。如果对架构知识不进行管理的话，那么关键的设计知识就会“沉没”在软件架构之中，如果开发组人员发生变动，那么“沉没”的架构知识就会“腐蚀”。

4. 架构知识管理的现状

对于软件架构知识的讨论侧重于对架构信息的整理、存储和恢复[57，58]。尽管如此，当前尚无实用的架构知识整理策略，构建架构的利益相关者（即拥有架构知识的人）通常不会使用文档来记录架构知识，原因在于对架构知识文档化和维护的动机不足：其好处看起来不够重大而成本相对较高；利益相关者对工程的短期兴趣比起长远的架构知识重用显得更重要；开发者被设计中的创造性工作所吸引，而不会反思设计决策的长远影响；缺乏此方面的培训。更糟糕的是，即使实现了文档化，通常架构知识也不能在整个组织中得到充分的分享。例如，架构知识没有传播给合适的利益相关者；架构知识的接收者没有将之应用于他们的任务之中；知识笨重，难以在应用的时候快速地搜索和定位到合适的知识。

9.4.2 软件架构修改管理

在软件架构修改管理中，一个主要的做法就是建立一个隔离区域（region of quiescence）[47，59]，保障该区域中任何修改对其他部分的影响比较小，甚至没有影响。为此，需要明确修改规则、修改类型，以及可能的影响范围和副作用等[59，60]。

9.4.3 软件架构版本管理

软件架构版本管理为软件架构演化的版本演化控制、使用和评价等提供了可靠的依据，并为架构演化量化度量奠定了基础[50，59-61]。

例如，王映辉等人在描述 SA 的组件 – 连接件模型的基础上，首先针对 SA 的静态演化建立了 SA 邻接矩阵和可达矩阵，凭借矩阵变换与运算对 SA 静态演化中的波及效应进行了深入的分析和量化界定，同时给出了组件在 SA 中贡献大小相对量的计算方法[5]。同时针对 SA 的动态演化，给出了 SA 动态语义网络模型，分析了 SA 动态语义网络中基于不动点的浸润过程收敛的判定依据，提出了邻接矩阵原子过滤的概念，进而指出 SA 动态演化过程可用一系列邻接矩阵来描述。他们还给出了在两个层面上对 SA 演化波及效应进行分析的框架。

9.5 本章小结

本章对软件架构的演化和维护相关内容进行了讨论，主要内容如下：①软件架构在构建之后不可避免地要进行修改，进入演化和维护阶段；②架构的演化和维护既存在于软件开发期间，也存在于软件维护期间；③在软件运行期间所进行的架构演化为架构动态演化，较之架构静态演化更加困难而重要；④软件的动态性包括三个层次，即交互动态性、结构动态性和架构动态性，其中交互动态性是软件常见的功能；⑤结构动态性即为软件系统在执行过程中对组件的动态重配置，通过一定的机制将需要演化的组件从系统中脱离出来，完成修改，实现系统的无缝升级；⑥架构动态性较为困难，目前也未有完善的应用，研究仍停留在理论阶段，通过动态、柔性软件架构能够实现有限的架构动态性（例如将架构从当前风格转换为其衍生风格）。对此本章介绍了动态软件架构的原理及相应的形式化架构描述语言。

思考题

9.1　软件架构演化的意义是什么？如何保障软件架构向好的方面演化？

9.2　软件架构都有哪些演化类型？每种演化类型的本质是什么？

9.3　如何评价软件架构的演化能力？如何评价软件架构演化的效果？

9.4　软件架构演化可能带来的副作用是什么？

9.5　为什么说软件架构演化是持续的？如何评估软件架构演化成本？

9.6　从概念和实施两方面讲，软件架构的演化和维护有什么不同？

9.7　软件架构维护和软件维护有什么联系？

9.8　什么是软件架构的静态演化和动态演化？二者的本质区别是什么？

9.9　软件架构演化还存在哪些挑战？

9.10　软件架构演化和软件演化、版本升级的区别和联系是什么？

参考文献

[1] 付燕 . 软件体系结构实用教程 [M]. 西安：西安电子科技大学出版社，2009.

[2] 张春祥，等 . 软件体系结构理论与实践 [M]. 北京：中国电力出版社，2010.

[3] 映辉 . 软件构件与体系结构：原理，方法与技术 [M]. 北京：机械工业出版社，2009.

[4] 覃征 . 软件体系结构 [M]. 北京：清华大学出版社，2015.

[5] 王映辉，王立福 . 软件体系结构演化模型 [J]. 电子学报，2005, 33(8): 1381-1386.

[6] J M Barnes, D Garlan, B Schmerl. Evolution styles: foundations and models for software architecture evolution[J]. Software & Systems Modeling, 2014, 13(2): 649-678.

[7] D L Parnas. Information distribution aspects of design methodology[J]. Methods, 1971, 4(5): 6-7.

[8] D Garlan, M Shaw. An introduction to software architecture[M]//Advances in software engineering and knowledge engineering. World Scientific Publishing Company.1993: 1-39.

[9] R Miles, K Hamilton. Learning UML 2.0[M]. O'Reilly Media, Inc., 2006.

[10] 陈艺 . 软件架构的仿真技术研究 [D]. 东南大学，2015.

[11] 俞析蒙 . 基于验证的软件架构演化分析与评估 [D]. 东南大学，2015.

[12] 司静文，李必信 . 软件体系结构的度量和评估 [D]. 东南大学，2015.

[13] 姜雨晴 . 基于演化的软件架构度量与评估 [D]. 东南大学，2016.

[14] C Y Baldwin, K B Clark. Design Rules, vol. 1[R]. MIT, Cambridge. 2000.

[15] E Yourdon, L Constantine. Structured design: Fundamentals of a discipline of computer program and systems design[M]. Prentice-Hall, Inc., 1979.

[16] W F Opdyke. Refactoring: An aid in designing application frameworks and evolving object-oriented systems[C]. Proceedings of the Symposium on Object-Oriented Programming Emphasizing Practical Applications, 1990.

[17] B Berliner. CVS II: Parallelizing software development[C]. Proceedings of the USENIX 1990 Winter Technical Conference, 1990, 341: 352.

[18] B W Boehm. Software engineering economics[M]. Englewood Cliffs (NJ): Prentice-hall, 1981.

[19] L Grunske. Formalizing architectural refactorings as graph transformation systems[M]// Software Engineering, Artificial Intelligence, Networking and Parallel/Distributed Computing, Springer, 2008.

[20] B Spitznagel, D Garlan. A compositional approach for constructing connectors[C]. Proceedings of the Working IEEE/IFIP Conference on Software Architecture, IEEE, 2001: 148-157.

[21] Spitznagel B, Garlan D. A compositional formalization of connector wrappers[C].Proceedings of the 25th International Conference on Software Engineering. IEEE Computer Society, 2003: 374-384.

[22] M Wermelinger, J L Fiadeiro. A graph transformation approach to software architecture reconfiguration[J]. Science of Computer Programming, 2002, 44(2): 133-155.

[23] O Le Goaer. Styles d'évolution dans les architectures logicielles[D]. Université de Nantes: Ecole Centrale de Nantes (ECN), 2009.

[24] O Le Goaer, D Tamzalit, M Oussalah, et al. Evolution shelf: reusing evolution expertise within component-based software architectures[C]. Proceedings of the IEEE International Computer Software and Applications Conference (COMPSAC 2008), 2008: 311-318.

[25] M Oussalah, N Sadou, D Tamzalit. SAEV: A model to face evolution problem in software architecture[C]. Proceedings of the International ERCIM Workshop on Software Evolution, 2006: 137-146.

[26] D Tamzalit, M Oussalah, O Le Goaer, et al. Updating Software Architectures: A Style-Based Approach[C]. Proceedings of the International Software Engineering Research and Practice Conference, 2006: 336-342.

[27] D Tamzalit, N Sadou, M Oussalah. Evolution problem within Component-Based Software Architecture[C]. Proceedings of the 18th International Conference on Software Engineering & Knowledge Engineering (SEKE 2006), 2006: 296-301.

[28] R Kazman, L Bass, M Klein. The essential components of software architecture design and analysis[J]. Journal of Systems and Software, 2006, 79(8): 1207-1216.

[29] I Ozkaya, R Kazman, M Klein. Quality-attribute based economic valuation of architectural patterns[C]. Proceedings of the IEEE First International Workshop on the Economics of Software and Computation, 2007(ESC'07), 2007: 5-5.

[30] N Brown, R L Nord, I Ozkaya, et al. Analysis and management of architectural dependencies in iterative release planning[C]. Proceedings of the 9th Working IEEE/IFIP Conference on Software Architecture (WICSA), 2011: 103-112.

[31] Y Chen, X Li, L Yi, et al. A ten-year survey of software architecture[C]. Proceedings of the 2010 IEEE International Conference on Software Engineering and Service Sciences (ICSESS), 2010: 729-733.

[32] 张友生 . 正交软件体系结构模型 [J]. 计算机应用，2004，24（6）：96-98.

[33] C E Cuesta, P de la Fuente, M Barrio-Solárzano. Dynamic coordination architecture through the use of reflection[C]. Proceedings of the 2001 ACM symposium on applied computing. ACM, 2001: 134-140.

[34] D E Perry. Software Engineering and Software Architecture[C]. Proceedings of the International Conference on Software: Theory and Practice, 2000: 1-4.

[35] J S Bradbury, J R Cordy, J Dingel, et al. A survey of self-management in dynamic software architecture specifications[C]. Proceedings of the 1st ACM SIGSOFT workshop on Self-managed systems. ACM, 2004: 28-33.

[36] J Dowling, V Cahill, S Clarke. Dynamic software evolution and the k-component model[C]. Proceedings of the Workshop on Software Evolution, OOPSLA, 2001.

[37] 黄罡，梅宏，杨芙清 . 基于反射式软件中间件的运行时软件体系结构 [J]. 中国科学：E 辑，2004，34（2）：121-138.

[38] G Huang, Q X Wang, H Mei, et al. Research on architecture-based reflective middleware[J]. Journal of Software, 2003, 14(11): 1819-1826.

[39] 李长云，李莹，吴健，等 . 一个面向服务的支持动态演化的软件模型 [J]. 计算机学报，2006，29（7）：1021-1028.

[40] 李长云，邬惠峰，李赣生，等 . 软件体系结构驱动的运行环境 [J]. 小型微型计算机系统，2005，26（8）：1358-1363.

[41] 余萍，马晓星，吕建，等 . 一种面向动态软件体系结构的在线演化方法 [J]. 软件学报，2006，17（6）：1360-1371.

[42] 王海燕 . 一种基于构件的可动态更新的体系结构模型 [J]. 农业网络信息，2006（3）：9-11.

[43] 于振华，蔡远利，徐海平 . 动态软件体系结构建模方法研究 [J]. 西安交通大学学报，2007，41（2）：167-171.

[44] ArchStudio 5[EB/OL]. http://isr.uci.edu/projects/archstudio/, 2007.

[45] S K Shrivastava, S M Wheater. Architectural support for dynamic reconfiguration of large scale distributed applications[C]. Proceedings of the Fourth IEEE International Conference on Configurable Distributed Systems, 1998: 10-17.

[46] H Gomaa, M Hussein. Software reconfiguration patterns for dynamic evolution of software architectures[C]. Proceedings of the Fourth Working IEEE/IFIP Conference on Software

Architecture(WICSA 2004), 2004: 79-88.

[47] J Kramer, J Magee. The evolving philosophers problem: Dynamic change management[J]. IEEE Transactions on Software Engineering, 1990, 16(11): 1293-1306.

[48] S K Shrivastava, S M Wheater. Architectural support for dynamic reconfiguration of large scale distributed applications[C]. Proceedings of the fourth IEEE International Conference on Configurable Distributed Systems, 1998: 10-17.

[49] 马晓星 . Internet 软件协同技术研究 [D]. 南京：南京大学，2003.

[50] 李琼，姜瑛 . 动态软件体系结构研究综述 [J]. 计算机应用研究，2009，26（6）：2352-2355.

[51] N B Harrison, P Avgeriou, U Zdun. Using patterns to capture architectural decisions[J]. IEEE Software, 2007, 24(4): 38–45.

[52] J Bayer, O Flege, P Knauber, et al. PuLSE: a methodology to develop software product lines[C]. Proceedings of the 1999 symposium on Software reusability. ACM, 1999: 122-131.

[53] H Gomaa, M E Shin. Multiple-view meta-modeling of software product lines[C]. Proceedings of the Eighth IEEE International Conference on Engineering of Complex Computer Systems, 2002: 238-246.

[54] H Gomaa, G A Farrukh. Methods and tools for the automated configuration of distributed applications from reusable software architectures and components[J]. IEE Proceedings-Software, 1999, 146(6): 277-290.

[55] G Tamura, R Casallas, A Cleve, et al. QoS contract-aware reconfiguration of component architectures using e-graphs[C]. Proceedings of International Workshop on Formal Aspects of Component Software. Springer, Berlin, Heidelberg, 2010: 34-52.

[56] P Lago, P Avgeriou, R Capilla, et al. Wishes and boundaries for a software architecture knowledge community[C]. Proceedings of the 7th Working IEEE/IFIP Conference on Software Architecture(WICSA 2008), 2008: 271-274.

[57] M A Babar, T Dingsøyr, P Lago, et al. Software architecture knowledge management[M]. German: Springer Science & Business Media, 2009.

[58] M A Babar, T Dingsøyr, P Lago, et al. Software architecture knowledge management (Theory and Practice) [M]. German: Springer Science & Business Media, 2010.

[59] H Unphon, Y Dittrich. Software architecture awareness in long-term software product evolution[J]. Journal of Systems and Software, 2010, 83(11): 2211-2226.

[60] P Oreizy, N Medvidovic, R N Taylor. Architecture-based runtime software evolution[C]. Proceedings of the 20th international conference on Software engineering. IEEE Computer Society, 1998: 177-186.

[61] ARM System Memory Management Unit Architecture Specification—SMMU architecture version 2.0—Arm Developer[EB/OL]. https://developer.arm.com/docs/ihi0062/d.

第 10 章　软件架构恢复

在软件开发过程中，人们虽然认为软件架构很重要，但实际情况往往是，由于各种原因，很难获得完整的软件架构文档或者描述模型，导致后来的开发人员、维护人员或升级改造工程师很难准确地把控系统的软件架构，从而很难对系统进行有效的维护或升级改造。为此，人们开始研究各种各样的软件架构恢复技术，可以从源程序代码、编译构建过程、项目的目录结构和软件架构师等方面进行软件架构的恢复。本章将重点讨论软件架构恢复技术，包括软件架构恢复的意义、什么是软件架构恢复、软件架构恢复研究现状以及软件架构恢复的各种技术。

10.1　引言

软件系统的复杂度将随着软件的演化而不断增大，比如 Android 最新的代码规模已经突破亿行。由于软件系统规模、复杂度的不断提升，软件系统的质量随着软件的演化而逐渐下降，同时对该软件系统的维护也越来越难，维护成本也随之提高。在这种情况下，人们逐渐认识到软件架构在软件工程中的重要性。软件架构可为用户提供一个设计层次上的视图，使用户能够更加容易理解系统，并且能够准确定位所需维护的代码和影响的范围。软件架构可以帮助开发人员在保持外部行为不变的前提下，通过改变软件内部结构来增加软件易理解性、可扩展性和可重用性等，进而改进软件质量。

然而，随着产品演化周期的更迭，往往会出现这些情况：文档得不到及时充分的更新，导致设计文档和实际架构之间的偏差越来越大；开发团队通过人工阅读代码来学习和理解架构，人工阅读代码的方式费时费力，而且并非任何人都能通过阅读代码来透彻地把握系统的原始架构。那么在演化过程中，就有可能会出现预期架构与实际架构之间发生偏离的现象，即出现软件架构腐蚀。架构腐蚀会导致软件演化过程中出现工程质量的恶化，包括功能性、性能、完整性、一致性、可理解性、可维护与演化性等重要特性的丧失。在此情况下，通过逆向工程恢复软件架构就很有意义。用户通过架构恢复，可由代码及相关文档得到软件设计的逻辑视图，从而便于用户理解系统、发现架构问题，准确定位所须维护的代码及其影响范围。

逆向工程 [1]（reverse engineering）被定义为通过对系统的分析，实现对目标系统由低层到高层的抽象，描述软件系统的结构、逻辑以及组件之间的相互作用。逆向工程通常首先以一种容易理解和分析的形式收集系统信息，然后逆向恢复到更高抽象层次上的系统模型

（如组件图）。这些数据还可以进一步被用于逆向分析，从而获得更高抽象层次上的系统表示，如用于设计模式、系统体系结构等的逆向恢复。

软件架构恢复（software architecture recovery）实际上属于逆向工程的研究和实践范畴，其主要目的是从工程项目中获取所需的架构信息，恢复出架构的组成元素，即组件元素、连接件元素、架构模式以及架构的配置信息等。

软件架构恢复可以为重构提供重要的数据基础和可靠的实现保障。通过对恢复出来的软件体系结构进行分析，开发人员可以快速对其进行必要的评估，在软件设计、编码和测试等多个阶段进行相应的改进，选取最优的改进方案，缩短开发周期，减少缺陷的引入，降低测试的工作量，有效提高软件系统的质量，所以其对软件开发和演化的研究具有广泛的意义。

10.1.1 软件架构的恢复过程

软件架构的恢复过程通常有三种形式[2]：自顶向下、自底向上和混合过程。

1）自顶向下过程（top-down process）：将架构师所提供的架构设计和描述信息与代码信息相结合，检查架构是否合理，进一步对架构进行精化。建立设计视图与代码之间的对应关系，然后对代码进行扫描，检查是否存在此对应关系，以此检查架构的偏离程度。此过程的代表性方法是反射模型[3]。

2）自底向上过程（bottom-up process）：从源代码提取架构视图，然后对架构视图进一步精化获得最终的架构视图。自底向上的过程是软件架构恢复最常采用的过程，通常从源代码中提取各种不同信息，如依赖信息、模式信息等，然后再根据这些信息将相关联的源代码实体聚合为一个组件，从而得到软件的架构。使用此过程的方法比较多，如 ARMIN[4]、Alborn[5]、DSM[6] 等，工具如 Rigi[7]。

3）混合过程（hybrid process）：其结合了自顶向下和自底向上两个过程。一方面，来自底层的架构信息（或知识）可以通过各种技术提取出来，在此基础上恢复出架构视图；另一方面，来自高层的架构信息（或知识）可以用来校验恢复出来的架构实体是否存在缺陷等。此过程的代表性方法有 Focus[8]、ManSART[9] 和 DiscoTect[10] 等。

但是不管采用哪种架构恢复过程，一般可以把恢复过程概括为信息提取和信息表达两部分。信息提取是指识别架构元素及其之间的依赖关系，而信息表达则是在更高的抽象层次上建立软件系统的表达形式。调查表明大部分架构恢复方法都比较侧重于方法本身，并不执着于数据来源；而不同来源的数据也确实可以采取不同的方法进行架构恢复。所以本节也将分别介绍这两个阶段可以采用的技术方法，并分析各类方法的主要特征、优缺点及其近年来的研究热度等。

10.1.2 架构信息提取

在信息获取阶段，通常通过系统的静态分析和动态分析来获取系统架构相关信息。静态分析是指不运行待分析程序，从文档（包括源代码、设计文档、目录结构等）出发对软件进行分析；动态分析是指通过目标系统的一次或多次运行，收集程序间依赖关系和解释系统的运行时行为的分析过程。主流的静态信息获取方法主要包括以下几类：

1）基于源代码（source code）：通过构建类似于词法分析和语法分析的平台对程序源代码进行文本分析或特征定位，采用信息检索技术发现文档之间的关联 [11]。此类方法仅仅进行源代码扫描，速度快、效率高，但如果一个程序存在无意义的标识符，就可能会影响分析结果的精确性。

2）基于编译构建过程（compile build）：在程序编译执行的平台的基础之上，利用编译的中间结果进行程序依赖分析。编译器根据编译对象所使用的程序语言，调用相应的前端解析器。此类方法 [12-13] 通过对编译源代码过程中所能得到的中间结果文件（如 AST、CFG 和 RTL 文件等）进行解析，提取到程序中的函数调用关系信息，但是这类信息可能存在大量的冗余。

3）基于数据流（data flow）：数据流分析是在不执行程序的情况下收集程序数据的运行时信息，分析程序中数据对象间的关系，关注于解决程序中从定义到使用的过程，以及数据的使用、定义及依赖关系，对确定系统的逻辑组件及其交互关系很重要。然而，此类方法 [14] 往往忽略了控制流依赖的影响，分析不够全面。

4）基于程序切片（program slicing）：切片技术 [15] 是将程序简化为与某个特殊计算机相关的语句的技术，可以将关注点缩小在一个较小的范围，而不是关注整个程序。静态切片技术可以帮助找出可能影响一个值的所有语句，通过切片可以得到程序之间乃至语句之间的依赖关系。但是当应用于大型系统时，这种方法会导致生成的依赖图过于复杂。

5）基于设计文档（design document）：根据可以收集到的与系统相关的任何文档，如系统的设计文档、UML 图、代码注释、用户使用手册等，建立对系统的概念和认知，在此基础上获得系统需求、系统服务的商业业务领域、系统提供的服务内容、系统的行为轮廓等方面的信息 [16]。

6）基于目录结构（directory structure）：有些方法在进行组件识别时考虑了待分析程序本身的目录结构信息，作为聚类分析中对其他方法所获取信息的一个补充，提高组件划分的精确度，如文献 [17] 和 [18] 中提到的方法等。项目的目录结构不仅与软件项目的设计、开发语言有关，还与软件开发人员的经验有关。单独从软件的目录结构出发进行架构恢复，信息相对较少，而且并不能反映软件内部原始的依赖关系。因此，大多数相关研究都是在采取其他方法（如根据设计文档、源代码等）进行分析时，以目录信息作为辅助，帮助进行组件的划分。与此相关的研究数量也比较少。

10.1.3　架构恢复技术

在架构恢复阶段，其主要目的就是根据收集到的信息完整地恢复一个系统所覆盖的各种功能。应用架构的恢复策略大致如图 10-1 所示，在架构恢复过程中通常会根据系统的设计文档和源代码等低抽象层次的资源逐步抽象，最终恢复出整个系统的抽象架构模式。

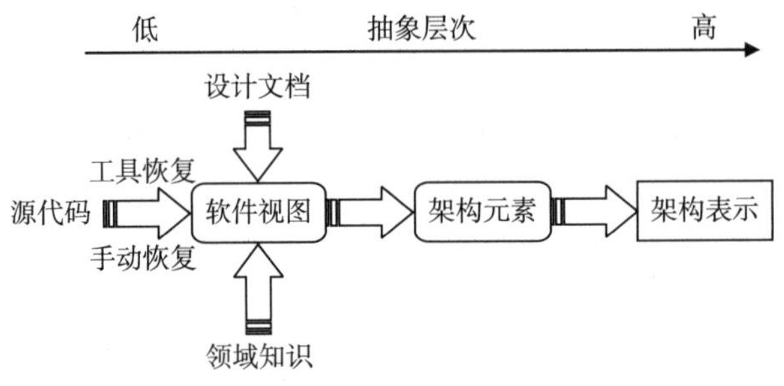

图 10-1　架构恢复过程示意图

随着软件架构恢复研究的逐渐展开，研究人员提出了各种各样的架构恢复技术，主要包括：

1）基于领域知识（domain knowledge）：根据领域知识理解源代码或架构设计，并识别出系统中的标准组件。基于领域知识的方法可以采用自顶向下或者自底向上的过程。在自顶向下的方法中，通常从设计文档、用户手册等文档性材料出发，整理出软件的架构，代表性方法见文献[19]。在自底向上的方法中，通常是从代码出发，根据代码中的注释、文件名、变量名的声明等，运用领域知识，恢复架构，代表性方法见文献[20]。此类方法需要大量人工参与，只适合于小型项目的架构恢复。

2）基于聚类（clustering）：自动化软件架构恢复技术中大部分方法都采用聚类算法，通过对实现级实体（文件、类、函数等）的聚类实现组件的提取。通常此类方法都是利用数学方法来研究和处理给定事物的分类，把一个没有类别标示的样本集按照某种准则划分为若干个子集，将相似的样本尽可能地归为一类，而不相似的样本尽量归为不同类中。早在 1985 年，D.H. Hutchens 等[21]就提出利用聚类算法来实现架构的恢复。但利用这种基于简单分割的聚类算法最终得到的体系结构并不理想。近年来，聚类算法得到了大量的关注，一些有效应用于架构恢复的算法被提出，如 DSM[6]、WCA[22]、Bunch[23] 等。

3）基于机器学习（machine learning）[24]：即从源代码中提取实体和特征之后，通过数据训练集对组件识别进行训练，从而得到恢复后的架构。基于机器学习的方法一般不会单独使用，而是作为聚类算法的补充，用以提高聚类的精度。由于一般训练集都是已知架构的相关软件或者软件的既有版本，所以经过训练后可以提高架构恢复的精度，但训练集的获取比较困难。

4）基于概念分析（concept analysis）[25]：即基于 FCA（formal concept analysis）从源代码中识别出各种概念结构，将具有共同特征的对象集合起来构成组件。概念分析应用格理论（lattice theory）识别软件中的特征（feature）、模式（pattern）和模块（module）。

5）基于模式匹配（pattern matching）[10]：即基于一个架构恢复的交互环境，把恢复过程建模为一个将高层模式图（从专家知识和设计文档得到的架构模式表示）与实体关系图

（即源代码系统实体的表示形式）进行匹配的图模式匹配问题。这是一个半自动化的技术，需要人工的参与，而且图匹配也需要消耗大量的计算机资源和时间。

目前，国际上最具代表性的自动化软件架构恢复技术包括：ACDC（Algorithm for Comprehension-Driven Clustering）技术[19]、WCA（Weighted Combined Algorithm）技术[22]、LIMBO（Scalable Information Bottleneck）技术[26]、Bunch 技术[23]、ZBR（Zone-Based Recovery）技术[26]和 ARC（Architecture Recovery using Concerns）技术[27]。其中，ACDC 技术是利用模式匹配和聚类技术来恢复组件；WCA 是一种层次化的聚类技术，利用特征向量对实现级的实体进行聚类，形成组件；LIMBO 也是一种层次化的聚类技术，与 WCA 不同的是 LIMBO 利用概要制品（summary artifact）等进行实现级的实体聚类；Bunch 技术利用爬山算法进行实体的聚类，达到最大功能实体的分割；ZBR 技术利用文本信息、分层算法和权重方案进行实现级实体的聚类；ARC 技术也是利用源代码中的文本信息，采用机器学习和层次聚类技术进行架构元素的恢复。

Lutellier 等分别在 2013 年[28]和 2015 年[29]对以上恢复技术进行了评测，发现这些架构恢复技术应用于大规模软件时有各自的容量和精度限制。当分别应用上述方法对 Bash 系统（C，70KLOC）和 ArchStudio（Java，280KLOC）进行架构恢复时，各恢复方法的精度如图 10-2 所示。图 10-2 分别展示了上述 6 种架构恢复方法对基于 C 语言的 Bash 系统和基于 Java 语言的 ArchStudio 系统进行架构恢复后，采用 MoJoFM 进行架构度量所得到的架构恢复精度对比。其中深色柱和浅色柱分别代表了不同的依赖关系数据来源，深色表示数据来源于源程序中的 include 依赖，而浅色表示数据来源于符号依赖（symbol dependency）。相对而言，include 依赖的依赖关系简单，数据量远小于符号依赖。

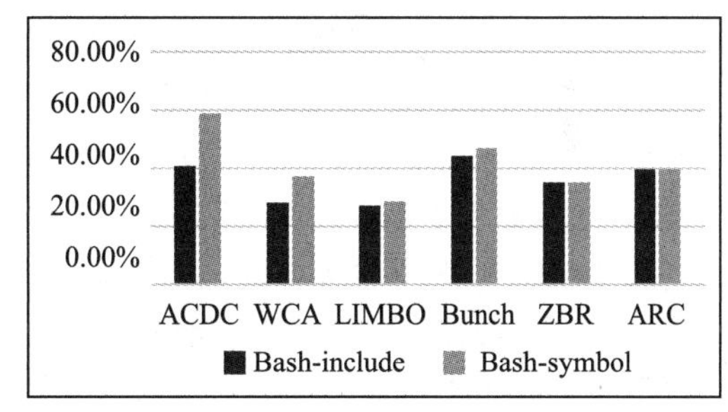

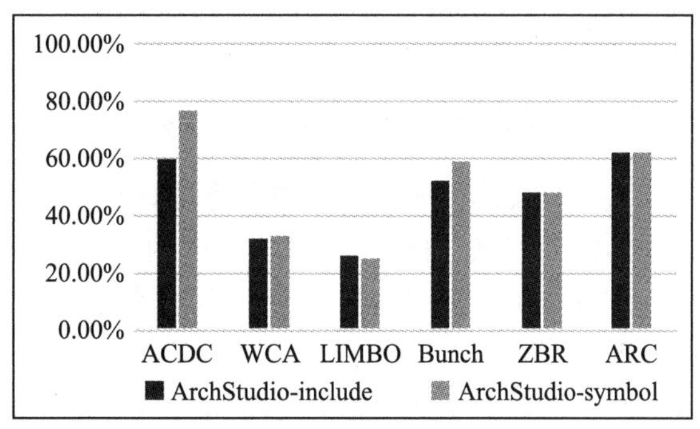

图 10-2　Bash 和 ArchStudio 系统架构恢复精度对比图

从图 10-2 中也可以看出：绝大多数方法在实施时，由简单的 include 依赖恢复出的架构都没有根据符号依赖所恢复出的架构的精度高。根据其实验数据，主流架构恢复方法对基于 C 语言的系统恢复的精度在 60% 以下，对基于 Java 语言的系统恢复的精度在 80% 以下，无法精确还原系统架构。由此可见，依赖关系信息越少，恢复结果的精度越差；依赖关系定义得越详尽，恢复结果的精度越好。

同时，测评报告[14]也指出，随着软件规模的增大，数据量也会大幅度增长，从而导致软件的运行时间大大增加，因此，对于类似 Chromium 的大型工业项目（近一千万行代码）的系统架构恢复，往往需要上百小时的 CPU 时间，效率会大打折扣。

10.2 架构信息提取

下面主要介绍从四个方面提取信息：从源代码恢复架构，但在架构恢复过程中，需要利用从编译 / 构建工程文件（compile and build file）、工程目录（project directory）和架构描述文档中获取必要的信息，对从代码恢复的架构进行补充、完善和校验，以保障恢复的架构的正确性和完备性，即保障架构的逻辑视图、开发视图和构建视图的一致性。

10.2.1 相关定义

架构信息提取的目标是从已有的架构信息来源中提取架构元素信息以及元素间的依赖关系。所谓架构元素，也就是组成系统的核心“砖瓦”。例如组件、子组件、模块、文件等，这些都是架构建模必备的核心元素集，已经得到工业界和学术界的广泛支持。这些元素被用在架构模型如模块图、组件图等中。元素间的依赖关系本身具备多样性，且不同的编程语言也不尽相同。

本章中关注的架构元素主要是组件、模块和文件三类，具体说明如下。

定义 10.1（组件） 组件是软件架构中一个粗粒度的抽象，它的核心意义在于复用。它可以独立发布（以二进制或源代码的形式），也可以进行组合。例如 Eclipse 中的 Plugin 和 COM（Component Object Model）以及 Windows 中的 DLL 均是组件的典型代表。

定义 10.2（模块） 模块是实现制品的集合，如源代码（类、函数、过程等）、配置文件等。它的核心意义是分离职责，属于代码级模块化的产出。它更强调一个内聚的概念，形式上可以是 Java 中的包，也可以是一个源代码目录。

定义 10.3（文件） 描述程序的文件称为程序文件，程序文件一般存储的是程序，包括源程序和可执行程序。程序文件一般作为软件源代码物理结构的最底层，也是源代码在目录层次最直接的体现，甚至在一些编程语言中与逻辑结构存在映射关系，如 Java 中类名与代码文件名一致。

10.2.2 从源代码提取架构信息

基于源代码的架构提取即是通过对源代码的自动分析，提取出代码各个层次上各逻辑实体的相关信息，分析逻辑实体间的相互关系并生成多种类型的模型描述文档。通过对源代码进行分析，提取出代码中的对象信息、结构信息等，生成对象间的关系描述、结构描述、系统流程描述等设计模型描述。

从源代码恢复架构信息是常用的逆向工程架构恢复技术，其主要思想是通过对源代码进行解析，获取程序逻辑实体间的依赖信息，用于指导恢复程序的架构。源代码文件是软件制品中最主要的成果，是架构设计在实现阶段的软件制品，其中包含了大量的程序架构信息，这些架构信息体现在程序逻辑实体的物理分布与代码依赖信息中。表 10-1 给出了本章关注的 C/C++ 和 Java 编程语言中存在且与架构恢复相关的依赖信息。

表 10-1　C/C++ 和 Java 编程语言中与架构恢复相关的依赖信息

耦合类型＼编程语言	C	C++	Java
继承		√	√
实现			√
组合	√	√	√
关联（排除组合）	√	√	√
调用	√	√	√
实例化		√	√
参数类型耦合	√	√	√
返回值类型耦合	√	√	√
变量声明类型耦合	√	√	√
声明 – 定义耦合	√	√	
#include	√	√	
import			√

1. 源代码架构信息提取方案

通过对程序源代码的分析，获取程序逻辑实体间的依赖信息，可以指导恢复程序的架构。本节内容提出了一个基于源代码解析技术来获取源代码依赖信息，进而获取文件粒度的依赖关系图的技术框架，其具体步骤如图 10-3 所示。

❑ 源代码解析

在实现过程中通过将源代码转化为抽象语法树（Abstract Syntax Tree，AST）来完成解析工作。抽象语法树是计算机程序的一种中间表示形式，是将计算机高级语言按上下文无关文法表示成树形结构的一种数据结构。树上的每个节点都代表一种语法结构。

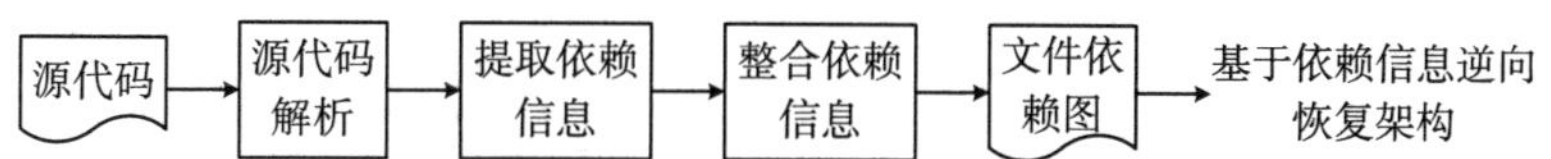

图 10-3　源代码架构信息提取方案流程图

❑ 提取依赖信息

通过分析抽象语法树，能够分析和提取各层次粒度实体间依赖信息，比如文件间的引用关系，类之间的泛化关系（继承、实现）、关联关系（组合、聚合及其他关联关系）及依赖关系（参数类型依赖、返回类型依赖、声明变量类型依赖），函数间的调用关系等。这些依赖关系为我们提取文件间的依赖关系提供了数据基础。

❑ 整合依赖信息

关注的架构元素主要有组件、模块和文件三个层次，代码文件是架构元素中的基本单元，因此需要将多层次的实体依赖信息抽象为程序的文件级依赖图。文件依赖图的节点表示源文件，有向边表示两个文件间存在依赖关系，同时边信息中还包含了文件间具体的依赖类型和依赖次数，便于在组件化聚类过程中计算文件间的依赖强度。

2. 源代码依赖分析方法

这里选择借助一些开源工具来帮助我们获取依赖信息，同时由于分析工具也有着语言的侧重，所以不同的语言应该选择不同的开源工具。这里我们选取常用的几种主流编程语言作为分析对象，包括 Java、C++ 以及 C 语言，并从中选择适合我们的开源工具。

我们针对不同语言的常用分析工具做了简单的评估，这里选取 JDT（Java Development Tooling）作为 Java 语言程序的解析工具，选取 CDT（C/C++ Development Tooling）作为 C++ 和 C 语言程序的解析工具。Eclipse JDT 和 Eclipse CDT 都是成熟的源代码解析编译工具，并随着语言的演进，不断有开发人员进行跟进与维护，因此它们解析源代码的正确性能够得到保证。利用 JDT 和 CDT 解析程序并构造抽象语法树，通过访问抽象语法树上的节点可提取程序实体信息和实体间耦合信息。

3. 面向 Java 语言的依赖分析技术

可采用 Eclipse JDT 来解析 Java 语言中的依赖关系，其提供了一组访问和操作 Java 源代码的 API，Eclipse AST 是其中一个重要组成部分，定义在包 org.eclipse.jdt.core.dom 中，它提供了 AST、ASTParser、ASTNode、ASTVisitor 等类，通过这些类可以获取、创建和访问抽象语法树。作为 AST 的访问者类，ASTVisitor 提供了一套方法来实现对给定节点的访问。

Eclipse AST 工具构建的 AST 提供各个节点结构体的操作，解析 Java 文件所生成的 AST 如图 10-4 所示，图中展示了 Java 源代码所对应的 AST 的节点的示例。图的左半部分为 Java 源代码，右半部分给出了该源代码对应的 AST 的内容。

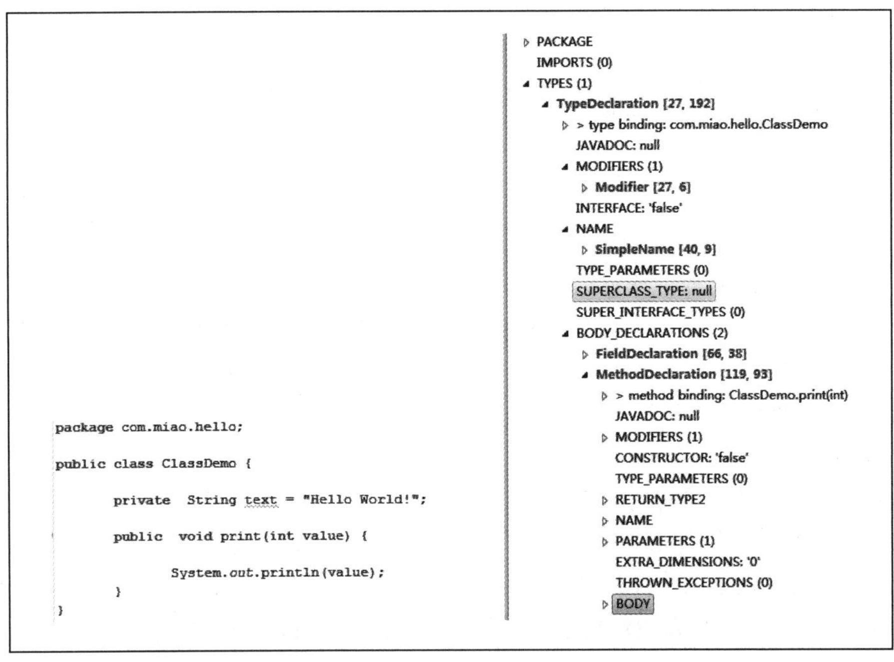

图 10-4　JDT 分析源代码及其抽象语法树内容示例

如图 10-4 所示示例，对应左边代码的 AST 中分为三大类节点：PACKAGE 信息、

IMPORT 信息以及 TYPES 信息，TYPES 中记录代码节点的详细信息，在示例中有 20 多个节点。

4. 面向 C/C++ 语言的依赖分析技术

Eclipse CDT 提供了一个基于 Eclipse 平台的功能齐全的 C/C++ 的集成开发环境。CDT 是完全用 Java 实现的开放源代码项目。本章提取 CDT 解析 C/C++ 代码模块的 jar 包，实现在 Java 开发环境中解析 C/C++ 语言，进而分析 C/C++ 代码的依赖信息。

对于每一个 C/C++ 源文件（后缀为 .h、.c、.cpp 的文件），我们可以使用 org.eclipse.cdt.core.dom.ast.gnu.cpp.GPPLanguage 的 getASTTranslationUnit 方法生成 IASTTranslationUnit，它代表一个 C/C++ 文件的 AST。我们可以通过继承实现 org.eclipse.cdt.core.dom.ast.ASTVisitor 类，并重载 visit 函数，使用访问者模式访问 AST 上的不同类型的节点；或者使用 IASTNode 的 getParent() 以及 getChildren() 逐层访问 AST 上的节点。

与 Java 解析过程不同的是，CDT 在解析 C/C++ 源文件之前，自动获取 #include 的文件内容，所以这里可以对源文件逐一解析并分别生成 AST，而不丢失源文件间的关联信息。

图 10-5 左边为源代码，右边展示了通过 DOM ASTView 可视化插件生成的 AST。

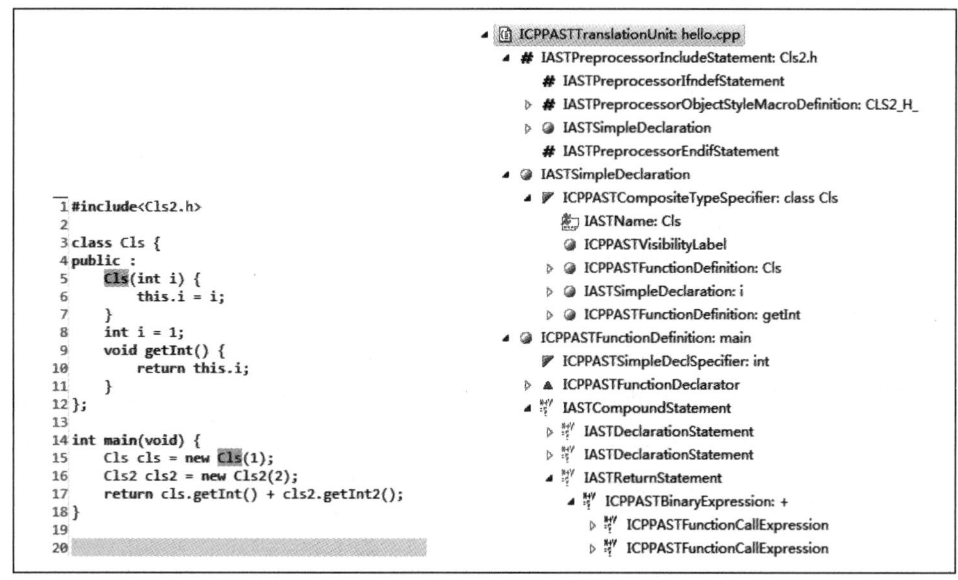

图 10-5　CDT 解析源代码生成的 AST 示例

可以看到，CDT 已经成功解析出多数我们期望的信息，如 include 信息、类基本信息、成员变量、函数定义、函数调用等。

10.2.3　从编译构建过程提取架构信息

基于源代码依赖解析的架构信息提取方案难以考虑所有的语言特性，因此可能缺失部分源代码依赖信息。程序在编译构建过程中会生成一些包含有效信息的中间文件，如 Java 编译器编译 Java 文件产生的 .class 后缀的字节码文件、C/C++ 文件编译产生的 .obj 文件等。这些编译中间文件包含了程序依赖信息或编译过程中的程序链接与装载信息。本章将基于编译构建过程的中间文件，分析与补充源代码解析中未提取的程序依赖关系，以及获取编译过程中的程序链接与装载信息，以完善自底向上的架构信息获取方案。

1. 面向 Java 语言的编译构建信息获取

class 文件是 Java 编译器编译 Java 文件时产生的平台无关性文件，是 Java 代码的二进制字节码表示方式。class 文件结构采用类似 C 语言的结构体来存储数据，主要有两类数据项：无符号数和表。无符号数用来表述数字、索引引用以及字符串等，而表是由多个无符号数以及其他表组成的复合结构。使用 class 文件解析工具能够获取类的具体信息，而通过跟踪自定义类加载器加载 class 文件的过程，能够获取类之间的加载与链接信息。这些信息能够帮助补充和完善从源代码中获取的依赖信息。

本章使用开源工具 Dependency Finder 来直接解析 Java 编译时产生的 class 文件，其解析 class 文件的主要思想如图 10-6 所示。

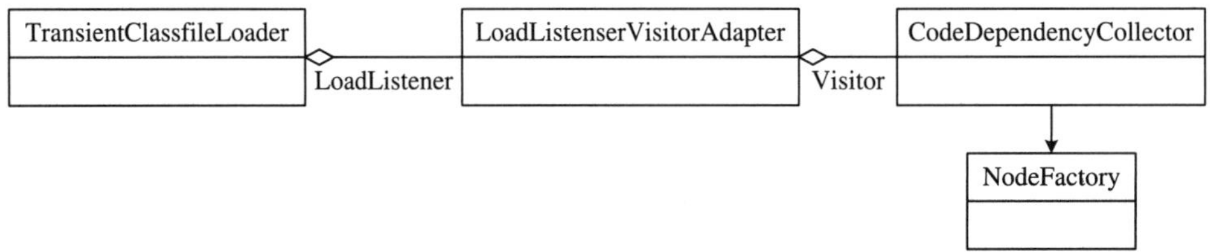

图 10-6　Dependency Finder 的 class 文件解析模块类关系图

TransientClassfileLoader 是一个临时类加载器，CodeDependencyCollector 是依赖关系解析器，可以使用 LoadListenerVisitorAdapter 适配器在 TransientClassfileLoader 中注册。当工具用 TransientClassfileLoader 加载 class 文件时，触发 CodeDependencyCollector 事件。因此 CodeDependencyCollector 将在加载时访问每个 Class 文件，解析类文件间的依赖关系，并使用 NodeFactory 创建依赖图。该依赖图包含的节点层次包括类级、方法级、变量级。

由于类加载器反映了 Java 程序所有类原始的动态链接过程，因此其包含了完整的依赖信息，这些信息可以作为源代码架构信息提取的补充，以完善文件依赖图。使用 Dependency Finder 获取的编译构建信息与源代码依赖信息的结合过程如图 10-7 所示。

2. 面向 C/C++ 语言的编译构建信息获取

源程序经过编译程序编译后生成 obj 文件，又称为目标文件（或中间文件），它不能直接执行，需要链接程序链接后才能生成可执行文件。目标文件一般是由机器代码组成的。通过解析 CMakeList.txt 文件及其控制生成的 Makefile，能够获取 target 与 obj 之间的包含关系以及 target 之间的依赖关系。其中 target 可以是静态库、dll 文件或者是 exe 文件。

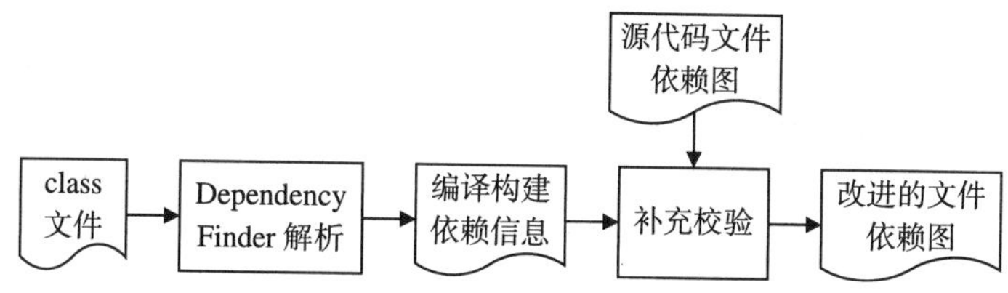

图 10-7　class 文件依赖信息与源代码依赖信息结合

我们使用 CMake 作为编译构建工具。CMake 是一个非常强大的编译自动配置工具，通过编写 CMakeList.txt，可以控制生成的 Makefile，从而控制编译过程。本系统使用 CMake 解析 C/C++ 程序的 CMakeList.txt 文件，获取 C/C++ 在编译过程中的动态链接和装载信息。其顺序流程图如图 10-8 所示（椭圆代表文件）。

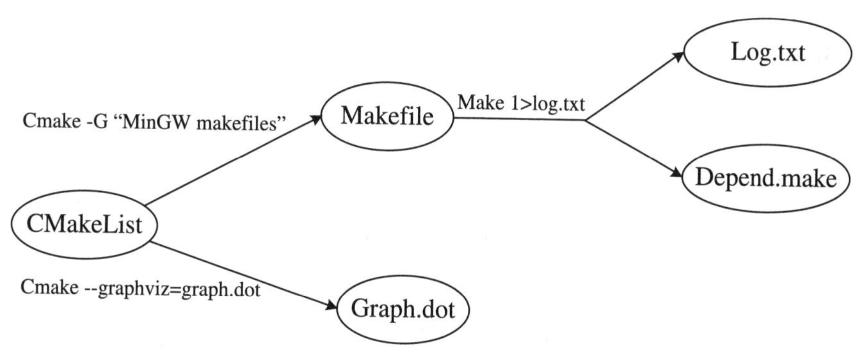

图 10-8　CMake 解析 CMakeList.txt 顺序流程图

CMake 解析 CMakeList.txt 后，生成 Makefile 中间文件，以及 Log.txt、Graph.dot、Depend.make 三个结果文件。

1）Makefile 文件描述了整个工程的编译、链接等规则。其中包括：工程中的哪些源文件需要编译以及如何编译、需要创建哪些库文件以及如何创建这些库文件、如何最后产生我们想要的可执行文件。

2）Depend.make 与每个 target 都对应，记录的是这个 target 下的 obj 以及每个 obj 所拥有的源文件（如 .c 或者 .h）。

10.2.4　从目录层次提取架构信息

目录层次结构也称为树形结构，是项目代码文件的存储结构。在多级目录结构中，每一个磁盘有一个根目录，在根目录中可以包含若干子目录和文件，在子目录中不但可以包含文件，而且还可以包含下一级子目录，这样类推就构成了多级目录结构。合理的目录结构应将不同类型和不同功能的文件分类存储，以便文件管理和查找，也便于提高程序的易理解性。

一方面，目录层次结构反映了项目中代码文件的物理分布，是架构恢复的一个重要信息来源。另一方面，由于目录层次结构通常由开发人员在编写程序代码时自行划分，带有很强的主观色彩，难以保证其准确性，所以现有的架构恢复技术还很少考虑从目录层次结构中提取架构信息。

本章介绍的方法虽然立足于程序源代码分析和架构信息提取，但同时也考虑加入目录层次结构包含的架构信息，带来的好处有如下两个方面：

1）聚合零散组件。在实际组件图中很可能存在一些零散的组件，即与其他组件没有任何依赖关系，如测试用例组件等，大量的零散组件会严重影响组件依赖图的可读性。使用目录层次结构可缓解这一问题，如果一部分零散组件存在于同一目录中，则认为这些零散组件存在大概率出现功能类似的情况，进而将其聚合为一个组件组。

2）验证代码文件物理分布的合理性。通过对比项目的文件、模块和组件三个层次的依赖关系，用户会将三个层次的依赖关系同代码文件的物理分布进行匹配，尝试发现一些异常情况，比如目录 A 中的某个文件同目录 B 中的文件的依赖关系远大于同本目录的其他文件，而该文件又不是接口文件，则为了体现高内聚、低耦合的原则，应在重构过程中将该文件移动到目录 B 中。

具体方案：从代码文件的根目录出发，使用深度遍历，将构建的数据结构转化为数据库的树结构。解析目录结构信息可以分为以下 3 个步骤。

- 通过解析给定的程序目录路径来获取该目录的结构信息，并将其转化为数据结构的节点。其中对文件进行区分，以准确获取代码文件，如 .java、.c 以及 .h 文件。
- 对照树的根节点，在给定的根元素节点上建立对应的元素节点树，其中根目录的元素节点的上层标记“-1”或者“root”。
- 通过可视化工具逐层表示节点以实现可视化，如图 10-9 所示。

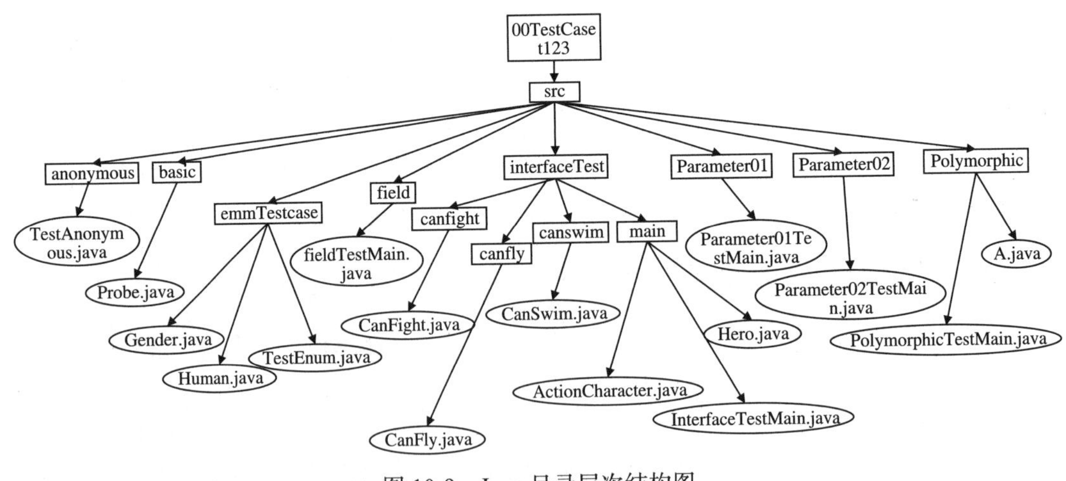

图 10-9　Java 目录层次结构图

10.2.5　基于架构文档的架构信息提取

1. 架构文档中的架构信息

架构文档是自顶向下的架构恢复过程的主要信息来源，这类方法通常要求项目具备准确完备的架构文档，并有一系列的附加条件。在完美的条件下，架构恢复的结果通常很好，但是在实际应用中，随着项目的不断演化，架构文档很难协同更新，导致架构文档内容更新滞后、信息不准确等问题。

但是考虑到架构文档的加入可以大大提高架构图的可理解性，所以在架构恢复过程中也会利用一些架构文档信息，但简化了对架构文档的要求，具体如下：架构文档中主要包含组件与代码目录 / 文件间的包含关系；架构文档中的信息可以是不完整的。这样可以得到如下两个好处。

1）架构文档中的组件与代码目录 / 文件间的包含关系可以辅助组件的聚合并实现组件的重命名，便于提高架构组件依赖图的准确性和易理解性。

2）工具并不对架构文档的完整性做限制，部分目录或文件所属的组件信息缺失不会影响组件依赖图的聚类结果，只会影响最终的组件命名。

在本章介绍的方法中，我们使用 Excel 来记录架构文档信息，其中包括项目名、编程语言、组件名称、组件所包含的文件（或者目录）路径等，如图 10-10 所示。填写时需要注意以下几点：

1）路径地址必须使用反斜杠“\”。

2）路径是指从工程目录为起始的相对路径。

3）“不包括子目录”是指当前目录下的文件，不包括下面的子目录；只能填 0 或 1，不填为 0。

4）如果路径为根目录，那么相对路径填“-1”。

项目名	MRSBW3.20	编程语言	java
实体	是否为文件	所属组件	不包括子目录
\ArSrc	0	JavaStaticAnalyze	0
\ComSrc	0	Componentize	
\CppSrc	0	CPlusStaticAnalyze	
\CSrc	0	CStaticAnalyze	
\MeaSrc	0	ArcMeasure	
\src	0	Web	
\WebContent	0	Webcontent	
\BadSmellSrc	0	Badsmell	
\ChangeDetector	0	ChangeDetect	
\DBSrc	0	DataBase	
DependFinder	0	JavaBuildFind	
\src\cn\edu\seu\web\helper\FileHelper.java	1	File	

图 10-10　架构文档格式示例

2. 架构文档信息提取

本任务中采用 Apache POI 来解析用户输入的架构文档，同时支持 xls 和 xlsx 两种格式。在使用过程中，调用 POIUtil.readExcel 方法读取 Excel 文件后，把一行中的值按先后顺序组成一个数组，所有的行作为一个集合返回。我们可以在代码中循环这个集合，把数组赋值到实体类对象中。具体方案如下：

1）获取项目在服务器的本地路径。

2）按照相对路径解析到目标节点。

3）深度遍历下去，直到叶子节点（一般为文件）存入当前组件的数据链表中，逐层往上递归，直到全部遍历完毕。

4）重复步骤 2，直到遍历完文档中的所有组件，至此获取完文档中的架构信息。

10.3 基于多规则聚类的架构恢复

首先在架构恢复阶段，通常会根据系统的设计文档和源代码等低抽象层次的资源逐步识别出架构元素，这里主要指组件元素，它是一种高层的抽象，用来描述软件系统的结构。如果恢复的架构图仅仅是包甚至文件层次，那么将导致架构师理解起来费时费力，也很可能使其无法透彻完整地把握系统的原始架构。因此需要对低层次的架构信息进行一定程度的预分析，从而得到一个较高层次的组件信息，再在此基础上识别组件，这将大幅度提高易理解性。

其次随着软件系统的规模越来越大、越来越复杂，如 Hadoop 0.1 发布时代码量仅为 25869 行，Hadoop 0.15 发布时为 174144 行，Hadoop 2.5 发布时已达 1193775 行，所以对于大型项目的架构恢复需求也越来越迫切。小型项目由于本身规模有限，对于架构恢复需求反而不是那么强烈，程序员甚至可以根据代码简单画出项目的架构。为了适用于百万规模及其以上的大型项目，需要针对文件依赖图依据前文提取的目录信息进行模块化，得到较高层次的模块图，大幅缩小处理的数据量，同时还要优化识别算法以进一步提高识别效率。

10.3.1 聚类理论基础

由于本章需要使用聚类算法来进行组件识别，下面对具体的聚类算法进行介绍。聚类算法发展至今出现了很多不同的分析方法，聚类算法的研究已经成为一个比较完整的体系。主要的聚类分析方法可以大致分为划分方法、层次方法、基于密度方法、基于网格方法和基于模糊矩阵方法等。下面介绍各个聚类算法的适用性，见表 10-2。

表 10-2 各算法适用性比较

聚类类型	算法描述	可取 / 不可取
层次聚类	把分类对象组织成一个树状图来聚类，具体聚类算法可细分为两类：自底向上的聚合层次聚类和自顶向下的分解层次聚类	可取
划分（中心）聚类	划分式聚类算法需要预先指定聚类数目或聚类中心，通过反复迭代运算，逐步降低目标函数的误差值，当目标函数值收敛时，得到最终聚类结果	可取，但是需要确定要创建的划分个数
基于网格	主要用于对空间数据的聚类。把对象空间量化为有限数目的单元，形成一个网格结构。所有的聚类操作都在这个网格结构（即量化的空间）上进行	不可取，只能检测到水平或垂直边界的聚类，而不能发现斜边界

（续）

聚类类型	算法描述	可取 / 不可取
基于密度	主要用于对空间数据的聚类。其主要思想是：只要邻近区域的密度（对象或数据点的数目）超过某个阈值，就继续聚类	不可取，对于非球状数据集来说，这种情况下采用密度算法是不可靠的
模糊聚类	以上四种聚类统称为硬聚类，即每一个数据只能被归为一类。模糊聚类是根据研究对象本身的属性来构造模糊矩阵，并在此基础上根据一定的隶属度来确定聚类关系	不可取，模糊聚类（软聚类）的结果只是每个对象隶属于各个类的程度

其中，最早提出的方法是划分方法。它事先指定划分个数，然后随机选择一个对象作为一组的中心，并根据其他对象与各组中心的距离，将其分配到距离最小的组中，反复迭代，直到同一个组中的对象间尽可能相近，而不同组的对象间尽可能远离。由于需要事先指定聚类的数目，不完全适用于自底向上的软件架构恢复过程。

层次聚类方法是以层次的形式分解给定的数据集，该方法主要分为凝聚式和分裂式两种方式。凝聚式方法首先将每个对象作为一个簇，通过不断合并相近的对象或组来实现聚类，典型方法如 Cure 算 [31]。分裂式方法首先将所有对象作为一个簇，通过不断迭代将一个簇分裂为更小的簇，最终实现聚类，典型方法如 Birch 算法 [32]。在调研中我们发现，与其他聚类方法相比，层次聚类算法不需要预先知道聚类的数目，便从前期的循环聚类过程中抽取出系统架构的详细视图，从后期的循环抽取出更高层次的视图，相对更适用于架构恢复。

本章重点介绍了层次聚类算法，在我们的架构恢复项目中作为组件化的核心算法。从上述对聚类算法的分析中可以看出，虽然聚类算法从理论上可以对软件进行模块划分，实现软件的架构恢复，然而即使是层次聚类，其在处理大量高维数据时也存在时间效率低，以及不够精确的问题。所以，我们在使用层次聚类算法的同时，结合使用 K-means 聚类算法，这样既避免了迭代的次数过多，同时可以围绕中心点（可以看作功能中心）聚类，提高了效率和精度。但是这样也引入了新的问题——K 值的选取。在我们的方法中，采用了动态选取 K 值的方法，即 K 值的选取是根据实际的项目动态确定的。实验结果表明，层次聚类和 K-means 聚类的结合比单纯的 K-means 聚类具有更好的聚类效果，同时解决了层次聚类方法时间效率低的问题。

具体的结合过程是先通过 K-means 聚类生成适量的类簇，再利用层次聚类对这些类再次进行聚类，最后经过剪枝得到合适的聚类结果。

层次聚类方法又分为几类，如 single-linkage、complete-linkage 以及 average-linkage 聚类方法等。在我们的 Java 项目的架构恢复中，主要使用的是 single-linkage 聚类算法，即一次将两个对象合并成一类，直到最终将相关对象都合并成一类为止；每合并一次，则在距离矩阵中删除相对应的行与列。

具体来讲，就是先给定要聚类的 N 个对象，构建 N 个对象之间的 $N \times N$ 的距离矩阵（或者是相似性矩阵），层次聚类方法的基本步骤如下：

1）将每个对象归为一类，共得到 N 类，每类仅包含一个对象。类与类之间的距离就是它们所包含的对象之间的距离。

2）找到最接近的两个类并合并成一类。

3）重新计算新类与所有旧类之间的距离。

重复第 2 步和第 3 步，直到最后合并成一个类为止（此类包含了 N 个对象）。

10.3.2 架构恢复流程

组件识别的目标是从已有的信息来源中提取架构元素信息以及元素间的依赖关系。所谓架构元素，包括组件、子组件、模块、文件等，这些都是架构建模必备的核心元素集，已经得到工业界和学术界的广泛支持。本节提出了一种基于多规则聚类的架构恢复方法，其中涉及的功能模块包括：

1）模块化。输入目录信息和文件依赖图，扫描出复杂依赖的连通子图，并进行拆分模块，最后生成新的模块图。

2）组件化规则。通过对依赖图的分析可以统计哪些模块需要被预先聚合，制定一系列组件化规则，主要分为强依赖类型和强依赖结构，相当于组件化的预处理。

3）距离计算。将模块依赖图带入计算公式，可以计算出任意两个模块之间的距离，该值受到两个因素影响，分别是实体间的目录相似度，以及实体间的依赖强度。

4）组件化。主要是执行聚类算法，其中包括中心聚类和层次聚类，先根据出入边寻找 K 个聚类中心，再执行层次聚类。

5）架构优化。主要分成三个部分：a）聚合拥有类似的结构相似的顶点；b）根据输入的架构设计、目录信息进行逻辑上的调整，优化孤立组件；c）对架构图进行重命名。

根据上述需求，图 10-11 展示了整体流程，该图从左至右、自上而下，按照事件发生的时间顺序依次排列。

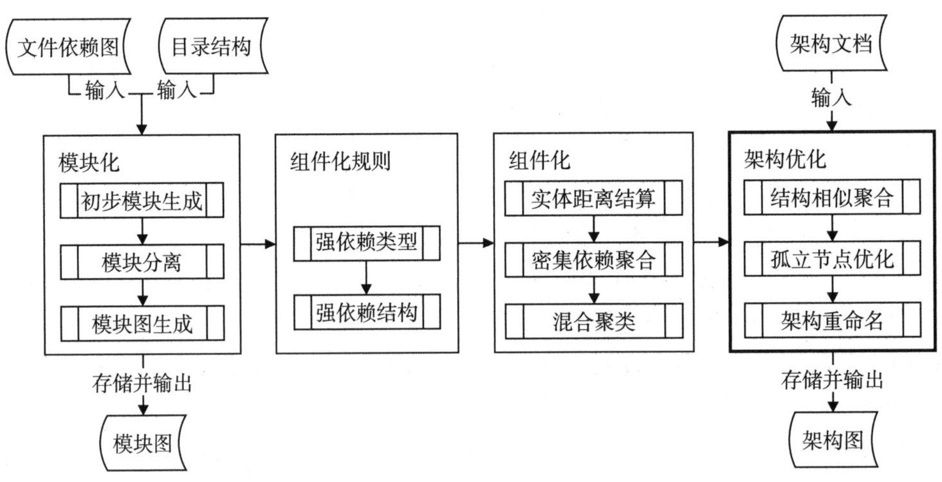

图 10-11　架构恢复流程图

10.3.3　具体恢复技术

1. 模块化设计

根据之前的调研发现，文件数量过多会导致整个架构恢复过程的效率十分低，恢复工具难以处理大规模的项目。同时由于项目的复杂或者程序员独特的编程习惯，项目程序会有相当数量的“噪声”文件，如空文件、测试用例等，架构恢复过程中这些干扰文件会导致恢复出来的架构图存在部分孤立组件或者组件间耦合严重，甚至出现组件规模过大等情况。

为了处理这两种存在的问题，本小节提出模块化的概念，模块是一些具备较强依赖关系的架构元素（代码文件）的集合，所处的架构层次在组件层和代码层之间。经过基于代码文件和编译构建过程的架构信息提取，在本小节中会得到待分析项目的文件级依赖图，这也是模块化的输入，模块化的输出是模块级的依赖图。

解决思路：在形成文件依赖图之后，对图进行预处理，尽可能地提前聚合“噪声”文件，并将部分依赖关系较弱的文件依据目录层次结构进行聚合，减少文件依赖图中的节点数，以提高聚类效率。同时抽取出具有复杂依赖的子图，这样既有利于实现模块层的低耦合、高内聚，也有利于组件精准识别。

如图 10-12 所示，模块化的具体过程如下：

1）遍历文件依赖图，为图中所有文件标记其所属的物理目录结构信息。

2）按目录结构扫描，将具备相同目录结构信息标记的文件聚合在一起，抽象成目录依赖图。

3）对于任意目录，扫描高耦合文件，即其包含的文件与目录外的文件是否存在较强的依赖关系（出度、入度）。

4）对于任意目录，如果其内部存在高耦合文件，则消除该文件及其在本目录内的所有具备依赖的文件的目录信息（即找出该文件在本目录内的连通子图，并抽取和形成新的模块，目录内剩余的文件包含了噪音文件和依赖关系较弱的文件），如图 10-13 所示。

5）根据目录结构信息迭代步骤 2 和 3，直至处理完所有的目录。

6）处理所有目录文件后，生成组件化输入的模块图。

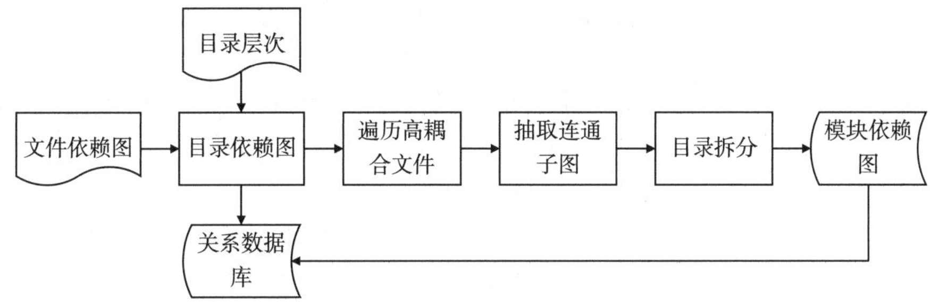

图 10-12　模块化示意图

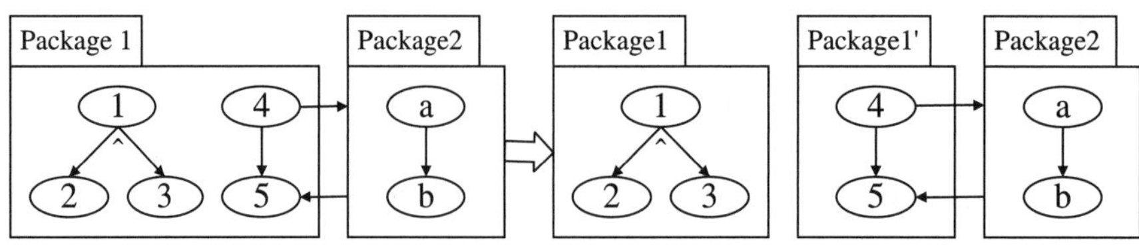

图 10-13　模块化示例

定义 10.4（依赖频次）　依赖频次（Dependency Frequency）是指一个实体集中所有实体依赖另一个实体集实体的总次数。若 X 和 Y 分别表示两个实体集，则实体集 X 依赖实体集 Y 的依赖频次表示为

$$\text{DependFrequency}_{XY}=\frac{\sum_{xi=0,yj=0}^{\text{num}_X,\text{num}_Y}\text{Num}\left(F_{xi},F_{yj}\right)}{\text{num}_X*\text{num}_Y}$$

其中 F_{xi} 表示实体集 X 内的元素（一般是文件），F_{yj} 表示实体集 Y 内的元素；当 F_{xi} 依赖 F_{yj} 时 $\text{Num}(F_{xi}, F_{yj})$ 为 1，否则为 0。这个公式在聚合密集依赖时被使用。

定义 10.5（依赖强度）　依赖强度（Dependence Intensity）是考量两实体间依赖关系强弱的数值，它的计算将依赖于依赖类型和依赖次数。

1）若 A 和 B 分别表示两个实体（文件），则实体 A 依赖实体 B 的依赖强度表示为

$$\text{DependFile}_{AB}=\frac{\alpha_1\text{DependType}_1+\alpha_2\text{DependType}_2+\cdots+\alpha_n\text{DependType}_n}{\text{In}(\text{LOC}_A)}$$

其中 LOC_A 表示实体 A 对应的有效代码行；DependType_i 表示 i 依赖类型的依赖次数，α_i 表示该依赖类型的权重；这里计算的依赖类型包括 OtherAssociation、Call、Instantiation、Parameter、Return、DeclarationType、Include、Import 共八种，权重见表 10-3。

表 10-3　依赖类型权重

依赖类型	Include	Import	Call	Parameter	Return	Instantiation	DeclarationType	OtherAssociation
权重	1	1	2	2	2	2	2	3

2）若 X 和 Y 分别表示两个实体集（或者组件），则实体集 X 依赖实体集 Y 的依赖强度公式表示为

$$\text{DependCom}_{XY}=\frac{\sum_{i=0,j=0}^{\text{num}_X,\text{num}_Y}\text{DependFile}_{ij}}{\text{num}_X*\text{num}_Y}$$

其中 num_X 表示实体集 X 内的实体（文件）个数，DependFile_{ij} 表示实体 i 对实体 j 的依赖强度。需要强调，这里体现了第一条聚合思路：规模较小的组件优先聚合——在依赖强度相等的情况下，将优先聚合规模较小的两个组件。

定义 10.6（目录相似度）　描述实体或实体集间所在的目录相似程度，用 DirSim 表示。如果两个实体或实体集在同一目录下，我们通常认为这两者的目录相似度为 1。

$$\text{DirSim}(a, b)=\frac{|\text{Dir}(a)| \cap |\text{Dir}(b)|}{|\text{Dir}(a)| \cup |\text{Dir}(b)|}$$

$\text{Dir}(a)$ 表示 a 实体或实体集的路径，$|\text{Dir}(a)|$ 表示路径层数。“∩”代表两个实体或实体集目录层数的交集，“∪”代表两个实体或实体集目录层数的并集。

定义 10.7（实体集距离） 用于描述两个实体或实体集之间的距离远近，本节从目录相似度和依赖强度两方面考虑实体或实体集间距离。计算公式为

$$\text{D}(a, b)=\text{DirSim}(a, b)*\text{Dependcom}_{ab}$$

式中，$\text{DirSim}(a, b)$ 为 a 与 b 实体目录相似度，Dependcom_{ab} 是 a 与 b 实体间的依赖强度。

这里需要说明的是，计算公式体现了第二条聚合思路：具有相同功能的组件优先聚合——如果两个组件具有相同功能，那么将被优先聚合。在本章介绍的方法中，我们将内部文件在同一个目录下的两个不同组件视作具有相似功能的组件。

1）下面举例说明实体（个体）间依赖强度的计算过程（其中实体 A 的有效代码行为 500），如图 10-14 所示。

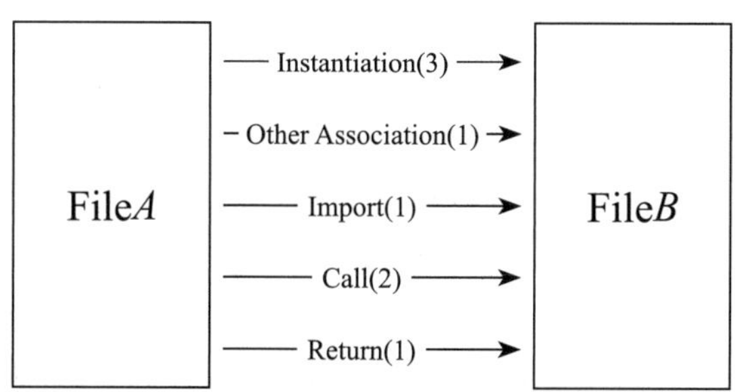

图 10-14　*A-B* 实体间依赖关系图

实体间依赖强度：$\text{DependFile}_{AB}=\dfrac{3*1+2*2+2*3+2*0+2*1+2*0+1*0+1*1}{\text{In}(500)}\approx 2.57$

2）下面举例说明实体集（集合）之间依赖强度的计算过程，实体集 X 路径为“src/a/”，实体集 Y 路径为“src/b/”，如图 10-15 所示。

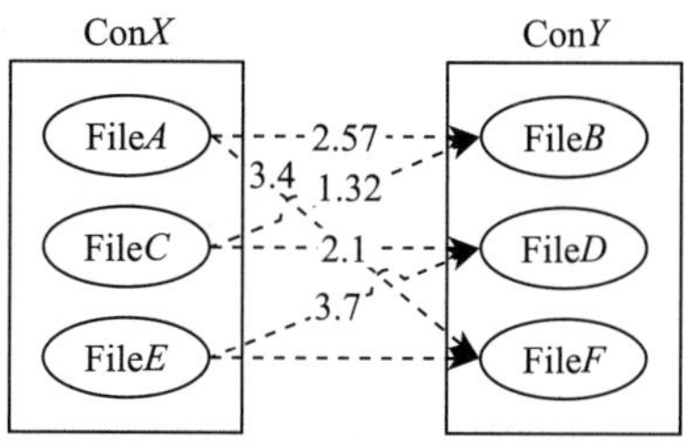

图 10-15　*X-Y* 实体集间依赖关系图

a）实体集间依赖频次：$\text{DependFrequency}_{XY}=\dfrac{1+1+1+1+1}{3*3}\approx 0.56$

b）实体集间依赖强度：$\text{DependCom}_{XY}=\dfrac{\sum_{i=0,j=0}^{\text{num}_X,\text{num}_Y}\text{DependFile}_{ij}}{\text{num}_X*\text{num}_Y}$

$$=\frac{2.57+1.32+3.4+2.1+3.7}{3*3}\approx 1.45$$

c）实体间目录相似度：$\text{DirSim}(X,Y)=\dfrac{|\text{Dir}(a)|\cap|\text{Dir}(b)|}{|\text{Dir}(a)|\cup|\text{Dir}(b)|}=\dfrac{1}{4}$

d）实体集距离：$D(X,Y)=\text{DirSim}(X,Y)*\text{DependCom}_{XY}=1.45/4=0.3625$

2. 组件化规则

我们通过文件依赖关系和目录信息识别出了模块信息，下面基于模块依赖图来识别组件，通过制定一些组件化规则来识别组件也可以看作组件化前的预处理。规则可以分为两类：逻辑规则和结构规则，即将分别基于依赖类型和依赖结构识别具有强依赖特征的子图，并将它们聚合。前者侧重于分析具体的依赖类型（即逻辑层的意义），后者以分析依赖图结构开始，获取变更影响大的环结构。

（1）逻辑规则

常见的依赖关系有以下几种：泛化（Generalization）、实现（Realization）、关联（Association）、聚合（Aggregation）、组合（Composition）、依赖（Dependency）。通过分析和对比依赖强弱，可以得出这样的关系：泛化 = 实现＞组合＞聚合＞关联＞依赖，结合实际开发的体系结构划分，本节取前三个作为强依赖类型，考虑到具体编程语言的编程逻辑，本章还加入了 C/C++ 中的定义与声明关系，下面详细介绍这四种依赖关系。

定义 10.8（泛化） 表示一般与特殊的关系，又被称为继承关系，它指定了子类如何特化父类的所有特征和行为。

定义 10.9（实现） 即一种类与接口的关系，表示类是接口所有特征和行为的实现。

定义 10.10（定义与声明） 即定义变量与声明变量的关系，一般情况下两者应该归属于同一模块。

定义 10.11（组合） 表示整体与部分的关系，但部分不能离开整体而单独存在。

这里需要指出它和聚合的区别，两者虽然都是表示整体与部分，但是与聚合相比，它有两个特点：一个部分类最多只能属于一个整体类；当整体类不存在时，部分类将同时被销毁，即不能独立存在，而聚合仅仅只是共享。例如公司和部门是整体和部分的关系，没有公司就不存在部门。

（2）结构规则

单单以上四条规则并不足以确定组件，特别是在更复杂的系统中。因此本章引入了其他规则，将从结构上识别强依赖的子图。首先需要借用领域类的概念，其由 Quatrani 在

1998 年 [33] 提出：它们与其他类存在高度的相互依赖。领域类来源于问题领域的本质分析，也是系统中的重要角色。然而确定哪些类是领域类本质上是主观的，需要一定程度的人为判断。通过对一些开源项目的实验分析，发现以下启发式算法非常有效：领域类可能是那些对系统中其他类的依赖性数量比平均值高 2 ～ 3 倍的类。基于领域类给出的结构规则，可以进一步帮助降低系统类图的复杂性。下面介绍 5 种具有强依赖结构的结构规则 [41]，如图 10-16 所示。

定义 10.12（域实体集）　即与其他实体集有大量输入和输出关系的实体集。

定义 10.13（单依赖）　如果一个实体集被一个域实体集所依赖，并且有且仅有这条依赖，那么称为单依赖。

定义 10.14（紧耦合）　即具有双向依赖的两个实体集之间的关系。

定义 10.15（闭环依赖）　即存在循环依赖路径的多个实体集之间的关系。

定义 10.16（开环依赖）　如果有一个路径，其起始节点和结束节点都被同一个域实体集（核心节点）引用，那么它们的关系称为开环依赖。

定义 10.17（传递依赖）　如果有两个不同的路径具有相同的结束节点，并有由同一个域实体集引用的起始节点，那么它们的关系称为传递依赖。

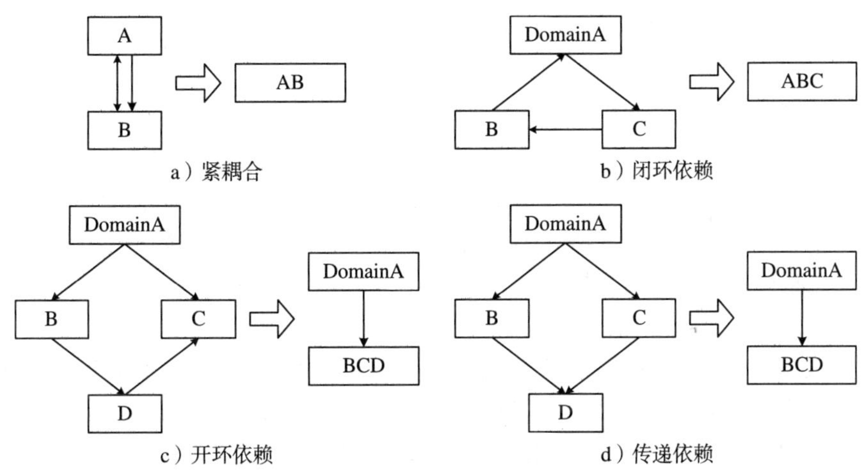

图 10-16　结构规则示例

（3）预处理流程

预处理的过程是指在模块依赖图的基础上，通过聚合强依赖类型和强依赖结构而得到更高层次的模块图的过程。本方案中提出的强依赖类型包括泛化、实现、组合以及定义与声明关系，强依赖结构是指紧耦合和闭环依赖、开环依赖、传递依赖。具体技术流程如图 10-17 所示，图中 ModuleDG 即模块图，是模块化的输出。工具依次检查文件依赖图中是否存在强依赖类型和强依赖结构，如存在则聚合相关的节点，最后输出模块图。模块化过程输出的模块图抽象层次较低，只在文件依赖图的基础上去除了强依赖类型和结构，在后续的组件化等过程中会逐渐产生抽象层次更高的模块图。

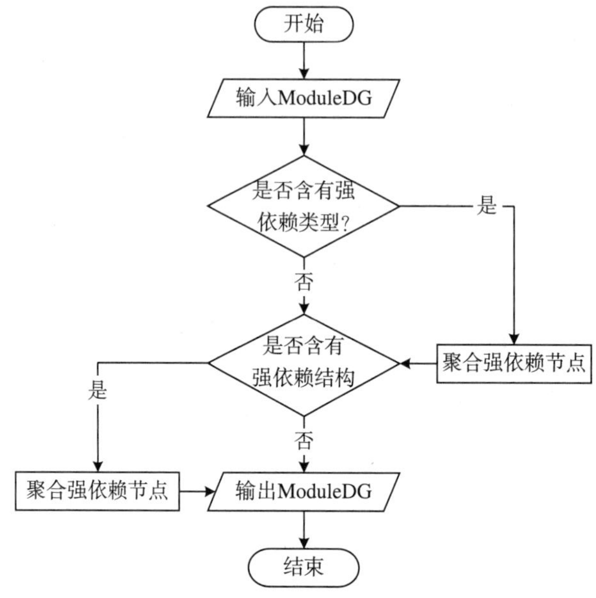

图 10-17　模块化技术流程

3. 组件化

经过上述聚合操作，目标系统已经从低的抽象层次聚合到一个较高的抽象层次，接下来的工作就是在这个基础上进一步识别出组件。下面通过聚类算法来完成组件化，并分别介绍将采用的聚类策略和聚类算法：首先给出聚类过程中应用到的数据结构，再给出聚类算法的策略，最后给出图的更新规则。

（1）相关数据结构

程序相关图 $G<V, H>$ 用图的邻接表表示，对图中每个顶点建立一个带头节点的单链表，所有的头节点构成一个数组，第 i 个单链表中的节点表示顶点 vi 的边，也就是实体 i 依赖关系边。以图 10-18 为例，a 描述的是程序相关图，边的粗细代表依赖强度的大小。

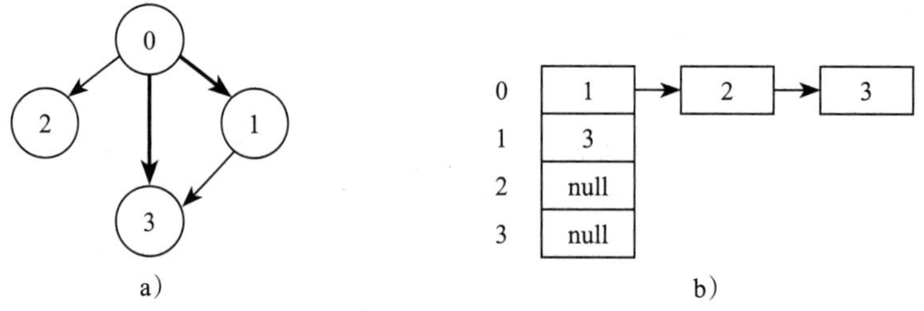

图 10-18　链表结构示例

边的数据结构表示如图 10-19 所示：Prevex 表示前端节点，Postvex 表示后端节点，

Dependtime 表示依赖次数，Dependtype 表示依赖类型。

Prevex	Postvex	Dependtime	Dependtype

图 10-19　边数据结构

（2）聚类策略

本方案中的聚类算法实现流程如图 10-20 所示。聚类过程的输入是模块依赖图，其经过组件化预处理后已选择出域节点并消除了多个强依赖结构。聚类过程首先会扫描经过处理的模块图，将相互依赖较为密集的组件优先聚合。依赖密集程度的判定是根据依赖频次，当依赖频次大于阈值时，认为相关实体属于依赖密集对。其次执行中心 – 层次聚类算法，将所有的依赖边根据实体间的距离远近排序，距离近的实体优先聚合，不断迭代，最终得到组件依赖图。下面着重介绍中心 - 层次算法的实现。

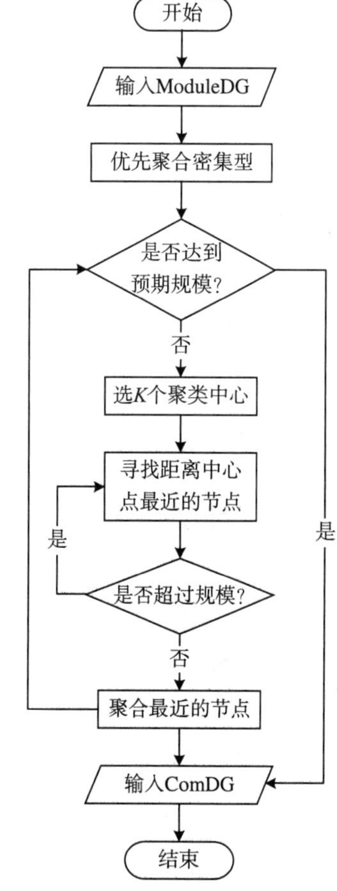

图 10-20　组件化流程图

❑ 密集依赖聚合

密集依赖是指两组件间依赖边的数量相对密集（相当于组件间不同元素间均有依赖关系），依赖密集的组件优先聚合。我们通过计算依赖频次来判断，依赖频次越多，可以认为这两个组件具有较高的耦合度，所以优先聚合。如图 10-21 所示，展示了密集依赖与非密集依赖的对比。

❑ *K* 中心点的选择

K 中心聚类主要策略是根据出入边总和进行排序，然后寻找和排序 *K* 个聚类中心（当前节点前 10%），随着不断迭代，*K* 的数量也在动态变化。*K* 中心点的判断标准：

1）出入边之和排在前 *K* 个。

2）出边不为零。

3）中心节点总规模不超过 30%。

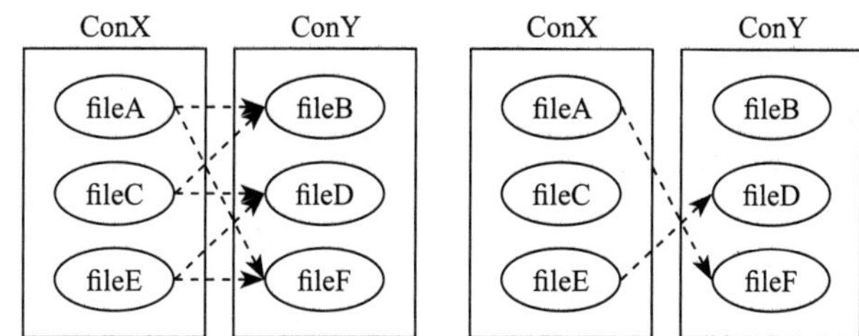

图 10-21　密集依赖关系图（DF=0.67）和非密集依赖关系图（DF=0.22）

❑ 层次聚类算法

层次聚类的合并算法通过计算两类数据点间的相似性（前面小节已经计算），对所有数据点中最为相似的两个数据点进行组合，并反复迭代这一过程。简单地说层次聚类的合并算法是通过计算每一个类别的数据点与所有数据点之间的距离来确定它们之间的相似性，距离越小，相似度越高，并将距离最近的两个数据点或类别进行组合，生成聚类树。

将待聚类的 N 个对象分别标号为 0、1、…、$(n-1)$，$\boldsymbol{D}=[d(i,j)]$ 表示对应的 $N\times N$ 距离矩阵。记号 $L(k)$ 表示第 k 个类所处的层次，由对象 m 构成的类记为 (m)，类 (r) 与类 (s) 的距离记为 $d\,[(r),(s)]$。具体聚类过程如下：

1) 初始时共有 N 个类，每个类由一个对象构成。令顺序号 m=0，$L(m)$=0。

2) 在 $\boldsymbol{D}$ 中寻找最小距离 $d[(r),(s)]=\min d[(i),(j)]$。

3) 将两个类 (r) 和 (s) 合并成一个新类 (r,s)；令 $m=m+1$，$L(m)=d[(r),(s)]$。

4) 更新距离矩阵 $\boldsymbol{D}$：将表示类 (r) 和类 (s) 的行列删除，同时加入表示新类 (r,s) 的行列；同时定义新类 (r,s) 与各旧类 (k) 的距离为 $d[(k),(r,s)]=\min\{d[(k),(r)],d[(k),(s)]\}$。

5）重复步骤 2 ～ 4，直到所有对象合并到一定规模为止。

（3）图更新规则

在层次聚类实现过程中，模块依赖图会随着迭代更新的进行不断减少图中节点和边的数量，节点代表模块，边代表依赖关系，这里主要介绍边的更新规则。在层次聚类的迭代过程中，边的更新是由节点的更新驱动的，图 10-22 是一个边的更新的示例。

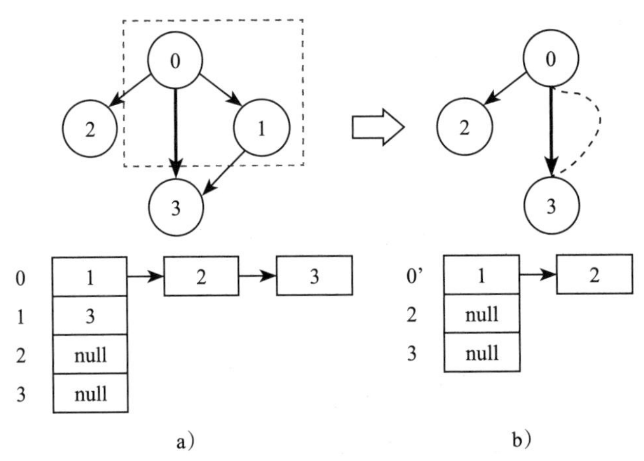

图 10-22　边的更新示例

图 10-22a 和 b 反映了边更新与邻接表的过程。已知节点 0 和节点 1 聚为一个簇，边的粗细代表依赖强度，其中边 <1, 3> 的依赖强度添加到 <0', 3> 中，最后删去了边 <1, 3>。下面给出边的更新规则描述，已知要聚合节点 r 与节点 s：

1）将 r 重命名为 r'。

2）将节点 s 的出边叠加到节点 r' 的出边，将其他顶点中出边含有节点 s 的修改或添加

成 *r*’ 边。

3）若遇到节点 *r*’ 与节点 *s* 出边指向同一节点 *i*，则将边 <*s*, *i*> 的依赖次数和依赖强度叠加到边 <*r*’, *s*> 上。簇中内部节点之间的距离不作考虑。

4）在邻接表中删除节点 *s* 及其出边。

（4）组件化算法

定义节点集合为 nodesets，节点聚合的主要依据是节点间的最短距离，用 *i* 表示节点的标号，节点集合 nodesets 共有 *n* 个节点，*i* 的取值是 $[0, n-1]$，节点 *i* 初始为 0。

1）判断节点 *i* 是否为 nodesets 中最后一个节点，是则转到步骤 4，否则在 nodesets 里寻找距离节点 *i* 的最小的节点 *r*，$\mathrm{Min}\{d[i, r]\}$，$r \in$ nodesets。

2）若节点 *i* 与节点 *r* 聚集后规模过大，超过阈值，则取消聚合操作，并令 $i=i+1$，转到步骤 1；否则执行下一步。

3）将 *i* 节点和 *r* 节点聚合为一个父节点（簇），更新图信息（节点和边），回到步骤 1。

4）退出。

4. 架构优化

下面首先介绍相似结构的优化，然后描述组件命名的算法，最后介绍基于架构设计文档和目录的优化 [38]。

（1）相似结构优化

在架构恢复过程中，发现很多实体之间存在隐含或间接联系，两个没有直接依赖的实体往往有着相同或相似的“亲属”。如图 10-23 中的实体 *A* 和实体 *B*，虽然 *A* 和 *B* 拥有相似的结构，但是由于它们两个不存在相互连接的边，因此在进行聚类时无法将其聚类到同一个簇中。所以我们希望将拥有共同的入连接或者共同的出连接的顶点连接在一起，因为这些顶点拥有结构相似性。要解决这个问题，就需要计算图节点的结构相似性。

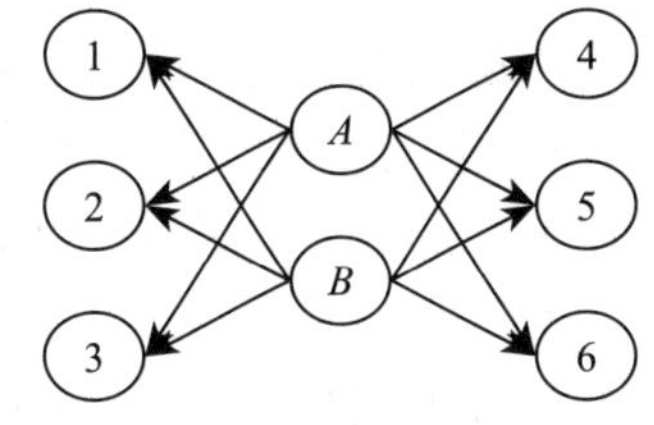

图 10-23　结构相似的示例

由于本章涉及的图均是有向网络，所以如果需要计算结构相似，必须转变成无向网络。经过调研，我们发现依赖边对于一个功能模块的影响大于被依赖边，所以在计算结构相似时，只考虑出边（即依赖边），那么我们给出以下定义。

定义 10.18（亲属相似度）*a* 和 *b* 的结构相似度等于 *a* 的 out-neighbors 和 *b* 的 out-neighbors 相似度的平均值。用 $s(a, b)$ 表示节点 *a* 和 *b* 的相似度，计算公式如下：

$$\mathrm{RelativeSim}(a,b)=\begin{cases}\dfrac{C}{|O(a)||O(b)|}\displaystyle\sum_{i=1}^{|O(a)|}\sum_{j=1}^{|O(b)|}s\big(O_i(a),O_j(b)\big) & \text{若 } a\neq b\\ 1 & \text{若 } a\neq b\end{cases}$$

$O(a)$ 表示与 *a* 所有出边关联的邻节点集合（out-neighbors）；参数 *C* 是个阻尼系数，可以这么理解：假如 $O(a)=O(b)=\{A\}$，可计算出 $\mathrm{RelativeSim}(a, b)=C*\mathrm{RelativeSim}(A, A)=C$，

所以 $C \in (0, 1)$。

为了解决聚类无法分析不存在连接却拥有结构相似节点的问题，本节提出了通过计算亲属相似度来识别节点的结构相似性。具体过程如下：

1）遍历图节点出边的亲属系，并入栈。

2）取出两两亲属系进行对比，记录相同亲属。

3）将前两步的信息代入亲属相似度计算公式，如果超过相似阈值，执行聚合操作。

4）更新图，重复步骤 1 ～ 3，直到不存在相同亲属为止。

（2）组件命名

为了提高组件依赖图的可理解性，本方案依据组件的功能对组件进行命名。本节提出一个假设：项目程序的目录层次结构划分在一定程度上能够体现出项目功能点的划分，因此本方案根据组件中包含的架构元素所处的目录来给组件进行初步命名，具体步骤如下：

1）识别组件中所有文件归属的目录层次。

2）运用相似度算法计算相互间的亲属辈分。

3）判断是否存在某一特定目录包含了该组件内大部分文件，如果存在，则以该目录命名组件。

4）判断是否存在三代内的亲属目录共同包含了该组件内大部分文件，如果存在，则按照祖父目录的名字命名组件。

5）如果步骤 3 和 4 均找到符合条件的目录，则不进行组件命名操作。

（3）根据文档优化

为了提高组件依赖图的可读性，解决部分项目出现大量孤立组件等问题，需要对架构图进行优化。本方案中组件优化功能使用了架构设计文档和目录层次结构两个来源的架构信息，根据信息来源的不同，方案中将组件优化的内容分为基于架构设计文档的组件优化和基于目录层次结构的组件优化，优化的内容包括：

1）从架构设计文档中抽取组件同文件 / 目录之间的包含关系。

2）扫描组件依赖图中的孤立组件，在孤立组件之间进行匹配，判断是否存在相似功能。

3）如果相似，则预判聚合后是否会违反预设的规则（组件规模不能过大）。若符合规则，则将孤立组件聚合到有依赖关系的组件中，否则标记后跳出。

10.4　本章小结

本章介绍了如何进行基于多规则聚类的架构恢复。首先描述了架构恢复的整体流程，接着阐述了如何选择最合适的聚类算法。然后详细描述了架构恢复的每个功能模块，包括模块化、组件化预处理算法、中心 – 层次算法、架构优化。其中分析了如何全方位计算模块之间的距离，同时介绍了预处理过程中需要处理的组件化规则。最后描述了如何分别从三个方面进一步优化恢复出的架构图。

思考题

10.1　什么是软件架构恢复？其与软件架构重建有什么区别？
10.2　为什么需要软件架构恢复？
10.3　软件架构恢复目前还存在哪些问题？
10.4　简述软件架构恢复的一般过程。
10.5　简单说明 5 ～ 10 种典型的软件架构恢复技术。
10.6　谈谈你对软件架构恢复本质的认识。
10.7　举例说明各种软件架构恢复技术的优缺点。
10.8　如何做到智能化软件架构恢复？

参考文献

[1] D Poshyvanyk, A Marcus. Combining Formal Concept Analysis with Information Retrieval for Concept Location in Source Code[C]. Proceedings of the IEEE International Conference on Program Comprehension. Banff, Alberta, BC, Canada: IEEE, 2007: 37-48.

[2] S Ducasse, D Pollet. Software architecture reconstruction: A Process-oriented taxonomy[J]. IEEE TSE, 2009, 35(4): 573-591.

[3] G C Murphy. Lightweight Structural Summarization as an Aid to Software Evolution[D]. PhD thesis, Univ. of Washington, 1996.

[4] L O'Brien, D Smith, G Lewis. Supporting Migration to Services Using Software Architecture Reconstruction[C]. Proceedings of the 13th IEEE International Workshop on Software Technology and Engineering Practice (STEP'05). Budapest, Hungary: IEEE, 2005.

[5] K Sartipi. Software Architecture Recovery Based on Pattern Matching[D]. PhD thesis, School of Computer Science, Univ. of Waterloo, 2003.

[6] K J Sullivan, W G Griswold, Y Cai, et al. The Structure and Value of Modularity in Software Design[J]. ESEC/FSE-9, 2001, 26(5): 99-108.

[7] K Wong. The Rigi User's Manual-Version 5.4.4[R]. Technical report, Univ. of Victoria, 1998.

[8] L Ding, N Medvidovic. Focus: A Light-Weight, Incremental Approach to Software Architecture Recovery and Evolution[C]. Proceedings of the IEEE/IFIP Conference on Software Architecture. Amsterdam, Netherlands: IEEE, 2001.

[9] A S Yeh, D R Harris, M P Chase. Manipulating Recovered Software Architecture Views[C]. Proceedings of the 19th International Conference on Software Engineering. Boston, USA: IEEE, 1997.

[10] K Sartipi. Software architecture recovery based on pattern matching[C]. Proceedings of the International

Conference on Software Maintenance, 2003, ICSM. Amsterdam, Netherlands: IEEE, 2003.

[11] W Zhao, L Zhang, Y Liu, et al. SNIAFL: Towards a Static Non-Interactive Approach to Feature Location[C]. Proceedings of the 26th International Conference on Software Engineering. Edinburgh, UK: IEEE, 2004.

[12] 逄龙，王甜甜，苏小红，等 . 支持多程序语言的静态信息提取方法 [J]. 哈尔滨工业大学学报，2011，(3)：62-66.

[13] 黄双玲 . 面向 C/C++ 程序函数调用关系的静态分析方法研究 [D]. 安徽：中国科学技术大学，2015.

[14] R J Walker, G C Murphy, B Freeman-Benson, et al. Visualizing dynamic software system information through high-level models[C]. The 13th ACM SIGPLAN, 1998, 33(10): 271-283.

[15] 李必信，郑国梁，王云峰，等 . 一种分析和理解程序的方法——程序切片 [J]. 计算机研究与发展，2000，37（3）：284-291.

[16] J Liu, Z M Lui, X S Li, et al. Towards the Integration of a Formal Object-Oriented Method and Relational Unified Process[J]. Software Evolution with UML and XML, 2005: 101-133.

[17] M de Jonge. Build-level components[J]. IEEE Transactions on Software Engineering, 2005, 31(7): 588-600.

[18] M Risi, G Scanniello, G Tortora. Using fold-in and fold-out in the architecture recovery of software systems[J]. Formal Aspects of Computing, 2012, 24(3): 307-330.

[19] V Tzerpos, R C Holt. Software botryology: Automatic clustering of software systems[C]. Proceedings of the 9th International Workshop on Database and Expert Systems Applications (Cat. No.98EX130). Vienna, Austria: IEEE, 1998.

[20] F Solms. Experiences with using the systematic method for architecture recovery (SyMAR)[C]. Proceedings of the South African Institute for Computer Scientists and Information Technologists Conference. East London, South Africa: ACM, 2013: 170-178.

[21] D H Hutchens, V R Basili. System Structure Analysis: Clustering with Data Bindings[J]. IEEE Transactions on Software Engineering, 1985, 11(8): 749-757.

[22] O Maqbool, H Babri. Hierarchical clustering for software architecture recovery[J]. IEEE Transactions on Software Engineering, 2007, 33(11): 759-780.

[23] B S Mitchell, S Mancoridis. On the automatic modularization of software systems using the bunch tool[J]. IEEE Transactions on Software Engineering, 2006, 32(3): 193-208.

[24] H Sajnani. Automatic software architecture recovery: A machine learning approach[C]. Proceedings of the 2012 20th IEEE International Conference on Program Comprehension(ICPC). Passau, Germany: IEEE, 2012: 265-268.

[25] P Tonella. Concept Analysis for Module Restructuring[J]. IEEE Transactions on Software Engineering, 2001, 27(4): 351-363.

[26] P Andritsos, V Tzerpos. Information-theoretic software clustering[J]. IEEE Transactions on Software Engineering, 2005, 31(2): 150-165.

[27] J Garcia, D Popescu, C Mattmann, et al. Enhancing architectural recovery using concerns[C]. Proceedings of the 2011 26th IEEE/ACM International Conference on Automated Software Engineering(ASE 2011). Lawrence: IEEE, 2011.

[28] S Corazza, Di Martino, V Maggio, et al. Investigating the use of lexical information for software system clustering[C]. Proceedings of the 2011 15th European Conference on Software Maintenance and Reengineering. Oldenburg, Germany: IEEE, 2011: 35-44.

[29] T. Lutellier, D Chollak, J Garcia, et al. Comparing software architecture recovery techniques using accurate dependencies[C]. Proceedings of the 2015 IEEE/ACM 37th IEEE International Conference on Software Engineering. Florence, Italy: IEEE, 2015: 69-78.

[30] B Fluri, M Wuersch, M Pinzger, et al. Change Distilling:Tree Differencing for Fine-Grained Source Code Change Extraction[J]. IEEE Transactions on Software Engineering, 2007, 33(11): 725-743.

[31] S Guha, R Rastogi, K Shim. CURE: an efficient clustering algorithm for large databases[J]. Information Systems, 2001, 26(1): 35-58.

[32] T Zhang, R Ramakrishnan, M Livny. BIRCH: an efficient data clustering method for very large databases[J]. ACM Sigmod Record, 1996, 25(2): 103-114.

[33] T Quatrani. Visual Modeling with Rational Rose and UML[M]. Addison-Wesley-Longman, 1998.

[34] 姜璐 . 一种改进的基于抽象语法树的软件演化分析技术研究 [D]. 南京：南京大学，2013.

[35] 徐锦 . 基于聚类的 Java 包重构技术研究及实现 [D]. 南昌：江西师范大学，2015.

[36] 孙卫真，杜香燕，向勇，等 . 基于 RTL 的函数调用图生成工具 CG-RTL[J]. 小型微型计算机系统，2014，35（3）：555-559.

[37] 袁望洪 . 面向对象程序理解系统 JBPAS[D]. 北京：北京大学，1999.

[38] 李亚楠，许晟，王斌 . 基于加权 SimRank 的中文查询推荐研究 [J]. 中文信息学报，2010（3）：3-10.

[39] Wei Zhao, Lu Zhang, Yin Liu, et al. SNIAFL: Towards a Static Non-Interactive Approach to Feature Location[C]. Proceedings of the 26th International Conference on Software Engineering. Edinburgh, UK: IEEE, 2004: 293-303.

[40] Y Sakaguchi. Extracting a Unified Directory Tree to Compare Similar Software Products[C]. Proceedings of the 2015 IEEE 3rd Working Conference on Software Visualization(VISSOFT). Bremen, Germany: IEEE, 2015: 165-169.

[41] N Medvidovic, V Jakobac. Using software evolution to focus architectural recovery[J]. Automated Software Engineering, 2006, 13(2): 225-256.

[42] R A Bittencourt, D D S Guerrero. Comparison of Graph Clustering Algorithms for Recovering Software Architecture Module Views[C]. Proceedings of the European Conference on Software Maintenance and Reengineering. Kaiserslautern, Germany: IEEE, 2009: 251-254.

[43] K Wagstaff, C Cardie, S Rogers, et al. Constrained K-means Clustering with Background Knowledge[C]. Proceedings of the Eighteenth International Conference on Machine Learning. San Francisco: Morgan Kaufmann Publishers Inc, 2001:577-584.

[44] N C Mendonça, J Kramer. An Approach for Recovering Distributed System Architectures[J]. Automated

Software Engineering, 2001(8): 311-354.

[45] G Y Guo, J M Atlee, R Kazman. A Software Architecture Reconstruction Method[J]. IFIP — the International Federation for Information Processing, 1999, 12:15-33.

[46] W Eixelsberger, M Ogris, H Gall, et al. Software architecture recovery of a program family[C]. Proceedings of the International Conference on Software Engineering. Kyoto, Japan: IEEE, 1998: 508-511.

[47] G Shu, B Sun, T A D Henderson, et al. JavaPDG: A New Platform for Program Dependence Analysis[C]. Proceedings of the 2013 IEEE 6th International Conference on Software Testing, Verification and Validation. Luxembourg: IEEE, 2013.

[48] D G C Hammer. Precise Analysis of Java Programs using JOANA[C]. Proceedings of the 2008 8th IEEE International Working Conference on Source Code Analysis and Manipulation. Beijing, China: IEEE, 2008.

[49] J Wu, A E Hassan, R C Holt. Comparison of Clustering Algorithms in the Context of Software Evolution[C]. Proceedings of the 21st IEEE International Conference on Software Maintenance(ICSM'05). Budapest, Hungary:IEEE, 2005: 525-535.

[50] M Fokaefs, N Tsantalis. Decomposing Object-Oriented Class Modules Using an Agglomerative Clustering Technique[C]. Proceedings of the 2009 IEEE International Conference on Software Maintenance. Edmonton, Canada: IEEE, 2009: 20-26.

[51] C H Lung, X Xu, M Zaman, et al. Program restructuring using clustering techniques[J]. Systems and Software, 2006, 79(9): 1261-1279.

[52] T Lutellier, D Chollak, J Garcia, et al. Measuring the Impact of Code Dependencies on Software Architecture Recovery Techniques[J]. IEEE Transactions on Software Engineering, 2018, 44(2): 159-181.

第 11 章　软件架构质量

不同的设计师设计出来的架构存在物理差异，也存在质量差异，有经验的架构设计师总能设计出高质量的软件架构。那么，软件架构质量是什么，软件架构有哪些质量属性，如何评估软件架构的质量呢？本章将从外部指标和内部指标两方面，详细地讨论各种软件架构质量属性、质量指标，以及各种软件架构质量保障和评估方法。

11.1　引言

最终软件产品质量（quality）、软件开发和运维成本（cost）、软件开发和维护效率（efficiency）是软件工程学科发展过程中的三个核心关注点。语言的升级换代、各种新方法和新技术的出现都是为了更好地服务这些核心关注点。

软件架构的设计是整个软件开发过程中关键的一步。对于庞大而复杂的软件系统来说，软件架构的设计和选择往往会成为一个系统设计成败的关键。而最终软件产品质量作为软件发展的核心关注点之一，在软件全生命周期中一直存在。在软件系统的早期设计阶段，设计和选择合适的软件架构对系统的很多重要质量属性，如性能、可靠性、安全性、可维护性、可重用性、可移植性等起着决定性作用。换句话说，如果软件架构不好的话，最终软件产品的性能、可靠性、可维护性等也会比较差，软件架构和这些质量属性密切相关。软件架构不好是指软件架构自身存在缺陷，也就是说软件架构自身也存在质量问题。软件架构的质量有内部质量和外部质量之分：一般认为开发态软件架构的质量是内部质量，包含软件架构模型、数据、描述文档和视图的质量等；运行态软件架构的质量是外部质量，包含基于该软件架构开发的系统的性能、可靠性、安全性等。

对于处于开发阶段的软件架构，我们称之为开发态软件架构，又称静态软件架构，其难以在真实环境中进行实际的运行，所以软件架构的质量保障属于软件开发过程早期阶段的质量保障问题，同时也属于内部质量保障问题；对于处于运行和维护演化过程的软件架构，我们称之为运行态软件架构或者动态软件架构。

对软件架构质量问题的精确理解和讨论具有十分重要的意义。

首先，最终软件产品质量问题是当前软件开发发展过程中的重要核心关注点之一。如何提高软件产品的质量是自第一次软件危机以来人们一直关注的一个重要方面。在软件发展过程中，人们提出了大量的方法来对软件质量进行改进。例如，1972 年，Parnas 使用模块化和信息隐藏作为一种高层系统分解的手段来改善系统的灵活性和可理解性 [1]。1974 年，

Stevens 等引入耦合和聚集的概念来评估不同程序的分解[2]。目前，学术界和工业界逐渐意识到：软件架构与软件质量属性有密不可分的关系。

其次，问题发现得越早，解决问题的代价越小。在软件开发过程中，问题发现得越早，越有利于问题的解决。改正系统需求或设计早期阶段发现的错误的代价比改正测试阶段发现的错误的代价小很多。一方面，软件架构是早期设计阶段的产物，它决定着项目的结构，如配置、进度与预算、性能、指标、开发小组结构、文档组织、测试和维护等，对系统或项目的开发具有深远影响；另一方面，不恰当的软件架构将给项目的开发带来灾难。如果软件架构不恰当，就无法满足性能要求，也无法满足可靠性、稳定性和安全性的要求。

再次，软件架构自身存在很高的质量需求。软件的质量属性是软件架构评估的基础，但事实是仅仅指出质量属性并不足以使我们对软件架构的适宜性做出判断。例如，需求说明中指出系统应该是健壮的，应该具有较高的可更改性，应该能阻止非法入侵等，如果在软件架构描述中不对这些需求进行更清楚的说明，这些说法就会有不同的解释，从而导致最终的软件产品存在质量隐患。

最后，软件架构质量保障会带来很多其他方面的好处。如帮助我们更早地发现问题，而这些问题如果不及时发现并改正，以后就可能需要花费更高昂的代价来改正它。简单地说，软件架构质量保障可使我们得到更好的软件架构。除此之外，软件架构质量保障还有其他一些潜在的好处：

1）在软件架构质量保障过程中，将各个利益相关者召集到一起，他们可以对自己的目标和动机做出解释，加深彼此之间的了解；同时，架构设计师要向参与评估的利益相关者解释软件架构，以帮助利益相关者精确理解软件架构。

2）为相互冲突的目标划定优先级。在软件架构质量保障过程中，由于不同利益相关者可能会提出相互冲突的质量目标，软件架构师首先需要确定目标优先级的划分标准，然后对目标进行优先级排序。即使软件架构师无法满足相互冲突的质量目标要求，他也会在这一阶段得到很多关于质量目标的最为重要的指导性信息。

3）督促软件架构师更详细地编写软件架构文档。例如，关于性能方面的调查将需要用到说明架构如何处理运行时间任务或进程交互的文档，那么参与该项目的性能工程师就要详细说明。因此，通过软件架构质量保障，可以迫使相应编档人员提高软件架构文档的质量。

4）发现项目之间交叉重用的可能性。利益相关者和质保小组成员可能并不从事所评估项目的开发，但经常属于同一个大型开发组织，并且往往从事其他项目的开发或熟悉其他项目。因此，不管是发现可在其他项目中重用的组件，还是知道已经有的或许能够在当前项目中重用的组件或其他资源，都将是有益的。

5）提高软件架构实践者的水平。由于开发组织逐渐能够预测到在评估时将会提出的问题类型、将会讨论的问题和用到的文档类型，因此自然会做出调整，以便在评估时取得较好的评价。所以说，质保过程不仅能在事后也能在事先帮助进行更好的软件架构设计。长时间的质保实践会在开发组织中形成一种有利于得出更好架构设计的工作氛围。

6）有益于该组织未来所从事的项目开发。例如，ATAM（Architecture Tradeoff Analysis Method）中的一个关键环节是用一组针对质量属性的问题对软件架构进行探测，而这种方法和问题列表都是公开的 [3]。软件架构师完全可以在评估之前对照相关问题，判断软件架构是否符合要求。

当然，软件架构自身不能保证系统的功能或质量属性一定满足用户需求。具体的设计、实现、测试及管理不当也会消减软件架构的好处，在软件生命周期的任何阶段（不管是在较高层次的设计阶段，还是具体的编程实现阶段）所做的决策都会影响到最终软件产品的质量。从这个角度来讲，软件架构质量和最终软件系统的质量不完全是一回事，软件架构质量保障只是最终软件系统质量保障的一个环节。

11.2　软件架构与质量属性

表 11-1 总结了质量属性与软件架构的关系。软件架构和质量属性是相辅相成的：一方面，软件架构本身具有质量，高质量的软件架构设计会带来高质量的软件产品；另一方面，最终软件产品的质量可以间接地反映软件架构的质量，可以进一步指导软件架构的演化和优化等。

表 11-1　质量属性与软件架构的关系

系统的质量属性	是否属于架构层次	架构层次的问题
性能	是	如何提高组件间的通信性能
可用性	是	如何保证专用组件的可用性
可靠性	是	如何通过使用冗余组件实现容错，提高可靠性
安全性	是	如何保障组件的安全交互
易用性	是	如何保障组件和架构的易用性问题
可更改性	是	组件和架构的可更改性如何得到保障
可移植性	是	组件是否可移植，架构是否可移植
可重用性	是	组件间是否是松散耦合
可集成性	是	组件 / 连接件接口是否统一，是否兼容
可测试性	是	组件和连接件的测试难度如何，测试环境的配置是否比较困难等

质量属性的影响因素存在于复杂的系统中，在软件设计过程中我们不能以孤立的方式实现质量属性的需求，因为任何一个质量属性的实现都会对其他质量属性的实现带来积极或者消极的影响。例如，安全性和容错性是相互影响的，最安全的系统一般都有安全的内核，其失败点最少；容错性最好的系统则失败点最多，通常在这样的系统中要配置冗余的处理器或进程，从而保证一个处理器或进程的失败不会导致整个系统的崩溃。又如，我们稍加考虑就不难发现，几乎每个质量属性都对系统的性能具有消极的影响。以可移植性为

例，保证软件系统具有良好的可移植性的主要手段就是降低系统的相互依赖性，任何降低相互依赖性的手段都会加大系统执行的开销，通常对进程或过程的边界有所限制，给系统性能带来了负面的影响。表 11-2 列出了各质量属性之间的正负关系。其中“+”表示该质量属性对其他某个质量属性带来积极的影响，而“−”表示该质量属性对其他某个质量属性带来消极的影响。

表 11-2 质量属性之间的正负关系

	性能	可靠性	可用性	安全性	易用性	可更改性	可移植性	可重用性	可集成性	可测试性
性能		−			−	−	−		−	−
可靠性			+		+	+				+
可用性		+								
安全性	−				−			−	−	−
易用性	−									−
可更改性	−	+	+							+
可移植性	−				−	+		+	+	+
可重用性	−	−		−		+			+	+
可集成性	−			−		+	+			
可测试性	−	+	+		+	+				

11.3 软件架构质量指标

这里我们关注的质量指标是那些或多或少与软件架构质量有关系的指标（如性能、可靠性等），而不关注其他质量属性（如字体的大小和颜色等）。另外，既然软件架构的质量有内部质量和外部质量之分，软件架构的质量指标就应该有内部质量指标和外部质量指标之分。其中，内部质量指标用于直接地评估软件架构自身的质量，包括软件架构文档的可读性、数据的一致性和兼容性、架构模型的完整性、软件架构的可重配置性和可维护性等；外部质量指标用于间接地评估软件架构的质量，这些指标其实都是基于该架构开发的最终软件系统的质量指标，这些指标不好的话，也可以间接反映软件架构存在的缺陷[4]。

11.3.1 内部质量指标

软件架构的内部质量是指描述软件架构的文档、数据、图表和模型的质量，还指构成软件架构的组件、连接件、配置、数据和接口的质量。软件架构典型的内部质量指标有（文档、数据、图表、模型）的可维护性、可重用性、可移植性、可集成性和可测试性等。

1. 可维护性

可维护性（maintainability）主要指软件系统或组件在纠正错误、提升性能或其他属性，以及适应变化的环境等方面的修改容易程度[5]。软件维护的核心活动就是修改，所以软件可维护性通常就是广义上的可修改性。软件维护通常包含以下四种主要的类型：

1）改正性维护（corrective maintenance）是指改正系统开发阶段已发生而系统测试阶段尚未发现的错误。这方面的维护工作量要占整个维护工作量的 17% ～ 21%。所发现的错误有的不太重要，不影响系统的正常运行，其维护工作可随时进行；而有的错误非常重要，甚至影响整个系统的正常运行，其维护工作必须制定计划，并且要进行复查和控制。

2）适应性维护（adaptive maintenance）是指软件适应信息技术变化和管理需求变化而进行的修改。这方面的维护工作量占整个维护工作量的 18% ～ 25%。由于计算机硬件价格的不断下降，各类系统软件层出不穷，人们常常为改善系统硬件环境和运行环境而产生系统更新换代的需求；企业的外部市场环境和管理需求的不断变化也使得各级管理人员不断提出新的信息需求。这些因素都将导致适应性维护工作的产生。这方面的维护工作也要像系统开发一样，有计划、有步骤地进行。适应性维护活动通常是指适应新的操作环境，如适应处理器硬件、输入 / 输出设备或其他逻辑设备的变化而进行的软件修改。

3）完善性维护（perfective maintenance）是指为了扩充功能和改善性能而进行的修改，主要是指对已有的软件系统增加一些在系统分析和设计阶段没有规定的功能与性能特征。这些功能对完善系统功能是非常必要的。另外，还包括对处理效率和编写程序的改进，这方面的维护工作量占整个维护工作量的 50% ～ 60%，比重较大，也是关系到系统开发质量的重要方面。这方面的维护除了要有计划、有步骤地完成外，还要注意将相关的文档资料加入前面相应的文档中。

完善性维护活动通常包含功能增加或扩展以及功能删除或优化：添加新的功能、改进已有的功能或修复系统中的缺陷。添加新功能对于在市场上同类产品中保持竞争优势具有重要的意义。功能删除和优化是指优化或简化现有应用系统的功能，或许是为了向更多的客户提供系统功能精简（因而价格更低）的版本。

4）预防性维护（preventive maintenance）是指为了改进应用软件的可靠性和可维护性，以及适应未来软硬件环境的变化，主动增加预防性的新功能，以使应用系统适应各类变化而不被淘汰。例如，将专用报表功能改成通用报表生成功能，以适应将来报表格式的变化。这方面的维护工作量占整个维护工作量的 4% 左右。

这四种类型的软件维护几乎涵盖了软件维护需求的各种情况，软件架构的可维护性主要针对这四种类型软件维护活动，体现从软件架构层面可以进行修改的难易程度。

2. 可重用性

可重用性（reusability）通常是指合理地设计系统，使得系统结构及其某些组件能够在未来的应用开发中重复使用的能力 [4]。应追求可重用性的设计目标，保障在系统构建过程中可以直接使用已有产品的组件，从而提高构建最终软件产品的效率和质量。

在这种情况下，软件架构的各种组件和连接件以及配置信息就是重用的基本单位。所以，可重用性与软件架构密切相关。而一个组件的可重用程度依赖于它与其他组件的耦合程度，组件之间松散的耦合会减少不必要的“尾随”组件，提高成功重用的可能性。可重用性主要关注如下问题：

1）在系统的不同地方使用不同的代码或组件来实现相同的功能，如在多个组件中类似逻辑的重复，以及在多层或多个子系统中类似逻辑的重复。针对此问题，需要检查应用程序设计中的通用功能，并在不同的组件中实现这些可以重用的功能。同时检查应用程序设计中的横向关注点，如确认、日志、授权等，并将这些功能实现为分离的组件。

2）使用多个类似的方法实现仅有细微差别的任务。相反，使用参数扩展单个方法的行为能力。

3）使用几个系统来实现的特征或者功能，而不是共享或重用其他系统（多个系统或一个应用程序中的多个子系统）中的功能。可以考虑通过其他层或系统使用的服务接口从组件、层和子系统暴露功能。考虑使用平台无关的数据类型和结构，以保证其在不同的平台上能访问并被理解。

3. 可移植性

可移植性（portability）是指系统能够在不同计算环境（或平台）下运行的能力[4]。这里所说的环境可能是硬件、软件或者是两者的结合。如果对任何特定计算环境的所有假设都仅包含在某个组件（或者在最坏情况下，包含在少数几个易于修改的组件）中，我们就说该系统是可移植的。

在软件架构中，对平台相关问题的封装表现为可移植性层面。可移植性层面是一组软件服务的集合，它使应用软件具有与其环境的抽象接口。即使在系统从一个环境转换到另一个环境而对此抽象接口的具体实现进行修改时，该抽象接口也保持不变（从而将应用软件与环境的变化隔离开来）。可移植性层面是应用信息隐藏设计原理的直接结果。

4. 可集成性

可集成性（integrability）是指使其他独立开发的系统组件能够与待开发系统协同运行的能力[6]。这取决于组件的外部复杂性、它们的交互机制和协议以及组件功能划分的清晰程度等，而这都是软件架构层次上的问题。可集成性还取决于组件接口的定义是否完整、合理等。在软件集成过程中，组件之间的互操作性（interoperability）所处的位置很关键，它衡量了一组组件（构成系统的组件）与另一个系统协作能力的大小和难易程度。好的软件架构设计会使得软件的可集成性更优[7]。

5. 可测试性

可测试性（testability）是指通过测试（通常是基于运行的测试）使软件表露出缺陷的容易程度[8]。可测试性与可观察性、可控制性有关。要对某个软件系统进行有效的测试，必须能够控制每个组件的内部状态及其输入，并能够观察其输出结果。系统的可测试性涉及若干个结构或软件架构上的问题，如在架构层次上编制文档的水平、对问题隔离的情况、系统使用信息隐藏原理的程度等。

11.3.2　外部质量指标

软件架构的外部质量是指在软件系统运维过程中，软件系统体现出来的与软件架构有关的质量属性，主要包括软件系统的性能、可靠性、可用性、易用性和安全性等。

1. 性能

性能（performance）是指系统的响应能力，即要经过多长时间才能对某个刺激（事件）做出响应，或者在某个时间段内所能处理的事件的个数[9]。性能这一质量属性经常用单位时间内所处理的事务的数量或该系统完成某个事务处理所需要的时间来表示。在软件架构层次上，我们可以通过观察服务请求的到达和分发速率、处理时间、队列大小以及延迟时间长短（即服务请求要等多长时间才能得以处理）等指标来了解系统性能，将其模型化并进行分析。我们可以根据预计的工作负载，通过构建系统的随机队列来模拟该系统的性能。

性能主要关注如下问题：①客户端响应时间增加、吞吐量降低以及服务器资源过载使用。保证应用程序的结构是合理的，并将其部署到能够提供足够资源的系统上。当交互需要跨越进程或不同层的边界时，考虑使用最小调用次数（最好是一次）的粗粒度接口来执行一个特定的任务，或者考虑使用异步交互。②内存消耗增加，导致性能降低、过多的缓存未命中（在缓存中不能找到需要数据），以及数据存储访问慢，这就要求设计一种有效且合理的缓存机制。③数据库服务器处理增加，导致吞吐量降低，这要求选择有效的事务处理、锁、线程处理和队列方法。使用有效的队列可使得性能影响最小化，并避免在只有一小部分数据陈列的情况下获取所有的数据。对有效数据库处理的错误设计可能会导致给数据库服务器增加不必要的负载，从而不能满足性能目标以及预算分配超支。④网络带宽消耗增加，导致响应时间延迟、客户端和服务器端的负载增加。采用合适的远程交互机制为不同层之间设计高性能的交互。尽可能减少跨边界的转换，并降低通过网络发送数据的规模，通过批量化工作减少网络调用。

在软件工程发展历史的大部分时间内，性能一直是促使系统架构发现的重要驱动力，而且这也往往会导致降低对其他质量属性的要求。但是随着硬件性价比的急剧下降和软件开发成本的提高，其他一些质量属性的地位已经与性能这一质量属性不相上下。

2. 可用性

可用性（availability）是指系统正常运行的时间比例[10]。可用性通过两次故障之间的时间长度或在系统崩溃的情况下系统能够恢复正常运行的速度来衡量。系统处于稳定运行状态的可用性是系统时间与全部时间之比，通常定义为：

$$\text{可用性}=\frac{\text{平均正常工作时间}}{\text{平均正常工作时间}+\text{平均修复时间}}$$

系统的可用性通常会受到系统错误、基础结构问题、恶意攻击和系统负载等因素的影响。可用性主要关注如下问题：①物理层（如数据库服务器或应用服务器）发生故障或无响应，导致整个系统运行失败。针对此问题，可以考虑在软件架构设计中为系统物理层提供失效备援（failover）支持。例如，使用网络负载平衡（network load balance）策略对 Web 服务器进行负载分配，防止请求被转发到已经停机的系统。又如，若磁盘发生失效，可以考虑采用独立冗余磁盘阵列（Redundant Array of Independent Disk，RAID）机制来减少系统失效。②如果系统不能及时处理由于网络配置或网络阻塞引起的大规模负载，采用拒绝服务、阻止授权用户访问系统等中断系统操作。③不恰当的资源使用会降低可用性。例如，过早地获取资源并长期持有会导致资源匮乏，并降低处理其他并发用户请求的能力。④应用程序中的错误或故障会导致系统范围内的失败。设计合理的异常处理机制来降低应用程序失效后恢复的难度。⑤频繁的升级，比如安全补丁或者用于应用程序的升级，会降低系统的可用性，可以考虑设计更好的运行时升级策略。⑥网络故障或导致应用程序的不可用。需要考虑如何处理不稳定的网络连接。例如，设计客户端具有偶尔连接的能力。⑦在应用程序中考虑信任边界并保证子系统采用了一定程度的访问控制或防火墙技术，同时也要考虑外延数据的有效性以提高系统的弹性和可用性。

3. 可靠性

可靠性（reliability）指的是系统能够保持正常运行的能力[10]。它是一种软件系统在意外或系统的错误使用下维持软件系统的功能特性的基本能力。可靠性通常使用平均失效时间（Mean Time to Failure，MTTF）和平均失效间隔时间（Mean Time Between Failure，MTBF）来衡量。可靠性可以分为两个方面：①容错。其目的是在错误发生时确保系统正确的行为，并进行内部修复。例如，在一个分布式软件系统中失去了一个与远程控件的连接，接下来恢复连接。在修复这样的错误之后，软件系统可以重新或重复执行进程间的操作，直到错误再次发生。②健壮性。这里说的是保护应用程序不受错误使用和错误输入的影响，在遇到意外错误事件时确保应用系统处于已经定义好的状态。值得注意的是，与容错相比，健壮性是指软件可以按照某种已经定义好的方式终止执行。

一般来说，可靠性主要关注如下问题：①系统崩溃或没有回应时，探测失效根源并自动启动失效备援，或者将负载转送到备份系统。②输出不一致时，通过执行插桩（例如事件或者性能计数器）探测性能缺陷根源，并通过系统输出相关信息（例如事件日志、追踪文件，以及有关调用其他系统或服务的诊断信息）。③由于外部因素（例如网络或数据库的不可用）导致系统失效时，寻找合适的方式处理不可靠的外部系统、失效的交互以及失效的事务等。

4. 安全性

安全性（security）是衡量系统在向合法用户正常提供服务的情况下，阻止企图非授权使用或者防止拒绝服务攻击（denial of service attack），并阻止信息泄露和丢失的能力[11]。通过提高系统安全性同样能提高系统的可靠性。影响系统安全性的主要因素包括机密性、完整性和可用性。提高系统安全性主要通过授权、加密、审计及日志等手段来实现。

安全性主要关注的问题有：①欺骗用户身份。使用身份验证和授权方式阻止用户身份的欺骗。确认信任边界，并使用该边界对用户进行身份验证及授权。②由恶意输入引起的危害。如 SQL 注入（SQL injection）和跨站点脚本（cross-site scripting）。为了避免此类危害，可以通过使用约束、拒绝和审查等原则对所有输入的长度、范围、格式及类型进行确认，同时对显示给用户的输出进行编码。③数据篡改。将站点中的用户划分为匿名用户、识别用户、授权用户等，并使用应用程序插桩技术对可以监控的行为进行日志记录，同时使用安全传输通道，并对网络上传输的数据进行加密和签名。④拒绝用户行为。使用插桩技术来诊断并将所有针对应用程序临界操作的用户交互行为记录下来。⑤信息泄露及敏感数据丢失。设计中应考虑到应用程序的各个方面，以阻止访问或暴露敏感系统和应用程序的信息。⑥由于 DoS 攻击导致的服务中断。可以考虑缩短会话超时并通过代码或硬件实现探测和减少这类攻击。

上述方法都涉及特殊组件的识别、将组件与系统的其他部分相隔离，以及如何根据需要安排与其他组件之间的协同和交互等。这些做法都是在软件架构层次上实施的。

5. 易用性

易用性（usability）包含如下几方面的含义[12]：①可学习性。用户学会使用系统的界面要花费多长时间，是否容易学？②效率。系统能否以合适的速度对用户的请求做出响应？③可记忆性。用户能否快速记住使用系统时如何进行操作？④错误避免。系统能否预见并防止出现用户常犯的错误？⑤错误处理。当出错时，系统是否能够帮助用户进行恢复？⑥满意度。系统是否能够简化用户的工作？等等。

易用性主要考虑如下问题：①完成一项任务需要太多的交互（大量的点击）。保证对屏幕输入流程及交互模式的设计能最大限度地提高易用性。②在多步骤的接口中存在不正确的流程步骤。可考虑结合工作流来简化多步骤操作。③数据元素和控制没有很好地进行分类。可选择合适的控制类型（例如选项组和复选框）并采用公认的 UI 设计模式对控制符及内容进行设计。④给用户的反馈非常薄弱，特别是在应用程序发生错误、异常或没有响应的情况下。考虑采用相关技术最大限度地提高用户交互性。例如，在 Web 页面中使用 AJAX 技术，并在客户端对输入进行确认；对后台任务及如填充控件或需要长时间执行的任务使用异步技术。

11.4　软件架构质量保障和评估方法

软件架构质量保障技术有很多，这些技术归纳起来可分为两类：一类是从软件架构设计和演化过程出发，采用最好的架构师、架构设计平台和工具、架构演化模型来获得最好的软件架构；另一类是利用各种质量保障技术（例如分析、测试、度量、仿真、验证等）来进行软件架构质量保障。我们将在第 11 ～ 16 章中分别详细讨论。本节着重讨论一下软件架构质量评估技术。

考虑到软件架构评估往往是在架构被实现之前进行的，因此评估是建立在完整的或尚在完善过程的架构描述基础上的。对于架构描述，人们习惯于用各种视图来描述架构的设计，如功能视图、并发视图、代码视图、开发视图、物理视图等，这些视图都是软件架构设计师设计思路的抽象，包含着架构设计师对视图中的组成成分及其关系、使用者、适用的场合等方面的理解，对整个系统的开发起着整体的指导作用。

软件架构评估的目的是判断该架构是否实现了利益相关者的质量需求。因此，人们在评估软件架构的时候，一般先把视图进行细化，建立视图细节与特定质量属性之间的关系，如图 11-1 所示。然后进行评估前的准备、识别利益相关者、组织评估小组、确定评估时间和选择合适的评估技术等工作，以便高效地完成软件架构评估工作。

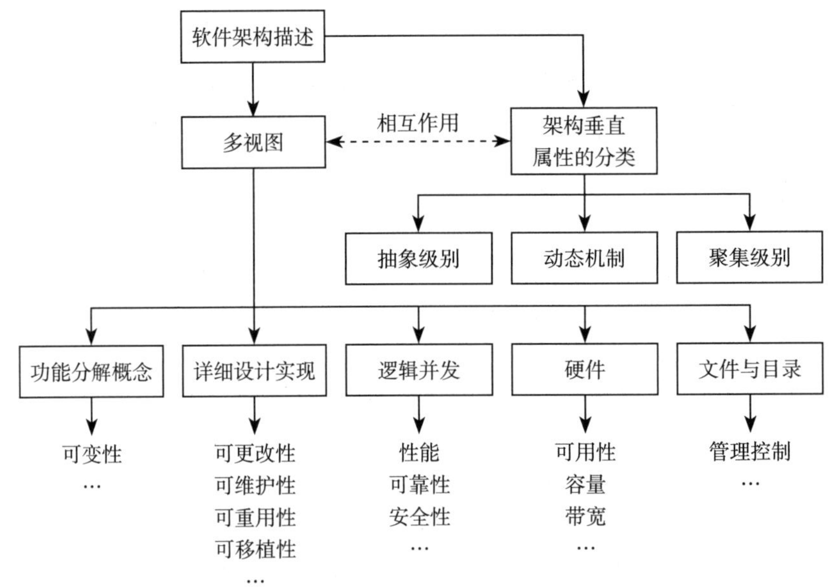

图 11-1　软件架构评估中的视图细化和质量属性

11.4.1　评估准备

软件架构评估作为软件开发过程的一个重要步骤，首先需要建立规范的评估文档（类似于软件测试中的测试用例），这类文档主要供评估人员和利益相关者参阅和交流。规范的软件架构评估文档主要包含七部分内容的描述（见表 11-3），具体包括方法目标、质量属性、软件架构描述、评估技术、参与者、评估中的活动和方法验证。

表 11-3　评估文档的组成

主题	描　　述
方法目标	该方法的特定目标是什么
质量属性	对哪些质量属性进行评估
软件架构描述	评估关系到哪些软件架构的视图
评估技术	评估方法中包含哪些技术
参与者	评估过程中涉及哪些参与者
评估中的活动	以何种顺序、何种方式、何种评估技术完成了该方法的特定目标，该方法描述了什么结果
方法验证	是否在实际中得到了验证

11.4.2　利益相关者

软件系统架构涉及很多人的利益，这些人都对软件架构施加各种影响，以保证自己的目标能够实现。例如，用户希望得到一个容易使用而又具备丰富功能的系统；维护组织希望得到一个便于更改的系统；开发组织（以管理层为代表）希望得到一个容易构建、能够最大限度利用现有资源的系统；客户（为系统开发出资的一方）希望该系统的开发不超出预算、按时完成等。

所有这些人的利益都体现在软件架构上，利益相关者（stakeholder，又称风险承担者）就是在该架构及根据该架构开发的系统中有既得利益的人（参见表 11-4）。架构设计师必须认真权衡各方面的利益，对各方需求的实现进行适当的调整，显然这项工作具有很大的难度。这是因为：①许多利益并没有以实际的系统需求的形式表达出来。也就是说，系统的需求文档中只表达了好的架构必须满足的一部分条件，而忽视了架构的其他利益相关者对系统行为或功能之外的一些问题的关注。有些利益相关者对软件架构还有一些其他的需求，这些需求虽然不会在系统需求文档中体现，但如果不满足这些需求，软件架构的设计也会失败。②更为严重的是，一些利益相关者的利益或者需求很可能是相互冲突的。例如，用户对速度的要求就可能与维护人员对可修改性的要求相冲突。所有这些需求和期望都要在软件架构中得以体现，所以软件架构设计师经常要对这些相互冲突的方面进行折中。

表 11-4　利益相关者分类

利益相关者	定　　义	所关心的问题
系统生产者		
软件架构设计师	负责系统架构设计以及在相互竞争的质量需求间进行权衡的专业人员	对其他利益相关者提供的质量需求的缓解和调停
开发人员	编程人员或软件设计人员	架构描述的清晰与完整，各部分的内聚性与受限耦合，清楚的交互机制
维护人员	系统初次部署完成后对系统进行维护升级的人员	可维护性，在每次软件维护活动中不引入副作用（新问题）
集成人员	负责组件集成（组装）的开发人员	与开发人员相同
测试人员	负责系统测试的开发人员	集成、一致的错误处理协议；受限的组件耦合、组件的高内聚性、概念的完整性

（续）

利益相关者	定　义	所关心的问题
系统生产者		
标准专家	负责所开发软件必须满足的标准（现有的或未来的）细节的专业人员	在软件系统开发过程中是否遵循各类相关标准
性能工程师	分析系统的工作产品以确定系统是否满足其性能及吞吐量需求的人员	易理解性、概念完整性、性能、可靠性
安全专家	负责保证系统满足安全性需求的人员	安全性
项目经理	负责为各小组配置资源、保证开发进度、保证不超出预算的人员，负责与客户打交道	架构层次上结构清楚，便于组建小组；任务划分结构、进度标志和最后期限等
产品线经理	设想该架构和相关资产怎样在该组织的其他开发中得以（重复）利用的人员	可重用性、灵活性
系统消费者		
客户	系统的购买者	开发的进度、总体预算、系统的有用性、满足客户（或市场）需求的情况
最终用户	所实现系统的使用者	功能性、可用性
应用开发者	利用该架构及其他已有可重用的组件，通过将其实例化而构建产品的人	架构的清晰性、完整性、简单交互机制、简单裁剪机制
任务专家、任务规划者	知道系统将怎样使用以实现战略目标的客户代表，视野比最终用户更为开阔	功能性、可用性、灵活性
系统服务人员		
系统管理员	负责系统运行的人（如果与用户不同的话）	容易地找到可能出现问题的地方
网络管理员	管理网络的人员	网络性能、可预测性
服务代表	为系统在该领域中的使用和维护提供支持的人	使用性、可服务性、可裁剪性
接触系统或与系统交互的人		
该领域或团体的代表	类似系统或所考察系统将要在其中运行的系统的构建者或拥有者	可互操作性
系统架构设计师	整个系统的架构设计师；负责在软硬件环境之间进行权衡并选择硬件环境的人	可移植性、灵活性、性能、效率
设备专家	熟悉该软件使用所需硬件及环境的人；能够预测未来硬件技术发展趋势的人	可维护性、性能

所以，在任何一次软件架构评估中，准确地获得利益相关者对软件架构的预期目标是至关重要的一步。系统需求描述仅仅是这一工作的起点，除了系统需求文档外，还需要考虑其他目标以及提出这些目标的利益相关者。由此在架构评估中最重要的原则就是：软件架构利益相关者的积极参与绝对是高质量评估必不可少的要素。

表 11-4 列出了在架构评估中可能涉及的一些利益相关者 [13]。当然，并不是每次评估都要把所有利益相关者包括在内，应该根据具体情况确定参与评估的利益相关者。

11.4.3 参与者

评估参与者构成一个评估团队（evaluation team），人员包括评估小组负责人、评估负责人、场景记录员、进展记录员、计时员、过程观察员、过程监督员和提问者。各成员的角色及其职责如表 11-5 所示。

表 11-5　评估团队各成员角色及其职责

角色	职　　责	理想的人员素质
评估小组负责人	准备评估；与评估客户协调；保证满足客户的需求；签署评估合同；组建评估小组；负责检查最终报告的生成与提交	善于协调、安排，有管理技巧。善于同客户交流，能够按时完成任务
评估负责人	负责评估工作。促进场景的得出；管理场景的选择及设置优先级的过程；促进对架构的场景评估。为现场评估提供帮助	能在众人面前表现自如。对架构问题有深刻的了解，富有架构评估的实践经验。能够从冗长的讨论中得出有价值的发现，或能够判断出何时讨论已无意义并及时调整
场景记录员	在得出场景的过程中负责将场景写到活动挂图或者白板上。务必用已达成一致的措辞来表述每个场景，如果未得到准确措辞就要继续对其进行讨论	能够在未明确某个问题（场景）之前坚持要求继续进行讨论。能够快速理解所讨论的问题并提出其要点
进展记录员	在便携机上或会议室的工作站上以电子形式记录评估的进展情况。捕获原始场景。捕获促成每个场景的问题（这种信息在场景本身的措辞中经常找不到）。捕获与场景相对应的架构解决方案。打印出要分发给各参与人员的场景列表	工作条理性好，从而能快速查找信息。对架构问题理解透彻。能够融会贯通地快速掌握技术问题。勇于（适时）打断正在进行的讨论以验证对某个问题的理解，从而保证所获取信息的准确性
计时员	帮助评估负责人保证评估工作按进度进行。在评估阶段帮助控制用在每个场景的时间	敢于不顾情面地中断讨论，宣布时间已到
过程观察员	记录评估过程的哪些地方有待改进或偏离了原计划。通常不发表意见，也可能在评估过程中偶尔向评估负责人提出基于过程的建议。在评估完成后，负责汇报评估的过程，指出应吸取哪些教训，以便在未来评估中加以改进。负责向整个架构评估小组汇报某次评估的实践情况	善于观察和发现问题。熟悉评估过程。曾参与过采用架构评估方法进行的评估
过程监督员	帮助评估负责人记住并执行评估方法的各个步骤	对评估方法的各个步骤非常熟悉。愿意并能够以不连续的方式向评估负责人提供指导
提问者	提出利益相关者或许未曾想到的关于架构的问题	对架构和利益相关者的需求具有敏锐的观察力。了解同类系统。勇于提出可能有争议的问题，并能不懈地寻找其答案。熟悉相关的质量属性

11.4.4　评估时机

架构评估的时机一般选择在架构明确之后、具体实现开始之前。如果是重复使用某个固定的或渐增的架构，则可在最近一次周期中进行架构评估。但是，架构评估最吸引人的优点之一是可以在架构的生命周期的任何阶段进行评估，而且时机一般也具有三种不同的情况：早期、中期和后期。

早期评估主要发生在初期阶段，即完成高层次的架构以及部分高优先级的架构决策时。

在这个时间点，我们可以评估初始的决策并查找出不好的决策。这个时期的评估不要求必须等到架构的内容完全确定时才实施，在架构创建的任何阶段都可以对已经做出的架构决策进行考察。当然，架构评估的完备性和逼真性直接依赖于架构设计师所提交的架构描述的完备性和逼真性。

有的组织推荐早期评估使用发现性评审（discovery review）。发现性评审就是对原型软件架构实施的小型评审，其目的是找出较难实现的需求并划分其优先级。通过发现性评审，可以获得一组更为严格的需求和一组能够满足这些需求的初始方法。发现性评审是架构评估的一个简单变体，如果要进行发现性评审，一定要保证：①在系统需求尚未最终确定，设计师已经比较清楚应采用什么方案的情况下实施；②利益相关者中要有有权做出系统需求决策的人；③评审结果中要有一组按优先级排列的需求，以备在不同意满足所有需求的情况下使用。

中期评估主要发生在架构设计实施部分精化之后。架构精化是一个迭代的过程，评估可以发生在任何一个迭代点上。在这个时间点上应该有一个相对完整的架构设计（完整度取决于架构精化的程度），我们可以针对该架构设计发现其存在的问题。

后期评估主要发生在系统已经被完整地设计、实现并部署之后。在这个阶段，架构和系统都是存在的，因此我们可以检测架构是否与实现匹配。如果系统产品已经存在了一段时间，我们同样可以检测软件架构的漂移度（architecture drift），即与原始的软件架构设计相比，其是否发生了巨大变化。

一般在什么时候实施软件架构评估呢？只要有足够多的可评判的软件架构信息就可以进行软件架构评估了。不同的组织可能对这种评判有不同的要求，但一条很好的实践原则是：应该在开发小组开始制定依赖于软件架构的决策、修改这些决策的代价超过架构评估的代价时实施架构评估。

11.4.5 评估技术

目前已有的一些软件架构评估技术采取与具备丰富经验的架构设计人员交互的形式进行，进而获取他们对软件架构评估方面的意见。一些技术针对代码的质量进行度量和测评，自底向上推测软件架构的质量属性，还有一些技术把对系统的质量需求转换为一系列与系统的交互活动，分析软件架构对这一系列交互活动的支持程度[14-16]。相对应地，我们把软件架构评估技术分为三大类：基于问卷调查或检查表（checklist）的评估技术、基于场景的评估技术和基于度量的评估技术。

1. 基于问卷调查或检查表的评估技术

卡内基－梅隆大学软件工程研究所（SEI）的软件架构风险评估过程即采用这一方式[14]。问卷调查是一系列应用到各种软件架构评估中的相关问题，其中有些问题可能涉及软件架构的设计决策，有些问题涉及软件架构的文档（如软件架构的形式化描述采用何种技术），有些问题针对架构描述本身的一些细节问题（如系统的核心功能是否与用户界面分开）。相对于调查问卷，检查表更加注重细节和具体化，更趋向于检查某些特定的质量属性。例如，对实时系统的性能进行检验时，会问到系统针对某个请求的响应速度，并且是否反复多次地将同样的数据写入同一块硬盘区域。这类评估技术比较自由灵活，可评估多种质量属性，也可以在软件架构设计的多个阶段进行。不过由于评估的结果很大程度上取决于评估者的主观判断，因此不同的评估者可能会产生不同甚至相反的结果，而且受限于评估者熟悉领域的程度、是否有丰富的相关经验等，这些都成为评估结果能否准确说明问题的重要因素。尽管基于问卷调查与检查表的评估技术相对主观，但由于系统相关人员的经验和知识是评估软件架构的重要信息来源，因此它目前依然是完成软件架构分析与质量评估的最有效的重要途径之一。

2. 基于场景的评估技术

场景是对利益相关者与系统交互的简短描述。在评估过程中，使用场景将那些模糊的不适于分析的质量属性需求描述转换为具体的易于理解的表述形式 [15]。按照 R. Kazmam 的解释，场景是指“用户、开发者及其他参与者对系统应用的期望和不期望的简明描述，这些期望和不期望反映的观点代表了有关各方对系统质量属性的要求” [16]。一个场景反映了一个终端用户或相关参与者和系统之间的相互作用和要求。

在软件架构分析中，场景具有重要的作用。它为软件架构设计和分析提供依据，是软件架构分析的基础。场景的作用表现在以下几个方面：①场景可以覆盖系统的若干需求，并使抽象的需求可操作化；②在系统开发的早期，场景可以用来构建软件架构的雏形；③场景可以指导从软件架构到系统实际建造的过渡；④在系统构建过程中，场景可用来控制系统风险和实现追求的质量目标；⑤在系统的生存期，软件架构可能需要变动，场景成为分析变动的必要性和评估更新软件架构合理性的基础；⑥场景提供了对需求更深刻的理解，帮助用户认识软件产品以便做出采购决策，帮助开发人员完善软件文档，在软件架构层次实现软件的可跟踪性。

场景分为直接场景和间接场景两类：

- 直接场景从设计软件架构直到系统构建时使用，它代表系统外部的视图和观点。具体地说，直接场景是由系统接收外部激励，以及对激励的处理和最终实现而导出的。
- 间接场景代表的是对现成软件架构的改变。例如，将系统移植到新的硬件或软件平台、增加新的特性、与新软件的某些部分综合等。

在软件架构评估中一般采用激励（stimulus）、环境（environment）和响应（response）三方面对场景进行描述。激励是场景中解释或者描述利益相关者怎样引发与系统交互的部分，如用户可能会激发某个功能、点击某个功能键，维护人员可能会针对需求做出某些更改。环境描述的是激励发生时的情况，如当前系统处于何种状态、网络是否阻塞等。响应是指系统如何通过架构对激励做出反应，如用户的需求是否得到满足、系统配置项被修改后是否取得成功。

基于场景的评估技术由 SEI 提出并应用在 SAAM（Scenarios-based Architecture Analysis Method）[16] 和 ATAM[3] 中。目前，很多软件架构的评估方法都是采用基于场景作为基本技术。这些软件架构评估技术通过分析软件架构对场景即对系统的使用和修改活动的支持程度，判断该架构对这一场景所代表的质量需求的满足程度。例如，用一系列对系统的修改来反映系统在可修改方面的需求，用一系列攻击性操作来刻画系统在安全方面的需求等。这类评估技术考虑到包括系统的开发人员、维护人员、最终用户、管理人员、测试人员等在内的所有与系统相关的人员对质量的要求。基于场景的评估技术涉及的基本活动包括确定应用领域的功能及建立各结构之间的映射关系，设计用于体现待评估质量属性的场景及分析软件架构对场景的支持程度。

3. 基于度量的评估技术

度量是指对软件制品的某一属性所赋予的数值进行考察的技术 [17-18]，如代码行数、方法调用层数、组件个数等。传统的关于度量的研究主要针对代码这一级别，但目前已经出现一些针对高层设计的度量方案，软件架构度量即是其中之一。根据代码度量的实践可知，代码度量和代码质量之间存在着重要的联系，软件架构度量也能作为评判软件架构质量的重要依据。

软件架构度量指标是对软件架构可观察到参数的量化解释，如某个组件的扇入（fan-in）数和扇出（fan-out）数等。经过深入研究的度量技术可以帮助我们找到关于总体复杂性问题的解答，而这会反映未来可能需要更改的地方。在使用度量技术进行软件架构评估时，不仅要关心度量的结果，而且要注意度量时所做的假设。例如，在计算系统性能时，就需要对资源的使用方式做出假设，同时需要关心这些假设的有效性。同样，在测算耦合度和内聚性时需要对所评估组件的功能类型做出假设。

基于度量的评估技术一般会涉及三个基本活动：①建立质量属性和度量之间的映射原则，即确定如何从度量结果推出系统具有何种质量属性；②从软件架构文档中获取度量信息；③根据映射原则分析和推导出系统的某些质量属性。

因此，基于度量的评估技术可提供更为客观和量化的质量评估。这类评估技术需要在软件架构设计基本完成以后进行，而且需要评估者十分了解待评估的架构，否则很难获取准确的度量。自动的软件架构度量获取工具可在一定程度上降低评估的难度。

4. 评估技术比较

在上述三种评估方式（如表 11-6 所示）中，基于问卷调查和检查表的评估技术及基于度量的评估技术适合通用或特定领域系统的使用，而基于场景的评估技术只适用于特定领域系统的使用。除基于度量的评估技术较为客观之外，其他两种技术都较为主观，并且基于度量的评估技术要求评估者对待评估的架构及将使用的领域非常熟悉。

（续）

表 11-6　三种软件架构评估技术比较

	基于问卷调查或检查表的评估技术	基于场景的评估技术	基于度量的评估技术
通用性	通用或特定领域	特定领域	通用或特定领域
评估者对待评估架构的掌握程度要求	简单了解	比较熟悉	精确掌握
客观性	主观	比较主观	比较客观
评估时机	早期，中期	中期	后期

11.4.6　软件架构评估的收益与成本

软件架构评估的主要收益当然是帮助我们在软件开发早期阶段发现某些问题，而这些问题如果不及时发现，就可能要在后期花费较高代价来改正它。简要地说，软件架构评估可以使我们得到更好的架构。另外，即使通过评估未发现值得注意的问题，也能极大地增强相关各方对架构的信心。

除此之外，软件架构评估还有其他一些好处。尽管有些收益很难衡量，并且不是在每次评估中都能体验到，但都有助于开发的成功和开发组织的成熟。

下面列出软件架构评估常见的一些收益：①把各个利益相关者召集到一起。软件架构评估往往是许多利益相关者得以见面的第一个机会。有时，架构设计师也是第一次见到这些利益相关者。这些利益相关者为了一个共同的目的——成功地开发某个系统而聚在一起，因此形成了一股群体力量。在此之前，他们的目标可能是相互冲突的（当然聚到一起时可能仍有这样的冲突），现在他们可以对自己的目标和动机做出解释，以加深彼此的理解。在这种氛围下，他们可以在取得更大程度的理解的同时做出让步或提出创新的解决方案。②迫使对具体的质量目标做出清楚的表述。在架构评估中利益相关者所起的作用就是把成功的架构所应满足的质量目标明确地表述出来。这些质量目标经常没有在系统需求文档中表达出来，或者至多是用可靠性、可修改性之类的抽象词汇做了叙述，而没有给出无歧义的、清晰的场景说明。③为相互冲突的目标划分优先级。在软件架构评估中将讨论不同利益相关者提供的相互冲突的质量目标。如果架构设计师无法满足相冲突的质量目标的要求，他会在这一阶段中得到清楚的关于哪些质量目标最为重要的指导性信息。④迫使对软件架构做出更清楚的解释。评估过程迫使软件架构设计师让若干与架构的创建不相关的人理解架构，并且是详细地、无歧义地理解。仅这一点就可以让其他设计人员、组件开发人员和测试人员把解释软件架构的过程排练一遍。这种早期解释对项目的开发很有好处。⑤提高架构文档的质量。在评估过程中经常出现要求使用尚未编制好的文档的情况。例如，关于性能方面的调查将需要用到说明架构如何处理运行时间任务或进程交互的文档。如果在架构评估时要用到这个文档，那么参与该项目开发的性能工程师可能也需要这一文档。由于参与了评估过程，这一文档已经编制得比较完整了，从而也将使项目开发获益。⑥发现项目之间交叉重用的可能性。利益相关者和评估小组人员可能并不从事评估项目的开发，但经常属于同一个大型开发组织，并且往往从事其他项目的开发或熟悉其他项目。因此，不管是发现可在其他项目中重用的组件还是知道已有的或许能够在当前项目中重用的组件，都将是有益的。⑦提高架构实践水平。将软件架构评估作为开发过程的一个标准步骤的开发组织都称已评估的架构质量得到了提高。由于开发组织逐渐能够预测到在评估时将会提出的问题类型、将会讨论的问题和用到的文档类型，因此自然会做一些调整，以在评估时取得较好的评价。架构评估不仅能够在事后也能够在事先帮助进行更好的软件架构设计和完善。随着时间的推移，开发组织将会形成一种有利于得出更佳架构设计的工作氛围。

软件架构评估的成本包括参与评估的相关人员成本、技术成本（指用到的商业工具）、时间成本等，一般利用传统的成本估算技术来解决。

11.5 本章小结

本章着重描述了软件架构质量指标，包括外部质量指标和内部质量指标两类。从严格意义上讲，软件架构质量保障属于软件开发早期阶段的质量保障，它不仅包含软件架构自身的质量（指软件架构模型、文档、数据和图表的质量），而且包含基于该软件架构的最终软件产品的质量。

思考题

11.1 软件架构质量因素有哪些？如何进行软件架构质量保障？

11.2 有哪些软件架构质量保障技术手段和方式？

11.3 为什么说软件架构质量保障是软件开发早期阶段的质量保障活动？

11.4 软件架构质量与最终软件产品质量有什么关系？

11.5 如何通过定性和定量的方法进行软件架构质量保障？

参考文献

[1] L D Parnas. On the criteria to be used in decomposing systems into modules[J]. Communications of the ACM, 1972, 15(12): 1053-1058.

[2] P W Stevens, J G Myers, L L Constantine. Structured design[J]. IBM Systems Journal, 1974, 13(2): 115-139.

[3] L Bass, P Clements, R Kazman. Software architecture in practice[M]. Addison-Wesley Professional, 2003.

[4] S R Pressman. Software engineering: a practitioner's approach[M]. Palgrave Macmillan, 2005.

[5] B S Blanchard, C D Verma, D Verma, et al. Maintainability: a key to effective serviceability and maintenance management[M]. John Wiley & Sons, 1995.

[6] J N Hitchin, G B Segal, R S Ward. Integrable systems: Twistors, loop groups, and Riemann surfaces[M]. OUP Oxford, 2013.

[7] T Slater. What is Interoperability? [EB/OL]. https://www.ncoic.org/what-is-interoperability, 2018.

[8] I Rodriguez, L Llana, P Rabanal. A General Testability Theory: Classes, Properties, Complexity, and Testing Reductions[J]. IEEE Transactions on Software Engineering, 2014, 40(9): 862–894.

[9] J Shields, M Brown, S Kaine, et al. Managing employee performance & reward: Concepts, practices, strategies[M]. Cambridge University Press, 2015.

[10] E Elsayed. Reliability Engineering[M]. Addison Wesley, 1996.

[11] R Munster, B Buzan, O Wæver, et al. Security: A New Framework for Analysis[M]. Internasjonal Politikk, 2012.

[12] J Nielsen. Usability engineering[M]. Elsevier, 1994.

[13] C Paul, R Kazman, M Klein. Evaluating Software Architectures: Methods and Case Studies[M]. 北京：清华大学出版社，2003.

[14] F Yolcular, Z S Erdoğan. A questionnaire based method for cmmi level 2 maturity assessment[J]. Journal of aeronautics and space technologies, 2009, 4(2): 39-46.

[15] M A Babar, I Gorton. Comparison of scenario-based software architecture evaluation methods[C]. Proceedings of the IEEE Software Engineering Conference, IEEE, 2004: 600-607.

[16] R Kazman, L Bass, M Webb, et al. SAAM: a method for analyzing the properties of software architectures[C]. Proceedings of the IEEE International Conference on Software Engineering. IEEE, 1994.

[17] T Nakamura, R V Basili. Metrics of Software Architecture Changes Based on Structural Distance[C]. Proceedings of the IEEE International Software Metrics Symposium. IEEE, 2005.

[18] B Li, L Liao, J Si. A technique to evaluate software evolution based on architecture metric[C]. Proceedings of the IEEE International Conference on Software Engineering Research. IEEE, 2016.

第 12 章　软件架构仿真

软件架构仿真（Software Architecture Simulation）是进行软件开发早期阶段质量保障的主要手段之一，也是比较难以落地的手段之一。本章结合实践简要介绍软件架构仿真的基本概念、基本过程、各种仿真方法，以及一些初步的仿真实验结果的分析和评估等，旨在让读者了解软件架构仿真的基本知识。

12.1　软件仿真的概念

Alan 等人将仿真（simulation）定义为“现实世界中过程或系统随时间运行时的模拟”[1]。一个仿真可以看作模型的一个实例，就如同面向对象语言中，对象是类的实例一样。对于基于同一个模型的两个不同的仿真，只要仿真模型输入的参数不同，就可能得出完全不同的结果。

由于仿真系统仅仅是真实系统的模仿，当每次输入不同的参数时，它可能需要重新设置和重新运行，由此仿真实验很容易发现问题的最优解，这也让仿真适合于模拟关键而又重要的系统或危险的系统，因为这样的系统如果运行失败将是灾难性的。

仿真状态是一个关于变量的集合，变量包含了在任意时间点上一切必要的描述系统的信息 [1]。仿真系统的输入参数组合称为仿真的初始状态。在暂停、保存和恢复一个运行系统时，状态发挥了重要作用。另外，状态对于仿真实验中有用的特征也起到很大的作用。

仿真也是一种重要的建模技术，它允许对一般的系统建模，仿真模型能够表示现实世界中任意复杂度的场景，甚至能表示无法利用分析工具表示的场景。由于复杂系统的实现代价通常很高，如果在系统完成以前能够对其进行预测或评估，那是最理想的了，这也是系统建模和仿真的出发点。

文献 [2] 中对构造仿真程序的表述为：一个仿真程序能够模拟系统的运行，这种仿真系统的运行提供了系统状态的数据信息，而通过这些数据信息可对系统的性能进行预测和分析。仿真程序的构建分成以下几个步骤：①验证仿真的组件和组件的特性；②定义组件之间的交互行为来模拟系统的行为；③基于组件和它们之间的交互，构造某个仿真程序的语言或者语法。

12.1.1　连续型仿真

文献 [3-4] 将连续型仿真（下文简称连续仿真）描述为一个系统随时间不断变化的模型。

连续仿真模型可以用状态变量刻画，通常，状态变量可以表述为一个时间函数。在状态变量集上定义方程可以构造模型。例如，一个函数可以写成$\frac{dy}{dt}=f(x, t)$，显然这是一个关于变量 y 随时间变化的微分方程。

方程可刻画连续仿真中的状态，而时间变量是连续变化的，由此可以得出：这种仿真技术可用于光滑系统仿真。在这种系统中状态不会立刻发生变化，但会随着时间的推移而发生变化。对于今天的数字计算机，时间是以一个时钟为单位递增的，这意味着计算机的模拟不是真正的连续模拟。尽管如此，这种模拟仍然可以在数字计算机上进行，只要选择满足精度要求的时间步长即可。

在数字仿真器（比如数字计算机仿真工具）中，微分方程必须要使用差分方程取代方程方法来解决，差分方程是利用前面变量的值来计算现在变量的值。模拟器刚开始运行时需要有初始值，经过一段时间运行后，系统会达到一个稳定的运转状态。

12.1.2　离散型仿真

尽管许多现实中的系统是连续的，但使用连续仿真对其进行模拟有时意义不大。例如，Thesen 等人描述的籽粒存储的仿真过程[5，6]。当新的籽粒放入存储设备时，人们不会关注随着籽粒存储，谷物的总量慢慢增加的过程，当然，新籽粒增加前后的谷物总量是紧密相关的。在整个仿真过程中，谷物总量的增加可看作一个离散事件，因此，这个事件可以使用离散型仿真来解决。

正如前面所述，在离散型仿真中，系统因响应离散事件而发生变化。这些事件发生的次数可定义为事件数。离散系统状态会发生瞬间变化，这与连续仿真中状态渐变不同，这也意味着系统在事件数之间不会改变。

离散型仿真中的组件被称为实体。例如，设备、订货单、原材料均是实体。离散仿真模型的目的就是描述实体参与的活动以及学习仿真系统的行为。

在基于事件驱动的离散型仿真中，事件可以从有序栈中弹出。当增加时间以执行事件时，我们会计算系统栈中最上端的事件效果。新的事件从栈顶弹出，与其有依赖的事件被安排在事件栈中。

12.1.3　混合型仿真

混合型仿真即利用连续仿真和离散仿真的复合技术。在材料处理领域中（不仅包括像速度和加速度变化这样的概念，还包括诸如装载和卸载这样的离散概念），人们已经证明了这种技术的有用性[1-6]。建立混合型仿真模型的原因可能包括：①通过聚集而非独立的视角，把离散变量以连续的形式描述成一定数量的实体大有裨益。②系统的有些问题用连续仿真方法更好，而有些采用离散仿真方法更佳。③模型中需要诸如液平面和温度等的物理量。这些物理量经常受物理定律控制，反之，这些物理量也可以用状态微分方程表示。

混合型仿真模型的不同特征在于连续状态变量的存在，这种变量能以复杂的或不可预测的方式与离散事件进行交互。连续变量和离散事件之间的交互主要有三种类型：①离散事件引起连续变量值的变化。②离散事件导致变化，这种变化与控制连续变量演化有关，如改变一个常量。③连续变量导致了离散事件发生，或因取临界值而调度离散事件。

当需要建立混合型仿真模型时，建议按照一定的顺序开发。首先考虑连续模型的方方面面，然后考虑离散仿真方面的一切因素，最后考虑离散和连续部分的接口。

12.2 软件架构仿真流程

软件架构仿真的最终目的是更好地对系统的主要特性进行评估，避免系统开发的失败[7-9]。对于大型复杂系统，开发流程一般采用改进的瀑布模型，如何将软件架构仿真方法或工具集成到整个开发平台中引起了企业界的重视。当前，软件开发方法、流程和集成平台更多关注开发环节，即更多强调软件开发要遵从工程的方法和原则，往往忽略软件架构仿真的价值。图 12-1 是一种典型的软件架构仿真流程。从中可以看出架构仿真是一个迭代的过程，这种迭代看上去似乎很简单，其实并没有与软件开发流程紧密结合。

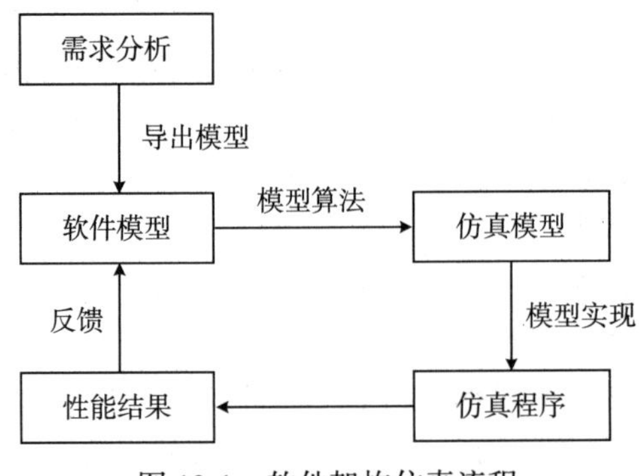

图 12-1　软件架构仿真流程

在实践中，软件需求经常变更，开发者一般采用迭代和渐增式开发流程，因此，我们需要考虑将仿真融入流程的每一次迭代中，具体如图 12-2 所示。在刚开始的若干个阶段需求尚不明确，其后期每一次变动都可能导致系统某些属性的改变，由此看来，有必要在刚开始的若干个阶段添加仿真，以验证这些需求的必要性。

另一方面，就仿真工具而言，商用软件架构仿真系统和软件集成开发环境往往是两个系统。像 Sparx 的产品[10]、IBM[11] 的产品以及 Palladio[12，13] 产品都只是关注建模和仿真层面。从检索到的近 30 篇论文来看，软件架构仿真系统均是各自独立开发，而且绝大多数停留在学术研究层面。随着新系统的需求不断增多，业界迫切需要将软件的分析、建模、仿真、开发、测试、维护等环节整合到一个平台中。将各个环节整合到一个公共平台上不仅减少了软件开发人员沟通成本，而且有效地提高了软件开发的质量。

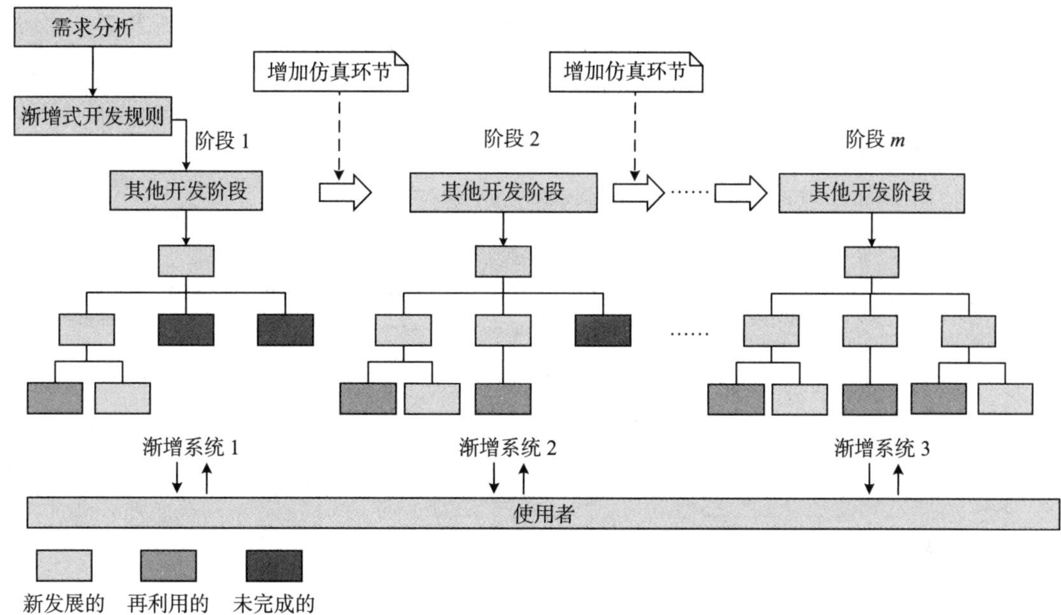

图 12-2　细化的软件架构仿真流程

12.3　UML 软件架构仿真

软件架构分析有定量分析和定性分析两种，其中定性分析处理软件系统的功能特性，如无死锁或者安全性；定量分析是通过对软件度量或者软件建模得出软件、内存执行或者网络使用的概要。软件架构仿真是一种定量分析方法。

12.3.1　基于 UML 类图和顺序图的软件架构仿真

Arief 等人 [14-19] 开发了一个从 UML 类图和顺序图中自动推导仿真程序的工具，仿真程序能够模拟系统的执行，以及在运行时提供关于系统状态的数据，并且从这些数据中预测和分析系统的性能。Arief 等人使用 UML 表达系统的需求，利用 C++SIM 包构造仿真程序 [19]。C++SIM 提供了一个离散事件的、基于进程的、类似 SIMULA 中仿真类和库的仿真工具，它是用 C++ 语言写的，因为 C++ 编译器产生的代码运行速度比 SIMULA 代码更快，所以 C++SIM 将产生更高效的仿真代码。

12.3.2　基于 UML 用例图和活动图的软件架构仿真

Balsamo 等人 [20-24] 研究了 UML 软件架构性能评估的仿真，并为带有注释的 UML 软件架构推导了一个仿真模型，具体分为两步：首先从某些 UML 的注释中获得性能参数，然后通过从 UML 图的 XMI 描述中自动地提取用例图和活动图信息，利用这些信息构建一个最终可执行的离散事件仿真模型。仿真的结果插入原来的 UML 图中作为标签值为软件架构的设计提供反馈。其中描述了一个 UML 性能模拟器（UML-PSI），这个性能评估工具将 UML 用例图和活动图翻译成一个面向离散事件进程的仿真工具。

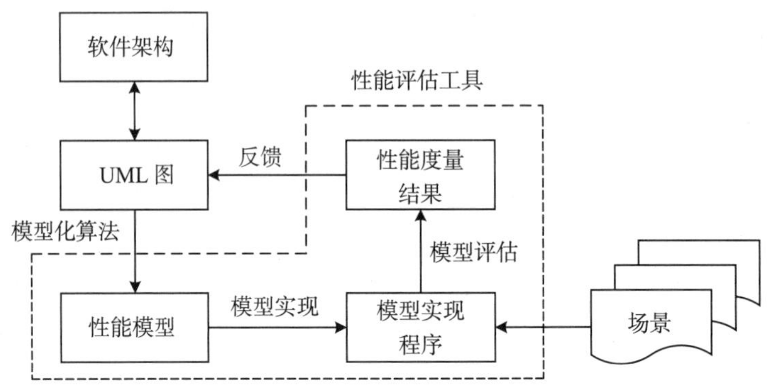

图 12-3　基于仿真的 UML 图定量评估框架

图 12-3 是一个 UML 软件架构量化的仿真分析的一般框架，起始点是对软件架构的描述，描述是一个带有量化信息的注释的 UML 图的集合，其目的是为了推导一个基于仿真的性能模型，通过合适的建模算法得到这个模型，进一步将这个模型实现为一个最终可执行的仿真程序。仿真的结果是一个能为原始 SA 设计层提供反馈的性能度量集合，这种反馈能够精确地指出 SA 上的性能问题，并为软件设计者提供如何解决问题的建议。其中建模的周期是循环的，迭代至开发出一个性能上令人满意的 SA 为止。

UML-PSI 是一个性能评估工具原型，它能处理 UML 用例图和活动图中的 XMI 描述。UML SA 必须使用一个简化的 UML 剖面的子集对调度、性能和时间规范进行调度。仿真模型是基于过程的，其中的对象通过带有软件系统组件的性能规范注解的 UML 图的分析导出。仿真模型是用 C++ 编写的一个离散事件的仿真程序，执行时提供了一个性能指标的集合。UML-PSI 是对每个用例的执行和用例的每一步的响应时间均值进行仿真，仿真的结果即软件构件性能的评估将作为标签值返回到原始的 UML SA，为系统的设计者提供参考。

12.3.3　从带有注释的 UML 图产生 OPNET 仿真模型

De Miguel 等 [25–26] 为了实现时序要求、资源利用表示和自动评估，对 UML 做了扩展，其主要针对实时系统，利用了模板、标签值和模板约束等。扩展后可利用 UML 用例工具从带有注释的 UML 图中产生 OPNET 仿真模型。

UML 的各种标记法能表示软件生命周期中的不同阶段，但因其主要目的是建模，并没有考虑实时系统中的时间限制、服务质量、资源消耗和限制以及调度参数等问题。UML 语义规范是基于 UML 元模型的，元模型的描述使用 UML 的一个子集：静态图、对象约束语言、自然语言。其中带有元类的静态图描述了类、接口、状态、角色和关联等 UML 建模元素，这些元类描述建模元素及其限制的特性和关联。UML 也提供了一些能验证特定建模元素和定义特定领域性质的扩展方案，这些扩展是基于固化类型、标签值和约束的。固化类型关联到一个元类，它们定义了新的元模型构造子。标签值验证关联到建模元素的新参数或信息，这些参数能验证建模元素的特定域信息。约束则利用语言记法表示建模元素的特定语义。UML 使用 OCL 作为约束语言，但这个语言不能表示时间约束等类型的约束。

实时系统的架构和需求规约尤其需要关注及时性、性能和调度等方面，UML 规范中有些此类要求的例子，如“actorName 是外部角色，每 2 毫秒发送消息 messageName，对 messageName 的响应时间必须在 1 毫秒之内”，但 OCL 并不能表示此类条件。此外，在构造实时分布式系统架构时性能的评估尤其重要，OMG 也为此致力于通过引入 RFP（Request For Proposal）对 UML 进行扩展。De Miguel 等在扩展 UML 时没有涉及的实时技术主要包括：

1）系统负载和加载时间的分布：性能参数的评估依赖于系统中包含的作业及空间分布的数目和类型。

2）可用资源和资源的使用：不同架构解决方案可包含和使用不同系统资源。

3）时间约束和调度：一些时间要求可在调度分析阶段自动评估，其他的可在仿真运行时被评估。

4）系统调度技术：性能分析依赖于在资源管理中使用的调度算法。

5）分析结果的表示：模型的分析能在架构评估过程中提供有用的结果。

12.4　非 UML 软件架构仿真

12.4.1　SASIM 仿真：用于系统功能分析

仿真是验证软件设计是否有效的重要方法之一。仿真采用的是探索而不是枚举。在软件架构领域，仿真有助于软件架构师利用架构模型的原型，以检测架构决策的不一致性和改善架构设计模型。其优点很明显：当有许多可能的架构设计决策时，每个架构的利弊都可以很容易地通过仿真加以预测。架构师可以快速地对一个架构更改的影响加以分析，因此能够理解整个系统在时间、性能和行为方面的内涵。仿真有助于对系统组件、系统延迟和系统资源进行评估。

在最近几年，人们提出许多关于如何利用仿真有效性的方法，其中包括定性与定量的方法。Henry 等人提出了 SASIM 仿真方法 [27]，这种方法具有以下主要优点：① SASIM 仿真涵盖了许多种仿真类型。② SASIM 仿真提供一种集成仿真与检测的方法，因此减少了搜索空间和整个系统的分析代价，同时也提高了模型的有效性。③通过利用 SPIN[39] 仿真器和模型检测器引擎，SASIM 给架构师提供了前端架构语言。④ SASIM 提供了一种逻辑，可以将仿真结果从 SPIN 层转换到模型层。⑤ SASIM 的主要思想是利用 SPIN 的特性（尤其是其仿真器特性）开发一款工具，以降低软件架构设计的复杂度。如图 12-4 所示，首先利用 Charmy[28, 29] 的状态图、顺序图和拓扑图描述软件架构，然后再生成 Promela 代码。Promela 代码将用于模型检测和架构。验证的结果和仿真的文本输出将被转化为 Charmy 的顺序图和状态图原型。

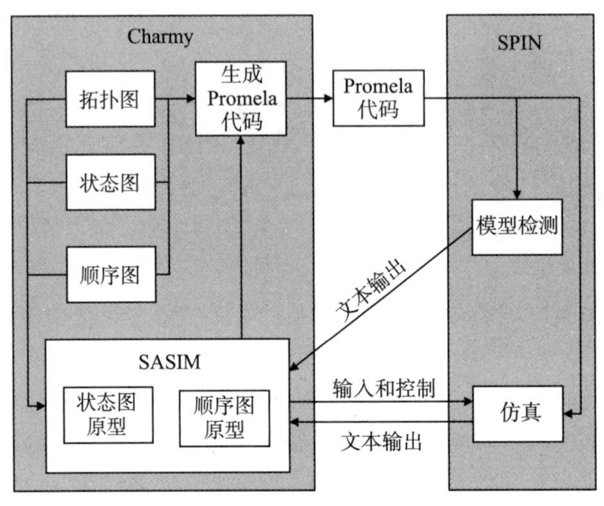

图 12-4 SASIM 仿真器

Charmy 是架构的详细规格说明书以及验证环境，其中验证环境支持基于模型的架构规格说明书，以及模型检测和测试。Charmy 准许使用软件架构拓扑（例如组件、连接件及其组件之间联系的拓扑分布）规格说明书。每个组件的内部行为采用 Charmy 状态图和顺序图对其进行详述。顺序图将用于描述组件之间的交互。

外部仿真器的使用可以避免特殊仿真器的开发，因此我们可以使用 SPIN 对软件架构仿真，步骤如下：第一步，将 SA 规格说明转换为 SPIN 的输入语言，第二步，采用架构模型的形式呈现仿真结果。

由于 Charmy3Promela 转化算法已经很经典 [28, 29]，所以在 Charmy 中，一旦我们获得 SA 的规格说明书，就可以利用 Charmy3Promela 转化器从 SA 规格说明中得到一个 Promela 中正式可执行的原型。

SASIM 采用 Charmy 顺序图和状态机解释 SPIN 结果；设计者采用图形描述软件架构，通过设计图的动画观察软件架构；其准许设计者与仿真逐步交互，并根据当前的仿真状态，前端窗口会提示设计者哪些事件可能即将运行。

另一个与此相关的问题还需要考虑，即如果一个操作不能被 SPIN 仿真器当成一个原子操作，那么可以在 Charmy 中认为是原子操作。由于两个处理之间的同步信息交换需要激活发送进程和接收进程，因此在将它们可视化前，需要等待这些动作的完成。当发送者准备发送同步信息而接收者并没有按预定安排时间接收它时，SASIM 只需将发送者的状态用颜色来显示。仅当信息真正被交换时，转换过程才用颜色来显示。

简而言之，仿真引擎即 SPIN 仿真器，SASIM 协调它们以提供所需的输入和解释一般的输出。

因为当前每个组件的状态在状态图中是被涂上颜色的，因此，在任何时刻设计者都可以检测每个组件的计算状态。当两个组件交换一条消息时，这条消息就会被添加到顺序图上。

SASIM 支持 5 种仿真特征：

1）随机仿真：在这种情形下，设计者是一个旁观者，当有多种可能性时，每一种方案都可能被随机选中。这种选择通过 SPIN 仿真器进行。设计者可以选择逐步实现仿真过程，而不是迅速地运行仿真。但是当行为总数无限时，仿真步数就有可能无限。

2）交互仿真：在每一步，系统可能的行为都被高亮显示，设计者会被询问选择哪一个。在设计者理解系统行为方面，这个功能特别有用，因为设计者对具体设计充满了自信。

3）顺序图导引下的仿真：设计者可以设计一个顺序图，用于描述想要和不想要的系统行为，SASIM 试图再现这个交互过程。与随机仿真和交互仿真不同，这种仿真不再生成新的顺序图，只是生成一个图用于指导仿真过程。

4）仿真和穷举验证：在验证无效时，将生成反例，并直接以系统状态图和顺序图的形式再现这一过程。这个特性也有助于理解 SPIN 模型检测器的输出结果。

5）模型差异的仿真：作为一种输入，这种仿真获得了之前设计者定义的顺序图，该顺序图由一系列交互序列组成。如果整个序列得以重现，那么整个序列和模型会在一条道上，表示模型是一致的；否则有一部分序列甚至整个序列难以重现，就说明模型之间存在差异。

12.4.2　面向对象数据库的架构仿真

Krueger 等人提出了一种软件架构仿真方法，用于一类 OODB（面向对象数据库）系统的设计阶段，评估已有的软件架构和定制的软件架构对不同应用需求的满足程度 [30]。

这种方法依赖于在 OODB 设计阶段，人们能够明确地列举和表示出通用性和可变性的关键维度。Krueger 等人说明了 OODB 软件架构的建模和仿真能够让软件开发者快速地聚焦于 OODB 的应用需求，并确定 OODB 软件架构是否满足这些需求。

不同的 OODB 通常服务于一个类似的角色，然而，每个 OODB 又会关注于具体的市场，拥有自己的若干种架构。在实践应用中，没有哪一种 OODB 软件架构是通用的。因此，Krueger 开发了一种 OODB 架构的建模和仿真工具，并证实了这个工具是如何帮助软件开发者迅速地确定 OODB 应用需求的。这个工具也找出了满足需求的定制类型的 OODB 架构，以及确定了在已有的 OODB 架构中哪一个是最贴合需求的。

需求、软件架构以及系统属性（如 OODB 功能性、规格、性能）具有循环关系。在带有参数的 OODB 架构模型中，我们抓住了这些关系。同时，利用 OODB 仿真和建模工具，软件开发者能够提炼应用需求、确定相关的定制和已有的 OODB 软件架构、评估软件架构属性对应用需求的满足程度以及识别潜在的需求细化。

在工业界，我们经常遇到一类相似的软件系统的不同对象被独立开发，有时候这是需要的，比如一些竞争性很强的产品需要这种开发模式。然而，在其他方面，这种重复的开发有它显著的缺陷。比如在一个大型组织中，独立开发一个共同的子系统一般不会给这个产品的开发贡献额外的附加值，在这种情形下重复开发是不必要的，也是浪费的。

解决这种重复开发相似系统的办法就是构造一个一般用途的、可再利用的系统，这种系统提供一些功能的组合。因为一般用途的系统能被用于许多产品中，它的开发成本自然会摊销到每次不同的使用中。

面向对象数据库就是一种通用的系统。由于复杂数据管理需求的出现，人们需要建造对象管理系统，于是 OODB 技术应运而生。在实际应用中开发者发现，购买一个 OODB 要比开发一个 OODB 更便宜。

然而，通用性系统也有一些问题。第一，功能过多。为了满足各种可能的需求，通用性系统设计支持所有的功能，但对于特殊的应用，许多功能是多余的，这样就会使得系统规模过大，性能降低。第二，功能缺乏。通用性系统可能不支持一些特定应用领域的需求。第三，平均性能低。通用性系统平均性能低，对于有些性能需要优先满足的系统，通用性系统不太合适。

12.5 软件架构仿真实践

本节旨在从性能角度对单个软件架构（SA）版本进行仿真评估，在架构层面获得系统运行过程中时间、内存变化情况，帮助架构师提前预估系统关于时间和内存的性能表现。评估流程如图 12-5 所示，主要包括文档、转化、仿真、分析四个部分。文档部分指 SA 的描述文档；转化部分是指将 SA 描述文档转化为用于仿真的事件执行图；仿真部分是指对 SA 转化的事件执行图进行仿真，获得 SA 仿真结果；分析部分是指对 SA 的仿真结果进行分析。其中转化和仿真两部分构成 SA 仿真的核心部分。评估流程分为四个步骤，首先获得 SA 的描述文档，将其作为仿真模型的输入文件，然后将 SA 描述文档转化为适用于仿真的事件执行图，再基于事件执行图对 SA 进行仿真，最后分析 SA 的仿真结果。

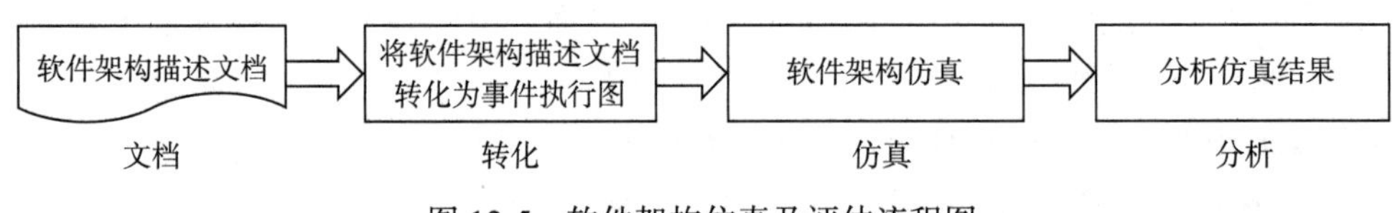

图 12-5　软件架构仿真及评估流程图

12.5.1 软件架构描述文档

SA 描述文档是架构评估流程中最原始的输入文档，其对系统描述的准确性决定了最终架构评估的准确性。本章选择用 UML 描述 SA 的原因如下：① UML 描述 SA 的功能强大，能够满足一般的 SA 设计；②当前 UML 广泛用于工业界软件开发，相比其他 ADL，更容易被工业界使用；③直接对软件开发中的 UML 描述文档进行评估，可以避免软件架构师为了评估架构而重新设计一份专门用于评估的架构描述文档；④目前有相应工具用于支持 UML 描述 SA，如 EA、UMLet 等。

在已有的 SA 行为特征描述研究中，文献 [31] 将用户和系统交互以及系统内部交互均描述于同一张顺序图中，这将导致如果用户和系统的交互情况发生改变，即使系统内部功能块交互逻辑没有发生改变，架构师也不得不重新设计一份包含用户与系统交互以及系统内部模块交互的顺序图。文献 [21] 借助用例图描述用户对系统的操作，借助顺序图表示系统内部的执行流程。现实中用户为达到某一目的需要对系统进行一系列操作，然而用例图缺少相应的时序特征，无法实现这类需求。因此本章选用系统顺序图（System Sequence Diagram，SSD）来描述用户和系统的交互，选用顺序图（Sequence Diagram，SD）来描述系统内部各个模块之间的交互，并借助这两类 UML 动态图对 SA 进行仿真。本节中 SSD 和 SD 定义如下。

定义 12.1（系统顺序图） 系统顺序图是指一个四元组 SSD=(actor, system, message, fragment)，其中 actor 表示用户，system 表示整个系统，message 表示用户和系统的交互消息，fragment 表示复合片段。复合片段用于表示系统顺序图中条件、循环、选择和并行情况。这里设定由 actor 发送给 system 的 message 会调用系统内部操作，如果该 message 是一个复杂操作，那么它将对应顺序图，表示该操作会引起系统内部各模块进行一系列的交互。如果仅仅是系统内部的一个简单操作，其时间、内存仿真参数由知识库直接提供，而 system 发送给 actor 的 message 仅仅是一个应答，不对应时间、内存的消耗。message 中除了存储消息名，还存储了消息的发起者和接收者信息。

定义 12.2（顺序图） 顺序图是指一个四元组 SD=(SDID, module, message, fragment)，其中 SDID 为顺序图的标识符，module 指系统内部的模块，message 指模块间的交互消息，fragment 为复合片段。message 中除了存储消息名，还存储了发送消息的模块信息和接收消息的模块信息，message 的时间、内存消耗对应接收该 message 的模块的时间、内存消耗。

SSD 展示了直接与系统交互的外部参与者、系统（作为黑盒）以及由参与者发起的系统事件 [32]，主要描述用户和整个系统间的交互，这一系列交互对于用户是可见的，并且由用户主导交互的执行顺序，架构师较难构建固定不变的用户和系统交互模式。一般在系统功能结构的设计稳定后构建不同的用户和系统交互场景，从而对系统的功能性需求和非功能性需求进行测试。SD 描述系统内部各个模块间的交互过程，由系统本身设计决定，用户无法控制。无论是 SSD 还是 SD 均包含一个有序消息的集合，每个消息都表示了一个发送者和一个接收者的交互，每个发送者或接收者都有一个生命线，交互消息在生命线上的位置体现了交互消息发生的时间点，越往下交互发生的时间越晚 [33]。

这里区分 SSD 与 SD 是为了把系统内部逻辑、用户与系统交互逻辑两者分离。对于一个 SA，其内部模块的交互逻辑可以确定，但用户与系统的交互由用户人为控制，无法得出一种固定不变的用户与系统的交互模式。将两类交互分离可以使交互场景的设计更加灵活。软件架构师可以设计各种用户与系统的交互场景，而无须修改系统的内部交互逻辑。软件架构师在设计另一种交互场景时，如果某些用户操作已经有相应的SD对应，则无须再设计该操作对应的SD。而且SSD偏向于描述该系统在用户层面的全局运行情况，SD则偏向于系统内部的局部运行情况。另外，SD的仿真结果可以复用于SSD仿真，从而加快仿真执行。

关于描述文档的格式，目前已有的UML建模工具构建UML图后产生的文档各有各的语法，但是一般以XMI格式进行存储。对特定建模工具产生的带有特定格式的文档进行分析，不难实现SSD和SD的自动解析，最终可以把描述文档读入程序中。例如商业产品EA建模工具输出的SA描述文档，每个SSD或SD均有唯一的标识符与之对应，每个图中的消息都有相应的发送者标签和接收者标签，以及消息在图中的位置坐标，复合片段也有特定的标识符、坐标、长宽参数以及存储复合片段的类型ea_ntype标签。通过对标识符、标签、坐标等解析和组装，可以获得仿真所需的实体及实体的交互流程。在开源工具方面，如UMLet是一个开源建模工具，适用于UML图的制作，该工具最终将SSD或SD转化成相应的XML文件。虽然在UMLet生成的XML文件中没有EA工具中显式关联的标签，但是它存储了各个模块、消息、复合片段的位置坐标以及与它们关联的附加信息（如模块名称、消息名称、复合片段名称等）。根据模块、消息及复合片段三类部件所关联的信息区分SSD或SD的各个部件，再通过二维图形计算分析各个部件的交互关系，最终可获得仿真所需的实体及实体的交互流程。

12.5.2 SSD和SD转化为事件执行图

SA仿真研究现状证明了离散事件系统仿真原理在SA仿真中的可行性，又根据SSD和SD中发送者和接收者基于消息进行交互的特点，本节选用离散事件系统仿真方法对SA进行仿真。已知的描述仿真行为的方法有Petri网、消息序列图（Message Sequence Chart，MSC）[34]等。Petri网是对离散并行系统的数学表示，包括库所、变迁、有向弧及令牌四类元素。MSC是对交互系统的可视化描述，直观地展示了系统的消息流。虽然SSD和SD定义了模块之间的交互及交互时序，但是它们的描述方式较难应用于仿真程序，主要原因在于UML图侧重于可视化描述，而仿真需要严格地执行逻辑。在UML图中模块、消息和复合片段之间的关系体现在空间上（例如消息在复合片段框中则表示消息属于该复合片段），这种描述并不利于程序理解。这也是Arief和Speirs[14]研究并设计了UMLEditor工具，并借助该工具绘制和仿真顺序图的原因。由于Petri网在时序逻辑方面还存在局限性，无法很好地描述行为过程，而MSC对消息的描述与SSD和SD相似，因此根据SSD和SD的特征，基于已有的行为描述方法，提出一种用于本章SA仿真的描述方法，称为事件执行图（Event Execution Graph，EEG）。EEG由描述SA行为特征的SSD和SD转化所得，具有更好的可读性，可以用于本章的仿真模型。EEG的定义如下。

定义 12.3（事件执行图）　事件执行图是指一个六元组 EEG=(startNode, endNode, messageNode, fragmentStartNode, fragmentEndNode, edge)，其中 startNode 为事件执行图的起始节点；endNode 为事件执行图的终止节点；messageNode 为具有时间、内存属性的消息节点；fragmentStartNode 和 fragmentEndNode 由 UML 中的复合片段转化所得，表示复合片段的起始和结束的标识节点；edge 为关联上述节点的有向边。上述每一个节点均表示一个事件，可以在仿真程序中模拟执行。

SSD 和 SD 可以描述多种控制结构，包括顺序、条件、循环、选择、并行以及这些控制结构相互嵌套所形成的结构。每一种控制结构转化为 EEG 中相应的结构时都有明确的转化规则。

（1）顺序结构

顺序结构由消息交互边组成，交互边之间有严格的执行顺序。图 12-6 描述了 SSD 或 SD 的顺序结构转化为 EEG 中的顺序结构，为了更加直观，图中转化前顺序结构只是两个交互模块生命线上的一个片段，转化后的顺序结构也只是 EEG 中的一个片段，并不代表整个 EEG。

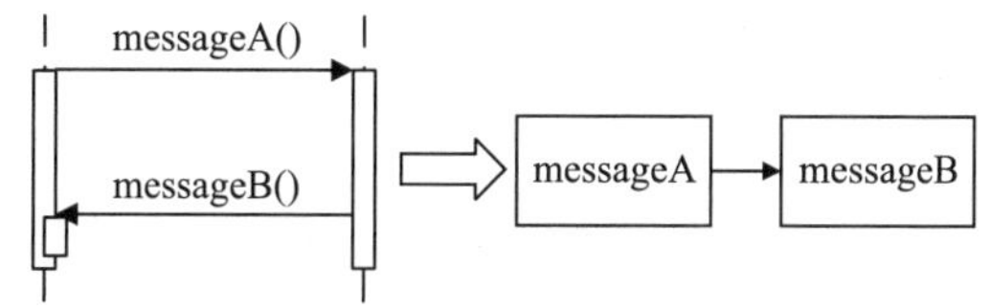

图 12-6　SSD 或 SD 顺序结构转化为 EEG 中的顺序结构

（2）条件结构

条件结构由类型为条件的复合片段标识，表示是否执行该复合片段中的交互流程，在仿真执行过程中根据仿真状态决定是否执行条件结构中的交互流程。图 12-7 描述了 SSD 或 SD 的条件结构转化为 EEG 的条件结构。

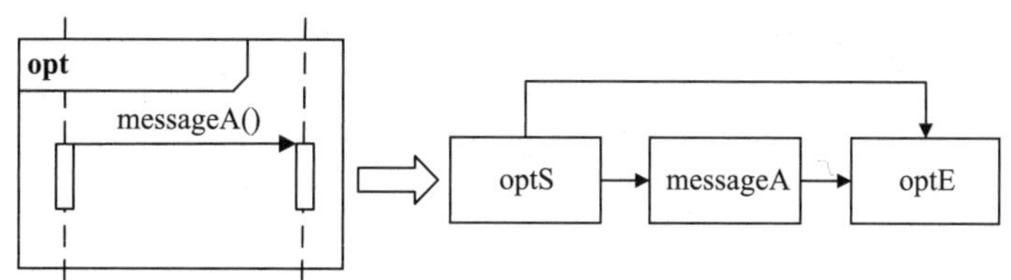

图 12-7　SSD 或 SD 条件结构转化为 EEG 中的条件结构

（3）循环结构

循环结构由类型为循环的复合片段标识，表示多次执行该复合片段中的交互流程，在仿真执行过程中根据仿真状态决定执行的次数。图 12-8 描述了 SSD 或 SD 的循环结构转化为 EEG 的循环结构。

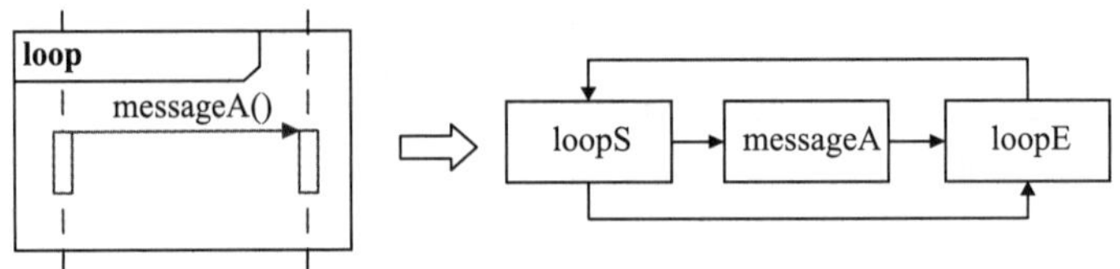

图 12-8　SSD 或 SD 循环结构转化为 EEG 中的循环结构

（4）选择结构

选择结构由类型为选择的复合片段标识，选择复合片段中有一个或多个交互流程分支，在仿真执行过程中根据仿真状态选择一个交互流程来执行。图 12-9 描述了 SSD 或 SD 的选择结构转化为 EEG 的选择结构。

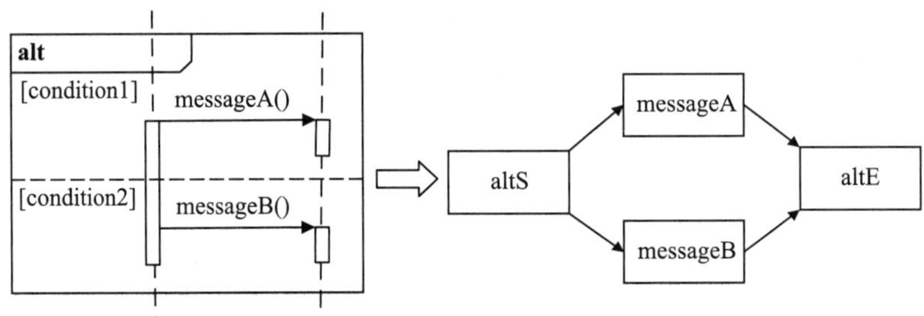

图 12-9　SSD 或 SD 选择结构转化为 EEG 中的选择结构

（5）并行结构

并行结构由类型为并行的复合片段标识，并行复合片段中有一个或多个交互流程分支，在仿真执行过程中，同时执行每个交互流程分支，直到所有分支都执行完毕，该复合片段才执行完毕。图 12-10 描述了 SSD 或 SD 的并行结构转化为 EEG 的并行结构。

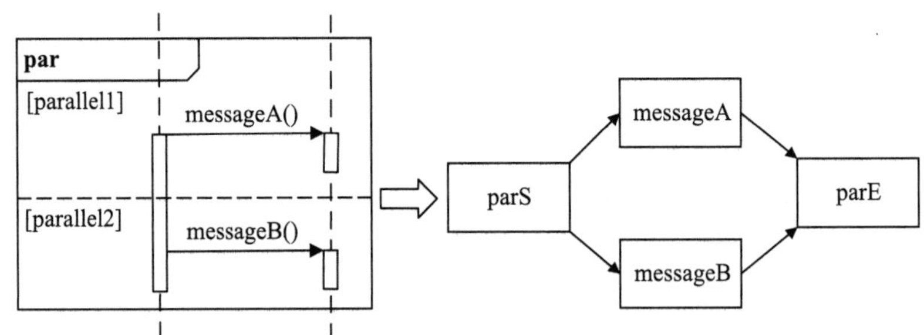

图 12-10　SSD 或 SD 并行结构转化为 EEG 中的并行结构

（6）嵌套结构

嵌套结构即上述 5 类结构相互嵌套产生的，如条件结构嵌套顺序结构、循环结构嵌套条件结构等。嵌套结构主要体现在复合片段与复合片段的嵌套，以及复合片段和顺序结构的嵌套。

SSD 或 SD 转化为 EEG 的步骤概括为如下三步：①将 SSD 或 SD 中的消息边转化为 EEG 中带时间资源属性的消息节点；②将 SSD 或 SD 中的复合片段转化为 EEG 中 fragmentStartNode 和 fragmentEndNode 两个节点，其中 fragmentStartNode 存储了复合片段的标识及类型；③根据上述节点所在 SSD 或 SD 中的时序逻辑，用 edge 对上述节点以及 startNode 和 endNode 节点进行关联，其中 startNode 和 endNode 仅仅是标识节点，作为 EEG 的唯一起点和唯一终点，startNode 为最早执行的节点，endNode 为最迟执行的节点。endNode 执行结束也意味着 EEG 执行的结束。

图 12-11 举例描述了 UML 图转化为事件执行图的最终输出以及 SSD 和 SD 的对应关系，SSD 描述了用户和系统的交互，它的某一个操作可能对应系统内部一系列操作。系统内部这一系列操作对用户不可见，通过 SD 进行描述。SSD 根据 SDID 关联相应的 SD。

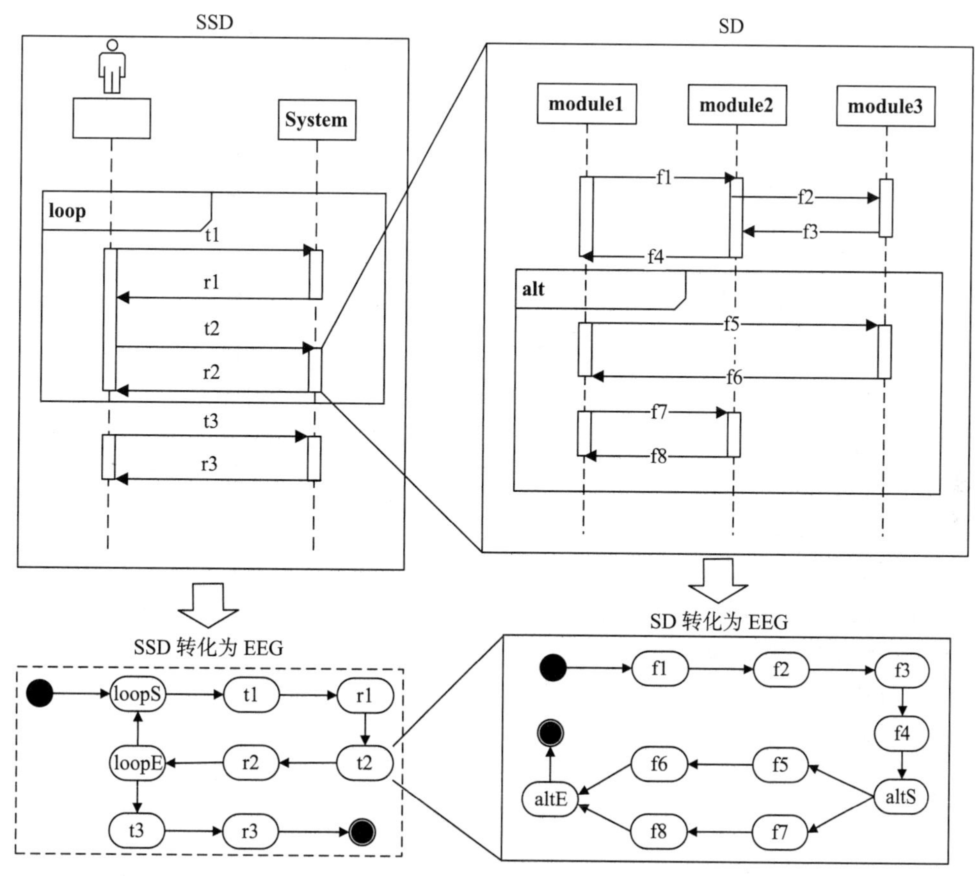

图 12-11　UML 图转化为事件执行图

12.5.3　局部仿真和整体仿真

SA 是对系统的一个整体高层抽象描述，对 SA 仿真也意味着对整个系统的仿真，本章将 SA 仿真分治为多个局部功能块仿真，即 SD 仿真，再基于 SD 仿真结果对整个系统进行仿真，即 SSD 仿真。这个方法不仅可以从两个层面展示仿真结果，而且可以通过复用 SD 仿真结果缩短 SSD 仿真所需时间。

本章仿真的关注点是性能，其中包括时间和内存两方面。仿真的层次分为两层，如图 12-12 所示，首先对所有 SD 进行仿真，获得每个功能块的仿真结果，再借助 SD 的仿真结果对 SSD 进行仿真，获得人与系统在特定交互场景的仿真结果。每层的仿真结果同时反馈给相应的 SD 或 SSD，用于分析各自的 SD 或 SSD。知识库为仿真执行过程提供仿真参数。

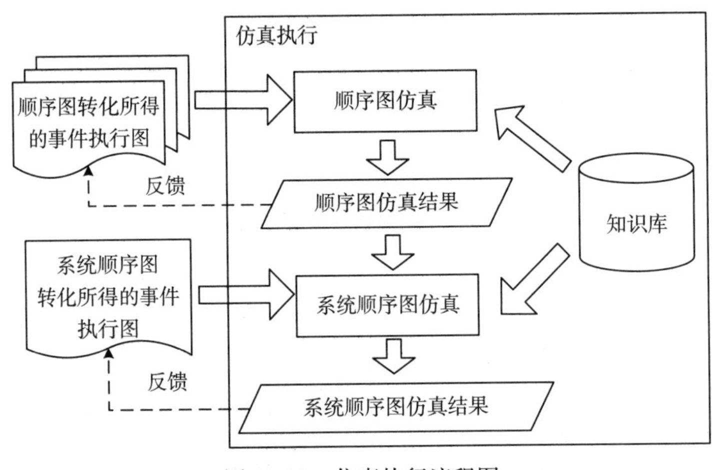

图 12-12　仿真执行流程图

定义 12.4（知识库）　知识库是 SA 仿真参数的知识集群，它存储了 messageNode 相关的参数和 fragmentStartNode 相关的参数。

知识库中 messageNode 参数以一个四元组（MN, RT, MM, FM）形式表示，其中 MN 为消息节点标识，RT 为该消息节点的时间消耗，MM 为该消息节点执行时需要申请的内存数，FM 为该消息节点执行结束释放的内存数。RT、MM、FM 的数据类型为字符串，可以存储一个数值，也可以存储满足一定分布的区间。本章定义了如下三个常用分布区间。

（1）均匀分布

若连续型随机变量 x 满足式（12-1）所示概率密度函数，称 x 服从 $[a, b]$ 上的均匀分布。

$$f(x)=\begin{cases}1/(b-a) & a\leqslant x<b\\ 0 & \text{其他}\end{cases} \tag{12-1}$$

均匀分布的仿真参数在知识库中的存储格式为“ud a b”，ud 用于表示这个区间为均匀分布区间，a、b 表示区间的范围且 $0\leqslant a<b$。仿真过程中该参数的值由式（12-2）求解。

$$\text{sp}=a+\text{random}(0, 1)\times(b-a) \tag{12-2}$$

其中 random(0,1) 表示在区间 [0, 1) 上随机取一个值。

（2）指数分布

若连续型随机变量 x 满足式（12-3）所示概率密度函数，称 x 服从指数分布，其中 $\lambda>0$ 是分布的一个参数。

$$f(x;\lambda)=\begin{cases}\lambda e^{-\lambda x} & x\geqslant 0\\ 0 & \text{其他}\end{cases} \tag{12-3}$$

指数分布的仿真参数在知识库中的存储格式为“ed λ”，$\lambda>0$。仿真过程中该仿真参数的值由式（12-4）求解。

$$\mathrm{sp}=-\lambda\log(1-\mathrm{random}(0,1)) \tag{12-4}$$

（3）正态分布

正态分布指连续随机变量 x 满足式（12-5）所示概率密度函数，服从一个数学期望为 μ、标准差为 σ 的概率分布。

$$f(x;\mu,\sigma)=\frac{1}{\sigma\sqrt{2\pi}}\exp\left[-\frac{(x-\mu)^2}{2\sigma^2}\right] \tag{12-5}$$

正态分布的仿真参数在知识库中的存储格式为“nd μ σ”。由于没有明确的分布函数，因此正态分布要直接通过分布函数求解反函数困难较大。本章借助 Box Muller 方法[51]生成满足正态分布的仿真参数。仿真过程中该参数的值由式（12-6）求解。

$$\mathrm{sp}=\mu+\sigma\sqrt{-2\ln(\mathrm{random}(0,1))}\cos(2\pi\mathrm{random}(0,1)) \tag{12-6}$$

关于如何在仿真中对上述三个基本概率分布进行选择，这主要与具体仿真参数的值分布有关，而仿真参数的值分布与当前 SA 描述的系统的真实运行情况息息相关。当仿真对象的运行参数比较接近于某个分布时，即选择该分布。由于架构是真实系统的较高抽象描述，即使是相同的消息，其对应不同的系统可能有不同的参数的值分布，因此本章没有明确区分在何种情况下选择何种分布，需要根据架构描述的真实系统进行选择。本章虽然只定义了四类基本数值存储方式，但是可以添加更多满足不同分布的数值区间，从而对存储方式进行扩展。我们只需要在仿真程序调用的知识库接口中对该字符串进行解释并返回仿真执行程序一个满足当前分布的数值即可，并不需要修改仿真执行程序。

知识库中 fragmentStartNode 参数以一个二元组（FN, PM）形式表示，其中 FN 为复合片段标识，PM 为复合片段数据。当复合片段类型为条件时，PM 表示这个复合片段执行的概率；当复合片段类型为循环时，PM 表示循环次数；当复合片段类型为选择时，PM 表示执行该分支的权重值。PM 的类型为字符串，既可以存储一个数值，也可以存储均匀分布区间、指数分布区间或正态分布区间。对于选择复合片段，本章将每个分支权重值都变换为 0 到 1 之间的数，并且它们的和为 1。例如有三个分支，权重值分别为 $p1$、$p2$、$p3$，那么变换后的值为 $\frac{p1}{(p1+p2+p3)}$、$\frac{p2}{(p1+p2+p3)}$、$\frac{p3}{(p1+p2+p3)}$。当我们执行这个复合片段时，根据变换所得的分支概率选择当前需要执行的分支。

知识库的作用不但为仿真提供仿真参数，还能将仿真执行过程与具体运行参数解耦，仿真执行程序无须关注该SA描述的系统具体运行在什么环境下，这些具体执行参数都由知识库给出，用户可以根据系统真实运行情况修改相应的参数。在仿真执行过程中，执行程序从知识库中获得执行当前消息节点所要消耗的时间、内存数以及复合片段信息，如条件概率、循环次数、选择分支的概率。知识库的迭代不依赖于SA，它可以根据已有系统的实际运行情况或者性能专家估计等方式进行内部数据的迭代更新。另外，当评估一个架构的演化版本时，如果该架构仿真所需的参数大部分没有改变，并且已经存在于知识库中，那么我们就可以直接使用这些数据，而不用再次输入这些仿真参数，从而减少了不必要的工作。

1. 顺序图仿真

本章针对SD的仿真旨在获得用户对系统进行某个操作后系统内部的执行情况。这层仿真的意义在于，它不仅可以帮助分析SA的局部性能瓶颈，还可以为SSD仿真提供仿真参数。

我们称SD仿真过程中的一种执行情况为一个事件序列，它由SD转化所得的EEG的一条事件执行路径组成。EEG的每一次执行都从startNode开始，到endNode结束。本章关注对EEG执行指定次数后综合的执行情况，不关注多次仿真执行后是否覆盖所有的执行路径，因为对于现实复杂的系统，一个功能块可能产生成千上万个执行结果，如果要获得全部执行情况，将会使仿真耗费大量时间。

本章根据真实系统的性能关注点，提出如表12-1所示仿真指标。

表 12-1　SD 仿真指标

仿真指标	描述	标签
最大运行时间	所有事件序列中最大运行时间	MRT
平均运行时间	所有事件序列运行时间的平均值	ART
平均内存利用量	所有事件序列内存利用量的平均值	AMU
内存利用平衡率	模块间累计内存利用量的方差	MNV
最大内存占用量	所有事件序列执行过程中内存最大占用量	MME
单位时间内存利用量	所有事件序列平均单位时间内存利用量	UTMU

表12-1的仿真指标可以在一定程度上帮助分析SD的时间和内存消耗信息，并为改进SA的时间和内存方面的性能提供帮助。SD的仿真结果还可以应用于下一步SSD的仿真。

为了进一步解释说明上述指标，本章设定$RT_i(fj)$为消息节点fj在第i次执行所消耗的时间，$MM_i(fj)$为消息节点fj在第i次执行前申请的内存数，$FM_i(fj)$为消息节点fj在第i次执行后释放的内存数，KM_i为第i次执行过程中占用的内存量。

本章假设当前SD中模块数为t个，转化得到的EEG第i次执行的消息节点序列为m_{i1}、m_{i2}、…、m_{ik}，那么此次运行时间由式（12-7）求得。

$$T_i = \sum_{j-1}^{k} \mathrm{RT}_i\left(m_{ij}\right) \tag{12-7}$$

SD 中每个模块都有各自的内存利用量，模块 j 的内存利用量由式（12-8）求得。

$$M_{ij} = \sum \mathrm{MM}_i\left(m_{ij}\right) \tag{12-8}$$

其中 m_{ij} 对应的消息的接收模块为模块 j。

所有模块的内存利用量总和由式（12-9）求得。

$$M_i = \sum_{j=1}^{t} M_{ij} \tag{12-9}$$

在第 i 次执行过程中，首先将 KM_i 初始化为 0。执行 m_{i1} 时，需要申请 $\mathrm{MM}_i(m_{i1})$ 内存，此时内存占用量 $\mathrm{KM}_i(m_{i1})$ 为 $\mathrm{MM}_i(m_{i1})$；当 m_{i1} 执行结束，则释放 $\mathrm{MF}_i(m_{i1})$ 内存，此时内存占用量为 $\mathrm{MM}_i(m_{i1})-\mathrm{MF}_i(m_{i1})$，该值显然小于 $\mathrm{KM}_i(m_{i1})$，因此不予考虑。执行 m_{i2} 时，继续申请 $\mathrm{MM}_i(m_{i2})$ 内存，此时内存占用量 $\mathrm{KM}_i(m_{i2})$ 为 $\mathrm{MM}_i(m_{i1})-\mathrm{MF}_i(m_{i1})+\mathrm{MM}_i(m_{i2})$，以此类推。执行过程中统计两类内存相关数值，一类是用于统计 SD 最大内存占用量的 MME_i，该值始终大于或等于零，例如在 m_{i1} 执行结束时，如果释放的内存大于当前 KM_i 值，则当前 KM_i 置为 0，否则 KM_i 等于 $\mathrm{MM}_i(m_{i1})-\mathrm{MF}_i(m_{i1})$，我们记录第 i 次执行过程中 KM_i 的最大值，这个值为 EEG 第 i 次执行的最大内存占用量，由式（12-10）求得。

$$\mathrm{MME}_i = \max_{j=1\ldots k}\left\{\mathrm{KM}_i\left(m_{ij}\right)\right\} \tag{12-10}$$

另一类用于辅助 SSD 仿真中的内存使用量统计，我们希望将 SD 的内存仿真结果用于 SSD 的内存仿真，因此在 SD 仿真过程中统计当前内存相对最大占用量 MMA，该 MMA 可以是正数也可以是负数。第 i 次执行相对内存最大占用量由式（12-11）求得。

$$\mathrm{MMA_i} = \max_{h=1\ldots k}\left\{\mathrm{MM}_i\left(m_{ih}\right)+\sum_{j=1}^{h-1}\left(\mathrm{MM}_i\left(m_{ij}\right)-\mathrm{MF}_i\left(m_{ij}\right)\right)\right\} \tag{12-11}$$

执行结束内存的相对变化 CM 由式（12-12）求得。这个 CM 可以是正数也可以是负数，因为对于 SSD，可能会出现申请一个操作时，而另一个操作才释放内存的情况：

$$\mathrm{CM}_i = \sum_{j=1}^{k}\left(\mathrm{MM}_i\left(m_{ij}\right)-\mathrm{MF}_i\left(m_{ij}\right)\right) \tag{12-12}$$

对 SD 转化的 EEG 执行 N 次后，统计得到相应的 SD 仿真结果，表 12-2 为反映 SD 时间、内存属性的仿真计算公式。

另外，只用于 SSD 仿真，不用于 SD 仿真结果显式输出的两个统计值分别由式（12-13）和式（12-14）求解。

$$\mathrm{MMA} = \max_{i=1\ldots N}\left\{\mathrm{MMA}_i\right\} \tag{12-13}$$

$$\mathrm{CM}=\max_{i=1\ldots N}\{\mathrm{CM}_i\} \tag{12-14}$$

2. 系统顺序图仿真

SSD 仿真用于模拟用户和系统的交互场景，该仿真过程与 SD 仿真类似，区别在于该交互场景的仿真参数由 SD 仿真结果和知识库共同提供。我们希望借助 SD 的仿真结果对更上层的 SSD 进行仿真，获得全局系统性能情况。SSD 仿真的重要性在于：在 SD 局部层面上没有性能问题并不表示系统在全局层面上不会产生性能问题，通过 SSD 仿真来模拟用户和系统的交互情况，可得出整个系统的性能情况。如果某个场景存在性能问题，我们可以结合 SD 仿真得到的局部结果和 SSD 仿真得到的全局结果进行分析，定位出产生性能问题的原因，从而改善 SA 的性能。

表 12-2　SD 仿真计算公式

仿真指标	计算公式
最大运行时间	$\max_{i=1\ldots N}\{T_i\}$
平均运行时间	$\left(\sum_{i=1}^{N}T_i\right)/N$
平均内存利用量	$\left(\sum_{i=1}^{N}M_i\right)/N$
内存利用平衡率	$\frac{1}{t}\sum_{j=1}^{t}\left(\left(\sum_{i=1}^{N}M_{ij}\right)/N-\mathrm{AWU}/t\right)^2$
最大内存占用量	$\max_{i=1\ldots N}\{\mathrm{MME}_i\}$
单位时间内存利用量	$\left(\sum_{i=1}^{N}M_i\right)/\left(\sum_{i=1}^{N}T_i\right)$

为了与 SD 仿真指标的表述相区分，把 SSD 的一种执行情况称为一个交互序列，它由用户为了达成某种目的对系统所做的一系列操作以及系统的一系列回复组成，本章根据现实中评价一个系统好坏的性能指标引出如表 12-3 所示仿真指标。

表 12-3　SSD 仿真指标

仿真指标	描述	标签
最大运行时间	所有交互序列中，用户与系统交互的最长时间	MRT
平均运行时间	所有交互序列所需要的平均时间	ART
最大响应时间	所有用户操作中系统对用户的最大响应时间	MSRT
平均响应时间	所有用户操作中系统对用户的平均响应时间	ASRT
最大内存占用量	所有交互序列执行过程中内存最大占用量	MME
单位时间内存利用量	所有交互序列平均单位时间内存利用量	UTMU

表 12-3 的 SSD 仿真指标从不同方面反映用户与系统在特定场景下的交互情况，以帮助软件架构师分析用户与系统的交互情况。

在 SSD 仿真过程中要统计上述 6 个指标，还需要借助 SD 的仿真结果，整体统计过程如下。假设 SSD 转化得到的 EEG 在第 i 次执行时，消息节点序列为 m_{i1}、m_{i2}、…、m_{ik}，其中每个消息节点均对应一个 SD，m_{ij} 的 SD 仿真结果为 MRT_{ij}、ART_{ij}、AMU_{ij}、MMA_{ij}、CM_{ij} 等。那么第 i 次执行 SSD 的最大运行时间由式（12-15）求得。

$$\mathrm{TM}_i = \sum_{j=1}^{k} \mathrm{MRT}_{ij} \tag{12-15}$$

第 i 次执行平均运行时间由式（12-16）求得。

$$\mathrm{TE}_i = \sum_{j=1}^{k} \mathrm{ART}_{ij} \tag{12-16}$$

第 i 次执行平均内存利用量由式（12-17）求得。

$$M_i = \sum_{j=1}^{k} \mathrm{AMU}_{ij} \tag{12-17}$$

第 i 次执行最大内存占用量由式（12-18）求得。

$$\mathrm{MME}_i = \max_{h=1\ldots k}\left\{\sum_{j-1}^{h-1} \mathrm{CM}_{ij} + \mathrm{MMA}_{ih}\right\} \tag{12-18}$$

对 EEG 执行 N 次后，统计出相应的 SSD 仿真结果，表 12-4 为反映 SSD 时间、内存属性的仿真计算公式。因为在这 N 次执行过程中交互序列可能发生变化，因此 k 是一个与 i 相关的变量，这里我们用 k_i 表示该变量。

表 12-4　SSD 仿真计算公式

仿真指标	计算公式
最大运行时间	$\max\limits_{i=1\ldots N}\{\mathrm{TM}_i\}$
平均运行时间	$\left(\sum\limits_{i=1}^{N} TE_i\right)/N$
最大响应时间	$\max\limits_{\substack{i=1\ldots N\\ j=1_i\ldots k_i}}\{\mathrm{MRT}_{ij}\}$
平均响应时间	$\left(\sum\limits_{i=1}^{N}\sum\limits_{j=1_i}^{k_i} \mathrm{ART}_{ij}\right)/\left(\sum\limits_{i=1}^{N} k_i\right)$
最大内存占用量	$\max\limits_{i=1\ldots N}\{\mathrm{MME}_i\}$
单位时间内存利用量	$\left(\sum\limits_{i=1}^{N} M_i\right)/\left(\sum\limits_{i=1}^{N} TE_i\right)$

无论是顺序图还是系统顺序图仿真，都是从时间和内存两方面进行仿真，最终得到的时间和内存仿真结果与软件架构本身的行为特征以及相应的仿真参数有关，这些结果反映了 SA 描述的真实系统在时间和内存方面的表现情况。由于 SA 是在较高抽象层次上对软件或系统进行描述，与具体程序代码不同，它所涉及的细节较少，并且在仿真执行过程中时间和内存两者以相互独立的方式进行统计，因此基于软件架构描述文档以及相应的仿真结果进行时间和内存之间的关系分析较为困难，本章也没有进一步基于仿真结果对时间和内存之间的关系进行分析。

12.5.4　仿真结果的分析

软件架构的性能仿真方法从两个层面对软件架构进行了仿真，其中通过 SD 仿真获得架构局部性能情况，通过 SSD 仿真获得架构全局性能情况。

分析 SSD 仿真结果，可以了解在给定场景下系统的时间和内存方面的表现情况。MRT 和 MSRT 给出了在指定交互场景下用户与系统交互所需的最大运行时间和平均运行时间，分析这两个结果可以了解用户在该交互场景下需要花费的时间。ART 和 ASRT 给出了在指定交互场景下用户向系统发出一系列请求时系统的最大响应时间和平均响应时间，分析这两个结果可以了解系统的响应速度。MME 给出了在指定交互场景下用户与系统交互过程中系统的最大内存占用量，分析该结果可以了解系统运行过程中对内存的需求量。UTMU 给出了在指定交互场景下用户与系统交互过程中系统的单位时间内存利用量，分析该结果可以了解系统运行过程中对内存的利用效率。SSD 仿真结果反映了系统的全局性能表现，评估该仿真结果即对软件架构全局性能进行评估。

分析 SD 仿真结果，可以了解各个功能块在时间和内存方面的性能情况。MRT 和 MSRT 给出了系统在运行该功能块时所需的最大运行时间和平均运行时间，分析这两个结果可以了解该功能块的执行速度。分析 AMU 和 UTMU 可以了解内存利用的效率。分析 MNV 可以了解功能块中各个模块间内存分配情况。分析 MME 可以了解功能块在运行过程中最大内存占用量。对所有 SD 仿真结果进行评估，可以找出时间消耗和内存占用较大的功能块，从而可以进一步分析引起全局性能瓶颈的原因，定位对全局性能造成束缚的关键功能块。结合系统顺序图和顺序图仿真结果，最终从全局和局部两个层面获得 SA 的性能情况，定量评估 SA 在时间和内存方面的性能表现情况。

顺序图对应系统内部的功能块，对其仿真可以获得系统局部的时间和内存表现情况，而系统全局性能情况展示了一个系统在满足用户操作目的过程中的性能表现情况，这个过程可能涉及多个系统功能块。因此，可以认为局部性能情况制约着系统全局性能，但是由于功能块间的调度流程以及功能块在系统中所占权重的多样性，并不能单纯认为局部性能与全局性能正相关或负相关。最终局部性能与全局性能的关联需要从具体仿真参数中进行分析。

12.6 本章小结

随着互联网的发展和客户需求的变化，单一的软件架构难以满足功能上的要求。例如，现在很多企业的一些软件架构采用 C/S 和 B/S 的混合形式。这种架构模式融合两种技术模型的优点，克服了各自单一架构的缺点，增强了软件的可维护性和安全性等。然而，混合架构的仿真技术尚未成熟，从资料的检索来看，混合架构已经引起很多学者的关注，混合架构的仿真研究是未来的发展趋势[35, 36]。

思考题

12.1 软件架构仿真在学术上的研究与行业中的研究存在哪些鸿沟？

12.2 软件架构仿真在学术上的方法缺少用例分析和实现细节，如何完善？

12.3 软件架构仿真在行业中的方法缺少方法本身的可靠性和完备性评估，如何解决？

参考文献

[1] A A B Pritsker, B Alan Principles of simulation modeling[DB]. Wiley, New York, 1998.

[2] A Thesen, L Travis. Introduction to simulation[C]. Proceedings of the IEEE Simulation Conference, 1991:7-14.

[3] K J Åström, H Elmqvist, S E Mattsson. Evolution of Continuous-Time Modeling and Simulation[C]. Proceedings of the 12th European Simulation Multiconference on Simulation-Past, Present and Future. SCS Europe, 1998: 9-18.

[4] F Mårtensson, P Jönsson. Software Architecture Simulation: a Continuous Simulation Approach [D]. Blekinge Institute of Technology, 2002.

[5] K Tindell, A Burns, A J. Wellings Analysis of hard real-time communications[J]. Real-Time Systems, 1995, 9(2): 147-171.

[6] Y Asadollahi, V Rafe, S Asadollahi, et al. A formal framework to model and validate event-based software architecture[J]. Computer Science, 2011, 3: 961-966.

[7] F Andolfi, F Aquilani, S Balsamo, et al. Deriving performance models of software architectures from message sequence charts[C]. Proceedings of the 2nd international workshop on Software and performance. ACM, 2000: 47-57.

[8] F Aquilani, S Balsamo, P Inverardi. Performance analysis at the software architectural design level[J]. Performance Evaluation, 2001, 45(2-3): 147-178.

[9] P Arcaini, A Gargantini, E Riccobene. AsmetaSMV: a way to link high-level ASM models to low-level NuSMV specifications[C]. Proceedings of the International Conference on Abstract State Machines, Alloy, B and Z. Springer, Berlin, Heidelberg, 2010: 61-74.

[10] Sparx Systems[EB/OL]. http://www.sparxsystems.cn/products/index.html.

[11] Ratisoftarchsimutool[EB/OL]. http://www-03.ibm.com/software/products/cn/zh/ratisoftarchsimutool/.

[12] Reussner R H, Becker S, Happe J, et al. Modeling and simulating software architectures: The Palladio approach[M]. MIT Press, 2016.

[13] Palladio[EB/OL]. http://www.palladio-simulator.com/home/.

[14] L B Arief, N A Speirs. A UML tool for an automatic generation of simulation programs[C]. Proceedings of the 2nd international workshop on Software and performance. ACM, 2000: 71-76.

[15] L B Arief, N A Speirs. Automatic generation of distributed system simulations from UML[C]. Proceedings of the 13th European Simulation Multiconference (ESM'99), Warsaw, Poland. 1999: 85-91.

[16] L B Arief, N A Speirs. Using SimML to bridge the transformation from UML to simulation[C]. Proceedings of the One Day Workshop on Software Performance and Prediction extracted from Design, 1999.

[17] L B Arief, N A Speirs. Simulation Generation from UML Like Specifications[C]. Proceedings of the IASTED International Conference on Applied Modelling and Simulation, Cairns, Australia, 1999: 384-388.

[18] L B Arief, M C Little, Shrivastava S K, et al. Specifying distributed system services[J]. BT technology

journal, 1999, 17(2): 126-136.

[19] Arjuna-Team. C++SIM User's Guide[R]. University of Newcastle upon Tyne, 1994.

[20] S Balsamo, M Simeoni. Deriving performance models from software architecture specifications[C]. Proceedings of the European Simulation Multiconference, 2001.

[21] S Balsamo, M Marzolla. Simulation modeling of UML software architectures[C]. Proceedings of the European Simulation Multiconference, Nottingham-UK, 2003(3): 562-567.

[22] S Balsamo, M Marzolla. A simulation-based approach to software performance modeling[C]. Proceedings of the ACM SIGSOFT Software Engineering Notes. ACM, 2003, 28(5): 363-366.

[23] S Balsamo, M Marzolla. Towards performance evaluation of mobile systems in UML[C]. Proceedings of the The European Simulation and Modelling Conference, 2003: 61-68.

[24] S Balsamo, P Inverardi, C Mangano. An approach to performance evaluation of software architectures[C]. Proceedings of the 1st international workshop on Software and performance, ACM, 1998: 178-190.

[25] M de Miguel, T Lambolais, M. Hannouz, et al. UML extensions for the specification and evaluation of latency constraints in architectural models[C]. Proceedings of the 2nd international workshop on Software and performance, ACM, 2000: 83-88.

[26] M de Miguel, T Lambolais, S Piekarec, et al. Automatic generation of simulation models for the evaluation of performance and reliability of architectures specified in UML[M]//Engineering Distributed Objects. Springer, Berlin, Heidelberg, 2001: 83-101.

[27] H Muccini, P Pelliccione. Simulating Software Architectures for Functional Analysis[C]. Proceedings of the Working Ieee/ifip Conference on Software Architecture. IEEE Computer Society, 2008:289-292.

[28] N Gobillot, C Lesire, D Doose. A Modeling Framework for Software Architecture Specification and Validation[C]. Proceedings of the Simulation, Modeling, and Programming for Autonomous Robots. Springer International Publishing, 2014:303-314.

[29] CHARMY Project. Charmy Web Site[EB/OL].http://www.di.univaq.it/charmy.

[30] C W Krueger. Modeling and simulating a software architecture design space[R]. Carnegie-Mellon University, 1997.

[31] V Cortellessa, R Mirandola. Deriving a queueing network based performance model from UML diagrams[C]. Proceedings of the 2nd international workshop on Software and performance. ACM, 2000: 58-70.

[32] Larman, Craig. Applying UML and patterns[M]. China Machine Press, 2004.

[33] M Marzolla. Simulation-based performance modeling of UML software architectures[D]. PHD, Université de Venise, 2004.

[34] E Rudolph, P Graubmann, J Grabowski. Tutorial on message sequence charts[J]. Computer Networks and ISDN Systems, 1996, 28(12): 1629-1641.

[35] B Li, L Liao, Y Cheng. Evaluating Software Architecture Evolution Using Performance Simulation[C]. Proceedings of the Applied Computing and Information Technology/3rd Intl Conf on Computational Science/Intelligence and Applied Informatics/1st Intl Conf on Big Data, Cloud Computing, Data Science & Engineering (ACIT-CSII-BCD), 2016 4th Intl Conf on. IEEE, 2016: 7-13.

[36] 陈艺，李必信 . 软件架构的仿真技术研究 [D]. 南京：东南大学，2015.

第 13 章　软件架构度量和评估

就像软件度量是软件质量保障的主要手段一样，软件架构度量（software architecture measurement）也是软件架构质量保障的主要手段之一。通过软件架构度量可以获得很多关于软件架构的信息，如组件的内聚性、独立性、合理规模，组件之间的耦合性、连通性，软件架构的复杂性、可靠性、可维护性和可配置性，软件架构演化的成本，等等。本章拟围绕上述关注问题，详细介绍软件架构度量的基本概念、原理和实践。

13.1　引言

度量（measurement/metrics）对于所有科学领域的进步都是至关重要的。在软件工程领域中，软件度量是保证软件质量的重要技术之一。同样，作为软件开发过程中早期阶段的设计模型，如果通过软件架构度量能够预测待开发的软件产品质量，并能够即时地发现早期设计缺陷，这对于减少开发风险和提高最终软件产品质量是非常重要的。

以软件架构作为度量对象，有以下原因：①从架构出发，可以更有效地把握整个软件系统的设计结构和版本更新问题。软件架构将开发人员的关注点从代码转移到粗粒度的组件间互联关系上，将设计者从编程细节中解放出来，便于对系统的理解、分析和修正。②基于架构的度量可以在设计早期发现软件架构的不合理之处。我们知道，在开发周期后期发现的问题和故障，在修改时需要付出更大的代价。因而在设计早期对整体架构进行度量，可以及时发现设计的症结并进行相应修改，同时也可以基于该度量结果对相关指标进行预测。③基于架构的度量可以对架构的演化程度进行评估和预测。大型软件通常会经历多个版本的变迁，然而这是一个长时间的工程，在演进过程中可能会进行功能扩充或需求更改，导致架构设计有很大的更改，同时极易导致系统复杂度升高、可维护性降低等软件质量的变化。对架构的度量可以从整体上把握系统的质量属性，并通过架构间结构上的对比直观地发现导致质量属性变化的原因。因而相比于传统的软件度量，软件架构度量更有利于分析版本之间的差距，并计算出版本距离，帮助相关人员控制软件的演化过程并进行合理的预测。④架构度量是一种静态的度量方法，不需要执行软件或者进行仿真，具有成本低、容易实现且不依赖于程序特定的运行环境的优点，在当前软件网络化、服务化的趋势下备受关注[1]。

13.1.1 单版本的软件架构度量和评估

单个版本的架构度量技术一般会涉及如下两个活动：①定义架构评估框架，包括待度量的质量属性以及相应的度量指标。度量指标是对架构可观察到的参数的量化解释，如某个组件的扇入数（fan-in）和扇出（fan-out）数等。该框架建立质量属性和度量之间的映射原则，即确定如何从度量结果推出系统具有何种质量属性。②针对每个度量指标设计相应的度量方法，并根据待测度量指标以及相应度量方法从架构设计文档中获取度量信息并计算。

1. 建立架构评估框架

在已有的软件架构评估量化模型中，Saaty 等人提出的层次分析法 AHP（Analytic Hierarchy Process）是多种架构评估度量方法的基础理论，有助于做出重要决策和明确关键设计[2]。Dobrica 等人提出的架构敏感度分析是一种定性的评价方法，查找最小改变就能引起最后结果改变的决策（这个决策就是敏感的关键决策）[3]。Dueñas 等人提出的 SAEM（Software Architecture Evaluation Model）从外部质量属性和内部质量属性两个角度来建模[4]。首先对待评估的质量属性进行规约建模，从评估目的、评估角度、评估环境等出发来定义架构评估的目标，并根据目标相关属性来建立相应的度量准则，该模型已在远程同系统领域得到应用。Van Gurp 等人利用贝叶斯信念网（Bayesian Belief Networks，BBN），通过识别架构中相关变量并定义变量之间的概率依赖和独立性来评估变量的条件概率[5]。该方法可以帮助诊断导致软件架构问题的可能原因，分析架构中的修改给质量属性带来的影响，且已被运用到一个瑞典公司的嵌入式架构和 PDA 手机的操作系统 Epoc32 上，证明了该方法的有效性。

2. 质量属性度量方法

架构度量技术的基本思路是将传统的度量和预测技术应用在软件架构层次。由于架构度量技术对模型的要求比较严格，且数据采集工作难度较大，所以目前对于相关质量属性的研究并不全面，主要集中在可维护性和可靠性等方面。

可维护性评估了软件产品可被修改的能力。修改可能包括纠正、改进或软件对环境、需求和功能规约变化的适应。目前对于软件架构可维护性的度量研究最多。Bengtsson 等人将 10 个代码层次的度量（CK 度量和 Li&Henry 的度量集）应用到架构层次，针对架构的新特性进行修改，最终提出了 7 个度量值[6]。Bril 等人根据四种不同组件之间的连接关系提出直接连通性度量，并已初步应用到一个大型的工业系统中[7]。Nenonen 等人基于架构模式识别技术，开发了自动分析架构属性的度量系统 MAISA[8]。Lindvall 等人定义 CBM（Coupling Between Modules）和 CBMC（Coupling Between Module Classes），以提供不同粒度的组件层次的耦合性度量[9]。Perepletchikov 等人提出基于 SOC（Service-Oriented Computing）的一组结构度量，可以测量基于服务的设计的静态和动态耦合性[10]。Shereshevsky 等人利用 Shannon 的信息论来定义架构的信息耦合度和内聚度[11]。Muskens 等人基于 UML 描述的“4+1”视图，提出了四个经典单视图度量和四个综合多视图信息的度量[12]。dos Anjos 等人将基于面向对象系统中源代码的可维护性度量准则应用于软件架构，采用统一的软件度量协会提倡的 COSMIC 方法来进行度量，并在开源软件 DCMMS 的软件架构 UML 组件图上得以验证 [13]。

可靠性评估在给定时间内，特定环境下信息系统无错运行的概率。通常软件架构的可靠性评估主要有三种方法：基于操作剖面的模型 [14-15]、基于状态的模型 [16-18] 和基于路径的模型 [19-21]。基于操作剖面的模型即基于用户使用软件的操作习惯及其频率等信息定义操作剖面，通过统计不同组件在系统运行过程中的使用概率、概括组件的使用情况和组件迁移概率、计算不同剖面的出现概率等得到系统的可靠性，其不足在于操作剖面难以确定，影响可靠性评估的准确性。基于状态的模型通常假设各个组件间的控制转移具有 Markov 性质，利用控制流图描述软件架构，然而在实际软件系统中很难满足 Markov 模型的组件独立性假设。基于路径的模型通常假设组成系统的组件是独立运行的，通过计算各个路径上其组件间的迁移概率来计算各个路径的可靠性，进而计算系统的可靠性 [22-23]。

还有一些对架构其他质量属性的度量方法。Liu 等人基于场景和变化的需求定义了两个度量：IOSA（Impact On the Software Architecture）和 ADSA（Adaptability Degree of Software Architecture），以评估架构适应性 [24]。Bhattacharya 等人在基于组件的软件工程领域提出了一组重用性度量来测量一个组件对架构的适应程度 [25]。Washizaki 等人度量组件的可重用性，该方法将组件作为黑盒，不依赖其内部源代码，只从组件外部获取有限的静态信息来识别出可重用性最好的组件 [26]。Qian 等人面向基于服务的分布式软件领域提出了一组度量组件耦合度的方法，进而评估服务解耦 [27] 的效果。

13.1.2　多版本的软件架构度量和评估

目前对于软件架构度量主要关注架构的某方面质量属性，如复杂度、可维护性、可靠性等，然而将架构度量技术应用于演化领域方面的研究较少。随着软件规模的迅速扩张，软件的复杂度升高，导致软件开发、维护困难，所需投入的人力物力也大大提高。为了节约成本，软件或模块往往需要演化以达到可重用的目的，从而软件生命周期变长。因此，可预测、可重复、准确地控制软件开发过程和软件产品变得非常重要。

架构演化度量和评估可以有效地解决这一问题。由于架构是从高层次对软件的描述，忽略了一些不必要、不影响全局的细节，只留下可提供完整功能的组件以及用于组件之间通信的连接件，结合相关规约条件，可以帮助开发人员从整体把握软件组织结构和信息交互等的改变方式，监控并评估软件演化中的各个历史版本，归纳和预测架构演化趋势。比如遗留系统 [28]，它由于时间久远、架构较为混乱或难以与现存技术或平台相匹配，其扩展性较差，难以继续开发。这时可以对其系统架构进行度量和评估，比较该架构与目标架构的差异所在，有针对性地修改架构并提取可复用模块，大大节省重构和开发的耗费，提高开发效率。

近年来出现了若干软件演化分析技术，包括基于模型的演化评估方法、基于版本管理信息的演化评估方法、基于代码的演化评估方法等。不同的演化评估方法所基于的分析对象以及分析目标都不同。这些方法的基本步骤都是首先获取各个版本的分析模型，然后确定不同版本模型中元素之间的对应关系，发现相互之间的基本差异，然后以此为基础得到高层的演化模式或趋势分析结果[29]。

Antoniol 等人基于代码层，讨论不同类型的演化修改操作（在代码中增加、修改、删除某些属性、方法、类、接口等）对软件结构的影响[30-33]。Antoniol 等人讨论面向对象系统中修改的影响范围[30]。Fluri 等人提供了一种对代码层演化的分类方法，该方法将语法树中的修改操作根据不同修改影响范围定义为不同级别[31]。Kung 等人可以度量多重图中面向对象系统的修改影响分析[32]。Ren 等人讨论原子粒度的修改操作对系统产生的影响[33]。基于代码层的度量需要系统已经具有可执行代码，从修改影响分析的角度评估系统局部的修改对其他部分所产生的影响。由于该评估基于具体代码，其度量结果较为精确，然而该评估方法的粒度较细，不适合于从宏观把握系统框架，且不适合于架构设计初始阶段（即无源代码阶段）。

很多学者基于模型对架构的演化进行评估[34-38]。Xing 提出了一种启发式算法 UMLDiff 来比较面向对象软件系统的逻辑结构间的差异，找出设计过程中元素的更改对相关质量属性的影响，并识别出一些演化模式[34]。Briand 等人基于 UML 模型，首先检验 UML 模型的一致性，然后比较不同版本的架构模型间的距离，并分析修改影响边际[35]。Aoyama 基于设计模式来描述演化[36]，文中定义了“模式集合”（pattern family）以及将模式划分为不同集合的方法，以找出同一个集合中模式的演化规律以及不同集合中模式演化的差异。Nakamura 等人基于图内核[38]度量架构距离[37]。每发生一次系统演化，即对其提取架构，以图内核的方式表示，并度量架构演化过程中相邻版本间结构上的变化，即图内核的距离。基于模型的方法可以有效地比较架构之间的结构差异，从高层上跟踪架构演化情况并分析其演化趋势。然而该评估方法对模型有比较严格的要求，模型需要正确、完整，并且能充分反映架构设计。对于开发早期的系统质量评估，此时往往只有高层设计而没有完整的可供度量的源代码，可以使用基于模型的架构演化评估方法对系统进行高层的、粗粒度的建模和评估，为日后的开发工作提供早期的评价和预测。而对于演化中的系统，其往往没有详细的演化修改后的模型文档或记录，因此需要根据所选取的模型采用适当方法从系统中提取架构。

一些学者基于版本管理信息的架构评估方法并借助于版本演化中的软件制品，如文档、设计图、规约等进行演化评估[39-41]。Westfechtel 等人提出版本模型（version model）来帮助软件配置管理（Software Configuration Management, SCM）[39]。版本模型包括需要进行版本控制的数据、版本标识、数据组织方式，以及检索现有版本和建立新版本的相关操作。版本模型可以有效地帮助管理版本之间的数据一致性，并使得新建版本按照规则存储于该模型中。陈兆琪等人分析了软件演化管理技术的目标、内容以及所支持的系统，并设计一个系统来帮助过程管理和配置管理[40]。Herraiz 等人分析了开源软件中低层次度量（如代码行数）和高层次度量（如模块数、文件数等）的差异，通过大量实验指出这两种度量的演化模式实际上是相同的[41]。基于版本管理信息的架构评估方法具有架构的每一个版本的详细过程制品以及统一的组织编排方式，是一种有效的版本控制手段。也正因如此，该方法对于架构版本的数据信息相较其他两种方法更为严格，在数据采集方面需要合理管理。

13.2　典型的软件架构度量和评估方法

本节介绍几种典型的软件架构度量和评估方法，该类方法以属性度量为基础，建立度量准则，进一步预测和评估软件架构的质量。这些典型方法包括软件架构评估模型（Software Architecture Evaluation Model, SAEM）[42]、软件架构评估信念网（Software Architecture Assessment Belief Network, SAABNet）[43]、基于结构指标的软件架构变更度量（Metrics of Software Architecture Changes based on Structural Metrics，SACMM）[37]、软件架构静态评估（Static Evaluation of Software Architecture，SASAM）[44]、架构级可靠性风险分析（Architecture Level Reliability Risk Analysis, ALRRA）[45]、层次分析法 AHP（Analytic Hierarchy Process）[46]、COSMIC+UML 方法[47]，以及 Shannon-based 方法[48]。

13.2.1　SAEM 方法

SAEM 方法将软件架构看作一个最终产品以及设计过程中的一个中间产品，从外部质量属性和内部质量属性两个角度来阐述它的评估模型，致力于为软件架构的质量评估创建一个基础框架[42]。外部属性指用户定义的质量属性，而内部属性指开发者决定的质量属性。该软件架构评估模型包含以下几个流程：①对待评估的质量属性进行规约建模，参考 ISO/IEC 9126-1 标准中的质量模型，先从用户的角度描述架构的外部质量属性，再基于外部质量属性规约从开发者的角度描述架构的内部质量属性；②为外部和内部的质量属性创建度量准则，先从评估目的（如软件架构比较、最终产品的质量预测）、评估角度（如开发者、用户、维护者）、评估环境（架构作为最终产品或设计中间产品）出发来定义架构评估的目标，再根据目标相关的属性来创建问题，然后回答每个问题并提出相应的度量准则；③评估质量属性，包括数据收集、度量和结果分析三个活动。该模型已在远程同系统领域得到应用。

13.2.2　SAABNet 方法

软件架构定性的评估技术依赖于专家知识，包括某些特定类型问题的解决方案以及可能的导致因素、统计知识（如 60% 的系统消耗花费在维护上）、审美观等，这些定性的知识比较含糊且难以文档化。SAABNet 是一种用来表达和使用定性知识以辅助架构的定性评估[43]。该方法来源于人工智能（AI），允许不确定、不完整知识的推理。该方法使用 BBN

（Bayesian Belief Networks）来表示和使用开发过程中的知识，包含定性和定量的描述，其中定性的描述是所有节点的图，定量的描述是每个节点状态相关的条件概率，为了将软件架构开发中的定性知识放到 BBN 中，需要经过以下几个步骤：①识别架构中的相关变量；②定义变量之间的概率依赖和独立，这就是 BBN 的定性描述；③评估条件概率，这就是 BBN 的定量描述；④测试 BBN 来验证其输出是否正确。基于 BBN 正确的定量规约和定性规约，可以数学地推导出架构正确性的概率。根据该方法创建了 SAABNet（具体可参见文献 [43]），其中的变量可分为三类，即架构质量属性变量（如可维护性、灵活性等）、质量属性的度量准则变量（如错误容忍性、响应性等）和架构特征变量（如继承深度、编程语言等），高层抽象的质量属性变量分解为低层抽象的度量准则变量，度量准则变量则分解为更低层抽象的架构特征变量。至于 SAABNet 的定量规约，由于难以获取足够的架构信息，只有通过实验的方法来获取质量属性满足的概率，另外由于缺乏详细的信息，只能大概估计节点之间的条件概率，SAABNet 的目的是辅助架构的定性评估，因此定量规约不是必要的。SAABNet 可以帮助诊断软件架构问题的可能导致原因，以及分析架构中的修改给质量属性带来的影响、预测架构的质量属性、帮助架构设计做决策。

SAABNet 度量的对象包括架构属性、质量准则和质量因素三部分 [43]，其中每部分包含的可能变量如表 13-1 所示。

表 13-1　架构属性、质量准则和质量因素

架构属性变量			
属性	**可选值**	**属性**	**可选值**
架构风格	管道 - 过滤器、代理、层、平台	动态绑定	high、low
类继承深度	深、不深	异常处理	有、无
组件粒度	细粒度、粗粒度	执行语言	C++、Java
组件互依赖性	多、少	接口粒度	细粒度、粗粒度
内容选择	多、少	多重继承	有、无
组合	静态、松散	线程应用	high、low
文档	好、坏		
质量准则变量			
属性	**可选值**	**属性**	**可选值**
容错	高容错、低容错	可测试性	好、坏
水平复杂度	高、低	数据吞吐量	好、坏
内存使用	高、低	易理解性	好、坏
响应	好、坏	垂直复杂度	高、低
安全性	安全、不安全		
质量因素变量			
属性	**可选值**	**属性**	可选值
复杂度	高、低	性能	好、坏
配置	好、坏	可信度	好、坏

（续）

质量因素变量			
属性	**可选值**	**属性**	**可选值**
正确性	好、坏	重用性	好、坏
灵活性	好、坏	安全性	安全、不安全
可维护性	好、坏	可扩展性	好、坏
可修改性	好、坏	可用性	好、坏

13.2.3　SACMM 方法

当一个软件发生修改时，一个重要的问题是，在修改流程中其软件架构是否也发生了修改。伴随着架构修改的软件修改通常是比较困难的，因为软件架构的修改涉及多个组件之间连接件的修改，度量架构的修改可以为描述软件的修改和预测修改的消耗提供有用的信息。一般的研究在类似大小、复杂性、耦合度和内聚度这样的架构度量准则层次考虑架构的修改，但这样的抽象层次太高了，无法度量两个架构之间的不同，架构需要一个结构化的描述方式，而不是一个简单的标量值。很多逆向工程研究从软件程序中抽取出一个图结构的软件架构，可以利用这样的图结构来比较两个架构之间的不同。

SACMM 方法[37]是一种软件架构修改的度量方法，首先基于图内核定义差异度量准则来计算两个软件架构之间的距离，图内核的基本思想是将结构化的对象描述为它的子结构的集合，通过子结构的配对比较来分析对象之间的相似性。假设可以提取到软件架构实际值的属性向量，表示为 $\phi(A)=\{\phi_1(A), \phi_2(A),\cdots\}$，两个架构 A_x 和 A_y 的相似度（即内核）可以通过其内含子结构的相似度总和来计算：

$$K\left(A_x, A_y\right)=\left\langle\phi(A_x),\phi(A_y)\right\rangle=\sum_i \phi_i\left(A_x\right)\phi_i\left(A_y\right)$$

使用该定义，可以计算 A_x 和 A_y 之间的距离：

$$d\left(A_x, A_y\right)=\sqrt{K\left(A_x, A_x\right)-2K\left(A_x, A_y\right)+K\left(A_y, A_y\right)}$$

由于 A_x 和 A_y 的子结构的个数可能是指数级的大小，$\phi(A_x)$ 和 $\phi(A_y)$ 的计算通常是不可行的，可以将 $K(A_x, A_y)$ 递归地分解为子结构内核的卷积，即 A_x 和 A_y 中所有可能子结构内核的权重和：

$$K\left(A_x, A_y\right)=\sum_{s\in S\left(A_x\right)}\sum_{s'\in S\left(A_y\right)} f\left(s\mid A_x\right)f\left(s'\mid A_y\right)K_s\left(s, s'\right)$$

其中，$S(A_x)$ 和 $S(A_y)$ 是 A_x 和 A_y 的子结构，$f(s|A_x)$ 和 $f(s'|A_x)$ 是 $s\in S(A_x)$ 和 $s'\in S(A_y)$ 的权重。

若架构的图表达由带有标签的节点和连接组成，那么子结构就定义为图中的路径，可以通过图上的随机游走获得，即选择一个开始节点，然后移动到它的相邻节点直到结束，用 γ 表示在每一步停止随机游走的概率，相似度公式可以重新定义如下，避免了指数级项目的加法：

$$K\left(A_x, A_y\right) = \sum_{h_1 \in A_x, h_1' \in A_y \text{s.t.} l_{h_1} = l_{h_1'}} \frac{1}{|A_x||A_y|} R_\infty\left(h_1, h_1'\right)$$

其中 h_1 和 h_1' 是随机游走的开始节点，l_* 是节点的标签。

$$R_\infty\left(h_1, h_1'\right) = \gamma^2 + \sum_{i, j \text{s.t.} l_i = l_j, l_{\overline{ih_1}} = l_{\overline{jh_1'}}} \left(R_\infty(i, j) \times \frac{1-\gamma}{\left(\#\text{of } h_1' \text{s neighbors}\right)} \frac{1-\gamma}{\left(\#\text{of } h_1'' \text{s neighbors}\right)}\right)$$

使用以上的图内核函数来计算软件架构的距离时，先要将软件架构用图模型来描述，选择一个合适的模型需要考虑三个因素：①抽象层次。每个组件对应一个节点，该组件可以是文件、类 / 接口或者方法，最详细的层次可以是每个表达式对应一个节点，但是太详细的抽象会导致模型的计算过于复杂，若对表达式层次的修改不感兴趣，还会导致相似度的结果不精确。②节点标签的赋值。决定了两个架构中哪些节点可以匹配。若将源文件的名字赋给节点标签，文件在修改过程中重命名会导致无法匹配，另一个极端是给所有的节点赋同样的标签，但这样得出的相似度会偏高，因此可以采取中间的方法，如给不同类的节点赋不同的标签。③连接标签的赋值。与节点的赋值类似，但可能更难，因为连接的类型很多。

基于距离度量可以描述架构在修改过程中的转换模型，将架构修改过程的两个端点 A_0 和 A_n 设为参考点，根据这两个参考点检查中间软件架构中连接件的修改 $d(A_i,A_0)$ 和 $d(A_i,A_n)$，从而将架构修改过程建模为一系列架构转换 A_0、A_1、…、A_n 的轨道，描述了架构在何时以及如何修改，有助于定量和定性的分析。进一步定义了软件版本 P_i 的修改准则为 $L(P_i)$，它应该满足：

$$|L(P_i)-L(P_0)|:|L(P_i)-L(P_n)|=d(A_i,A_0):d(A_i,A_n)$$

假设 $L(P_0) \leqslant L(P_i) \leqslant L(P_n)$，从而得到修改准则的公式：

$$L\left(P_i\right) = \frac{d\left(A_i, A_0\right) L\left(P_n\right) + d\left(A_i, A_n\right) L\left(P_0\right)}{d\left(A_i, A_0\right) + d\left(A_i, A_n\right)}$$

该方法考虑了软件架构中组件之间连接件的修改，适用于任何图描述的软件架构，解决了传统软件结构比较方法中重命名组件的匹配问题以及比较结果的稳定性问题。除了该方法的理论分析，该方法还应用于 4 个开源软件中，以评价该方法的正确性和有用性。

Nakamura 等人 [37] 应用 SACMM 方法对 Azureus 等 4 个开源工具进行了度量，获取了 Azureus 从 2004 年 3 月 1 日至 2005 年 3 月 1 日这一年的架构信息，并度量计算其架构变化差距，如图 13-1 所示。

图 13-2 展示了架构转移矩阵与 LOC 变化，其中左侧纵轴是转移矩阵，右侧纵轴是 LOC。

当 LOC 持续增加至相比初始 2.2 倍时，并没有任何迹象表明架构有剧烈的变化。这可能意味着工程被较好地控制来保持当前架构，或者我们的计划未能捕获到架构的变化。

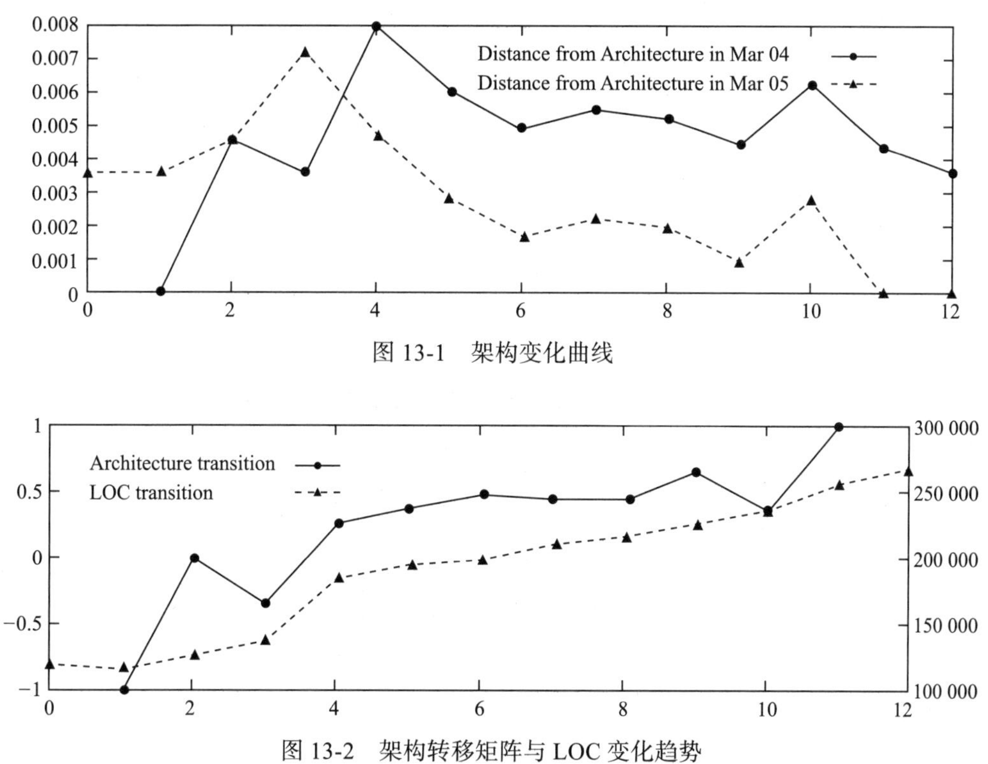

图 13-1　架构变化曲线

图 13-2　架构转移矩阵与 LOC 变化趋势

13.2.4　SASAM 方法

SASAM 方法 [44] 通过对预期架构（架构材料）和实际架构（源代码中执行的架构）进行映射和比较来静态地评估软件架构，并将静态评估与架构开发方法 PuLSE-DSSA 结合，识别出十种不同的目的和需求来指导静态的架构评估。静态评估方法对预期架构模型和实际架构模型中的每个元素进行映射，比较某个模型元素或关联是否在两个架构模型中都存在，还是只存在于其中某个架构模型中，从而得到评估结果，其中映射需要手工完成，比较评估可以在软件架构可视化和评估工具 SAVE 中执行。10 个评估目的包括：①产品线可能性，分析几个不相干的系统是否适用于某个共有的架构，即分析它们是否能成为预期产品线的一部分；②产品对准性，评估系统的软件架构是否与产品线的软件架构一致；③重用可能性，分析组件是否能重用；④组件充分性，评估组件的内在质量；⑤对软件架构的理解；⑥一致性，评估架构文档和执行的一致性；⑦完备性，检测未被文档化的架构实体；⑧软件系统或产品线的再文档；⑨控制演化；⑩支持架构结构的分解。文献 [44] 的作者用一系列工业的案例（包括汽车开窗系统、气候度量设备、图形组件、引擎控制系统、数码相机）和学术的案例（包括 Apache Tomcat、移动电话、SAVE、航空交通控制系统）来阐述评估结果是如何影响软件架构接下来的开发流程的，这些案例都使用了他们研究小组提出的弗劳恩霍夫产品线软件工程的特定领域软件架构 PuLSE-DSSA 以及面向架构和领域的再造工程 ADORE 的方法，其中 PuLSE-DSSA 架构开发方法包含以下几个步骤：①计划包括选择场景、识别利益相关者、选择将要使用的架构视图，以及决定开发过程中是否进行评估；②根据场景决定设计决策；③将架构设计文档化；④评估软件架构是否满足功能和质量需求，利用 ADORE 逆向工程方法评估现有组件的内在质量，判断其是否可重用。该文献总结了静态软件架构评估的实际应用经验，并关于在软件开发过程中如何对架构进行静态评估给出了一个概览。

13.2.5 ALRRA 方法

可靠性风险主要包含两个因素：发生故障的可能性以及故障引起的后果的严重性。ALRRA 是一种软件架构可靠性风险评估方法[45]，该方法使用动态复杂度准则和动态耦合度准则来定义组件和连接件的复杂性因素，其中动态复杂度准则在某个场景的执行中分析组件的动态行为来度量组件的复杂性，动态耦合度准则在某个场景的执行中分析连接件的消息传递协议来度量连接件的复杂性，该方法利用失效模式和影响分析（FMEA）来定义故障引起的后果的严重性因素，并将复杂度和严重性因素组合起来定义组件和连接件的启发式风险因素，然后基于组件依赖图（CDG）定义风险分析模型和风险分析算法，将组件和连接件的风险因素集成到架构层次的风险因素中。

ALRRA 方法包含以下几个步骤：

1）使用架构描述语言（ADL）建模软件架构。为了指导评估流程，需要将软件架构建模成可以仿真的模型，使用仿真模型不仅可以利用动态度量准则进行组件和连接件动态行为的度量，还能通过架构的仿真分析故障引发的后果。UML 状态图和顺序图虽然可以描述组件的行为和组件之间的交互，但 UML 没有提供架构模型的仿真机制，因此用实时面向对象模型 ROOM 来构造架构的模型，其中每个组件用一个 ROOMchart 表示，每个连接件用两个组件之间消息交互的协议表示，工具 ObjectTime 可用来仿真架构、执行动态度量以及分析后果的严重性。

2）使用仿真进行复杂性分析。传统的可靠性度量分析一般考虑故障间隔时间以及一段时间的故障数，而一些实验分析发现系统越复杂，越可能发生故障，因此这里用复杂度作为指标来度量故障发生的可能性。对于组件 C_i 的复杂度，在每个执行场景 S_k 下，组件的状态图规约中有一个子集被执行，利用圈复杂度来定义其对应的执行复杂度：$\mathrm{cpx}_k(C_i)=e-n+2$，其中 e 表示边的个数，n 表示节点的个数。为了从 ROOM 仿真模型中获取组件的动态度量，可以对模型中的每个组件分配一个复杂度变量，然后根据每个执行场景触发的执行过程用复杂度准则度量来更新变量的值，仿真工具在仿真结束后可以给出每个组件动态的复杂度值。利用场景的执行概率 PS_k，可以计算组件的平均执行复杂度：

$$\mathrm{cpx}\left(C_i\right)=\sum_{k=1}^{|S|}\mathrm{PS}_k\times\mathrm{cpx}_k\left(C_i\right)$$

其中 $|S|$ 表示场景的个数。对于组件 C_i 和 C_j 之间连接件的复杂度，用动态的耦合度准则来度量，这里采用输出的动态耦合度准则，在某个执行场景 S_k 下，通过计算 C_i 给 C_j 发送的消息的数目与消息交互的总数目的百分比例来度量 C_i 和 C_j 之间的连接件耦合度：

$$\mathrm{EC}_k\left(C_i,C_j\right)=\frac{\left|\left\{M_k\left(C_i,C_j\right)\mid C_i,C_j\in A\wedge C_i\neq C_j\right\}\right|}{\mathrm{MT}_k}\times 100$$

其中 $M_k(C_i, C_j)$ 是在场景 S_k 下 C_i 向 C_j 发送的消息集合，MT_k 是所有组件之间消息交互的数目，A 是软件架构。为了从 ROOM 仿真模型中获取连接件的复杂度，我们为每个执行场景计算一个组件向另一个组件发送的消息数目，再结合利用场景的执行概率 PS_k，可以计算连接件的平均动态耦合度：

$$\mathrm{EC}\left(C_i,C_j\right)=\sum_{k=1}^{|S|}\mathrm{PS}_k\times\mathrm{EC}_k\left(C_i,C_j\right)$$

3）使用 FMEA 和失效严重性分析。一些架构元素（组件或连接件）的复杂度较低，但其失效可能会引发整个系统的失效，从而在系统中扮演了一个很关键的角色。因此需要考虑这些元素的失效带来的后果严重性，以帮助度量架构的可靠性风险。FMEA 适合用来分析后果严重性，首先识别架构元素的失效模式，在架构的仿真模型中，每个组件用状态图描述，每个连接件用消息交互协议来描述，组件失效模型的识别可以采用功能错误分析和基于状态的错误分析技术。连接件失效模型的识别可以采用接口错误分析技术。然后分析这些失效带来的影响，可通过在模型中注入错误，然后仿真这个错误的模型，将仿真输出和期望输出进行比较，从而识别组件或连接件的失效给架构带来的影响。MIL_STD_1629A 将后果严重性划分为灾难的、危险的、临界的、轻微的四个层次，对这四个层次分别赋值 0.95、0.75、0.50、0.25，通过动态的仿真并基于失效的分析，领域专家可以确定每个组件 / 连接件失效的严重性，其严重性的值是仿真的最坏结果，从而对它们进行排序。

4）为组件和连接件启发式地定义可靠性风险因素。基于架构元素的复杂度和后果严重性风险，组件的可靠性风险因素为 $\mathrm{hrf}_i=\mathrm{cpx}_i\times\mathrm{surty}_i$，其中 cpx_i 是组件 C_i 的动态复杂度根据最复杂组件的值的规格化，surty_i 是组件 C_i 后果严重性的值，C_i 和 C_j 之间连接件的可靠性风险因素为 $\mathrm{hrf}_{ij}=\mathrm{cpx}_{ij}\times\mathrm{surty}_{ij}$。

5）构造架构的 CDG，对每个节点 C_i 赋予组件的可靠性风险 hrf_i，对 C_i 和 C_j 之间连接件赋连接件的可靠性风险 hrf_{ij}。

6）用图遍历算法执行架构的风险评估和分析，架构的可靠性风险因素可以通过集成其组件和连接件的风险因素获取，算法从 CDG 的开始节点开始，深度的开展通过路径上元素的风险因素乘积来计算，宽度的开展通过风险因素和来计算。

13.2.6 AHP 方法

在软件架构评估量化方式中，层次分析法 AHP 是多种架构评估度量方法的基础理论。AHP 在 20 世纪 70 年代由美国运筹学家 T.L.Saaty 提出，它是对定性问题进行定量分析的一种简便、灵活而又实用的多准则决策方法 [46]。AHP 方法的特点是把复杂问题中的各种因素通过划分为相联系的有序层次使之条理化，并在一般情况下通过两两对比，根据一定客观现实的主观判断结构，把专家意见和分析者的客观判断结果直接、有效地结合起来，将一定层次上元素的某些重要性进行定量描述，之后利用数学方法计算反映每一层次元素的相对重要性次序的权值，并最后通过所有层次之间的总排序计算所有元素的相对权重及对权重进行排序。该方法可以把定性分析和定量计算相结合，并对各种决策因素进行处理，而且该方法的使用过程较为简单，已经在包括软件架构分析与评估、能源系统分析、城市规划、经济管理、科研评估等很多领域得到广泛的重视与应用。

层次分析法对 AHP 问题域的分析、度量一般分为五步：①通过对系统的深刻认识，确定该系统的总目标，得出规划决策所涉及的范围、所要采取的措施方案和政策、实现目标的准则以及策略和各种约束条件等，并对分析过程中将使用到的多种信息加以广泛收集。②建立一个多层次的递阶结构，按目标的不同、实施功能的差异，将系统分为几个等级层次。③确定以上递阶结构中相邻层次元素间的相关程度，通过构造比较判断矩阵及矩阵运算的数学方法，确定对于上一层次的某个元素而言本层次中与其相关元素的重要性排序，即相对权值。④计算各层元素对系统目标的合成权重，进行总排序，确定递阶结构图中底层的各个元素的重要程度。⑤根据分析计算结果，考虑相应的决策。

软件架构评估包括对各种质量属性的评估以及其他一些非功能非质量因素的评估，这些属性之间有时存在某些冲突。AHP 是一种重要的辅助决策方法，通常被用来解决这种冲突。AHP 可以帮助对提供的设计方案进行整体排名。然而它不能权衡这些因素的相对大小。此外，评估结果中敏感点在中等优先级属性的改变会影响最终的设计方案。Zhu 等人提出了一些深入分析技术，适用于用 AHP 确定关键的权衡点和敏感点的决策过程 [46]。结果表明 AHP 方法在帮助他们做出重要决策、明确关键设计权衡和架构能力，以及应对未来的质量属性变化时是有效的。

AHP 方法对权衡点进行了全面的分析，提供了一种基于相对质量属性的权重方法来识别所有可能的权衡点，并通过给出显式的权重结果使得 AHP 评估方法的输出更加充分。进一步，将来会整合 ATAM 权衡分析与 AHP 权衡分析方法，以提供一个更加统一权衡的分析方法。

架构敏感度评估问题由 Dobrica 和 Niemela 首次提出。敏感度分析是一种定性的评价方法，需要进行实验或执行其他实证研究才能完成 [3]。AHP 方法是一种定量的架构评价方法。利用 AHP 方法进行敏感度分析时，首先提供一个质量属性权重的优先级范围，如果未来优先级的改变是在这个范围内，当前的排名仍然有效；如果权重超出此范围，则可能存在一种更好的选择。但是质量需求和权重范围之间的关系目前还不是很明确。

13.2.7　COSMIC+UML 方法

基于面向对象系统源代码的可维护性度量准则（包括复杂度、耦合度和内聚度的度量准则），Anjos 等人提出了基于度量模型来评估软件架构可维护性的方法。针对不同表达方式的软件架构，采用统一的软件度量 COSMIC 方法来进行度量和评估 [47]。例如，针对 UML 组件图描述的软件架构，其可维护性度量包括以下三个步骤。

步骤一　将面向对象的度量准则与 COSMIC 方法相关联：①复杂度，IEEE 定义复杂度为系统的设计或执行难以理解和验证的程度。在软件系统中，结构或模块越复杂则越难理解，且更容易有缺陷。因此复杂度的度量包括圈环复杂度 CCN 和扇入扇出度量 FFC 两个准则，分别度量一个模块独立路径的条数和模块调用以及被调用的次数。CCN 的计算公式定义为 $\mathrm{CCN}=(E-N)+2P$，其中 E 为边的数量，N 为顶点的数量，P 为不关联图的数量。FFC 的公式为 $\mathrm{FFC}=L(IO)^2$，其中 L 为模块的长度（即代码的行数或 CCN），I 为模块被调用的数量，O 为模块调用其他模块的数量。②耦合度，由于紧密耦合的模块容易受其他模块中修改和错误的影响，因此耦合度越低越好。耦合度的度量包含对象之间的耦合 CBO 和对一个类的响应 RFC，分别度量类之间的耦合度和一个类中方法数以及被其他类调用的方法数的总数，CBO 的计算公式为 $\mathrm{CBO}=\dfrac{\mathrm{NL}}{\mathrm{NC}}$，其中 NL 表示类之间有关联的数量，NC 表示类的数量。RFC 的计算公式为 $\mathrm{RFC}=M+\mathrm{NC}$，其中 M 表示类中的方法数，NC 表示被外部调用的方法数。③内聚度，当一个模块能提供一个单一的功能且其中的元素紧密相联时，则该模块具有很高的内聚度，一个模块内聚度越高则越容易开发和维护。内聚度的度量包含紧密的类内聚 TCC 和宽松的类内聚 LCC，分别度量类中方法之间属性共享关联的密度和它的传递性闭包，TCC 的计算公式定义为 $\mathrm{TCC}(C)=\dfrac{\mathrm{NDC}(C)}{\mathrm{NP}(C)}$，其中 $\mathrm{NDC}(C)$ 表示方法之间的直接关联数，$\mathrm{NP}(C)=\dfrac{N(N-1)}{2}$，$N$ 表示方法数，C 表示某个类。LCC 的计算公式为 $\mathrm{LCC}(C)=\dfrac{(\mathrm{NDC}(C)+\mathrm{NIC}(C))}{\mathrm{NP}(C)}$，其中 $\mathrm{NIC}(C)$ 表示方法之间的间接关联数。

步骤二　对 COSMIC 标记进行完善以适用于描述 UML 组件图，包含增加以下几种元素：① E，出自组件的依赖数；② X，到往组件的依赖数；③ W，组件提供的接口数；④ R，组件使用的接口数；⑤ N，组件图中的组件数；⑥ L，UML 图的层数；⑦ S，一个组件包含的子组件数。

步骤三　提出 UML 组件图的度量准则：

1）复杂度：$\mathrm{CCN}=((E+X+W+R)-N)+2L$；$\mathrm{FFC}=\mathrm{CCN}\times((E+W)\times(X+R))^2$

2）耦合度：$\text{CBO}=\dfrac{(E+X+W+R)}{\text{NL(NL 表示组件的连接数)}}$；$\text{RFC}=S+E+R$

3）内聚度：$\text{TCC}(C)=\dfrac{(E+X+W+R)}{P(S)}$，其中 $P(S)=\dfrac{S(S-1)}{2}$

$\text{LCC}(C)=\dfrac{((E+X+W+R)+\text{NIC}(S))}{(\text{NP}(C))}$，其中 $\text{NIC}(S)$ 表示组件之间间接的连接数

该方法主要是为了辅助分析软件架构的演化方案是否可行，并在开源软件 DCMMS 的软件架构 UML 组件图上得以验证。

13.2.8 基于 Shannon 信息论的方法

Shereshevsky 等人利用 Shannon 的信息论，提出了一种基于信息论的方法来定义和分析软件架构的度量准则并对架构的质量属性进行量化度量[48]。首先其描述了一个软件架构质量度量的一般模型，该模型将软件架构的质量属性分为三个层次，第一层是需要满足的外部质量属性，包括可靠性、可维护性和可重用性，第二层将这些外部质量属性分解为可量化的因素，第三层是可以对软件架构进行计算的度量准则，即架构的内部质量属性（如耦合度、内聚度），每个准则影响一个或多个量化因素。其次他们对三种量化因素、错误传播、修改传播和需求传播给出了简单的介绍以及形式化定义，这些因素可用来评估外部质量属性。最后着重讨论了如何利用 Shannon 信息论来定义架构的信息耦合度和内聚度。他们将软件架构定义为一个多层次的组件集合 N，连接件用来传递组件之间的消息，其中第一层 N^1 的组件是原子组件，它们没有子组件，只有用来相互交互的方法，第 i 层的组件定义为 $N^i=\{B\in N|\exists A\in N^{i-1}(A\in \text{Sub}(B))\}$，其中 $\text{Sub}(B)$ 表示组件 B 的子组件集合。假设 A、B 是 N^i 层两个不同的组件，且它们之间存在连接件，用 $T_{A\to B}$ 表示 A 传递到 B 的所有可能信息，$P_{A\to B}(x)$ 表示信息 $x(x\in T_{A\to B})$ 从 A 传递到 B 的概率，A 到 B 的信息耦合度定义为信息流全体的熵：

$$\text{CPL}_A(A,B)=H(T_{A\to B},P_{A\to B})=-\sum_{x\in T_{A\to B}}P_{A\to B}(x)\log P_{A\to B}(x)$$

信息内聚度的定义在原子组件和高层组件之间有区别，对于原子组件 A，T_A 表示 A 的方法之间传递的所有可能信息，P_A 表示其概率分布，A 的信息内聚度定义为内部信息流全体的熵：

$$\text{COH}_A(A)=H(T_A,P_A)=-\sum_{x\in T_A}P_A(x)\log P_A(x)$$

对于高层组件 A，其信息内聚度通过 A 的子组件对的耦合来计算，$Q_A(\alpha,\beta)$ $(\alpha,\beta\in \text{Sub}(A),\alpha\neq\beta)$ 表示信息在子组件 α、β 之间传递的概率，A 的信息内聚度定义为子组件对耦合的权重和：

$$\mathrm{CPL}_A(A)=-\sum_{\alpha,\beta\in\mathrm{Sub}(A),\alpha\neq\beta}Q_A(\alpha,\beta)\mathrm{CPL}_A(\alpha,\beta)$$

组件的控制耦合度和内聚度、数据耦合度和内聚度也通过类似的方法计算。该方法只是一个初步的研究，还没有在实例上得以验证，可计算度量准则以及量化因素之间的关联、量化因素以及外部质量属性之间的具体关联还有待分析。

13.3　软件架构度量和评估过程

在软件架构度量和评估中，由于软件架构的表示方式（即建模方法）多种多样，可以获得的用于架构度量和评估的数据不同，以及不同的利益相关者的度量和评估目标也不同，从而形成了不同种类的软件架构度量和评估方法。例如，从源代码出发的软件架构度量和评估可以在评估过程中提供更为全面和详细的数据，但该方法在体现系统高层组织结构以及描述架构宏观变化方面较为不足，且无法在项目设计的初期实施；而从模型或文档出发的软件架构度量和评估不需要具体的源代码，可以在设计早期对系统进行粗粒度的度量和评估，以便对架构组织结构和交互过程做出预测，可在开发早期发现隐患并有针对性地对架构进行调整。

目前，主要的软件架构建模方法有可视化建模、形式化建模以及其他建模方法等。可视化建模就是以图形的方式描述所开发的系统的过程，使得建模过程更加形象和容易理解，且过滤不必要的细节，其中应用最为广泛的就是统一建模语言（Unified Modeling Language，UML）。形式化建模方法就是依靠数学模型和计算来描述一个目标软件架构的设计决策，展示软件系统的特征，其最根本的一点就是建立在严格的数学基础上，如 Z 语言、B 语言、Petri 网等。使用形式化方法可以帮助开发者获得对其所描述的软件架构深刻而正确的理解，发现并及时更正设计中的错误和缺陷[49]。其他建模方法受众度不高或不适宜使用架构度量技术，如文本语言建模、模型驱动架构建模等。

由于 UML 是一种通用的模型表示法，具有统一标准，便于理解和交流；而且 UML 模型支持多视图结构，能够从不同角度来刻画软件架构，可以有效地用于分析、设计和实现过程；UML 还在工业生产中具有广泛应用，有利于架构度量所需数据的采集工作。所以，本章包含的例子均选择 UML 模型来描述软件架构。

本节将结合可维护性和可靠性两个质量属性，详细说明软件架构度量和评估过程。该过程包括质量属性选择、可维护性度量及评估，以及可靠性度量及架构评估等阶段。

13.3.1　质量属性选择

选择软件架构可维护性和可靠性的主要原因是：①可维护性和可靠性的度量结果为客观度量值，主观评价对架构度量结果的影响较小，有利于度量和评估的客观性。从目前对架构相关质量属性度量的研究中发现，可维护性度量和可靠性度量的研究比较广泛，其所需的度量数据大多可从架构中提取，且较少需要专业人员的评估以及相关工作人员的主观判断和评价，有利于基于架构度量方法实现原型系统，提供较为准确和客观的评估结果。②可维护性度量和可靠性度量的视角不同。可维护性度量从静态角度度量架构的组织结构和逻辑依赖关系，评估软件架构的逻辑复杂程度，可以帮助开发人员对架构进行调整和修正以使其保持较好的可维护性，适应软件的演化。可靠性从动态角度度量架构模块间的交互过程，对软件的风险概率进行预测，并帮助相关人员在设计阶段识别出关键组件和连接件（该模块的修改对整体架构的可靠性影响最大），使得软件架构的风险概率在演化过程中处于可控范围之中。

13.3.2 软件架构可维护性度量及评估

可维护性度量基于 COSMIC (Common Software Measurement International Consortium) [47] 所提出的架构度量模型，将传统的面向对象的软件评估方法应用于架构级别，以架构的组件图为度量对象，评估高层次上的架构复杂程度。

1. 可维护性度量数据

由于组件图提供系统物理视图，从高层次描述了软件的各种组件及组件间的依赖关系，可以较好地表示软件架构。在组件图中，一个组件表示系统的一个模块部分，有些文献中的“组件”和“模块”不做区分，均表示组件图中的一个完整组件。组件按照请求提供对外接口，组件内部定义其行为。组件之间通过接口进行调用，也可以具有依赖关系。

例如，图 13-3 为一个 UML 组件图，图中包含组件以及组件之间的接口和依赖关系。首先，该图中包含 4 个外部组件，即 User、MainInterface、ClientApplication 和 LocalDB，其中 ClientApplication 包含两个子组件，即 sub1 和 sub2。sub2 通过代理间接调用 LocalDB，它们之间为接口关系，sub2 为使用接口方，用半圆形表示，LocalDB 为提供接口方，用圆形表示。同理，MainInterface 通过代理调用 sub1，且 MainInterface 依赖 sub1，依赖关系用虚线表示。从图中我们可以获取组件以及组件之间的依赖关系和接口关系等数据。从架构的 UML 组件图中可获取如下度量所需数据：① E，组件对其他组件的依赖；② X，其他组件对该组件的依赖；③ W，该组件提供的接口数；④ R，该组件调用其他组件的接口数；⑤ L，层数（UML 图数目）；⑥ totalN，组件图中所有外部组件的数目；⑦ totalE，组件图中所有外部组件的关联关系（不包含组件内部子组件间的关联关系）；⑧ S，该组件包含的子组件的数目；⑨ AdjMatrix[S][S]，存储组件中的所有子组件之间依赖关系的邻接矩阵，该矩阵为布尔矩阵，用来描述两个组件是否具有依赖关系。AdjMatrix[i][j]==true 表示组件 i 依赖组件 j，AdjMatrix [j][i]==false 表示组件 j 不依赖于组件 i。

2. 可维护性度量指标及计算公式

对于可维护性度量，我们设置圈复杂度、扇入扇出度、模块间耦合度、模块的响应、紧内聚度、松内聚度这 6 个子度量指标来进行评估，这 6 个指标的度量值形成的六元组共同表示架构可维护性度量的最终结果。

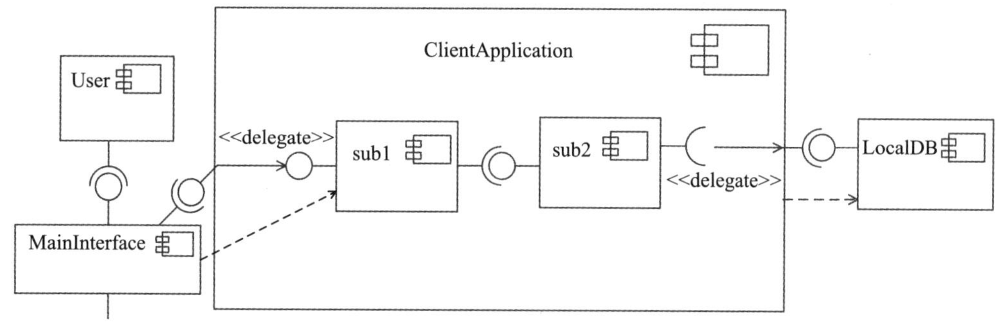

图 13-3　UML 组件示意图

（1）圈复杂度（Cyclomatic Complexity Number，CCN）

根据图论和程序结构控制理论，以待测架构的组件图作为度量对象，圈复杂度表示组件图中由模块依赖关系组成的依赖控制路径的数量，式（13-1）为圈复杂度计算方法。圈复杂度高的程序往往是最容易出现错误的程序，实践表明圈复杂度 CCN ≤ 10 为宜。

$$\text{CCN}=(\text{totalE}-\text{totalN})+2L \tag{13-1}$$

（2）扇入扇出度（Fan-in Fan-out Complexity，FFC）

扇入指直接调用该模块的上级模块的个数，扇入大表示模块的复用程序高。扇出指该模块直接调用的下级模块的个数，扇出越大，设计该模块时需要考虑的问题就越多，复杂度则越高。对于设计良好的软件结构，通常顶层扇出比较大，中间扇出小，底层模块则有大扇入。式（13-2）为架构扇入扇出度的计算方法。

$$\text{FFC}=\text{CCN}\times((E+W)\times(X+R))^2 \tag{13-2}$$

（3）模块间耦合度（Coupling Between Object，CBO）

CBO 度量模块与其他模块交互的频繁程度，其计算方法如式（13-3）所示。CBO 越大的模块越容易受其他模块中修改和错误的影响，因而可维护性越差，风险越高。

$$\text{CBO}=\frac{E+X+W+R}{\text{totalN}} \tag{13-3}$$

（4）模块的响应（Response For Component，RFC）

RFC 度量模块被其他模块调用的次数，计算公式如式（13-4）所示。该值越大，说明该模块的修改和错误会对其余模块产生较大影响，不易维护。

$$\text{RFC}=S+E+R \tag{13-4}$$

（5）紧内聚度（Tight Component Cohesion，TCC）和松内聚度（Loose Component Cohesion，LCC）

当一个模块能提供一个单一的功能且其中的元素紧密相连，则该模块具有很高的内聚度，一个模块的内聚度越高则越容易开发和维护。紧内聚度度量子模块间的直接耦合关系，而松内聚度在紧内聚度的基础上还包含了子模块间调用的传递闭包。式（13-5）和式（13-6）分别为 TCC 和 LCC 的计算方法。

$$\mathrm{TCC}=\frac{E+X+W+R}{P(S)} \tag{13-5}$$

$$\mathrm{LCC}=\frac{E+X+W+R+\mathrm{NIC}(S)}{P(S)} \tag{13-6}$$

其中，$P(S)$ 的计算如式（13-7）所示，表示所有子模块直接相关的关系数目。

$$P(S)=\frac{S(S-1)}{2} \tag{13-7}$$

NIC(S) 表示子组件间依赖关系形成的传递闭包。我们使用 Warshell 算法，根据从组件图中获取的该模块间所有子模块依赖关系形成的邻接矩阵 AdjMatrixg 来计算 NIC(S)，具体计算如算法 13.1 所示。

算法 13.1 Warshell 算法

```
input: AdjMatrix

output: NIC(S)

for( 每个子组件 i)
  for( 每个子组件 j)
    if(AdjMatrix[j][i]==true)
      for( 每个子组件 k)
          AdjMatrix[j][k]=AdjMatrix[j][k] || (AdjMatrix[j][i] && AdjMatrix[i][k])
      end for
    end if
  end for
    end for
```

在可维护性的 6 个子度量指标中，圈复杂度度量整个架构的独立执行路径的个数，该结果值即为待评估架构的最终度量结果；而对于扇入扇出度、模块间耦合度、模块的响应、紧内聚度、松内聚度这 5 个度量指标，它们针对每个组件进行度量，则待评估架构的最终度量结果为所有组件结果的平均值。可维护性质描述如表 13-2 所示。

3. 可维护性度量流程

可维护性度量流程如图 13-4 所示，主要包括输入、解析、度量和评估四个模块。具体步骤如下：

1）获取待度量系统的组件图。组件图通常需要转化或导出为文字表示（如 XML 等脚本文件）以便被程序自动识别和解析，并包含组件及组件间关联关系的详细信息，以及必要的约束。

表 13-2 可维护性描述

度量属性	度量指标	解释	结果说明
可维护性	圈复杂度（CCN）	线性独立执行路径条数	圈复杂度越小，说明架构复杂度越小
	扇入扇出度（FFC）	对模块的出度及入度进行度量	该值越小，说明模块间的调用及依赖越少，复杂度越小
	模块间耦合度（CBO）	本系统中度量架构中模块间的耦合程度	该值越小，说明架构耦合度越小，越有利于维护
	模块的响应（RFC）	一个模块被其他模块调用的次数	该值越小，说明模块间依赖越少，耦合度越小
	紧内聚度（TCC）	度量模块中方法之间属性共享关联的密度	该值越大，说明模块内聚度越高，越有利于维护
	松内聚度（LCC）	度量模块中方法之间属性共享关联的密度和它的传递性闭包	该值越大，说明模块内聚度越高，越有利于维护

2）解析组件图，获取度量所需数据。当获取待度量系统的组件图后，需要对组件图进行解析，获取图中的组件、组件间关联关系等信息内容，以规定的数据结构存储。所需度量信息包括组件图数目 L、外部组件数目 totalN、外部组件间的连接关系 totalE，以及各个组件的依赖出边数目 E、依赖入边数目 X，提供的接口数 W、使用的接口数 R、子组件数目 S 和子组件依赖关系的邻接矩阵 AdjMatrix。

3）利用步骤 2 解析的组件图信息分别对可维护性的 6 个度量指标进行度量，存储并返回度量结果。

4）对度量结果进行分析评估。

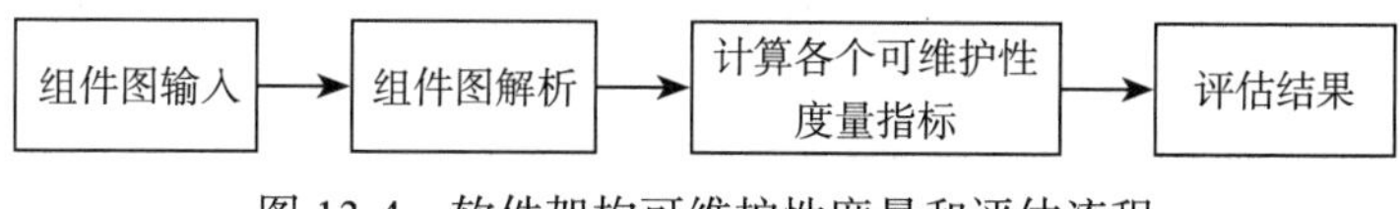

图 13-4 软件架构可维护性度量和评估流程

13.3.3 软件架构可靠性度量及评估

1. 可靠性度量指标

这里，软件架构的可靠性被定义为软件架构的可靠概率（Reliability Probability，RP），RP 的度量结果为一个实数值，用以表示软件系统正常运行时软件架构不会发生错误的概率。

定义一个软件系统能够可靠执行，当且仅当该系统中所有用例都能无差错执行。在 UML 模型中，一个用例通常对应一至多个场景。场景也称为用例实例，是使用系统的一个特定情节或用例的一条执行路径，一个用例就是一组相关的成功和失败场景的集合[50]。每个场景的具体执行由顺序图表示，且各个场景被执行到的概率可以不同。所有用例都能成功执行，即该用例对应的所有场景都能成功执行。分别对每个场景计算其可靠性，再根据每个场景的执行概率赋予不同权重并求和，即可得到各用例的可靠概率，进而加权求得整个系统的可靠概率。

2. 可靠性度量算法

这里用到的架构可靠概率算法在文献 [51] 的基础上做了改进，利用 UML 中的用例图、顺序图、部署图来计算软件架构的可靠性。系统的可靠性为系统中每个用例均能无差错执行的概率；而用例的无差错执行指的是该用例在对应的所有场景中均能无差错执行。该方法基于贝叶斯公式，综合用例图、顺序图与部署图中各环节成功执行的概率，实现对软件架构可靠性的度量及其潜在风险的预测。

（1）计算每个场景的可靠概率

在 UML 模型中，场景由 UML 顺序图表示。由于本书讨论软件架构层面的交互过程，所以顺序图的交互对象为待度量系统的组件（模块）。例如，图 13-5 为一个系统的顺序图，模块 C1、C2、C3 为该场景的交互对象，它们之间通过消息 M0 ～ M5 进行交互。图 13-6 为该系统部署图，显示图 13-5 中交互组件的部署位置。我们定义一个场景能够成功执行，当且仅当该场景中所有组件和连接件均能成功执行且不会发生故障。对应于图 13-5，即在一次完整的执行过程中 C1、C2、C3 均不会发生故障且消息 M0 ～ M5 都能够被成功传递和接收。

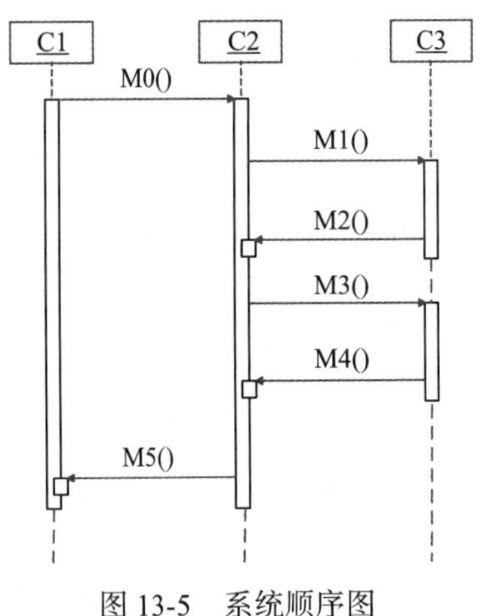

图 13-5　系统顺序图

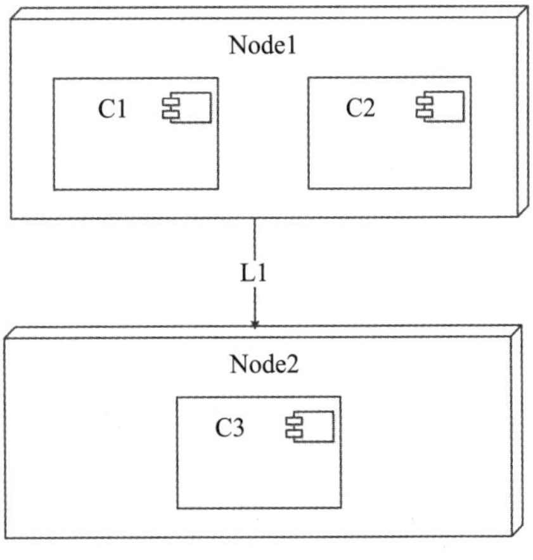

图 13-6　系统部署图

首先考虑组件对场景可靠性的影响。假设组件 i 在一次场景执行过程中平均可能发生故障的概率为 $component_i$，该值为一个 0 到 1 之间的实数，定义该值为组件失败概率。我们知道，在一次场景执行过程中，组件被调用的次数越多、使用越频繁，其可能出现故障的概率越大。例如图 13-5 中组件 C3 被调用两次，分别为 M1 ～ M2 以及 M3 ～ M4。令 x_i 为一次场景执行过程中组件 i 被调用的次数，因而所有组件均能成功执行的概率 $p_{component}$ 如式（13-8）所示。

$$p_{\text{component}}=\Pi_i(1-\text{component}_i)^{xi} \tag{13-8}$$

连接件的计算与组件同理。在一次场景执行过程中，连接件被调用的次数越多则可能出现故障的概率越大。然而与组件不同的是，连接件的调用次数无法从顺序图中直接判断。连接件有两种情况：①当交互的组件部署于不同的平台时，它们之间的交互需要使用到物理连接件，如电缆、光纤等介质，这些连接件不是完全可靠的，具有失败概率，需要纳入计算；②当交互的组件部署于同一个平台时，它们之间的交互不需要使用物理连接件，此时可以认为它们之间的交互是完全可靠的。例如在图 13-6 中，组件 C2 和 C3 部署在不同站点，因而它们之间的交互需要依赖连接件，此时连接件 L1 被使用，其失败概率需要纳入计算。而组件 C1 和 C2 部署在同一站点，它们之间可以直接交互，没有用到连接件。我们令 connector_j 为连接件 j 的失败概率，y_j 是连接件 j 的使用次数，根据式（13-9）计算所有连接件均能成功执行的概率 $p_{\text{connector}}$。

$$p_{\text{connector}}=\Pi_j(1-\text{connector}_j)^{yj} \tag{13-9}$$

整个场景的可靠性需要综合该场景中所有组件和连接件的可靠性，定义场景 k 的可靠概率 ssp_k（Scenario Success Probability）如式（13-10）所示。

$$\text{ssp}_k=p_{\text{component}}\times p_{\text{connector}}=\Pi_i(1-\text{component}_i)^{xi}\times\Pi_j(1-\text{connector}_j)^{yj} \tag{13-10}$$

（2）计算每个用例的可靠概率

在 UML 模型中，一个用例通常对应一至多个场景，每个场景即为一个用例实例。对应于同一个用例的不同场景被执行到的概率可能不同，即权重不同。设 sep_k（Scenario Execution Probability）为场景 k 可能被执行到的概率，则对于用例 m，该用例的可靠概率 usp_m（Use Case Success Probability）为该用例对应的所有场景的可靠概率的加权和，如式（13-11）所示。

$$\text{usp}_m=\sum_k \text{ssp}_k\times\text{sep}_k \tag{13-11}$$

若系统明确指出对应于用例 m 的各个不同场景 k 的执行概率 sep_k，则可以直接使用；否则本书默认对应于同一个用例的各场景具有相等的执行概率。

（3）计算每个用例被执行到的概率

令 uep_m（Use Case Execution Probability）为用例 m 可能被执行到的概率，它等于所有系统用户执行该用例的概率和。

先计算每个用户执行用例 m 的概率。例如，在图 13-7 所示的系统用例图中，我们计算 User1 使用用例 LocalOperation 的概率。令系统用户参与系统的概率表示为 aep_n（Actor Execution Probability），则 User1 参与系统的概率为 $\text{aep}_{\text{User1}}$，User2 参与系统的概率为 $\text{aep}_{\text{User2}}$。所有用户参与系统的概率之和为 1，即 $\text{aep}_{\text{User1}}+\text{aep}_{\text{User2}}$。令用户 n 执行用例 m 的概率为 $\text{ep}(m|n)$，则同一个用户执行所有用例的概率和为 1，即 $\sum_n \text{ep}(m|n)=1$，例如图 13-7 中，User1 执行两个用例 LocalOperation 和 RemoteRead，ep(LocalOperation|User1)+ep(RemotoRead|User1)=1。那么对于 User1，其执行用例 LocalOperation 的概率为 $\text{aep}_{\text{User1}}\times$ ep(LocalOperation|User1)。

在该用例图中，用例 LocalOperation 可以被两类用户 User1 和 User2 使用。因而用例 LocalOperation 最终被执行到的概率为 $aep_{User1} \times ep(LocalOperation|User1)+aep_{User2} \times ep(LocalOperation|User2)$。从而可得到每个用例被执行到的概率 uep_m 的计算公式，如式（13-12）所示。

$$usp_m=\sum_n aep_n \times ep(m|n) \qquad (13\text{-}12)$$

一般来说，如果没有特别说明，本系统默认各个用户参与系统的概率（表示为 aep_n）是相等的，且同一个用户执行每个用例的概率（$ep(m|n)$）也是相等的。

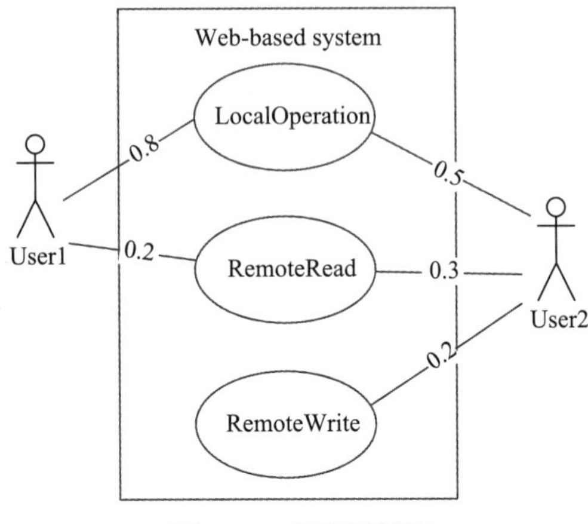

图 13-7　系统用例图

（4）计算整个系统的可靠性

本书定义系统可靠，当且仅当该系统中所有用例都能无差错执行，因而系统可靠概率为系统中所有用例可靠概率的加权和，则整个系统可靠性 RP 的计算如式（13-13）所示。

$$RP=\sum_m usp_m \times uep_m \qquad (13\text{-}13)$$

若系统明确指出各个用例被执行到的概率 uep_m，则可以直接使用；否则本书默认所有用例具有相同的执行概率。系统可靠性度量值 RP 为一个 0 ～ 1 的实数。架构可靠概率 RP 的度量值越大，表明系统可靠性越高。

（5）模型假设

软件架构可靠概率度量算法获取系统运行中相关条件概率，根据贝叶斯公式进行系统整体可靠性计算。为了满足模型及简化计算，我们设置了一些假设条件：首先，系统中的组件和连接件的失败概率是可以获取的。我们设计了一个知识库用来存储相关概率信息，包括组件和连接件的失败概率、用例可能被执行到的概率等。该方法对于工业生产是一种新的思路。由于组件具有可替换性，遵循相同接口的一组组件可以通过实验或者历史数据评估它们各自的可靠程度，建立相关可重用组件库，存储组件及其相关评估信息，以有利于日后的维护和重用。其次，系统中所有元素的失败概率是相互独立的，即各个组件、连接件的失败概率不会影响其他任何组件和连接件。然而实际中若组件间存在共享的状态信息（全局变量、共享内存等），则它们之间的失败概率是相关联的。目前，一些相对安全的编程语言（如 Java、ML 等）由于限制了指针的使用，减小了由于共享内存造成的错误传播。还可以通过对组件接口的监控，及时捕获异常等问题，将其遏制在模块内部。但是对于软件架构层面，在没有代码的情况下很难分析出错误传播方式及错误影响范围，因此无法准确分析出组件失败概率的关联和改变。因而假设组件和连接件的失败概率都是相互独立的。

3. 可靠性度量流程

架构可靠性度量流程如图 13-8 所示，具体步骤如下。

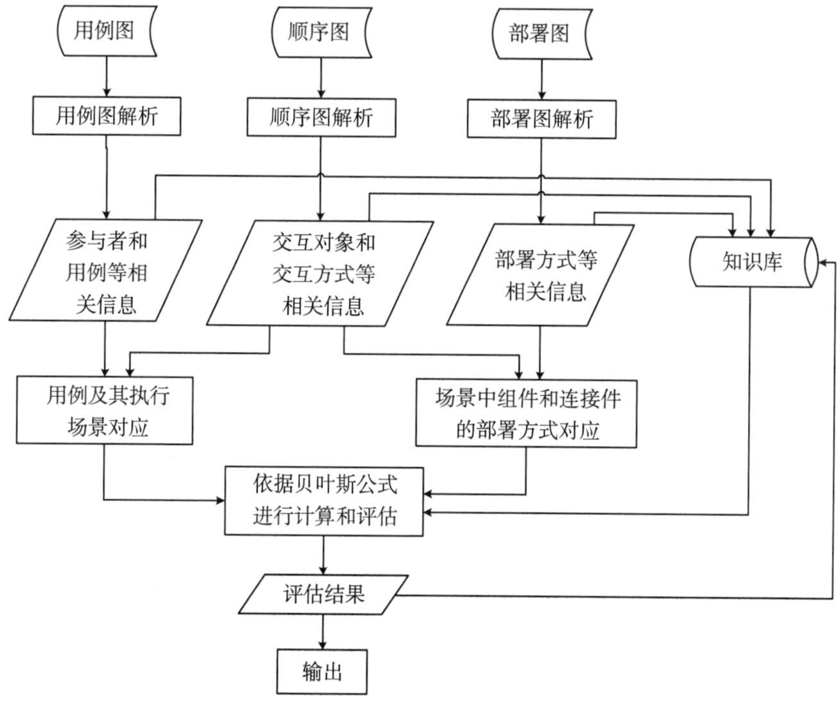

图 13-8　可靠性度量和评估流程

- ❑ 获取待度量系统的用例图、顺序图和部署图，检查所有 UML 图的完整性。
- ❑ 从用例图中获取第 n 个用户参与用例的概率 $aep_n(n=1,2\cdots)$，若没有明确说明，则默认每个用户具有相等的参与系统的概率 $1/N$，N 为用户总数。
- ❑ 从用例图中获取第 n 个用户执行用例 m 的概率 $ep(m|n)$（$m=1,2,\cdots$），若没有明确说明，则默认同一个用户执行每个用例的概率相等，均为 $1/L$，L 为用户 n 可以执行的用例的数目。
- ❑ 根据式（13-12），利用 aep_n 和 $ep(m|n)$ 计算第 m 个用例被执行的概率 uep_m。
- ❑ 从每个顺序图中获取包含在该顺序图中的各个组件的使用次数，按照“组件名称 - 组件使用次数”的格式进行存储。
- ❑ 从每个顺序图中获取包含在该顺序图中组件间的消息交互次数，根据部署图中交互组件的部署位置判断它们之间的交互是否用到了连接件，如果用到连接件，按照“连接件名称 - 连接件使用次数”的格式进行存储。
- ❑ 根据式（13-10），利用各个组件和连接件的失败概率和使用次数，综合计算每个场景的可靠概率 ssp_k。

- 将用例图中的用例与顺序图表示的场景相关联，计算每个用例对应的场景个数，得到每个场景的执行概率 sep_k（k=1,2,⋯），若无特殊说明，则默认每个场景具有相同的执行概率 $1/k$，k 为对应于同一个用例的场景的个数。
- 根据式（13-11），利用 sep_k 和 ssp_k 计算各个用例的可靠概率 usp_m。
- 根据式（13-13），利用 uep_m 和 usp_m 进行计算，求得系统架构的可靠概率 RP。

13.4 软件架构演化度量和评估实践

本节主要介绍基于度量的软件架构演化评估，其基本思想是将 13.2 节和 13.3 节介绍的基于度量的架构评估工作应用到演化过程中，分析演化前后架构质量属性的变化。

13.4.1 演化过程已知的软件架构演化评估

其目的在于通过对架构演化过程进行度量，比较架构内部结构上的差异以及由此导致的外部质量属性上的变化，对该演化过程中相关质量属性进行评估。本小节主要对演化过程已知的架构演化评估工作进行阐述，给出评估流程以及具体的相关指标的计算方法。

1. 评估流程

架构演化评估的基本思路是将架构度量应用到演化过程中，通过对演化前后的不同版本的架构分别进行度量，得到度量结果的差值及其变化趋势，并计算架构间质量属性距离，进而对相关质量属性进行评估。

架构演化评估的执行过程如图 13-9 所示。图中 A_0 和 A_n 表示一次完整演化前后的相邻版本的软件架构。我们可以将 A_0 演化到 A_n 的过程拆分为一系列原子演化操作，则一次完整的架构演化可以视为不同类型的原子演化操作形成的序列。每经过一次原子演化，即可得到一个架构中间演化版本 $A_i(i=1,2,\cdots,n-1)$，因而经过一次完整的软件演化后可以得到架构中间版本形成的序列 A_0、A_1、A_2、⋯、A_n。对每个中间版本架构进行度量，得到架构 A_i 的质量属性度量值 Q_i，进而得到演化过程中架构质量度量结果形成的序列 Q_0、Q_1、⋯、Q_n。对于相邻版本的架构 A_{i-1} 和 A_i，可以根据它们的质量属性度量值 Q_{i-1} 和 Q_i，计算相邻版本间的架构质量属性距离 $D(i-1,i)$。最后，软件架构相邻版本 A_0 和 A_n 间的架构质量属性距离 $D(0,n)$ 可以通过 Q_0 和 Q_n 计算得出。最后综合各个版本架构的度量结果，对架构演化相关质量属性进行评估。

2. 架构演化中间版本度量

对于不同类型的质量属性，其度量方法不同，度量结果的类型也不同。本章主要度量的是架构的可维护性和可靠性，其具体度量方法在前面已经进行过详细阐述。其中对于可靠性，架构质量属性度量结果 Q_i 是一个实数值；而对于可维护性，它包含圈复杂度、扇入扇出度、模块间耦合度、模块的响应、紧内聚度、松内聚度这 6 个子度量指标，度量结果

Q_i 是这 6 个指标的度量值形成的六元组 $(q_1,q_2,\cdots,q_6)$。对于每一次原子粒度的演化，我们可以明确该原子演化对架构内部逻辑结构或交互过程的影响；通过比较原子演化前后架构质量属性 Q_{i-1} 和 Q_i 间的变化，可以分析该类演化对待评估系统的外部质量属性的影响；进而找出架构内部结构变化和外部质量属性变化间的关联。

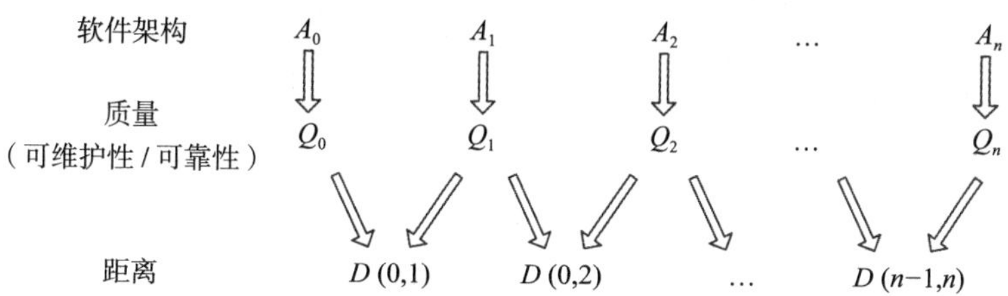

图 13-9　演化过程已知的架构演化评估执行过程

3. 架构质量属性距离

我们用架构质量属性距离 $D(i-1,i)$ 来评估相邻版本架构间质量属性的差异。由于架构质量属性距离的计算直接依赖于架构质量属性度量值 Q_{i-1} 和 Q_i，所以对于不同的质量属性，$D(i-1,i)$ 的计算有所不同。本节分别介绍架构可维护性和可靠性的质量属性距离计算方法，并介绍架构质量属性距离更一般的用法。

（1）可维护性距离计算方法

可以将一次完整的演化操作拆分成表 9-1 所示的原子演化操作序列，对于每次原子演化操作，我们度量架构在演化前后可维护性指标的值（包括 CCN、FFC 等共 6 项），得到演化前后架构 A 和 B 的可维护性指标向量 $(a_1,a_2,\cdots,a_6)$ 和 $(b_1,b_2,\cdots,b_6)$，求取两个向量归一化的笛卡儿距离，如式（13-14）所示。

$$D_m\left(A,B\right)=\sqrt{\left(\frac{a_1-b_1}{a_1+b_1}\right)^2+\left(\frac{a_2-b_2}{a_2+b_2}\right)^2+\cdots+\left(\frac{a_n-b_n}{a_n+b_n}\right)^2} \qquad (13\text{-}14)$$

a_i 和 b_i 表示的是不同版本的架构在同一质量指标上的值，计算出的值越大，表明两个架构可维护性质量差距越大。由于软件可能经过许多轮演化，其架构与原始架构会有很大差距，某些实现与原设计不符，从而导致一些不易察觉的质量问题。而即使是相邻版本的架构也会产生某些质量属性的极大差距。因而我们试图追踪和控制软件质量属性，将其控制在某个适当区间，保持当前软件的正确性和可用性等，且为其之后的演化提供良好的扩展性和适应性，使得软件能够持续演化和重用。

（2）可靠性距离计算方法

我们可以将一次完整的演化操作拆分成表 9-2 所示的原子演化操作序列，对于每次原子演化操作，度量演化前后架构 A 和 B 的可靠性度量值 a 和 b（a，b 为实数），架构 A 和 B 之间的可靠性距离计算公式如式（13-15）所示。

$$D_r(A,B)=\sqrt{\left(\frac{a-b}{a+b}\right)^2} \tag{13-15}$$

该公式可以看作一个简化的向量归一化的笛卡儿距离，计算出的值越大，表明两个架构的可靠性差距越大。值得注意的是，可靠性度量值为一个实数值，它表示该软件的潜在风险率，而与架构的物理组织结构（模块间的逻辑依赖和调用等）没有必然因果联系。两个完全不同的软件在架构上的相似度很低，但它们的可靠性度量值可能相等；而同一个软件经过演化，相邻版本之间的架构可能由于某些不适当的修改而造成可靠性大幅度降低。同理，我们也无法通过可靠性度量值推断两个架构结构上的变化或差异。可靠性与软件运行过程中的逻辑交互复杂度相关，可靠性的升高或降低表示交互场景的复杂或简化。

（3）非相邻版本的架构质量属性距离

对于可维护性距离 $D_m(A,B)$ 和可靠性距离 $D_r(A,B)$，当 A 和 B 为相邻版本的架构时，所得结果即为相邻版本架构间的质量属性距离。更一般地，若 A 和 B 为任意两个架构演化版本，计算结果即为任意演化过程中两个架构在相关质量属性上的差异。对于可维护性和可靠性，质量属性间的差异与架构本身内部结构的差异并没有正相关关系。对于两个完全不同的软件架构，它们的质量属性度量结果可能相近，导致质量属性距离较小，此时度量这两个架构的质量属性距离并没有实际意义。因而质量属性距离应针对同一架构的不同演化版本进行度量，以对架构演化过程进行监控，保障架构能够持续健康演化。

值得注意的是，在架构中间版本序列 A_0、A_1、A_2、…、A_n 中，架构 A_0 和 A_n 间的质量属性距离 $D(0,n)$ 并不等于 $D(0,1)$、$D(1,2)$、$D(2,3)$…的叠加，即原子演化操作所产生的架构质量属性影响并不具有累加性，然而它却可以帮助我们观察在该次演化过程中每一步物理结构的变化对整体的影响范围，并对关键模块风险控制以及故障定位等有积极的作用。

4. 架构演化评估

基于度量的架构演化评估方法，其基本思路在于通过对演化前后的软件架构进行度量，比较架构内部结构上的差异以及由此导致的外部质量属性上的变化。基于度量的架构演化评估可以帮助我们分析架构内部结构的修改对外部质量属性所产生的影响、监控演化过程中架构质量的变化、归纳架构演化趋势，并有助于开发和维护等相关工作开展，具体包括如下方面：①架构修改影响分析：为了更好地归纳和说明架构演化的相关规律，本节对演化进行分类，比较不同类型的演化操作对架构相关质量属性的影响。通过将演化过程拆分成粒度很细的原子演化操作序列，具体分析架构内部逻辑结构和交互过程的修改会对哪些相关外部质量属性产生影响，并分析修改影响范围，进一步分析架构版本距离和相关质量属性距离的关联。②监控演化过程：通过对架构演化过程中的中间版本架构进行度量，我们可以得到架构相关质量属性随时间推移的变化曲线。通过对架构演化过程中质量属性的监控，将有利于保持架构健康持续地演化。③分析关键演化过程：架构质量属性距离评估不同版本的架构在质量属性上的差异。从质量属性距离形成的曲线可以观察到架构质量发生较大改变的时刻，在该时刻架构的逻辑依赖或交互过程可能发生重大改变，在开发和维护过程中应该予以重视，这将有利于架构维护及故障定位等。

13.4.2　演化过程未知的软件架构演化评估

当演化过程未知时，我们无法像演化过程已知时那样追踪架构在演化过程中的每一步变化，只能根据架构演化前后的度量结果逆向推测出架构发生了哪些改变，并分析这些改变与架构相关质量属性的关联关系。

图 13-10 显示了演化过程未知时的架构演化评估过程。对于演化前后的相邻版本的架构，我们利用 13.2 节和 13.3 节讨论的基于度量的架构评估方法分别对它们进行度量，得到架构演化前后的不同版本的度量结果，并根据度量结果的差异计算它们之间的质量属性距离。通过分析架构演化前后质量属性的变化以及质量属性间的距离，我们可以逆向推测出架构可能发生了哪些演化操作，以及这些演化操作发生的位置和作用的对象。更进一步地，对于每一个演化操作，分别找出其对架构相关质量属性的影响，并分析发生该演化操作的高层驱动原因（修复代码错误、提高性能、平台移植等）。最终，我们找到针对某演化驱动原因的演化操作集合，并分析这些演化操作所产生的架构质量属性变化是否符合预期。若这些演化操作对架构相关质量属性的影响符合预期，例如，我们希望对代码进行重构以使得架构更加清晰、易于维护和扩展，而我们最终分析得出此次版本演化确实使得架构的可维护性获得提高（圈复杂度减少、模块间耦合度降低等），则说明这次演化确实根据演化需求完成了任务；否则说明这次演化并没有解决架构原先存在的问题，或者在演化过程中引入了新的错误或相关质量问题，即该次演化并不十分恰当，需要进一步演化来完善。

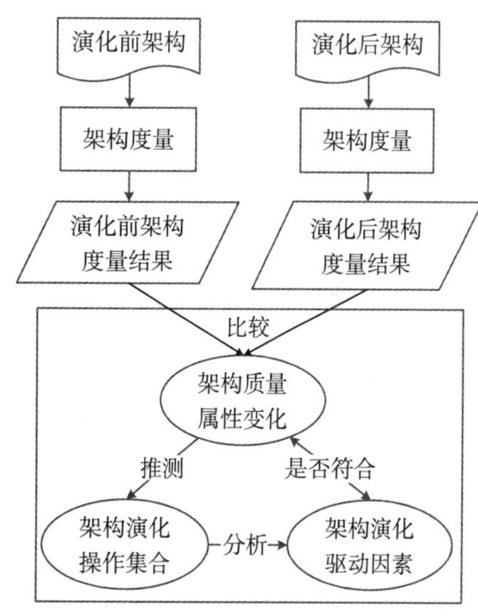

图 13-10　演化过程未知时的架构演化评估过程示意图

13.4.3　实例分析

1. 软件架构可维护性度量和评估实验

架构可维护性评估针对架构组件图进行度量，评估高层次上的架构复杂程度，待评估的 Web 读写系统的组件图如图 13-11 所示。将该图导出为 XML 文件并输入架构评估系统 MSAES，解析出可维护性度量所需的数据，根据可维护性的 6 个子度量指标的计算公式进行计算。

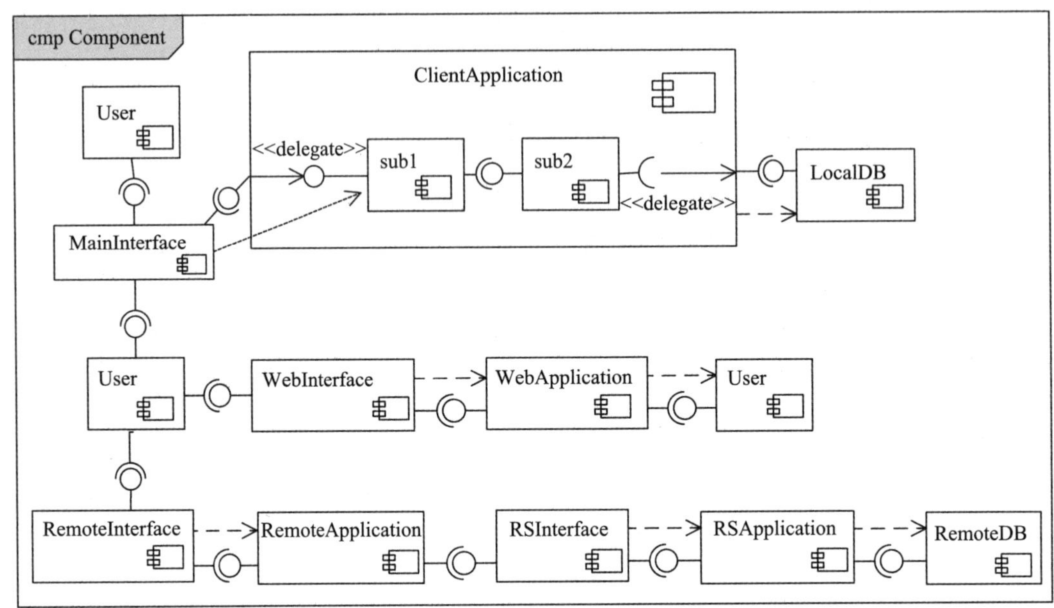

图 13-11 Web 读写程序组件图

从待评估系统的组件图中解析出的评估所需数据如表 13-3 所示。*L*、totalN 和 totalE 分别表示组件图数目、组件图中所有外部组件及其相连的边的数目（不包括组件内部的子组件以及子组件之间的连接边）。然后针对每个组件，我们获取该组件的内部组件数目 *S*、依赖出边数目 *E*、依赖入边数目 *X*、使用接口数目 *R* 和提供接口数目 *W*。由于组件 ClientApplication 具有子组件，需要获取其内部组件的依赖关系形成的邻接矩阵来度量该模块的内聚度。此处 sub1 和 sub2 之间只有接口关系，没有依赖关系，因而其邻接矩阵是一个 2×2 的零矩阵。

表 13-3 Web 读写程序组件图解析数据

	L		totalE		totalN
组件图	1		19		13
	S	***E***	***X***	***R***	***W***
sub2	0	0	0	1	1
sub1	0	0	1	1	1
RemoteDB	0	0	1	0	1
RSApplication	0	1	1	1	1
RSInterface	0	1	0	1	1
RemoteApplication	0	0	1	1	1
RemoteInterface	0	1	0	1	1
WebApplication	0	1	1	1	1
WebInterface	0	1	0	1	1
LocalDB	0	0	1	0	1
ClientApplication	2	1	0	1	1
MainInterface	0	1	0	2	1
User	0	0	0	1	0

然后根据可维护性的 6 个子度量指标的度量公式，利用解析得到的架构评估数据分别进行度量。其中圈复杂度（CCN）度量整个架构的独立执行路径的条数，该结果值即为待评估架构的最终度量结果；而对于扇入扇出度（FFC）、模块间耦合度（CBO）、模块的响应（RFC）、紧内聚度（TCC）、松内聚度（LCC）这 5 个度量指标，它们针对每个组件进行度量，则待评估架构的最终

度量结果为所有组件结果的平均值。我们以组件 ClientApplication 为例分析各个子度量指标的计算方法。

$$\text{CCN}=(\text{totalE}-\text{totalN})+2L=(19-13)+2\times1=8$$

$$\text{FFC}=\text{CCN}\times((E+W)\times(X+R))^2=8\times((1+1)\times(0+1))^2=32$$

$$\text{CBO}=\frac{E+X+W+R}{\text{totalN}}=\frac{1+0+1+1}{13}=0.231$$

$$\text{RFC}=S+E+R=2+1+1=4$$

$$\text{TCC}=\frac{E+X+W+R}{P(S)}=\frac{1+0+1+1}{2\times(2-1)/2}=3$$

$$\text{LCC}=\frac{E+X+W+R+\text{NIC}(S)}{P(S)}=\frac{E+X+W+R+0}{P(S)}=\text{TCC}=3$$

待评估系统中其他组件的度量方法与 ClientApplication 相同。但是由于其他组件均没有子组件，使得 $P(S)$ 的计算结果为 0，TCC 和 LCC 的计算公式中分母为 0。此时无法计算该组件模块的内聚度，以“not applied”表示。当一个组件没有子组件时，我们认为该组件的内聚度最小。

在依次计算出每个模块的相关指标度量结果后，除 CCN 外，其余架构可维护性度量指标的最终结果为各个模块的度量结果的平均值，如表 13-4 所示。值得注意的是，我们只对组件图中的外部模块进行度量，即度量架构中的所有最高层模块，而其余模块均作为内部子模块，用来度量高层模块的内聚度。

表 13-4　Web 读写系统可维护性度量结果

	FFC	RFC	CBO	LCC	TCC
RSInterface	32	2	0.231	not applied	not applied
RemoteApplication	32	1	0.231	not applied	not applied
RemoteInterface	32	2	0.231	not applied	not applied
RemoteDB	8	0	0.154	not applied	not applied
LocalDB	8	0	0.154	not applied	not applied
RSApplication	128	2	0.308	not applied	not applied
ClientApplication	32	4	0.231	3	3
WebApplication	128	2	0.308	not applied	not applied
WebInterface	32	2	0.231	not applied	not applied
MainInterface	128	3	0.308	not applied	not applied
User	0	1	0.077	not applied	not applied
DB	8	0	0.154	not applied	not applied
Browser	32	2	0.231	not applied	not applied

	CCN	FFC	RFC	CBO	LCC	TCC
最终结果	8	46.154	1.615	0.219	3	3

根据表 13-4 所示的 Web 读写系统的度量结果，我们分别对架构可维护性的 6 个度量

指标进行分析：图 13-12 ～图 13-14 分别显示基于 Web 读写系统的各个组件的 FFC、CBO、RFC 度量结果，并按照结果值从高到低排序。

（1）圈复杂度（CCN）

由于在组件图中组件是独立的，每个组件代表一个系统或子系统中的封装单位，封装了完整的事务处理行为，组件图能够通过组件之间的控制依赖关系来体现整个系统的组成结构。对架构的组件图进行圈复杂度的度量，可以对整个系统的复杂程度做出初步评估，在设计早期发现问题和做出调整，并预测待评估系统的测试复杂度，及早规避风险，提高软件质量。圈复杂度高的程序往往是最容易出现错误的程序，实践表明程序规模以 CCN ≤ 10 为宜。

（2）扇入扇出度（FFC）

基于 Web 读写系统的各个组件的 FFC 度量值按照从高到低显示在图 13-12 中。扇入是指直接调用该模块的上级模块的个数，扇出指该模块直接调用的下级模块的个数。本文中用扇入扇出度综合评估组件主动调用以及被调用的频率。扇入扇出度越大，表明该组件与其他组件间的接口关联或依赖关联越多。从图 13-11 和图 13-12 中可以发现，RSApplication、WebApplication 及 MainInterface 的关联关系最多，FFC 度量值最大，而 User、DB 等组件与其他组件关联较少，FFC 度量值也较小，验证了度量模型和结果的一致性。

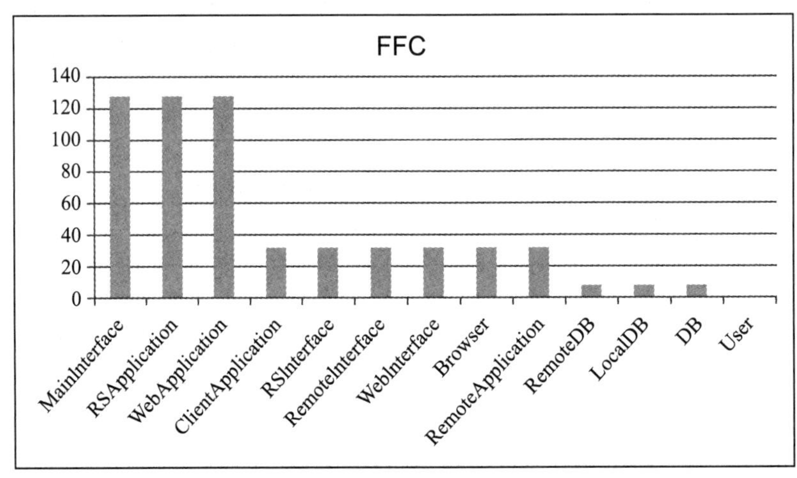

图 13-12　Web 读写系统各模块 FFC 度量结果

（3）模块间耦合度（CBO）

基于 Web 读写系统的各个组件的 CBO 度量值按照从高到低显示在图 13-13 中。模块间耦合度 CBO 度量模块与其他模块交互的频繁程度。CBO 越大的模块，越容易受到其他模块中修改和错误的影响，因而可维护性越差，风险越高。一般来说，组件与其他组件的依赖关系及接口越多，该组件的耦合度越大。从图 13-11 和图 13-13 中可以发现，RSApplication、WebApplication 等关联关系较多的组件，其 CBO 度量值也较大；反之，User、DB 等与其他组件关联较少的组件，其 CBO 度量值也较小。

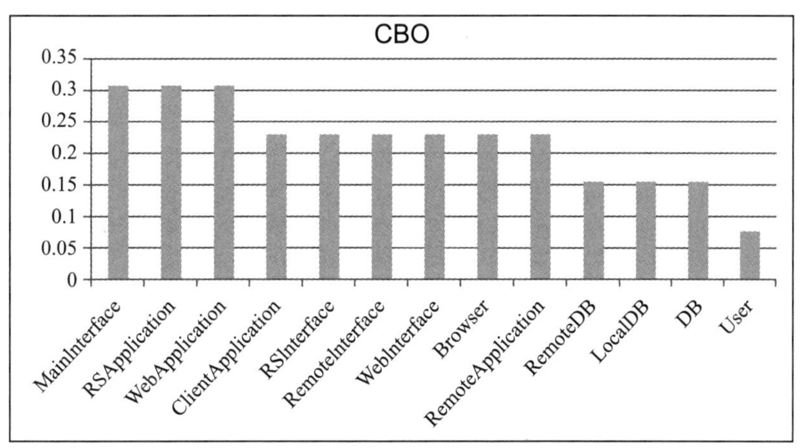

图 13-13　Web 读写系统各模块 CBO 度量结果

（4）模块的响应（RFC）

基于 Web 读写系统的各个组件的 RFC 度量值按照从高到低显示在图 13-14 中。RFC 度量组件执行所需的功能的数量，包括接口提供的功能、依赖的其他模块提供的功能以及子模块提供的功能。从图 13-11 和图 13-14 中观察，ClientApplication 包含子模块，MainInterface 对其他组件的依赖较多，因而它们的 RFC 度量值较大；而 DB、RemoteDB、LocalDB 等没有对其他模块的依赖和调用，且不包含子模块，因而其 RFC 度量值为 0。

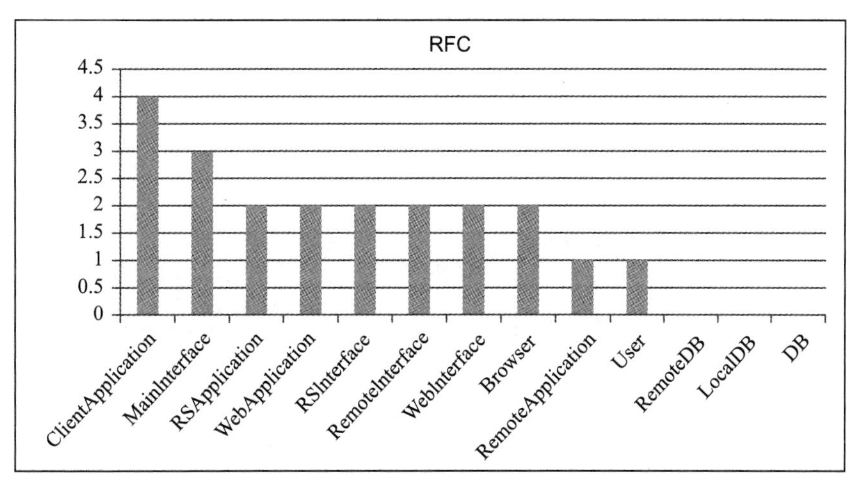

图 13-14　Web 读写系统各模块 RFC 度量结果

（5）模块间内聚度 TCC 和 LCC

由于只有组件 ClientApplication 具有子模块，因而对该组件进行度量，并将该组件的度量值作为待评估系统的最终结果。好的架构设计应该遵循“高内聚－低耦合”原则，提高模块的独立性，降低模块间接口调用的复杂性。

2. 架构可靠性评估实验及分析

在 UML 模型中，场景由 UML 顺序图表示。图 13-15 显示基于 Web 的读写系统的一个场景，该场景对应用例 RemoteRead（用例图如图 13-16 所示），由于用例 RemoteRead 包含两个场景，我们命名相应的顺序图为 RemoteRead 1 和 loop remote read。我们定义一个场景能够成功执行，当且仅当该场景中所有组件和连接件均能成功执行且不会发生故障。在本例中，场景 RemoteRead 1 包含的组件有 MainInterface、Browser、WebInterface、WebApplication、DB 在执行过程中不会发生故障，且它们之间的消息交互也不会发生故障。从部署图（如图 13-17 所示）中观察可知，组件 MainInterface 和 Browser 部署在节点 Client 中，组件 WebInterface、WebApplication 和 DB 部署在节点 Web Server 中。由于部署在不同节点的组件之间的交互需要使用连接件，Browser 和 WebInterface 之间的消息 web data search 和 web data found 需要使用连接件 conn1，因而 conn1 的失败概率需要纳入计算。

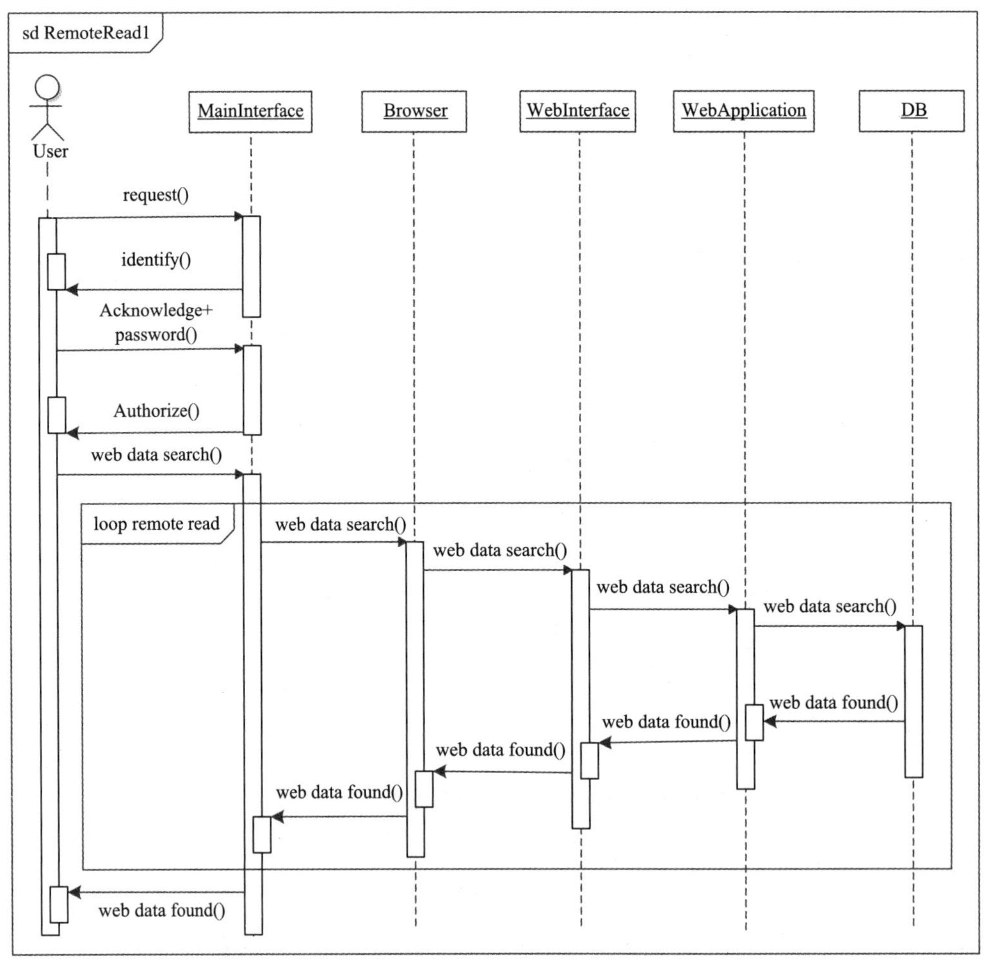

图 13-15　Web 读写系统顺序图 RemoteRead 1

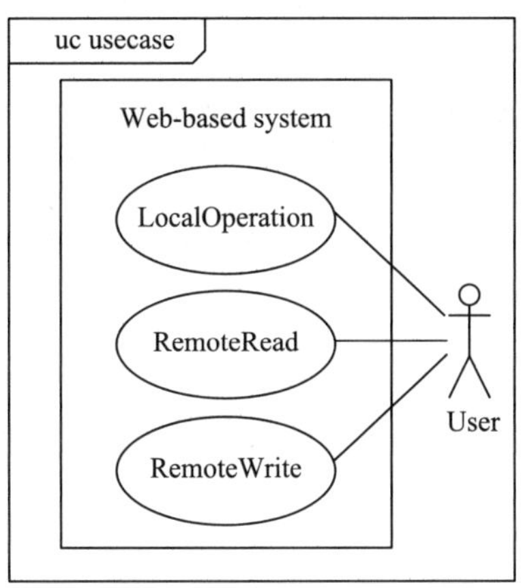

图 13-16　Web 读写系统用例图

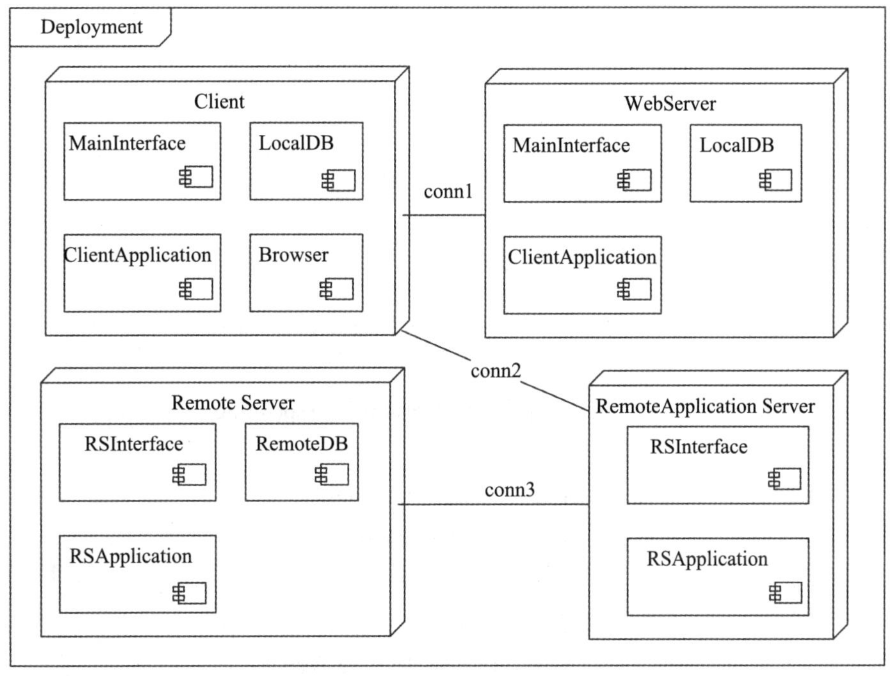

图 13-17　Web 读写系统部署图

场景 RemoteRead 1 中所有组件和连接件的执行次数如表 13-5 所示。我们定义组件被调用当且仅当组件接收一条消息，定义连接件被调用当且仅当组件间的消息通过该连接件传送。该场景中含有循环类型的复合片段（fragment），表示处于复合片段之内的消息需要循环多次。循环值 loop 可以根据知识库或者历史信息得出，本例中我们令 loop 的值为 2。本系统 MSAES 知识库中存放待评估的 Web 读写系统的组件和连接件的失败概率，如表 13-6 所示。基于该场景中所有连接件和组件的可靠性及其执行次数，根据式（13-10）计算该场景的可靠概率 ssp(RemoteRead 1)。

表 13-5　场景 RemoteRead 1 中各组件和连接件的执行次数

名称	执行次数	名称	执行次数
MainInterface	3+1*loop	WebApplication	2*loop
Browser	2*loop	DB	2*loop
WebInterface	2*loop	Conn1	2*loop

表 13-6　Web 读写系统组件和连接件失败概率

名称	失败概率	名称	失败概率
MainInterface	0.005	RemoteDB	0.003
ClientApplication	0.001	RSApplication	0.003
LocalDB	0.007	RemoteInterface	0.001
Browser	0.001	RemoteApplication	0.008
WebInterface	0.001	conn1	0.003
WebApplication	0.003	conn2	0.004
DB	0.004	conn3	0.005
RSInterface	0.009		

$$\text{ssp(Remote Read 1)}=p_{\text{component}}\times p_{\text{connector}}$$

$$=\prod_i\left(1-\text{component}_i\right)^{x_i}\times\prod_j\left(1-\text{connector}_j\right)^{y_j}$$

$$=(1-0.005)^5\times(1-0.001)^5\times(1-0.001)^4\times(1-0.003)^4\times(1-0.004)^2\times(1-0.003)^4$$

$$=0.95$$

同理可得其余场景的可靠概率 ssp(LocalOperation)、ssp(RemoteRead 2)，和 ssp(Remote-Write)。

ssp(LocalOperation)=0.96

ssp(RemoteRead 2)=0.93

ssp(RemoteWrite)=0.93

本章默认对应于同一个用例的各场景具有相等的执行概率，则：

sep(Local Operation)=sep(Remote Write)=1

sep(Remote Read 1)=sep(Remote Read 2)=0.5

那么每个用例的可靠概率为：

usp(Local Operation)=sep(Local Operation)×ssp(Local Operation)=0.96

usp(Remote Write)=sep(Remote Write)×ssp(Remote Write)=0.93

usp(Remote Read)=sep(Remote Read 1)×ssp(Remote Read 1)+sep(Remote Read 2)×ssp(Remote Read 2)=0.5×0.93+0.5×0.95=0.94

由于该系统只有一个参与者，我们默认该参与者执行所有用例的概率相等，因而所有用例具有相同的执行概率，则：

uep(Local Operation)=uep(Remote Read)=uep(Remote Write)=0.33

RP=uep(Local Operation)×usp(Local Operation)

+uep(Remote Read)×usp(Remote Read)+uep(Remote Read)×usp(Remote Write)

=0.94

系统可靠性度量值 RP 为一个 0 ～ 1 的实数。架构可靠概率 RP 的度量值越大，表明系统可靠性越高。

13.5　本章小结

本章首先详细介绍了软件架构度量和评估的各种方法，然后讨论了如何根据软件架构设计的 UML 模型，对软件可维护性和可靠性进行评估，将外部质量属性映射成一至多个可量化内部度量指标，针对各个度量指标进行数据采集和相应计算，利用各度量指标的结果综合评估外部质量属性。其优势在于可以在设计早期发现架构相关质量问题，并基于评估结果对软件架构进行预测。本章将基于度量的软件架构评估方法应用于软件演化，通过对演化前后不同版本的架构进行度量，分析相关质量属性在每次演化之后的变化情况，找出架构内部结构的变化与外部质量属性变化间的关联。通过评估演化过程中多个版本的架构，归纳其变化趋势，达到在总体上把握和控制软件演化过程的目的。

思考题

13.1　软件架构度量和评估与软件度量和评估有什么不同和相同之处？

13.2　软件度量和软件评估有什么不同？

13.3　为什么需要对软件架构进行度量和评估？

13.4　软件架构度量和评估过程中存在哪些挑战性问题？

13.5　软件架构度量和评估有哪些典型方法？每种方法存在的优缺点是什么？

13.6　软件架构度量和评估在工业界的应用情况如何？

13.7　谁来进行软件架构度量和评估比较合适？

13.8　不同的利益相关者在执行软件架构度量和评估时显示出的差异有哪些？

参考文献

[1]　黄沛杰，杨铭铨 . 代码质量静态度量的研究与应用 [J]. 计算机工程与应用，2011, 47(23)：61-63.

[2]　T L Saaty. A scaling method for priorities in hierarchical structures [J]. Journal of mathematical psychology, 1977, 15(3): 234-281.

[3] L Dobrica. A survey on software architecture analysis methods[J]. IEEE Transaction of Software Engineering, 2002, 28(7):638-653.

[4] J C Dueñas, W L de Oliveira, A Juan. A software architecture evaluation model[M]//Development and Evolution of Software Architectures for Product Families. Springer Berlin Heidelberg, 1998: 148-157.

[5] J V Gurp, J Bosch. SAABNet: Managing qualitative knowledge in software architecture assessment[C]. Proceedings of the IEEE Conference on Engineering of Computer Based Systems. IEEE, 2000:45-53.

[6] P O Bengtsson. Towards maintainability metrics on software architecture: An adaptation of object-oriented metrics[C]. Proceedings of First Nordic Workshop on Software Architecture . NOSA, Ronneby, 1998.

[7] R J Bril, A Postma. An architectural connectivity metric and its support for incremental re-architecting of large legacy systems[C]. Proceedings of International Workshop on Program Comprehension. IEEE, 2001: 269-280.

[8] L Nenonen, J Gustafsson, J Paakki, et al. Measuring object-oriented software architectures from UML diagrams[C]. Proceedings of the ECOOP Workshop on Quantitative Approaches in Object-Oriented Software Engineering, 2000: 87-100.

[9] M Lindvall, R Tesoriero, P Costa. Avoiding architectural degeneration: An evaluation process for software architecture[C]. Proceedings of the International Symposium on Software Metrics. IEEE, 2002: 77-86.

[10] M Perepletchikov, C Ryan, K Frampton, et al. Coupling metrics for predicting maintainability in service-oriented designs[C]. Proceedings of the IEEE Conference on Software Engineering. IEEE, Australia, 2007: 329-340.

[11] M Shereshevsky, H Ammari, N Gradetsky, et al. Information theoretic metrics for software architectures[C]. Proceedings of the IEEE 25th Annual International Conference on Computer Software and Applications. IEEE, 2001, 151-157.

[12] J Muskens, M Chaudron, C Lange. Investigations in applying metrics to multi-view architecture models[C]. Proceeding of 30th Euromicro Conference. IEEE, 2004: 372-379.

[13] E G dos Anjos, R D Gomes, M Zenha-Rela. Assessing maintainability metrics in software architectures using COSMIC and UML[C]. Computational Science and Its Applications–ICCSA, 2012:132-146.

[14] J D Musa. Operational Profiles in Software-Reliability Engineering[J]. IEEE Software, 1993,10(2):14-32.

[15] 魏建新，叶少珍 . 一种基于构件的软件系统可靠性模型 [J]. 福州大学学报，2008, 36(1):59-63.

[16] S Gokhale, W E Wong, K Trivedi, et al. An analytical approach to architecture based software reliability prediction[C]. Proceedings of the IEEE International Computer Performance and Dependability Symposium, 1998:13-22.

[17] J H Lo, C Y Huang, S Y Kuo, et al. Sensitivity analysis of software reliability for component-based software applications[C]. Proceedings of the International Computer Software and Applications Conference. IEEE, 2003:500-505.

[18] J A Whittaker, J H Poore. Markov analysis of software specifications[J]. ACM Transaction on Software Engineering Methodology, 1993, 2(1): 93-106.

[19] M Shooman. Structural models for software reliability prediction[C]. Proceedings of the International Conference on Software Engineering. 1976:268-280.

[20] S Krishnamurthy, A P Mathur. On the Estimation of Reliability of a Software System using Reliabilities of its Components[C]. Proceedings of 8th International Symposium on Software Reliability Engineering. Albuquerque, New Mexico, 1997:146-155.

[21] S Yacoub, B Cukic, H Ammar. Scenario-based reliability analysis of component-based software[C]. Proceedings of the 10th International Symposium on Software Reliability Engineering, 1999: 22-31.

[22] 何双 . 一种基于用户剖面的构件软件可靠性度量方法的研究 [D]. 重庆：西南大学，2012.

[23] 张伟 . 一种基于路径的构件软件可靠性模型 [D]. 重庆：西南大学，2011.

[24] X Liu, Q Wang. Study on application of a quantitative evaluation approach for software architecture adaptability[C]. Proceedings of Fifth International Conference on Quality Software. IEEE, 2005: 265-272.

[25] S Bhattacharya, A Banerjee, S Bandyopadhyay. A new approach towards analyzing multiagent behaviour via the game of go[C]. Proceedings of the Asia-Pacific Conference on Convergent Technologies, 2003: 188 -192.

[26] H Washizaki, H Yamamoto, Y Fukazawa. A metrics suite for measuring reusability of software components[C]. Proceedings of 9th International Software Metrics Symposium (METRICS'03). Sydney, Australia: IEEE Computer Society Press, 2003: 221-225.

[27] K Qian, J Liu, F Tsui. Decoupling Metrics for Services Composition[C]. Proceedings of the 5th IEEE/ACIS International Conference and Information Sciences and 1st IEEE/ACIS International Workshop on Component-Based Software Engineering, Software Architecture and Reuse, 2006.

[28] N Weiderman, J Bergey, D Smith, et al. Approaches to Legacy System Evolution[R]. Technical Report CMU/SEI-97-TR-014. Carnegie Mellon University, 1997.

[29] 许佳卿，彭鑫，赵文耘 . 一种基于模糊概念格和代码分析的软件演化分析方法 [J]. 计算机学报，2009，32(9): 1832-1844.

[30] G Antoniol, G Canfora, A De Lucia. Estimating the Size of Changes for Evolving Object-Oriented Systems: A Case Study[C]. Proceedings of the Sixth International Software Metrics Symposium. Boca Raton, FL, 1999:250-258.

[31] B Fluri, H C Gall. Classifying Change Types for Qualifying Change Couplings[C]. Proceedings of the 14th IEEE Conference on Program Comprehension , Athens, Greece, 2006:35-45.

[32] D Kung, J Gao, P Hsia, et al. Change Impact Identification in Object Oriented Software Maintenance[C]. Proceedings of the International Conference on Software Maintenance, Victoria, BC, 1994:202-211.

[33] X Ren, F Shah, F Tip, et al. Chianti: A Tool for Change Impact Analysis of Java Programs[C]. Proceedings of the 19th Annual ACM SIGPLAN Conference on Object-Oriented Programming, Systems, Languages, and Applications. Vancouver, BC, Canada:ACM Press, 2004:432-448.

[34] Z C Xing. Supporting object-oriented evolutionary development by design evolution analysis[D]. Department of Computing Science, Edmonton, Alberta, 2008.

[35] L C Briand, Y Labiche. Impact analysis and change management of UML models[C]. Proceedings of

IEEE International Conference on Software Maintainance. Amsterdam, The Netherlands, 2003: 256-265.

[36] M Aoyama. Evolutionary Patterns of Design and Design Patterns[C]. Proceedings of the International Symposium on Principles of Software Evolution, 2000:110-116.

[37] T Nakamura, V R Basili. Metrics of Software Architecture Changes Based on Structural Distance[C]. Proceedings of the 11th IEEE International Software Metrics Symposium, 2005:8.

[38] H Kashima, K Tsuda, A Inokuchi. Marginalized kernels between labeled graphs[C]. Proceedings of 20th International Conference on Machine Learning (ICML2003), 2003.

[39] B Westfechtel, B P Munch, R Conradi. A layered architecture for uniform version management[J]. IEEE Transactions on Software Engineering, 2001, 27(12): 1111-1133.

[40] 陈兆琪，钟林辉，张路，等．软件变化管理系统研究 [J]. 小型微型计算机系统，2002, 23(1): 29-31.

[41] I Herraiz, G Robles, et al. Comparison between slocs and number of files as size metrics for software evolution analysis[C]. Proceedings of the 10th European Conference on Software Maintenance and Reengineering. Bari, Italy, 2006: 213.

[42] J C Dueñas, W L de Oliveira, A Juan. A software architecture evaluation model[M]// Development and Evolution of Software Architectures for Product Families. Springer Berlin Heidelberg, 1998:148-157.

[43] J Van Gurp, J Bosch. SAABNet: Managing qualitative knowledge in software architecture assessment[C]. Proceedings of the Seventh IEEE International Conference on Engineering of Computer Based Systems, 2000:45-53.

[44] J Knodel, M Lindvall, D Muthig, et al. Static evaluation of software architectures[C]. Proceedings of the 10th European Conference on Software Maintenance and Reengineering. IEEE Computer Society, 2006:279 - 294.

[45] S M Yacoub, H H Ammar. A methodology for architecture-level reliability risk analysis[J]. IEEE Transactions on Software Engineering, 2002, 28(6): 529-547

[46] L Zhu, A Aurum, I Gorton, et al. Tradeoff and sensitivity analysis in software architecture evaluation using analytic hierarchy process[J]. Software Quality Journal, 2005, 13(4): 357-375

[47] E G dos Anjos, R D Gomes, M Zenha-Rela. Assessing maintainability metrics in software architectures using COSMIC and UML[C]. Computational Science and Its Applications–ICCSA, 2012:132-146.

[48] M Shereshevsky, H Ammari, N Gradetsky, et al. Information theoretic metrics for software architectures[C]. Proceedings of the 25th Annual International IEEE Conference on Computer Software and Applications, 2001:151-157.

[49] L C Briand, J Daly, V Porter, et al. A Comprehensive Empirical Validation of Design Measures for Object-Oriented Systems[C]. Proceedings of the 5th International Symposium on Software Metrics. Bethesda, Maryland, USA, 1998.

[50] C Larman. UML 和模式应用 [M]. 李洋，等译．北京：机械工业出版社，2006.

[51] V Cortellessa, H Singh, B Cukic. Early reliability assessment of UML based software models[C]. Proceedings of the 3rd international workshop on Software and performance. ACM, 2002: 302-309.

第 14 章　软件架构形式化验证

本章将详细讨论软件架构验证相关问题，包括验证的意义、验证过程，以及各种验证方法的讨论，同时结合 SPIN 介绍了整个验证方法的过程，包括从整体上说明我们的验证方法的结构、EHA 模型及其生成方法，以及从 EHA 到 Promela 模型的转换方法，最后对验证结果进行了介绍。

14.1　引言

软件架构形式化验证（software architecture formal verification）即通过模型检验或者推理验证的方式检查软件架构设计模型中是否存在安全性（safety）、活性（liveness）、公平性（fairness）以及一致性（consistency）等方面的问题[1-4]。通常情况下，安全性指系统不应该达到的危险状态，即坏的事情是从来不会发生的，如无死锁即是系统的一种安全属性。活性是指系统应该达到的正确状态，即好的事情最终是会发生的，如系统中某进程进行了一个请求，该请求总是能够得到回应。公平性是指如何保证系统的资源能够公平地得到各个任务的使用，不会导致某些任务长期不能得到响应，即好的事情能否无限重复地发生。一致性是指对于同一个 SA，不同的人员有着不同的看法就会产生不同的软件架构视图，如何采用形式化方法来验证这些不同视图之间的一致性问题。

考虑到 UML 作为国际上广泛应用的通用可视化建模语言，已经被应用到架构设计的各个层面，且本章讨论的验证对象是架构的正确性、安全性等方面的属性，这些属性与软件架构行为信息有关，而 UML 用来描述行为的模型有顺序图、协作图、状态图、活动图和用例图等。因此，针对不同的属性验证需求（如正确性、安全性、活性和公平性），需要选取不同的 UML 模型对软件架构进行刻画，并利用时态逻辑或者线性逻辑对待验证属性进行描述，然后利用合适的验证器对软件架构进行验证。例如，基于 SPIN 验证软件架构的基本过程是：首先将 UML 顺序图转换成合适的架构模型，然后根据架构模型和 LTL 语句进行验证模型的生成，最后使用 SPIN 验证器对验证模型进行验证、获取并分析验证结果。

14.2　形式化验证

形式化方法的实质是以逻辑、自动机、代数和图论等数学理论为基础，用一套特定的符号和技术对软件系统进行描述和分析，以期提高软件可靠性[5,6]。形式化方法的研究意义主要有以下几个方面：提供描述手段，以精确、无二义地描述系统赋予程序意义；提供分析手段，以证明系统正确性或帮助开发人员找出系统出错原因；提供开发方法和工具，以实现软件开发过程中全部或部分开发活动的自动或半自动化。以下就形式语义、规约语言、求精分析、验证方法几个方面进行简要介绍。

14.2.1 形式语义

计算机语言的形式语义研究始于20世纪60年代中期，目的是赋予程序意义，用数学方法精确描述程序具体实现的功能，大致分为操作语义（operational semantics）、指称语义（denotational semantics）、公理语义（axiomatic semantics）和代数语义（algebraic semantics）四大流派[7]。

操作语义的基本思想是用抽象的方法描述语言中每一成分的执行效果，以免所描述的语义依赖于该语言实现时所用的具体计算机。通常的做法是设计一个抽象机，定义一组抽象状态，把语言的语法表示成抽象形式，然后指明抽象机每加工一个语言成分将对状态作何种改变。这种语义方法与语言实现的关系比较密切，但是难以用数学方法处理，而且对语义描述者个人所使用的实现方法依赖很大。

指称语义的基本思想是使语言的每一成分对应于一个数学对象，该对象称为该语言成分的一个指称，它不像操作语义那样涉及语言成分的执行过程，而是只考虑各成分执行的最终效果，并认为此最终效果应不依赖于其执行过程。

公理语义是在程序正确性验证的基础上发展起来的。不像其他语义学方法那样对程序语义进行宏观的全局性描述，它只是给出一种方法，使人们能在给定的前提下验证某种特定的性质是否成立。它的基础是一个逻辑系统，包括一组公理及推导规则。它区别于经典逻辑的主要之处是把程序执行效果考虑进逻辑系统中，公理语义学的核心课题是研究这类系统的健康性和完备性。

代数语义的基本思想是把描述语义的逻辑体系和满足这个逻辑体系的模型区分开来，任何程序的操作语义或指称语义只给出该程序的一个语义模型，而公理语义描述则只给出逻辑系统，不深入探讨其可能的模型。代数语义方法的特点是用代数方法来处理满足一个逻辑系统的各种模型，把模型的集合看成一个代数结构。因此，在代数语义中，除了要研究类似于健康性和完备性等公理体系的概念外，还要研究模型之间的关系，简言之，它要处理的是一整个模型族。

14.2.2 规约语言

规约语言是为了更直观、更精确地表示程序“做什么”而提出的一种能够抽象描述系统行为的语言[8,9]。根据对系统动态行为刻画的侧重点不同，其大致可分为以下三类。

面向模型（model-oriented）的规约用集合、序列、映射或元组等定义数据类型，再用一个全局有效的命题对数据类型进行约束。基于这些类型，系统操作主要是用前置条件和后置断言这种隐含的方式来定义，说明在什么状态下该操作能够执行，以及执行前后系统状态的关系。不过系统操作规约有时更显式地用类似编程语言的方式来定义。这类规约的例子有 VDM、B 和 Z 等 [10,11]。

面向性质（property-oriented）的规约（也称为公理或代数规约）并不考虑数据类型用何种方式表示，而是考虑一个数据类型上各种操作的关系。典型的例子有 Larch、CASL、ACT ONE 和 RAISE 等。

面向进程（process-oriented）的规约根据进程间的交互来规约系统。这种方法重点考虑的是系统行为，如进程间可能的交互序列。它们的语义大部分是定义在某种状态转换系统上。这类规约的例子有 CCS、CSP、π 演算和 LOTOS 等。

面向进程的方法描述系统如何交互，面向模型和面向性质的方法说明系统做什么。因而，面向进程的方法更适合描述交互系统，另二者则适合用来规约转换系统。但是一个软件系统经常既有交互部分也有转换部分，所以有的形式化方法中包含了多类规约方法。例如 LOTOS 适合规约行为，它又用 ACT ONE 来规约数据类型。RAISE 甚至包含了所有的三类，当然它主要还是面向性质的。时序逻辑语言 XYZ/E 的数据类型用一组公理定义，系统的行为和性质都用时序逻辑表示，并且考虑了并发通信的问题，所以也包含了三类规约方法。

一般来说，我们可以从行为和功能两个角度来规约系统：行为规约（behavioral specification），通过刻画生成行为的数据变化过程来说明系统的行为是如何生成的；功能规约（Functional specification），描述行为之间的因果和时序关系、输入输出转换关系来说明系统的行为是什么。

14.2.3　求精分析

形式化开发方法中的一个重要分析方法是求精（refinement）[12]。形式化求精是关于抽象规约和较具体规约间关系的精确定义，不同形式化方法的求精关系定义也有所不同。

基于扩展的求精（refinement by extension）用于面向性质的方法。已求精的系统只能通过增加新类型和新公理来扩展原来抽象系统的理论。要注意的是，新增的公理不能与原来的有冲突。

数据求精（data refinement）是面向模型方法中对数据类型进行求精的技术。在这种求精关系中，抽象和具体数据类型之间的关系称为修正（retrieve）关系，求精前后的操作必须在数据类型的修正关系下等价。

操作求精（operation refinement）也用于面向模型的方法，与数据求精互补，将抽象操作规约（通常是由前置条件和后置断言表示）实现为一个较具体的操作规约（通常是基于更明确的状态转换）。

行为求精（behavioral refinement）用于面向进程的方法。目的在于定义何时一个抽象进程可求精成一个更具体的进程，用这个具体的进程替换后系统的全局行为不变。这种方法有的是基于状态转换系统，有的是基于进程的可观察交互序列。

14.2.4 验证方法

每一种形式化方法除了要有一个规约语言和一套开发方法外，还应有相应的验证技术和工具。验证方法主要有如下两大类。

演绎验证（deductive verification）方法首先建立一套逻辑系统，然后从公理和验证规则出发推导系统模型是否满足特定的性质[13-15]。这种方法的优点是，既可用于有穷状态，也可用于无穷状态，缺点是验证过程不能全自动进行，需要人的参与。使用这种方法的证明工具有 HOL、PVS 和 XYZ/VERI 等[16,17]。

模型检验（model checking）方法通过对有穷状态空间进行穷尽搜索，自动检查系统的模型是否满足某些给定性质[18]。它的优点是整个搜索过程完全自动化，缺点是只能处理有穷状态系统，对于复杂系统可能出现状态爆炸问题。使用这种方法的证明工具有 SPIN、UPPAAL 和 CADP 等[19-21]。

在模型检验中，模型 M 是转换系统，属性是时态逻辑中的公式。为了验证系统是否满足某种属性，必须按照以下 3 个步骤进行：①使用某种模型检验器的描述语言来模拟系统，从而得到系统的一个模型 M；②使用同样的模型检验器的规约语言来形式化系统的属性，最终得到时态逻辑公式 L；③根据输入 M 和 L 来运行系统。模型检验器会得到正确或错误两种结论，前者表示系统模型 M 满足相应属性 L，即 $M \to L$；后者则会产生系统行为违背这种属性的轨迹。这种自动生成的反例为系统在设计和调试阶段改正错误提供了非常重要的信息。

形式化方法是作为软件工程的一个分支而发展起来的，它的目的仍是为软件开发服务，提高软件可靠性。尽管将之用于实际的软件开发过程仍有很大的局限性，如手工证明容易出错，工具虽能有所帮助，但工具本身的正确性仍不能保证等。但是这方面的努力可以说从未间断，而且卓有成效。该方法对于实际软件系统开发的指导和辅助作用日趋明显，特别是在航天航空、核反应堆控制、铁路运输等领域，由于存在大量安全攸关系统，其安全性和可靠性一直是人们密切关心的问题。传统的保证软件系统可靠性的方法是对其进行反复测试和试用，但即使对系统测试很成功，也只能说明没有发现错误，不能说明没有错误。相比之下，作为一种以数学、逻辑为基础的方法，形式化方法因其精确性和严格性而受到工业界青睐，并逐渐应用于实际系统的开发过程。形式化方法精确、无二义地描述系统的思想对软件工程方法本身也有很大影响，如现在的工程建模语言日趋统一，对语义精确性的要求也越来越高。

形式化方法在软件架构研究中也应用得很多：面向模型的规约被用于分析架构风格；一阶逻辑则被用来作为架构求精的基础；面向进程的规约经常用来作为架构描述语言的语义，如架构描述语言 Wright 用 CSP 定义语义，并用 FDR 分析架构的相关性质[22]。

14.2.5 形式化验证方法的优缺点

1. 演绎验证的优点和缺点

演绎验证是证明正确性的一种综合性方法，它不局限于有限状态系统（Finite State

System，FSS)，它能够处理不同域上的程序以及数据结构，它甚至允许参数化程序的验证，如有任意数目相同进程的程序。

演绎验证的过程通常涉及大量脑力劳动，它更多地由代码开发者以外的人员来完成，这有助于增加试图理解程序算法背后的直观内容的人数，因此能增加发现错误的概率。另外，演绎验证也涉及引入严密性以及使用数学理论，有时候能带来一些回报，诸如发现代码中的错误并且纠正、一般化被验证的算法以发现预料之外的情况，以及更好地理解被验证的算法等。

演绎验证的一个问题是它非常耗时。在大型项目中，演绎验证可能成为项目的瓶颈。演绎验证的速度明显慢于标准编程的速度。比起其他形式化方法技术（如测试和模型检验)，演绎验证也是一个相当慢的方法。

演绎验证大部分是手动完成的，且极大地依赖于验证人员的智慧。验证人员需要得到软件架构开发人员的帮助，需要他们提供恰当的信息。通常，自动获取这些信息是不可行的，尽管有一些启发式技巧。此外，部分证明中涉及简单逻辑蕴含式的内容无法自动化，这是基于数学方法进行证明存在的局限。演绎验证需要大量的专门知识以及数学背景，要找到具有合适知识的人来进行验证可能会有难度。

演绎验证中一个常见的错误是对被验证域做了过多的假设。验证人员在验证过程中会倾向于添加一些看上去很简单而且很有助于缩短证明的假设，然后错误地把这些假设当成公理。这些添加的假设可能会限制证明的一般性，实际上这些假设仅在一些特殊的实例中成立。一些自动化的证明器限制了添加的假设的使用，它们或是强制用户使用那些已经通过工具证明的定理去证明每条添加的假设，或是使用额外假设证明并标记它们为“不安全”的假设。

2. 模型检验的优点和缺点

大部分模型检验是自动化的。为了将待验证系统表示为工具可以处理的形式，需要进行建模，以及抽象处理来约简验证问题的复杂度。此外，模型检验工具的使用者通常需要设定一些验证参数，然而相比于其他软件可靠性方法，其验证过程中需要处理的部分相当小。

模型检验是基于相对容易实现的技术发展而来。现在已有大量的模型检验工具，当模型检验工具发现不满足的属性时，会给出该属性的相关信息，包含将违反相应属性的执行作为反例，从而可以对系统进行调试。

模型检验主要是由验证程序自动执行一组算法的过程。在实际中，鉴于模型检验过程中产生的组合复杂度，用户必须常常提供各种参数以调整验证过程，如搜索栈大小、允许的存储器大小和模型变量间的顺序。这意味着，在很多情况下，模型检验工具的使用者必须是熟练使用这种工具的专家。

类似于演绎验证，模型检验通常要求首先建模待验证系统。模型检验工具通常包含一个内在的建模语言。某些时候，原始代码和验证工具使用的语法间的自动转换是可行的。然而，验证工具经常包含对内在语法的特定优化和启发式技术，在机器转换中这些信息将丢失。而且待验证的程序通常不是一个有限状态系统，因此在模型检验前需要进行抽象。这个抽象过程通常是手动完成的。结果是，如果模型检验用于程序的抽象模型，并发了错误，通常需要手工确认这个错误是真实的，而不是原始程序和相应抽象模型间不一致产生的误报。

模型检验中的一个大问题是状态空间爆炸问题，因为对于现在的复杂系统，其状态数基本上都是天文数字。例如，对于 *n* 个相互异步的进程，如果每个进程有 *m* 个状态，则其状态数为 *m* 的 *n* 次方。这大大降低了模型检验的效率，甚至让模型检验无能为力。

14.3 软件架构验证

一般认为，软件架构（SA）包含静态软件架构（SSA）、动态软件架构（DSA）和运行态软件架构（RSA）三种情况，部分学者和工业界朋友认为 DSA 就是 RSA[23-28]。笔者认为 DSA 和 RSA 是不同的。静态软件架构从全局的视角描述了系统的组件组成、组件之间的相互关系和连接方式所形成的拓扑结构，以及它们所遵循的模式和受到的约束等。动态软件架构是指在其生命周期中不时地发生变化（或演化）的软件架构。运行态软件架构是指那些在每个运行时刻（runtime）所展现的软件架构。所以，在软件架构验证任务中，需要考虑静态软件架构验证、动态软件架构验证和运行态软件架构验证三种情形。静态软件架构验证关注的是用户期望的某些质量属性和行为属性是否得到满足；软件架构演化会导致软件架构的很多属性是动态变化的，存在着某个属性有时满足有时不满足的情况，所以动态软件架构验证关注的是软件架构演化是如何影响某些质量属性和行为属性的（例如安全性、活性、一致性等）；运行态软件架构验证关注的是在系统运行过程中，软件架构的某些质量属性和行为属性是如何发生变化的。

14.3.1 静态软件架构验证

静态软件架构验证如图 14-1 所示，主要用于软件架构设计过程，其通过对初始软件架构进行验证，检查是否存在安全性、活性、公平性和一致性问题。如果存在问题，一般会给出反例，便于进一步修改软件架构，并期望最终设计的软件架构具有很高的质量。

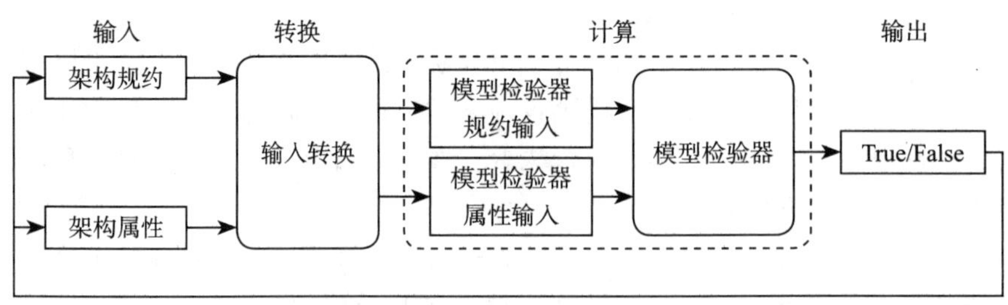

图 14-1 模型检验 SA 的一般过程

14.3.2 动态软件架构验证

动态软件架构验证的动力来源于软件架构投入使用过程中的一些变更需求，包括适应新环境、纠错、处理新需求等。Carols E.Cuesta 等人将基于软件架构的软件动态性分为三个级别：最低级别称为交互动态性，仅仅要求固定结构里的动态数据交流；第二个级别允许结构的修改，即组件和连接件实例的创建、增加和删除，被称为结构动态性；第三个级别称为架构动态性，允许软件架构的基础设施的变动，即结构可以被重定义，如新的组件类型的定义，以这个标准衡量目前基于软件架构的动态演化研究，一般仅支持发生在第二个层次上的动态性。

在设计 SA 时，通常考虑如何对系统的静态方面进行描述，如果需要改变软件架构则必须重新设计新的 SA，然而这已不能适应现在越来越多的需要在运行时刻发生变化的系统的设计需求。DSA 则允许系统在执行过程中修改其软件架构，修改过程通常也被称为运行时刻的演化（即在线演化）或动态性。根据修改内容的不同，软件架构的动态变化可分为如下几个方面：

1）结构：软件系统为适应当前的计算环境往往需要调整自身的结构，比如增加或删除组件、连接件等，这将导致 SA 的拓扑结构发生显式的变化。

2）行为：由于用户需求的变化或者系统自身 QoS 调节的需要，软件系统在运行过程中会改变其行为。例如，由于安全级别的提高更换加密算法，将 HTTP 协议改为 HTTPS 协议等。行为的变化往往是由组件或连接件的替换和重配置引起的。

3）属性：已有的 ADL 大都支持对非功能属性的规约和分析，如对服务响应时间和吞吐量的要求等。在系统运行过程中，这些要求可能发生改变，而这些变化又会进一步触发软件系统结构或行为的调整。属性的变化是驱动系统演化的主要原因。

4）风格：软件架构风格代表了相似软件系统的基本结构以及相关的构造方法。一般来说，演化前后的软件架构风格应该保持不变，如非要改变也只能是“受限”地演化，即只允许软件架构风格演化为“衍生”风格。风格的“衍生”关系类似于面向对象中的继承关系。例如，将原有的两层 C/S 结构调整为 3 层或多层的 B/S 结构，将“1 对 1”的请求 / 响应结构改为“1 对 *N*”的结构，以实现负载平衡等。

14.3.3 运行态软件架构验证

在软件系统运行过程中，它的架构会呈现出不同的运行状态，每个状态都是架构在系统运行中出现的某个实例（instance）。运行态软件架构验证就是要验证这些架构实例有没有破坏软件架构的一致性和完整性。同时，每个架构实例都具有可追溯性，可以追溯到最初的静态架构。

一致性。一致性有 4 层含义：①软件架构规约与系统实现的一致性，运行时刻的修改应及时地反映到规约中，以保证规约不会过时；②系统内部状态的一致性，正在修改的部分不应被其他用户或模块更改；③系统行为的一致性，若管道－过滤器风格的结构中增加一个过滤器，则需要保证该过滤器的输入和输出与相连的管道的要求一致；④软件架构风格的一致性，演化前后软件架构或者保持风格不变，或者演化为当前风格的“衍生”风格。

完整性。完整性意味着系统的演化不能破坏 SA 规约中的约束，比如限制与某组件相连的组件数目为 1，若在演化过程中删除了与它相连的原有组件，或者为它增加了一个新的相连组件，都会导致系统出错；完整性还意味着演化前后系统的状态不会丢失，否则系统将变得不安全，甚至不能正确运行。

可追溯性。传统的 ADL 采用逐步精化的方式将一个抽象层次很高的 ADL 规约逐步精化为具体的可直接实现的 ADL 规约，在精化的过程中通过形式化验证保证每一步精化都符合要求，满足可追溯性。但对于动态系统而言，仅仅如此是不够的，追溯性需要被延伸到运行时刻，以保证系统的任何一次修改都会被验证，这样既有利于软件的维护，也为软件的进一步演化提供了可分析的依据。ADL 及其相关工具或系统对软件架构动态性的支持较弱，大都是在规约语言层次上。通过形式化系统模拟系统的动态性，比如基于 π 演算的 Darwin 和基于 CSP 的 Wright，它们通常只能在软件架构设计阶段以声明式的规约定义受限的几种演化行为，系统实现后软件架构信息则被隐含在各个分散的模块及其交互中，无法在运行时刻维护显式的软件架构视图，演化行为的正确性不得不由程序员或借助外置的修改管理器保证，且很难继续与 SA 规约保持一致。也有从实现层次上利用中间件来构建基于软件架构自适应的系统，如 ArchStudio 可以使用命令式的软件架构修改语言（AML）和约束语言（ACL）支持运行时刻修改系统结构，并能在一定程度上保证系统的一致性和完整性。ArchJava 则尝试把软件架构概念引入编程语言，通过 ArchJava 语言将规约和实现联系起来，可以保证通信的完整性，但由于软件的实现必须依赖于这种新型语言，使得此方法的适用范围也较为有限。

14.4 基于 SPIN 的静态软件架构验证实践

14.4.1 SPIN 简介

SPIN（Simple Promela Interpreter）是适合于并行系统 [29]，尤其是保障协议一致性的辅助分析和检测工具，由贝尔实验室的形式化方法与验证小组于 1980 年开始开发的 pan 工具就是现在 SPIN 的前身。1989 年 SPIN 1.0 版本推出，主要用于检测一系列的 ω-regular 属性。1995 年偏序约简和线性时序逻辑转换的引入使得 SPIN 的功能进一步扩大。2001 年推出的 SPIN 4.0 版本支持 C 代码的植入，应用的灵活性进一步增强。2003 年推出的 SPIN 4.1 版本加入了深度优先搜索算法，更是使得 SPIN 的发展上了一个新台阶。SPIN 验证主要关心的问题是进程之间的信息能否正确交互，而不是进程内部的具体计算。SPIN 是一个基于计算机科学的形式化方法，将先进的理论验证方法应用于大型复杂的软件系统当中的模型检测工具。SPIN 能够用于四种主要模型：作为仿真器、详尽的验证器、可证明的近似系统（验证超大规模系统模型）和作为群验证（利用云网络技术）。

主要流程：SPIN 是一个用于分析逻辑一致性的异步检测系统，尤其是擅于分析和检测分布式系统和通信协议。它首先使用 Promela 语言规范化一个系统的验证模型，允许动态建立异步过程、非确定性情况选择、循环、跳转、局部和全局变量。在 Promela 模型存储于文件后，SPIN 执行关于系统操作的交互式、引导或随机的模拟，并能够生成一个执行详尽的或近似的关于系统正确性需求的验证的 C 程序。

如今 SPIN 被广泛应用于工业界和学术界，其特点如下：

1）SPIN 以 Promela 为输入语言，可以对网络协议设计中规格的逻辑一致性进行检验，并报告系统中出现的死锁、无效的循环、未定义的接收和标记不完全等情况。

2）SPIN 使用 on-the-fly 技术，即无须构建一个全局的状态图或者 Kripke 结构，就可以根据需要生成系统自动机的部分状态。

3）SPIN 可当作一个完整的 LTL（Linear Temporal Logic）模型检验系统来使用，支持所有可用的线性时态逻辑表示的正确性验证要求，也可以对系统进行有效的 on-the-fly 验证，以检验协议的安全特征。

4）SPIN 可通过使用会面点来进行同步通信，也可以使用缓冲通道来进行异步通信。

5）对于给定的一个使用 Promela 描述的协议系统，SPIN 可以对其执行随意的模拟，也可以生成一个 C 代码程序，然后对该系统的正确性进行有效的检验。

6）在进行检验时，对于中小规模的模型，可以采用穷举状态空间分析，而对于较大规模的系统，则采用 Bit State Hashing 方法来有选择地搜索部分状态空间。

优点：SPIN 支持几乎所有的操作系统，包括 UNIX、Linux、Cygwin、Plan9、Inferno、Solaris、Mac 和 Windows 的各个版本。

应用支持：SPIN 本身由 ISO-Standard C 编写，已经实现国际化应用，并且目前已有许多学者与公司对 SPIN 进行研究并提出模型样例，这些样例都能在 SPIN 分布中找到，包括操作系统、数据通信协议、交换系统、并行算法、铁路信号协议、航天器控制软件、核电站等。EUI、Charmy、Sokoban 等环境都支持 SPIN 工具应用。

14.4.2　基于 SPIN 的验证过程

由于我们主要验证软件架构在时态属性（即正确性、安全性等属性）方面的正确与否，同时执行架构视图描述了架构设计中对象之间的动态交互过程，与我们评估的属性相关，而其他视图如概念架构视图则与之并无太大关系，因此我们主要针对执行架构视图进行分析。

从执行架构视图角度，UML 中的顺序图描述了架构设计中对象之间的动态交互过程。顺序图将独立对象之间的交互关系表示为一个二维图，其纵向为时间轴，横向为依次排列的各个对象，对象的生命线按照时间轴纵向延伸，对象之间的交互用消息、复合片段即约束描述，消息按照发生的时间顺序自上而下排列。作为描述系统交互性质的最重要的图，顺序图不仅仅可以用于架构设计层面，同时也可以用于开发的详细设计层面。因此，顺序图中有不少元素是基于详细设计存在的，对于架构设计而言并无太大意义，如并发和并行的区别、消息属性、对象类型等。我们在进行架构建模和分析时，则直接忽略了这些信息。

基于 SPIN 的软件架构验证主要思想是从架构描述文档中解析并转换成架构模型，根据架构模型生成验证模型，进行验证并获取验证结果。一般的验证过程如图 14-2 所示。首先读入软件架构设计文档中 UML 顺序图的信息并转换成 EHA 模型，从约束文件中读取时态逻辑语言 LTL 描述的约束信息并存储；然后综合 EHA 模型和 LTL 语句生成 Promela 模型，并输入至 SPIN 进行验证，获取架构验证结果。根据验证结果给出的错误信息，反馈至架构描述文档中，从而获知架构设计中产生错误的位置。

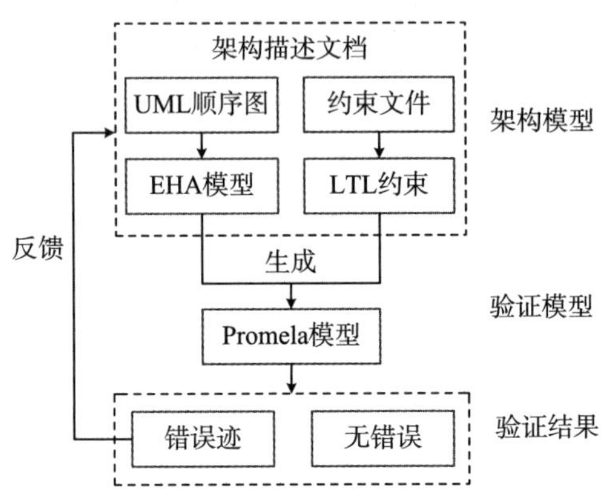

图 14-2　基于 SPIN 的软件架构验证过程

本节详细介绍整个验证过程，主要包括 EHA 模型及其生成方法，以及从 EHA 到 Promela 模型的转换方法。在介绍的过程中，我们利用一个简单的实例来辅助说明，如图 14-3 所示。其中，图 14-3a 是实例的 UML 顺序图描述，用户输入一个操作并获得一个结果的简单过程；图 14-3b 是其相应的简单 LTL 描述。

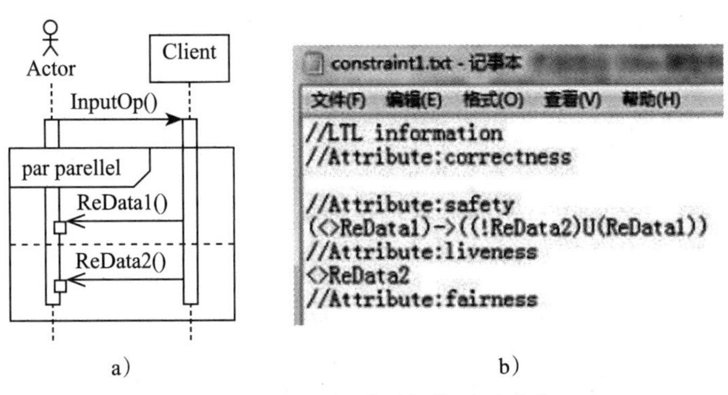

图 14-3　一个简单的架构设计实例

14.4.3　架构模型

1. 架构描述文档

架构描述文档是软件架构验证方法中所需要的输入信息，主要包括以下两部分。

第一部分是 UML 顺序图的描述文档。在现在的工业应用和学术研究中，采用 XML 文件来描述顺序图是最通用也是比较流行的方法。XML 文件采用标签的方式存储顺序图的信息，按照对象、消息、复合片段的分类进行存储，并且存储详细信息，如坐标、详细属性、名称等。后续的自动机模型的生成是基于 XML 文件进行的。这里我们的实例采用的是基于 EA（Enterprise Architect）模型所生成的 XML 文件。

第二部分是存储约束信息的 TXT 文件。架构设计中约束信息一般是比较抽象的信息，与场景、用例等相关，由自然语言所描述。从自然语言到计算机可识别语言的自动转换过程难以实现，因此这里我们默认约束信息已经以 LTL 的格式存储于约束文件中，作为架构描述文档的一部分输入。

2. 扩展层次自动机

架构层面的顺序图描述了系统的动态行为，为针对系统行为正确性的模型检验提供了重要的信息。然而将整个顺序图作为一个确定有限自动机（DFA）的形式化描述方法使得自动机过于复杂，而状态之间的转移相互关联，使得在演化方面的表述能力非常差。由于考虑到 UML 顺序图与状态图之间的关联性，参考状态图的层次自动机形式化描述方法，本节采用扩展层次自动机（Extended Hierarchical Automata，EHA）来形式化描述顺序图，即将顺序图作为一个层次自动机整体，每个对象视作一个串行自动机，用树形结构关联对象，禁止串行自动机之间的状态转换，从而大大降低了状态与状态之间关联的复杂度；另外，考虑到演化描述的目的，本节将事件触发时的相应动作从转移中剥离出来，放入转移目标状态的活动中，以方便演化的描述。本节所采用的扩展层次自动机的定义如下[30]。

定义 14.1（串行自动机）　一个串行自动机 A 是一个四元组$\langle \sigma_A, s_A^0, \lambda_A, \delta_A \rangle$，其中：

σ_A 是非空有限状态集合，状态有着特定的结构：对于 $s_A \in \sigma_A$ 可以表示为一个三元组$\langle \text{in}, \text{out}, \text{do} \rangle$，其中 in 是进入状态的转移标签集合，out 是离开状态的转移标签集合，do 是状态的活动，每个状态对应最多一个活动，对于不包含活动的状态称之为空状态。

s_A^0是初始状态，并且有$s_A^0 \in \sigma_A$。

δ_A 是转移关系，有$\delta_A \subseteq \sigma_A \times \lambda_A \times \sigma_A$。

λ_A 是转移标签的集合，转移标签有着特定的结构：对于 $t \in T$ 可以表示为一个五元组$\langle \text{sr}, \text{ev}, \text{tc}, \text{ac}, \text{td} \rangle$，其中 sr 是转移源状态，td 是转移目标状态，ev 是转移的触发事件，tc 是转移的条件，ac 是转移的行为，每个转移对应最多一个触发事件。如果一个转移不包含任何触发事件，则称之为直接转移。

定义 14.2（扩展层次自动机）　一个扩展层次自动机 H 是一个四元组$\langle F, E, \rho, A_0 \rangle$，其中：

F 是串行自动机 A 的集合，其中的元素两两正交，即$\forall A_1, A_2 \in F, \sigma_{A_1} \cap \sigma_{A_2} = \phi$。

E 是事件的有限集合。

$\rho : \bigcup_{A \in F} \sigma_A \to 2^F$是组合函数，用于生成一个树形结构，该树形结构满足：

1）存在唯一的根自动机 $A_0 \in F$，并且不存在任何一个状态$s \in \bigcup_{A \in F} \sigma_A$使得 $A_0 \in \rho(s)$。

2）每个非根自动机有且仅有一个前驱状态，即$\forall A \in F \setminus \{A_0\}, \exists_1 s \in \bigcup_{A' \in F \setminus \{A\}} \sigma_{A'}, A \in \rho(s)$。

3）结构中无环，即$\forall s \in \bigcup_{A\in F}\sigma_A, \exists s \in S, S \cap \left(\bigcup_{A\in\rho(s)}\sigma_A\right)=\phi$。

EHA 的顶层结构是一个树形结构，对应了整个顺序图的描述；树形结构中的每一个节点都一一映射到一个串行自动机，对应着顺序图中每个对象的行为状态；自动机的状态转移只允许在自动机内部进行，跨自动机的状态转移是禁止的。图 14-4 给出了一个 EHA 的例子。其中虚线框内指的是由状态到自动机的映射关系，即组合函数$\rho(s)$；自动机内部的状态转移如 $s1 \rightarrow s2$、$s4 \rightarrow s5$ 是允许的，而跨自动机的状态转移如 $s4 \rightarrow s7$ 是禁止的。

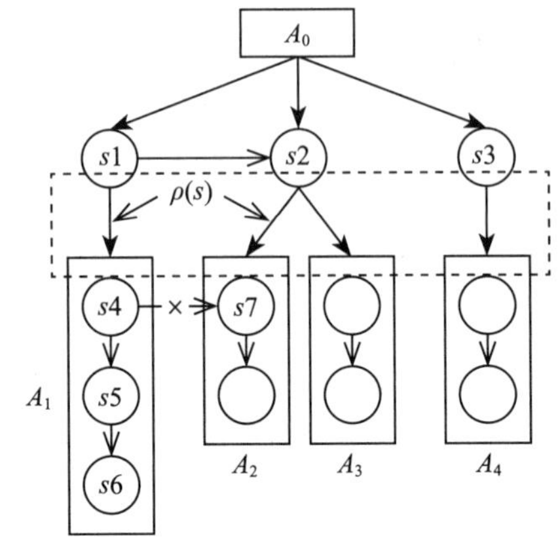

图 14-4　一个层次自动机的示例

EHA 的一个全局状态被称为配置，由各个串行自动机的本地状态组成。

定义 14.3（配置）H 的配置是一个集合$\mathrm{Conf} \subseteq \bigcup_{A\in F}\sigma_A$，满足：① $\exists_1 s \in \sigma_{A_0}, s \in \mathrm{Conf}$；②对 $\forall s, A$，if $s \in \mathrm{Conf}$ 且 $A \in \rho(s)$，则 $\exists_1 s' \in A, s' \in \mathrm{Conf}$。

定义 14.4（操作语义）H 的操作语义是一个标签转移系统 T_H=(S, s_0, L, $\rightarrow$)，其中 S 是 T_H 的状态集合；s_0 是初始状态；标签 $L{:}S \rightarrow 2^{AP}$ 是一组原子命题；$\rightarrow \subseteq S \times S$ 是转移关系。

EHA 的操作语义被称为标签转移系统（Labelled Transition System，LTS），即一组由转移所连接的状态[31]。

3. UML 顺序图转换成层次自动机

UML 从可视化角度描述架构设计，其文档的存储格式一般为 XML。不同工具有各自的存储与解析映射，但其本质上均是以标签的方式存储图的信息，包括各个参与者模块信息、消息的坐标与顺序、标识 id、约束等。通过解析这些元素，我们能够获取架构设计的详细信息并对其进行转化分析。由于架构设计中的顺序图主要描述架构对象之间的交互过程，不涉及具体变量值的操作，所以在实现由顺序图至 EHA 模型的转换时，主要考虑消息的接收与发送。这里我们采用树形结构存储层次自动机，树中每个节点映射至一个对象对应的串行自动机。

在之前定义的层次自动机的基础上，这里给出由 UML 顺序图到 EHA 的转换算法。算法总体的转换思想为：①初始化根自动机，根据顺序图中对象的个数初始化根自动机中状态的个数，状态之间采用直接转移相连；②为每个对象建立一个串行自动机，根据对象所对应的消息发送与接收、复合片段的不同类型，生成不同的状态转移；③建立由根自动机中的各个状态到对象所对应的串行自动机的映射关系。

为了方便说明，这里首先给出对象对应的串行自动机的内部，由一条消息生成状态与状态转移并添加至串行自动机中的算法 14.1。生成的过程是一个分支选择的过程，如果是接收消息，则将转移和相应的触发事件添加至自动机末尾；如果是发送消息，则将状态和相应的状态操作添加至自动机末尾。

算法 14.1　将消息 msg 添加至自动机 AM 中

```
add(AM, msg)
input: 消息对象 msg, 串行自动机 AM
output:
初始化:
if (msg 类型为发送 )
    if (AM 中末尾为状态 )
        if ( 末尾状态中不包含操作 )
            末尾状态的活动设置为 msg;
        else if ( 状态中包含操作 )
            末尾状态处新增直接转移;
            在新增的转移后新增状态, 状态活动设置为 msg;
        end if
    else if (AM 中末尾为转移 )
        末尾转移出新增状态, 状态活动设置为 msg;
    end if
else if (msg 类型为接收 )
    if (AM 中末尾为状态 )
        末尾状态处新增转移, 转移触发事件设置为 msg;
    else if (AM 中末尾为转移 )
        if ( 末尾转移中不包含转移触发事件 )
            末尾转移的触发事件设置为 msg;
        else if ( 状态中包含触发事件 )
            末尾状态处新增状态;
            在新增的状态后新增转移, 转移的触发事件设置为 msg;
        end if
    end if
end if
```

算法 14.1 给出了将一条消息转换成串行自动机中的状态或转移的过程，在此基础上这里给出生成顺序图中单个对象对应的串行自动机的算法 14.2。算法 14.2 主要考虑的是对于复合片段的转换过程。这里我们主要考虑对于架构设计而言有意义并且常用的几种复合片段，包括 ref、loop、break、alt、opt、par。根据不同类型的复合片段，会生成不同的控制流。特别是，为了实现并行特性，par 块所对应的内容采用外链子层次自动机的方法实现。算法 14.2 的实现中调用了算法 14.1 的过程。

算法 14.2　生成对象对应的串行自动机

```
GenerateAM(AM, MSG)
input: 存储消息的数组 MSG, 串行自动机 AM
output:
初始化:
将 MSG 中的消息按照顺序图中自上而下的顺序排序;
for (i=0;i<MSG.size();i++)
    if (msg 在复合片段中 )
        if (msg 是复合片段中的第一个消息 )
            构造空的层次自动机 EHA;
            在 AM 末尾处新增状态 fbegin;
            if ( 复合片段类型为 loop)
```

```
                在 fbegin 后新增转移，置转移事件为 loop 的循环条件;
            end if
            for ( 复合片段中的所有分支 )
                在 fbegin 后新增转移，并置触发事件为该分支的执行条件;
                构造消息数组 MSGinF;
                if ( 复合片段类型为 ref)
                    将链接的顺序图中该对象所对应的所有消息存入 MSGinF;
                else
                    for ( 分支中的所有消息 )
                        MSGinF.add(MSG[i]);
                        i++;
                    end for
                end if
                if ( 复合片段类型为 par)
                    GenerateEHA(EHA, MSGinF);
                else
                    GenerateAM(AM, MSGinF);
                end if
            end for
            if ( 复合片段类型为 par)
                将 EHA 链接至 fbegin;
            else if( 复合片段类型为 ref)
                在 AM 后新增一个状态，置空操作 ;
            else if( 复合片段类型为 loop)
                在 AM 后新增一个状态 fend;
                新增由 fend 到 fbegin 的直接转移;
                将 fbegin 置为自动机的末尾;
                在 fbegin 后新增转移，并置触发事件为 loop 的循环条件的非;
            else if( 复合片段类型为 break)
                在 AM 后新增一个状态 bend，置空操作 ;
            else
                在 AM 后新增一个状态 fend，置空操作 ;
            end if
        end if
    else
        add(AM, MSG[i]);
    end if
end for
for ( 顺序图中包含的所有 break 块 )
    找到 break 块的结束状态 bend;
    找到直接包含 break 块的复合片段块的结束状态 fend;
    新增由 bend 至 fend 的直接转移;
end for
return AM;
```

最后，在算法 14.1 和算法 14.2 的基础上，这里给出由 UML 顺序图到 EHA 的转换算法 14.3。

算法 14.3　由顺序图至扩展层次自动机的转换算法

```
GenerateEHA(EHA, MSG)
input: 存储消息的数组 MSG，层次自动机 EHA
output:
初始化: 构造数组 MSGofOBJ，其中每个元素都是消息数组;
```

```
将 MSG 按照所属对象不同存储至 MSGofOBJ 中不同位置;
for (MSGofOBJ 中所有的消息数组 M)
    EHA 的末尾处新增状态 ES;
    构造空串行自动机 AM;
    GenerateAM(AM, M);
    将 AM 链接至状态 ES;
    在 ES 后新增直接转移;
end for
```

对于图 14-3a 所示的顺序图示例，转换得到的层次自动机模型如图 14-5 所示。根自动机包含两个状态并映射到两个串行自动机，分别对应顺序图中的 Actor 对象和 Client 对象。以 Actor 对象为例，首先发出调用消息 InputOp，在自动机中以状态操作来表示；而后接收信号 ReData1 和 ReData2，这两个接受操作是并行的（由复合片段 par 块表示），因此在串行自动机中额外链接一个子层次自动机来表示并行，每个子层次自动机中的串行自动机对应了并行块中每个分支的操作。

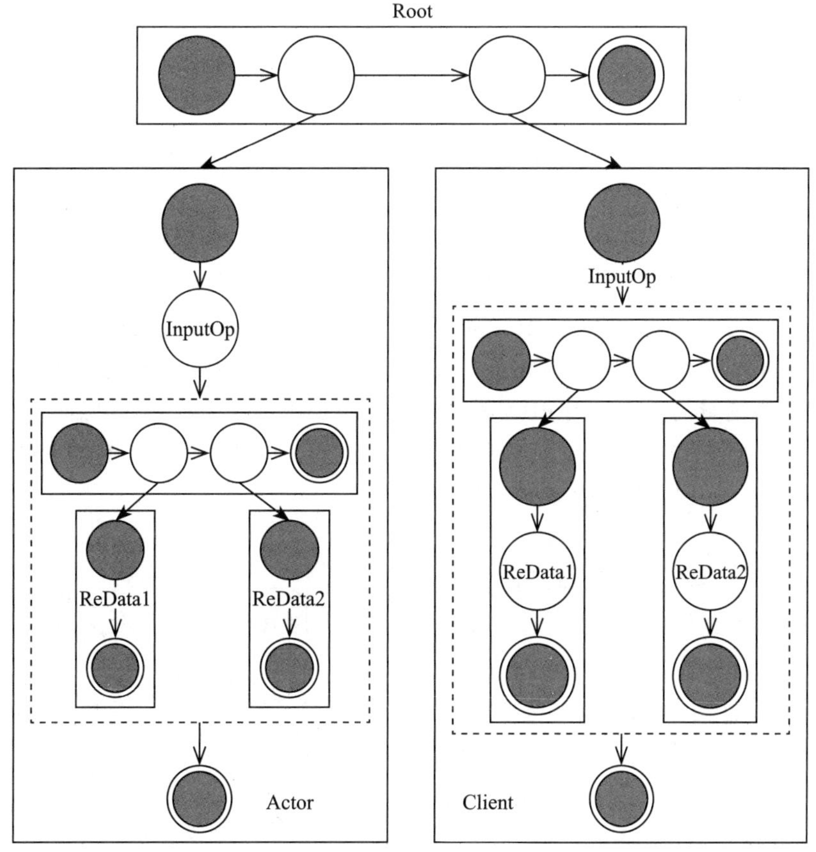

图 14-5　由图 14-3a 中顺序图转换得到的层次自动机示例

4. LTL 约束

基于 SPIN 的验证主要验证软件架构设计的正确性以及时态属性，时态属性包括安全性、活性和公平性。正确性是指能够按照设计达到预计正确的结束状态，要求架构设计中不存在死锁、坏的循环、满足断言；安全性指声明的某些坏的事情一定不会发生；活性指声明的某些好的事情一定会发生；公平性指的是没有一个独立进程或消息永远被忽略。

架构的各种属性可以以约束的形式存储于架构设计中，也可以由设计人员根据需求手动输入。对架构设计最基本的正确性验证，就是架构设计在无约束条件下的验证，其得出的验证结果表示基本架构设计是否是正确的。这里需要对断言进行特别说明。在架构设计文档中，断言可以单独用 LTL 进行描述并存储于约束文件中；也可以以顺序图中的复合片段块 assert 表示。这里所说的断言仅仅指用 LTL 进行描述的断言约束，而由于顺序图中的断言块并未对程序的实际流程产生影响，因此将其作为额外信息存入架构模型中。

SPIN 进行系统正确性检查使用的是完全状态空间搜索方法，其接收的正确性需求可以是断言，或通用线性时序逻辑 LTL 描述的时态属性。因此我们根据约束获得相应的 LTL 语句，采用 &&、||、<> 等算子连接原子命题，将待检验的属性用“非”的形式描述，以作为 SPIN 的输入进行验证。

14.4.4 验证模型

验证模型由两部分组成。一部分是 Promela 模型，由进程、消息通道、变量和全局对象组成，相当于一个有限转换系统，其大体结构包括类型说明、通道说明、变量说明、进程体和初始进程，进程体中包括进程说明、创建进程实例、消息接收、消息发送、跳转、选择、循环、断言等。由层次自动机 EHA 模型至 Promela 模型的映射关系如图 14-6 所示。

与一般软件的 Promela 模型相比，描述软件架构的 Promela 模型缺少了变量的定义与使用，这是由于架构设计描述对象之间的交互行为，不涉及对象自身的运行过程，因此设计中不包含具体变量的使用。由 EHA 模型至 Promela 模型的映射关系包括由状态 / 转移映射至消息定义、由 EHA 的根自动机映射至进程及通道，以及由状态 / 转移映射至进程实体内部的流程控制、消息接收等。具体的映射关系如下所示：

- ❑ 由状态 / 转移至消息的映射。状态 σ_A 中的状态活动和转移 λ_A 中的每个转移条件都对应着顺序图中每个对象的发出 / 接收消息，其映射至 Promela 中的消息部分，转换成消息类型定义以及进程中实际发送与接收的消息变量。
- ❑ 由根自动机至消息通道定义的映射。对象之间的关系对应着顺序图中对象之间是否有交互，根自动机中的

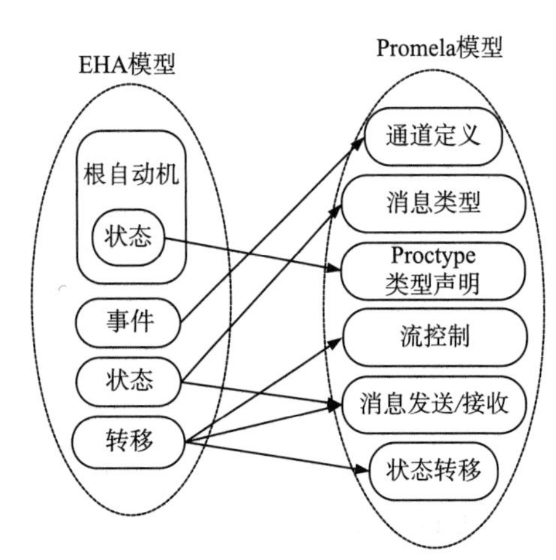

图 14-6　EHA 模型至 Promela 模型的映射关系

状态对应每个进程对象，EHA 自动机的事件映射至 Promela 中的消息通道定义。进程中消息的实际发送与接收操作需要经过通道实现。

- 由根自动机至进程声明的映射。状态的数量与进程数量相一致。进程声明包括两种，一种是普通进程，对应系统中组件对象所对应的自动机，即 EHA 中根自动机中每个状态对应的串行自动机。另一种是初始进程 init，对应顺序图中 Actor 所对应的自动机，即根自动机本身。
- 由状态 / 转移至进程体的映射。Promela 模型中的进程体主要包括流程控制、消息接收 / 发送和状态转移三个部分。流程控制对应着自动机中的相应状态，状态的识别通过转移的个数来判断，即一个状态对应两个或以上的出边或入边，流程控制通过判断接下来的转移中是否有逻辑反的条件出现来确定控制条件；消息接收 / 发送是进程间的通信部分，对应状态活动和转移条件，与上述消息类型定义和通道定义相关联，每个对象消息的发送与接收需要使用特定的通道来实现；状态转移是进程内接收或发送消息以后进行的跳转，对应自动机中的转移，根据不同的转移有不同的转移条件，满足条件后会执行下一步，否则等待。

对于一般情况下的 Promela 模型的生成工作已经有众多研究，包括语法说明等，因此这里不再赘述如何详细地生成 Promela 代码。但是这里需要特别说明对于子层次自动机（对应顺序图中的复合片段块 par）的处理方法。由于 Promela 中的 run 语句具有非停滞性，即不会停留等待 run 所唤醒的进程运行完成，而是直接运行 run 后面的代码。因此这里我们采用 do 循环，利用其在选择条件均满足的情况下会随机选择一条分支执行的特性来模拟并行操作。具体示例如图 14-7 所示。图 14-7 是由图 14-5 中层次自动机所生成的 Promela 模型中两个进程的示例。图中方框里的代码即对应了顺序图中的 par 块及 par 块内部的消息交互，从两个分支中任选一个分支执行，执行完毕后执行另一个分支，以此来模拟并行的不确定性。

```
proctype Actor(){
   c_InputOp!InputOpm;
   int Actorparellel=2;
   int Actorparellel0=1;
   int Actorparellel1=1;
   do
   ::(Actorparellel0==1)->
       c_ReData1?ReData1m->ReData1=ReData1m;
       Actorparellel0=0;
       Actorparellel=Actorparellel-1;
   ::(Actorparellel1==1)->
       c_ReData2?ReData2m->ReData2=ReData2m;
       Actorparellel1=0;
       Actorparellel=Actorparellel-1;
   ::(Actorparellel==0)->goto Actorfparlendparellel;
   od;
Actorfparlendparellel;
end:
}
```

```
proctype Client(){
   c_InputOp?InputOpm->InputOp=InputOpm;
   int Clientparellel=2;
   int Clientparellel0=1;
   int Clientparellel1=1;
   do
   ::(Clientparellel0==1)->
       c_ReData1!ReData1m;
       Clientparellel0=0;
       Clientparellel=Clientparellel-1;
   ::(Clientparellel1==1)->
       c_ReData2!ReData2m;
       Clientparellel1=0;
       Clientparellel=Clientparellel-1;
   ::(Clientparellel==0)->goto Clientfparlendparellel;
   od;
Clientfparlendparellel;
end:
}
```

图 14-7　Promela 模型的部分示例

验证模型的另一部分是由 LTL 描述的各种待验证的架构属性，与 Promela 模型一并输入至 SPIN 进行验证。

14.4.5 验证结果

SPIN 验证的结果给出架构设计是否正确或是否满足时态属性，结果为正确或包含错误两种。

对于正确的结果，SPIN 会给出模型检验的深度，并给出每个对象运行的结束状态。对于包含 LTL 的验证模型，SPIN 则是直接于满足 LTL 约束的状态处停止，并给出剩余未被验证的状态。从这些信息可以获知 LTL 约束对架构的哪一部分产生了影响。

当架构设计包含错误或不满足时态属性时，SPIN 则会给出错误说明，即违反的 LTL 约束。通过 SPIN 的运行指令可以生成错误迹，从而获取错误反例，并以图的形式表示。通过错误说明以及错误迹可以分析架构的哪一部分设计违背了 LTL 约束，从而进行分析。

图 14-8 给出了前述示例的 Promela 模型的验证结果。从图中可以看出，我们所用的简单示例的正确性和活性都是满足的，而安全性出现了错误，错误信息表示架构设计与 LTL 相违背。图 14-9 是其相应的错误迹信息，分析错误迹我们可以发现 LTL 约束要求 ReData2 必须在 ReData1 后产生；而由于这二者是并行操作的，实际中可能出现相反的情况（如错误迹所示 ReData2 在 ReData1 前产生），从而违背了安全性约束。

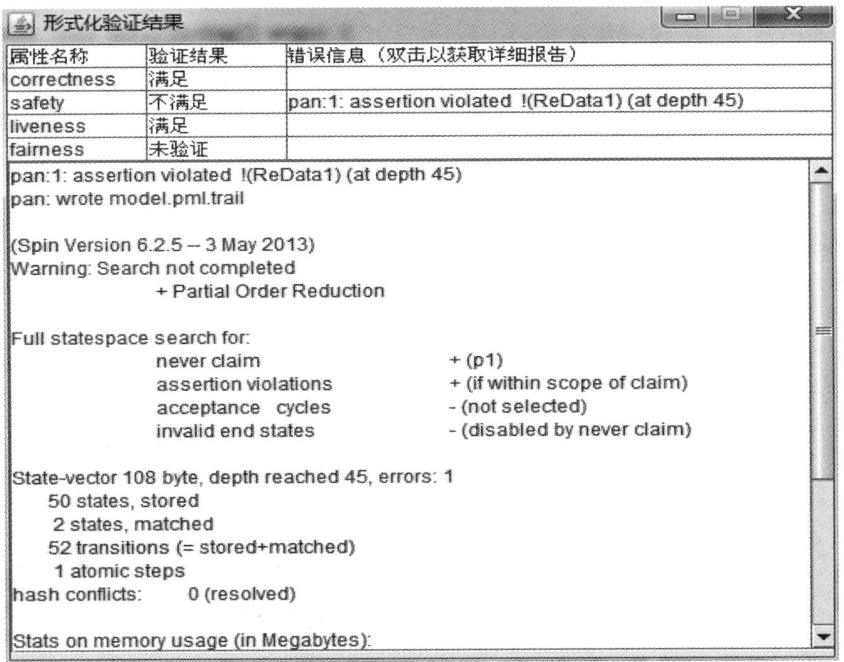

图 14-8 验证结果示例

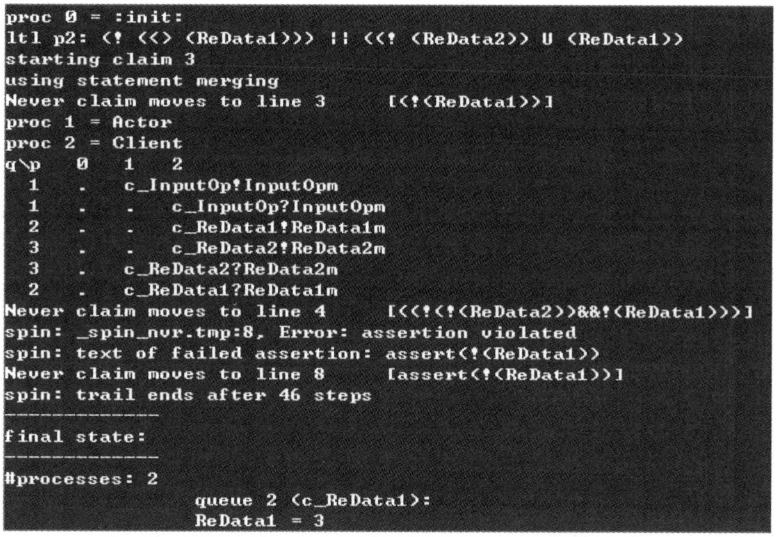

```
proc 0 = :init:
ltl p2: (! (<> (ReData1))) || ((! (ReData2)) U (ReData1))
starting claim 3
using statement merging
Never claim moves to line 3     [(!(ReData1))]
proc 1 = Actor
proc 2 = Client
q\p   0   1   2
  1   .   c_InputOp!InputOpm
  1   .   .   c_InputOp?InputOpm
  2   .   .   c_ReData1!ReData1m
  3   .   .   c_ReData2!ReData2m
  3   .   c_ReData2?ReData2m
  2   .   c_ReData1?ReData1m
Never claim moves to line 4     [((!(!(ReData2))&&!(ReData1)))]
spin: _spin_nvr.tmp:8, Error: assertion violated
spin: text of failed assertion: assert(!(ReData1))
Never claim moves to line 8     [assert(!(ReData1))]
spin: trail ends after 46 steps
-------------
final state:
-------------
#processes: 2
                queue 2 (c_ReData1):
                ReData1 = 3
```

图 14-9　包含错误的错误迹示例

14.5　架构演化验证案例分析——以 MVC 为例

我们将针对由 MVC 至 SWMVC 的演化案例进行分析与评估。对于架构输入文档，应用我们的架构验证工具对演化的各个阶段进行验证，而后从正向演化关系的角度进行分析，分析总体演化，以及各个阶段演化所产生的影响和错误原因，从而得出综合评估结果。对于同一个架构，在不同的场景下需要满足不同的约束条件，因此其演化所产生的影响结果也是不一样的。因此，这里我们使用的实验案例包含了两个不同的场景，并分别包含了不同的约束条件。

14.5.1　演化案例

MVC 架构（Model View Control Architecture）是三层架构的一种，在 Web 开发方面得到了广泛应用，并演化出了各种版本。SWMVC（Spring Web MVC）架构即是其中之一。

图 14-10 是 MVC 架构的基本交互流程的顺序图描述。Controller 负责协调 view 和 model 的交互过程，而结果由 view 反馈给 user。其中，data 消息的发出必须在 excute 执行之后的约束在图中以 assert 的复合片段标注；安全性约束中，消息 chooseview 和 pushmodel 的时态逻辑关系用 LTL 公式描述为 (<>chooseview)->((!pushmodel) ∪ (chooseview))，表示 pushmodel 不会在 chooseview 之前产生。

MVC 的一种演化架构是应用于 Web 开发的 Spring Web MVC 架构，如图 14-11 所示。根据需求，SWMVC 演化要求新增 frontctl 层，专门用于与 User 交互，将 view 层独立出来专门用于处理模型与视图的映射。同时 SWMVC 还要求隔断 model 与 view 的关系，传统的 model 层能够直接将新的模型推送给 view 层，而 SWMVC 中新的模型则必须通过 controller 层和 frontctl 层传递给 view。倘若没有模型更新则同样不会更新 view，即不会产生消息 backview。

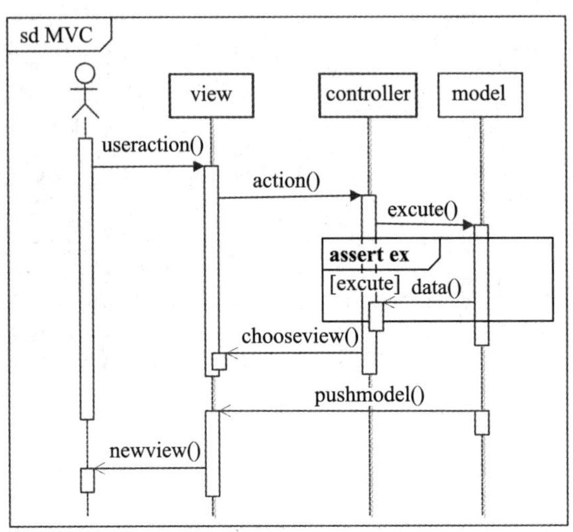

图 14-10　MVC 架构基本交互流程的顺序图描述

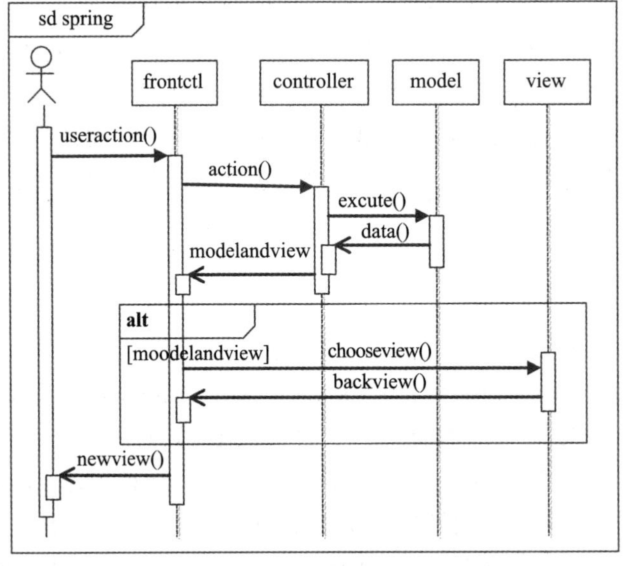

图 14-11　SWMVC 架构顺序图

从演化原因来看，由 MVC 至 SWMVC 的演化主要包括三个演化目标，一是独立对象 view 并切断其与 model 的联系，二是新增对象 frontctl 以负责与 Actor 的交互，三是新增消息 backview 以及相应约束。具体的演化过程和演化操作如表 14-1 所示。

表 14-1　由 MVC 至 SWMVC 的演化序列

	演化操作（OP）	具体描述
1	OM	翻转消息 chooseview
2	SMO	交换消息 chooseview 和 pushmodel 的时序
3	DM	移除消息 pushmodel
4	DC	移除关于 pushmodel 的安全性属性
5	AO	增添新的交互对象 frontctl
6	AC(F)	增加关于对象 frontctl 的公平性约束
7	CMM	改变消息的发送端和接收端，包括 useraction、action、newview、chooseview
8	AM	增添新的消息 modelandview、backview
9	AC(S&L)	增加关于 backview 的安全性和活性约束
10	DF	移除复合片段 assert
11	AF(loop)	增加复合片段 loop
12	FTC	将复合片段 loop 的类型改变至 alt
13	FCC	增加选择条件 modelandview

首先，考虑到安全性约束，改变消息 chooseview 和 pushmodel 的时序关系（OP1 和 2），以隔断与 model 的交互关系。而后，为了阻止 model 向 view 推送模型，架构演化直接移除消息 pushmodel 以及相关安全性约束（OP3 和 4）。

而后，新增对象 frontctl，用于处理 view、model 和 User 之间的交互，改变相关交互消息的指向，并增加关于其的公平性约束（OP5、6、7）。

最后，为了实现视图更新的功能，添加相应消息与相关安全性、活性约束（OP8 和 9），该演化并未产生错误的验证结果。根据新的架构设计，model 会自主向 controller 推送新的模型，而后反馈给 frontctl，并根据反馈决定是否更新 view。这一阶段的演化（OP10、11、12、13）实现了这一个目标。

在不同的场景情况下，SWMVC 所需要满足的约束关系是不一样的。下面我们将针对两个不同的场景，依据我们的评估方法，应用基于 SPIN 的验证方法对上述由 MVC 至 SWMVC 的演化实例进行验证，得到演化各个阶段的架构验证结果，并对该结果从所述两个角度进行分析与评估。

14.5.2　场景 1 演化评估

在场景 1 中，SWMVC 架构被应用于使用静态化技术的网站搭建中。网站在服务器端将动态部分转换成静态页面，并发送给客户端的浏览器，从而大大加快加载速度，并降低负载。这要求网站本身在第一次加载时完成视图模型的生成后便停止视图模型的更新，直至用户发起更新数据的请求时才会更新视图模型。

因此，这要求 view 不会主动推送视图模型，并且只有当需要更新视图（消息

modelandview）的时候才会更新视图。因此，此时 SWMVC 所需要满足的约束关系的 LTL 描述如下所示：

- (<>chooseview)->((!backview) ∪ (chooseview))，安全性属性，表示 backview 不会在 chooseview 之前产生。
- [](newview->([]backview))，活性属性，表示 backview 一定会产生。这里需要特别说明的是，根据场景 1 对架构设计的要求，backview 应该满足的约束为“并不一定会产生”。因此，这里的活性属性约束采用“非”的方式描述，即如果验证结果表明满足该 LTL 公式，则说明不满足这里场景 1 中的活性约束要求。
- [](newview->([]frontcontrol))，公平性属性，表示对象 frontctl 不会永远被系统忽略。

1. 演化总体分析

图 14-12 是演化最终结果 SWMVC 架构的验证结果。从图中可以看出，在 SPIN 给出的 SWMVC 架构验证结果中，正确性约束、安全性约束、活性约束与公平性约束均满足。

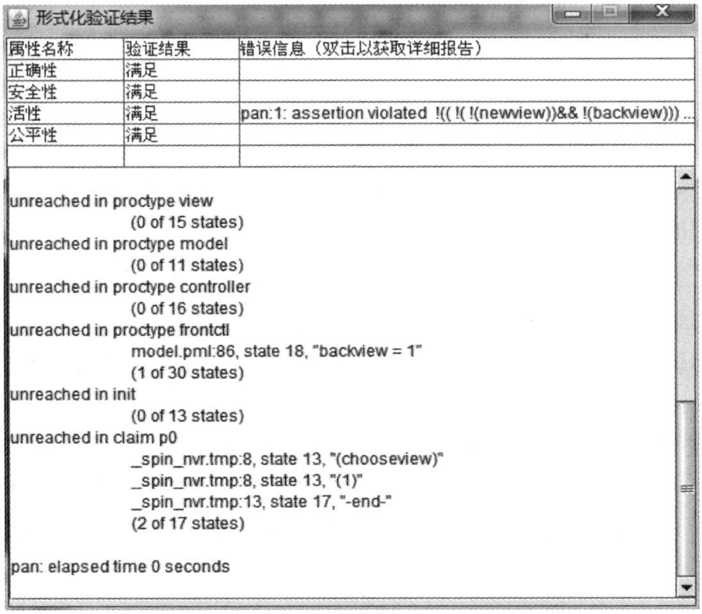

形式化验证结果

属性名称	验证结果	错误信息（双击以获取详细报告）
正确性	满足	
安全性	满足	
活性	满足	pan:1: assertion violated !((!(!(newview))&& !(backview))) ...
公平性	满足	

```
unreached in proctype view
        (0 of 15 states)
unreached in proctype model
        (0 of 11 states)
unreached in proctype controller
        (0 of 16 states)
unreached in proctype frontctl
        model.pml:86, state 18, "backview = 1"
        (1 of 30 states)
unreached in init
        (0 of 13 states)
unreached in claim p0
        _spin_nvr.tmp:8, state 13, "(chooseview)"
        _spin_nvr.tmp:8, state 13, "(1)"
        _spin_nvr.tmp:13, state 17, "-end-"
        (2 of 17 states)

pan: elapsed time 0 seconds
```

图 14-12　场景 1 下的 SWMVC 的验证结果

对于结果满足的情况，以安全性约束“ backview 不会在 chooseview 之前产生”的验证为例，图 14-13 给出了安全性的详细验证结果，即各个进程的最终结束状态。从中可以看出，除 frontctl 以外，各个进程均达到结束状态，而 frontctl 在 backview 产生之前停止。分析架构设计发现，此时消息 chooseview 已经产生，而 backview 尚未产生，这时可以认定已经满足安全性约束，无须继续验证，所以 SPIN 给出正确的验证结果。

```
Never claim moves to line 3     [(!(chooseview))]
proc 1 = view
proc 2 = controller
proc 3 = model
q\p   0   1   2   3
  1    c_useraction!useractionm
  1    .   c_useraction?useractionm
  2    .   c_action!actionm
  2    .   .   c_action?actionm
  3    .   .   c_excute!excutem
  3    .   .   .   c_excute?excutem
  4    .   .   .   c_data!datam
  5    .   .   .   c_pushmodel!pushmodelm
  4    .   .   c_data?datam
  6    .   c_chooseview!chooseviewm
  6    .   .   c_chooseview?chooseviewm
  5    .   c_pushmodel?pushmodelm
  7    .   c_newview!newviewm
  7    c_newview?newviewm
Never claim moves to line 4     [((!(!(pushmodel))&&!(chooseview)))]
spin: _spin_nvr.tmp:8, Error: assertion violated
spin: text of failed assertion: assert(!(chooseview))
Never claim moves to line 8     [assert(!(chooseview))]
spin: trail ends after 61 steps
```

图 14-13　阶段 1 演化后的安全性约束的反例说明

对于结果不满足的情况，SPIN 会给出反例，以安全性约束“backview 不会在 chooseview 之前产生”的验证为例。图 14-13 给出了第一个演化阶段的 SPIN 验证结果的反例说明。从图 14-13 中可以发现错误产生在 pushmodel 消息处。后文将叙述具体的错误分析。

因此，从最终的验证结果来看，SWMVC 架构满足场景 1 所要求的正确性和时态属性约束，由 MVC 至 SWMVC 的演化满足需求变更所产生的要求。

2. 演化操作分析

表 14-2 是场景 1 下各个演化阶段的验证结果。表中第 2 列是各个演化阶段的操作；第 3 至 6 列是待验证的正确性（C）、安全性（S）、活性（L）和公平性（F）；验证结果中“?”表示该属性验证结果未知，“0”表示能够达到正确的结束状态，“1”表示验证结果包含错误，具体错误信息在接下来的分析中会详细说明。

表 14-2　场景 1 中由 MVC 至 SWMVC 演化的各阶段验证结果

	OP	C	S	L	F		OP	C	S	L	F
0	Initial	0	0	0	0	7	CMM	0	0	0	0
1	OM	0	1	0	0	8	AM	0	0	0	0
2	SMO	0	1	0	0	9	AC(S&L)	0	0	1	0
3	DM	0	0	0	0	10	DF	0	0	1	0
4	DC	0	0	0	0	11	AF	1	0	?	0
5	AO	0	0	0	0	12	FTC	0	0	1	0
6	AC(F)	0	0	0	1	13	FCC	0	0	0	0

初始架构的验证结果表示在正确性和安全性方面没有问题，对活性和公平性并无约束。

演化 OM（Overturn Message）交换消息 chooseview 的发送对象和接收对象，验证结果表示该演化对架构正确性没有影响，但是违背安全性约束。观察 SPIN 生成的错误迹，可以发现错误产生在 pushmodel 消息处。分析反例，view 在发出消息 chooseview 后等待接收消息 pushmodel，假如此时 controller 被阻塞未能及时接收消息 chooseview，且 view 提前一步接收消息 pushmodel，从而导致消息 pushmodel 在消息 chooseview 之前产生，违反了安全性约束。在一般设计中，这种错误很难被人工发现。

演化 SMO（Swap Message Order）交换消息 chooseview 和 pushmodel 的时序，很明显违背了安全性约束。验证结果也表明该演化对正确性无影响，而违背了安全性。

演化 DM（Delete Message）移除消息 pushmodel。从验证结果可以看出，该演化对架构设计的正确性并无影响，未违背安全性约束，却违背了公平性约束。仔细分析演化后的架构设计和约束可以发现，pushmodel 被移除后，关于它的安全性约束（pushmodel 不会在 chooseview 前产生）就没有意义了。因此，接下来的演化 DC 移除了这一条安全性约束，而正确性和公平性的验证结果与演化前一致。

演化 AO（Add Object）增添了新的对象 frontctl。由于其并未与其他对象产生交互，因此对于系统而言是“永远被忽略的”，验证结果与演化前相比并无变化。为了验证这一情况，演化 AC（Add Constraint）（F）增添了关于 frontctl 的公平性属性。验证结果表明，演化后的架构违背了公平性约束，即架构设计中的对象 frontctl 未与其他对象产生任何交互。

演化 CMM（Change Message Module）将消息 useraction 的接收端、newview 的发送端、action 的发送端，以及 chooseview 的发送端改为 frontctl。验证结果表明，演化对架构的正确性并无影响，但使得架构满足了公平性。这是由于演化后 frontctl 与其他对象产生了交互，并且并无任何一个对象始终被忽略。

演化 AM（Add Message）增添了新的消息 modelandview、backview，对验证结果并无影响。与之相一致，演化 AC（Add Constraint）（S&L）增添了关于新的消息 backview 的安全性约束和活性约束。演化后的验证结果表明架构没有违背安全性约束，但是违背了活性约束。分析演化后的架构，消息 backview 一定会于 chooseview 之后产生，没有不产生的可能性，从而与设计的活性约束相违背。

演化 DF（Delete Fragment）移除了复合片段 assert。该复合片段是在消息 data 处增加断言 excute，作用是说明二者的关系并对 data 做一定约束。移除该复合片段即移除了这一条约束，对架构设计的正确性以及其他时态属性的正确与否没有影响。验证结果也证明了这一点。

演化 AF（Add Fragment）增加了关于消息 chooseview 和 backview 的复合片段 loop。验证结果表明该演化对架构的安全性和公平性约束没有影响，而违背了正确性约束，关于活性约束方面则是未知的结果。正确性方面，尽管 SPIN 并未提出 error，但是观察结果中的各个进程的终止状态可以发现，对象 frontctl 和 view 并未达到最终结束状态 end，并且消息 newview 也没有产生，这说明系统在 loop 处出现死循环的情况。观察演化后的架构可以发现，复合片段 loop 中并未给出循环条件，这就导致架构在此处出现死循环，这一点同样影响了活性约束的验证，使其验证结果未知。

演化 FTC（Fragment Type Change）将复合片段 loop 的类型改变为 alt。从验证结果可以发现，演化后的架构满足正确性、安全性和公平性约束，但是违背了活性约束。这里由于活性约束采用“逻辑非”的方式描述，因此与验证结果相反，即架构设计满足活性约束。从演化后的架构可以发现，backview 依然是必然产生的状态，因此违背设计。最后的演化 FCC（Fragment Condition Change）给选择块增加了条件 modelandview，表示在 modelandview 产生的情况下才会产生消息 chooseview 和 backview。演化后的结果表明满足正确性和时态属性约束。

3. 评估结果

在上述总体分析和演化操作分析的基础上，这里给出综合评估结果。

在场景 1 中，演化前的 MVC 架构满足正确性、安全性、活性和公平性约束要求，演化后的 SWMVC 架构满足正确性、安全性、公平性和活性约束要求。

演化过程待验证的属性发生了不同的变化，分别包括：反转消息（OP1）导致安全性验证结果从满足变为不满足；删除消息（OP3）导致安全性验证结果从不满足变为满足；添加对象 & 约束（OP5、6）导致公平性验证结果从满足变为不满足；添加消息 & 约束（OP8、9）导致活性验证结果从满足变为不满足；修改复合片段分支条件（OP13）导致活性的验证结果从不满足变为满足。

14.5.3　场景 2 演化评估

在场景 2 中，SWMVC 架构被应用于数据更新比较频繁、不使用静态化技术的网站搭建中。在场景 2 中，由于某些原因网站的数据会不断更新，从而导致展示给用户的页面也需要不断地刷新。因此与场景 1 不同，这里不能采用静态化技术，而是需要网站能够自主地更新视图模型并推送给用户。

因此这要求架构设计中能够自主更新 view，并且 view 会主动推送新的视图模型。与场景 1 相比，场景 2 的主要不同之处在于对活性和公平性属性的描述。此时，SWMVC 所需要满足的约束关系的 LTL 描述如下所示：

- (<>chooseview)->((!backview) ∪ (chooseview))，安全性属性，表示 backview 不会在 chooseview 之前产生。
- [](newview->([]backview))，活性属性，表示 backview 一定会产生。
- [](newview->([]procview))，公平性属性，表示对象 view 不会永远被系统忽略。

1. 演化总体分析

图 14-14 是场景 2 下的演化最终结果 SWMVC 架构的验证结果。从图中可以看出，在

SPIN 给出的 SWMVC 架构的验证结果中，正确性约束、安全性约束满足，活性约束与公平性约束不满足。

形式化验证结果

属性名称	验证结果	错误信息（双击以获取详细报告）
正确性	满足	
安全性	满足	
活性	不满足	pan:1: assertion violated !((!(!(newview))&& !(backview))) ...
公平性	不满足	pan:1: assertion violated !((!(!(newview))&& !(procview))) (...

```
  0.021        equivalent memory usage for states (stored*(State-vector + overhead))
  0.286        actual memory usage for states
 64.000        memory used for hash table (-w24)
  0.343        memory used for DFS stack (-m10000)
 64.539        total actual memory usage


unreached in proctype view
               (0 of 16 states)
unreached in proctype model
               (0 of 11 states)
unreached in proctype controller
               (0 of 16 states)
unreached in proctype frontctl
               (0 of 30 states)
unreached in init
               (0 of 13 states)

pan: elapsed time 0 seconds
```

图 14-14　场景 2 下的 SWMVC 的验证结果

对于满足的情况在场景 1 里已经分析，这里不再赘述。对于结果不满足的情况，SPIN 会给出反例。图 14-15 给出了活性约束的反例说明，图 14-16 给出了公平性约束的反例说明。从图中可以看出，二者具有相同反例路径。对于选择块，为了方便观察，用“c_c!0”表示条件不满足，用“c_c!1”表示条件满足。从图 14-15 中可以发现，当选择块条件不满足时，消息 backview 不会产生，并且不会激活对象 view，因此违反了活性约束以及公平性约束。

```
proc 1 = view
proc 2 = controller
proc 3 = model
proc 4 = frontctl
q\p   0   1   2   3   4
  1   c_useraction!useractionm
  1   .   .   .   .   c_useraction?useractionm
  2   .   .   .   .   c_action!actionm
  2   .   .   c_action?actionm
  3   .   .   c_excute!excutem
  3   .   .   .   c_excute?excutem
  4   .   .   .   c_data!datam
  4   .   .   c_data?datam
  5   .   .   c_modelandview!modelandviewm
  5   .   .   .   .   c_modelandview?modelandviewm
  6   .   .   .   .   c_c!0
  6   .   c_c?0
  7   .   .   .   .   c_newview!newviewm
  7   c_newview?newviewm
spin: _spin_nvr.tmp:3, Error: assertion violated
spin: text of failed assertion: assert(!((!(!(newview))&&!(backview))))
Never claim moves to line 3      [assert(!((!(!(newview))&&!(backview))))]
spin: trail ends after 72 steps
```

图 14-15　活性约束的反例说明

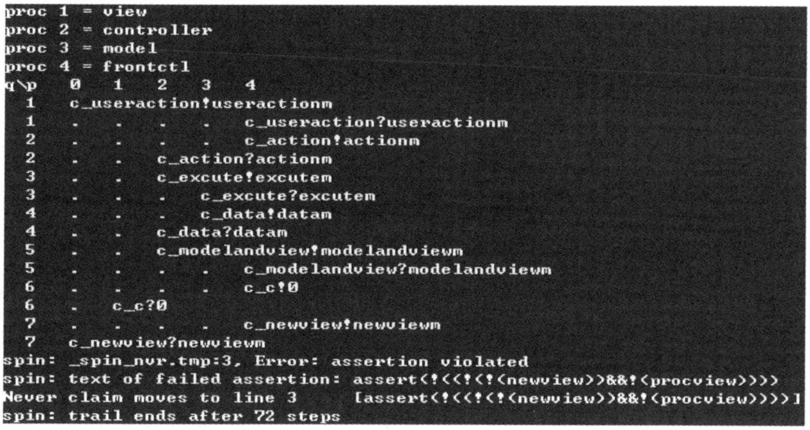

```
proc 1 = view
proc 2 = controller
proc 3 = model
proc 4 = frontctl
q\p   0   1   2   3   4
  1   c_useraction!useractionm
  1   .   .   .   .   c_useraction?useractionm
  2   .   .   .   .   c_action!actionm
  2   .   .   c_action?actionm
  3   .   .   c_excute!excutem
  3   .   .   .   c_excute?excutem
  4   .   .   .   c_data!datam
  4   .   .   c_data?datam
  5   .   .   c_modelandview!modelandviewm
  5   .   .   .   .   c_modelandview?modelandviewm
  6   .   .   .   .   c_c!0
  6   .   c_c?0
  7   .   .   .   .   c_newview!newviewm
  7   c_newview?newviewm
spin: _spin_nvr.tmp:3, Error: assertion violated
spin: text of failed assertion: assert(!((!(!(newview))&&!(procview))))
Never claim moves to line 3     [assert(!((!(!(newview))&&!(procview))))]
spin: trail ends after 72 steps
```

图 14-16　公平性约束的反例说明

因此，从最终的验证结果来看，SWMVC 架构满足场景 2 所要求的正确性和安全性约束，而不满足活性和公平性的约束，因此由 MVC 至 SWMVC 的演化并不满足需求变更所产生的要求。

2. 演化操作分析

表 14-3 是场景 2 下各个演化阶段的验证结果。与场景 1 的各个演化阶段的验证结果相比，它们的正确性和安全性约束验证结果相同，这是因为两个场景下的架构模型和 LTL 描述公式是一致的，不再另外分析。而场景 2 和场景 1 的活性和公平性约束不同，因此各个演化阶段和最终结果会产生差异。

对于活性约束，演化 DF 并未影响相应的消息，因此未对活性约束产生任何影响。而演化 AF 增添了复合片段 loop，观察结果中的进程终止状态可以发现，系统在 loop 处出现死循环，导致未验证到活性约束。这一点与场景 1 中的情况相同。演化 FTC 和 FCC 将 loop 循环块改变成选择块，并添加选择条件。演化后的验证结果表示活性约束出现错误。观察错误迹可以发现，当选择条件 modelandview 不满足时，不会执行选择块里的内容，即消息 backview 不会生成，因此不满足活性约束。

表 14-3　场景 2 中由 MVC 至 SWMVC 演化的各阶段验证结果

	OP	C	S	L*	F		OP	C	S	L*	F
0	none(Initial)	0	0	0	0	7	CMM	0	0	0	0
1	OM	0	1	0	0	8	AM	0	0	0	0
2	SMO	0	1	0	0	9	AC(S&L)	0	0	0	0
3	DM	0	0	0	0	10	DF	0	0	0	0
4	DC	0	0	0	0	11	AF(loop)	1	0	?	0
5	AO	0	0	0	0	12	FTC	0	0	0	0
6	AC(F)	0	0	0	0	13	FCC	0	0	1	1

对于“对象 view 不会一直被忽略”的公平性约束，演化阶段 6 至阶段 12 的结果显示都没有违背。从架构设计中可以很明显发现，对象 view 在某个时候都会收到消息而被唤醒。演化 FCC 后的验证结果表示违背了公平性约束。从 SPIN 给出的反例中可以发现，当选择条件 modelandview 不满足时，不会执行选择块里的内容，即对象 frontctl 不会向 view 发出消息 chooseview，此时 view 不会被唤醒，因此不满足公平性约束。

3. 评估结果

在上述总体分析和演化操作分析的基础上，这里给出综合评估结果。

在场景 2 中，演化前的 MVC 架构满足正确性、安全性、活性和公平性约束要求，演化后的 SWMVC 架构满足正确性、安全性约束，不满足公平性和活性约束要求。二者不满足的位置都在消息 backview 处。

演化过程待验证的属性发生了不同的变化，分别包括：反转消息（OP1）导致安全性验证结果从满足变为不满足；删除消息（OP3）导致安全性验证结果从不满足变为满足；添加复合片段（OP11）导致正确性验证结果从满足变为不满足，同时导致活性约束验证结果未知；修改复合片段类型（OP12）导致正确性验证结果从不满足变为满足，同时导致满足活性约束验证；修改复合片段分支条件（OP13）导致活性和公平性的验证结果从满足变为不满足。

本实验针对同一个 MVC 至 SWMVC 的架构演化在不同场景下进行评估并分析。比较场景 1 和场景 2 的评估结果，表明在相同的架构演化过程中，不同的约束会对演化结果产生不同的影响。从最终演化结果来看，场景 1 中的架构满足活性和公平性，而场景 2 中的架构则不满足，这表示在不同的场景中相同架构演化会产生不同的验证评估结果。

从场景 1 和场景 2 的各个演化阶段分析中可以发现，架构演化的前后版本之间会有很多个演化阶段，每个阶段的演化都有可能影响到架构的属性约束。因此，单独观察最终的演化结果并不能反映出演化过程中可能出现的问题，尽管这些问题在演化过程中会被掩盖，但很可能成为架构设计正确性或其他时态属性的隐患。这也正是要求我们在了解架构演化具体过程的基础上，从正向演化关系来进行分析与评估的原因所在。

14.6 本章小结

本章重点讨论了软件架构验证问题，与需求验证相比，软件架构验证也没有本质上的区别，都属于软件开发早期阶段质量保障的一部分。与需求验证一样，软件架构验证也有很多种手段和方法，如分析和评审的方法、度量和评估的方法、测试和仿真的方法等。本章重点介绍一种形式化验证方法，并结合静态软件架构验证，详细地讨论了软件架构形式化验证的实践，同时讨论了在演化过程中，软件架构的某些重要的质量属性和行为属性是如何被验证的。形式化验证也有其自身的局限性，不可能解决软件架构验证的所有问题，新的更加合理、更加完善的软件架构验证方法仍然是现阶段和下一阶段的研究热点。

思考题

14.1 什么是软件架构验证？验证的主要目的是什么？有哪些验证方法？
14.2 软件架构形式化验证的基本思想是什么？
14.3 在软件架构形式化验证中，不同的验证方法展现出来的优势和劣势分别是什么？
14.4 你是如何理解静态软件架构、动态软件架构和运行态软件架构的？
14.5 静态软件架构验证、动态软件架构验证和运行态软件架构验证有何不同？
14.6 软件架构验证和软件需求验证有何区别？
14.7 在软件架构验证实践中可能面临的主要困难是什么？
14.8 举例说明软件架构验证为什么如此重要。

参考文献

[1] S R Taoufik, B M Tahar, S Layth, et al. Towards a formal approach for the verification of SCA/BPEL software architectures[C]. Proceedings of the International Conference on Information, Intelligence, Systems & Applications (IISA). Larnaca, Cyprus: IEEE, 2017: 1-6.
[2] S R Taoufik, B M Tahar, K Mourad. Behavioral Verification of UML2.0 Software Architecture[C]. Proceedings of the International Conference on Semantics, Knowledge and Grids (SKG). Beijing, China: IEEE, 2016: 115-120.
[3] T K Satyananda, D Lee, S Kang. Formal Verification of Consistency between Feature Model and Software Architecture in Software Product Line[C]. Proceedings of the International Conference on Software Engineering Advances (ICSEA 2007). Cap Esterel, France: IEEE, 2007: 9-10.
[4] B X Li, L Liao, X M Yu. A Verification-Based Approach to Evaluate Software Architecture Evolution[J]. Chinese Journal of Electronics, 2017, 26(3):485-492.
[5] A de Groot, J Hooman, M Lemoine, et al. A survey: applying formal methods to a software intensive system[C]. Proceedings Sixth IEEE International Symposium on High Assurance Systems Engineering. Boco Raton, FL, USA: IEEE, 2001: 55-64.
[6] W Reisig. Formal methods for concurrent systems design: a survey[C]. Proceedings of Workshop on Programming Models for Massively Parallel Computers. Berlin, Germany: IEEE, 1993: 12-21.
[7] C Gunter. Semantics of Programming Languages[M]. Cambridge, MA: MIT Press, 1992.
[8] W P Milam. Standardization of Formal Specification Languages[J]. IFAC Proceedings Volumes, 1995,28(25):163-167.
[9] R Sammi, I Rubab, M A Qureshi. Formal specification languages for real-time systems[C]. Proceedings of the International Symposium in Information Technology (ITSim). Kuala Lumpur, Malaysia, 2010: 23-28.
[10] K Lano. The B language and Method[M]. London: Springer-Verlag London Limited, 1996.
[11] 邹盛荣，郑国良 . B 语言和方法与 Z、VDM 的比较 [J]. 计算机科学，2002，29(10): 136-138.

[12] R J Back, J Wright. Refinement Calculus: A Systematic Introduction[M]. New York: Springer-Verlag, 1998.

[13] V D'Silva, D Kroening, G Weissenbacher. A Survey of Automated Techniques for Formal Software Verification[J]. IEEE Transactions on Computer-Aided Design of Integrated Circuits and Systems, 2008, 27(7): 1165-1179.

[14] M Loghi, T Margaria, G Pravadelli, et al. Dynamic and Formal Verification of Embedded Systems: A Comparative Survey[J]. International Journal of Parallel Programming, 2005, 33(6):585-611.

[15] A U Shankar. An Introduction to Assertional Reasoning for Concurrent Systems[J]. ACM Computing Surveys, 1993, 25(3): 225-262.

[16] Formal Verification Reviews and Surveys[EB/OL]. http://www.cerc.utexas.edu/~jay/fv_surveys/.

[17] PVS Specification and Verification System[EB/OL]. http://pvs.csl.sri.com/.

[18] E M Clarke Jr, O Grumberg, D Peleg. Model Checking[M]. Cambridge, MA: The MIT Press, 2018.

[19] Spin Tool[EB/OL].http://spinroot.com/.

[20] UPPAAL Tool[EB/OL]. http://uppaal.org/.

[21] CADP Tools[EB/OL]. http://cadp.inria.fr/tools.html.

[22] The Wright Architecture Description Language[EB/OL]. http://www.cs.cmu.edu/~able/wright/.

[23] J Grundy, J Hosking. High-level static and dynamic visualisation of software architectures[C]. Proceedings of the IEEE International Symposium on Visual Languages, 2000. Seattle, WA, USA: IEEE, 2000: 5-12.

[24] T Richta, V Janoušek, R Kočí. Dynamic Software Architecture for Distributed Embedded Control Systems[C]. Petri Nets and Software Engineering, 2015: 133-150.

[25] J S Bradbury, J R Cordy, J Dingel, et al. A survey of self-management in dynamic software architecture specifications[C]. Proceedings of the 1st ACM SIGSOFT workshop on Self-managed systems. Newport Beach, California, 2004: 28-33.

[26] G Huang, M Hong, F Q Yang. Runtime recovery and manipulation of software architecture of component-based systems[J]. Automated Software Engineering, 2006, 13(2): 257-281.

[27] H Song, G Huang, F Chauvel, et al. Supporting runtime software architecture: A bidirectional-transformation-based approach[J]. Journal of Systems and Software, 2011,84(5): 711-723.

[28] H Gang, M Hong, F Q Yan. Runtime software architecture based on reflective middleware[J]. Science in China Series F: Information Sciences, 2004,47(5): 555-576.

[29] G J Holzmann. The model checker SPIN[J]. IEEE Transactions on Software Engineering 1997, 23 (5): 279-295.

[30] W Dong, J Wang, X Qi, et al. Slicing hierarchical automata for model checking UML statecharts[C]. Proceedings of the International Conference on Formal Engineering Methods. Berlin Heidelberg: Springer, 2002: 435-446.

[31] W Dong, J Wang, X Qi, et al. Model checking UML statecharts[C]. Proceedings of the Eighth Asia-Pacific Software Engineering Conference. Macao, China: IEEE, 2001: 363-370.

第 15 章　软件架构分析与测试

本章详细地介绍了 19 种软件架构分析方法，其中包括 SAAM、SAAMCS、ATAM、PSAEM、SBAR、ESAAMI、SAAMER 和 ALPSM 等著名的软件架构分析方法。同时，本章简单讨论了软件架构测试方面的一些初步工作。

15.1　引言

从 20 世纪 70 年代至今，软件质量始终是计算机科学和软件工程界关注的热点。软件质量涉及软件整个生命周期。“从软件开发伊始就应该对软件质量进行监控”早已成为软件工程界的共识。1972 年 Parrnas 提出用模块化和隐蔽的信息实现系统高层分解，以改善系统的适应性和易理解性。1974 年 Steven 等提出模块耦合和内聚概念来分析、比较系统的结构，属于这方面的开创性工作。进入 90 年代，软件架构与软件质量的内在联系受到越来越广泛的重视，随即开展了大量的研究工作，并取得明显进展。2000 年 R.Kazman 首次使用“软件架构工程”这一名词来强调这些工作的重要性和发展前景。软件架构分析得到关注的原因在于，从开发过程来看，软件架构是软件最原始的产品，必然成为制约后续开发和整个软件系统质量的关键。在这个阶段介入并尽早进行质量分析和风险控制，显然最具费用效益。

以开发软件 CMM 模型而知名的美国卡内基 – 梅隆大学软件工程研究所（SEI），在开发和推动软件架构分析方面再次发挥了关键作用。自从 1993 年 SEI 的 Len Bass 等提出了一种 SAAM 软件架构分析方法以来，美国国防部对软件架构分析方法高度重视，一直给予专项资金支持，从而软件架构分析的研究随即迅速扩展到美国软件工程界和世界各地。各种软件架构分析方法像雨后春笋般地被提出来，形成了比较完善的软件架构分析体系。本章主要介绍其中 19 种比较有代表性的软件架构分析方法。

15.2　软件架构分析方法

本节详细介绍 19 种软件架构分析方法的基本思想，同时简要说明每种方法的实际应用情况。

15.2.1 SAAM

SAAM（Scenario-Based Architecture Analysis Method）要求系统的各种风险承担者列举出若干场景，这些场景要能够代表已知的或在以后很可能发生的变化。要仔细审查这些场景，划分其优先级，并与架构的相应部分对应起来。这种对应将显现出问题所在，即架构过于复杂的地方（如果许多差别很大的场景都影响到某一个或几个组件）或重要设计细节散布在整个架构中而没有封装的地方（如果某一场景会导致许多组件发生变化的话）。这种对应也可以显示出架构文档详略程度不合适的地方。如果经常出现系统的架构文档不够完善或根本没有文档的情况，这会为项目的开发带来风险。用 SAAM 进行评估可以促使架构设计师详细地编写架构文档，以满足评估分析的需要。SAAM 更多地关注功能性和各种形式的可修改性（如可移植性、可子集性和可变性）[1, 2]。SAAM 的基本原理如图 15-1 所示，主要包含 6 个主要步骤。

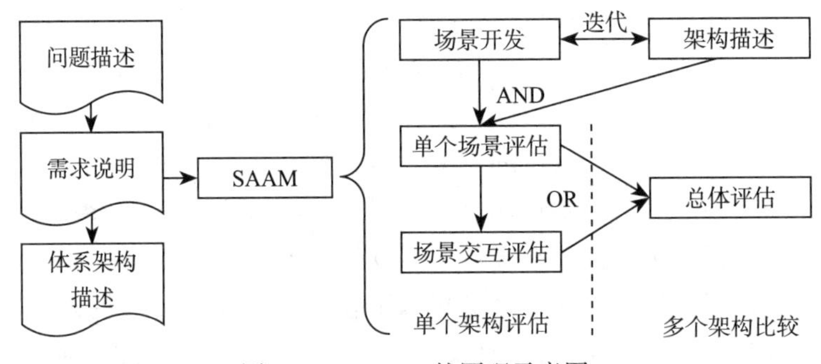

图 15-1　SAAM 的原理示意图

步骤 1：场景开发。场景应表明系统必须支持的活动类型，场景也应该表明客户期望对该系统所做的更改的类型。在形成这些场景的过程中，要注意全面捕捉系统的主要用途、系统的用户、预期将对系统做的更改、系统在当前及可预见的未来必须满足的质量属性等信息。只有这样，形成的场景才能代表与各种人员（如最终用户、客户、营销人员、系统管理员、维护人员、开发人员等）相关的任务。

步骤 2：架构描述。应该采用某种参与者都能充分理解的形式对待评估的一个或多个架构进行描述。这种描述必须要说明系统中的运算和数据组件，也要阐明它们之间的联系。除了要描述这些静态特征外，还要对系统在某一时间段内的动态特征做出说明。这种表述可以采用以自然语言描述总体行为特征的形式，也可以采用某种更为形式化的手段。场景开发与架构描述通常是相互促进的。一方面，对架构的表述迫使风险承担者考虑针对所评估的架构的某些具体特征的场景；另外一方面，场景也反映了对架构的需求，因此必须体现在架构描述中。所以，形成场景和描述架构这两步是交替进行的，或者需要进行若干次重复，直到两方面都得到令人满意的结果为止。

步骤 3：场景的分类和优先级的确定。在 SAAM 评估中，场景就是对所预计或期望的系统的某个使用情况的简短表述。架构可能直接支持该场景，即这一预计的使用情况不需要对架构做任何修改。这一般可以通过演示现有架构在执行此场景的表现（不是对整个架构的模拟）来确定。在 SAAM 评估方法中称这样的场景为直接场景。直接场景就是按照现有架构开发出来的系统能够直接实现的场景。与在设计时考虑过的需求相对应的直接场景并不会让风险承担者感到意外，但将增进对架构的理解，促进对诸如性能和可靠性等其他质量属性的系统研究。如果所评价的架构不能支持某一场景，就必须对所描述的架构进行更改。可能要对执行某一功能的一个或多个组件进行更改、为实现某一功能而添加一个组件、为已有组件建立某种新的联系、删除某个组件或者联系、更改某一接口，或者是以上多种情况的综合。这样的场景称为间接场景。间接场景就是需要对现有架构做些修改才能支持的场景；间接场景对于衡量架构对系统在演化过程中将出现的更改（这些更改对风险承担者来说具有重要的意义）的适应情况十分关键。通过综合各种间接场景对架构的影响，可以确定架构在相关系统的生命周期内对不断演化的使用的适应情况。直接场景类似于用例（例如在 UML 中使用的用例），而间接场景有时也称为更改案例。

通过对场景设置优先级，可保证在评估的有限时间内考虑最重要的场景。这里所说的重要性完全由风险承担者及其所关心的问题确定。风险承担者通过投票表达出其所关心的问题。每个参评的风险承担者都将拿到固定数量的选票，我们向每个风险承担者发放的选票数一般是待评估场景数量的 30%，他们可以用自己认为合适的方式投票，即可以为任一个场景投 1 张或多张选票。

一般而言，基于 SAAM 的评估关心的是诸如可修改性这样的属性，所以在划分优先级之前要对场景进行分类。风险承担者最关心的通常是明确间接场景对架构相应部分的影响。

步骤 4：单个场景评估。一旦确定了要考虑的场景，就要把这些场景与架构描述对应起来。对于直接场景而言，架构设计师需要描述清楚所评估的架构将如何执行这些场景。对于间接场景来说，架构设计师应说明需要对架构做哪些修改才能适应间接场景的要求。SAAM 评估也使评审人员和风险承担者更清楚地认识架构的组成及各组件的动态交互情况。风险承担者的讨论对于场景表述的实际意义，以及参评人员认为场景与质量属性的对应是否合适等都具有重要的意义。这种对应过程也能暴露出架构及其文档的不足之处。对每一个间接场景，必须列出为支持该场景而需要对架构做的改动，并估计这些更改的代价（包括调试和测试的时间）。对架构的更改意味着引入某个新组件或新关联，或者需要对已有组件或关联的表述进行修改。在这一步快要结束时，应该给出列有全部场景（包括直接和间接场景）的总结性表格。

步骤 5：场景交互评估。当两个或多个间接场景要求更改架构的同一个组件时，我们就称这些场景在这一个组件上存在相互作用。之所以强调场景的相互作用，有如下两个原因：首先，这种相互作用暴露了该设计方案中的功能分配。语义上无关场景的相互作用清楚地表明了架构中哪些组件运行着语义上无关的功能。场景交互比较多的地方很可能就是功能分离不够好的地方。所以，场景相互作用的地方也就是设计人员在以后工作中应该多加注意的地方。场景的相互作用多少与结构的复杂性、耦合度及内聚性等有关。因此，场景相互作用的多少很可能与最终产品中缺陷的多少密切相关。

步骤 6：形成总体评估。最后，必须根据对影响系统成功的相对重要性来为每个场景设置一个权值。这种权值的确定通常要与每个场景所支持的商业目标联系起来。

如果要比较该架构用到的多个框架，或者针对同一个框架的多个不同方案进行比较，则可以通过这种权值的确定来得出总体评价。设置权值的目的就是要解决第一个设计方案在大约一半场景上得分很好，而第二个设计方案又在另一半场景上得分很高的情况。权值的设置具有很强的主观性，应该让所有风险承担者共同参与。但也应合理组织，要允许对权值及其基本思想进行公开讨论和辩论。例如，可以根据预计的成本、风向、推向市场的时间或其他共同认可的标准设置场景的权值。

另外，如果是对多个架构进行比较，则每个架构所支持的场景的数量对整体评价也是有影响的。因为如果是直接场景，就说明无须对系统做任何更改就可以实现用户的需求。

在对架构的不同方案进行比较时，采用表格形式往往能取得较好的效果。因为借助于表格，我们可以很容易地看出哪个方案能够更好地实现对某一组场景的支持。

在 SAAM 的应用中，除了用场景描述软件架构的属性需求外，不需要严格地遵循这些步骤。作者利用 SAAM 来分析商业的版本控制管理系统 WRCS 架构的可移植性和可修改性，并对该软件架构的修改给出了一些意见。此外，SAAM 还被应用于多个工业和学术的中小规模案例，包括用户界面发展环境架构、互联网信息系统架构、文章关键词系统架构、嵌入式音频系统、对象请求代理架构、Visual Debuggers 架构，以及几个大规模工业案例，包括全球信息系统、空中交通管理系统。在几乎所有的案例中，SAAM 的分析结果都给开发者提供了有用的信息。

SAAM 主要应用于特定领域或者基于重用技术的软件开发过程中[3]。

15.2.2 SAAMCS

SAAMCS（SAAM Founded on Complex Scenarios）对 SAAM 的扩展主要存在两个方面：一方面是寻找场景的方式，另一方面是评估它们的影响。这种方法寻找实现起来可能比较复杂的场景[4]。它以架构描述和版本冲突为基础，提供了在实现时较为复杂的场景类型的场景列表。图 15-2 描述了 SAAMCS 的输入和活动。在场景开发中，定义了一个二维的框架图（5 类复杂场景、4 种修改来源），它可以为发现复杂场景提供帮助。修改来源包括功能需求、质量需求、外部组件和技术环境。5 类复杂场景分别是对有外部影响的系统的调整、对那些影响系统的环境的调整、对宏观架构和微观架构的调整、对引入版本冲突的调整。在场景效果评估方面，SAAMCS 引入并使用了自己的度量装置来表达场景的效果。所定义的装置包括了定义场景复杂度的 3 种因素：4 个层次的场景效果（即：没有效果、影响一个组件、影响多个组件、影响体系架构）、信息系统所包括的所有者的数量、4 个层次的版本冲突（即：不同版本没有问题、不理想但并非不能使用、出现与配置管理相关的混乱、出现冲突）。

SAAMCS 主要用于对系统的灵活性进行分析 [4]。

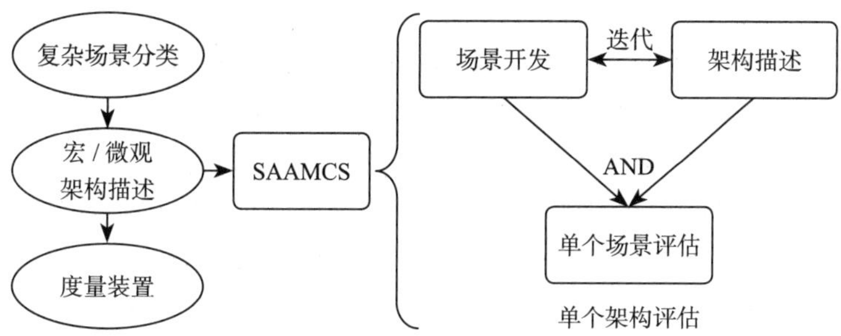

图 15-2　SAAMCS 的原理示意图

15.2.3　ESAAMI

在以架构为中心的开发过程中，SAAM 仅考虑了问题的描述、需求的定义和软件架构的描述。ESAAMI（Extending SAAM by Integration in the Domain）是分析和重用概念的组合 [3]。ESAAMI 把 SAAM 集成在面向对象的特定领域、以重用为基础的开发过程中。由于集中在一个领域，重用的过程得到了改善。在评估技术、质量属性、风险承担者的影响和软件架构描述等方面，ESAAMI 和 SAAM 类似。但在领域知识重用方面，ESAAMI 通过定义软件架构和分析模板有所改进。图 15-3 描述了 ESAAMI 的主要输入和相关活动。ESAAMI 的活动与 SAAM 类似，主要考虑了构建可重用知识库，即当前分析的结果将用于新构建的系统中。

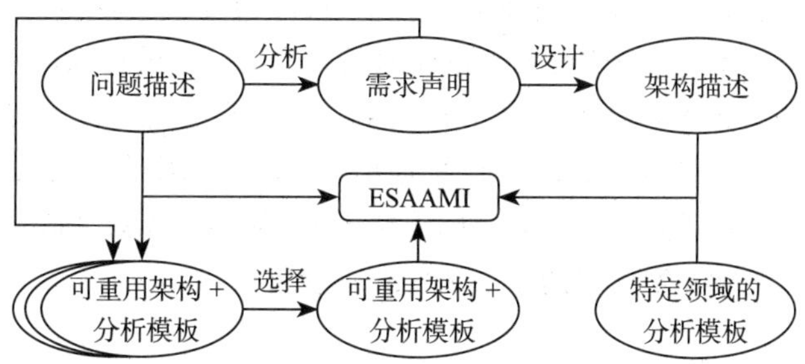

图 15-3　ESAMMI 的原理示意图

ESAAMI 建议使用分析模板包，它代表了该领域的本质特点。分析模板是在该领域中各个应用的公共性质基础上所定义的，与特定系统的软件架构元素无关。分析模板收集了可在该方法的各个步骤中使用的可重用产品。这些产品包括原型场景、评估协议、原型评估和软件架构提示和权重。其中，原型场景是可重用环境或系统交互的通用描述，它们被用于场景评估阶段，并在不同项目的早期评估协议中被标示出来。权重创建在该领域的旧项目中，它使得分析结果可进行比较。ESSAMI 仍处于改进和完善阶段，一般应用于特定领域或者基于重用技术的软件开发过程中[3]。

15.2.4 SAAMER

SAAMER（Software Architecture Analysis Method for Evolution and Reusability）主要从演化和可重用性的角度对SAAM方法进行了扩展[5]，可更好地帮助系统满足质量属性、评估系统演化的风险以及指导系统的重用。

场景是评估软件架构在不同领域的主要驱动力量，它们描述了系统必须支持的重要功能，或辨别出随着时间变化需要在哪里对系统做出修改。场景的设置以风险承担者和软件架构的目标为主，同时考虑系统的基本使用。场景和结构视图对于标识出需要修改的组件非常有效，对于预防性的主动维护活动也十分有效。SAAMER认为如下架构视图是关键的：静态视图、动态视图、映射视图和资源视图。其中，静态视图中集成并扩展了SAAM，以处理系统组件、功能和组件之间连接的分类和泛化。这些扩展有助于对修改系统时所要付出的代价进行估计。动态视图适用于行为方面的评估，验证控制和通信能够按照所期望的方式进行处理。组件和功能之间的映射能够揭示出系统的内聚性和耦合性。

SAAMER提供了对分析过程很有用的活动框架。该框架由4个活动组成：①收集风险承担者、软件架构、质量属性和场景等方面信息；②对可用的物件进行建模；③分析；④评估。后两个活动类似于SAAM。但是在SAAMER的场景开发阶段，它为何时停止场景的生成提供了一个实用的方案。这里使用了两个技术：首先，场景的生成与不同类型的目标（风险承担者、软件架构和质量属性）紧密相关，利用目标和领域专家的知识对场景进行标识和分类，以确保这些场景涵盖每个目标。其次，利用质量功能部署（Quality Function Deployment，QFD）来验证关于目标的场景平衡。对风险承担者和软件架构目标以及质量属性，生成一系列度量标准来显示其关系强度。质量属性将被转换为场景来显示每个质量属性的覆盖范围。最后，对每一个质量属性计算失调因子（imbanance factor），即质量属性的覆盖范围除以其优先级。如果该因子小于1，则应当参照风险承担者、软件架构和质量属性的重要性，继续开发更多的场景来处理质量属性。

15.2.5 ATAM

ATAM（The Architecture Trade-Off Analysis Method）的灵感主要来自于3个方面：软件架构风格的概念、质量属性分析和SAAM[6,7]。之所以称为ATAM，是因为这种方法不仅可以揭示出软件架构对特定质量目标的满足情况，而且能够使我们更清楚地认识到质量目标之间的联系，即如何权衡诸多质量目标。

采用结构化的评估方法使得分析过程可重复，并帮助我们在较早的确定系统需求阶段或设计阶段保证所询问的问题恰当，且所发现的问题能够以相对较低的代价得以解决。这样的评估方法能够指引该方法的使用者（即风险承担者）在软件架构中查找相互冲突的地方并解决这些冲突。

ATAM 主要包含如下 4 个阶段共 9 个步骤。

1. 表述阶段

表述阶段包含如下三个步骤。

步骤一：ATAM 的表述。这一步要求评估负责人向参加会议的风险承担者介绍 ATAM 方法并回答问题。内容包括：① ATAM 评估步骤介绍；②介绍用于信息获取和分析的技巧，涵盖效用树的生成、基于架构设计决策的获取和分析、对场景的集体讨论及优先级的划分等；3）评估结果表述，即所得出的场景及其优先级，用以理解和评估架构的问题、描述架构的动机需求并给出带优先级的效用树、所确定的一级架构设计决策，以及所发现的有风险决策、无风险决策、敏感点和权衡点等的表述。

步骤二：商业动机的表述。评估的参与者（包括风险承担者和评估小组成员）需要理解系统的上下文和促成该系统开发的主要商业动机。在这一步骤中，项目决策者（最好是项目经理或系统的客户）从商业的角度介绍系统概况。这一表述中应介绍：①系统最重要的功能；②技术、管理、政治、经济方面的任何相关限制；③与项目相关的商业目标和上下文；④主要的风险承担者；⑤架构的驱动因素（即促使形成该架构的主要质量属性目标）。

步骤三：软件架构的表述。架构小组在本步骤中对软件架构进行适当的介绍。这里所说的“适当”取决于多个因素，即该软件架构的设计已经完成了多少、编写了多少文档、还有多少时间可用、行为和质量需求的实质等。这里所说的架构信息将直接影响可能进行的分析及分析的质量。在进行更多的分析之前，评估小组通常需要询问更多的架构信息情况。在这一步骤中，架构设计师应该介绍：①技术约束条件，诸如要使用的操作系统、硬件、中间件之类的约束；②该系统必须要与之交互的其他系统；③用以满足质量属性的架构设计决策；④最重要的用例场景及生长场景。

2. 调查与分析阶段

调查与分析阶段包含如下三个步骤。

步骤四：确定架构设计决策和架构风格。ATAM 主要通过分析架构设计决策来分析软件架构。在本步骤中，评估小组将确定要使用的架构设计决策，但不进行分析。评估小组将要求架构设计师清楚地说明其所使用的架构设计决策以及用到的软件架构风格。ATAM 之所以强调架构设计决策和架构风格的确定，是因为这些内容是保证关键需求按计划得以实施的手段。架构设计决策和架构风格确定了系统的重要结构，描述了系统发展壮大的方式。

架构风格包括对组件类型及其拓扑结构的描述、对组件间数据和控制交互模式的描述，以及使用该样式的优缺点的非正式表述。架构风格能够区分设计的类别，它为我们提供了各类样式如何得以应用的证据，并定性地解释了为什么某一类样式具有某些特征、应该在何时使用它，因此架构风格具有非常重要的作用。

步骤五：生成质量属性效用树。评估小组与项目决策者（架构小组、经理和客户代表）合作，共同确定该系统最重要的质量属性目标，并设置优先级，进行进一步优化。这一关键步骤对以后的分析起着重要的指导作用。如果没有这种指导，评估人员可能会在对架构的无休止的分析上浪费宝贵的时间，却根本没有触及项目出资人所关心的问题。必须采用某种方式，将所有风险承担者和评估小组的精力都集中在对系统的成功与否具有重要意义的架构设计决策上。这通常是通过构建效用树（utility tree）实现的。

效用树生成的结果是对具体质量属性需求（以场景形式实现）的优先级的确定。效用树可使质量属性需求具体化，从而使架构设计师和客户代表精确地表示出相关的质量需求。效用树为我们提供了一种直接而有效的将系统的商业驱动因素转换为具体的质量属性场景的机制。在评估小组开始评估架构之前，他们必须更清楚、更具体地表述出这些系统目标。而且，评估小组需要弄清楚这些目标与其他质量属性目标（如性能）的相对重要性，以便能够明确在评估时应该更多地注意哪些内容。效用树有助于划分这些质量属性的优先级，并可使这些目标更为具体化。

在效用树中，“效用”是树的根节点，代表了系统的整体质量。质量属性构成树的二级节点。典型的质量属性如性能、可修改性、可用性、安全性等都是效用树的子节点。参与评估的人员也可以根据需要列出自己所关心的属性。对每个质量属性子节点还可以进一步细化。例如，性能可以被分解为“数据延迟”和“吞吐量”。这就向着将质量属性目标明确为足够具体、能设置优先级并进行分析的质量属性场景迈开了重要的一步。

那些处在叶节点位置的质量属性场景已经很具体，可以用来分析设计的相对优先级。所设置的优先级可能是从 0 到 10 的数字，也可能是以高（H）、中（M）、低（L）的形式。架构评估的参与者可以根据以下两个标准为效用树设置优先级：①每个场景对系统成功与否的重要性；②架构设计师所估计的实现这种场景的难度。

构建效用树的结果是得到了一组划分了优先级的场景。这组场景引导着我们展开随后的其他 ATAM 评估步骤，还可以告诉 ATAM 评估小组应该在哪些方面花费（相对有限的）时间，特别是应该在哪些地方探测架构设计决策和风险。效用树使评估人员更容易关注为满足处在叶节点位置的高优先级场景而采用的架构设计决策。另外，效用树使得质量属性更加具体，从而迫使评估小组和客户能够更加精确地定义质量需求。

步骤六：分析架构设计决策。根据划分了优先级的具体质量属性（来自步骤五）和在该架构中所采用的架构设计决策和架构风格（来自步骤四），我们可以对它们的匹配情况进行评估。此时评估小组可以对实现重要质量属性的架构设计决策和架构风格进行检查，主要通过检查架构设计决策，特别是有风险决策、无风险决策、敏感点、权衡点等来实现的。评估小组要对每一种架构设计决策都要收集足够多的信息，完成与该方法有关的质量属性的初步分析。此时评估小组的目标是，确定该架构设计决策在所评估架构中的实例化是否能够满足所要达到的质量属性需求。步骤六的结果主要包括：①与效用树中每个高优先级的场景相关的架构设计决策。此时评估小组应该能够期望在步骤四中已经得出了所有架构设计决策；如果不能做到这一点的话，评估小组就应该查明其原因。架构设计师应该确定架构设计决策以及相关的组件、连接件和约束条件。②与每个架构设计决策相关的需要分析的问题。这些问题是与对应于场景的质量属性相匹配的，而且这些问题可能与对相应方法的文档编写实践、相关的软件架构书籍，以及所召集的风险承担者的经验有关。在评估实践中需要在这三个方面进行充分挖掘。③架构分析师对问题的解答。④有风险决策、无风险决策、敏感点和权衡点的确认。其中每一个都和效用树中与探测到风险的质量属性问题相关的一个或多个质量属性的求精有关。

实际上，效用树告诉评估小组应该对架构的哪些方面进行考察。软件架构师所做的回答中包括了能够满足这一需要的架构设计决策，评估小组可以用针对质量属性的问题来更深入地考察相关架构设计决策。这些问题能够帮助评估小组：①更详细地了解架构设计决策，以及该方法在此系统实例中的应用效果；②寻找该方法的弱点；③寻找该方法的敏感点和权衡点；④寻找与其他方法的连接点与权衡点。

最后，上述每个方面都可能为风险决策的描述提供基本材料，而这一风险决策也将被记入不断扩充的有风险决策列表中。在这一步骤结束时，评估小组将会对整个架构的绝大多数重要方面、所做出的关键决策的基本思想以及有风险决策、无决策风险、敏感点和权衡点的列表有一个清楚的认识。

3. 测试阶段

步骤七：集体讨论并确定场景优先级。场景在 ATAM 的评估阶段发挥着主导作用。实践证明，当召集较多的风险承担者参与评估时，生成一组场景可为讨论和集思广益提供极大的方便。场景不仅可用于表述风险承担者所关心的问题，还能加深理解质量属性的需求。一般情况下，评估小组请风险承担者对以下三类场景进行集体讨论：①用例场景（use case scenario）。用例场景描述风险承担者对系统使用情况的期望。在用例场景中，风险承担者是最终用户，他们使用所评估的系统完成某个功能。②生长场景（growth scenario）。描述期望架构能在较短时间内允许的扩充与更改，如所预期的更改、对性能或可用性的更改、到其他平台的移植、与其他软件的集成等。③探察场景（exploratory scenario）。描述系统生长的极端情况，即架构在某些需求更改重压下的情况，如对性能或可用性要求的大幅度更改（例如数量级的更改）、系统基础结构或任务的重大变更等。

生长场景能够使我们看到在预期因素影响系统时，架构所表现出来的优缺点，而探察场景则是要找出在极端情况下，架构所表现出来的更多的敏感点和权衡点。对这些方面的考察可帮助我们对系统架构的极限情况做出评估。

一旦确定若干场景后，就必须对它们设置优先级。首先，要让风险承担者们将他们认为代表相同行为或相同质量属性的场景合并起来；其次，让他们通过投票表决以确定哪些场景是最重要的。把对场景设置优先级的结果与步骤五中效用树的结果进行比较，找出其中的相同之处和不同之处，并通过集体讨论的方法将所得到的高优先级的场景添加到效用树恰当的叶节点上。在将集体讨论所得到的场景（即新场景）放到效用树上时，可能会出现以下三种情况之一：①新场景与效用树上的某个叶节点场景相匹配，本质上就是原有叶节点场景的副本。②新场景成为效用树中某个已有分析的新叶节点（或者，如果该新场景涉及多个质量属性，就可以在确认与这些质量属性的相关性之后，将其添加到多个分支的叶节点上）。③新场景表达的是以前未曾考虑到的质量属性，因而与效用树中任务分析都不匹配。

上述第 1 种和第 2 种情况表明大部分风险承担者的思路与架构设计师的思路是相同的，第 3 种情况则表明架构设计师可能未考虑到某一重要的质量属性，对此进行更深入的考察可能会得出某个风险。

经过这一步的工作后，通过集体讨论所得出的高优先级场景与效用树取得了一致，效用树仍然汇集了所有详细的高优先级质量属性需求。

步骤八：解释架构设计决策。在已确定若干场景并进行分析之后，评估小组就可以引导架构设计师在所描述的架构的基础上实现步骤七中得出的最高优先级的场景了。架构设计师对相关的架构决策如何有助于该场景的实现做出解释。理想情况下，这一活动主要是由架构设计师用已经讨论过的架构设计决策对这些场景做出解释。

在这一步骤中，评估小组要做与步骤六相同的工作，即把新得到的最高优先级的场景与尚未得到的架构工作产品对应起来。在步骤七中，如果未产生任何在以前的分析步骤中都没有发现的高优先级场景，则步骤八就是测试步骤。

4. 形成报告阶段

步骤九：结果的表述。最后，需要把在 ATAM 分析中所得到的各种信息进行归纳总结，并呈现给风险承担者。在这一表述中，评估负责人概要介绍 ATAM 评估的各个步骤，以及在各个步骤中得到的各种信息，包括商业环境、组成该架构的主要需求、约束条件和架构等。但最重要的是如下 ATAM 结果：①已经编写了文档的架构设计决策；②若干场景及其优先级；③基于质量属性的若干问题；④效用树；⑤所发现的有风险决策；⑥已编写文档的无风险决策；⑦所发现的敏感点和权衡点。

我们在评估过程中得到了这些结果，并对其进行了讨论和分类。但在步骤九中，评估小组还得出了另外的结果，即风险主题。经验表明，可以根据某些常见的基本问题或系统缺陷将风险分组。对于每一个风险主题，评估小组都要确定将会影响步骤二中所列的商业动机中的哪几个。

ATAM 的应用实例：ATAM 评估技术得到了广泛的应用。例如在战场控制系统，用于在战场实时环境下控制部队的行军、战略和作战，供部队的营级单位使用。又如 NASA 的 ECS（EOSDIS Core System），负责从全球的各种下行基站中收集数据等[8]。

Lionberger 等人设计了 ATAM Assistant 工具，以帮助 ATAM 流程的执行[9]。

15.2.6 QAW

QAW（Quality Attribute Workshop）方法是一种通过测试案例来评价系统架构质量属

性的方法[10]。QAW 方法是从 ATAM 中派生出来的，可以在一些不适宜采用 ATAM 的情况下使用。例如，在采购大规模系统时，可能会有很多厂商竞争这笔交易，此时就适合用 QAW 方法，因为在这种情况下，每个竞争者都力图展示其架构的优点，而忽视可能会对架构构成考验的场景。另外，在采购期间，架构可能还没有全部开发完成，因而不适于采用 ATAM。创建 QAW 方法的目的是，提供一种即使在架构尚未全部完成时也能对多个相互竞争的架构方案进行比较的客观方法。QAW 评估的过程包括四个步骤（它显然具有 ATAM 评估的特征）：①场景的生成、优先级划分和求精；②开发测试案例；③对照架构分析测试案例；④结果的表述。

QAW 评估的第 1 步包括场景的生成、优先级的划分和场景的求精。场景是通过集体讨论生成的，参加集体讨论的应该有组织者、风险承担者和架构设计小组的成员。要事先给风险承担者提供包括多个质量属性的刻画、与这些刻画相关的样例问题（以帮助得出场景）、针对每个质量属性的示例场景、求精后的示例场景等内容的资料。在这一阶段，通常会产生 30 ～ 40 个场景并划分了优先级。风险承担者将对高优先级的场景（通常得票最多的 3 ～ 4 个）做进一步的分析，以便更深刻地理解场景的环境和细节。

QAW 评估的第 2 步工作则是要把每个求精后的场景从一小段简练的文字转换成精确定义且编写了文档的测试案例。这些测试案例可能是若干场景的综合，也可能是对场景做些扩充、添加若干假设或对某些方面做出澄清、确定待解决的问题或提出几个相关的问题。测试案例的上下文部分要对该案例的某些重要方面做出说明，要点与问题部分要涉及架构上所关心的各种问题，效用树部分要对要点与问题进行总结。同时，测试案例的上下文部分也要对所要完成的任务、所需使用的资源、操作环境以及参与者做出说明。要点与问题部分要确定与上下文的每个部分相关的要点，并提出将这些要点与质量属性结合起来的问题。为了提供直观的质量属性要点与问题视图，每个测试用例都要用一棵效用树把质量属性与具体要点、具体问题联系起来。这里效用树的用法与 ATAM 中的用法不同。

在 QAW 评估的第 3 步中，架构设计小组根据架构对测试案例进行分析，主要目的包括：①检查测试案例的上下文；②如果需要做若干假设才能展开分析，则做出这样的假设并编写相应的文档；③确定架构的哪些视图最适合于描述系统处理要点及相关问题的方式；④如果有必要的话，对架构做进一步的求精，以帮助得出对问题的解答；⑤尽可能具体地把问题的解答写入文档中。

在 QAW 评估的最后一步中，要向风险承担者汇报测试案例研究的结果。架构设计小组的成员可以利用这一机会向参评人员表明：他们对测试案例的情况完全清楚，其所设计的架构能够正确地处理这些情况，并且自己有能力在架构开发工作中继续分析重要的测试案例。

QAW 评估可以带来如下好处：① QAW 评估为架构小组和其他风险承担者在做出完整的架构描述之前进行交流提供了机会；②可以在架构完全确定之前生成场景和测试案例；③测试案例为架构小组提供了一种分析架构决策所带来的影响的机制；④可根据分析

的结果在将架构告知他人之前对其做些改进；⑤测试案例为我们提供了一种终止进一步分析转而汇报结果的手段；⑥可在新的测试案例中结合更多的场景，以便做更进一步的分析；⑦ QAW 评估使出资人和其他重要的风险承担者及早了解架构小组的能力和构建该系统所采用的方法。

QAW 方法的应用实例：应用于美国国防部采购组织 DAC 的 MSIS[11] 中。该系统是一套维护支持信息系统，用于维护武器平台运行部署。这套系统主要由三个主要节点组成，包括控制、地区和当地的维护中心。

SEI 小组协助 DAC 针对 MSIS 计划并制定了 QAW 方法。经过一系列的场景生成和架构测试用例开发活动，QAW 帮助 DAC 建立了针对将要用于 MSIS 组织的前瞻性的工作方法，成果包括：①更好地理解商业驱动的 MSIS 以及那些质量属性对于风险承担者来说更加重要；②规定了风险承担者和遗留承包商分享 MSIS 如何运作的共同观点的度量；③确认并规定风险承担者关心的场景以及关于这些场景的架构问题和相关协助；④探测如何补充 C4ISR 架构视图来支持架构分析和评估；⑤在评估提出的系统达成期望的质量属性的能力方面为用户开发了一系列的 ATC。

这些成果建立了一个固定的“分析基准线”，使得 DAC 和 MSIS 的风险承担者能够在 MSIS 执行阶段进行评估，这将会帮助他们在系统执行阶段的早期使用 ATAM 来评估系统架构中固有的质量属性敏感性、权衡和风险。

总的来说，这种方法还是很有前途的。通过这样的评估，采购者对要采购的系统有了更为深刻的认识，监控能力也有了提高。在进行系统开发时，能够在真正开始开发之前就“检测”出架构中的问题，减少返工。

15.2.7 OATAM

OATAM 是一个基于场景来评估软件架构的多个质量属性的方法，可以应用在架构开发的任意阶段。由于利益相关者关心的是架构决策、架构风格以及架构资产等在利用 OATAM 分析软件架构是否能满足高优先级的属性需求时，这些都是非常重要的问题。为此，Erfanian 等人创建了两个本体的元模型来描述这些问题以及它们之间的关联 [12]：软件架构本体 SAO 和本体驱动的基于属性的架构风格 OABAS。其中，SAO 是关于软件架构的本体，OABAS 是关于架构风格、策略以及相应质量属性的本体，它们可以在开源的本体论工具 prot´eg´e 上执行，通过这些本体可以辅助 OATAM 的分析流程，当 OATAM 生成需要的知识时，利用它们可以重用架构的知识库，从而使得 OATAM 评估流程更快捷有效。

15.2.8 ARID

ATAM 和 SAAM 都是适用于对软件的完整架构进行评估的方法。但是，架构并不是一下子就以最终确定的完美形式出现，而是要历经很长时间，递增式地逐渐完善。在架构设计过程中，需要对已经完成的部分逐步进行评审，及时发现某些部分的错误、不一致性或者是考虑不周的地方。特别是在大多数项目开发中，经常需要对系统的每个大组件或子系统进行这种评审。

但是，这里需要的是一种简单易用的评估方法，应该重点关注适宜性（suitability），以一种风险承担者能够接受的方式展示设计方案，并能在缺少详细文档的情况下进行架构评估，这时就要用到一种称为中间设计的评审方法，简称 ARID（Active Reviews for Intermediate Design）方法[13]。ARID 方法是另外两类方法相交叉的产物：第一类是基于场景的设计评审方法（如 SAAM 或 ATAM）；另一类则是积极设计评审（Active Design Review, ADR）方法[14]。ARID 方法最适合于对尚不完善的架构设计进行评估。在这一阶段，设计人员就是想明确：从要求使用该设计架构的其他部分的角度来看，所采用的设计方案是否合适。ARID 评估过程与 ATAM 类似，也有 9 个步骤。具体来讲，分成如下两个阶段共 9 个步骤。

1. 准备阶段

首先，设计负责人和评审组织者要召开会议，商讨准备进行评审的事宜。这种会议一般要持续一天的时间。在此会议上，要进行如下 4 个步骤的工作。

步骤一：确定评审人员。在 ARID 方法中，评审人员就是设计方案的风险承担者。风险承担者人数一般应为 12 人左右，但这要取决于用户群的大小。

步骤二：准备对设计方案的介绍。设计人员要准备进行情况说明，对要评审的设计方案做出解释。发言材料要包括运用该方案解决实际问题的某些例子。发言的目的是要足够详细地介绍该设计方案，使具备相应素质的参评人员能够使用设计方案。

步骤三：准备种子场景。设计人员和评审组织者要准备若干种子场景。与 ATAM 和 SAAM 中的场景类似，这些场景也是为了向评审人员说明场景的概念，使评审人员能够看到一组场景实例。这些场景在实际评估中可能采用也可能不用，是否采用由风险承担者来决定。大概要准备 12 个这样的场景。

步骤四：准备相关材料。要复印设计方案介绍、种子场景、评审日程等材料，以便在第二阶段的会议上发给各位评审人员。要对第二阶段的会议进行筹划，邀请相关风险承担者，并采取措施保证有足够多的评审人员到场。

2. 评审阶段

接下来要做的工作就是把风险承担者召集起来，评审的主要工作也由此开始。一般来讲，这个阶段要持续一天半的时间，在此期间完成 ARID 方法的其余 5 个步骤。

步骤五：ARID 方法的介绍。评审组织者要花大约 30 分钟向参评人员介绍 ARID 方法和步骤。

步骤六：设计方案的介绍。设计负责人用 2 个小时对设计方案进行总体介绍，并演练某些例子。在这段时间内，必须遵循一个基本规则，即不准提任何关于具体实现或基本思想的问题，也不准提其他可能的设计方案。我们的目的是要明确该设计方案是否适宜，而不是为什么要这样设计，也不是为了了解在接口之后的实现细节。允许并鼓励提出旨在澄清事实的问题。在这一表述过程中，评审组织者要保证这一规则的贯彻执行。

在这一阶段，书记员要记录所提出的每个问题，要记录设计人员提到的每个正在准备但尚未完成的资源（某种文档）情况，并对所得到的结果进行概括总结，找出设计人员应该解决的潜在问题。

步骤七：集体讨论并确定场景优先级。要用一定的时间对场景进行集体讨论，确定它们的优先级。像 ATAM 一样，风险承担者们也要提出运用该方案解决他们认为将会面临的问题的场景。在集体讨论期间，要平等对待所有的场景。要把种子场景与后来提出来的场景放在一起，一视同仁。在获得足够多的场景之后，要进行精选。评审人员可能会提出如下建议：某两个场景实际上是一回事，或者某个场景包含了另外一个场景，应将它们合并起来。对每一场景都做了筛选之后，就开始对场景进行投票。每个评审人员都拿到相当于场景总数 30% 的选票，并可以按照自己的意愿投票。得票最多的场景将用以“测试”该设计方案的适宜性。投票结束后，要向评审人员讲明：实际上他们刚刚只是确定了用以评判设计方案是否适宜的最低标准。如果该设计方案在所选定的场景中表现不错，则还必须对该设计方案进行评审以征得广泛同意。

步骤八：运用所选出的场景。从得票最多的场景开始，评估组织者要求评审人员分成若干个小组，编写运用该设计方案解决该场景所提出的问题的代码（或伪代码）。评审人员可充分利用设计人员在设计方案介绍材料中所给出的例子。要运用设计方案提供的服务把实现这一场景的代码收集起来，由书记员负责记录，并张贴在会议室的前面。在这一阶段应遵守的一个基本原则是，不允许设计人员提供任何帮助或给出任何提示。但如果评审人员的工作陷入了僵局或开始误入歧途，评审组织者可以暂停该工作，并请设计人员提供任何必要的信息，使评审人员的工作能够继续下去。每当出现这种情况时，评审组织者都必须要求书记员把工作停顿的地方和原因记录下来，因为出现这种情况则说明了在设计方案或所发送的材料中，这个地方提供的信息不够充分。应将评审中发现的任何有矛盾的地方作为有待解决的问题记录下来。这步工作应该反复进行，直至出现如下情况之一为止：①到了按计划应该停止的时间。②所有具有最高优先级的场景都处理完了。按照上面所讲的投票方法，所得的投票结果经常是有一组场景被评定为具有高优先级，这类场景中的每一个都得了多张选票；还有一组被评定为具有低优先级，这类场景中的每一个都仅得了 1 张或 0 张选票。当高优先级的场景全部处理完时，通常就可以比较有把握地宣布评审工作已经结束了。③评审小组对所得到的某个结论感到满意。这又有两种情况，第一，认为该设计方案是适宜的。其表现为评审人员能够很快明白，只须对设计人员所给出的实例场景或此前已经处理过的场景做些简单的修改，就可实现每个后续的场景；第二，认为设计方案不适宜，其表现是评审人员发现了某些导致工作停顿的缺陷。

步骤九：总结。最后，评审组织者讲评记录下来的待解决的问题，引导参评人员发表关于此次评审的效果的意见，并对他们的积极参与表示感谢。

15.2.9　SBAR

基于场景的架构再工程（Scenario-Based Architecture Reengineering，SBAR）方法不仅用于软件架构的设计，也用于对系统的详细软件架构进行基于场景的软件质量评估[15]。SBAR 方法主要用于评估所设计的软件架构是否具有达到所需求的软件质量的潜力。

SBAR 方法关注多个软件质量属性，而不仅仅是某个单一属性，同时强调在任何现实系统的设计中需要多种质量属性的权衡。SBAR 方法主要使用了 4 种不同的评估技术对质量属性进行评估，即场景、仿真、数学模型和基于经验的推理。对于每种不同的质量属性，选择对其合适的评估技术：①场景被建议用于与开发有关的质量属性，如可维护性和可重用性。所选择的场景能使质量属性的含义具体化，如捕捉需求典型变化的场景可以用于说明可维护性。在各个质量属性所对应的不同场景中，SBAR 方法重点分析了不同场景中软件架构的性能。②仿真用于评估软件的操作质量属性。例如，时间性能和容错能力等，它完善了基于场景的方法。③数学模型对于软件架构设计模型进行静态评估。它与仿真方法是可以互相替换的，因为两者都主要用于评估软件的操作质量属性。④基于经验的推理由经验和以这些经验为基础的逻辑推理构成。这一技术不同于其他技术，因为它不够明确，而是更多地依赖于主观因素，如经验和直觉。

SBAR 方法的评估过程包括为各软件质量属性定义一组场景，在软件架构上手动执行场景并解释结果。图 15-4 显示了该方法的流程。在实际实施过程中，可以采用完整抽样的方式或统计抽样的方式来执行这一方法。前一种方法要求定义和组合所有的场景，它们能覆盖质量属性的具体实例。如果运行所有的场景而没有发现质量问题，则当前架构的质量属性是最优的；后一种方法定义一组具有代表性的样例场景。架构能处理的场景与架构不能处理的场景的比例显示了架构能满足质量属性的程度。当然两种方法都有缺点：第一种方法很难定义完整的场景集合，第二种方法很难决择哪些场景是具有代表性的。

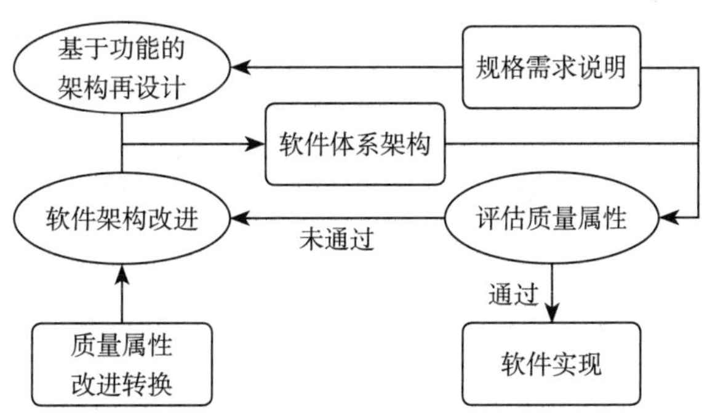

图 15-4　SBAR 的相关活动

SBAR 方法的成功应用实例：啤酒罐检测系统[15]。该系统适用于识别并拦截一堆啤酒罐中的脏罐子，只允许通过干净罐子。系统由一个电子传感器、摄像头和一个运动装置（用于移除脏罐子）组成。当一批新罐子到来时，摄像头拍摄照片并传送给控制系统，控制系统判断需要被移除的罐子并控制运动装置移除。

15.2.10 ALPSM

ALPSM（Architecture Level Prediction of Software Maintenance）方法通过对软件架构层的场景考察来分析软件体系的可维护性[16]。ALPSM方法将所做修改的大小作为预测的依据，来衡量系统适应一个场景所付出的努力。ALPSM方法定义了一个维护简档，类似于一个修改场景的集合，它代表了用于进一步完善系统的维护任务、一个场景描述和系统相关的一个行动或一系列行动。因此，一个修改场景描述某一个维护任务。图15-5给出了该方法的输入：需求声明、软件架构描述、软件工程师的专门知识和可能存在的历史维护数据。ALPSM方法的执行主要包括如下6个步骤：①标示维护任务的分类；②合成场景；③为每个场景分配权重；④估计所有元素的大小；⑤为场景编写脚本；⑥计算预测维护成本。

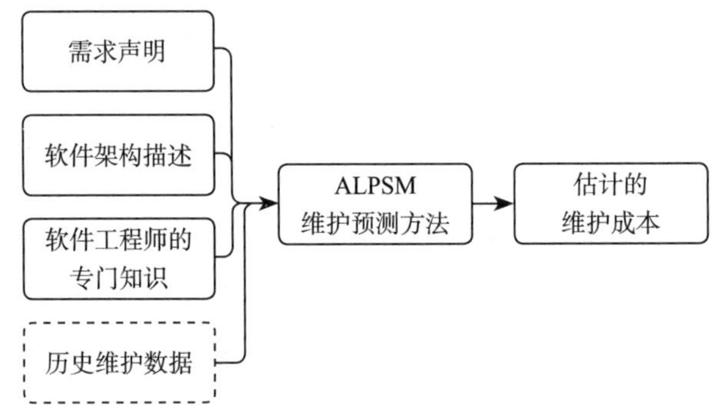

图15-5　ALPSM的输入与输出

在第1步中，以应用或程序描述为基础，明确地表达所预期修改的种类。然后，为每一个任务定义一个有代表性的场景集合。按照这些场景在特定时间间隔内发生的可能性，为场景分配权重。为了能够估计系统修改成本的大小，系统中所有组件的修改成本大小都是确定的。有3种技术可用于估计组件修改成本的大小：①优选的预测技术；②改进的面向对象度量标准；③在能够获得早期版本或类似应用历史数据的情况下，使用现存的关于组件修改成本大小的数据，并可以通过外推得到新的组件修改成本的数据。把这些场景所影响的组件修改成本大小乘以它们发生的概率，再对它们进行求和，就可以得到总体维护成本。每个场景实现所影响的组件修改成本大小是通过确定它们影响的组件和修改的程度计算出来的。

15.2.11 SNA

SNA（Survivable Network Analysis）方法是由SEI的CERT协作中心开发出来的[17]。SNA方法是要对提议的系统、现有系统以及对现有系统的更改的可生存性进行系统评估。SNA方法可帮助风险承担者结合他们的操作环境理解可生存性：必须保证哪些功能能够生存下来，可能会发现哪些入侵，这些入侵将如何影响可生存性，有哪些商业风险，架构上的更改将怎样降低这些风险？

SNA 方法包括如下四个步骤。

步骤一： 系统定义。第一步主要是明确所要完成的任务目标、对当前或预备系统的需求、系统架构的结构和特性，以及该操作环境中的风险。

步骤二： 必要功能定义。要根据任务目标和出现故障的后果确定出必要服务（即在受到攻击时必须能够维持的服务）和必要资产（即其完整性、保密性、可用性及其他特性在受到攻击时必须能够维持的资产）。必要服务和必要资产的使用是用场景来刻画的，要通过这些场景追踪到架构，确定出其生存性必须得到保证的必要组件。

步骤三： 可牺牲功能定义。入侵场景是根据对环境风险和入侵者能力的估计而选定的。在对执行情况进行追踪时，这些场景也要与架构对应起来，以确定出哪些是可牺牲的组件（即可以被侵入、可以被破坏掉的组件）。

步骤四： 可生存性分析。SNA 方法的最后一个步骤关注的主要是前面步骤中所确定出来的架构中较为脆弱的必要组件。这些组件又叫软弱组件（softspot component）。要在抵御、识别和恢复等环境中对软弱组件和架构进行分析。这里所说的抵御是指系统能够抵抗攻击的能力，识别是指系统能够在攻击发生时检测出攻击并估计破坏程度的能力，恢复（可生存性的标志）是指在受到攻击时能够维持必要服务和必要资产、限制破坏的范围并在攻击完成之后恢复所有服务的能力。

这些分析的结果最后将以可生存性地图的形式进行总结。该地图中要列出在当前或所建议的架构中，针对每一个入侵场景及其会给软弱组件带来的影响，为实现良好的抵御、识别和恢复能力而采取的策略。借助于可生存性地图，我们将得出对原始架构和系统需求的反馈，并向管理层提供关于可生存性评估和改善可生存性的发展蓝图。

SNA 方法的典型应用实例是 Sentinel 系统 [18]，该系统作为 CarnegieWorks 公司正在开发的一个大型复杂的医疗管理系统 Vigilant 中的一个子系统，用于维护行动团队和应对方案，并应用管理和商业规则来进行应对方案的开发和验证。由于医疗方案的重要性、管理需要和系统错误严重结果，CWI 应用 SNA 对关键的 Sentinel 子系统能力进行验证。

15.2.12　ALMA

由于软件成本的 50% ～ 70% 都用于软件的演化，因此可修改性的设计和分析对减少软件的成本具有重要的意义。Bengtsson 等人于 2004 年提出了基于预测的软件架构可修改性分析（Architecture Level Modifiability Analysis，ALMA）方法 [19]。ALMA 方法基于可维护性成本预测和风险评估等度量指标，通过对变更场景的构建、评价来进行可修改性分析。在假设变更规模为最主要的可修改性成本因素的基础上，构造了一个修改性预测模型。ALMA 方法引入了定量的度量指标，支持从风险评估、成本预测、软件架构选择等多个角度评估架构的可修改性，并提供了场景构建的停止准则。ALMA 方法根据不同的分析目标选用不同的技术。当分析目的是评估可维护性成本时，需要一些具有代表性的、能够真实反映在未来系统里的场景。如果分析目标是风险预测，则会更多关心那些与变化相关的复杂场景。如果是为了比较两个或多个候选软件架构，需要明确不同风险承担者支持的最好场景之间是否存在联系和冲突。

ALMA 方法主要包含 5 个步骤：①设定目标；②描述软件架构；③描述所有相关的场景；④评估这些场景带来的影响；⑤分析结果并得出结论。步骤的执行流程如图 15-6 所示。

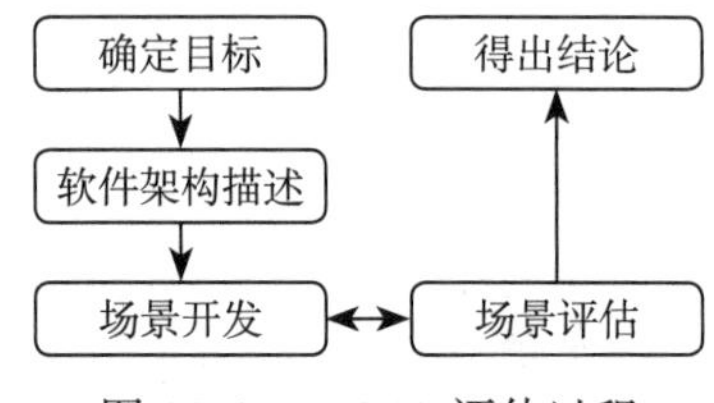

图 15-6　ALMA 评估过程

ALMA 方法的典型应用实例： ALMA 方法已在不少领域中得到验证和应用。该方法在爱立信移动定位中心（Mobile Positioning Center）中用于可维护性预测，同时在美国国防部政府部门等也得到应用。该方法的主要缺点是缺少对结果的准确性判断和风险评估完整性的判断。另一个例子是商业信息系统 EASY[19]。对该系统进行风险评估的目标是研究架构以识别可修改性，这意味着分析的目的是找出复杂的场景变化。ALMA 方法在进行风险评估的时候，需要与风险承担者一起决定哪些场景的变化是有风险的。在对 EASY 进行分析的过程中发现，尽管场景变化带来的风险是很复杂的，但是场景变化的可能性非常小，因此得出的结论是场景的变化并不能算是风险，但发现的两个场景能够被归类为风险。

15.2.13　PSAEM

在软件工程研究中，知识的积累和应用是一个非常值得注意的问题。知识的积累和应用对软件技术的发展起着极大的推动作用。在经过一次又一次的软件架构评估后，是否能够积累足够的知识并让这些知识可以被重复利用是一个非常重要的问题。基于场景的评估方法对知识积累问题考虑不足。所以，Babar 等人提出了一种基于模式的软件架构评估方法，简称 PSAEM（Pattern-based Software Architecture Evaluation Model）方法 [20]。PSAEM 方法有两个创新点：①提出了一种从模式中提取质量属性敏感的场景、架构的策略和其他架构相关信息的方法，用于支持基于场景的架构评估；②提出了一种严格验证模式的有益效果的方法。PSAEM 从已知的软件架构中抽取重要的场景和策略，并且使用结构化文档描述场景和策略。从模式中提取泛化的场景不仅帮助风险承担者制定具体的场景，而且有助于选择和校验质量属性的推理框架。

软件架构评估的目标是评估架构满足系统需求的能力和确定可能的风险，基于场景的评估方法的评估结果准确性依赖于所选择场景的质量和质量属性相关的推理框架。质量属性敏感的场景不仅来源于问题的领域、质量属性需求和质量属性模型，还来源于使用的架构模式。使用模式的主要目的是使软件系统能够满足期望的质量属性。模式的描述包括需要解决的问题、解决方案和处理的质量属性，包含了质量属性敏感场景和架构相关信息。可以从模式中提取泛化的场景，它包含源、刺激、环境、织品、响应和响应度量六个方面。

为了获取模式的有效性验证，要满足以下两点：①具体的场景必须是泛化场景的实例，并且以模式能够解决问题为评价模式的标准，从而可以根据场景对模式进行评估；②模式的策略是质量属性推理框架的一部分。使用场景生成框架（scenario generation framework）从软件模式中提取结构化场景，提供了一种相对严格的方式来捕捉和归档泛化的场景。从模式中提取的泛化场景可以被重用，有助于节约场景生成的时间和费用，同时降低了评估人员对专业知识认知的要求。

15.2.14　ASAAM

ASAAM（Aspectual Software Architecture Analysis Method）用于评估软件架构设计中的横向关注点[21]。该方法借用面向方面编程技术中"方面"（aspect）的概念定义了方面场景（aspectual scenario），用于说明对系统中的很多组件产生横切影响的场景。作为 SAAM 的补充，ASAAM 提供了明确的机制来识别架构方面（architectural aspect）和纠缠组件（tangled component）。ASAAM 的主要活动如图 15-7 所示，类似于 SAAM，问题描述、需求说明和体系机构描述是该方法的输入。为了开发和设计候选架构和场景，ASAAM 由如下 5 个步骤组成：①候选架构的开发。设计（候选的）架构并准备分析其是否满足指定的质量属性和潜在的方面。②开发场景。这一步与 SAAM 类似，即根据风险承担者的目标收集场景。③场景的单独评估和方面识别。首先，将场景分为直接场景和间接场景，作为 SAAM 的补充，场景的评估应包括潜在的架构方面；然后，通过使用启发式规则进一步将场景分为直接场景、间接场景、方面场景和架构方面。方面场景从直接场景和间接场景中获取的，用于表示潜在的方面。同时通过方面领域分析和获取对应的架构方面。④场景交互评估和组件分类。这一步的目标是评估架构是否很好地支持关注点分离。这里面包含了非横向关注点和横向关注点（方面）。对于每一个组件，无论是直接组件还是间接组件，对它们进行分析，并将它们分为四类，即内聚组件、纠缠组件、组合组件和不明组件。⑤架构重构。基于场景交互评估和组件分类，使用传统抽象技术（如设计模式）或者面向方面的技术对架构进行重构。架构方面和纠缠组件将很明确地在架构中表达出来。

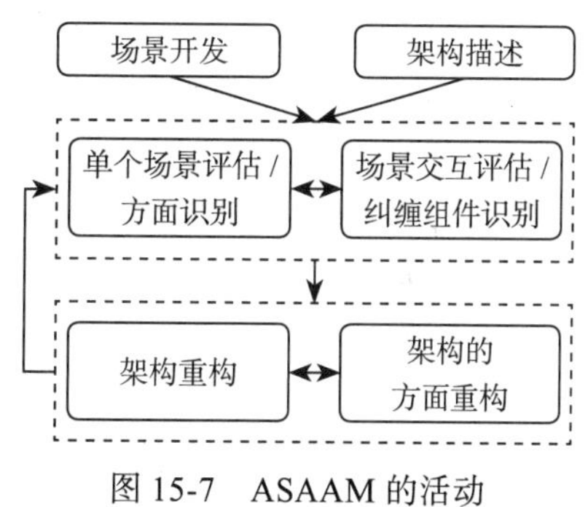

图 15-7　ASAAM 的活动

ASAAM 是一种基于场景的软件架构评估方法，系统地支持了架构方面的管理，可以作为其他基于场景的评估方法的补充。该方法目前只应用于单结构架构中，对于多结构架构的评估还有待进一步的研究。

15.2.15　PASA

软件架构性能评估（Performance Assessment of Software Architectures，PASA）方法适

用软件性能工程（SPE）中的原理和技术来判定一个架构是否满足它的性能目标，如果发现架构的设计存在风险，还能识别相应的策略来消除风险[22]。PASA方法适用于各种应用领域的架构评估，包括基于Web的系统、金融系统和实时系统等。PASA是一个基于场景的方法，包含10个典型步骤。

1）评估流程概览：让每个参与人员了解架构评估的目标、评估的流程、评估所需的信息，以及可能的评估结果。

2）待评估的软件架构概览：由开发小组的成员来介绍现有的或者计划的架构，让评估小组对架构有大概的了解。很多情况下架构只有一个简单的文档，且大部分文档是非正式的，可能只包含一些架构结构或技术的图表，与架构中组件以及连接件相关的信息不多。这就需要通过开发者的访问以及其他架构产品来推导出架构信息，场景的描述对架构信息的提取很有帮助，因此步骤2、3、4经常需要重复。

3）识别关键用例：用例主要描述软件外部可视的行为，关键用例则包括那些对系统操作十分重要的、对用户十分重要的、存在某些影响性能的风险的用例。

4）选择关键的性能场景：每个用例包含许多表示执行该案例的活动步骤的场景，从性能的角度看，不是每一个场景都是重要的，主要关注那些被频繁执行的、对性能至关重要的场景。场景可以用扩展的UML顺序图来形式化表示，这有利于场景中执行步骤的验证以及制定性能模型，且当软件架构信息不清晰时，可以帮助评估小组理解架构的组件和连接件。

5）识别性能目标：每个场景都有至少一个相关的性能目标，包括响应时间、吞吐量、资源使用的限制等，每个性能目标都应该是定量、可度量的。

6）架构的阐述和讨论：因为架构描述只为评估提供了有限的信息，需要将系统的架构师、设计师等相关人员聚集起来开会讨论以获取更多的架构信息。

7）架构分析：这一步骤主要借鉴SPE的技术来分析软件架构的性能，首先识别基本的架构风格，如果是常见架构风格中的一种，可以利用该风格的一般性能特性来推理架构的性能；然后识别性能的错误模式，即通过捕获开发者的经验将开发中常见的错误文档化，性能的错误模式主要描述场景的性能问题以及如何进行修理；最后定义性能模型并分析，一个简单的性能模型能够明确性能的界限，能够识别架构的问题，基于该模型可以定量地评估软件架构的具体性能等。当评估所需的资源存在很大的不确定性时，SPE使用合适的策略来处理不确定性，如最高/最低界限评估、最好/最坏案例分析。

8）制定架构的性能改进方案：当软件架构大部分符合某种常见架构风格但存在部分背离，且该部分背离给性能带来了负面影响时，可以制定修正方案使得该架构跟该风格一致。若两个组件之间的交互是导致性能问题的根源时，可以修改该连接件。当分析时发现性能的错误模式时，则对架构进行重构从而消除该错误模式。

9）介绍评估结果：有必要给PASA客户提供一份包含评估发现、所需的改进步骤、步骤之间的重要程度等结果的文档。

10）经济上的消耗分析：分析架构期间改进问题所需的经济消耗，以及因未能及时发现问题所带来的经济消耗，出示明显的证据说明需要对架构进行评估。

PASA 方法的典型应用实例：用于数据获取系统 [19]。该数据获取系统的功能包括格式化并翻译获取的消息，应用商业规则来解释并传播消息，依照获取的信息更新数据存储，以及为额外的下游处理准备数据等。它包括一系列应用，如订单处理、股票市场数据处理、呼叫详细记录处理、付款记录和 ECM 数据获取等。评估的目标就是决定当前的架构是否足以支撑提升产量或者是否需要一个新的架构。

15.2.16　SALUTA

研究表明，大量有关易用性（usability）的修改请求都发生在系统部署后，且在部署后进行易用性的修正往往代价巨大，这是因为存在需要对系统进行的修改，而这些系统修改很难被架构所容纳。这些高代价阻止程序开发人员满足所有的易用性需求，导致系统的易用性不足。因此，一个易用系统的成功开发需要创建一个支持高易用性的架构。Folmer 等人提出一种基于场景的易用性评估方法，简称 SALUTA（Scenario based Architecture Level UsabiliTy Analysis）方法 [23，24]，用于帮助在软件架构设计阶段提高其易用性。这里的易用性主要使用易学习性、使用效率、用户的满意程度及使用中的可靠性来衡量。SALUTA 方法包含如下四个具体步骤。

步骤一：创建使用剖面（usage profile），即创建一组场景用于表示系统要求达到的易用性。该步骤主要包含如下 5 个子步骤：①确定用户。除了列举出个体用户外，我们需要将使用系统的代表性用户按类型进行分组（例如系统管理者、终端用户等）。②确定任务。与将系统的完整功能转换为任务相反，我们需要将突出系统特征的代表性任务选择出来。③确定使用的上下文。在这一步中，具有代表性的使用上下文将被选择出来。决定包含哪些用户、任务和使用上下文需要进行权衡折中。如果评估更多的场景，则评估的结果更加精确，但是确定这些场景属性值将花费更多的时间和代价。④确定属性值。对于每一组用户、任务和使用上下文的组合，根据易用性需求规约，通过定量的方式表达系统期望的易用性，定义特定的指标将有助于解析易用性的需求。为了反映优先级的不同，每个场景的属性将使用数字 1 ～ 4 对其进行赋值。⑤场景选择并确定其权重。评估所有识别出来的场景的代价很高，可以仅对代表性场景进行评估。例如，如果评估的目标是为了比较两个不同的架构，那么优先评估那些突出架构差别的场景将会更加有效。

执行完这一步可以得到一系列使用场景的集合，并精确地描述了期望的系统易用性。使用剖面的创建不是用于替换现有需求工程的技术，而是将易用性需求转换为可用于架构评估的内容。现有技术通常已经能提供诸如代表性任务、用户和使用上下文等用于创建使用剖面的信息。易用性分析师与负责易用性需求的人员（如易用性工程师）的紧密合作是非常重要的。由于易用性需求的定义通常不是十分明确，易用性工程师需要补充一些关于易用性的信息。

步骤二：描述提供的易用性。在这一步中，软件架构的信息将被收集。易用性分析师需要使用架构信息来决定需要支持的易用性场景。这个过程与 ALMA 方法中针对可维护性的场景影响分析类似，不同的是这一步需要辨识支持这些场景的架构元素。这里使用两种分析技术：①基于易用性模式（usability pattern）的分析。使用架构中定义的敏感易用性模式，架构对易用性的支持由架构设计中出现的模式所决定。②基于易用性属性（usability property）的分析。软件架构可以被看作一组设计决策的集合。易用性也是架构设计的目标之一，也是一种评估场景，可以利用易用性对这些单独的决策进行评估。评估质量的高低很大程度上取决于从架构中抽取出来的评估场景。

步骤三：评估场景。对于每个在使用剖面中的场景，分析在前面步骤中识别的易用性模式和属性。

步骤四：分析结构。在场景评估完成之后，需要对结果进行分析以得出软件架构相关结论。分析过程主要依赖于两个因素，即分析的目的、易用性的需求。根据分析的目的，需要选择一个合适的使用剖面。如果分析的目的是比较两个或多个候选的软件架构，那么，选择易用性好的软件架构；如果分析的目的是迭代地设计架构，那么当某个架构被证明可以有效地支持易用性，则设计过程就可以终止了。否则，需要使用架构转换来提高易用性。一些定性的信息（如哪些场景支持不够、哪些易用性的属性或模式没有被考虑等）都能指导架构师进行特定的架构转换，为设计和提高架构对易用性的支持提供帮助。

SALUTA 方法在基于 Web 的企业资源规划系统（ERP）、电子商务系统和内容管理系统（CMS）中得到了广泛使用。

15.2.17 HoPLAA

ATAM 方法在实际应用中得到了广泛的应用，特别是其独特的针对不同质量属性进行权衡分析的做法。然而，产品线架构的质量评估需要考虑这种架构特定的需求。HoPLAA（Holistic Product Line Architecture Assessment）方法通过对 ATAM 方法进行扩展来满足上述这种架构特定的需求，主要扩展包括变化点的定性分析处理，以及对质量属性场景进行基于上下文依赖的生成、分类及排序[25]。这样，我们能够充分利用现有研究和工业界中对单个产品架构评估的经验，同时重点对具体特定特性的软件产品线架构进行分析。

HoPLAA 方法主要包含两个阶段（如图 15-8 所示），即产品线架构评估和产品架构评估，每个阶段的具体步骤如下。

阶段 1：产品线架构评估。①介绍 HoPLAA 方法。陈述 HoPLAA 方法的概览及两阶段中的主要活动，特别是提供第一阶段中各项活动的细节。②介绍产品线架构驱动因素。介绍产品线的业务需求、产品线范围定义以及构想的产品线通用性和可变性，特别是在质量目标上。③介绍产品线架构。架构设计师需要描述产品线的架构。④确定架构设计决策。在产品线的上下文中，产品线架构和单个产品架构设计中使用的架构设计决策需要保持一致。若使用的架构设计决策数量有限且为评估小组所熟知，则产品线架构的分析将会简化。

⑤生成属性场景，并对其进行分类、讨论和排序。根据架构驱动，有两类质量目标可以进行预测，一类是在生产线上对所有产品通用的或强制的，另一类是只针对某些产品的。前者必须在此阶段中进行验证，而后者将不在此阶段中考虑，而是在第二阶段中的特定产品架构评估中进行。这一步骤的目的是让产品线架构关注产品线中的共同点。⑥分析架构设计决策及一般场景。对上一步骤中高优先级的一般场景进行分析，获取架构风险、无风险、敏感点、权衡点和演化点。⑦陈述结果。针对 HoPLAA 方法在第一阶段准备一个报告，内容包含架构设计决策、效用树、一般场景、产品特有的场景、产品线架构中风险区域、架构决策（无风险点、敏感点、权衡、演化点、演化指导以及风险主题）。

阶段 2：产品架构评估。①介绍 HoPLAA 的第二阶段。陈述 HoPLAA 方法在第二阶段中的活动细节非常短暂，因为评估小组对这些活动的核心非常熟悉。②介绍架构驱动。给出产品线架构的概览、特定产品架构的驱动需求，以及该产品在功能和质量上特征变量的描述。③介绍产品架构。重点集中在通过对更改点实现而提升架构的区域。④确认架构设计决策。架构设计师找出在架构中所使用的新的或不同的架构设计决策。这些方法已经文档化，但没有对其进行分析。当在实现一个更改点时使用了一种新的架构设计决策，架构设计师同样需要给出这样做的理由。同样，小组需要找出被实现为变体的特定更改点并对其进行文档化。⑤生成属性场景，对其进行分类、讨论和排序。⑥分析架构设计决策。与产品架构相关的两类场景必须在这一步骤中进行分析。架构师必须阐明一般质量属性场景是如何在产品线架构中获得体现的。当设计决策不违背演化指导时，一般质量属性仍然需要得到满足。如果反过来是真的话，一个或多个架构风险在实现产品线架构时将被引入，这也许将会排除一个或多个一般属性目标。另外，需要对第 5 步中进行排序的产品特定场景进行分析，以获取一组架构风险、非风险、敏感点和权衡点。最重要的是，架构设计师必须阐明一般场景是如何在产品线架构设计中被排除的，以及产品线架构是如何实现具体的质量目标的。⑦陈述结果。这一步骤中准备的报告与 HoPLAA 方法中第一阶段生成的报告类似，但不包含演化点和演化指南（因为基于架构的更改将不再得到支持）。

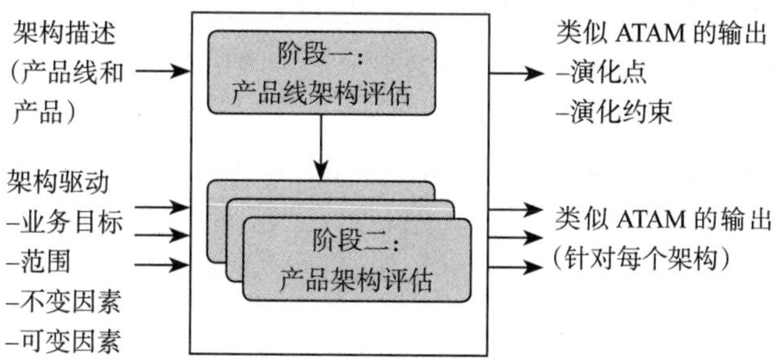

图 15-8　HoPLAA 方法的输入和输出

HoPLAA 方法的典型应用实例：btLine 产品线架构 [22]。该架构被开发用来迎合一群电子支付网络的成员，包括金融机构、商人、电信组织、联行清算组织和计划营办人。btLine

产品用于实现支付网络，包含支付货款、资金转移等。HoPLAA 评估结果认为架构应该考虑到商业环境对架构的影响。首先，需要考虑额外的硬件支出，用于收集技术，已经采取一个可接受的成本效益好的方法；第二，必须考虑到多种客户渠道的能力，以便确认超过 50 万的并发需求负载是否是可行的；最后，架构的改变并不会产生实时的同步结果。换句话说就是需要开发类似使用实时数据库消息传递的实时同步技术。

15.2.18 CBAM

成本收益分析方法（Cost Benefit Analysis Method，CBAM）[26] 即基于每个候选架构决策的成本、收益、计划、内在风险，计算其经济权衡以帮助系统在演化时选择最优的架构策略，其中许多评估步骤依赖于利益相关者的经验知识和直觉。而 CBAM 需要各个利益相关者关于某个决策进行投票以达成一致，这样的方法难以准确地反映专家的知识，从而给设计决策的制定带来很多不确定性。为了克服这个限制，Lee 等人提出了两种新的基于 CBAM 的软件架构评估方法：一种采用层次分析法 AHP，另一种采用网络分析法 ANP，其中 AHP 和 ANP 通过配对比较候选决策来选取最优，是两种广泛应用的决策制定方法。

Lee 等人定义了 CBAM 的一般流程，包含两个阶段 7 个步骤。

阶段一：主要是基于场景的架构决策设计：①首先选择并改进场景，可以将新提出的场景与 ATAM 中抽取的场景做对比并去除重复的部分，然后按照其重要程度进行优先排序并选取前 1/3 的场景，如果场景数量少就无须排序和选取；②使用相关技术对每个场景排序并赋予权重；③为每个场景设计一个或多个架构决策。

阶段二：主要对架构决策进行成本收益分析：①使用相关技术计算每个决策的收益；②使用相关技术计算每个决策的成本；③使用相关技术评估决策的可靠性；④根据成本 / 收益计算回报并对决策进行优先排序。

在一般流程的基础上分别应用 AHP 和 ANP 得到 CBAM+AHP 方法和 CBAM+ANP 方法。CBAM+AHP 为计算决策的收益构建了一个 AHP 模型，模型第一层是决策的收益（即总目标），第二层是与目标相关的评估准则（即场景），第三层是待评估的候选决策；为计算决策的成本也构建了一个 AHP 模型，模型第一层是决策的成本，第二层是待评估的候选决策。

CBAM 方法的典型应用实例：NASA ECS（Earth Observing Core System）[26]。NASA ECS 项目是 EOSDIS（Earth Observing System Data Information System）项目的核心，目的是从各种卫星下行基站中收集数据并处理为更高级形式的信息，以供科学家查询使用。其质量属性主要包括可用性和性能。

15.2.19 CPASA

在敏捷开发过程中，非功能属性的验证目前还是一个空白领域。CPASA（Continuous Performance Assessment of Software Architecture）方法提供了一种在敏捷开发中评估系统架构的性能需求的方法 [27]。PASA 方法适用于各种应用领域的架构评估，但是 PASA 要求在设计阶段确定需求规格说明，这与敏捷开发过程相矛盾。敏捷开发过程中需求是不断变化的，连续的需求改变会最终影响设计，因此在每次迭代过程中需要检测架构设计的性能特征没有受到不利影响。CPASA 对 PASA 在两方面进行了扩展：①扩展了 PASA 的使用范围，使其能够在整个开发过程中使用；②缩短了性能评估的步骤，CPASA 方法能够嵌入敏捷开发的迭代过程中。

CPASA 由持续的性能测试组成，每次性能测试包含以下步骤：①构造性能模型；②解释 / 分析性能模型；③调整或重构架构。为了缩短评估过程，Pooley 等人提供了一种自动化性能评估工具 UML-JMT。UML-JMT 工具通过将架构模型和某些场景等价转化为 EQN（Extended Queuing Network）性能模型，自动化地对使用 UML 描述的架构模型进行评估，其在迭代过程中能够对性能模型进行细化，获得更加准确的性能描述。

15.3　软件架构测试

软件架构测试方面的研究成果不多，相关的文献比较少。从公开发表的文献和一些网页资料来看，对软件架构测试的理解包含三个方面 [28-31]：①如何对软件架构自身进行测试？②如何利用软件架构进行软件测试？③如何设计软件测试架构？遗憾的是，针对第一个方面的研究成果和应用成果都比较少（几乎没看到），类似的研究是基于规约的软件测试 [32]。这些成果均已超出本书的范围，不再一一赘述。

那么，究竟如何对软件架构自身进行测试呢？这与软件架构的两种存在方式有关：

1）处于开发态的软件架构：软件架构是以文档、模型和数据的形式存在，属于软件开发早期阶段的智力产品。处于开发态的软件架构（我们称之为静态软件架构）难以在真实环境中进行实际的运行，所以软件架构的质量保障属于软件开发过程早期阶段的质量保障问题，同时也属于内部质量保障问题。内部质量保障主要采用度量和评估、分析和验证等主要手段。

2）处于运行态的软件架构：把架构设计思想融入代码中，在运行过程中体现软件架构的稳定性、安全性、可靠性和性能。对于处于运行态的软件架构（我们称之为动态软件架构或者运行态软件架构），我们会借助插桩技术、监控技术等研究如何对软件架构进行测试，相关成果还处于实验阶段。

15.4　本章小结

本章详细地介绍了各种软件架构分析方法，从严格意义上讲，也是软件架构的各种技术评审、文档评审、模型评审、数据评审方法。每种方法都有自己的原理和用途，但总的来说，这些方法都是用于软件架构内部质量保障的有效方法。它们基本上都是针对静态软件架构的评估，而针对动态软件架构、运行态软件架构的评估方法还不多见。

思考题

15.1 软件架构的分析、评审和评估有什么本质上的不同吗？

15.2 有哪些主要的软件架构分析、评审和评估方法？

15.3 为什么需要软件架构分析、评审和评估方法？

15.4 软件架构的技术评审包含哪些内容？

15.5 软件架构测试的研究现状如何？如何进行软件架构测试？

15.6 举例说明什么是最成功的软件架构分析和测试方法。

参考文献

[1] R Kazman, L Bass , M Webb, et al. SAAM: a method for analyzing the properties of software architectures[C]. Proceedings of the International Conference on Software Engineering. IEEE, 1994.

[2] P Clements . Scenario-Based Analysis of Software Architecture[J]. IEEE Software, 1996, 13(6):47-55.

[3] G Molter. Integrating SAAM in domain-centric and reuse-based development processes[C]. Proceedings of the 2nd Nordic Workshop on Software Architecture. Ronneby, 1999: 1-10.

[4] N Lassing, D Rijsenbrij, H Vliet. On software architecture analysis of flexibility, complexity of changes: Size isn't everything[C]. Proceedings of the Second Nordic Software Architecture Workshop NOSA,1999: 1103-1581.

[5] C Lung, S Bot, K Kalaichelvan, et al. An approach to software architecture analysis for evolution and reusability[C]. Proceedings of the Conference on the Centre for Advanced Studies on Collaborative research. IBM Press, 1997.

[6] R Kazman, M Klein, M Barbacci, et al. The architecture tradeoff analysis method[C]. Proceedings of the Fourth IEEE International Conference on Engineering of Complex Computer Systems, 1998: 68-78.

[7] R Kazman, M Barbacci, M Klein, et al. Experience with performing architecture tradeoff analysis[C]. Proceedings of the International Conference on Software Engineering, ACM , 1999: 54-63.

[8] P Clements, R Kazman, M Klein. Evaluating software architectures: methods and case studies[M]. 北京：清华大学出版社 , 2003.

[9] B Lionberger, C Zhang. ATAM assistant: a semi-automated tool for the architecture tradeoff analysis method[C]. Proceedings of the 11th International Conference on Software Engineering and Applications, 2007:330-335.

[10] M Barbacci, R Ellison, A Lattanze, et al. Quality attribute workshops[R]. Carnegie-Mellon University,2003.

[11] J Bergey, G Wood. Use of Quality Attribute Workshops (QAWs) in Source Selection for a DoD System Acquisition: A Case Study[R]. Carnegie-Mellon University, 2002.

[12] F Erfanian, A Shams. An ontology-driven software architecture evaluation method[C]. Proceedings of the International workshop on Sharing and reusing architectural knowledge.DBL, 2008: 79-86.

[13] P Clements. Active Reviews for Intermediate Designs[R]. Carnegie-Mellon University, 2000.

[14] D Parnas, D Weiss. Active design reviews: principles and practices[J]. Journal of Systems and Software, 1987, 7(4): 259-265.

[15] P Bengtsson, J Bosch. Scenario-based software architecture reengineering[C]. Proceedings of the IEEE Fifth International Conference on Software Reuse, 1998: 308-317.

[16] P Bengtsson, J Bosch. Architecture level prediction of software maintenance[C]. Proceedings of the European Conference on Software Maintenance and Reengineering. IEEE, 1999.

[17] N Mead, R Ellison, R Linger, et al. Survivable Network Analysis Method[J]. IEEE Software, 1998: 70-77.

[18] J Robert. Survivable network system analysis: a case study[J]. IEEE Software, 1999.

[19] P Bengtsson, N Lassing, J Bosch, et al. Architecture-level modifiability analysis (ALMA)[J]. Journal of Systems and Software, 2004: 129-147.

[20] L Zhu, M Babar, R Jeffery. Mining patterns to support software architecture evaluation[C]. Proceedings of the IEEE/IFIP Fourth Working Conference on Software Architecture, 2004: 25-34.

[21] B Tekinerdogan. ASAAM: Aspectual software architecture analysis method[C]. Proceedings of the IEEE/IFIP Fourth Working Conference on Software Architecture. IEEE, 2004.

[22] L Williams, C Smith. PASA SM: a method for the performance assessment of software architectures[C]. Proceedings of the 3rd International Workshop on Software and Performance, 2002: 179-189.

[23] E Folmer, J Gurp, J Bosch. Software architecture analysis of usability[C]. Proceedings of the International Conference on Engineering Human Computer Interaction & Interactive Systems. Springer-Verlag, 2004.

[24] E Folmer, J Bosch. Case studies on analyzing software architectures for usability[C]. Proceedings of the 31st Euromicro Conference on Software Engineering and Advanced Applications. IEEE, 2005: 206-213.

[25] F Olumofin, V Misic. Extending the ATAM architecture evaluation to product line architectures[C]. Proceedings of the 5th Conference on Working IEEE/IFIP. IEEE, 2005: 45-56.

[26] J Lee, S Kang, C Kim. Software architecture evaluation methods based on cost benefit analysis and quantitative decision making[J]. Empirical Software Engineering, 2009, 14(4): 453-475.

[27] R Pooley, A Abdullatif. CPASA: Continuous Performance Assessment of Software Architecture[C]. Proceedings of the 17th IEEE International Conference and Workshops on Engineering of Computer Based Systems, 2010: 79-87.

[28] K Barber, A Lakshmanan. Analysis of Software Architectures to Generate Test Sequences[C]. Proceedings of the 14th International Conference on Software & Systems Engineering and their

Applications, 2001.

[29] A Bertolino, P Inverardi, H Muccini, et al. An Approach to Integration Testing Based on Architectural Descriptions[C]. Proceedings of the Third IEEE International Conference on Engineering of Complex Computer System. IEEE Computer Society, 1997.

[30] A Bertolino, F Corradini, P Inverardi, et al. Deriving Test Plans from Architectural Descriptions[C]. Proceedings of the 22nd International Conference on Software Engineering, 2000: 220-229.

[31] D Richardson, A Wolf. Software Testing at the Architectural Level[C]. Proceedings of the 2nd International Software Architecture Workshop, 1996.

[32] D Richardson，T Malley, C Tittle. Approaches to Specification-Based Testing[C]. Proceedings of the Acm Sigsoft 3rd Symposium, 1989, 14 (8): 86-96.

第 16 章　软件架构重构

软件重构是进行软件优化和提高软件质量的重要手段之一。与其他软件优化和质量保障手段不同的是，软件重构是指在不改变软件的功能和外部可见性的情况下，针对已经实现的软件设计和代码进行修改和调整，以便提高软件的非功能属性（主要是质量属性）。本章将详细讨论软件架构重构或重建的基本概念和现状分析，包括软件重构点识别和定位方法、典型软件重构技术；并结合我们的实践经验，重点介绍两种典型重构实践：基于度量的软件架构重构和面向模式的软件架构重构。

16.1　引言

软件重构是指在不改变软件的功能和外部可见性的情况下，为了改善软件的结构，提高软件的可读性、可扩展性、可重用性、可维护性等质量属性的情况下而对其进行的改造[1]。简而言之，软件重构就是改进已经写好的软件设计、提高软件的某些质量属性。软件设计包含软件架构设计、软件详细设计、接口设计、代码设计和算法设计等，所以软件重构需要考虑的情形有软件架构重构[2]、结构调整和代码重构[3，4]等。

从目前的关注点和发展趋势来看，软件重构主要关注软件架构重构（又称软件架构重建）和代码重构两种。软件架构重构需求主要来源于软件架构级的“坏味道”和设计技术债，所以软件架构重构的目的是如何通过软件产品整体结构或者组织方式的重构来消除“坏味道”和技术债，以提高软件架构的质量等；代码重构需求主要来源于代码“坏味道”和代码技术债，所以代码重构的目的是如何通过重构来消除“坏味道”和代码方面的技术债，以提高代码质量等。

那么，为什么要进行软件重构呢？在找到软件重构原因之前，先要了解软件重构与需求变更之间的关系。既然软件重构是在不改变原有软件外部行为的基础上改善原有软件的结构，这意味着在软件重构过程中不能为软件添加任何新功能。简言之，软件重构的直接原因是需要提高软件的内部质量[4]。由此看来，一方面，软件重构似乎与用户的功能（或业务）需求变更没有直接关系，但与用户的某些非功能需求（特别是质量需求）有直接关系；另一方面，软件重构虽然与用户的功能需求变更没有直接关系，但是存在着间接关系。例如，软件系统总是处在演化过程中，结构良好的系统能够很容易适应新的变化，结构不好的系统必须通过软件重构进行优化，使之适应新的业务需求。从这个解读来看，用户业务需求变更也是软件重构的原因之一。

本章将重点讨论软件架构重构问题，从软件重构的概念、技术方法和典型重构案例几个方面详细讨论软件架构重构的现状和存在的问题。

16.2 软件重构现状

16.2.1 软件重构概念

重构（refactoring）最早由 Opdyke 在其博士论文中提出[5]，他把重构定义为“面向对象领域的行为保持的重建的变体”。Fowler 对“重构”进行了广泛的研究[6]，他把重构定义为动词和名词两种形式。

重构（名词）：对软件内部结构的一种调整，目的是在不改变软件可观察行为的前提下，提高其可理解性，降低其修改成本。

重构（动词）：使用一系列重构的手法，在不改变软件可观察行为的前提下，调整其结构。

Kerievsky 认为重构的原因有如下四点[2]：①使新代码的增加更容易；②改善既有代码设计；③对代码理解更透彻；④提高编程的趣味性。总的来说，重构通过不断地改善软件内部结构来减少软件的复杂性，使得软件更易理解与维护。

在软件重构过程中，发现重构需求之后首先需要进行重构点定位，即选取合适的重构点，然后对重构点实施重构操作，以达到重构的目的。

16.2.2 重构点识别和定位方法

重构点（refactoring point）指的是需要重构的地方，重构点的识别和定位是实施重构的前提，根据不同的程序抽象层次、重构粒度以及重构需求，需要利用不同的软件重构点识别和定位方法。我们将重构点识别和定位方法分为五类，包括不变式检测方法、文本检测方法、度量检测方法、聚类检测方法和设计模式检测方法。

1. 基于不变式的识别和定位方法

Opdyke 基于 C++ 定义了 7 个不变式，并将不变式按类、成员变量、成员方法级别进行了划分[5]。Notkin 等人提出使用不变式来识别和定位程序的重构点，从而执行特定的重构，并开发工具 Daikon 来动态识别程序重构需要的不变式[7]。他们利用不变量模式匹配器，进行 Java 源码重构点定位，提高重构的效率。该方法主要是基于对运行的程序进行动态分析，在特定点（如循环头、程序进入或退出点）动态识别出不变式，然后使用前置条件来确定候选重构点，执行重构后，满足后置条件来确保重构的正确性。Notkin 利用 Daikon 识别出不变式并给出 5 种重构的实例，分别是移除参数、消除返回值、将查询函数和修改函数分离、封装向下转型、以查询代替临时变量，证明了基于不变式重构点定位的可行性与正确性。

但是，该方法只使用了 7 个不变式分析重构点，能力有限。而且该方法只能在程序运行的过程中对程序动态分析使用，受代码覆盖率的影响，重构点定位的结果可能不够准确。另外，使用程序的特定点进行不变量的识别导致该方法通用性较差。

2. 基于文本的识别和定位方法

基于文本的坏味道检测主要是将源代码经过词法分析，并将得到的 token 串作为待检源，再通过文本比对和分析的方法进行检测。最常见的通过文本进行检测的重构对象是重复代码。其他可以通过文本进行检测的重构对象还有 switch 语句、平行继承体系、过多的注释等。

Johnson 等人利用查找完全相同子串的方法处理冗余代码[8]。Baker 等人提出了检测代码段中出现完全相同或近似相同现象的方法[9]。这里，近似相同的含义是：若将一段代码中的一组变量名和常量用另外一段代码中的相应一组变量名和常量替换，则两段代码完全相同。Adar 等人设计了一种代码克隆检测工具 GUES，并与 Kim 一起将其改进为 SOFTGUESS 工具[10]。该工具由一个克隆库和一系列小型应用程序组成，能够在系统依赖、设计信息和包结构等文本层面上对代码克隆现象进行分析。同时，该工具可以对克隆代码现象进行多版本的可视化显示。张鹏等人研究了两个代码是否具有相似性的课题，从相似代码的类型、从属关系等特点建立其属性库，并根据相似评价标准来进行检测[11]。他们还使用最长公共子序列算法来实现程序代码之间的相似性比对，测量精度可达 94% 以上。

3. 基于度量的识别和定位方法

软件度量是对软件开发项目、过程及其产品进行数据定义、收集以及分析的持续性定量化过程，目的在于对此加以理解、预测、评估、控制和改善，从而保证软件开发中的高效率、低成本、高质量。软件度量既可以用来定位重构代码，也可用来衡量重构后的代码质量。软件度量提供一种客观量化代码特征的方式，排除主观检验的不稳定性；即使对程序一无所知，也能通过指标大致了解程序源代码的整体特征，尤其是比较复杂或特征异常的代码。重构中主要度量软件质量指标以找到设计不合理的地方，尤以复杂性度量为主。基于此，使用软件度量来定位重构活动快速有效，具有明显的优势。

Briand 等人提出一种针对类的接口的度量来分析这个类的接口定义是否合理[12]。Simon 等人根据元素间共享的属性个数来决定模块的内聚度，定义出能够精确反映模块内聚度的度量函数，并开发出重构工具 VRML-World Browse[13, 14]。但该工具采用三维空间显示度量结果，速度不快且容易使用户混淆结果。朱学军在硕士论文中针对基于度量的重构点定位方法做了一定的研究，详细阐述了软件度量理论、引入距离理论，提出了平均距离度量的方法，并进行了实例验证[15]。Ott 等人在一些简单度量的基础上定义了一种基于切片的内聚度度量，通过计算一个指定的变量在模块内的切片，可间接计算该模块的内聚度，从而识别出重构对象[16]。

基于度量的重构定位的方法是一种静态方法，不必运行程序即可评估代码质量，提出重构方案；但是它没有考虑程序中的多态、异常、多线程等情况。

4. 基于聚类的识别和定位方法

聚类是指将物理或抽象对象的集合分成由类似对象组成的多个类的过程。使用聚类分析方法来定位重构点，主要是针对由于内聚性和耦合性等相关问题引发的一类重构点。

Lung 等人将聚类技术应用到程序的函数设计中，将内聚度低的函数分解成若干个新的函数，新函数的内聚度提高 [17]，同时也能够为函数重组提供更多的选择。相关文献中没有明确说明如何获取合适的实体属性，算法的普适性较差。基于此，Lung 等人又对实体属性获取方法做了改进和描述，使得聚类方法能够应用于更加普遍的源代码上。Grosser 等人提出一种预测系统质量性质的方法 [18]，在保存有大量系统质量信息的数据库中，指定系统的质量因素（健壮性）从其他与指定系统具有最大相关度的系统中获得，而获取最大相关度的其他系统是通过 K 近邻聚类计算来完成的。Ratzinger 和 Sigmund 等人提出了一种根据程序开发历史记录来预测可能存在的代码坏味道的方法 [19]。它从程序的版本控制系统中获取程序自身的规模、编写者变动信息、修改次数、修改频率、修改习惯以及其他相关信息，作为进行聚类分析的数据来源。根据这些数据，采用决策树、逻辑树、重复增量修剪以及最近邻等聚类算法，获得待重构位置的可能预测结果。作者对聚类算法并没有进行实现，也无从对比各方法的优劣性。Srinivas 等人用 K 近邻聚类方法来进行面向对象代码中包层级的重构 [20]，他们认为在包的层级，包内的类具有高内聚性，而包间耦合度低。其通过判断各个类中是否存在其他类的实例，作为类内聚计算算法的输入数据。这类方法需要计算并分析程序内部的关系，时间复杂度高，检测相对耗时。

5. 基于设计模式的识别和定位方法

设计模式为重构提供了良好的指导方向。不少人利用设计模式来检测常见的重构点。Cinneide 和 Nixon 提出了前驱位置的概念，前驱位置是一种能够传递设计意图的结构，基于设计模式的重构操作将被应用到前驱位置上 [21]。其通过查找前驱位置来确定重构点。比如，对于 Factory Method 模式来说，其前驱位置可以简单地描述为“ Creator 类必须创建一个 Product 类的实例”，以代码表示就是 creator.creates（product）。这只是一个很细微的语句，但却是 Factory Method 的一个自然的前驱位置。当一条简单的语句就能满足现有的需求时，利用 Creator 类创建 Product 类的一个实例即可，将来如果一个新的需求需要 Creator 类能够处理多个其他类型的 Product 对象，这就需要引入 Factory Method 来应对这一变化。

Lionel 等人用一种结构化的方式发现 UML 2.0 设计中可以应用设计模式的潜在位置，定义检测规则，并以决策树的形式进行组织，每个决策树对应于一个单独的设计模式，决策树上的节点表示了在决策过程中可能遇到的问题 [22]，这些问题决定了某一个特定位置是否能够应用某一设计模式。

Jeon 等人通过推理来识别一系列符合设计模式的重构位置[23]。其中推理的输入是历史上各个阶段的 Java 程序代码。通过对这些程序代码的组织分析，其中的设计模型被提取出来并被表示为类似 Prolog 的断言（predicate）。被表示为断言的设计模型接下来被转换成一系列 Prolog 事实（fact）。同时，对设计模式的推理规则也被转换为 Prolog 规则。然后，通过 Prolog 的查询操作，那些表示代码可以被转换为某一设计模式潜在的重构位置，并在规则的指导下被标识出来。

基于设计模式的识别和定位方法的缺陷在于可能会出现应用大量无谓的设计模式，从而导致过度设计，增加了系统的复杂度。

16.2.3 重构实施技术

重构实施指的是针对重构点实施重构的过程。在重构实施中会应用很多技术，主要包括如下几类[4]。

1. 图转换（Graph Transformation）技术

传统上，重构被指定为参数化的程序变换以及一组前置条件和后置条件，并保证行为正确。如果采用这种方法，重构和图转换之间有直接对应关系。程序（或其他类型的软件制品）可以表示为图形，重构对应于图形产生规则，重构的应用对应于图转换。重构前后置条件可以表示为应用的前置和后置条件。

2. 程序精化（Program Refinement）技术

程序精化技术将设计好的程序规约转换成可以逐步执行的程序。Philipps 和 Rumpe[24] 使用提炼技术直接在用图表示的软件体系结构上运用重构规则的方法，这些重构规则能够保证组件之间的行为属性不发生变化，且使用明确定义的可观察行为概念，允许我们精确定义需要保留以及提炼的重构行为。

3. 程序切片（Program Slicing）技术

程序切片技术是一种重要的程序分析技术，它的原理和方法由 M. Weiser 于 1979 年在他的博士论文中首次提出，程序切片是一种提取程序中可能影响某一变量集的所有语句的技术[25]。这种技术基于系统依赖图，可以用来保证重构之后保留某些所选择的行为不变。例如，R. Komondoor 提出了使用切片技术处理特定类型的程序重构：函数或过程提取[26]，并提出一种算法，将控制流图中的一组选定节点聚到一起，使它们成为可提取的，同时保持程序语义不变。

4. 形式概念分析（Formal Concept Analysis）

形式概念分析为数据分析提供了一种概念分析工具。该形式化技术使用格论，构造了概念格，其中变量和类成员之间的关系明确。Snelting 和 Tip 使用概念分析来重构面向对象的类层次结构，将这些技术纳入维护和重组类层次结构的交互式工具中[27]，并保证重构结果在行为上等同于原来的层次结构。

5. 基于模式的重构

Kerievsky 等人将重构与模式联系起来，认为重构是实现设计模式的一种手段，设计模式是重构的目的，通过实现、趋向和去除模式进行重构并给出了相应的例子 [2]。Tokuda 等人探讨了采用手工方式对程序应用设计模式的重构方法，他们通过实验指出，一个典型的系统在使用重构和设计模式后，可以明显提高软件质量 [28]。Jahnke 等人使用图转换技术将遗产系统中的不良设计模式替换成好的设计模式 [29]。Jeon 等人提出了一种方法，对于一个特定的设计模式，定义推理规则来自动识别重构候选点，并定义相应的重构策略将这些重构点转换为设计模式结构，并且以抽象工厂模式作为例子，缺点是只支持创建型的设计模式 [23]。Yehudai 等人开发了一种原型工具，该工具支持将给定的设计模式用到 Eiffel 程序中 [30]。该工具采用了元程序方法并且将转换操作划分为四个等级：设计模式、迷你模式、惯用法以及抽象语法树。缺点是不能保证程序前后行为一致。Cinneide 等人认为设计模式的重构是一系列的迷你转换 [21]，并提出一个系统化的方法使得重构朝着特定的模式转化，主要构造的模式是创建型模式。

面向设计模式的重构可以指导软件组件或子系统内的重构，但是设计模式是中等规模的模式，无法表示软件系统的基本结构，即无法对整个软件系统进行重构。因此研究人员提出了基于架构模式的重构。Hansen 等人通过一个 GUI 程序对其实施 MVC 模式重构 [31]。Ping 等人提出一个框架，可以将遗留的 Web 应用程序组件转换为 Java 对象组件（如 javaBeans、JSP 和 java servlet 等），实现 MVC 重构 [32]。目前面向架构模式的重构研究主要局限在对特定领域的项目使用特定模式进行重构，重构人员需要依据项目具体情况（业务逻辑，功能模块）人工分析项目，使用特定模式重构项目。这种方式需要大量人工参与，且不够通用，无法推广。同时，使用不同模式对项目重构的效果并不一样，特定模式未必是最符合项目重构的，而上述研究并没有考虑重构时的模式选择问题。

16.2.4 现状分析

目前的重构技术能够有效地发现重构机会、实施重构过程并改善软件质量，但也存在一些不足。下面从两个层面进行简要分析。

1. 重构点识别和定位技术分析

定位技术之间没有绝对的优劣之分，不同的应用场景适用于不同的重构定位技术。重构定位技术之间可以相互组合使用，如基于文本定位方法常常作为其他定位方法的辅助方法。下面对几种重构定位方法的优缺点进行归纳，以便选取合理的重构定位方案。

- 基于不变式的定位技术：该方法主要是对运行的程序进行动态分析。通过此方法能够检验软件重构前后行为是否保持相同的外部行为特性。缺点是需要运行系统，通用性差，代码覆盖率十分有限。

- 基于文本的定位技术：基于文本的定位检测的优点是检测速度快，误检率低，且与程序语言无关。缺点是没有考虑代码的语义信息，检测种类少，漏检率高。
- 基于度量的定位技术：客观量化软件特征，即使对程序不了解，也能通过指标大致了解程序的整体特征。但是度量重构直接依赖于度量规则的准确性，没有考虑程序中的多态、异常、多线程等情况。
- 基于聚类的定位技术：该方法受阈值影响较大，若阈值选取准确，则检测精度高、检测结果准确，否则会大幅度提高错报率和漏报率；且需要计算和分析程序内部的关系，时间复杂度高，检测相对耗时。
- 基于设计模式的定位技术：设计模式是一种经验总结，能有效地找到常见的设计不足点，但是基于设计模式的定位方法会出现应用大量无谓的设计模式的情况，从而导致过度设计，增加了系统的复杂度。

目前重构定位依赖重构人员的项目经验，所以对重构人员自身素质要求很高。如果重构人员不是很熟悉项目、经验不足，或者在选择重构时考虑不当或不全而选错重构点，则会对软件重构造成不利影响，引起重构效率低下、重构不能达到预期效果等严重问题。

基于度量的方法能够在不需要人工参与的情况下发现软件中哪些质量属性不足，而基于设计模式的方法能有效地找到常见的设计重构点，这些重构点往往是导致相应的软件质量下降的原因。

2. 重构实施技术分析

为了全面提高架构软件质量，需要对架构进行重构，为此需要选取合适的重构实施技术。目前主要的架构重构实施技术分析如下：

- 基于切片的重构实施技术与程序分析技术只能作用于源代码，无法在架构层使用该技术。程序精化技术要求程序能够直接运行，通用性小。
- 面向架构模式的重构可以从架构设计、组件设计和代码设计等多个层面对软件架构进行重构和优化，是最有前景的重构技术之一。
- 采用图转换方法，重构和图转换之间有直接对应关系，能够较为直观地进行。软件架构可以表示为图形，重构对应于图形产生规则，重构的实施对应于图转换。但是在现有的架构重构方法中，图转换方法普遍没有利用架构模式中包含的知识信息。

16.3　基于度量的软件架构重构

本节讨论一种基于度量和评估结果的软件架构重构方法。该方法提出的重构发生在一次演进过程结束之后，将软件质量引入重构过程，通过在架构度量和评估结果中发现的架构缺陷确定重构对象和重构范围，并提出重构建议。另外，通过工具实现了重构建议的自动生成。图 16-1 对基于度量评估结果的重构实施过程进行了描述：首先对架构当前演进版本进行架构持续演进原则达成性度量，对度量结果进行分析评估，选择未达成的度量指标，产生重构需求，然后根据指标的计算公式分析重构需求，识别需要重构的架构缺陷，选择合适的重构方法以消除或减少缺陷，给出重构建议并实施，得到新的架构重构版本，最后度量评估重构效果。基于架构持续演进度量与评估结果的重构过程是一个迭代的过程，一次重构过程结束后，重新对重构版本的软件架构进行持续演进原则达成性度量，如果仍有架构持续演进原则子指标的度量结果不满足持续演进原则，可对重构版本进行第二轮的评估重构过程，以此类推，直至所有架构持续演进原则子指标都满足持续演进要求。

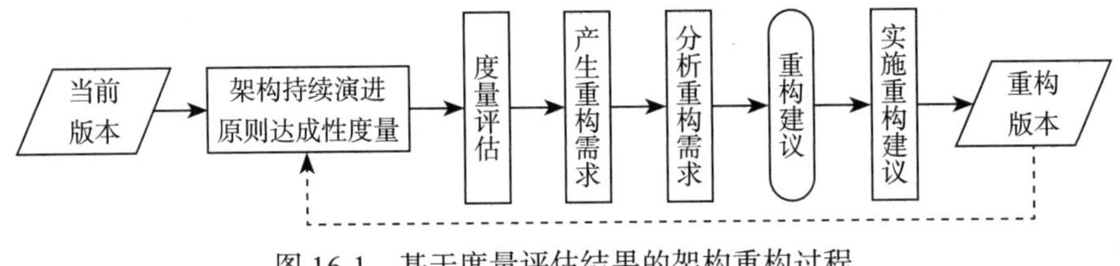

图 16-1　基于度量评估结果的架构重构过程

16.3.1　软件架构度量评估

本节提出的软件架构持续演进原则达成性度量方法通过度量一系列架构持续演进原则子指标的数据，实现综合度量架构持续演进原则的达成情况。架构持续演进原则直观地反映出架构从全面角度而言持续演进原则的达成程度，而架构持续演进原则子指标更加直接地反映出架构在某一方面的达成情况。架构持续演进原则子指标的度量基本信息来源于组件、文件、代码等多个层次，达到从不同侧面反映架构的演进效果的目的。

架构持续演进原则子指标及架构持续演进原则的取值范围都是 [−1，1]，当指标度量结果大于 0 时，表示从演进初始版本到演进结果版本的演进过程达成相应的持续演进原则子指标，且度量结果越大表示达成效果越好；当度量结果小于 0 时，表示从演进初始版本到演进结果版本的演进过程未达成相应的持续演进原则子指标，且度量结果越小表示达成效果越差。架构持续演进原则达成性度量结果反映的是系统从演进初始版本到演进结果版本的演进效果，并且架构持续演进原则子指标是通过特定的度量公式定量度量的，每个子指标面向不同的架构层次，计算公式来源于软件项目的实际信息，度量结果能够真实反映架构演进过程中的基本信息变化，从而反映架构演进过程中代码信息和架构信息的变化。为了实现对架构持续演进原则子指标的评估，本节从各子指标的度量公式出发，分析度量公式计算元素，评估影响各子指标的内部因素。架构持续演进原则达成性度量方法中对 6 个架构持续演进原则子指标的度量方法如表 16-1 所示，表中列出了各个子指标的度量参数、度量算法等信息。

表 16-1　架构持续演进原则子指标度量公式

原则名称	度量参数	度量方法	涉及元素
主体维持原则	N_{change}：从演进初始版本到演进结果版本的演进过程中组件图中增加、删除或修改的节点数和边数 $N_{unchange}$：未变化的节点数和边数	$MP=\frac{N_{unchange}-N_{change}}{N_{unchange}+N_{change}}$	组件依赖图中的节点数和边数
平滑演进原则	$Size_{pre}$：组件在演进初始版本中的规模 $Size_{cur}$：组件在演进结果版本中的规模 n：组件的个数 当组件增加或删除时，X_i 取 1	$SP=1-2\times\frac{\sum X_i}{n}$ $X_i=\frac{\lvert Size_{pre}-Size_{cur}\rvert}{\max\left(Size_{pre},Size_{cur}\right)}$	各组件规模
组件规模最小化原则	$Size_{pre}$：演进初始版本的项目规模 N_{pre}：演进初始版本的组件数 $Size_{cur}$：演进结果版本的项目规模 N_{cur}：演进结果版本的组件数	$CP=\frac{\frac{SIZE_{pre}}{N_{pre}}-\frac{SIZE_{cur}}{N_{cur}}}{\frac{SIZE_{pre}}{N_{pre}}+\frac{SIZE_{cur}}{N_{cur}}}$	系统规模、组件个数
模块独立演进原则	N_{pre}：演进初始版本组件图中的边数 n_{pre}：演进初始版本组件图中的节点数 N_{cur}：演进结果版本组件图中的边数 n_{cur}：演进结果版本组件图中的节点数	$IP=\frac{\frac{N_{pre}}{n_{pre}}-\frac{N_{cur}}{n_{cur}}}{\frac{N_{pre}}{n_{pre}}+\frac{N_{cur}}{n_{cur}}}$	组件依赖图中的节点数和边数
外部接口稳定原则	N_{change}：从演进初始版本到演进结果版本的演进过程中增加、删除或修改的外部接口数 $N_{unchange}$：未变化的外部接口数	$EP=\frac{N_{unchange}-N_{change}}{N_{unchange}+N_{change}}$	外部接口
复杂性可控原则	$Size_{pre}$：演进初始版本的项目规模 CC_{pre}：演进初始版本的圈复杂度 $Size_{cur}$：度量版本的项目规模 CC_{cur}：度量版本的圈复杂度	$CCP=\frac{\frac{SIZE_{cur}}{CC_{cur}}-\frac{SIZE_{pre}}{CC_{pre}}}{\frac{SIZE_{pre}}{CC_{pre}}+\frac{SIZE_{cur}}{CC_{cur}}}$	系统规模、系统圈复杂度

下面结合表 16-1 对每个架构持续演进原则子指标的影响因素进行具体分析。

1. 主体维持原则

在该子指标达成性的度量过程中，通过演进初始版本和演进结果版本的组件和组件之间依赖关系的变化情况计算该子指标是否达成，其中变化情况包括增加、删除和变动的组件和组件依赖关系。就度量公式而言，由于该子指标度量公式中的分母为组件依赖图中两个版本变化的和未变化的节点数和边数的总和，所以分母始终为正数。基于以上分析可以得出，该子指标是否达成取决于分子——组件依赖图中变化的和未变化的节点数和边数的差值，即组件依赖图中未变化的节点数和边数是否大于变化的节点数和边数。当变化的节点数和边数小于未变化的节点数和边数时，该子指标达成；当变化的节点数和边数大于未变化的节点数和边数时，该子指标没有达成。

2. 平滑演进原则

在该子指标达成性的度量过程中，通过从演进初始版本到演进结果版本组件规模的平均变化比率计算该子指标是否达成。就度量公式而言，首先计算各组件的规模变化比率，然后计算各组件平均规模变化比率，并将结果规格化到[−1，1]。根据函数性质可知，当各组件平均规模变化比率小于0.5时规格化结果为负，当各组件平均规模变化比率大于0.5时规格化结果为负。即当各组件平均规模变化比率小于0.5时，该子指标达成；当各组件平均规模变化比率大于0.5时，该子指标没有达成。

3. 组件规模最小化原则

在该子指标达成性的度量过程中，通过演进初始版本和演进结果版本的组件平均规模计算该子指标是否达成。就度量公式而言，由于该子指标度量公式中的分母为两个版本平均规模之和，所以分母始终为正数。基于以上分析可以得出，该子指标是否达成取决于分子中组件平均规模的差值，即演进结果版本的组件平均规模是否小于演进初始版本的组件平均规模。当演进结果版本的组件平均规模减小时，该子指标达成；当演进结果版本的组件平均规模增大时，该子指标没有达成。

4. 模块独立演进原则

在该子指标达成性的度量过程中，通过演进初始版本和演进结果版本的组件依赖图中边数和节点数的比值计算该子指标是否达成。就度量公式而言，由于该子指标度量公式中的分母为两个版本组件依赖图中边数和节点数比值之和，所以分母始终为正数。基于以上分析可以得出，该子指标是否达成取决于分子中组件依赖图边数和节点数比值的差值，即演进结果版本组件依赖图中边数和节点数的比值是否小于演进初始版本组件依赖图中边数和节点数的比值。当演进结果版本组件依赖图中边数和节点数的比值减小时，该子指标达成；当演进结果版本组件依赖图中边数和节点数的比值增大时，该子指标没有达成。

5. 外部接口稳定原则

在该子指标达成性的度量过程中，通过演进初始版本和演进结果版本外部接口的变化情况计算该子指标是否达成，其中变化情况包括外部接口的增加、删除和变动。就度量公式而言，由于该子指标度量公式中的分母为两个版本变化的和未变化的外部接口数的总和，所以分母始终为正数。基于以上分析可以得出，该子指标是否达成取决于分子变化的和未变化的外部接口数的差值，即未变化的外部接口数是否大于变化的外部接口数。当变化的外部接口数小于未变化的外部接口数时，该子指标达成；当变化的外部接口数大于未变化的外部接口数时，该子指标没有达成。

6. 复杂性可控原则

在该子指标达成性的度量过程中，通过演进初始版本和演进结果版本的软件规模和圈复杂度的比值，即圈复杂度的平均密度，来计算该子指标是否达成。就度量公式而言，由于该子指标度量公式中的分母为两个版本圈复杂度的平均密度之和，所以分母始终为正数。基于以上分析可以得出，该子指标是否达成取决于分子中圈复杂度平均密度的差值，即演进结果版本的圈复杂度平均密度是否大于演进初始版本的圈复杂度平均密度。当演进结果版本中圈复杂度平均密度增大时，该子指标达成；当演进结果版本中圈复杂度平均密度减小时，该子指标没有达成。

下面将分别从产生重构需求、分析重构需求、建议重构操作、实施重构操作等四个方面对这一过程进行详细的讨论。

16.3.2　产生重构需求

软件架构持续演进的质量对大规模软件的开发和维护有重要的影响，架构重构的整体目标是在提高架构持续演进原则的基础上尽量达成更多的架构持续演进原则子指标。本书选择架构持续演进原则达成性度量结果作为识别重构需求的入口，当度量过程结束后，识别度量结果中未达成的架构持续演进原则子指标，通过对子指标度量公式的分析判断是否可以通过重构操作达成子指标。

根据架构持续演进原则达成性度量方法的设计，架构持续演进原则子指标度量结果的取值范围为 [−1，1]。当度量结果大于 0 时，表示从演进初始版本到演进结果版本的演进过程达成相应的持续演进原则子指标，且度量结果越大表示达成效果越好；当度量结果小于 0 时，表示从演进初始版本到演进结果版本的演进过程未达成相应的持续演进原则子指标，且度量结果越小表示达成效果越差。重构过程利用架构持续演进原则子指标的这一特点，选择度量结果小于 0 的子指标作为重构目标指标。

16.3.3　分析重构需求

在对架构持续演进度量结果评估中，通过分析子指标公式参数，对架构持续演进原则子指标的度量结果的达成情况进行了评估。通过分析我们知道，各子指标度量参数的来源有较大的差异，主要来源于组件和代码两个层次，有些子指标的度量参数同时来源于这两个层次。各子指标元素层次划分如表 16-2 所示。

表 16-2　子指标相关层次划分

层次	相关指标	相关元素
组件层次	主体维持原则、组件规模最小化原则、模块独立演进原则	组件出入度、组件数量
代码层次	平滑演进原则、组件规模最小化原则、外部接口稳定性原则、复杂性可控原则	项目规模、圈复杂度、外部接口

架构持续演进原则达成性度量方法选取架构演进过程的不同侧面，设计度量公式对架构演进进行了度量，度量基本信息来源于反映软件架构的组件依赖图和软件源代码，数据真实客观，因此度量结果能够反映度量版本的真实属性。当架构持续演进原则子指标未达成时，说明计算该子指标的相关元素在演进过程中发生了不好的变化，重构工作的目标就是识别这些不好的变化并提出重构建议。结合 16.2 节对每个架构持续演进原则子指标影响因素的分析，导致各个架构持续演进原则子指标未达成的具体原因如下。

1. 主体维持原则

主体维持原则未达成的主要原因是组件和组件之间的依赖关系变动太大。从软件架构角度，当组件依赖图中变动的节点数和边数较多时，可能发生以下两种情况之一：①组件依赖图中的组件没有发生变动，组件之间的依赖关系发生了较大变化；②组件依赖图中的组件发生了变化，从而导致组件之间的依赖关系也发生了变化。

2. 平滑演进原则

平滑演进原则未达成的主要原因是组件规模平均变化率过大。从软件架构角度，影响该子指标度量结果的因素主要是组件规模从演进初始版本到演进结果版本的规模变动情况，而且当组件增加或减少时，会对结果带来较大影响。因此当组件的平均规模变化率过大时，可能存在以下两种情况：①组件本身规模发生了较大的变动；②组件增加或删除。

3. 组件规模最小化原则

组件规模最小化原则未达成的主要原因是组件平均规模过大。从软件架构角度，影响软件架构中组件平均规模的因素包括组件数量和软件规模。因此当组件平均规模增大时，可能发生以下四种情况之一：①软件规模不变，组件数降低；②组件数不变，软件规模增大；③软件规模减小，组件数减少，且软件规模的减小比例小于组件数减少的比例；④软件规模增大，组件数增多，且软件规模的增大比例大于组件数增多的比例。

4. 模块独立演进原则

模块独立演进原则未达成的主要原因是组件依赖图中节点数和边数比值过大，即组件之间依赖关系过于复杂。从软件架构角度，影响软件组件依赖图中边数和节点数比值的因素包括组件数和组件之间的依赖关系强度。因此当组件依赖图汇总边数和节点数的比值增大时，可能发生以下四种情况之一：①组件依赖图中节点数不变，边数增多；②组件依赖图中边数不变，节点数减少；③组件依赖图中节点数增多，边数增多，且边数的增加比例大于节点数增加的比例；④组件依赖图中节点数减少，边数减少，且边数减少的比例小于节点数减少的比例。

5. 外部接口稳定原则

外部接口稳定原则未达成的主要原因是外部接口变动太大。从软件架构角度，影响该子指标度量结果的因素主要是外部接口的变动。

6. 复杂性可控原则

复杂性可控原则未达成的主要原因是圈复杂度平均密度过大。从软件架构角度，影响软件圈复杂度平均密度的因素包括软件规模和软件圈复杂度。因此当软件圈复杂度平均密度减小时，可能发生以下四种情况之一：①软件规模不变，圈复杂度增大；②圈复杂度不变，软件规模减小；③软件规模增大，圈复杂度增大，且圈复杂度增大的比例大于软件规模增大的比例；④软件规模减小，圈复杂度减小，且圈复杂度减小的比例小于软件规模减小的比例。

16.3.4　建议重构操作

在明确重构需求以及明确架构缺陷之后，我们应针对不同重构需求下的不同架构缺陷选择恰当的方法对系统进行重构，重构方法应明确重构对象以及重构操作。经过上述对架构持续演进原则子指标未达成原因的分析，并结合表 16-3 中常用的重构建议，这些重构原则主要与组件层次和代码层次的重构操作有关。由于架构持续演进原则子指标中暂时没有涉及目录层次的子指标，因此暂时没有目录层次的重构建议。另外，由于本文提出的重构方法基于架构持续演进度量和评估方法，暂时无法定位除提取的基本信息之外的架构缺陷，只能从度量和评估结果中进行分析，因此组件和代码层次的重构操作也不能完全覆盖。

通过前文对架构持续演进原则度量结果的评估，涉及组件层次的相关指标，其重构操作主要在组件依赖图上对组件及组件之间的依赖关系进行修改，可能的操作有拆分组件、提取组件等；涉及代码层次的相关指标，其重构操作需要对代码进行修改，可能的操作有简化代码逻辑结构、消除冗余代码等。调整组件结构的主要目标是降低组件之间的耦合，减少组件之间的依赖，并降低各组件的规模，重构操作的对象是组件；调整代码的主要目标是消除代码中的设计和实现的不足，控制代码的复杂性，提高代码的稳定性和可扩展性，重构操作的对象是具体文件中的代码。

需要注意的是，重构的基本要求是在不改变软件可观察的外部行为的前提下，调整软件内部结构，以提高软件的可理解性和可维护性。在本文提出的架构持续演进原则子指标中，有些子指标是通过度量某些元素从演进初始版本到演进结果版本的变动来计算的，如组件的变动、规模的变动以及外部接口的变动，如果这些变动过多，从原则选取以及设计的角度来分析是不够稳定和平滑的，但是这些变动发生在架构演进过程中，可能对应着软件功能性的改变，无法自动化分析这些变动是否有用，因此不能直接给出减少变动的建议。基于以上分析，我们将架构持续演进原则子指标分为两类，一类给出具体重构建议，另一类给出架构缺陷点，由软件设计人员和开发人员判断是否需要采取重构操作。结合前面的度量评估和缺陷分析，组件规模最小化原则、模块独立演进原则和复杂性可控原则将给出具体的重构建议，而主体维持原则、平滑演进原则和外部接口稳定原则给出缺陷点。下面对每种子指标的重构操作进行具体分析。

1. 组件规模最小化原则

通过从度量结果、度量公式和软件架构三个角度分析，提高组件规模最小化原则的度量结果需要增加组件数量或者降低软件规模。在不改变软件功能的前提下，我们不针对代码提出重构建议，因此为了提高组件规模最小化原则的度量结果，建议架构设计和开发人员增加组件数量。增加组件数量的方法主要有拆分组件和提取组件两种。①拆分组件：对规模较大或文件较多的组件进行拆分，将组件中内聚性较强的部分拆分出来成为一个新的组件。②提取组件：将多个组件中内聚性较强的部分提取到一个新的组件。这两种操作的核心都是将组件中内聚性较强的部分提取出来，这样做的目的是提高组件内聚度，降低组件之间的耦合度。

2. 模块独立演进原则

通过从度量结果、度量公式和软件架构三个角度分析，提高模块独立演进原则的度量结果需要减少组件之间的依赖关系，降低组件之间的耦合度。组件是软件层次中较高层次的结构，组件之间的依赖关系来源于底层文件之间的依赖关系，具体建议将针对影响组件之间依赖关系的最底层文件给出。具体的做法是对软件基本信息进行分析，分析组件之间以及底层文件之间的依赖关系，定位到导致组件之间耦合度过高的具体文件，建议软件设计和开发人员降低这些文件之间的耦合度。

3. 复杂性可控原则

通过从度量结果、度量公式和软件架构三个角度分析，提高复杂性可控原则的度量结果需要提高软件规模或者降低软件的圈复杂度。在不改变软件功能的前提下，我们同样不针对代码提出重构建议，因此为了提高复杂性可控原则的度量结果，需要降低软件的圈复杂度。具体的做法是对文件的基本信息进行分析对比，定位到圈复杂度密度比较大的文件，建议软件设计和开发人员降低这些文件的复杂度。

4. 主体维持原则

通过从度量结果、度量公式和软件架构三个角度分析，提高主体维持原则的度量结果需要减少组件和组件之间依赖关系的变动。作为较高的软件层次结构，组件的变动来源于底层文件的变动，具体的做法是对组件信息以及文件信息进行分析，定位发生变动较大的组件或文件，并反馈给软件设计和开发人员。

5. 平滑演进原则

通过从度量结果、度量公式和软件架构三个角度分析，提高平滑演进原则的度量结果需要降低组件的平均规模变化比率，增加和删除的组件虽然对平均规模变化比率的贡献率大，但是组件的增加和删除可能对应着代码功能的修改，因此将定位其他规模变化比率比较大的组件或文件，并反馈给软件设计和开发人员。

6. 外部接口稳定原则

通过从度量结果、度量公式和软件架构三个角度分析，提高外部接口稳定原则的度量结果需要减少外部接口的变动，具体做法是对文件基本信息进行分析，定位外部接口发生变动（增加、删除、修改）比较大的文件并反馈给软件设计和开发人员。

下面对以上重构建议进行总结，如表 16-3 所示。

表 16-3　重构建议总结

架构持续演进原则子指标	重构建议
组件规模最小化原则	拆分组件或提取组件
模块独立演进原则	降低文件之间耦合度

（续）

架构持续演进原则子指标	重构建议
复杂性可控原则	降低文件的圈复杂度
主体维持原则	定位组件具体变化并反馈用户
平滑演进原则	定位规模具体变化并反馈用户
外部接口稳定原则	定位接口具体变化并反馈用户

16.3.5　实施重构操作

在后续的工具设计中，重构建议的生成过程将是自动完成的，而重构建议的实施部分需要架构师和软件设计人员根据架构和代码的具体情况进行操作，下面对给出具体重构操作的三种重构建议的实施策略进行阐述。

1. 拆分组件或提取组件

拆分组件和提取组件的目的都是将组件中内聚性较强的部分拆分或者提取出来以形成一个新的组件，具体的做法可以通过分析组件内部的依赖关系来完成。拆分组件一般通过对组件中规模最大或文件数量最多的组件进行拆分，提取组件的操作依靠的是组件内部依赖关系和组件之间依赖关系的分析。

以开源软件 Notepad++ 某版本为例，该版本的组件依赖图如图 16-2 所示，假设重构建议是拆分该版本的组件，通过对组件基本信息进行分析得出，winControls 是所有组件中规模最大同时也是内部文件数量最多的组件，因此将在组件 winControls 上实施重构操作。通过对组件 winControls 的内部组织结构进行初步分析，文件 PowerEditor\src\WinControls\TreeView\TreeView.cpp 和文件 PowerEditor\src\WinControls\AboutDlg\URLCtrl.cpp 与组件中其他文件关联较小，因此可以考虑将这两个文件与其他文件进行拆分，从而将组件 winControls 拆分成两个组件。组件内部的组织结构十分复杂，架构师和软件设计人员可以根据对组件内部文件组织结构的了解和需要，提出不同的拆分实施策略，此处仅给出一个示例用以说明拆分组件的实施策略。

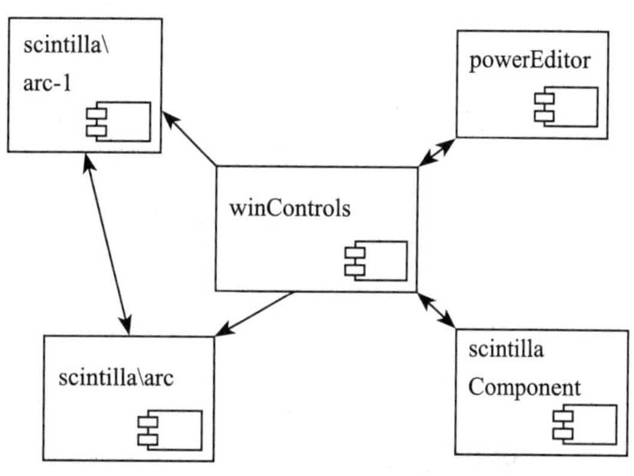

图 16-2　Notepad++ 项目某版本组件依赖图

2. 降低文件之间的耦合度

该重构建议的提出主要是为了降低组件之间的耦合度，由于组件之间的耦合是由于组件内部文件之间的耦合造成的，因此为了达成降低组件之间耦合度的目的，必须从降低文件之间的耦合度出发。文件之间的依赖关系主要有方法调用、实例化、继承、参数依赖等，删减文件之间的依赖主要可以通过以下几种方式来实施。

（1）桩替换

桩代码是指用来代替关联代码或者未实现代码的代码。如图 16-3 所示，假设现在需要删减文件 A 和文件 B 之间的依赖，使用函数 B1 来替换原有 B 文件中与文件 A 存在关联的代码，这样可以用桩代码来切割文件 A 和文件 B 的联系，使之成为两个相对独立的文件。

（2）数据依赖传递

如图 16-4 所示，假设现在需要删减文件 A 和文件 B 之间的依赖，而文件 A 和文件 B 之间的依赖主要基于数据的传递，则可以通过设置数据文件或者配置文件来转移文件 A 和文件 B 之间的依赖关系，从而将文件 A 和文件 B 转换为相对独立的两个文件。

图 16-3　桩替换　　　　图 16-4　数据依赖传递

（3）结构调整

如图 16-5 所示，假设现在需要删减文件 A 和文件 B 之间的依赖，而文件 A 和文件 B 是较高层次的文件，文件 A1 和 B1 分别依赖于文件 A 和文件 B。如果修改文件 A 和文件 B，可能会影响文件 A1 和文件 B1，因此采取结构调整的策略，将文件 A、B、A1、B1 看成一个整体，选择调整文件 B1 和文件 C 之间的依赖关系，达到删减依赖的目的。

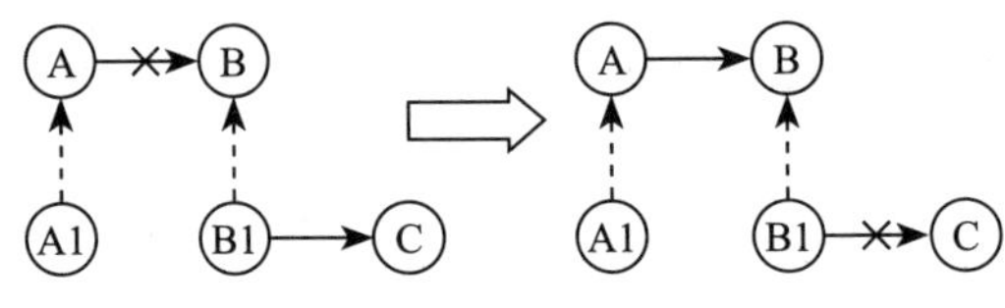

图 16-5　结构调整

3. 降低圈复杂度

圈复杂度在数量上表现为独立的基本路径条数，圈复杂度大说明程序代码的判断逻辑复杂。降低圈复杂度的方法主要分为三类：重新组织函数、简化条件表达式和简化函数调用。

（1）重新组织函数

重新组织函数的方法主要包括提炼函数和替换算法。提炼函数主要是指将一大段代码中可以被组织在一起并独立出来的一段代码放进一个独立的函数中；替换算法则是指将某个算法替换为另一个更清晰的算法。

（2）简化条件表达式

简化条件表达式的方法主要包括分解条件式、合并条件式、合并重复的条件片段等。

分解条件式的主要做法是在一个复杂的条件语句的 if、else、then 三个段落中分别提炼出独立的函数；合并条件式是将一系列得到相同结果的条件判断合并为一个条件式，并将这个条件式提炼成为一个独立函数；合并重复的条件片段主要是指将条件式中每个分支上的重复代码搬移到条件式之外。

（3）简化函数调用

简化函数调用可以通过将查询函数和修改函数分离、为方法增加参数、分解函数功能等方法来达到目的。这些做法的共同目标是简化函数结构，使单一的方法尽量完成单一的功能，减少方法内的数据修改。

另外，由于架构持续演进原则子指标的度量元素来源于不同的层次，所以重构操作建议也面向不同的层次。重构的目标是给出尽量准确、完整的重构建议，以方便系统架构师和开发人员准确地了解系统缺陷，并及时对系统进行修正。本方案中提出的重构操作主要涉及架构组件层和代码层两个层次，涉及多层次的重构建议可能存在不同子指标给出相互冲突的建议的问题，这种冲突分为两类，一类是同层的重构建议之间存在矛盾，另一类是下层的重构建议会影响上层的结构。当冲突出现时，需要协调或解决冲突之后再给出建议，针对以上两种冲突，我们采取以下三种策略来消除或协调冲突：

- 当同层的重构建议出现冲突时，优先满足未达成程度高的子指标的重构需求。
- 低层次的重构操作在高层次的同一个对象中进行，以保证不出现跨层操作冲突。
- 当同时需要对不同的层次进行重构操作时，先进行较低一层的重构操作。

下面分别对以上三种策略的合理性进行分析。

1）当同层的重构建议出现冲突时，优先满足未达成程度高的子指标的重构需求。

合理性分析：架构重构的整体目标是在提高架构持续演进原则的基础上尽量达成更多的架构持续演进原则子指标，当重构建议发生同层冲突时，在各子指标权重相同的情况下优先满足未达成程度高的子指标的重构需求能够更快达到提高架构持续演进原则的基本目标。如果仍须满足未达成程度较低的子指标，则重新选择对度量值影响程度稍低的元素为重构对象，避开重构操作冲突点。

2）低层次的重构操作在同一个高层次对象中进行，以保证不出现跨层操作冲突。

合理性分析：低层次结构是包含在高层次结构中的，如果低层次的操作涉及多个高层次对象，可能会影响上层的结构，上层结构的变化可能会引起上层重构对象的变动，进而导致上层的重构操作无法进行。低层次的重构操作在同一个高层次对象中进行可以保证下层的操作不会影响上层的结构和操作。

3）当同时需要对不同的层次进行重构操作时，先进行较低一层的重构操作。

合理性分析：低层次对象是高层次对象的组成元素，高层次的操作可能会对低层次对象的结构、所属位置等产生影响，从而可能导致低层次的操作无法进行，先进行较低一层的重构操作保证了上层的变动不会影响下层的操作建议。

16.4 面向模式的软件架构重构

面向模式的软件架构重构的方案流程图如图 16-6 所示。输入软件架构图，用户根据软件质量度量结果指定需要提高的质量指标，作为重构需求。根据重构需求选择合适的模式 X 对架构进行重构。利用模式所能阐述的问题，制定重构点定位规则。在检测到架构重构点后，利用模式的解决方案制定相应的重构实施方案，在架构图上实施重构并得到新的架构图。

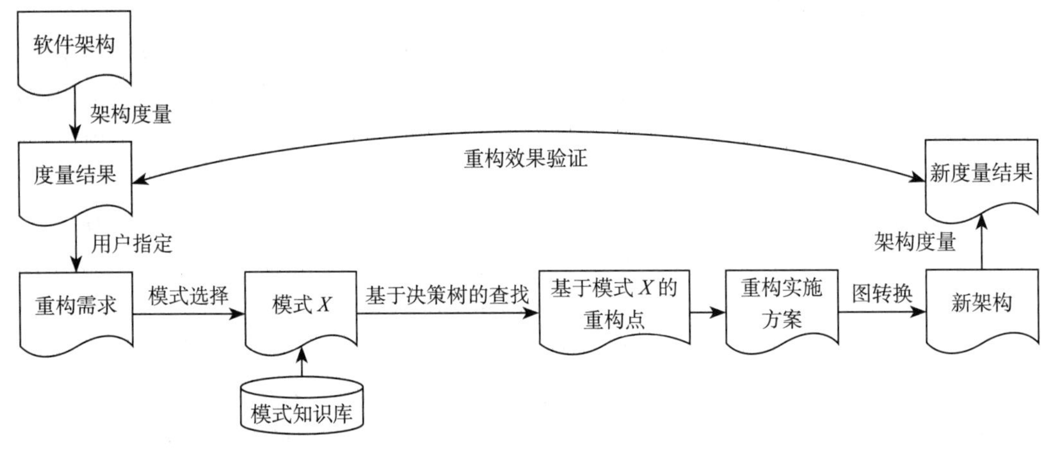

图 16-6　方案流程图

以上步骤中软件质量度量部分的输入是软件架构图，这些架构图是根据项目代码聚类恢复出来的架构依赖图，由组件集和组件间依赖关系构成，能够较好地反映软件架构。度量指标能全面衡量软件质量。通过对软件质量度量，得到项目某些质量不达标的结果。这些不达标的结果将作为重构需求。重构效果验证部分即将软件架构重构成相应的模式后，通过重构仿真来验证重构方案是否能够改善软件质量。

面向模式的架构重构主要包括模式选择、重构点定位和重构实施等部分。

16.4.1 模式选择

本章以 6 种模式（分层、数据库、正交、微内核、消息总线和整体与部分）为例，说明如何面向模式进行重构。重构的第一步是根据软件状况选择合适的模式，查找相应的架构重构点。本小节主要分析软件质量和模式的关联，指导如何根据度量结果选择合适的模式。

结合度量指标计算公式，调研各个模式对软件质量的影响，并设计相关模式规范制定表，如表 16-4 所示。该表描述了重构时选择各种模式的重构方式以及带来的相应质量变化。“√”代表变好，空格代表不定性（可能变好、不变或变差）。通过这张表推荐相应的模式以指导重构。例如分层模式能够改善可修改性、可测试性、可替换性，但会导致易理解性指标下降。所以当可修改性、易测试性和可替换性需要改善时，可以使用分层模式。

表 16-4　模式与质量指标的关联

架构模式	应用模式的重构场景	模式规范	重构方案	相关质量指标				
				可修改性	易测试性	可替换性	易理解性	可扩展性
数据库模式	数据库为多个应用组件所共享，应用组件间有交互	“应用组件独立”：各个应用组件独立开发，软件质量互不影响	删除应用组件的直接联系	√	√	√		
微内核模式	基础组件调用多个组件，组件间有交互	“扩展组件独立”：不应存在扩展组件之间的直接连接关系，扩展组件可以随时插入和修改，结构灵活	删除被基础组件调用的组件间的直接联系	√	√	√	√	
消息总线模式	组件间依赖关系过于频繁，程序复杂	“消息总线中心”：所有组件之间通过消息总线进行通信	增加消息总线组件，所有组件都与消息总线进行通信	√	√	√		√
正交模式	组件和边依赖关系多时，无序，难以理解	“线索正交”：一个线索是由一系列组件构成的，每一条线索完成整个系统中相对独立的一部分功能。线索之间不该有交集	项目分解为多个独立线索，一个线索完成一个独立的功能，删除每个线索之间的依赖关系	√	√	√	√	
整体与部分模式	子组件过于庞大复杂	“整体与部分”：将大组件分解为整体与部分组件，分离了功能点，利于局部组件的修改和替换	将组件拆分为部分与整体。部分组件实现局部功能，整体组件封装组成它的组件，统筹它们之间的协作，并提供访问其功能的通用接口。从外部不能访问部分组件	√		√	√	√
分层模式	层次之间的依赖关系交错复杂	允许上层依赖下层，反之不提倡，甚至禁止	删除下层依赖上层的依赖边，对某些依赖边进行合并等	√	√	√		

当度量未达成需求并符合多种模式进行重构时，优先选择重构代价最小的模式。

16.4.2　重构点定位

本小节借鉴了基于设计模式对代码进行重构点定位的思想，利用决策树的方法找到重构点。首先为选定模式定义检测规则，以树的方式进行组织，以发现潜在的重构位置。如图 16-7 所示，每棵决策树对应于一个模式，决策树的节点表示了在决策过程中可能遇到的问题。这些问题决定了某一特定位置是否能够应用模式。决策树中节点分为三种类型：UnaryNavigationNode、BinaryNavigationNode 和 DesignPatternNode。UnaryNavigationNode 表示在对某一模式的判断过程中，该节点只能有一种判断结果。比如，如果该节点判断是 true，将继续判断下一个条件，否则将停止处理，即查找重构点失败。BinaryNavigationNode 表示该节点的判断无论对错，都有对应的节点用于进一步判断。DesignPatterNode 对应于树中的叶子节点，表示经过决策树的判断，该位置可以应用的模式。

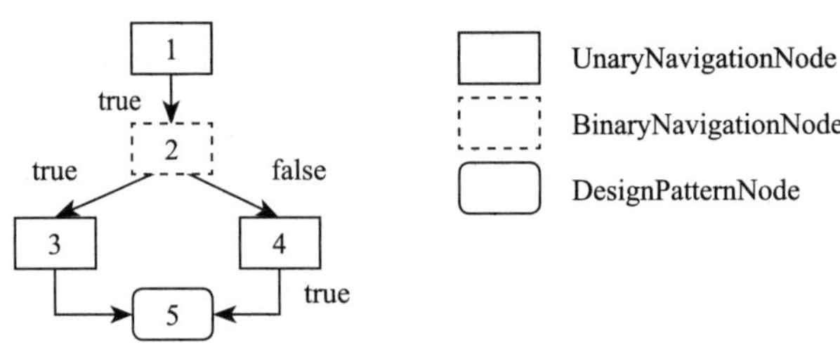

图 16-7　决策树结构

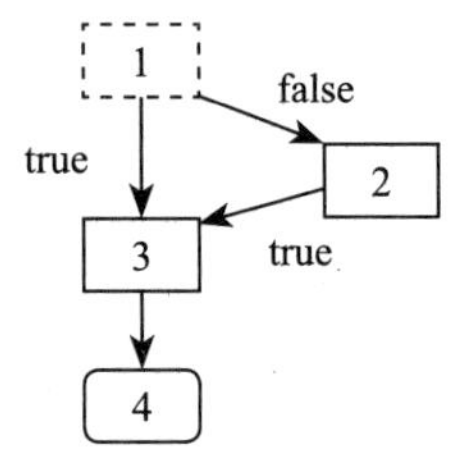

图 16-8　微内核模式决策树结构

以微内核模式重构点定位为例，构造的决策树如图16-8所示：节点1属于BinaryNavigationNode类型节点，该节点判断无论是true还是false，都有对应的节点进行进一步判断。该节点判断架构图中具有最大出度的组件是否存在入度，具有最大出度的组件往往包含基础功能，可以看成是核心模块。若判读结果为true则转向节点3进一步判断，否则转向节点2进行判断。节点2、节点3都属于UnaryNavigationNode类型节点，判断为true才能继续判断下一个条件，否则停止处理。其中节点2首先寻找架构图中拥有最大出度的组件的入度组件集合（组件的入度组件是指架构图中依赖该组件的组件），判断入度组件集合中的每一个组件是否只有一个出度，若为true则转向节点3进一步判断，否则寻找重构点失败，停止处理。若入度组件集合中的每一个组件只有一个出度，只依赖最大出度组件，代表了入度组件集合只与最大出度组件关系密切，入度组件集合可以作为重构点，在重构实施阶段将入度组件集合与最大出度组件进行合并。节点3判断在最大出度组件的出度组件集合（组件的出度组件是指架构图中被该组件依赖的组件）中组件之间是否存在相互依赖。具有最大出度的组件的出度组件可以看成是插件组件。若出度组件集合中组件间存在依赖，这些依赖可以作为重构点，决策树节点3判断结果会为true，转向节点4。节点4属于DesignPatternNode类型节点，代表的是此位置可以运用微内核模式。

16.4.3　重构实施

本小节介绍每种模式所对应的重构操作，以及在得到重构点后，根据每种模式提供的解决方案制定相应的重构方案，并对架构图实施重构。

首先，我们将重构操作划分为增加组件依赖边、删除组件依赖边、组件合并、组件拆分和组件增加五种类型。每种模式所需的重构操作如表16-5所示；“√”代表会执行，“×”代表不会执行，空格代表不定性（根据实际需要）。例如分层模式的重构，需要删除依赖边和组件合并操作，可能需要增加依赖边操作，但不会涉及组件拆分和额外组件增加的操作。每一种模式的重构方案以及重构实施后的效果图讨论如下。

表 16-5　模式与重构操作对应表

模式＼重构操作	增加组件依赖边	删除组件依赖边	组件合并	组件拆分	组件增加
分层		√	√	×	×
正交		√	×	×	×
微内核	×	√	×	×	×
整体与部分	√	√		√	×
消息总线	√	√	×		√
数据库	√	√		×	×

1. 面向分层模式的架构重构

面向分层模式的架构重构首先将相似的组件聚为同一层，我们通过组件间的扇入扇出关系判断是否存在相似性。比如组件 A 和组件 B 都依赖于组件 C，则认为组件 A 和组件 B 之间具有相似性。将相似的组件聚成一层后，我们需要确定哪些层属于较高层，哪些层属于较低层。通过全排列的方式列出每种分层的可能性，根据分层模式下层不依赖上层的方式，选择最合理的分层。重构效果如图 16-9 所示：图左半部分为原始的架构图，组件 1 和组件 2 都依赖于组件 3，则组件 1 和组件 2 相似，聚为一层。且通过全排列方式，找到最合理的层次划分方式，如图右半部分，重构后的分层模式架构图上层依赖下层，软件结构清晰，便于管理，且软件更容易修改、测试、理解和替换。

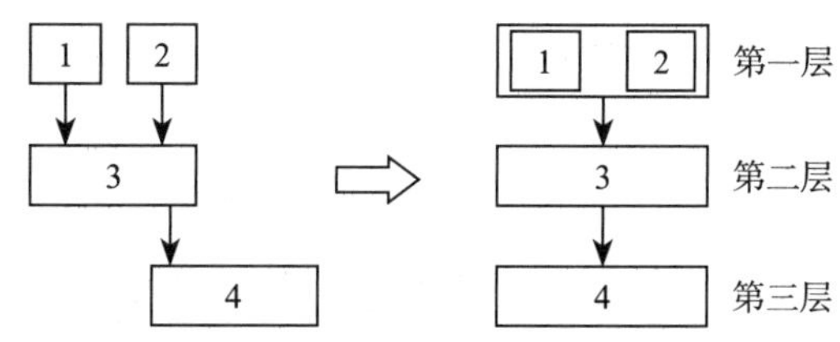

图 16-9　面向分层模式的重构图

2. 面向正交模式的架构重构

正交体系结构最顶层的组件往往是系统的入口组件或者是主控组件，这种类型的组件往往不被其他组件依赖。我们将没有入度且出度最多的组件 A 看成是最顶层组件。根据组件集合与组件间关系集合，找出线索集合。具体来讲，就是从组件 A 对架构图进行图深度遍历，得到线索的集合，每一个线索都是以 A 组件为起始组件的组件集合，线索往往代表了一种独立的功能，如组件集合 {A，B，D，F，K} 就是一个线索，通过删除线索间不必要的依赖关系使得线索之间正交。重构前后效果如图 16-10 所示：左图为重构前的架构图，右图为重构后的架构图。经过面向正交体系模式重构后，项目分为多个独立的线索，便于组件的替换、修改等。

3. 面向微内核模式的架构重构

微内核架构包含两部分组件：核心系统（core system）和插件模块（plug-in module）。应用逻辑被分割为独立的插件模块和核心系统。如 Eclipse 开发工具就是使用了微内核模式，用户使用 Eclipse 进行软件开发，当需要使用扩展功能时，可以通过添加相应的 jar 包也就是插件来实现其扩展功能。Eclipse 依赖于插件，插件之间没有依赖关系。

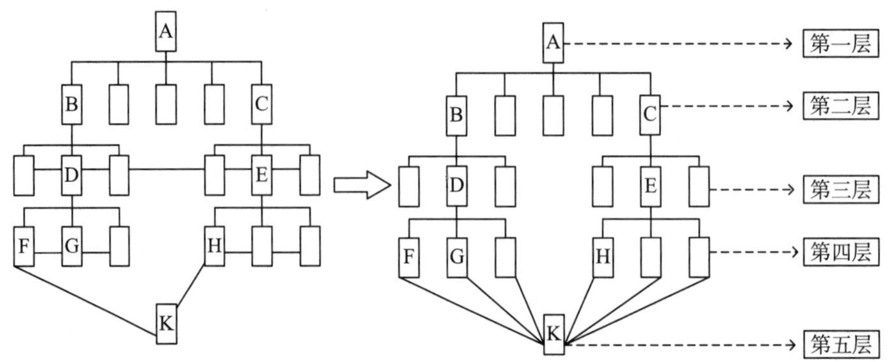

图 16-10　面向正交模式的重构效果图

我们将扇出最多的组件作为基础组件，基础组件依赖的组件看成是插件，删除插件间的依赖关系可实现面向微内核模式的重构。微内核模式的重构前后效果图如图 16-11 所示。组件 1 出度较多，可以看成是核心组件，除了完成自身基础功能外，其使用了很多其他组件的功能。其他组件间互相调用，可修改性、易测试性等软件属性较差。在重构成微内核模式后的组件图中，组件 1 实现基础通用功能，组件 2、3、4、5 作为组件 1 的扩展组件，即插即用，能够使得软件便于扩展和升级。

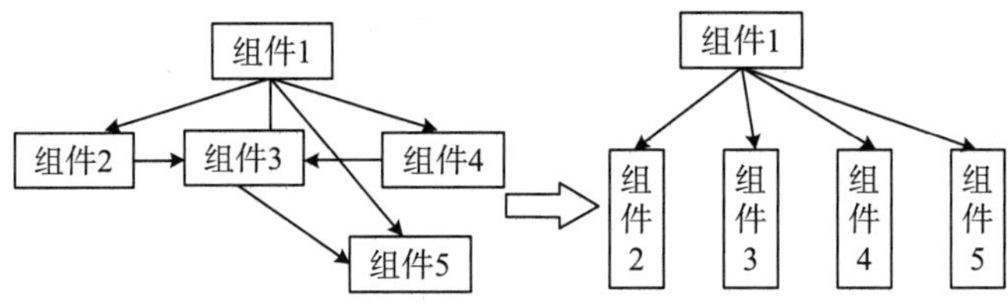

图 16-11　面向微内核的重构效果图

4. 面向整体与部分模式的架构重构

将原组件分解为 Whole 组件以及多个独立的 Part 组件。首先将 Whole 组件从原组件中拆分出来，Whole 组件封装其他组件访问该组件的接口，使得从外部不能直接访问原组件。再将原组件拆分为多个 Part 组件，各自完成相应的功能，Part 组件之间独立。该模式的重构后架构图如图 16-12 所示：重构后将组件 4 拆分为一个 Whole 组件和三个 Part 组件，通过整体组件与外界交互。

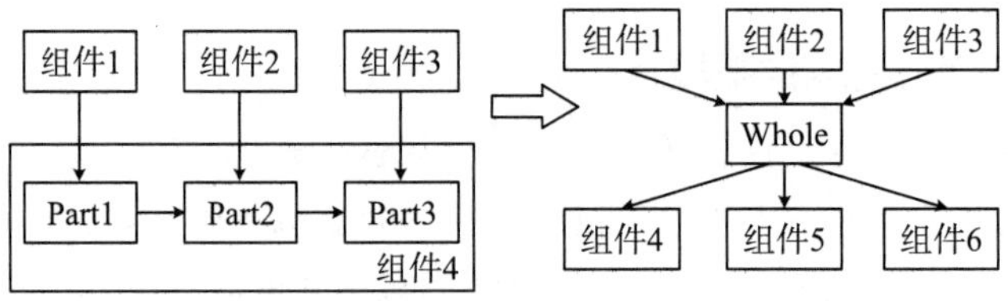

图 16-12　面向整体与部分模式的重构效果图

5. 面向消息总线模式的架构重构

当组件间的依赖关系过于密切时，采用消息总线模式进行重构，组件间的交互都通过新增的消息总线组件传递，消息总线负责进行接收与转发，降低了组件间的耦合度。如图 16-13 所示，重构前组件间交互频繁，不易理解和扩展，重构后的组件通过消息总线进行通信，方便组件间解耦。

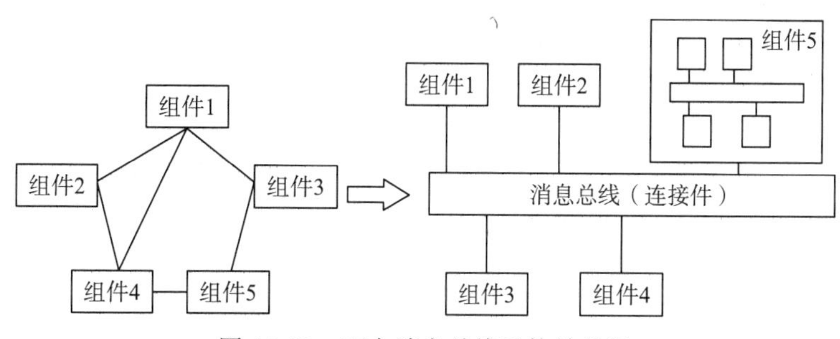

图 16-13　面向消息总线重构效果图

6. 面向数据库模式的架构重构

数据库模式常常解决需要管理大量持久共享数据的情况。在该模式下，应用程序组件都与数据库组件有联系，而删除应用程序组件间的关系。图 16-14 展示了面向数据库模式重构的效果图。重构后组件间相互独立，都只与数据库交互。

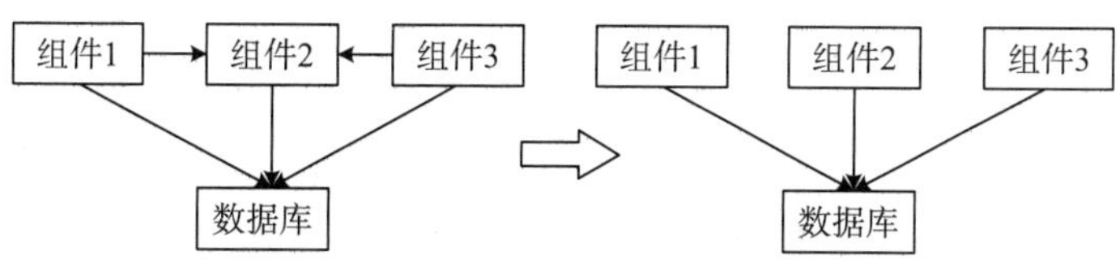

图 16-14　面向数据库模式重构的效果图

16.5　本章小结

本章详细讨论了软件架构重构的基本概念、基本原理和基本方法，同时也讨论了软件架构重构的动机和目的，特别是还讨论了如何利用软件架构持续演进原则达成性度量和评估进行软件架构重构的方法。该方法选择未达成的架构持续演进原则子指标为重构入口，从多个层次分析子指标未达成的原因，定位架构缺陷，然后针对分析结果对各个子指标给出了具体重构建议或反馈缺陷，为重构操作的实施方法提供了示例，并指定了重构操作发生冲突时的应对策略。该方法取得了良好的效果，有一定的推广价值。

思考题

16.1 软件架构重构的动机和目的是什么?

16.2 什么是软件架构重构? 软件架构重构的基本原理是什么?

16.3 简述几种软件架构重构技术。

16.4 软件架构重构的基本过程包括哪几个阶段?

16.5 软件架构重构与架构坏味道、技术债之间的关系如何?

16.6 软件架构重构还存在哪些问题?

16.7 度量评估驱动的软件架构重构的基本思想是什么? 有哪些优点和缺点?

16.8 什么是面向模式的软件架构重构? 面向模式的软件架构重构为什么有用?

16.9 在软件开发过程中，软件架构重构有什么样的战略意义?

16.10 软件架构重构和代码重构的区别和联系是什么?

参考文献

[1] T Mens, T Tourwé. A survey of software refactoring[J]. IEEE Transactions on software engineering, 2004, 30(2): 126-139.

[2] J Kerievsky. Refactoring to Patterns[M]. Addison-Wesley, 2004.

[3] W C Wake. Refactoring Workbook[M]. Addison-Wesley, 2003.

[4] T Mens, T Tourwe. A survey of software refactoring[J]. IEEE Transactions Software Engineering, 2004,30 (2): 126–139.

[5] W F Opdyke. Refactoring: A program restructuring aid in designing object-oriented application frameworks[D]. PhD thesis, University of Illinois at Urbana-Champaign, 1992.

[6] M Fowler. Refactoring: improving the design of existing code[M]. Addison-Wesley Longman Publishing Co, 1999.

[7] Y Kataoka, D Notkin, M D Ernst, et al. Automated support for program refactoring using invariants[C]. Proceedings of the IEEE International Conference on Software Maintenance (ICSM'01). IEEE Computer Society, 2001: 736.

[8] J H Johnson. Identifying redundancy in source code using fingerprints[C]. Proceedings of the 1993 Conference of the Centre for Advanced Studies on Collaborative research: software engineering-Volume 1. IBM Press, 1993:171-183.

[9] B S Baker.On Finding Duplication and Near-Duplication in Large Software Systems[C]. Proceedings of the Conference on Reverse Engineering. IEEE, 1995.

[10] E Adar, M Kim. SoftGUESS: Visualization and Exploration of Code Clones in Context[C]. Proceedings of the International Conference on Software Engineering. IEEE, 2007:762-766.

[11] 张鹏 . C 程序相似代码识别方法的研究与实现 [D]. 大连：大连理工大学 , 2008.

[12] L C Briand, J W Daly, J St, et al. A Unified Framework for Cohesion Measurement in Object-Oriented Systems[J]. IEEE Transactions on Software Engineering, 2002, 25(1):91-121.

[13] F Simon, S Loffler, C Lewerentz. Distance based cohesion measuring[C]. Proceedings of the 2nd European Software Measurement Conference (FESMA), 1999: 99.

[14] F Simon, F Steinbrückner, C Lewerentz. Metrics based refactoring[C]. Proceedings of the European Conference on Software Maintenance and Reengineering. IEEE, 2001:30-38.

[15] 朱学军. 基于度量的重构定位方法及工具设计 [D]. 汕头：汕头大学，2004.

[16] L M Ott , J J Thuss. Slice based metrics for estimating cohesion[C]. Proceedings of the First International IEEE on Software Metrics Symposium, 1993:71-81.

[17] C H Lung, X Xu, M Zaman, et al. Program restructuring using clustering techniques[J]. Journal of Systems & Software, 2006, 79(9):1261-1279.

[18] D Grosser, H A Sahraoui, P Valtchev. Analogy-based software quality prediction[C]. Proceeding of the 7th Workshop on Quantitative Approaches in Object-Oriented Software Engineering, QAOOSE, 2003: 3.

[19] J Ratzinger,T Sigmund, P Vorburger, et al. Mining Software Evolution to Predict Refactoring[C]. Proceedings of the First International Symposium on Empirical Software Engineering and Measurement (ESEM 2007), 2007: 354-363.

[20] S S Srinivas, V L Naidu. Package Level Software Refactoring using A-KNN and Understand Tool[J]. Software Engineering & Technology, 2012, 4(7).

[21] M Cinneide, P Nixon. A methodology for the automated introduction of design patterns[C]. Proceedings of the IEEE International Conference on Software Maintenance, (ICSM '99), 1999: 463-472.

[22] L C Briand, Y Labiche, A Sauve. Guiding the Application of Design Patterns Based on UML Models[C]. Proceedings of the 22nd IEEE International Conference on Software Maintenance 2006(ICSM'06).

[23] S U Jeon, J S Lee, D H Bae. An Automated Refactoring Approach to Design Pattern-Based Program Transformations in Java Programs[C]. Proceedings of the Ninth Asia-Pacific Software Engineering Conference. IEEE, 2002:337-345.

[24] J Philipps, B Rumpe. Refinement of information flow architectures[C]. Proceedings of the IEEE International Conference on Formal Engineering Methods. IEEE, 1997:203-212.

[25] M Weiser. Program Slicing[J]. IEEE Transactions on Software Engineering, 1984, SE-10(4):352-357.

[26] R Komondoor, S Horwitz. Semantics-Preserving Procedure Extraction[R]. Computer Sciences Dept., Univ. of Wisconsin-Madison, 2000.

[27] G Snelting, F Tip. Reengineering class hierarchies using concept analysis[M]. ACM, 1998.

[28] L Tokuda, D Batory. Evolving Object-Oriented Designs with Refactorings[J]. Automated Software Engineering, 2001, 8(1):89-120.

[29] J Jahnke. Rewriting poor Design Patterns by good Design Patterns[C]. Proceedings of the European Software Engineering Conference and Symposium on the Foundations of Software Engineering, 1997.

[30] A H Eden , A Yehudai. Precise Specification and Automatic Application of Design Patterns i,ii,iii[C]. Proceedings of the 12th IEEE/ACM International Conference on Automated Software Engineering

(ASE), 1997.

[31] S Hansen, T V Fossum. Refactoring model-view-controller[M]. Consortium for Computing Sciences in Colleges, 2005.

[32] Y Ping, K Kontogiannis, T C Lau. Transforming Legacy Web Applications to the MVC Architecture[C]. Proceeding of the Eleventh International Workshop on Software Technology and Engineering Practice. IEEE, 2003:133-142.

下　篇

未来主题篇

未来主题篇重点关注目前与软件架构相关的研究热点，虽然这些研究还处于初级阶段，理论方法和技术手段都还处在探索和尝试环节，但未来都将对软件架构知识体系完善和工程实践造成很大的潜在影响，所以本篇重点介绍这些潜在的相关知识。本篇涵盖了从第17～23章共7章内容。其中：

- 第17章　软件架构的腐蚀和对策：主要讨论什么是软件架构腐蚀，为什么会发生腐蚀，以及如何防止软件架构发生腐蚀等内容。
- 第18章　软件架构解耦：主要讨论什么是软件架构解耦，以及针对具体的软件架构如何进行解耦等内容。
- 第19章　软件架构技术债：主要介绍各种技术债及其应对措施，讨论软件架构技术债的累积因素，并讨论如何对技术债进行管理等内容。
- 第20章　软件架构坏味道：主要介绍各种坏味道的定义，并分析和总结架构坏味道与代码坏味道的区别，也比较详细地介绍了架构坏味道的类型、特点、检测和对系统的影响等内容。
- 第21章　软件架构脆弱性：比较详细地讨论软件脆弱性，并重点结合11种常见的软件架构模式，分析了一些与脆弱性相关的问题。
- 第22章　软件架构模式识别：讨论软件架构模式的识别问题，重点讨论一些典型的软件架构模式识别技术。
- 第23章　结束语：展望软件架构未来可能的发展趋势。

第 17 章　软件架构的腐蚀和对策

当软件系统经过一系列演化之后，原来的软件架构随着需求的变更可能发生了比较大的变化，使得原来能够保持的一些软件架构属性（特别是质量属性）变差，甚至不再保持了，这就产生了软件架构腐蚀。软件架构的腐蚀现象会严重影响软件架构的质量属性，甚至威胁到软件架构的生命周期，必须准备相应的对策来防止软件架构发生腐蚀。本章主要讨论什么是软件架构腐蚀、为什么会发生腐蚀，以及如何防止软件架构发生腐蚀等内容。

17.1　引言

如前所述，软件架构是软件系统的核心基础，必须得到足够重视。一个成功的软件架构不仅能够保障软件系统的核心质量得到满足，还在各方面保障软件项目的开发过程向更符合用户预期的目标推进。一个成功的软件架构应具有以下品质[1，2]：①良好的模块化，每个模块职责明确，模块间松耦合，模块内部高内聚并合理地实现了信息隐藏；②适应功能需求和技术的变化，应保持应用相关模块和领域通用模块、技术平台相关模块和独立于具体技术的模块相分离，从而达到“隔离变化”的效果；③对系统的动态运行有良好的规划，标识出哪些是主动模块，哪些是被动模块，明确这些模块之间的调用关系和加锁策略，并说明关键的进程、线程、队列、消息等机制；④对数据的良好规划，不仅应包括数据的持久化存储方案，还可能包括数据传递、数据复制和数据同步等策略；⑤明确、灵活的部署规划，往往涉及可移植性、可伸缩性、持续可用性和用户操作性等大型企业软件特别关注的质量属性的架构策略。

但是，任何软件架构在它的生命周期中随着软件系统的演化也会发生变化。软件架构的变化存在两种情况：一种情况是软件架构向更好的方向变化，也就是说，在变化过程中，很多架构属性（特别是质量属性）会变好。这种情况是提倡的，也是架构师、软件工程师和用户都期望看到的。另一种情况是当软件系统经过一系列演化之后，原来能够保持的一些软件架构属性（特别是质量属性）会变差甚至不再保持了，这就是我们常说的在软件演化过程中软件架构发生的腐蚀现象。软件架构的腐蚀会严重影响软件架构的质量属性，甚至威胁到软件架构的生命周期，使得软件架构的生命周期变短，所以在软件开发和运行维护过程中，必须准备相应的对策来防止软件架构发生腐蚀。

17.2　软件架构腐蚀的含义

随着需求和业务条件的不断变化，对软件的修改和调整是不可避免且频繁的。但是，如果软件系统的修改违反了预定的架构设计，造成了架构的腐蚀，这势必会影响软件系统的质量，并使得软件过程的可控性降低。因此对软件腐蚀的预防、检测和恢复一直都是软件架构师和开发人员面临的重要问题。

软件架构腐蚀（software architecture erosion）是指预期或概念软件架构与实际软件架构之间的偏离 [3]，它意味着最终的实现并没有完全满足预定的计划或违背了系统的约束和规则。这种偏离更多的是源自日常的软件修改，而非人为的恶意 [4]。架构腐蚀会导致软件演化过程中出现工程质量的恶化，包括功能性、性能、完整性、一致性、可理解性、可维护性与演化性等重要特性的丧失 [5-7]。

17.3　软件架构腐蚀的预防控制策略

针对架构腐蚀问题，Lakshitha de Silva 等人讨论了三类主要的预防控制方法：腐蚀最小化、腐蚀预防和腐蚀修补 [7]，每种方法又包含多种控制策略，如表 17-1 所示。

表 17-1　软件架构腐蚀预防控制方法与策略

<table>
<tr><th>方法</th><th colspan="2">最小化</th><th>预防</th><th>修补</th></tr>
<tr><td rowspan="8">策略</td><td rowspan="4">面向过程的架构一致性</td><td>架构设计文档</td><td rowspan="4">联动架构</td><td rowspan="4">架构恢复</td></tr>
<tr><td>架构分析</td></tr>
<tr><td>架构依从性监控</td></tr>
<tr><td>依赖性分析</td></tr>
<tr><td>架构演化管理</td><td></td><td rowspan="4">自适应</td><td>架构发现</td></tr>
<tr><td rowspan="3">架构设计实施</td><td>代码生成</td><td rowspan="3">架构协调</td></tr>
<tr><td>架构模式</td></tr>
<tr><td>架构框架</td></tr>
</table>

表 17-1 展示了软件架构腐蚀控制方法的分类框架。其中，腐蚀最小化包括旨在抑制架构腐蚀发生率的策略，预防方法则集中于杜绝和根除软件架构的腐蚀，修补方法针对因腐蚀引发的损害进行修复。策略栏罗列了隶属于顶层方法的具体策略。

17.3.1　腐蚀最小化方法

软件架构腐蚀最小化（minimize）方法包含三个主要策略：面向过程的架构一致性（process-oriented architecture conformance）策略、架构演化管理（architecture evolution management）策略和架构设计实施（architecture design enforcement）策略。

1. 面向过程的架构一致性策略

一致性对于减少软件架构腐蚀至关重要。一致性常常通过以过程为核心的活动来实现。诸多文献表明架构腐蚀与人为因素有关，比如设计文档的匮乏、设计规则的错误理解和开发者的技术缺陷等[2，8]。无论是在统一开发过程（rational unified process）还是在开放统一过程（open unified process）等面向过程的开发过程中，都提倡要有效保障诸多一致性问题，如架构要满足用户需求；设计要符合架构指导；变更需求必须经过审核；修改必须符合预定规则。为了有效地减少软件架构腐蚀，软件工程过程采用以下一致性策略：架构设计文档（architecture design documentation）、架构分析（architecture analysis）、架构依从性监控（architecture compliance monitoring）和依赖性分析（dependency analysis）。

（1）架构设计文档

糟糕的软件架构设计文档是导致软件架构腐蚀的主要原因之一。为了更清晰地理解软件架构，文档必须足够详细地记录软件架构的分析和抽象[9]。成熟的软件过程制定了统一且严格的文档编写方法，它要求文档必须集中专注于记录系统的结构、与环境的交互等信息[9，10]。至于文档的描述方法，可分为形式化方法和非形式化方法。形式化方法包括各种复杂逻辑、过程代数。与非形式化方法相比，形式化方法定义明确，但是过于复杂。非形式化方法主要是架构描述语言[11]。非形式化方法直观、容易理解，但是缺乏明确的定义，可能会引起人对架构的误解，反过来又会造成更严重的架构腐蚀。

（2）架构分析

软件架构分析主要采用的是架构评估和复查。例如，Kazmam 等人提出了架构权衡分析方法（ATAM），它允许软件架构师评估预期架构与用户需求、质量属性、设计决策的差别[12]。其他架构分析方法包括基于场景的架构分析方法[13]、架构评估模型[14]、基于结构依赖矩阵的方法[15]、基于有色 Petri 网的方法[16]等。软件架构分析的各种方法可参见前面章节。

（3）架构依从性监控

该策略包括常规的依从性监控活动，使得其后的实现忠于预先定义的架构。目前主要有两种技术用于检测架构违规：反射模型和特定领域语言。反射模型技术用来比较架构师提供的高层模型与源代码实现的区别[17]。已经得到商业化应用的反射模型工具包括 SAVE（Fraunhofer IESE）和 Structure-101。特定领域语言集关注说明和检验架构的约束，包括 QL 和 DCL。

（4）依赖性分析

依赖性分析可以揭示特定系统中违背软件架构规则的情况。例如一个严格的分层系统，每层都调用下一层的服务，任意一个代码组件如果没有遵从这个限制就视为违反了约定。Sangal 等人提出了一个基于依赖矩阵的方法，该方法简单明了，且能够实现依赖性的自动分析[18]。Hello2morrow 公司则利用预期架构的 XML 配置文件来检测模块之间的依赖性[19]。针对依赖性分析的工具，如 Axivion Bauhaus、KlockWork Artechiture、Coverity 和 Jdepend

等，都提供了依赖性分析、质量属性验证、可视化支持的方法。

表 17-2 为腐蚀最小化方法及其意义总结。

表 17-2　腐蚀最小化方法及其意义

策略	对控制腐蚀的意义
架构设计文档	记录软件设计过程，为软件的演化提供参考依据
架构分析	揭示预期架构的弱点，特别是在实现中容易被忽视的地方
架构依从性监控	验证架构是否满足依从性，即实现是否忠于预期的架构
依赖性分析	揭示架构之间的约束及依赖关系

因为良好的适用性，到目前为止，面向过程的架构一致性方法在工业界已经得到广泛的应用。但是，仅仅采用文档化不会阻止架构的腐蚀。过程活动（如设计和代码审查）也只能够识别和检测不合格的架构。总而言之，采用面向过程的一致性只能在一定程度上减少腐蚀，并不是根本解决办法。

2. 架构演化管理策略

架构演化管理试图将架构和系统看作一个整体，研究它们的共同演化，以此来达到控制架构腐蚀的目的。软件配置管理（Software Configuration Management，SCM）工具可以控制、跟踪和记录架构及其实现的变化。SCM 由 Bersoff 率先提出，最初只是作为一个版本控制系统[20]。此后，多数研究思路都是在 SCM 的基础之上进行扩展以增强它的功能，从而实现对软件系统更全面的控制。Westfechtel 等人提出了以 SCM 为中心的软件架构，以 SCM 促成软件架构的规格说明[21]。随着 Eclipse 和 Subversion 的出现，软件架构演化管理在工业界得到了更为广泛的应用。

3. 架构设计实施策略

软件架构设计实施采用形式化或半形式化的方法对目标系统进行建模，以此来引导设计和编程活动。得到广泛关注的模型驱动架构（MDA）就是一个典型的应用实例[22]。隶属于本分类的子策略包括代码生成（code generation）、架构模式（architecture pattern）和架构框架（architecture framework）等。

（1）代码生成

代码生成器采用预期系统的需求规格说明书来生成代码桩（stub）或者面向对象语言中的基础类（base class）[23]。一些 ADL 相关工具已经能够从架构规格生成程序代码。但是，从架构描述文档生成代码必须借助程序员的帮助，其很难实现完全的自动化，这给它的应用和推广带来了很大的阻碍。

（2）架构模式

与设计模式类似，架构模式就是已有的针对软件架构设计问题的解决方案。除了解决方案，架构模式还提供了设计决策，并阐明了它们背后的依据。采用架构模式，开发和设计人员可以更明确地沟通和交流，这样也就最大程度地减少了架构腐蚀的可能性。常用的

架构模式包括管道 - 过滤器、MVC、黑板模式等。

（3）架构框架

架构框架提供了一个容易理解的工具集合，这些工具可以系统地引导软件系统的设计、实现和演变[24]。大部分架构框架都包含一些核心功能，它们可以被重用和扩展。架构框架包含了成熟的架构风格及实现，有利于设计的展开，还可以帮助程序员减少错误，并为架构分析提供基础。Spring 和 Struts 是两个应用最为广泛的架构框架。

17.3.2 腐蚀预防方法

腐蚀预防（prevent）方法包含两种主要策略：联动架构（architecture to implementation linkage）策略和自适应（self-adaptation）策略。

1. 联动架构策略

联动架构试图建立架构及其实现的连续关联。这种关联一般是双向的，并且使得架构及其实现可以独立地演变，同时保证遵守预先定义的一致性规则。这样，与架构背离的实现将会被剔除，也就达到了预防架构腐蚀的目的。Aldrich 等人提出了 ArchJava 架构，它可以统一地将架构和它的实现描述为一个实体[25]。基于此，Parsa 等人开发了支持分布式架构的描述语言 ArchC#[26]。因为实施的代价太大，联动架构在工业界还未得到广泛的应用。

2. 自适应策略

软件架构腐蚀的原因大多是定期进行系统维护的人员没有严格遵守架构指南。自适应系统一般是基于一个闭合反馈回路构成的传感器（或探针），检测系统的环境变化或其内部状态，并采用比较器（或计量表）来评估传感器输出与预定义策略的不同。

Garlan 等人提出了一种名为“彩虹”（rainbow）的自适应框架，它负责监控软件系统的执行过程，并在系统违反了预定的架构设计时自动修复[27]。探测器返回的检测数据被转换为与模型相关的信息，进一步用来引导修复引擎，使其采取正确的纠正方法来处理当前系统。

Georgiadis 等人针对分布式的组件系统提出了新的自适应软件架构[28]。它可以在系统违反架构特性的时候自动增加或删除组件，以修正系统。每个组件都有一个内置的配置视图和一个组件管理器，组件管理器基于架构约束来实时更新视图。一旦有组件加入或离开系统，其他组件都会重新评估它们的关系以满足这些约束。Kramer 等人扩展了这个架构，并建立了一个通用的框架，提出了一个新型的分层架构风格[29]。另外，Vassev 等人扩展了自主系统描述语言（Autonomous System Specification Language，ASSL）的框架，以此为基础提出了运行时自适应架构[30]。

自适应技术在某些类型的系统上可以非常有效地控制架构的腐蚀。它会定期更新，并且实现了自动化。但是，如果软件系统中的大部分变化需要人工干预，那么采用自适应带来的好处就会大大减少。此外，自适应的有效性在很大程度上取决于设计师能否预见潜在的变化，而这在复杂性极高的软件系统中是非常困难的。因此，除了极少数的高度专业化应用（如无人空间探测器）之外，自适应技术并没有被广泛地采用在实际系统中。

17.3.3 腐蚀修补方法

前面提到的架构腐蚀的控制方法旨在最小化和预防。然而，完全防止腐蚀是一项艰巨的任务，甚至是不可行的[31]。这时候，就需要依赖修补方法的帮助来控制架构的腐蚀。架构修补包括识别腐蚀、从源代码中恢复实现的架构、修复恢复的架构使之符合预期架构、协调实现与预期架构。另外，一些修补技术引入了架构发现活动，以便从系统需求和用例中重建预期架构。这种架构重建过程包含架构恢复、架构发现和架构协调三个阶段。实际上，这三者是相互联系、相互合作的。所以，腐蚀修补（repair）方法包含三个主要策略：架构恢复（architecture recovery）策略、架构发现（architecture discovery）策略和架构协调（architecture reconciliation）策略。

有关架构恢复的具体技术可参见第 10 章内容。

1. 架构发现策略

当预期架构的文档、规格不可用的时候，采用架构发现就显得非常必要了。架构发现过程即通过研究系统用例，从系统需求来构建预期的架构。Heimdhal 等人提出了一种方法，首先采用 Component-Bus-System-Property 方法将需求转换为一个架构[32]。该方法用到了四个通用的架构元素，即组件、连接件、配置、属性，它们可以有效地反映架构的概念。然后，该方法采用标准的工具（Eclipse）从源代码中生成类图。这个类图通过迭代聚类算法抽取出另一个架构。最后，上述两个不同的架构模型被整合起来，生成一个可重用的架构。

但是，架构发现本身并不足以修复架构腐蚀，它经常作为架构恢复和架构协调的辅助和补充手段。

2. 架构协调策略

架构协调是修补实际架构以使其符合恢复或发现的预期架构的过程。协调架构实现的一种常见方法是代码重构[33]。遵循架构设计原则，源代码将被系统地重新组织，在这一过程中不能改变系统的可见行为。与逆向工程类似，代码重构也有一系列工具来支持，得到广泛应用的工具包括 Structure-101。

因为广泛的适用性和自动化，架构协调的方法已经在工业界得到应用。

表 17-3 总结了修补方法的各个策略及其意义。

表 17-3 修补方法的各个策略及其意义

策略	对控制腐蚀的意义
架构恢复	从源代码或其他架构中抽取架构，为腐蚀的检测、评价和修复建立基础
架构发现	当文档不可用时，从现有架构中发现新的架构以备重用
架构协调	修补实际架构以使其符合恢复或发现的预期架构

17.4 软件架构实践中面临的主要威胁及其对策

软件架构的设计异常重要，但是仅有成功的架构设计并不一定能够得到软件项目的成功，因为即使是好的架构在实际执行过程中也会遇到各种各样的困难。下面对软件架构在实践中所面临的主要威胁及其对策进行阐述。

17.4.1 主要威胁

1. 产品线一致性威胁

越来越多的公司和企业开始注重产品线的开发，在考虑整个产品线软件架构时，与为单个产品设计软件架构有很大不同，产品线架构要在产品架构之前完成，单个产品的架构设计遵循整个产品线架构并引入个性化设计，这将导致产品线架构的维护异常困难，而所进行的改动将有可能牵动产品线上大量产品架构的变化，这是一个巨大威胁。

2. 大规模软件架构腐蚀威胁

大规模软件常常具有复杂的结构，在进行大规模软件开发过程中，软件架构也往往被设计得非常复杂，但问题更多出现在软件维护阶段：随着对软件不断的维护，软件架构也将经历不断的修改，软件架构在这样的过程中逐渐变得混乱。尤其是对于大规模系统的复杂架构，架构的腐蚀将更加严重，在不断的修改中失去架构的可理解性以及架构与代码间清晰的对应关系是软件架构在实践中所面临的重要威胁。

3. 大团队开发中架构一致性威胁

软件架构反映了软件项目的高层次抽象结构，同时包含了软件开发过程中的一系列关键决策，软件架构是团队开发的基础，所以需要整个开发团队对软件架构有充分且准确的理解，这样才能保障项目的顺利进行。而大规模项目需要大团队共同协作完成，团队又可能分布在不同地区，在沟通效果没有保障的情况下，无法确保整个开发团队对软件架构有着相同的理解，这是软件架构在实践中所面临的一个威胁。

4. 旧产品软件架构缺失威胁

公司或企业接受软件架构有一个过程，未必所有产品都对软件架构给予了足够重视。但在随后的维护阶段中，软件架构的重要性开始凸显，为了能够有效维护旧有软件产品，对于无软件架构信息或软件架构信息有误的软件产品需要采取措施，将其软件架构管理起来。这里主要分为两种情形，一种为原本开发过程中无架构，此时需要提取其架构；另一种为开发过程中的架构信息因故未能得到及时维护，此时需要对其修正。旧有产品的软件架构缺失是公司或企业无法回避的问题，因为没有软件架构的支持，维护工作将举步维艰，只要产品仍需要维护，其软件架构问题迟早需要解决。因此旧产品软件架构缺失也是软件架构在实践中的威胁之一。

17.4.2 有效对策

根据上述内容，软件架构在实践中遇到威胁的主要原因在于：①架构方案对系统灵活性与可维护性的考虑不足；②缺少来自于架构的足够指导与限制；③历史遗留问题。

为了应对前述威胁，在软件架构实践中应以“实用主义”为指导，充分认识威胁所带来的风险，并有针对性地做出决策是一种切实有效的方法。Fairbanks 等人从这样的角度出发，提出了一种风险驱动的软件架构开发模型 [2]。本书第 10 章提到的架构恢复相关技术、第 9 章提到的软件演化相关技术都可以为解决上述威胁提供帮助。另外，为了确保所设计的软件架构能够得到执行，开发团队思想的一致性应得到更多的关注，可以采取一系列促进沟通或验证沟通效果的活动，从制度与技术两方面共同保障开发团队对架构的充分理解。

17.5 本章小结

软件架构发生腐蚀几乎是不可避免的，当软件系统的需求、软件运行环境、软件最终用户发生变化时，系统的软件架构都有可能发生变化。而在很多时候，由于各种原因，软件架构的变化会与预期发生偏离从而导致软件架构发生腐蚀。实际上，当软件架构腐蚀到一定程度时，它会影响软件的性能、可靠性、安全性和软件的演化成本，这样的软件架构已经不可再用，需要对系统进行架构级重构或者设计和开发新的软件架构。本章比较详细地讨论了软件架构腐蚀的概念、原因分析和预防控制方法。

思考题

17.1　什么是软件架构腐蚀？

17.2　软件架构腐蚀的根源是什么？

17.3　软件架构腐蚀能预防吗？有哪些预防和控制方法？

17.4　软件架构的腐蚀、威胁、恢复和重构都有什么关系？

参考文献

[1] 温昱 . 软件架构设计 [M]. 北京：电子工业出版社 , 2007.

[2] G Fairbanks. Just enough software architecture: a risk-driven approach[M]. Marshall & Brainerd, 2010.

[3] R Terra, M T Valente, K Czarnecki, et al. Recommending refactorings to reverse software architecture erosion[C]. Proceedings of the 16th European Conference on Software Maintenance and Reengineering. IEEE, 2012: 335-340.

[4] D L Parnas. Software aging[C]. Proceedings of the 16th international conference on Software

engineering. IEEE Computer Society Press, 1994: 279-287.

[5] D E Perry, A L Wolf. Foundations for the study of software architecture[C]. ACM SIGSOFT Software engineering notes, 1992, 17(4): 40-52.

[6] M Shaw, D Garlan. Software Architecture: Perspectives on an Emerging Discipline[M]. Prentice Hall, 1996.

[7] L De Silva, D Balasubramaniam. Controlling software architecture erosion: A survey[J]. Journal of Systems and Software, 2012, 85(1): 132-151.

[8] S G Eick, T L Graves, A F Karr, et al. Does code decay? assessing the evidence from change management data[J]. IEEE Transactions on Software Engineering, 2001, 27(1): 1-12.

[9] P Clements, D Garlan, L Bass, et al. Documenting software architectures: views and beyond[M]. Pearson Education, 2002.

[10] P B Kruchten. The 4+ 1 view model of architecture[J]. IEEE software, 1995, 12(6): 42-50.

[11] N Medvidovic, R N Taylor. A classification and comparison framework for software architecture description languages[J]. IEEE Transactions on software engineering, 2000, 26(1): 70-93.

[12] R Kazman, M Klein, P Clements. ATAM: Method for architecture evaluation[R]. Carnegie-Mellon Univ. Pittsburgh PA Software Engineering Inst., 2000.

[13] R Kazman, G Abowd, L Bass, et al. Scenario-based analysis of software architecture[J]. IEEE software, 1996, 13(6): 47-55.

[14] J C Dueñas, W L de Oliveira, A Juan. A software architecture evaluation model[C]. Proceedings of the International Workshop on Architectural Reasoning for Embedded Systems. Springer, Berlin, Heidelberg, 1998: 148-157.

[15] B Tekinerdogan, F Scholten, Hofmann C, et al. Concern-oriented analysis and refactoring of software architectures using dependency structure matrices[C]. Proceedings of the 15th workshop on Early aspects. ACM, 2009: 13-18.

[16] K Fukuzawa, M Saeki. Evaluating software architectures by coloured petri nets[C]. Proceedings of the 14th international conference on Software engineering and knowledge engineering. ACM, 2002: 263-270.

[17] G C Murphy, D Notkin, K J Sullivan. Software reflexion models: Bridging the gap between design and implementation[J]. IEEE Transactions on Software Engineering, 2001, 27(4): 364-380.

[18] N Sangal, E Jordan, V Sinha, et al. Using dependency models to manage complex software architecture[J]. ACM Sigplan Notices. ACM, 2005, 40(10): 167-176.

[19] SonarJ [EB/OL].http://www.hello2morrow.com/products/sonarj, 2018.

[20] E H Bersoff. Elements of software configuration management[J]. IEEE Transactions on Software Engineering, 1984 (1): 79-87.

[21] B Westfechtel, R Conradi. Software architecture and software configuration management[M]. Software Configuration Management. Springer, Berlin, Heidelberg, 2003: 24-39.

[22] MDA[EB/OL].http://www.omg.org/mda/.2018.

[23] N Medvidovic, R N Taylor. Software architecture: foundations, theory, and practice[C]. Proceedings of the 32nd ACM/IEEE International Conference on Software Engineering, Volume 2. ACM, 2010: 471-472.

[24] A Tang, J Han, P Chen. A comparative analysis of architecture frameworks[C]. Proceedings of the 11th Asia-Pacific Software Engineering Conference. IEEE, 2004: 640-647.

[25] J Aldrich, C Chambers, D Notkin. ArchJava: connecting software architecture to implementation[C]. Proceedings of the 24rd International Conference on Software Engineering. IEEE, 2002: 187-197.

[26] S Parsa, G Safi. ArchC#: a new architecture description language for distributed systems[C]. Proceedings of the International Conference on Fundamentals of Software Engineering. Springer, Berlin, Heidelberg, 2007: 432-439.

[27] D Garlan, B Schmerl. Model-based adaptation for self-healing systems[C]. Proceedings of the first workshop on Self-healing systems. ACM, 2002: 27-32.

[28] I Georgiadis, J Magee, J Kramer. Self-organizing software architectures for distributed systems[C]. Proceedings of the first workshop on Self-healing systems. ACM, 2002: 33-38.

[29] J Kramer, J Magee. Self-managed systems: an architectural challenge[C]. Proceedings of the IEEE International Conference on the Future of Software Engineering. IEEE Computer Society, 2007: 259-268.

[30] E Vassev, M Hinchey. ASSL: A software engineering approach to autonomic computing[J]. IEEE Computer, 2009, 42(6): 90-93.

[31] L O'Brien, Stoermer C, Verhoef C. Software architecture reconstruction: Practice needs and current approaches[R]. Carnegie-Mellon University Pittsburgh pa Software Engineering Inst., 2002.

[32] M P E Heimdahl, N G Leveson. Completeness and consistency in hierarchical state-based requirements[J]. IEEE Transactions on Software Engineering, 1996, 22(6): 363-377.

[33] W L Johnson, D R Harris. Sharing and reuse of requirements knowledge[C]. Proceedings of the 6th International Conference on Knowledge-Based Software Engineering. IEEE Press, 1991: 57-66.

[34] 成功软件架构的关键 [EB/OL].http://www.cnblogs.com/seaskycheng/archive/2009/12/02/1614966.html, 2018.

第 18 章　软件架构解耦

软件耦合是软件设计阶段的重要概念之一，也是软件自身的重要属性之一。一般来说，软件（或者模块）之间的耦合度越高，表示它们之间的联系越紧密、相互之间的影响越大。所以，软件设计强调高内聚、低耦合原则。软件架构解耦即强调在软件架构设计过程中尽可能降低配置组件（连接件）之间的耦合。软件架构解耦与软件架构模式密切相关，不同的软件架构模式产生耦合的机制不一样，所以解耦的手段和方法也不尽相同。本章主要讨论什么是软件架构解耦，以及针对具体的软件架构如何进行解耦。

18.1　引言

耦合度表示模块之间（如类与类之间、子程序与子程序之间）关系的紧密程度，低耦合度是软件设计的目标。低耦合模块（类或子程序）之间的关系尽可能简单，彼此之间的相互依赖性小，也就是松散耦合 [1]。解耦（decouple）就是降低模块之间的耦合度，也就是尽可能使得模块之间的耦合是松散耦合。好的耦合关系会松散到恰到好处，使得一个模块能够很容易被其他模块使用，也就是说解耦能够保持组件之间的自主和独立性。它的直接结果就是改动和维护成本低、可读性高。

我们知道，软件架构的设计应当满足高内聚、低耦合的原则。一般来说，高内聚往往伴随着低耦合。软件架构的组成元素（如组件、连接件等）彼此之间的依赖关系越少，耦合度越低。如果各个组成元素之间耦合非常紧密，则对于单个组成元素的改变会波及其他更多的组成元素，这样对于后期的维护和改进是不利的，会造成比较大的开销。因此软件架构解耦对于软件架构设计和维护来说，都是非常必要和核心的内容。

从微观的角度来说，可以通过选择合理的设计模式来解决一些问题。例如，通用的软件职责分配模式（GRASP）中的低耦合模式、高内聚模式就可以解决软件架构解耦的问题 [3]。顾名思义，对面向对象的架构设计来说，低耦合模式要尽可能减少类之间的连接，高内聚模式则需要给类尽量分配内聚的职责，这两种模式很好地考虑到了耦合度的问题。又如行为模式中的职责链模式，在这种模式中，多个对象都有机会处理请求，从而避免了请求的发送者和接收者之间的耦合关系，使用职责链模式能够将提交帮助请求的对象与可能提供帮助信息的对象解耦。

除了从细节化的设计模式角度来考虑，宏观上我们还需要从大的架构角度来考虑解耦的问题。一个结构混乱、系统组件没有内聚、掺杂大量没有必要的耦合、松弛而模糊的软件架构将导致很难编写好每个组件代码，而且还会产生很多重复的代码[4]。因此软件架构的解耦是非常必要且影响深远的步骤。

本章主要基于几种架构模式，阐述其为什么要进行软件架构解耦以及如何解耦，并结合一些具体例子，分析其中的解耦思想。在这里，我们列出了当前流行的几种架构模式，包括分层架构、事件驱动架构、微内核架构和微服务架构等，既包含了如分层架构等经典架构，也包含了比较新的微服务架构模式，其中一些架构模式仍然在探索开发中。

18.2　分层架构及其解耦

分层架构是所有架构的鼻祖，是最通用的架构模式，它也被称作 *N* 层架构模式，通常将一个应用程序或者系统分为不同的层次，这种模式是 JavaEE 应用经常采用的标准模式，被广泛应用于 Web、企业级应用和桌面应用。

18.2.1　模式描述

在分层架构中，组件被划分成几个水平层，每层在应用中执行特定角色。虽然分层架构模式没有指定必须存在于模式中的层的数量和类型，但大多数分层架构由四个标准层组成：表现（presentation）层、业务（business）层、持久（persistence）层和数据库（database）层。有些情况下将业务层和持久层结合在一起成为一个单独的业务层。

分层架构的每一层都有一个特定的角色和职能。比如业务层将负责执行与请求相关联的特定业务规则。分层架构的框架如图 18-1 所示。

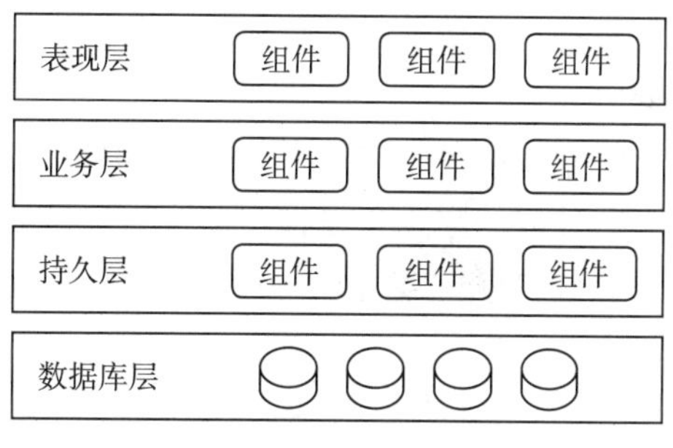

图 18-1　分层架构模式

18.2.2　架构解耦

正如文献 [1] 中所述，分层架构中的每层都标记为关闭（closed），而闭合层意味着，当请求从一个层移动到另一个层时，它必须经过它正下方的层，以到达该层的下一层。例如，源自表现层的请求必须首先经过业务层，然后在最终到达数据库层之前到达持久层。这体现了分层架构的一个重要原则：每层只能与位于其下方的层发生耦合。

对一个系统进行分层处理，将系统按照功能的最终呈现进行职责的分离，不同层次进行不同职责的功能划分，比如表现层用来对数据进行展现，控制层主要进行业务请求控制，业务处理层主要进行业务逻辑处理，持久层主要用于数据持久化和读取。在这种架构中，在该架构的一个层中进行的改变通常不影响其他层中的组件，即该改变被隔离到该层内的组件，这样便具有了较低的耦合度。

而在设计过程中出现跨层调用情况，回避了各层之间的功能职责，比如控制层能够直接通过某种手段将持久层的数据用于表现层的呈现，这样就会使得架构看似采用分层，实则不是。

在经典分层架构设计之前，有两个基本概念需要牢记于心：①底层模块不应该依赖于高层模块，两者都应该依赖于抽象。②抽象不应该依赖于细节，细节应该依赖于抽象。

这也是为了达到高内聚、低耦合的设计要求，起到解耦的作用。

18.2.3 实例分析

以 DDD（Domain Driven Design，领域驱动设计）的分层架构的依赖倒置原则为例。在经典的三层架构（用户界面层、业务逻辑层、数据访问层）中，编程的时候代码一般会集中在数据访问层（DAL），这样 DAL 和业务逻辑层（BLL）大量交叉，BLL 实现在 DAL 中导致很多人在实际设计过程中去掉了 BLL，这样导致三层架构失去了其意义，耦合度很大，不能达到解耦的目的。而 DDD 概念于 2004 年由 Eric Evans 提出，其提出的分层结构如图 18-2 所示。

其主要分为四层：领域层其上为用户接口层和应用层，其下是基础设施层。

在领域驱动设计中，多数业务逻辑放在 Domain Object 中。在分层架构中，领域层或多或少需要使用基础设施层，由于基础设施层位于领域层的下面，从基础设施层向上引用领域层会增加耦合度，并且违反了分层架构的原则。文献 [2] 提出一种解决办法：依赖倒置原则。

依赖倒置原则通过改变不同层之间的依赖关系达到改进目的。

这样，根据定义低层服务应该依赖于高层组件所提供的接口（比如用户接口层、应用层和领域层），图 18-3 为依赖倒置原则的一种表达方式，其中将基础设施层放在所有层的最上方。

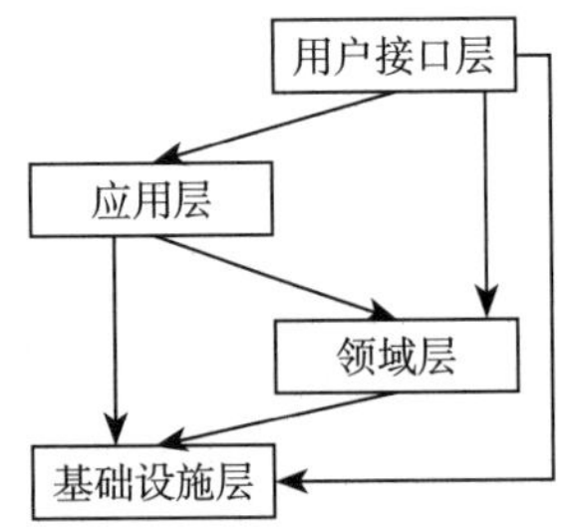

图 18-2 DDD 所使用的传统分层架构

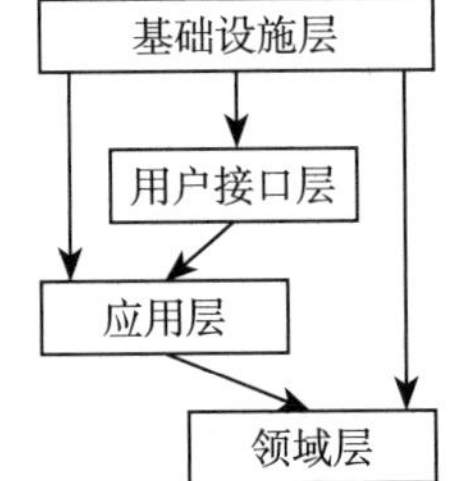

图 18-3 一种使用依赖倒置原则的分层原则

18.3 微内核架构及其解耦

微内核架构模式通常又被称为插件架构模式，可以用来实现基于插件的应用，如

Eclipse 和 Firefox。然而许多公司也将内部的业务软件做成软件插件，提供版本、发版说明和插件特性。微内核架构模式通过插件向核心应用添加额外的功能，提供了可扩展性和功能的独立和分离。

18.3.1 模式描述与解耦

最近几年，随着组件化、分层软件体制的发展，微内核技术及其设计思想逐渐被引入软件架构设计中，用于“尽可能地解耦组件之间的关系”。通过微内核这种设计思想，能够不断地对应用内部的组件进行抽象、提炼，对服务剥离和重构，以逐渐减少业务应用与过程调度之间的耦合度。

微内核架构包含两个组件：核心系统和插件模块，如图 18-4 所示。

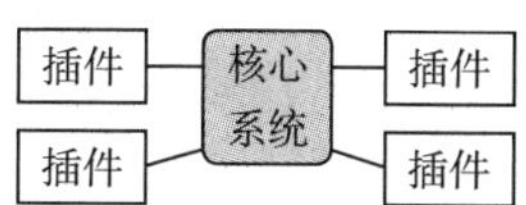

图 18-4　微内核架构结构

核心系统通常包含最小的业务逻辑，并确保能够加载、卸载和运行应用所需的插件。许多操作系统使用这种模式，因此得名“微内核”。从商业应用程序的角度来看，核心系统一般是通用业务逻辑，没有特殊情况、特殊规则或复杂情形下的自定义代码。

插件模块是独立的模块，包含特定的处理、额外的功能和自定义代码，以增强或扩展核心系统额外的业务能力。通常插件模块之间也是独立的，也有一些插件依赖于若干其他插件。重要的是，尽量减少插件之间的通信以避免依赖的问题。

插件彼此独立，核心系统持有注册器，因此具有非常好的解耦性能[8]。

18.3.2 实例分析

Eclipse IDE 是当之无愧的微内核的绝佳例子之一。下载基础版本的 Ecilpse 或许只比一个功能多样的编辑器强一点，但是一旦装上一些插件，它立刻就变成高度定制化的很有用的产品。浏览器也是微内核架构产品的典型案例。

这样的基于插件的软件例子数不胜数。但是对于大型商业应用呢？微内核结构也是适用的。这里以保险公司（美国）的索赔处理为例。

索赔处理过程很复杂，每个阶段都有很多不同的规则和条例以说明是否应该得到赔偿。例如汽车挡风玻璃被岩石击碎，有的州是允许赔偿的，有的州则不允许。标准的索赔过程几乎有无限的条件。

通常保险索赔应用都会使用一个大型的、复杂的规则引擎来处理。但是规则引擎会像滚雪球一样越来越大，修改一个规则可能会影响其他规则，这种紧耦合的应用设计会造成很多问题，比如一个简单的规则修改将会需要很多分析人员、开发人员和测试人员。使用微内核架构模式可以避免这样的问题。

如图 18-5 所示，核心系统 Claims processing 包含了处理索赔过程的基本业务逻辑。每个插件模块包含一个州的特殊规则。在这个例子中，插件模块可以通过自定义代码或分离规则引擎实例来实现，以实现整体设计的低耦合。最重要的是，每个州的独特的规则从核心系统中剥离出来，可以被添加或移除，修改时不影响或仅稍微影响核心系统与其他插件。插件之间彼此独立，从而达到解耦的目的。

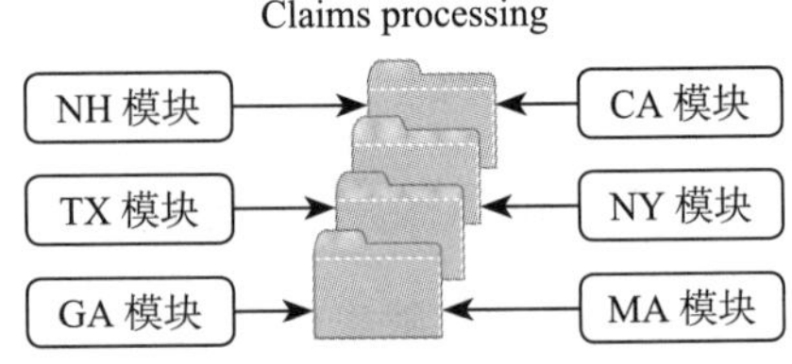

图 18-5　微内核架构案例

18.4　微服务架构及其解耦

微服务的发展源于整体应用程序复杂化和面向服务架构（Service-Oriented Architecture，SOA）模式的缺陷。整体应用程序通常包含紧耦合的层，难以部署和交付。比如，如果整体应用程序在每次应对变化都显得力不从心时，通常都是因为耦合度太高。微服务将应用程序分解为多个部署单元，因此很容易提升开发和部署能力以及可测性。虽然面向服务架构非常强大，具有异构连接和松耦合的特性，但是其性价比不高。它很复杂、昂贵，难于理解和实现，而微服务简化了这种复杂性 [10]。

18.4.1　模式描述与解耦

微服务架构（microservice architecture）是一种将单个应用程序开发为一组小型服务的方法，每个小型服务都在自己的进程中运行，并与轻量级机制（通常是 HTTP 资源 API）进行通信（如图 18-6 所示）。这些服务围绕业务功能构建，可通过全自动部署机制独立部署。这些微服务可以用不同的编程语言编写并且使用不同的数据存储技术，微服务的管理是集中式的 [9]。它提倡将单块架构的应用划分成一组小的服务，服务之间互相协调、互相配合，为用户提供最终价值。

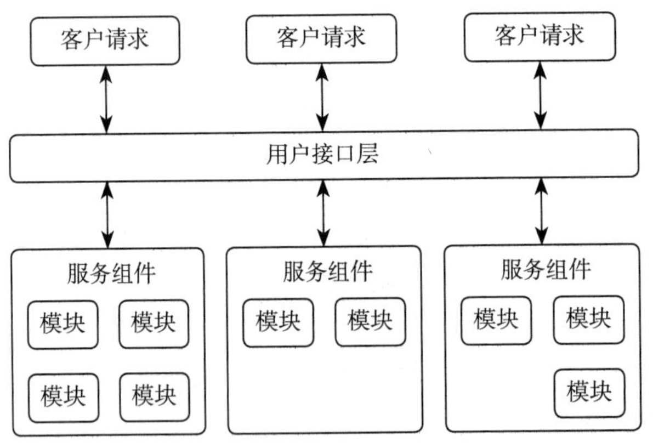

图 18-6　微服务架构结构

微服务注重于单个服务的构建，具有极大的松耦合性，下面我们将讨论文献 [11] 提到的产品级微服务的八大原则，从中我们可以看到微服务的威力所在。

18.4.2　设计原则

微服务架构是面向服务架构的一个变形，由于它注重于单个服务的构建，能够轻松地增加、改进或删除服务，因此具有松耦合的特点。我们在这里针对它的产品化，参考 Uber SRE 的 Susan Fowler 给出的八大原则，阐述了在架构具有极大的松耦合的特性下，开发一个产品需要注意的一些事项。由于微服务架构是一种松耦合结构，所以在开发微服务架构时，充分利用微耦合的特性至关重要。文献 [11] 介绍了微服务标准化的挑战，并提出了八个挑战原则，这也是微服务架构在实施过程中应该注意的事项。这八个原则分别为：可用性（Availability）、生产准备（Production-Readiness）、稳定性（Stability）、可伸缩性（Scalability）、容错和灾难预防（Fault Tolerance and Catastrophe preparedness）、性能（Performance）、监控（Monitoring）和文档化（Documentation）。这里我们重点阐述稳定性原则和可伸缩性原则。

1. 稳定性原则

微服务架构的采用为开发者提供了很大的自由度，可以每天增加和发布新特性，修改 Bug，可以重写或者弃用过时的微服务，这是由微服务架构的解耦特性所带来的优势。虽然这些自由度允许我们快速修改 Bug，即时更改服务，但是如何避免影响微服务的可用性和正确操作是关键。松耦合的架构使得服务之间的依赖性减少，考虑到服务的影响，文献 [11] 提出的稳定标准为：它的开发、发布、新技术 / 新特性的增加、Bug 的修改、服务的停止使用以及服务的弃用都不应该影响大的微服务生态系统的稳定性。这样的系统才能很好地利用微服务的特色。

2. 可伸缩性原则

微服务的业务处理很少是恒定的，成功的微服务总能平稳地处理业务量的增大。不能扩展规模的微服务在业务量增大的情况下会增加服务的延迟、降低可用性，极限情况下还可能导致意外事故或者停机。一个可扩展的微服务可以同时应付大量的任务或请求。为了确保微服务可扩展规模，我们不仅需要知道它的定性增长规模（它是扩展页面浏览还是客户订单），还需要知道它的定量增长规模（每秒它能处理多少请求）。一旦我们掌握了扩展规模，我们就可以为未来的容量进行规划，找出资源瓶颈和需求。可扩展的微服务应该能应对突然爆发的请求，防止服务整体垮掉。我们还得从整个微服务系统考虑可扩展性，当服务业务量超过它的预期时应该报警。服务扩展的时候也会要求它的依赖能满足扩展的需求。微服务的数据存储也必须可满足规模扩展。

18.4.3　实例分析

《微服务架构与实践》一书中给出了一个如何利用微服务架构改造遗留系统的案例 [12]。案例是一个合同管理系统，该系统是 5 年前使用 .NET、基于 SAGE CRM 进行二次开发的产品。系统架构过于陈旧，性能、可靠性无法满足现有的需求，而且功能繁杂、结构混乱，定制的代码与 SAGE CRM 系统耦合度极高。对系统的改造迫在眉睫，书中提出了如下策略。

1. 最小修改

对现有系统进行更改，比如对增加新特性、修复缺陷等进行评审与分析，对于大部分非紧急的、非重要的任务，都禁止在原有系统上进行修改。这样做的目的是用最小的成本保障当前系统能够正常运行，同时将工作重心从现有系统逐渐迁移到新的服务改造中。

2. 功能剥离

在现有合同管理系统的外围，逐步构建功能服务接口，将系统核心的功能分离出来。同时，使用代理机制，将用户对原有系统的访问转发到新的服务中，从而解耦原合同系统与用户之间的依赖。

3. 数据解耦

随着部分功能的解耦，已经存在一些微服务能够独立为用户提供功能。这时，逐渐考虑将数据解耦，从原有的单块架构数据中剥离相关业务数据，尽量满足对于每个服务，有独立的、隔离的业务数据系统。

4. 数据同步

通常对某些遗留的单块架构系统而言，存在着较复杂的业务逻辑，因此改造所需要花费的时间和成本非常大。因此在很长一段时间内，由于新的服务（业务逻辑、数据）已独立出来，导致无法同现有系统协作。在这种情况下，为了持续交付价值，作者采用了 ETL 机制，将服务中的业务数据同步到单块架构的数据库中，保障原有的功能能够被继续使用。

5. 独立服务

通过对上述方式不断迭代，逐步将功能解耦成独立的服务（包括业务逻辑、业务数据等）。如图 18-7 所示。

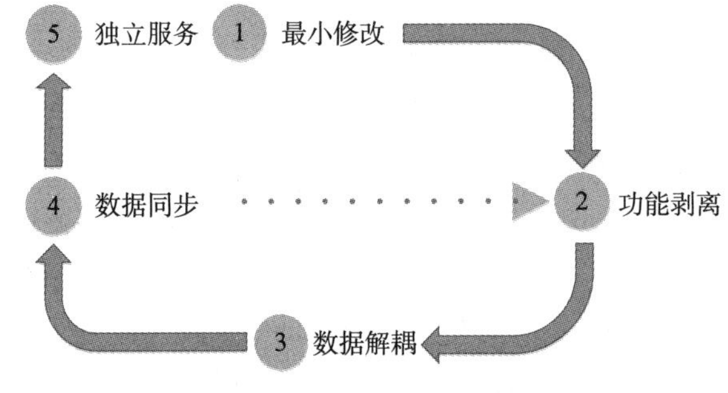

图 18-7　改造遗留系统流程图

18.5　黑板架构风格及其解耦

在黑板架构风格中，多个知识源使用数据共享结构（黑板）进行交互。知识源在黑板上写信息、从黑板上读信息（检查黑板），黑板是协调指示源之间相互作用的中心元素。

图 18-8 展示了黑板模式的概览。BlackboardCP 组件发送数据给一个或者更多的 KnowledgeSourceCP 组件。KnowledgeSourceCP 组件发送数据以更新 BlackboardCP 组件。

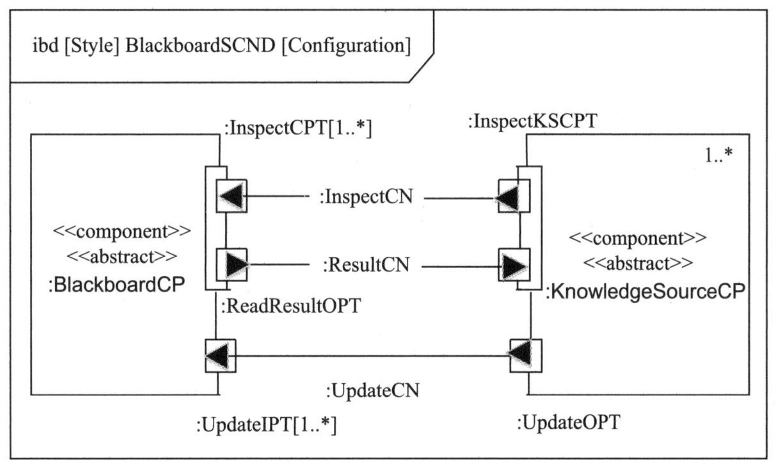

图 18-8　黑板模式

黑板架构包括知识源、黑板和控制 3 个部分，知识源包括若干独立计算的不同单元，提供解决问题的知识，知识源响应黑板上的变化，也只修改黑板；黑板是一个全局数据库，或者是解决问题需要的共享信息；控制机制控制系统中问题解决的活动流，知识源通过机制来保证以一种最有效和连贯的方式工作。黑板架构如图 18-9 所示。

黑板架构的优点在于可扩充性比较强，模块间松耦合，便于扩充。因为其不关心数据何时有的、谁提供的、怎样提供的，所以模块之间的联系少，方便添加新的作为知识源代理的应用程序，整个结构高内聚、低耦合。

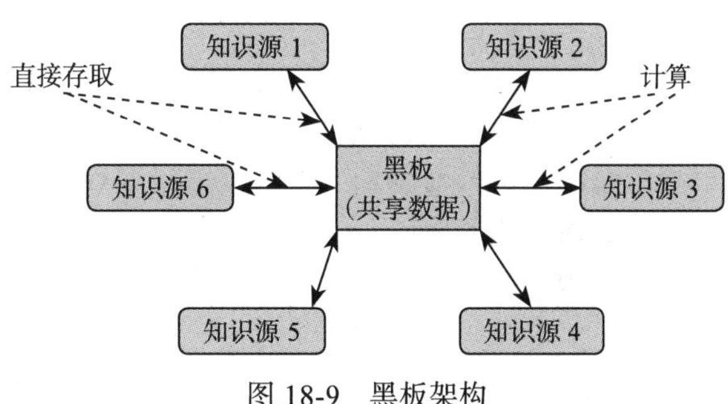

图 18-9　黑板架构

18.6　干净架构及其解耦

18.6.1　模式描述

干净架构（the clean architecture）是著名的软件大师 Bob 提出的一种架构 [13]。它提出了一种单向依赖关系，从逻辑上形成一种向上的抽象系统。干净架构框架如图 18-10 所示。

1）依赖规则（dependency rule）：图 18-10 中同心圆代表各种不同领域的软件。一般来说，越深入代表软件层次越高。外圆是战术实现机制，内圆是战略核心策略。使得此体系架构能够工作的关键是依赖规则。这条规则规定源代码只能向内依赖，最里面的部分对外面一点都不了解，也就是内部不依赖外部，而外部依赖内部。这种依赖包含代码名称或类的函数、变量或任何其他命名软件实体。同样，在外圈中使用的数据格式不应在内圈中使用，特别是如果这些数据格式是由外面一圈的框架生成的。我们不希望任何外圈层会影响内圈层。

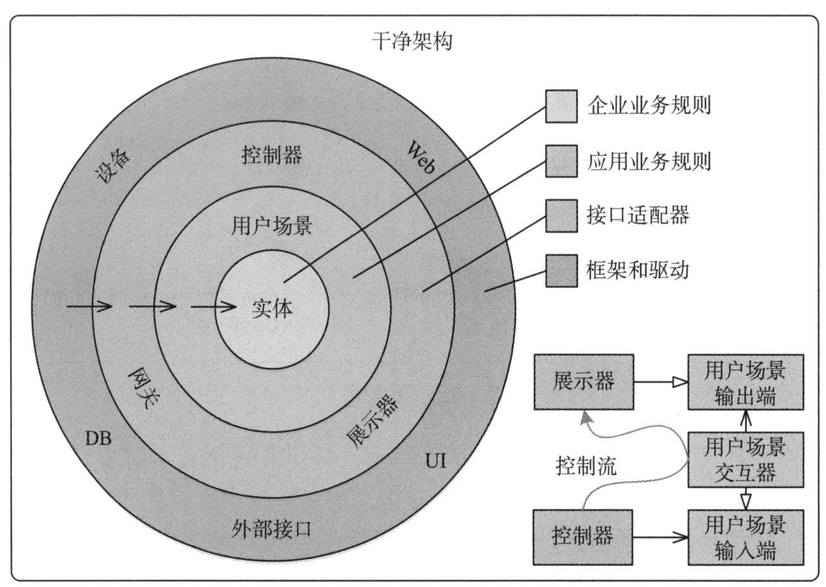

图 18-10　干净架构

2）实体（entity）：实体封装的是企业业务规则，一个实体可以是一个带有方法的对象或者是一系列数据结构和函数，只要这个实体能够被不同的应用程序使用即可。如果没有编写企业软件，只是编写简单的应用程序，这些实体就是应用的业务对象，它们封装着最普通的高级别业务规则。你不能希望这些实体对象被一个页面的分页导航功能改变，它也不能被安全机制改变，操作实现层面的任何改变不能影响实体层，只有业务需求改变了才可以改变实体。

3）用例（use case）：在该层的软件包含应用指定的业务规则，它封装和实现系统的所有用例，这些用例会混合来自实体的各种数据流程，并且指导这些实体使用企业规则来完成用例的功能目标。我们并不期望改变该层会影响实体层。我们也不期望它被更外部如数据库 UI 或普通框架影响。我们期望应用层面的技术操作都不能影响用例层，如果需求中用例发生改变，该层的代码才会发生改变。

4）接口适配器（interface adapter）：这一层的软件基本都是一些适配器，主要用于将用例和实体中的数据转换为外部系统如数据库或 Web 使用的数据。在这个层次，可以包含一些 GUI 的 MVC 架构，各种视图、控制器都属于这个层次。通常数据在这层被转换，即从用例和实体使用的数据格式转换到持久层框架使用的数据，主要是为了存储到数据库中。

5）框架和驱动：最外面一圈通常是由一些框架和工具组成，如数据库、Web 框架等。通常不必在这一层写太多代码，而是写一些胶水性质的代码与内层进行粘结通信。该层是细节所在，Web 技术是细节，数据库是细节，我们将这些实现细节放在外面，以免它们对我们的业务规则造成影响和伤害。

18.6.2　架构解耦

干净架构可以使得代码有如下特性：①独立于架构；②独立于 UI；③独立于数据库；④独立于任何外部类库。

这种架构满足依赖原则，外圈的层次可以依赖内层，反之不行。内圈核心的实体表示业务不依赖其所处的技术环境，内层不了解有关外层的任何事物，所以架构是内向依赖的，这样减少了依赖性，其核心思想与分层架构类似。

18.7　管道 – 过滤器风格及其解耦

管道和过滤器适用于需要渐增式处理数据流的领域，按照《POSA》（面向模式的软件架构）里的说法，管道 – 过滤器应该属于架构模式，因为它通常决定了一个系统的基本架构 [14]。管道 – 过滤器与生产流水线类似。在生产流水线上，原材料在流水线上经过一道又一道的工序，最后形成某种有用的产品；在管道 – 过滤器中，数据经过一个又一个的过滤器，最后得到需要的数据。

18.7.1　模式描述与解耦

在管道 – 过滤器风格的软件架构中，每个组件都有一组输入和输出，组件读取输入数据流，经过内部处理，然后产生输出数据流。这个过程通常通过对输入流的变换及增量计算来完成，所以在输入被完全消费之前，输出便产生了。因此，这里的组件被称为过滤器，这种风格的连接件就像是数据流传输的管道，将一个过滤器的输出传到另一过滤器的输入。此风格中特别重要的过滤器必须是独立的实体，它不能与其他过滤器共享数据，而且一个过滤器不知道它上游和下游的标识。一个管道 – 过滤器网络输出的正确性并不依赖于过滤器进行增量计算过程的顺序。图 4-1 是管道 – 过滤器架构的示意图。

管道 – 过滤器模式的架构是面向数据流的软件架构，用数据流的观点来观察系统。整个系统由一些管道和过滤器组成，需要处理的数据通过管道传送给每一个过滤器，每个过滤器就是一个处理步骤。每个过滤器可以单独修改，功能单一，并且它们之间的顺序可以进行配置。数据通过了所有的过滤器后就完成了所有的处理操作，得到了最终的处理结果。

引入管道 – 过滤器模式的一个好处是它可以使得每个过滤器之间都是解耦的，每个过滤器都专注于自己的职责，完成后就传给下一个，我们实现的单个过滤器与其他过滤器之间是没有任何依赖关系的。这使得我们可以很好地扩展过滤器，改变数据处理的流程。管道 – 过滤器风格的软件架构具有许多很好的特点：①使得软件具有良好的隐蔽性和高内聚、低耦合的特点，允许设计者将整个系统的输入输出行为看成是多个过滤器行为的简单合成；②支持软件重用；③系统维护和增强系统性能简单，新的过滤器可以添加到现有系统中来，旧的可以被改进的过滤器替换掉；④允许对吞吐量、死锁等属性进行分析；⑤支持并行执行。每个过滤器是作为一个单独的任务完成，因此可与其他任务并行执行。

18.7.2 实例分析

一个典型的管道 - 过滤器架构的例子是以 UNIX shell 编写的程序。UNIX 既提供一种符号，以连接各组成部分（UNIX 的进程），又提供某种进程运行时机制以实现管道。另一个著名的例子是传统的编译器。传统的编译器一直被认为是一种管道系统，在该系统中，一个阶段（包括词法分析、语法分析、语义分析和代码生成等）的输出是另一个阶段的输入，可以将编译系统看作一系列过滤器的连接体，按照管道 - 过滤器的架构进行设计，如图 18-11 所示。

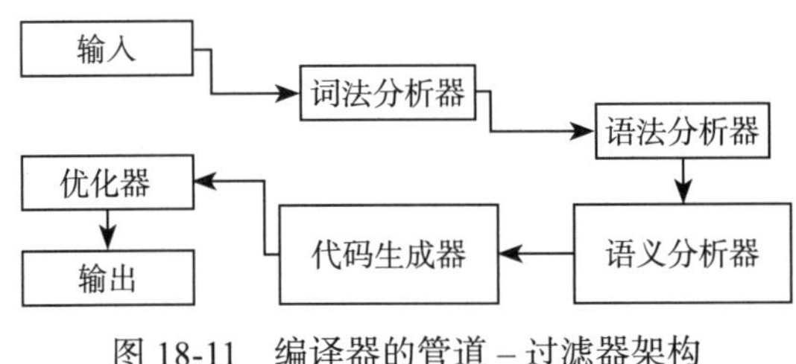

图 18-11　编译器的管道 – 过滤器架构

18.8 基于元模型的架构及其解耦

基于元模型的架构和微内核架构一样，都是以适应变化、支持长生命周期为主要目标的架构模式，它包含两个层：基本层和元层，如图 18-12 所示。

基本层定义应用，元层通过元对象 Meta A 调用对象 A，解除了应用对对象 A 的依赖，从而使得整个架构低耦合。元层包含一组“元对象”，这些元对象组成的模型叫作“元模型”，元模型是对基本层中“一切”的抽象。元模型提供了软件本身的结构和行为的自描述。一般而言，元模型中的元对象应分别从三个方面刻画基本层：结构、行为和状态。

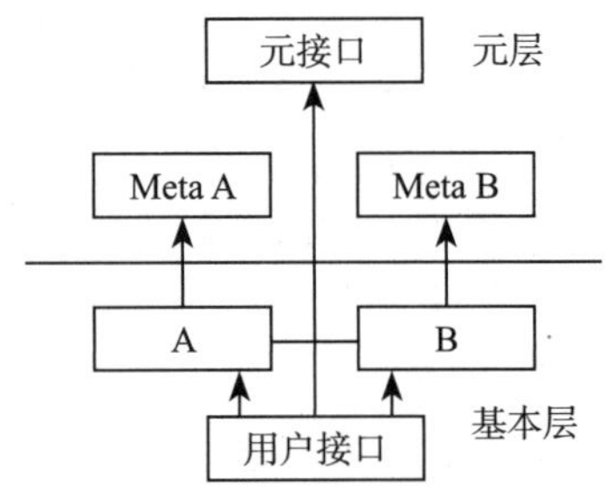

图 18-12　基于元模型的架构

18.9 REST 架构风格及其解耦

REST 是 Web 自身的架构风格，REST 也是 Web 之所以取得成功的技术架构方面因素的总结[15]。

REST 是为运行在互联网环境的分布式超媒体系统量身定制的。而所谓的超媒体系统，即使用了超文本的系统，可以把超媒体理解为“超文本 + 媒体内容”。REST 是世界上最成功的分布式应用架构风格。有了 REST 服务，前端关注界面展现，后端关注业务逻辑，分工明确，职责清晰。

REST 定义了一组体系架构原则，根据这些原则可以设计以系统资源为中心的 Web 服务，包括使用不同语言编写的客户端如何通过 HTTP 处理和传输资源状态。

要深入理解 REST，需要理解 REST 的五个关键词：资源、资源的表述、状态转移、统一接口和超文本驱动。

1. 资源

资源是一种看待服务器的方式，即将服务器看作由很多离散的资源组成。每个资源是服务器上一个可命名的抽象概念。与面向对象设计类似，资源是以名词为核心来组织的，首先关注的是名词。一个资源可以由一个或多个 URI 来标识。URI 既是资源的名称，也是资源在 Web 上的地址，对某个资源感兴趣的客户端应用可以通过资源的 URI 与其进行交互。

2. 资源的表述

资源的表述是一段对于资源在某个特定时刻的状态的描述。可以在客户端和服务器端之间转移（交换）。资源的表述可以有多种格式，如 HTML、XML、JSON、纯文本、图片、视频、音频等。资源的表述格式可以通过协商机制来确定。请求和响应方的表述通常使用不同的格式。

3. 状态转移

状态转移（state transfer）与状态机中的状态迁移（state transition）的含义不同。状态转移说的是：在客户端和服务器端之间转移代表资源状态的表述。通过转移和操作资源的表述，可间接实现操作资源的目的。

4. 统一接口

REST 要求必须通过统一的接口来对资源执行各种操作，对于每个资源只能执行一组有限的操作。REST 还要求，对于资源执行的操作，其操作语义必须由 HTTP 消息体之前的部分完全表达，不能将操作语义封装在 HTTP 消息体内部。这样做是为了提高交互的可见性，以便通信链的中间组件实现缓存、安全审计等功能。

5. 超文本驱动

超文本驱动又名“将超媒体作为应用状态的引擎”（Hypermedia As The Engine Of Application State，来自 Fielding 博士论文中的一句话，缩写为 HATEOAS）。Web 应用可看作一个由很多状态（应用状态）组成的有限状态机。资源之间通过超链接相互关联，超链接既代表资源之间的关系，也代表可执行的状态迁移。在超媒体之中不仅仅包含数据，还包含了状态迁移的语义。以超媒体作为引擎，来驱动 Web 应用的状态迁移。通过超媒体可以暴露服务器所提供的资源中哪些资源是在运行时通过解析超媒体发现的，而不是事先定义的。从面向服务的角度看，超媒体定义了服务器所提供服务的协议。客户端应该依赖的是超媒体的状态迁移语义，而不应该对是否存在某个 URI 或 URI 的某种特殊构造方式做出假设。一切都有可能变化，只有超媒体的状态迁移语义能够长期保持稳定。

"统一接口 + 超文本驱动"带来了最大限度的松耦合，允许服务器端和客户端程序在很大范围内相对独立地进化。对于设计面向企业内网的 API 来说，松耦合并不是一个很重要的设计关注点。但是对于设计面向互联网的 API 来说，松耦合变成了一个必选项，不仅在设计时应该关注，而且应该放在最优先位置。

18.10 本章小结

本章通过解耦 8 种典型的软件架构模式（或者架构风格），比较详细地讨论了软件架构耦合度增加的原因，讨论了针对不同的软件架构进行解耦的基本思想。由于在软件架构设计和演化过程中，组件（连接件）之间的低耦合是主要的原则之一，遵守设计原则、提高软件架构自身的质量是软件架构设计始终追求的目标，所以解耦在软件架构生命周期中是不可或缺的活动。然而，目前软件架构的有效解耦方法并不是很多，采用的技术手段还存在很大不足，需要相关从业人员为之努力，发现更好的软件架构解耦技术。

思考题

18.1 什么是软件架构解耦？为什么需要进行软件架构解耦？

18.2 软件架构解耦需要解决的问题是什么？

18.3 软件架构解耦都有哪些方法？各种方法的优缺点都是什么？

18.4 软件架构解耦与软件架构模式（或风格）有什么关系？

18.5 举例说明软件架构解耦需要关注的问题。

18.6 软件架构解耦与软件系统的哪些质量属性存在千丝万缕的联系？

参考文献

[1] S McConnell. Code Complete[M]. Pearson Education, 2004.

[2] C Larman. Applying UML and Patterns: an Introduction to Object Oriented Analysis and Design and Interative Development[M]. Pearson Education India, 2012.

[3] S MacConnell. Code Complete: A Practical Handbook of Software Construction[M]. Microsoft Press, 1993.

[4] D Spinellis, G Gousios. Beautiful Architecture: Leading Thinkers Reveal the Hidden Beauty in Software Design[M]. O'Reilly Media, Inc., 2009.

[5] V Vernon. Implementing Domain-driven Design[M]. Addison-Wesley, 2013.

[6] M Richards. Software Architecture Patterns[M]. O'Reilly Media, Inc., 2015.

[7] Hexagonal architecture[EB/OL].https://fideloper.com/hexagonal-architecture.

[8] 针对架构设计的几个痛点，我总结出的架构原则和模式 [EB/OL].https://blog.csdn.net/u013510614/article/details/51014265.

[9] F Atagun. Software design principles for evolving architectures[EB/OL]. http://www.firatatagun.com/blog/2016/01/08/software-design-principles-for-evolving-architectures/.

[10] Microservices : a definition of this new architectural term[EB/OL].http://martinfowler.com/articles/microservices.html, 2014.

[11] Susan J. Fowler Microservices in Production[M]. Oreilly Media, 2016.

[12] 王磊 . 微服务架构与实践 [M]. 北京：电子工业出版社 , 2016.

[13] Bob. The Clean Architecture. [EB/OL].https://8thlight.com/blog/uncle-bob/2012/08/13/the-clean-architecture.html.

[14] 布施曼 . 面向模式的软件架构 : 卷 3[M]. 北京 : 人民邮电出版社 , 2013.

[15] A Rodriguez. 基于 REST 的 Web 服务：基础 [EB/OL].https://www.ibm.com/developerworks/cn/webservices/ws-restful/.

第 19 章　软件架构技术债

软件开发过程中，由于交付日期等因素，开发者常常会采用非最优方案来加快开发速度，从而导致产生技术债。技术债的存在会给软件开发带来不利的影响，但也可能有利于整体利益。本章将介绍各种技术债及其应对措施，讨论软件架构技术债的累积因素，以及如何对技术债进行管理等内容。

19.1　引言

在软件开发过程中，开发者会尽力使自己拥有更快的开发过程和更高的响应效率，从而尽可能地缩短从确认用户需求到给出解决方案的时间。在实际的软件开发过程中，可能会遇到下面情况：①在这个开发周期中升级至编译器的新的发行版本已经太晚了，我们决定在下一周期完成这项任务；②我们的开发没有完全按照用户交互接口的规则进行，下个开发周期将做到这点；③我们没有时间重构小组件的代码，推到下个周期再做，等等。

像这种把一些必要的工作推迟或采用非最优的方案进行，从而保证项目进度正常进行的现象被称为“欠债”。这一现象在金融领域称为“债务”，在软件开发领域称为“技术债”（Technical Debt，TD）。就像金融领域的债务可以加快资金周转、提高效益一样，在软件开发领域，小额的“欠债”可以提高开发速度，加快产品上市时间。但是，从长期来看，久未偿还的技术债可能会引发各种风险。

技术债这一概念最初的描述是——“不是很正确的代码，我们推迟使它正确”。现在，很多软件开发或管理人员使用技术债这一比喻来描述软件开发过程中的债务或弊病，技术债涵盖了开发过程中的各个环节。

本章将介绍各种技术债及其应对措施，包括软件架构技术债累积的因素，以及技术债的管理思路等。

19.2　技术债简介

19.2.1　技术债的定义

技术债是指开发人员为了加速软件开发，或是由于自身经验的缺乏，有意或无意地在应该采用最佳方案时进行了妥协，使用了短期内能加速软件开发的方案，从而在未来给自己带来的额外开发负担。这一概念源于 Ward Cunningham 在 1992 年的一场报告中提出的一个比喻 [1]。技术债类似于金融领域的债务，即当一个人借贷（或使用信用卡）时，他就会欠债；如果他经常支付分期付款（或信用卡账单），他就是在还债，并且不会产生新的问题。但是，如果此人没有及时支付分期付款（或信用卡账单），则会形成利息形式的赔偿，并且如果每次他都错过付款时间，利息还会累积。若某人长期不能支付分期付款（或信用卡账单），则累积的利息会使得总债务变得巨大，以至于此人必须申报破产。

同样，当软件开发人员选择快速修复而不是选择一个设计恰当的解决方案时，就会引入软件技术债。如果软件开发人员能够按时偿还这些技术债，理论上也是可行的；但是，如果开发人员选择不偿还或忘记了所欠的技术债，技术债的“利息”就会累积（就像金融债务的利息累积一样），总体的技术债就会随着时间的推移大大增加。

实际情况是，只要软件发生持续变化，总的技术债就会一直增加。因此，开发人员越晚偿还技术债，将来需要偿还的技术债就会越多。直到有一天根本无法偿还技术债，也就是说，累积的技术债达到无法偿还的地步，使其不得不放弃该软件产品，这种情况被称为“技术破产” [2]。

付出额外的时间和精力以持续修复之前的妥协所带来的技术债，或进行软件重构，把软件设计（特别是架构设计）和实现改善为最佳实现方式，是偿还技术债的有效方式，关于这方面的内容，可参见本书第 16 章。

19.2.2　技术债的分类

为了便于理解出现的各种技术债，可以把技术债进行分类。本书采用的分类角度和方式来源于文献 [3]，该分类方式把技术债分成如下四种类型（如图 19-1 所示），目前获得了大多数软件开发和管理人员的认可。

图 19-1　技术债的分类及来源

1）**代码债**（code debt）：开发时没有遵守代码规范导致的债务，来源包括静态分析工具的违规行为和不一致的编码风格。

2）**设计债**（design debt）：在设计时未采用最优解决方案导致的债务，来源包括设计坏味和违背设计规则的行为。架构技术债（Architecture Technical Debt，ATD）也是设计债的一种。

3）**测试债**（test debt）：测试环节产生的债务，一般由测试的缺乏、测试覆盖面不充分以及不恰当的测试设计导致。

4）**文档债**（documentation debt）：由技术文档问题产生的债务，包括缺少重要技术文档、较差的文档和未及时修改更新的文档。

19.2.3 技术债的产生

不同类型的技术债来自软件开发过程中的不同环节和不同的利益相关者。从产生技术债的根本原因来看，其往往来自软件项目经理、软件架构师或者其他开发人员做出的某些决策。通常情况下，这些决策一旦出现，就会导致某个或某几个技术债的产生。而以下这些情况可能会导致这些决策的出现，所以它们是产生技术债的根本原因。

1）**进度压力**：当接近项目截止日期时，软件开发者就希望尽快完成工作，容易仓促行事。例如有时为了赶紧完成任务，开发者直接复制和粘贴现成代码。这些代码用在项目中可以暂时解决问题，并且短期内不一定产生不良后果。但经过多个开发周期，多个开发者都采用这样的"解决方案"，那么这些代码的累积就可能导致整个项目难以理解并且极易出错。

2）**软件设计师缺乏足够的经验和技巧**：如果软件设计师缺乏对软件设计基础和原则的理解，项目就很容易出现各种问题，同样在指导团队和检查问题时也很可能无法很好地完成任务。

3）**不注重设计原则的应用**：开发者如果缺乏根据通用原则设计和编写代码的意识或经验，很容易造成代码难以扩展或修改，尤其是在团队开发或需要不断更新的项目中。

4）**缺乏对设计坏味道和重构的意识**：很多开发者并不会注意到设计坏味道，而这可能会随着时间的推移蔓延扩大，导致较差的软件结构质量，从而产生技术债。设计坏味道可以通过及时重构来解决，但一些开发者缺乏及时发现问题并进行重构的意识，从而导致技术债随着时间的推移累积变大。

5）**开发中有意采用非最优的选择**：在某些项目中，为了达到某些更重要的目的，有时会有意地做出一些会产生技术债的决定，并充分认识到技术债的存在。例如项目团队为了尽快达成季度目标利润，或最快地将产品推出以抢占市场，采用了次优但并不影响产品整体效果的设计，从而加快开发进程。对于所产生的技术债，开发者在下一开发周期进行偿还。这种技术债的根本性质是为了实现整体利益的最大化而选择的暂时妥协。

在本章中，我们主要讨论设计债，也就是设计方面的技术债，从而更好地理解软件架构技术债。同时，本章也对其他类型的技术债进行简单介绍。

19.3　设计债

19.3.1　设计债的定义

为了更好地理解设计债，我们以开发软件产品的某个中型公司为例。为了能与其他公司竞争市场，该公司明显希望更快地将新产品投入市场并减少成本。但是这是如何影响其软件开发进程的呢？可以想象，该公司期望软件开发人员能更快地实现功能。在这种情况下，开发人员可能没有机会或时间来正确地评估产品设计决策的影响。因此，随着时间的推移，个人局部的设计决策的征集开始降低软件产品的结构质量，进而导致设计债的累积。

如果这样的软件产品只开发一次且不再维护，其结构质量也许无关紧要。但是，大部分软件产品需要在市场中存在一段时间，因此维护和演化是不可避免的。在这种情况下，较差的软件结构质量会在很大程度上增加理解和维护软件所需的精力和时间，最终会损害公司的利益。因此，对于公司而言，监测和强调软件结构质量是很重要的。如果在未来还需要为当前软件结构质量的改进而付出，这就存在设计债问题。

研究发现，软件设计和架构设计过程中采取的捷径措施及其缺点都是技术债的组成部分。设计债以前期设计中质量焦点不足的形式存在，如可维护性和适应性差，或者是以随后缺少重构的零碎设计形式存在 [4]。同样，架构技术债可能是因为前期次优的解决方案或因技术和模式的更新而成为次优的解决方案引起的 [5]。

19.3.2　设计债的识别方法

常见的设计债识别方法有四种，包括 ASA 问题识别、代码坏味道识别、设计模式污垢（design pattern fouling）识别和模块化冲突（modularity violation）识别等。

1. ASA 问题识别

自动静态分析（Automatic Static Analysis，ASA）工具可分析源代码或编译代码以寻找违反推荐设计规程的行为（问题），这些问题可能会引起错误或降低软件某些方面的质量（如可维护性、效率）。有一些问题可以通过重构移除以避免未来可能出现的问题，目前相关的支撑工具有 FindBugs 等 [6]。例如，ASA 可以识别代码中 Line 级的问题，如图 19-2 所示。

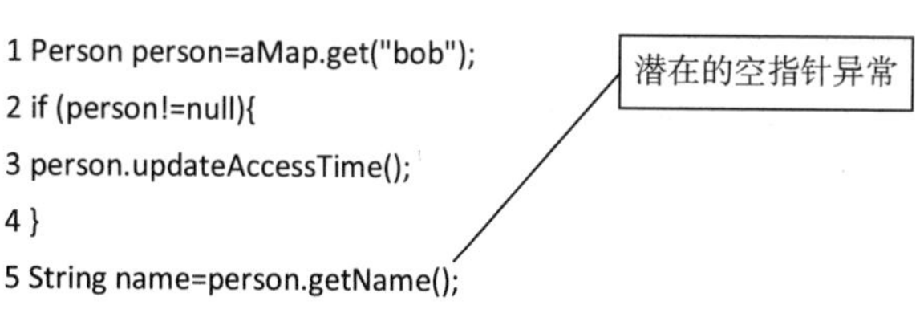

图 19-2　Line 级的问题

2. 代码坏味道识别

代码坏味道的概念由 Fowler 首次提出，并用于描述面向对象系统中违背良好的面向对象设计原则（如信息隐藏、封装、继承的使用）的一些设计[7]。代码坏味道大致可以分为长方法、大类、不稳定口等几十种类型。有不少代表性的自动化识别或检测工具，如 CodeVizard 就是一个很好的代码坏味道的检测和分析工具，自动化分类器也是一个较好的工具[8]。但这些代码坏味道的检测工具的精度和召回率有很大差异，Fontana 等人的研究着重评估这些自动化方法的精度和召回率[9]。他们的研究表明：在工业环境中，自动化分类器有较高的召回率和精度。

3. 设计模式污垢识别

在软件开发过程中，设计模式的使用受到广泛的欢迎，因为设计模式有很多优点，包括易于维护、具有较高灵活性的设计声明、较少的缺陷和错误，以及改进的架构设计等。但是，随着系统的用途和操作环境的变化，原来的软件设计逐渐发生漂移，这可能波及设计模式，即原来使用的设计模式随着软件设计的变化和漂移，会积累很多污垢（指与模式无关的代码）；另外，当一些变化破坏了设计模式的结构完整性或功能完整性时，设计模式会发生腐蚀。无论是污垢还是腐蚀，都是技术债。Izurieta 等人的研究发现至少有两种在设计中产生的污垢或者腐蚀可能会影响开源系统 JRefactory 的可测试性[10-11]。

4. 模块化冲突识别

在大型软件系统中，模块代表可以设计成独立演进的子系统。在软件演化过程中，属于不同模块但一起发生变化的组件存在差异，这种差异可能是由快速、不干净的实现带来的副作用产生的，或是需求的改变使得原始的架构设计已经不能适用。当存在这样的差异时，软件可以偏离它早先设计的模块结构，即所谓的“模块化冲突”，CLIO 工具可以用来检测和报告这类冲突[12]。

19.3.3 架构技术债

1. 架构技术债的定义

架构技术债是技术债的一种，开发人员所做的技术上的妥协就像一笔债务一样，虽然眼前看起来可以得到好处，但必须在未来偿还。软件工程师必须付出额外的时间和精力持续修复之前的妥协所造成的问题及副作用，或是进行重构，把架构的实现改善为最佳实现方式。相比于最优架构，它是一种次优解决方案，为的是完成组织或企业短期的特定业务目标。

2. 架构技术债举例

在软件开发过程中，架构技术债的表现形式很多，这里不一一列举，只简单说明几种比较常见的架构技术债。

1）**依赖违背**：上下文特定的架构中（如在不同的组件层）存在所禁止的架构依赖被视为架构技术债。

2）**模式和策略的不一致性**：贯穿整个系统，架构（和架构师）定义的模式和策略可能不会保持一致性。例如，在系统的某一部分采用的命名约定可能在系统的另一部分不会采用。另一个例子是用于实现同一功能的不同设计或架构模式的存在，如不同组件之间使用不同的交互模式。

3）**代码重复（非重用）**：文献和实践中公认的是，在系统的不同部分，特别是在不同的产品中，极其相似（如果不相同的话）而没有分组到一个重用组件的代码的存在。

4）**相互依存的资源的时序属性**：可能需要通过系统的不同部分访问一些资源（为简单起见，我们以不同的组件访问同一资源为例）。在这些案例中，某一组件与资源交互的方式可能改变其他组件与该资源的交互方式。这与时序有关，如两个组件改变某一数据库的状态或访问该数据库的顺序，可能会改变该系统的行为。因此，应设计特定的调度模式以确保组件的正确交互。

5）**非功能需求的次优机制**：一些非功能需求，如可扩展性、性能或信号可靠性，需要在开发过程之前或早期识别出来并进行测试。

3. 一个架构技术债的实例

图 19-3 展示的是一个商场中用于顾客购买商品支付环节的实例 [13]，用户根据有无等级和是否可以使用积分被分为三种不同类型，函数 getBill() 对不同类型的用户进行判断并返回实际应付金额。

这样的结构可以应付简单的使用需求。在软件开发中，当架构设计师没有足够的时间来选择更好的方案，而这样的方案可以满足当前客户需求时，开发者就可能选择这一并非最优的设计，从而尽快完成开发。这时就形成了架构技术债，这一债务在当前周期并不会产生不良影响。但随着后期开发中支付系统的进一步扩展，如需要根据顾客选择的不同支付方式提供不同的优惠政策，如果不去偿还债务，依然采用图 19-3 中的设计，就必须修改大量的分支代码。而此时，如果开发进度允许，我们可以通过重构来偿还这一架构技术债，减少程序复杂度，同时避免在之后的开发过程中产生更加严重的后果。

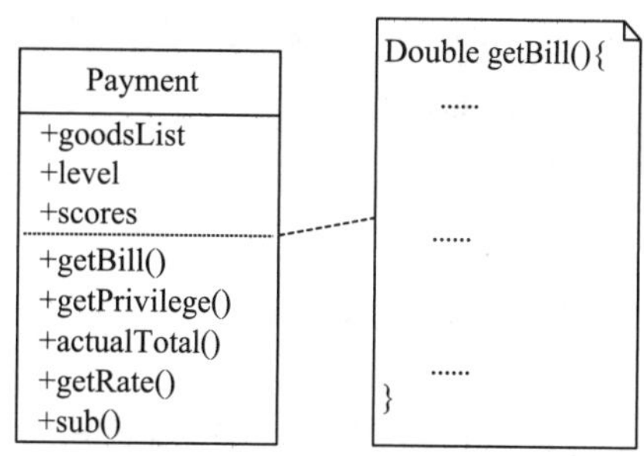

图 19-3　商品支付环节 Payment 类结构

对于 Payment 类，我们采用策略模式进行重构，将客户端的代码与实际算法分离，以便对算法进行修改或增加新的内容，调整后的设计结构如图 19-4 所示。

经过重构后的设计在需要进行修改或增加支付细节时，可以直接在服务器端进行，而客户端的修改量很小。相比于重构前的结构，偿还了技术债的方案更加有利于后续的开发和维护。

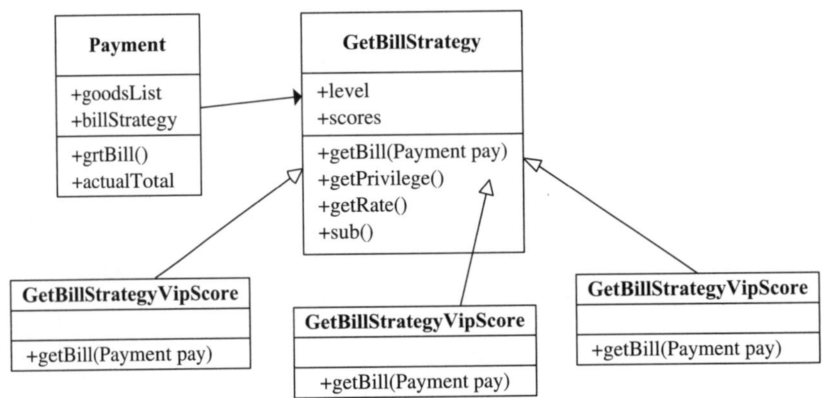

图 19-4　使用策略模式重构后的结构

19.4　代码债

技术债通常会以写得不好的代码的形式出现，这类债务被称为代码债。代码债包括不必要的代码重复和复杂性、较低的代码可读性和较差的代码风格，以及使得软件解决方案在未来某个时间点更新时易于中断的组织不当的逻辑。实质上，需要重构（并且这种重构不属于设计类别）的代码就是代码债的一种形式。

相比于设计债，代码债在软件开发过程中更为常见，通常出现在编写代码的过程中。由于目前软件开发往往是团队化以及多周期，所以不同开发者、不同周期都可能会产生代码债。

19.5　测试债

测试债指的是技术债以各种测试脚本问题的形式出现，从而导致每次发布前需要手动重新测试系统。无论测试是自动化还是手动运行，测试覆盖面不足、较差的测试设计都是测试债的具体形式。测试债不仅会对软件开发各个周期的测试阶段造成不利影响，而且当客户在使用中遇到某些软件缺陷，需要在产品环境中实现诊断、修复或回归，而自动测试脚本不可用时，测试债的存在会严重影响软件测试的手动运行，从而导致客户无法正常维护，损害软件的可用性，进而影响开发团队的整体声誉。

通过比较测试计划和测试结果、代码覆盖工具，以及比较测试需求与测试套件的变化，可以检测出测试债。

19.6　文档债

在软件开发过程中，各类技术文档是必不可少的。文档债指的是由技术文档问题产生的债务，包括缺少重要技术文档、较差的文档和未及时修改更新的文档。

一般来说，在软件开发的不同环节一共需要撰写 13 类技术文档，包括可行性分析报告、项目开发计划、软件需求说明书、设计概要说明书、详细设计说明书、用户操作手册、测试计划、测试分析报告、开发进度月报、项目开发总结报告、软件维护手册、软件问题报告、软件修改报告。对于一个优秀的软件开发项目，这些文档应当做到精确、清晰、完整、可追溯。不同的文档缺失、不完善或更新不及时，都可能导致软件开发或使用遇到问题。例如，不够精确的软件需求说明书可能会导致开发者对客户的软件需求理解产生误差，从而影响之后的开发。而如果软件维护手册未能及时更新，可能会导致在之后的扩展或维护中，开发者难以对软件代码和前期其他开发者的意图进行准确的理解。

19.7　技术债的处理

现代的软件开发（尤其是敏捷开发模式）往往是多周期团队协作的过程，而技术债可能存在于软件开发的任一个环节。就像金融上的债务概念，没有偿还的技术债也可能会产生“利息”，从而带来更大的不良影响。为了达到项目的整体目的，开发者会选择偿还某些技术债，对于某些技术债仅“支付利息”，对于剩下的技术债则暂时不进行处理。

19.7.1　发现技术债

对于代码类型的技术债，在软件开发、管理和运行中往往会出现一些信号，通过这些信号可以及时掌握项目的健康程度，从而有针对性地找出技术债。这些信号包括系统加载时间变长、特定模块缺陷率不断增加、同一问题在不同的模块或者组件中出现、增加新的功能时新的 Bug 数量持续增加、修复 Bug 的时间变长、某个模块或者组件难以被团队理解或测试、某个模块或组件的源代码被频繁修改。Ozkaya 等人通过这些危险信号，寻找出项目中代码类型的技术债（包括代码债和设计债）[14]。

对于非代码类型的技术债，如部分测试债和文档债，更多的是通过提高开发和测试人员的基本技能素质和开发测试规范性来及时发现问题，每个环节都做到精确、清晰、完整、可追溯，从而可以及时发现技术债并进行定位。

19.7.2　管理技术债

技术债的管理并不只是软件开发技术的问题，还涉及项目评估和管理（如图 19-5 所示）。技术债管理需要关注以下要点 [15]：①识别产生技术债的点；②代价评估，即评估消除特定技术债所花费的代价；③利息评估，即评估特定技术债未被消除随时间产生的额外代价；④利息不确定性评估，即评估需要偿还利息的可能概率；⑤技术债影响评估，即评估技术债影响导致的经济结果，从而使得团队能对技术债进行成本效益分析，找到最重的债务；⑥自动化评估，对于管理技术债，自动获得相关值的变化是有较大意义的；⑦专家意见，领域专家的意见对于项目来说具有非凡的意义，这是从软件中无法得到的；⑧场景分析，技术债管理的成果应当是可以区分不同技术决定的场景分析；⑨市场投放时间，在技术债管理中，实施决策的时间必须予以考虑；⑩ 何时实现决定，当确定处理技术债时，对债务进行处理的时间必须慎重考虑，不同时间进行处理可能会消除技术债，也可能会引起新的技术债；⑪ 实时跟踪技术债；⑫ 可视化技术债，技术债管理中需要能够形象化展示债务对系统的影响。

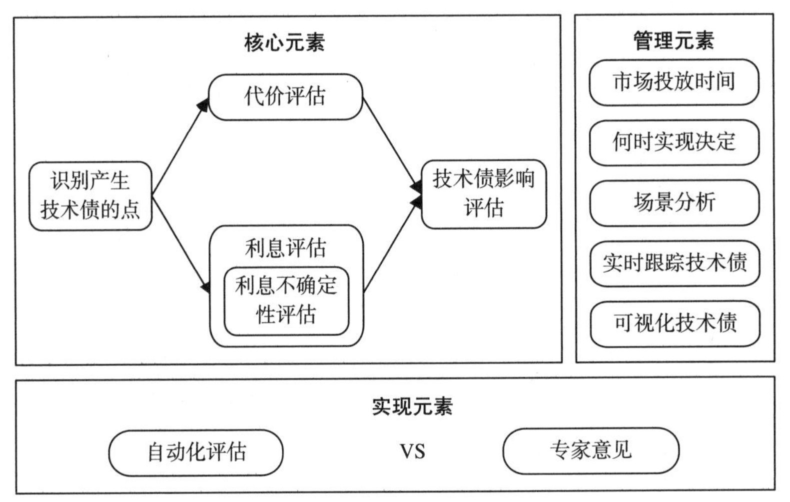

图 19-5　技术债管理要点框架

对于各类型的技术债的分析管理，上述要点中会有相关部分起到关键作用。例如要点⑤涉及所有 4 种技术债；要点①对于代码债、设计债和测试债的发现处理有重要意义，对于文档债则无能为力；而要点⑦则一般适用于设计债的处理。

目前每个技术债管理要点针对相应的技术债都有或多或少的实用技术或技术思路，但很多技术仍无法完全解决技术债管理问题，技术债的管理需要自动化技术与人工管理相结合。

Sonar 是一个用于代码质量管理的开放平台，它通过插件机制集成不同的测试工具、代码分析工具，以及持续集成工具 [16]。Sonar 通过不同的插件对代码检查工具的结果进行再加工处理，通过量化的方式度量代码质量的变化，从而可以方便地对不同规模和种类的工程进行代码质量管理。对于不均匀分布的复杂性、重复代码、缺乏注释、违背代码规范、潜在的 Bug、没有单元测试或者无效的代码，Sonar 都有能力进行处理，而这些往往是产生技术债的主要原因。

通过 Sonar，开发者可以对技术债进行量化评估，并进行跟踪、比较，从而有助于决策。虽然 Sonar 无法覆盖所有的技术债，但仍然是技术债管理中值得使用的工具。

19.7.3　偿还技术债

技术债的偿还工作是以发现和管理为基础的，当开发者发现一个技术债时，他并不一定立刻偿还，而是根据技术债的具体情况决定偿还方式。一般常用的技术债处理方法分为以下四步：①发现项目中包含的技术债；②将技术债加入产品列表中；③根据债务的影响和偿还成本进行优先级排序；④在合适的开发周期中对不同技术债进行修改偿还。

在第 3 步中，优先级排序是针对整个业务需求进行的，也就是包括非技术债的正常开发任务。对于影响极小或是修改代价太大以至于超出修改带来的收益的技术债，往往会在开发周期较后的阶段进行偿还，从而保证项目整体利益的最大化。在实际软件开发中需要做到技术债和按时交付之间的平衡，将最核心的技术债在当前或尽可能早的迭代周期完成。尤其对于技术关键和软件架构技术债，越晚修复成本越高，当然，最佳的情况是在最初技术选择和架构搭建过程中就尽可能做到最优。

对于有些技术债，实际开发过程中可以不必偿还，如即将退出市场或生命周期很短的软件产品中的技术债，偿还这些技术债并不能为整体利益提供帮助，甚至不利于推广新的产品。在这种情况下，停止偿还技术债，将全部精力投入到新产品开发中才是最好的选择。

不同的技术债有着不同的偿还技术。对于代码复杂性、编码风格混乱等静态代码质量问题，可通过工具来解决，常用的静态代码检查工具包括 Stylecop、Fxcope、Gendarme 等；对于部分代码债和技术债（包括架构技术债），重构是最根本的解决方案；对于部分测试债和文档债，则需要人工审阅检查。

19.8　本章小结

作为一种“次优选择”，或者说是设计上的妥协，技术债可以被看作一种在质量和时间、利润上的平衡，是客户、投资者、管理者和开发人员之间的博弈。在软件开发中，技术债是不可避免的，并且常常可以带来一定的正面收益。放任技术债的存在很可能会给软件带来灾难性后果，而偿还所有技术债又可能会得不偿失，技术债的偿还应当综合技术代价和实际收益进行决策。对于软件开发团队来说，技术债的管理是一项意义重大的工作。

思考题

19.1　什么是软件技术债？产生软件技术债的根源是什么？

19.2 软件技术债有哪些类型？它们之间的主要区别是什么？

19.3 软件技术债有哪些危害？为什么会产生软件技术债？

19.4 为什么说软件技术债是不可避免的？

19.5 防止出现软件技术债的主要措施有哪些？

19.6 为什么说架构技术债比其他技术债的危害更大？

参考文献

[1] W Cunningham. The WyCash portfolio management system[C]. ACM SIGPLAN OOPS Messenger, 1993, 4(2):29-30.

[2] G Suryanarayana, G Samarthyam, T Sharma. Dedication-Refactoring for Software Design Smells[M]. Elsevier, 2014.

[3] C Seaman, Y Guo. Measuring and Monitoring Technical Debt[M]. Elsevier Science & Technology, 2013.

[4] R Shriver. Seven Strategies for Technical Debt[EB/OL]. https://www.projectmanagement.com/articles/258854/Seven-Strategies-for-Technical-Debt, 2010.

[5] E Tom, A Aurum, R Vidgen. An exploration of technical debt[J]. Journal of Systems and Software, 2013, 86(6): 1498-1516.

[6] N Zazworka, A Vetro, C Izurieta, et al. Comparing Four Approaches for Technical Debt Identification [J]. Software Quality Journal, 2014, 22(3):403-426.

[7] D Roberts, W Opdyke, M Fowler, et al. Refactoring: Improving the Design of Existing Code[J]. Lecture Notes in Computer Science, 2002.

[8] N Zazworka, C Ackermann. CodeVizard: A Tool to Aid the Analysis of Software Evolution[C]. Proceedings of the 2010 ACM-IEEE International Symposium on Empirical Software Engineering and Measurement. ACM, 2010: 1-1.

[9] F A Fontana, V Ferme, S Spinelli. Investigating the Impact of Code Smells Debt on Quality Code Evaluation[C]. Proceedings of the 3rd International Workshop on Managing Technical Debt (MTD 2012) with ICSE 2012. Zurich, 2012: 15-22.

[10] C Izurieta, J M Bieman. Testing Consequences of Grime Buildup in Object Oriented Design Patterns[C]. Proceedings of the First International Conference on Software Testing, Verification, and Validation. Lillehammer, Norway, 2008:171-179.

[11] C Izurieta, J M Bieman. A multiple case study of design pattern decay, grime, and rot in evolving software systems[J]. Software Quality Journal, 2013, 21(2):289–323.

[12] S Wong, Y Cai, M Kim, et al. Detecting software modularity violations[C]. Proceedings of the 33rd International Conference on Software Engineering. Waikiki, Honolulu, HI, USA, 2011: 411-420.

[13] 阮航，陈恒，彭鑫，等 . 面向设计的开源软件项目重构经验研究 [J]. 计算机科学与探索 , 2017,

11(9):1418-1428.

[14] I Ozkaya, R L Nord, P Kruchten. Technical Debt: From Metaphor to Theory and Practice. IEEE Software[J]. IEEE Software, 2012, 29(6):18-21.

[15] C Fern´andez-S´anchez, J Garbajosa, C Vidal, et al. An Analysis of Techniques and Methods for Technical Debt Management: a Reflection from the Architecture Perspective[C]. Proceedings of the IEEE/ACM 2nd International Workshop on Software Architecture and Metrics. IEEE, 2015: 22-28.

[16] Sonar-Code Quality Analysis Tool[EB/OL]. https://www.sourceallies.com/2010/02/sonar-code-quality-analysis-tool/, 2010.

第 20 章　软件架构坏味道

一个设计成功的软件系统应该是经历多年仍旧可以维护得很好的系统，但是一些软件架构的设计部分可能会对软件系统的可维护性产生消极的影响。软件架构的坏味道就是用于描述这些可能会对软件生命周期的可理解性、可测试性、可维护性和可扩展性等产生消极影响的设计。本章主要介绍了各种坏味道的定义，分析总结了架构坏味道与代码坏味道的区别，也比较详细地介绍了架构坏味道的类型、特点、检测及其对系统的影响等。

20.1　引言

正如在本书第 16 章中提到的，代码重构或者软件架构重构的前提是能够找到适当的切入点，所谓的切入点就是代码的坏味道、设计的坏味道或者技术债。我们在第 19 章中讨论了各种类型的技术债，本章将详细地讨论坏味道（bad smell）。根据经验，我们认为坏味道可能存在于程序的代码中，也可能存在于软件设计中，还可能存在于系统的模型、文档和数据中。限于篇幅，我们在本章中主要讨论代码坏味道和架构坏味道。

那么，什么是代码坏味道呢？一般认为，如果程序中的某一段代码是不稳定的或者有一些其他潜在问题，那么该段代码往往会包含一些明显不太好的痕迹。正如食物要腐坏之前经常会发出一些异味一样，我们称这些不太好的痕迹为代码坏味道或者代码异味 [1,2]。

什么是架构坏味道呢？Lippert 和 Roock 于 2007 年在他们的书中对架构坏味道给出了一种基于系统生命周期的定义 [3]。他们认为架构坏味道是一种与代码坏味道类似的坏味道，只是架构坏味道在系统粒度下出现的层次要高于代码坏味道。

架构坏味道 [3]：架构坏味道是一种通常使用的、可以对系统生命周期特性产生消极影响的架构设计。它可能是由于在不适当的环境下应用了一个不合适的解决方案或者在错误的粒度层次下应用了某个设计抽象等产生的，会对系统的可理解性、可测试性、可扩展性以及可重用性等产生负面影响。

但是，Joshua 等人认为该定义还存在一些缺陷，即该定义没有明确区分代码坏味道和架构坏味道。虽然代码坏味道和架构坏味道都会对系统生命周期特性产生消极的影响，但是，代码坏味道和架构坏味道对系统生命周期的不同特性的影响是不一样的。因此，后来 Joshua 等人对架构坏味道进行了进一步的定义，并从除生命周期特性之外的三方面对该定义进行了扩展 [4,5]：①明确定义架构坏味道是一个设计实例，它是独立于工程设计过程而存在的。也就是说，一个架构坏味道分析员可以在不了解系统开发的团体、管理方式以及过程的条件下，仅根据系统架构设计文档就能够指出软件设计中可能存在的坏味道。②不具体区分架构坏味道究竟是设计计划的一部分还是设计实现的一部分。也就是说，设计实现的软件产品和设计计划存在不一致的地方就会产生一种架构坏味道，因为这种不一致可能会影响系统的可维护性。③可以依据标准架构模块，如组件、连接件、接口等，通过对架构坏味道种类的明确定义简化架构坏味道的检测过程。

可见，架构坏味道和通常的 Bug 是不一样的，它不对开发出来的软件系统产生毁灭性破坏，但是它会使系统处于危险状态，导致系统的可维护性、可理解性、性能、可靠性、安全性等大大降低。

举个例子来说，我们需要修改一个遗产系统，使得它能够支持新功能并可以在新的平台下运行，如果这个系统没有基本文档注释、组件功能交叉、服务分散，了解原系统的过程就会耗费巨大的人力和物力，有时这个过程甚至比重新设计系统还要麻烦，这一切都是由于架构设计的坏味道引起的。

但是在很多条件下，是否要处理架构坏味道必须考虑其他因素。系统架构师必须能够判定修改这些架构坏味道是否能给系统带来正收益，因为有些架构坏味道在某些方面可能不会产生特别明显的消极影响，而对其进行修改会产生更多的消耗。

20.2　典型的代码坏味道

本节简单介绍一下目前被广泛关注的代码坏味道 [6-9]。代码坏味道的提出是为了更加直观地表示出代码结构中潜在的问题并能够对其进行改善。对于大多数的代码坏味道来说，重构可以解决大部分的问题。虽然代码坏味道是由一些人为主观的写代码的坏习惯引起的，但是我们可以通过统一的方法检测出代码的坏味道，并能够利用开发过程中的历史信息来分析其带来的负面影响。

代码坏味道的类型很多，这里把面向对象程序中可能出现的代码坏味道分成应用级坏味道、类级坏味道和方法级坏味道三种类型。

20.2.1　应用级坏味道

1）**重复代码**（duplicated code）。重复代码是指在一个以上的地方出现了重复的代码片段。重复的代码结构使程序变得冗长，需要重构。例如：

①同一个类中两个函数使用了相同的表达式。解决方案：使用提炼方法（Extract Method）提炼出重复的代码，让两个函数同时调用这个提炼方法，而不是重复使用相同的表达式。

②一个父类有两个子类，这两个子类中存在相同的表达式。解决方案：对两个子类使用提炼方法，然后使用上移方法（Pull Up Method）将提炼出来的代码定义到父类中。

2）**人为复杂性**（contrived complexity）。在进行简单设计就能解决问题的情况下，强制使用了过于复杂的设计模式。

3）**散弹式修改**（shotgun surgery）：散弹式修改与分散变更（Divergent Change）类似。如果每次遇到某种变化，你都必须在许多不同的类中做出许多小修改，那么你所面临的坏味道就是散弹式修改。如果需要修改的代码散布四处，你不但很难找到它们，也很容易忘记某处重要的修改。这种情况应该使用移动方法（Move Method）和移动域（Move Field）的方式把所需要修改的代码放进同一个类中。如果当前没有合适的类可以安置这些代码，就创造一个。通常可以运用内联类（Inline Class）把一系列相关行为放进同一个类。这可能造成少量分散变更，但你可以轻易处理它。分散变更是指一个类受多种变化的影响，散弹式修改则是指一种变化引发多个类发生相应修改。在这两种情况下你都会希望整理代码，使得外界变化与需要修改的类趋于一一对应。

20.2.2 类级坏味道

1）**过大的类**。如果想利用单个类做太多事，类中就会出现太多实例变量。可以使用 Extract Class 将几个变量一起提炼至新类内。提炼时应该选择类内彼此相关的变量，将它们放在一起。有时候，类并非在所有时刻都使用所有实例变量。或许可以多次使用 Extract Class 或 Extract Subclass。如果过大类是一个 GUI 类，可能需要把数据和行为移到一个独立的领域对象中。也可能需要两边各保留一些重复数据，并保持两边同步。

2）**依恋情结的类**。即一个类的方法过多地使用了另一个类的方法。也可以说，某个类的函数对另一个类的兴趣高过对自己所处的类，通常的焦点就是数据，如某个函数为了计算某个值，从另一个对象中调用几乎半打的取值函数。这时应该运用 Move Method 把它移到适当的地方。有时候函数中只有一部分受这种“依恋之苦”，这时候使用 Extract Method 把这部分提炼到独立函数中，再使用 Move Method 带它去它的“梦中家园”。

一个函数往往会用到几个类的功能，那么它究竟该被置于何处呢？原则如下：判断哪个类拥有最多被此函数使用的数据，就把这个函数与那些数据摆在一起。如果先以 Extract Method 将这个函数分解为数个较小函数并分别置于不同地点，上述步骤就比较容易完成了。

3）**过度亲密类**。一个类存在与另一个类实现细节的依赖关系。也就是说，两个类过于亲密，花费太多时间去探究彼此的 private 成分。我们可以采用 Move Method 和 Move Field 划清界限，也可以通过把双向关联变成单向关联的方法让其中一个类对另一个类“斩断情丝”。如果“情投意合”，可以运用 Extract Class 提炼到一个安全地点。可以使用隐藏的委托人 (hide delegate) 传递“相思情”。如果让一个子类独立生活，请使用委托人机制来代替继承机制。

4）**拒绝的馈赠**。子类仅仅使用父类中的部分方法和属性，其他来自父类的“馈赠”则成为了累赘。问题的原因是有些人仅仅是想重用父类中的部分代码而创建了子类，但实际上父类和子类完全不同。解决方法是，如果继承没有意义并且子类和父类之间确实没有共同点，可以消除继承。

如果子类复用了父类的行为，却又不愿意支持父类的接口，该坏味道就会变得浓烈。我们不介意拒绝继承父类的实现；但如果拒绝继承父类的接口，我们认为这并不明智。不过即使你不愿意继承接口，也不要胡乱修改继承体系，可使用委托人机制来代替继承机制，以达到目的。

5）**冗赘类**。即一个做的事情太少的类。你所创建的每一个类都得有人理解和维护，这些工作都是要花费成本的。如果一个类的所得不值其“身价”，它就应该消失。冗赘类出现的主要原因如下：①某个类因为重构不再做那么多的工作；②开发者事前规划了某些变化，并添加一个类来应付这些变化，但变化实际上没有发生。

如果某些子类没有做足够的工作，尝试使用崩溃层次结构（collapse hierarchy），对于几乎没用的组件可使用内联类。

6）**数据泥团**。当一些变量在程序的不同部分一起传播时会发生数据泥团现象。也就是说，常常可以在很多地方看到相同的 3、4 项数据：两个类中相同的字段、许多函数签名中相同的参数。这些总是绑在一起出现的数据应该拥有属于它们自己的对象。首先找出这些数据以字段形式出现的地方，运用 Extract Class 将它们提炼到一个独立对象中。然后将注意力转移到函数签名上，通过引入参数对象或保留整个对象为它“减肥”。这么做的直接好处是可以将很多参数列缩短，简化函数调用。不必在意数据泥团只用了新对象的一部分字段，只要以新对象取代两个（或更多）字段，就值得了。

7）**不完美的程序库类**。尽管许多编程技术都建立在程序库类的基础上，但是程序库类构筑者没有未卜先知的能力，不可能考虑到所有可能的情况。麻烦的是库的形式往往不够好，不可能让我们修改其中的类以使它完成我们希望完成的工作。幸运的是，我们有两个专门应付这种情况的工具。如果你只想修改程序库类内的一两个方法，可以通过引入外援方法（Introduce Foreign Method）来实现；如果想要添加一大堆额外行为，就得通过引入局部扩展机制（Introduce Local Extension）来实现。

8）**幼稚的数据类**。所谓数据类是指它们拥有一些字段，以及用于访问这些字段的方法，除此之外一无长物。这样的类只是一种“不会说话的数据容器”，它们几乎一定被其他类过分细琐地操控着。这些类早期可能拥有 public 字段，果真如此你应该在别人注意到它们之前，立刻运用 Encapsulate Field 将它们封装起来。如果这些类内含容器类的字段，你应该检查它们是不是得到了恰当的封装；如果没有，就运用 Encapsulate Collection 把它们封装起来。对于那些不该被其他类修改的字段，请使用移走设置方法（Remove Setting Method）。

20.2.3　方法级坏味道

方法级的代码坏味道中最典型的是过长方法（long method）。

过长方法即一个方法（或者函数、过程）中含有太多行代码。一般来说，对于任何超过

10 行的方法，你就可以考虑其是不是过长了。原则上函数中的代码行数不要超过 100 行。

通常情况下，创建一个新方法的难度要大于添加功能到一个已存在的方法中。大部分人都觉得："我就添加这么两行代码，为此新建一个方法实在是小题大做了。"于是，张三加两行，李四加两行，王五加两行，方法日益庞大，最终再也无人能完全看懂了。于是大家就更不敢轻易动这个方法了，只能恶性循环地往其中添加代码。所以，如果你看到一个超过 200 行的方法，通常它都是多个程序员东拼西凑出来的。

一个很好的技巧是寻找注释。添加注释一般有以下几个原因，即代码逻辑较为晦涩或复杂、这段代码功能相对独立或特殊处理。如果代码前方有一行注释，这就是在提醒你：可以将这段代码替换成一个函数，而且可以在注释的基础上给这个函数命名。如果方法有一个描述恰当的名字，就不需要查看内部代码究竟是如何实现的了。就算只有一行代码，如果它需要以注释来说明，那么也值得将它提炼到独立函数中。

另外，参数太多、超长标识符、超短标识符、数据过量返回和超长代码行等，也都是一些方法级的代码坏味道。

例如，下面就是一个超长代码行的例子：

```
    new XYZ(s).doSomething(buildParam1(x), buildParam2(x), buildParam3(x), a + Math.
sin(x)*Math.tan(x*y + z)).doAnythingElse().build().sendRequest();
```

20.3 典型的设计坏味道

软件设计过程中，由于各种原因（人员素质、技术方法、技术债等原因）也会引起坏味道，我们称之为设计坏味道（design bad smell）。典型的设计坏味道包括缺失抽象 [10,11]、多层次抽象 [12]、重复抽象 [13]、有缺陷的封装 [10]、未开发封装 [10]、模块化破损 [10]、模块化不充分 [10]、循环依赖的模块化 [14]、无因子层次结构 [10]、断裂层次 [15,16]、循环层次 [17] 等。本书中我们不再一一解释说明，下面我们将重点讨论架构坏味道。

20.3.1 架构坏味道

架构的坏味道是一种设计级坏味道，但是它的抽象层次更高，潜在危害更大。

相比代码坏味道，架构坏味道的定义和分类还没有统一的标准，自动化的检测工具也很少。Garcia 等人定性地描述了架构坏味道，认为架构坏味道是软件设计问题，未必是个错误，但不好的设计会给软件质量带来负面影响。根据实践经验，他们提出了 11 种架构坏味道 [18,19]：①连接件嫉妒（Connector Envy）；②过度分散的功能（Scattered Functionality）；③模糊接口（Ambiguous Interface）；④无关的相邻连接件（Extraneous Adjacent Connector）；⑤砖关注过载（Brick Concern Overload）；⑥砖使用过载（Brick Use Overload）；⑦砖循环依赖（Brick Dependency Cycle）；⑧未使用接口（Unused Interface）；⑨重复的组件功能（Duplicate Component Functionality）；⑩ 组件嫉妒（Component Envy）；⑪ 连接件链（Connector Chain）。

下面重点研究了其中 4 种架构坏味道的定性描述：连接件嫉妒、过度分散的功能、模糊接口和无关的相邻连接件。

1. 连接件嫉妒

下面用两个例子直观地描述连接件嫉妒是如何形成的。其中，图 20-1 是一类比较常见的连接件嫉妒的框架图，ComponentA 实现了本该委托给连接件来实现的通信功能和简化功能：ComponentA 导入了一个通信器，也就意味着它可以通过这个低级的网络通信设备实现远程通信；而由远程通信所负责的命名、交付和路由服务也是简化功能的一种。

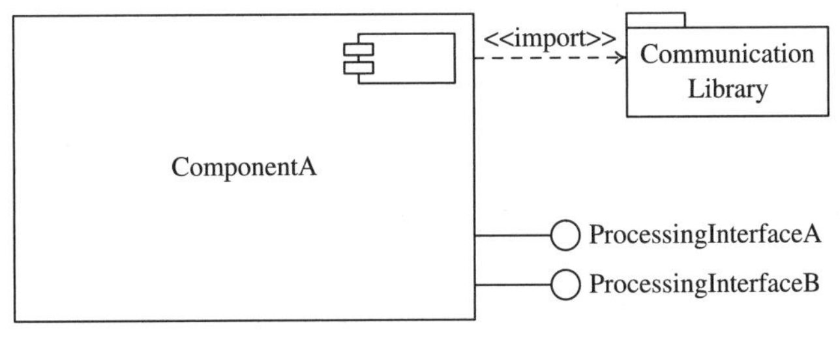

图 20-1　连接件嫉妒案例 1

图 20-2 描述的是另一种组件自处理完成转化功能的连接件嫉妒。ComponentB 的 process 接口有一个实现类 PublicInterface，它在实现接口中的服务时调用了一个类型转换函数 processCoreConcern，将参数 P 的类型从 Type 转化成了 ConcernType，而这个转换过程应该由连接件实现完成的。

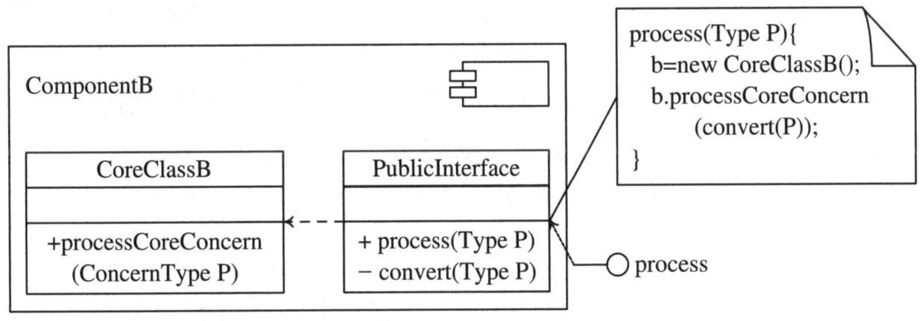

图 20-2　连接件嫉妒案例 2

但是这种坏味道对系统到底有什么影响呢？组件可以完成更多功能不好吗？

举个例子来说，如果我们想要创建一个 MapDisplay 组件，通过机器所在的环境该组件可绘制一个完整的地图，而且我们希望这个组件可以接收以笛卡儿坐标表示的位置信息，并且可以自动转换成只用正数（x, y）表示的系统屏幕坐标。开始时可能系统运行并无差错，组件功能也能够明确完成。但是如果该组件使用在一个新的机器上，且该机器使用屏幕坐标作为数据传递给 MapDisplay 组件，作为它的输入，那么组件中原来用于实现转化功能的服务就显得多余了，但是组件缺少这个功能就不能够被重用，让人十分头疼。更严重的是，如果该功能仍被使用的话，可能会导致组件显示错误的地址信息，而且由于组件中的适配器是封装的，使得组件单独测试该转化服务是否被调用十分困难。

所以，广泛地将连接件与组件的功能相连接导致的连接件嫉妒会降低组件的可重用性、可测试性和可理解性。可重用性的降低是因为这种坏味道在交互服务与应用专有服务之间创造出来一种依赖性，使得如果只重用它的专有服务是不可能的，而如果两个都重用的话会导致功能冗余甚至功能瘫痪。而组件的可理解性降低是由于不同关注点进行了混合，无法正确分离关注点，并理解该组件的主要功能。最后，由于无法单独对组件的专用功能或者交互功能进行测试，如果测试失败，那么这两个功能都可能成为测试失败的原因，因此无法判断失败的真正原因。

如果该系统对于性能的要求远大于可维护性，那么系统中出现连接件嫉妒是可以容忍的。更具体一点，从一个提供专有功能的代码中明确分离出来交互机制将会创建出一个额外的中间层，而这个中间层可能会需要额外的进程或者线程来实现，很明显这样会大大降低系统的整体性能。尤其是使用简单交互机制的高度资源约束型应用可能会因为保留了这个架构坏味道而获益。

虽然对于某些系统来说，出于某些考虑可能做出上面的权衡来保留连接件嫉妒现象，但是若不考虑，可能使得该类坏味道对系统生命周期可维护性产生毁灭性的影响。例如在相同的系统中，必须在所有组件中植入成倍的不能兼容的连接类型才可能保证系统功能的实现，这可能导致代码规模指数型爆炸和重复冗余现象。

2. 过度分散的功能

下面用一个例子直观地描述一下过度分散的功能是如何形成的。图 20-3 描述的是三个组件，每个组件都有相同的一个关注点：SharedConcern，而组件 B 和 C 有一个正交关注点（B 中有 ConcernB，C 中有 ConcernC）。在没有创建这样一个组件的情况下，该组件处理了多个清晰定义的关注点，那么图 20-3 的三个组件就无法结合在一起。组件 B 和 C 违反了关注点分离的原则，因为它们都对各自正交关注点负责。

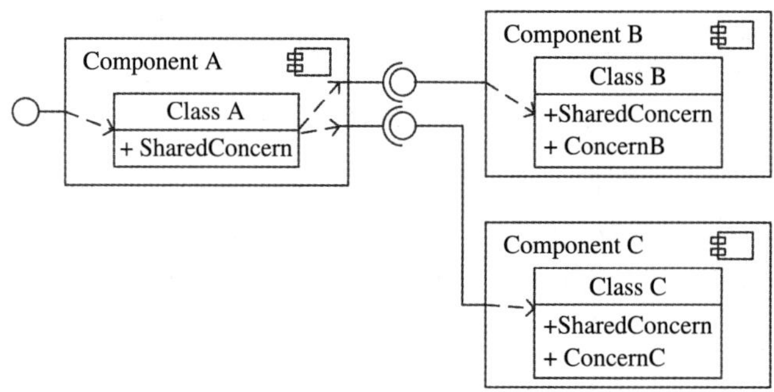

图 20-3　过度分散的功能

现在讨论一下这种架构坏味道对系统的影响是怎样的。

我们先来看看关注点分离应用到软件设计的价值：①单个组件少了重复的部分并且组件目的更为单一，这样在整个软件开发生命周期中，系统的可维护性会大大提高。考虑上面的例子，将 SharedConcern 提取出来用一个专门的组件对这个关注点进行负责，那么如果该关注点出现了功能变动，只需要对该组件进行修改即可，但是当前未分离时需要对所有对该关注点负责的组件全部进行测试与维护，这种代价大大提高，系统的可维护性降低。②作为可维护性的副产品，系统整体可以更加稳定。由于每个组件都只使用单一明确职责策略对唯一的关注点负责，组件自然进行了解耦，那么它在其他系统中的复用性就可以大大提高，甚至对于同一系统中不同上下文环境的适应也可以更加容易。

因此，关注点分离可以提高系统的可维护性、可理解性和可重用性，甚至在低耦合的特征下可以轻易实现可扩展性。所以，作为关注点分离的对立面，过度分散功能的架构坏味道就会降低这些软件生命周期的性能。

如果我们的关注点需要被多个现有的组件提供的服务负责的话，那么这个架构坏味道是可以保留下来的。因为这些现有的组件一般都是不允许对其进行修改的，内部功能固化，我们不需要考虑此类组件的可维护性。

3. 模糊接口

图 20-4 和图 20-5 就是模糊接口的典型例子，其中图 20-4 以 UML 语言描述，图 20-5 以 Java 语言描述。我们现在考察图 20-5，可以将这个函数理解为组件中的用于实现接口服务的公共方法。这个组件可以提供两种服务，一种是当接收到 TextMessage 类型的参数时的操作，另一种是接收到非 TextMessage 类型的参数时的操作。

我们知道，接口是面向对象系统的重要组成部分，组件的接口是组件之间或者与外部交流的通道，不通过组件的接口就无法知道组件的任何情况，也无法请求组件提供任何服务或者完成任何功能。但是作为组件的使用者，仅通过这个公有接口无法获取该组件到底提供了什么样的服务。如果想要使用其服务，还不得不先检查一下这个组件的具体实现情况，以及区分对不同数据类型的具体处理方式。这样的话会大大降低该系统的可分析性和可理解性。

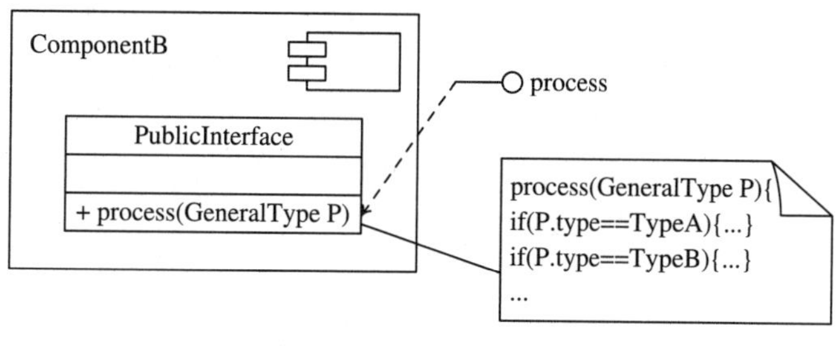

图 20-4　模糊接口案例 1

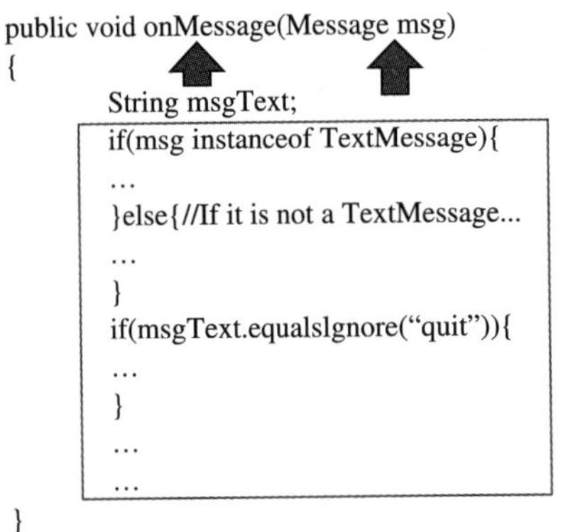

public void onMessage(Message msg)
{
String msgText;
if(msg instanceof TextMessage){
…
}else{//If it is not a TextMessage...
…
}
if(msgText.equalsIgnore("quit")){
…
}
…
…
}

图 20-5　模糊接口案例 2

下面的例子论证了大面积耦合的负面影响。假设一个基于事件的系统包含 n 个组件，这些组件被连接到一个共享的事件总线上。每一个组件能发布事件以及订阅所有事件。一个组件的某个发布者服务的改变可能影响 $n-1$ 个组件，因为所有组件都可能订阅了这个事件，即使它们很快撤销订阅这个事件。越精确的接口通过限制所发布服务的订阅者的数量，可以提升系统的可理解性。继续上面的例子，如果每个组件都列出其详细的订阅信息，那么维护工程师就可以通过改变特定的发布者服务，来查看哪些组件会受到影响，因此工程师就只要检查这些组件的改变。

4. 无关的相邻连接件

下面用一个例子直观地描述一下无关的相邻连接件是如何形成的。在一个基于事件的通信模型中，组件异步地并且可能是匿名地传递消息（事件）给其他组件。在图 20-6 中，组件 ComponentA 和 ComponentB 通过发送事件给 SoftwareEventBus 从而进行通信，SoftwareEventBus 将事件分派给收件人。过程调用是通过一个组件提供的一个服务接口的直接调用来传递数据和控制信息。正如图 20-6 所示，ComponentB 中类 B 的一个对象与 ComponentA 进行通信是通过一个直接的方法调用。

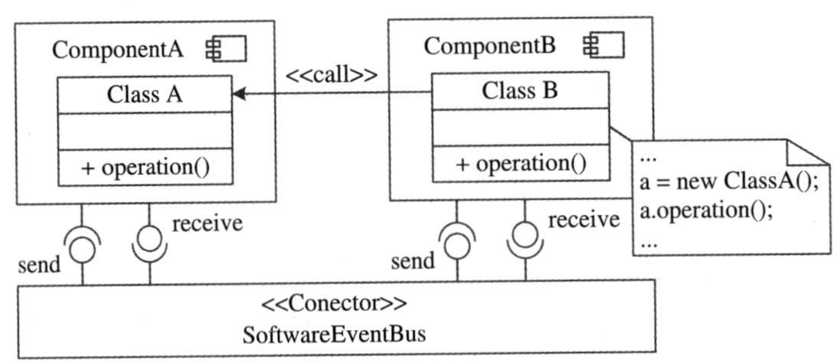

图 20-6　无关的相邻连接件

架构师对于连接件类型的选择可能会影响特定的生命周期属性。举个例子，过程调用对可理解性有积极作用，因为直接方法调用使得控制信息的传输更加明确，使得控制依赖变得更容易追踪。另外，事件连接件提升了可重用性和适应性，因为事件的发送方和接收方在通常情况下都不清楚对方，因此事件连接件能够很容易被替换和更新。但是，拥有两个在不同连接件类型下进行通信的架构元素会引发这样的危机：每个独立连接件的积极影响可能会彼此相互抵消。

Mo 等人形式化地定义描述了 5 种架构坏味道[20]，分别为不稳定接口（Unstable Interface）、隐式的模块交叉依赖（Implicit Cross-module Dependency）、不健康的继承层次（Unhealthy Inheritance Hierarchy）、模块交叉环（Cross-Module Cycle）和包交叉环（Cross-Package Cycle）。为了识别这些架构坏味道，他们提出了设计规则空间（Design Rule Space，简写为 DRSpace）的概念，用于描述架构。设计规则空间包括文件集合（即类的集合）和关系集合（如继承关系、聚集关系、依赖关系等），这些文件可以通过聚类的方式，聚合成设计规则层次（Design Rule Hierarchy，DRH）。DRSpace 可用设计结构矩阵（Design Structure Matrix，DSM）进行可视化。详细内容可参考他们的论文。

20.3.2　架构坏味道的检测

在软件制品中，代码是成熟商业软件中不可或缺的制品，也是最可靠的软件资源。因此，在架构坏味道的识别过程中，我们选择从源代码出发，考虑代码本身的结构信息，并采用依赖结构矩阵（DSM）的技术对架构坏味道实施检测[21-24]。本方案包括三个步骤：①代码解析；② DSM 的生成；③架构坏味道的检测。下面对其进行一一介绍。

1. 代码解析

针对 Java 语言，代码解析部分主要借助成熟的 Eclipse 中的工具 JDT（Java Development Tools），实现抽象语法树（AST）的转化工作。AST 是程序的一种中间表示形式，是源代码抽象语法结构的树状表现形式。JDT 为开源软件，在学术界使用比较广泛。JDT 是 Eclipse 中一组 Java 开发工具包，它由 JDT Core、JDT Debug 以及 JDT UI 插件组成，这 3 个插件均提供了 API 以供开发者调用，并支持开发者进一步开发基于 JDT 的其他插件。其中 JDT Core 提供了整个 Eclipse 的核心基础功能。在 org.eclipse.jdt.core.dom 包中，ASTParser 类负责将 Java 源程序转化成抽象语法树；ASTVisitor 类提供一系列重载 visit 函数，用于遍历抽象语法树，以获得 AST 上每个节点的信息。因此，利用 JDT 可以轻松地获得源程序中的各种代码实体，比如包、类、方法、属性以及实体之间的依赖信息，这些实体依赖信息是依赖结构矩阵的基础。

2. DSM 的生成

依赖结构矩阵（DSM）可以用来简洁地展示不同类之间的依赖关系。设 $\boldsymbol{M}=(a_{ij})n\times n$ 为系统中类的依赖结构矩阵，其中 a_{ij} 表示类 c_i 依赖类 c_j，这里的依赖类型包括继承耦合、方法调用耦合、方法参数耦合、方法返回类型耦合、公有属性引用耦合、属性类型耦合以及局部变量类型耦合。这些类型的具体描述参见表 20-1 中的第三列。

表 20-1　Java 程序中类间主要耦合类型

分类	缩写	描述（类 A 依赖类 B）
继承	IH	类 A 继承类 B
方法调用	MI	类 A 中的方法 m1 调用了类 B 中的方法 m2
方法参数	MP	类 A 中方法 m 的参数类型为类 B
方法返回类型	MRT	类 A 中方法 m 的返回类型为类 B
公有属性引用	PAR	类 A 中的公有属性 a 被类 B 使用
属性类型	AT	类 A 中的属性 a 的类型为类 B
局部变量类型	LVT	类 A 中方法 m 的局部变量 v 的类型为类 B

例如，图 20-7 中含有 13 个类，当两个类之间有聚合依赖关系，则用“ag”标注。DSM 不仅仅反映类之间的依赖关系，还可用于识别设计规则空间（DRSpace）和设计规则层次（DRH）的划分 [20,24]。

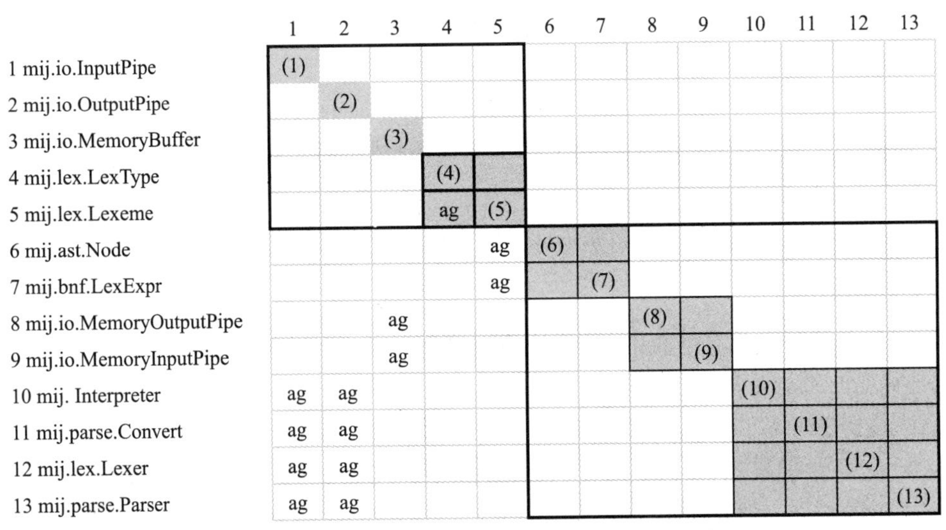

图 20-7　包含 13 个类的依赖结构矩阵（DSM）

DRSpace 是具有下列特性的一个有向图：①一个 DRSpace 包含一组类（或 .java 文件）以及它们之间的一种或多种关系。这里的关系主要包括继承 / 实现（inheritance/realization）、聚合（aggregation）和依赖（dependency）等结构关系。②图中的节点（一组类）需要通过选定的一种或多种关系，聚合成设计规则层次，这里选定的关系称作 DRSpace 的主关系（primary relation）。③一个 DRSpace 必须有一个或多个主导类（leading class），即空间的真正的设计规则。如果 DRSpace 的设计规则层次超过一个层次，那么第一个层次的类就是整个 DRSpace 中的主导类。当然，如果一个 DRSpace 只有一个层次，那么这个层次中的所有类都视作主导类。

利用 DRSpace 概念，Xiao 等人提出了 DRH 聚合算法，该算法将 DRSpace 中的类聚合成一种特殊的层次结构，其特征包括：①架构的第一层包括系统中影响程度最高的类，比如重要的基类、关键接口等；②上层类不应该依赖下层类；③同一层的类被划分成互相独立的模块。

3. 架构坏味道的形式化描述及检测

为了检测架构坏味道，首先在设计规则空间（DRSpace）中定义：

1）$F=\{f_i|i\in \mathrm{N}\}$：系统中文件的集合（注：在 Java 中，一个文件一般对应一个公有类）；

2）$M=\{m_i|i\in \mathrm{N}\}$：位于同一层的独立模块的集合；

3）fm_i：独立模块 m_i 中的一个文件；

4）cm(f)：包含文件 f 的最内层模块；

5）depend(x, y)：文件 x 依赖文件 y 或者文件 x 聚合文件 y（注：类的聚合关系是特殊的关联关系）；

6）inherit(x, y)：文件 x 继承或实现文件 y（注：文件继承关系通过文件中的类传达）；

7）nest(x, y)：文件 x 是文件 y 的内部类（inner class）；

8）#cochange(x, y)：在一定时期内，文件 x 和文件 y 同时被修改的次数；

9）SRelation(x, y) = depend(x, y) ∨ depend(y, x) ∨ inherit(x, y) ∨ inherit(y, x) ∨ nest(x, y) ∨ nest(y, x)。

下面以不稳定的接口和不健康的继承层次两个架构坏味道的检测为例，说明利用 Xiao 等人的方法是如何检测架构坏味道的[24]。

（1）不稳定的接口

定性描述（需要修改历史信息）：在版本修改过程中，如果高影响的接口类文件（注：在 Java 中，一个文件一般对应一个 public 类）f_1 与别的类（文件）f_i 频繁发生共同修改现象，则称此接口为不稳定的接口。

形式化描述：

$$\exists f_i, f_1 \in F \wedge \mathrm{SRelation}\left(f_i, f_1\right)| > \mathrm{Impact}_{\mathrm{thr}} \wedge \left|\#\mathrm{cochange}\left(f_i, f_1\right) > \mathrm{cochange}_{\mathrm{thr}}\right| > \mathrm{Change}_{\mathrm{thr}}$$

这里，$i \in \{1, 2, 3, \cdots, n\}$，$n$ 表示系统中类的个数；$\mathrm{Impact}_{\mathrm{thr}}$、$\mathrm{cochange}_{\mathrm{thr}}$ 和 $\mathrm{Change}_{\mathrm{thr}}$ 是用户设定的阈值，具体如下：

$\mathrm{Impact}_{\mathrm{thr}}$：表示 f_i 影响范围的阈值，在给定的系统中，如果在结构上依赖 f_i 的类个数超过了给定的阈值，则将 f_i 列为不稳定接口的候选对象。在实践中，通常将阈值设为 $n/2$，n 为系统中类的个数。另外，影响范围最广的接口类通常为主导类。

$\mathrm{cochange}_{\mathrm{thr}}$：表示两个类共同修改的频次阈值。

$\mathrm{Change}_{\mathrm{thr}}$：表示（与类 f_1 发生）共同修改的次数超过 $\mathrm{cochange}_{\mathrm{thr}}$ 的类个数的阈值。

例如：图 20-8 是由 DRSpace 聚类后的 DRH 结构，其中矩阵的每个单元含有两项，逗号前表示依赖的类型，逗号后表示对应的两个类的共同修改次数。

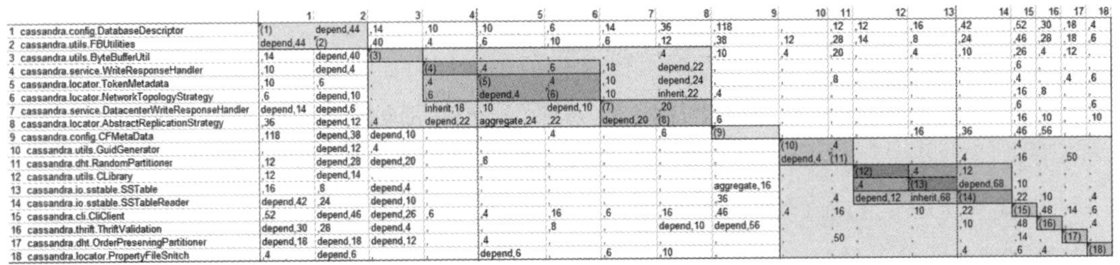

	1	2	3	4	5	6	7	8	9	10	11	12	13	14	15	16	17	18
1 cassandra.config.DatabaseDescriptor	(1)	depend,44	,14	,10	,10	,6	,14	,36	,118		,12	,12	,16	,42	,52	,30	,18	,4
2 cassandra.utils.FBUtilities	depend,44	(2)	,40	,4	,6	,10	,6	,12	,38	,12	,28	,14	,8	,24	,46	,28	,18	,6
3 cassandra.utils.ByteBufferUtil	,14	depend,40	(3)					,4	,10	,4	,20		,4	,10	,26	,4	,12	
4 cassandra.service.WriteResponseHandler	,10	depend,4		(4)	,4	,6	,18	depend,22							,6			
5 cassandra.locator.TokenMetadata	,10	,6		,4	(5)	,4	,10	depend,24			,8				,4		,4	,6
6 cassandra.locator.NetworkTopologyStrategy	,6	depend,10		,6	depend,4	(6)	,10	inherit,22	,4						,16	,8		
7 cassandra.service.DatacenterWriteResponseHandler	depend,14	depend,6		inherit,18	,10	depend,10	(7)	,20							,6			,6
8 cassandra.locator.AbstractReplicationStrategy	,36	depend,12	,4	depend,22	aggregate,24	,22	depend,20	(8)	,6						,16	,10		,10
9 cassandra.config.CFMetaData	,118	depend,38	depend,10			,4		,6	(9)				,16	,36	,46	,56		
10 cassandra.utils.GuidGenerator		depend,12	,4							(10)	,4				,4			
11 cassandra.dht.RandomPartitioner	,12	depend,28	depend,20		,8					depend,4	(11)			,4	,16		,50	
12 cassandra.utils.CLibrary	,12	depend,14										(12)	,4	,12				
13 cassandra.io.sstable.SSTable	,16	,8	depend,4						aggregate,16			,4	(13)	depend,68	,10			
14 cassandra.io.sstable.SSTableReader	depend,42	,24	depend,10						,36		,4	depend,12	inherit,68	(14)	,22	,10		,4
15 cassandra.cli.CliClient	,52	depend,46	depend,26	,6	,4	,16	,6	,16	,46	,4	,16		,10	,22	(15)	,48	,14	,6
16 cassandra.thrift.ThriftValidation	depend,30	,28	depend,4			,8		depend,10	depend,56					,10	,48	(16)		,4
17 cassandra.dht.OrderPreservingPartitioner	depend,18	depend,18	depend,12		,4						,50				,14		(17)	
18 cassandra.locator.PropertyFileSnitch	,4	depend,6			depend,6		,6	,10						,4	,6	,4		(18)

图 20-8　聚合后的 DRH 结构

在图 20-8 的 DRH 结构中，当设定 $\text{Impact}_{\text{thr}}=10$、$\text{cochange}_{\text{thr}}=4$、$\text{Change}_{\text{thr}}=8$ 时，第 2 行的类 cassandra.utils.FBUtilities 即为不稳定的接口类。

（2）不健康的继承层次

定性描述：不健康的继承层次既违背了设计规则理论，也违背了 Liskov 替换原则。考虑一个类继承层次：父类（f_{parent}），一个或多个子类集合（F_{child}）。如果类的继承层次满足下面任意一个条件，则称该类的继承为不健康的继承层次。

1）存在一个子类 f_i 满足 depend（f_{parent}, f_i）;

2）在继承层次中，存在一个客户端类 f_j，且 f_j 同时依赖父类 f_{parent} 和 f_{parent} 的所有子类。

形式化描述：

$$\exists f_{\text{parent}}, F_{\text{child}} \in F \wedge \exists f_i \in F_{\text{child}}$$
$$\Rightarrow (1)\text{depend}\left(f_{\text{parent}}, f_i\right)$$
$$\Rightarrow (2)\exists f_j \in F \text{ s.t. depend}\left(f_j, f_{\text{parent}}\right) \wedge \forall f_i \in F_{\text{child}}, \text{depend}\left(f_j, f_i\right)$$

这里，$i, j \in \{1,2,3,\cdots,n\}, f_j \notin F_{\text{child}}, f_j \neq f_{\text{parent}}$。

例如，图 20-8 中存在不健康的继承层次（第 12 行）：cassandra.io.sstable.SSTableReader，该类是（第 11 行）cassandra.io.sstable.SSTable 的子类，但父类 SSTableReader 依赖子类 SSTable，因此，这个类继承层次属于不健康的继承层次。

20.4　本章小结

代码坏味道是用来帮助开发者在开发过程中识别出具体什么地方需要进行重构，类似地，架构坏味道是用来告诉开发者应该在什么时间、什么地方对架构进行适当的重构。架构坏味道表现为违背了传统软件工程原则的特性，比如隔离变化、分离关注点等，但是通过给出特定的可重复的形式，从而使它们有能够被自动识别出的潜在可能性。根据架构坏味道的特性，架构师可以通过逐渐地改善小的、局部的系统区块来最终对一个大型的、复杂的系统进行改善，这就比直接对整个系统进行复杂难解的分析方便很多。

思考题

20.1　什么是软件坏味道？代码坏味道和架构坏味道的区别是什么？

20.2　举例说明 20 种以上的代码坏味道、10 种以上的架构坏味道。

20.3　产生软件架构坏味道的根源是什么？如何检测软件架构坏味道？

20.4　软件坏味道会有哪些危害？如何预防这些危害？

20.5　软件架构坏味道检测还有哪些困难要解决？

20.6　请调研和分析软件架构坏味道的研究现状。

参考文献

[1] M Fowler. Refactoring: Improving the Design of Existing Code[M]. Addison-Wesley, 1999.

[2] M Tufano, F Palomba, G Bavota, et al. When and Why Your Code Starts to Smell Bad[C]. Proceedings of the IEEE/ACM 37th IEEE International Conference on Software Engineering Firenze, Italy, 2015:403–414.

[3] M Lippert, S Roock. Refactoring in Large Software Projects: Performing Complex Restructurings Successfully[DB].Wiley, 2007.

[4] J Garcia, D Popescu, G Edwards, et al. Identifying Architectural Bad Smells[C]. Proceedings of the 2009 European Conference on Software Maintenance and Reengineering, 2009: 255-258.

[5] J Garcia, D Popescu, G Edwards, et al. Toward a Catalogue of Architectural Bad Smells[C]. Proceedings of the 5th International Conference on the Quality of Software Architectures: Architectures for Adaptive Software Systems. Springer-Verlag, Berlin, Heidelberg, 2011:146-162.

[6] M Tufano, F Palomba, G Bavota, et al. When and Why Your Code Starts to Smell Badly[C]. Proceedings of the IEEE/ACM 37th IEEE International Conference on Software Engineering, 2015:403-414.

[7] R Roveda, F Fontana, I Pigazzini, et al. Towards an architectural debt index[C]. Proceedings of the 44th Euromicro Conference on Software Engineering and Advanced Applications. IEEE, 2018: 408-416.

[8] W Tracz. Refactoring for Software Design Smells[J]. ACM SIGSOFT Software Engineering Notes, 2015, 40(6): 36-36.

[9] R C Martin. Smells and Heuristics Clean Code: A Handbook of Agile Software Craftsmanship[M]. Prentice Hall, 2009.

[10] G Suryanarayana, G SG, T Sharma. Refactoring for software design smells: Managing technical debt [M]. Morgan Kaufmann Publishers Inc., 2014.

[11] I Bertran. Detecting architecturally-relevant code smells in evolving software systems[C]. Proceedings of the 33rd International Conference on Software Engineering. ACM, 2011.

[12] A Trifu. Automated strategy based restructuring of object oriented code[C]. Proceedings of the 7th

German Workshop on Software-reengineering, 2005.

[13] M Stal. Software architecture refactoring[C]. Proceedings of the international conference on object oriented programming, systems, languages and applications, 2007.

[14] M Page-Jones. The practical guide to structured systems design[M]. Prentice Hall, 1988.

[15] T Budd. An introduction to object-oriented programming[M]. 3rd ed. Addison Wesley, 2001.

[16] M Page-Jones. Fundamentals of object-oriented design in UML[M]. Addison-Wesley Professional, 1999.

[17] M Sefika, A Sane, R H Campbell. Monitoring compliance of a software system with its high-level design models[C]. Proceedings of The 8th International Conference on Software Engineering, Washington, DC, 1996:387–96.

[18] J Garcia, D Popescu, G Edwards, et al. Identifying architectural bad smells[C]. Proceedings of the 3th European Conference on Software Maintenance and Reengineering. IEEE, 2009:255-258.

[19] Garcia J, Popescu D, Edwards G, et al. Toward a catalogue of architectural bad smells[C]. Proceedings of the International Conference on the Quality of Software Architectures. Springer Berlin Heidelberg, 2009:146-162.

[20] R Mo, Y Cai, R Kazman, et al. Hotspot Patterns: The Formal Definition and Automatic Detection of Architecture Smells[C]. Proceedings of the Software Architecture, IEEE, 2015:51-60.

[21] K J Sullivan, W G Griswold, Y Cai, et al. The structure and value of modularity in software design[C]. Proceedings of the Joint 8th European Conference on Software Engineering and 9th ACM SIGSOFT International Symposium on the Foundations of Software Engineering, ACM, 2001:99–108.

[22] S Wong, Y Cai, M Kim, et al. Detecting software modularity violations[C]. Proceedings of the 33rd International Conference on Software Engineering, ACM, 2011:411–420.

[23] S Wong, Y Cai, G Valetto, et al. Design rule hierarchies and parallelism in software development tasks[C]. Proceedings of the 24th IEEE/ACM International Conference on Automated Software Engineering, IEEE , 2009:197–208.

[24] L Xiao, Y Cai, R Kazman. Design rule spaces: A new form of architecture insight[C]. Proceedings of the International Conference on Software Engineering, ACM, 2014: 967-977.

第 21 章　软件架构脆弱性

软件脆弱性和软件安全有关，攻击者会利用软件设计或者实现的脆弱性（实际上就是一些设计缺陷或者实现缺陷）对软件系统进行攻击，因此带来安全问题；当然软件的脆弱性，特别是软件架构的脆弱性与最终软件产品的性能、可靠性和稳定性也有很大的关系。本章比较详细地讨论了软件脆弱性，并重点结合 11 种常见的软件架构模式，简要解析它们的组成以及分析了一些与脆弱性相关的问题。

21.1　引言

脆弱性表示人、事物、组织机构等面对波动性、随机性变化或者压力时表现出来的变化趋势，这种变化趋势如果不能够更好地应对波动性、随机性变化、压力等，就表明这些人、事物、组织机构等在应对波动性、随机性变化或者压力面前是脆弱的（vulnerable）；如果这种变化趋势表明波动性、随机性变化或者压力对它们没有影响，则说明该人、事物、组织机构在应对波动性、随机性变化、压力时是强壮的（strong）；如果表现出更大的适应性并获得益处，则表示它们应对波动性、随机性变化、压力时具有反脆弱性 [1,2]。

而系统安全受到各种安全威胁的根本原因就是系统中存在脆弱性。网络与信息系统的脆弱性是一个系统问题，覆盖系统的各个方面，包括：系统中物理装备（如计算机硬件、通信线路等）的脆弱性、软件（如操作系统、网络协议簇、数据库管理系统、应用程序等）的脆弱性，以及人员管理、规章制度、安全策略的脆弱性等。脆弱性研究必须解决计算机软件系统中产生脆弱性的根源、脆弱性可能造成的影响、如何利用脆弱性进行攻击、如何修补脆弱性、如何防止脆弱性被利用、如何探测目标系统的脆弱性、如何预测新的脆弱性的存在等一系列问题 [3,4]。

21.2　什么是软件脆弱性

21.2.1　软件脆弱性定义

对于什么是软件脆弱性，目前还没有一致接受的定义。根据不同的理解和需求，软件脆弱性有多种定义。

例如，Krsul 等人提出的基于访问控制的定义 [5,6]：系统状态通过一个主体、对象和访问控制矩阵构成的三元组来描述，其中访问控制矩阵指定了系统的安全策略，而利用其脆弱性是一切能够引起操作系统执行违反安全策略的做法。这种定义的关键是将系统用三元组进行描述，由安全策略将所有可能的状态分成授权状态和非授权状态，而实际上，在UNIX、Macintosh OS、VMS、Windows NT 这样的操作系统中，都不存在这样清晰和详细的访问控制矩阵。

又如，Bishop 等人给出了一种基于状态空间的定义 [7,8]：认为操作系统是由描述实体当前配置的状态组成的（如授权状态、非授权状态、易受攻击状态、不易受攻击状态等），系统运行实际上就是状态迁移。从一个给定的初始状态出发，经过使用一组状态迁移，可以到达所有状态。依据安全策略的定义，状态迁移分成授权迁移和非授权迁移两类。如果从某个状态开始，经过一系列授权的状态转换可以到达某个非授权状态，则这种状态称为脆弱状态。这种定义也很难应用于 UNIX 或者 NT 这样的系统，即使我们可以列举出系统中所有可能的安全和非安全状态，但是仍然不够，因为对系统进行状态划分不是一个静态、封闭的过程，还必须考虑系统的运行环境，包括用户执行的动作。

另外，还有一些描述性定义。Krsul 等人认为软件脆弱性与安全策略有关，软件脆弱性就是软件规范、开发或配置中错误的实例，其执行结果将会违反安全策略 [9]。通常情况下，我们认为软件脆弱性是导致破坏系统安全策略的系统安全规范、系统设计、实现和内部控制等方面的弱点。在软件开发过程中，软件脆弱性包含软件基础模型的脆弱性、软件架构设计的脆弱性、软件模块设计的脆弱性、软件接口设计的脆弱性、软件界面设计的脆弱性、数据库设计的脆弱性、架构模式和设计模式的脆弱性以及实现的脆弱性等。

21.2.2 软件脆弱性的特点和产生的原因

软件脆弱性自身存在一些特点：①脆弱性是软件系统中隐藏的一个弱点，本身不会引起危害，但被利用后会产生严重的安全后果；②在软件开发过程中，自觉或不自觉引入的逻辑错误是大多数脆弱性的根本来源；③与具体的系统环境密切相关，系统环境的任何差异都有可能导致不同的脆弱性问题；④旧的脆弱性得到修补或纠正的同时可能会引入新的脆弱性，因此脆弱性问题会长期存在。

Aslam 等人通过分析产生脆弱性的原因来确定软件脆弱性，并认为软件脆弱性可能是软件开发过程（如需求分析、软件设计、程序编码等）中的错误，也可能是系统配置过程中的错误，而这些错误就是产生软件脆弱性的一些根本原因 [10]。例如：①系统配置中出现的错误，包括安装位置错误、启动参数不正确、安装二级存储目标的权限不正确和其他紧急错误等；②变量设置错误，包括环境变量设置、内部变量设置、变量之间的兼容性错误等；③需求分析、软件设计、程序编码等过程中的错误，如验证错误、程序设计错误、同步错误、条件有效性错误、原子性错误和其他错误等。

例子：xterm 在 Window X 系统中提供了一个 Window 接口。但在 xterm 程序的许多版本中发现了漏洞（即脆弱性），如果被利用的话，将允许用户创建或者删除系统中的任意文件。如果 xterm 的操作类似 setuid 或 setgid 过程，则对日志记录的访问权限检查的某个竞争条件以及日志记录本身会允许用户用日志记录文件代替系统中的任何文件。下面的代码解释了脆弱性是如何被利用的：

```
mknod foo p                  #create a FIFO file and name it foo
xterm -lf foo                #start logging to foo
mv foo junk                  #rename file foo to junk
ln _s/etc/passwd foo         #create a symbolic link to password file
cat junk                     #open other end of FIFO
```

由于在日志文件访问权限检查和日志记录的实际开始之间存在一个计时窗口（timing window），而这个窗口很可能被黑客用来创建一个从日志记录文件到系统的某个目标文件之间的符号链接（symbolic link），以此发生攻击。如果 xterm 以 setuid 根运行的话，还可能被用来创建新文件或者毁坏系统中存在的其他文件。

Aslam 的分析理解如下：①从攻击程序的角度，安装的目标具有不正确的权限，因为攻击程序能够删除该文件；②从 xterm 程序的角度，是访问权限侵犯错误，因为在存取时，xterm 没有正确地验证文件，导致条件有效性错误；③从操作系统角度，是不正确或不完全串行化错误，因为非法的删除和连接操作不应该在存取和打开操作之间出现，导致不正确的操作序列。

21.2.3　软件脆弱性的生命周期

1998 年，美国雪城大学的 Wenliang 等人认为软件脆弱性存在生命周期，并提出了一种脆弱性生命周期的概念[11]：每一种脆弱性都有其引入原因；在一种脆弱性引入之后，它会产生某种破坏效果，从而破坏系统的完整性或者可用性；针对已有的每一种脆弱性，研究者可能会提出一些修补措施，在施用这些修补措施之后脆弱性将消失。由此形成了软件脆弱性的生命周期，它包含了引入、产生破坏效果、被修补和消失等阶段。

1）**脆弱性的引入阶段**。引入软件脆弱性的原因有：①输入验证错误；②权限检查错误；③操作序列化错误；④边界检查错误；⑤软件设计时的缺陷；⑥其他错误。

2）**产生破坏效果阶段**。包括：①非法执行代码；②非法修改目标对象；③访问数据对象；④拒绝服务攻击。

3）**修补阶段**。包括：①删除伪造实体（如 IP 伪造、名字伪造等）；②增加新的实体；③修改实体不正确的位置；④其他情况。

Wenliang 等人在该分类的基础上提出一些新的软件测试技术，以消除软件中的脆弱性[11]。

21.3　典型的软件架构脆弱性

软件架构脆弱性属于软件设计脆弱性或软件结构脆弱性的一种。准确地讲，软件架构脆弱性是更高层次的软件结构脆弱性，也是更加重要的软件脆弱性问题，因为如果软件架构脆弱性问题处理不好，将导致系统的性能急剧下降、可靠性很差、安全性很低，甚至导致系统很容易崩溃，等等。

那么，什么是软件架构脆弱性呢？简单地讲就是：软件（系统）架构设计存在一些明显的或者隐含的缺陷，攻击者可以利用这些缺陷攻击系统，或者当受到某个或某些外部刺激时，系统发生性能、稳定性、可靠性、安全性下降等。如果软件架构具备这类缺陷，我们认为该软件架构是脆弱的，也就是软件架构脆弱性。

但是，软件架构脆弱性通常与软件架构的风格和模式有关，不同风格和模式的软件架构，其脆弱性体现和特点有很大不同，且解决脆弱性问题需要考虑的因素和采取的措施也有很大不同。下面我们针对一些典型的软件架构来分析它们的脆弱性问题。

21.3.1 分层架构

1. 分层架构解析

分层架构是目前最为流行，应用最为广泛的企业应用软件架构设计方式[12,13]。分层架构模式中的各个组件垂直分布在不同的层，每一层承担整个工程的一个角色（比如实现表示逻辑、业务逻辑）。虽然分层架构模式没有明确规定层的类型和数量，不过大多数分层架构模式通常包括 4 个层次（如图 21-1 所示）：表示层、业务层、持久化层和数据库层。在一些具体情况中，业务层和持久化层也可以合二为一，特别是当持久化逻辑嵌入业务层某个组件中。因此，小工程通常只有三层，而大工程可以包括五层甚至更多层。

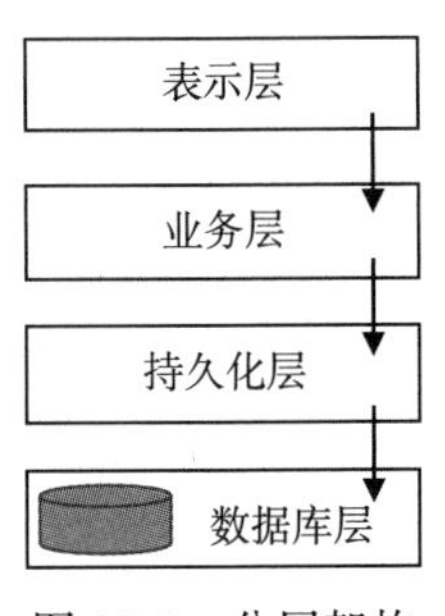

图 21-1　分层架构

分层架构将应用系统正交地划分为若干层，每一层只解决问题的一部分，通过各层的协作提供整体解决方案。大的问题被分解为一系列相对独立的子问题，局部化在每一层中，这样就有效地降低了单个问题的规模和复杂度，实现了复杂系统的第一步，也是最为关键的一步——分解。

2. 分层架构脆弱性分析

分层架构的使用之所以会这么普遍，主要得力于它具有良好的可扩展性（为应用系统的演化增长提供了一个灵活的框架）以及可维护性。但是分层架构也存在着问题，它的脆弱性主要表现在以下两个方面：①一旦某个底层发生错误，那么整个程序将会无法正常运行，如产生一些数据溢出、空指针、空对象的安全性问题，也有可能会得出错误的结果。②将系统隔离为多个相对独立的层，这就要求在层与层之间引入通信机制。在使用面向对象方法设计的系统中，通常会存在大量细粒度的对象，以及它们之间大量的消息交互——对象成员方法的调用。本来“直来直去”的操作现在要层层传递，势必造成性能的下降。

21.3.2　C/S 架构

1. C/S 架构解析

所谓的 C/S 架构指的就是客户机和服务器结构（如图 21-2 所示）。它是一种软件系统架构，通过它可以充分利用两端硬件环境的优势，将任务合理分配到客户端和服务器端来实现，降低了系统的通信开销。

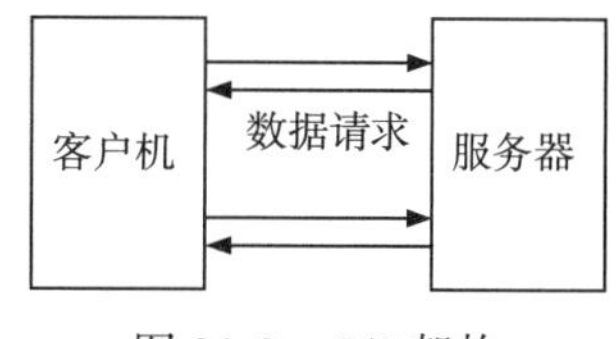

图 21-2　C/S 架构

C/S 架构能充分发挥客户端 PC 的处理能力，很多工作可以在客户端处理后再提交给服务器。C/S 有着强大的数据操作事务处理能力，以及数据安全性和完整性约束 [14]，并且响应速度快。

2. C/S 架构脆弱性分析

随着互联网的飞速发展，移动办公和分布式办公越来越普及，这需要我们的系统具有扩展性。这种方式的远程访问需要专门的技术，同时要对系统进行专门的设计以处理分布式数据。C/S 架构的脆弱性主要表现在以下几点：①只有安装了特定客户端软件的用户才可以使用 C/S 架构系统，正因为在用户计算机上安装了客户端软件，所以这个系统就面临着程序被分析、数据被截取的安全隐患，因为所有的数据必须从服务器端读到客户端，然后进行操作。②目前很多传统的 C/S 系统还是采用二层结构，也就是说所有的客户端直接读取服务器端中的数据，在客户端包括了数据的用户名、密码等致命的信息，这样会给系统带来安全隐患。如果这样的系统放在 Internet 上，那么这个服务器端对于任何 Internet 上的用户都是开放的。③因为可以使用多种网络协议，甚至可以自定义协议，从这个角度来看，C/S 架构的安全性是有保障的。又因为它是基于客户端的，不容易被病毒攻击，但 C/S 架构不便于随时与用户交流（主要是不便于数据共享），并且 C/S 架构软件在保护数据的安全性方面有着先天的弊端。由于 C/S 架构软件的数据分布特性，客户端所发生的火灾、盗抢、地震、病毒等都将成为可怕的数据杀手。

21.3.3　B/S 架构

1. B/S 架构解析

B/S 架构即浏览器 / 服务器结构（如图 21-3 所示）。B/S 模式是一种以 Web 技术为基础的新型管理信息系统平台模式 [16,17]，它是 C/S 架构的一种改进，可以说属于三层 C/S 架构。它主要利用了不断成熟的 WWW 浏览器技术，利用通用浏览器实现了原来需要复杂专用软件才能实现的强大功能，并节约了开发成本，是一种全新的软件系统构造技术。

B/S 架构最大的优点就是可以在任何地方进行操作而不用安装任何专门的软件，只要有一台能上网的计算机即可，客户端零维护；系统的扩展非常容易，并且数据都集中存放在数据库服务器，所以不存在数据不一致现象；除此之外，成本也相对降低。

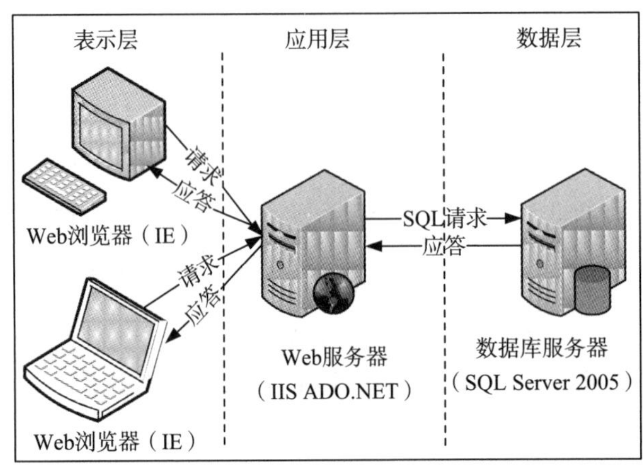

图 21-3　B/S 架构模式

2. B/S 架构脆弱性分析

虽说 B/S 架构有很多优越性，但是也不可避免存在缺陷：如果使用 HTTP 协议，B/S 架构相对 C/S 架构而言更容易被病毒“光顾”，虽然最新的 HTTPS 协议在安全性方面有所提升，但还是弱于 C/S 架构。

21.3.4　事件驱动架构

1. 事件驱动架构解析

事件驱动架构定义了一种设计和实现一个应用系统的方法，在这个系统里事件可传输于松散耦合的组件或服务之间[18,19]。事件驱动架构模式是一种适合高扩展工程的流行的分布式异步架构模式，有较高的柔性，既适用于小型工程，也适用于大型复杂工程。事件驱动架构由高度解耦、单一目的异步接收的事件处理组件和处理事件组成。

事件驱动架构通常有两种拓扑结构：Mediator 结构（如图 21-4 所示）和 Broker 结构（如图 21-5 所示）。Mediator 结构通常适用于事件的多个步骤需要通过中间角色来指挥和协调的情形，而 Broker 结构适用于事件是链式关系而不需要中间角色的情形。

Mediator 拓扑结构在一个事件有多个步骤并且需要一个中间角色指挥协调时很有用。比如，一个股票交易的事件，需要先检查交易的有效性，还要根据若干规则检查交易是否满足规则，再分配交易给执行角色，计算授权，最后确认交易。所有这些步骤都需要一个中间角色来指挥和判断步骤的顺序，以及决定不同步骤的执行方式是串行还是并行。

Broker 拓扑结构与 Mediator 拓扑结构不同之处在于：没有中心角色——也就是没有事件中介。消息流通过一个轻量消息代理（比如 ActiveMQ、HornetQ 等）的形式链式分布在事件处理器之间。当事件处理流相对简单并且不需要中心角色做指挥和协调时，Broker 拓扑结构就很有用。

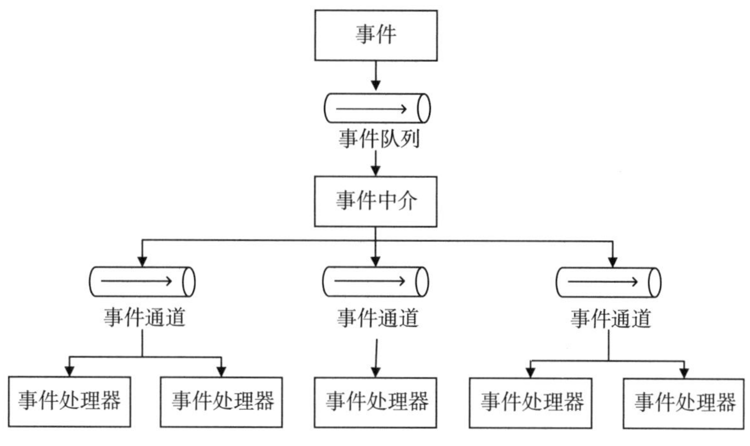

图 21-4　Mediator 拓扑结构

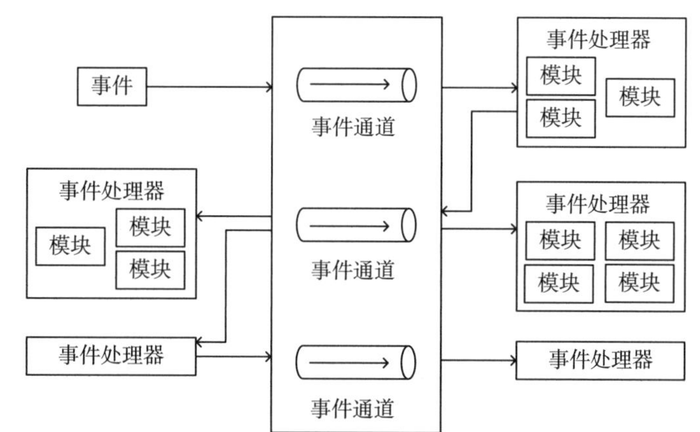

图 21-5　Broker 拓扑结构

事件驱动架构模式实现起来相对复杂，因为它的异步、分布式性质。在实现这种模式时，必须先明确各种与分布式计算相关的问题，比如远程执行有效性、响应性不足问题，以及在 Mediator 或者某个 Broker 失败时的重新连接等问题。

2. 事件驱动架构脆弱性分析

事件驱动架构的主要缺陷体现在如下几个方面：①组件削弱了自身对系统的控制能力。一个组件触发事件时，并不能确定响应该事件的其他组件及各组件的执行顺序。②不能很好地解决数据交换问题，事件触发时，一个组件有可能需要将参数传递给另外一个组件，而数据量很大的时候，如何有效传递也是一个问题。③使系统中各组件的逻辑关系变得更加复杂。④事件驱动容易进入死循环，这是由编程逻辑决定的。⑤虽然有机会实现有效利用 CPU，但也存在高并发事件处理造成的系统响应问题，而且高并发容易导致系统数据不正确、丢失数据等现象。⑥因为可响应的流程基本都是固定的，如果操作不当，容易引发安全问题。

21.3.5 MVC 架构

1. MVC 架构解析

MVC 架构是随着 Smalltalk Language 语言的发展提出的，它是一个著名的用户界面设计架构[20,21]，如图 21-6 所示。MVC 即 Model-View-Controller，即把一个应用的输入、处理、输出流程按照 Model、View、Controller 的方式进行分离，这样一个应用被分成三层——模型层、视图层和控制层。

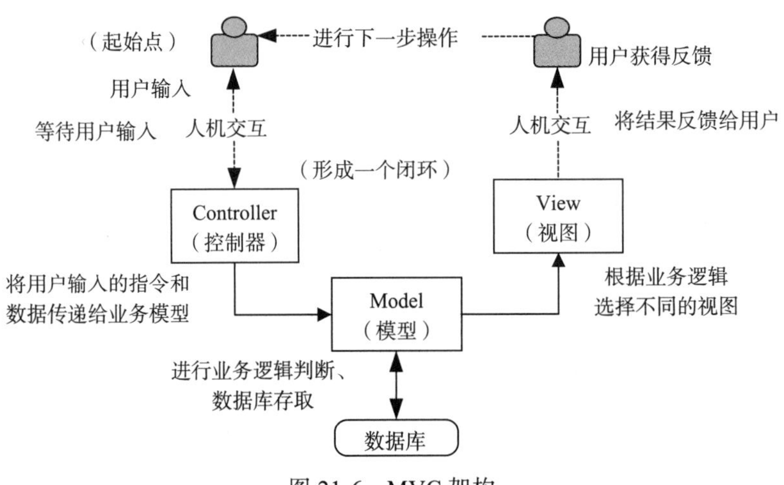

图 21-6　MVC 架构

视图（View）：代表用户交互界面，对于 Web 应用来说，可以概括为 HTML 界面，但也有可能为 XHTML、XML 和 Applet。MVC 设计模式对于视图的处理仅限于视图上数据的采集和处理，以及用户的请求，而不包括在视图上的业务流程的处理。业务流程的处理交予模型处理。

模型（Model）：就是业务流程 / 状态的处理以及业务规则的制定。业务流程的处理过程对其他层来说是黑箱操作，模型接收视图请求的数据，并返回最终的处理结果。业务模型的设计可以说是 MVC 的核心。目前流行的 EJB 模型就是一个典型的应用例子。业务模型的一个很重要的模型就是数据模型。数据模型主要指实体对象的数据保存。

控制器（Controller）：可以理解为从用户处接收请求，将模型与视图匹配在一起，以共同完成用户的请求。控制器的作用很明显，它清楚地告诉你：应该选择什么样的模型、视图，以及可以完成什么样的用户请求等。控制器并不做任何数据处理。

2. MVC 架构脆弱性分析

MVC 架构的主要脆弱性体现在如下两个方面，一是缺少对调用者进行安全验证的方式，二是数据传输不够安全。MVC 架构的主要不足有：①增加了系统结构和实现的复杂性。对于简单的界面，严格遵循 MVC，使得模型、视图与控制器分离，会增加结构的复杂性，并可能产生过多的更新操作，降低运行效率。②视图与控制器间过于紧密的连接。视图与控制器是相互分离但确实联系紧密的部件，没有控制器的存在，视图应用是很有限的，反之亦然，这样就妨碍了它们的独立重用。③视图对模型数据的低效率访问。依据模型操作接口的不同，视图可能需要多次调用才能获得足够的显示数据。对未变化数据的不必要的频繁访问也将损害操作性能。这些不足也是导致 MVC 存在比较大的脆弱性、容易招致攻击的主要原因。

21.3.6　微内核架构

1. 微内核架构解析

其实微内核架构模式并非天生适合高性能工程，通常，大多数使用微内核架构的工程性能良好是因为可以定制和组织实现简化后只包括需要的功能。JBoss 工程服务器是一个好的案例，因为它的插件架构可以实现对工程的裁剪，只保留需要的特性，去掉昂贵、无用的特性，比如远程访问、消息功能、Cache 功能，这些功能明显会消耗内存、CPU、线程并拖慢服务器。

2. 微内核架构脆弱性分析

微内核架构的主要缺陷体现在如下几个方面：①微内核架构难以进行良好的整体优化。由于微内核系统的核心态只实现了最基本的系统操作，这样内核以外的外部程序之间的独立运行使得系统难以进行良好的整体优化。②微内核系统的进程间通信开销也较单一内核系统要大得多。从整体上看，在当前硬件条件下，微内核在效率上的损失小于其在结构上获得的受益。③通信损失率高。微内核把系统分为各个小的功能块，从而降低了设计难度，系统的维护与修改也容易，但通信带来的效率损失是一个问题。

21.3.7　管道 – 过滤器架构

1. 管道 – 过滤器架构解析

在管道 – 过滤器风格的软件体系结构中，每个组件都有一组输入和输出，组件读输入的数据流，经过内部处理，然后产生输出数据流 [23-26]，具体组成结构可参见前文。

2. 管道 – 过滤器架构脆弱性分析

每个过滤器的输入输出是独立的，一个过滤器的输出将作为另外一个过滤器的输入，耦合度低；若攻击者知道了某个过滤器的输入输出，就有可能得出过滤器的功能，从而对系统的安全性造成威胁。由于一个过滤器的输出作为另外一个过滤器的输入，若一个过滤器发生错误，则使得整个错误在系统中放大，从而威胁系统的稳定性。

21.3.8 黑板模式架构

1. 黑板模式架构解析

黑板模式架构的概念最早于1962年由Newell提出，是黑板系统的典型架构，也是一种问题求解模型，它将问题的解空间组织成一个或多个应用相关的分级结构[27-29]，如图21-7所示。分级结构的每一层信息由一个唯一的词汇来描述，它代表了问题的部分解。领域相关的知识被分成独立的知识模块，它将某一层次中的信息转换为同层或相邻层的信息。各种应用通过不同的知识表达方法、推理框架和控制机制的组合来实现。

黑板系统的组成组件如下：①知识源，描述某个独立领域问题的知识及其知识处理方法的知识库。在系统中具有多个知识源，每个知识源可用来完成某些特定的解题功能。知识源具有“条件－动作”的形式。条件描述了知识源应用求解的前提，动作描述了知识源的行为。知识源是分别存放且相互独立的，它们通过黑板进行通信，合作求出问题的解。②黑板数据结构，用来存储数据、传递信息和处理方法的动态数据库，是系统中的全局工作区。整个黑板分成若干个信息层，每一层用于描述领域问题的某一类信息。③控制机构，是黑板模型求解问题的推理机构，由监督程序和调度程序组成。监督程序根据黑板的状态变化激活有关知识源，将动作部分可执行的知识源放入调度队列中。调度程序选择最合适的知识源来执行，用执行的结果修改黑板状态，为下一步推理循环创造条件。

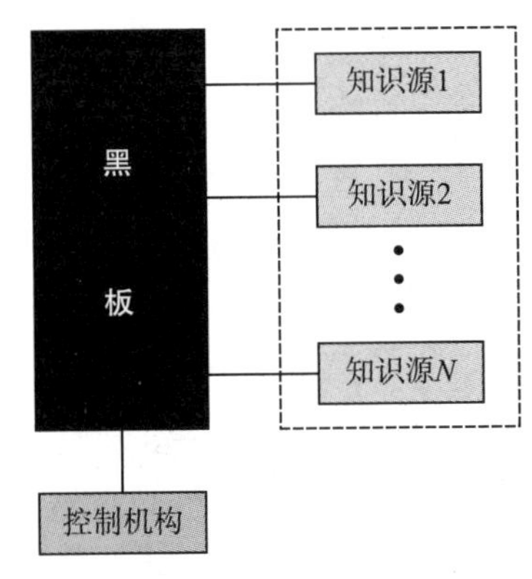

图21-7　黑板架构

2. 黑板模式架构脆弱性分析

黑板模式的软件架构存在如下缺陷：①不能确保期望结果。因为求解整个问题是通过多个知识源进行的，而知识源是通过控制机构中的调度程序选择的，如果知识源选择得不够恰当，可能会导致错误或者有误差的结果。②复杂，效率低下。通过图21-7我们就能看出，一个问题的求解可能需要多个知识源，并且需要排队，需要不停地修改黑板的状态，效率比较低。③不支持并行。首先控制机构需要将知识源放入调度队列中排队，其次多个知识源共享黑板需要同步，因为它们通过黑板进行通信，每个状态的改变可能会影响下一个状态的改变。

21.3.9 微服务架构

1. 微服务架构解析

微服务架构是一种架构模式，它提倡将单块架构的应用划分成一组小的服务，服务之间相互协调、相互配合，为用户提供最终价值[30]，如图21-8所示。每个服务运行在其独立的进程中，服务与服务间采用轻量级的通信机制相互沟通。每个服务都围绕着具体业务进行构建，并且能够被独立地部署到生产环境、类生产环境等中。

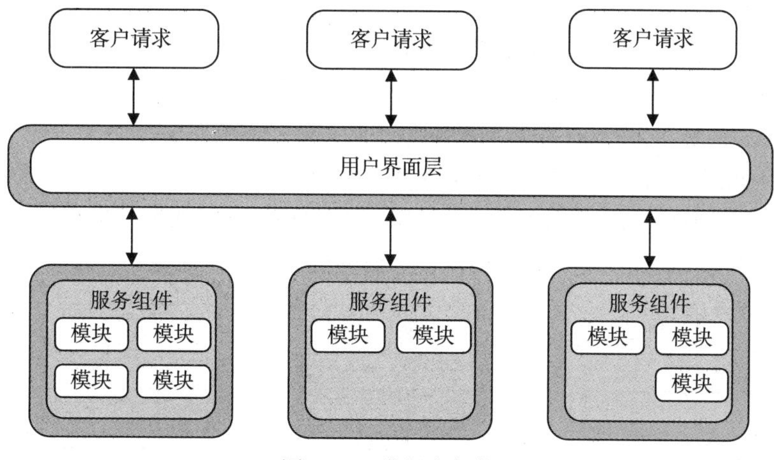

图 21-8　微服务架构

微服务架构模式就是将整个 Web 应用组织为一系列小的 Web 服务。这些小的 Web 服务可以独立地编译及部署，并且通过各自暴露的 API 接口相互通信。它们相互合作，作为一个整体为用户提供功能，却可以独立地进行扩容。

在使用微服务架构模式的情况下，软件开发人员可以通过编译并重新部署单个子服务的方式来验证自己的更改，而不需要重新编译整个应用，从而节省了大量时间。同时由于每个子服务都是独立的，因此各个服务内部可以自行决定最为合适的技术，使得这些子服务的开发变得更为容易。最后如果当前系统的容量不够，那么我们需要找到成为系统瓶颈的子服务，并扩展该子服务的容量。

2. 微服务架构脆弱性分析

微服务架构存在如下明显的不足：①开发人员需要处理分布式系统的复杂性；②开发人员要设计服务之间的通信机制，通过写代码来处理消息传递中速度过慢或者不可用等局部失效问题。③服务管理的复杂性，在生产环境中要管理多个不同的服务实例，这意味着开发团队需要全局统筹。

21.3.10　基于空间的架构

1. 基于空间的架构解析

基于空间的架构模式被设计用于解决扩展性和并发问题，可用于有大量不可预测的并发用户量的应用。

基于空间的架构模式将限制应用扩展的因素最小化了。它的名称来源于元组空间的概念，也就是分布式共享内存的概念。它通过将冗余的内存中的数据网格代替数据库来实现高伸缩性。应用数据保存在内存中，并在所有活动的处理单元中保存一份副本。处理单元可以根据负载大小动态地添加或关闭，这样数据库的瓶颈就不存在了，它提供了几乎可以无限扩展的能力。

基于空间的架构模式有两个主要组件：处理单元和虚拟化中间件[31]，如图 21-9 所示。

1）处理单元：包括基于 Web 的组件和后端服务逻辑。处理单元的组成会随着工程类型而改变，小型的基于 Web 的工程通常会部署在一个处理单元中；而大一些工程通常会根据整个工程的功能分布把功能分散到几个处理单元中。

2）虚拟化中间件：用于管理和通信。它包含可以控制各种数据同步和请求处理的组件。在虚拟化中间件内有消息网格、数据网格、处理网格、调度管理器。

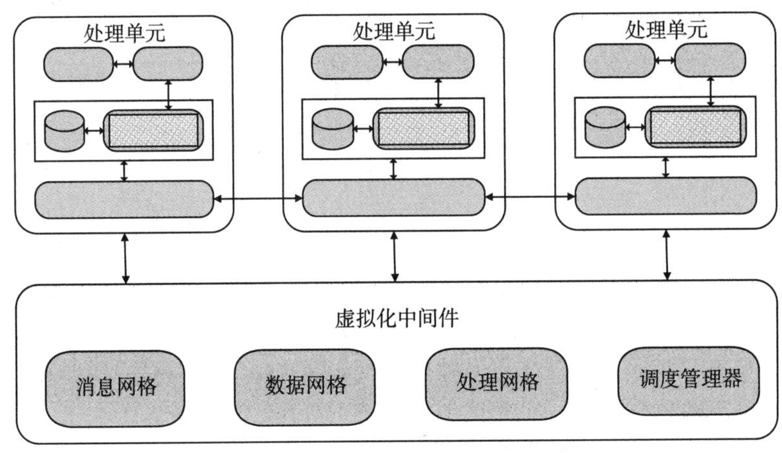

图 21-9　基于空间架构

2. 基于空间的架构脆弱性分析

基于空间的架构模式的工程在开发上相对复杂，很多困难存在于对技术和产品的不熟悉。

21.3.11　PAC 架构

1. PAC 架构解析

PAC 架构是以合作 Agent 的层次形式定义交互系统软件的一种结构[32]。每个 Agent 负责应用程序功能的某一特定方面，并且由表示、抽象、控制三个组件构成。

PAC 模型以树状层次结构构建交互式应用层次，如图 21-10 所示。PAC Agent 共分三层：顶层 PAC Agent、底层 PAC Agent 和中层 PAC Agent。

顶层 Agent 负责系统的核心功能。比如建立在一个数据仓库上的应用程序，顶层 Agent 就相当于访问数据仓库的接口。

底层 Agent 表达了独立的语义概念。比如负责显示功能的 Agent，柱状图、饼图等各种视图都可以通过一个 Agent 来控制。底层 Agent 负责直接与用户打交道，也就是除了显示数据还可以接收输入。

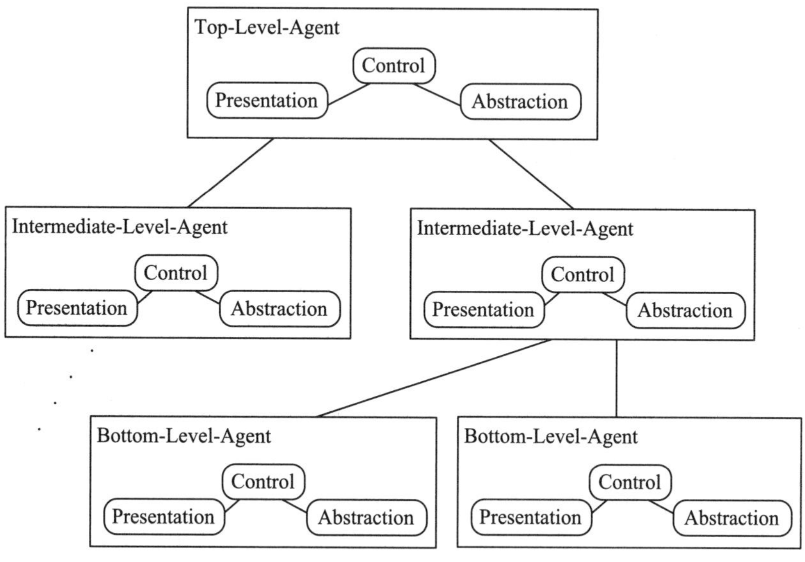

图 21-10　PAC 架构

中层 Agent 则负责沟通底层和顶层 Agent。注意中层 Agent 并不一定直接就与底层 Agent 通信。因为中层 Agent 也可以分层次，高级别的中层 Agent 管理低级别的中层 Agent，这个就好像树结构的非叶子节点。

2. PAC 架构脆弱性分析

PAC 架构存在的主要不足有：①各个 Agent 都需要设置表示、抽象和控制三个组件，从而增加了系统的复杂性。②各个 Agent 需要有序高效地运行，这离不开一个好的控制组件，所以也需要一个复杂的控制组件。③各个 Agent 之间的信息需要传递，这大大增加了整个系统的通信开销，从而降低了系统的效率。

21.4　本章小结

软件脆弱性不仅与软件设计（包括软件架构设计）有关，还与软件实现有关，也与软件运维环境有关。本章重点讨论各种软件架构的脆弱性问题。软件架构脆弱性不仅与软件安全有关，还与最终软件产品的性能、可靠性和稳定性有很大的关系。本章只是简要地讨论了软件脆弱性，并结合 11 种常见的软件架构模式，简要解析它们的组成以及分析导致脆弱性的一些问题。由于专门讨论软件架构脆弱性的文献并不是很多，目前这个方向还处在初步研究和实践阶段，随着软件架构在实际软件系统中所起的作用越来越大，相信会有更多的人从事相关研究和实践。

思考题

21.1 什么是软件脆弱性？软件脆弱性有哪些危害？

21.2 软件脆弱性有哪些类型？请举例说明。

21.3 软件设计脆弱性和软件架构脆弱性的具体含义是什么？

21.4 举例说明 10 种以上软件架构脆弱性表现。

21.5 各种软件架构脆弱性产生的原因是什么？

21.6 如何预防或避免软件架构脆弱性？

21.7 如何消除软件架构脆弱性？

21.8 为什么说与其他类型的软件脆弱性相比，软件架构脆弱性带来的危害会更大？

参考文献

[1] E Skoudis. 反击黑客 [M]. 宁科 , 王纲 , 等译 . 北京：机械工业出版社 , 2002.

[2] 苏建民，许团，王颖，等 . 软件结构脆弱性分析 [J]. 电子学报 , 2009, 37(11): 2403-2408.

[3] 黄明，曾庆凯 . 软件脆弱性分类属性研究 [J]. 计算机工程 , 2010, 36(1): 184-186.

[4] 李新明，李艺，徐晓梅，等 . 软件脆弱性分析 [J]. 计算机科学 , 2003, 30(8): 162-165.

[5] V K Iran, E Spafford, M Tripunitara. Computer Vulnerability Analysis[R]. West Lafayette: Purdue University, 1998.

[6] 李新明 , 李艺 , 徐晓梅 , 等 . 软件脆弱性分类法研究 [J]. 计算机工程与设计 .2004, 2: 209-212.

[7] M Bishop, D Bailey. A Critical Analysis of Vulnerability: Taxonomies[R]. Department of Computer Science, California, America, 1996.

[8] M Bishop. A taxonomy of UNIX system and network vulnerabilities [D]. West Lafayette: Purdue University, 1995.

[9] V K Iran, E Spafford, M Tripunitara. Computer Vulnerability Analysis[R]. West Lafayette: Purdue University, 1998.

[10] T Aslam. A taxonomy of security faults in the UNIX operating system[D]. Purdue University, 1995.

[11] D Wenliang, P Aditya Mathur. Categorization of Software Errors that led to Security Breaches[C]. Proceedings of the National Information Systems Security Conference (NISSC'98), Crystal City, VA, 1998.

[12] 冯新扬 , 范颖 , 崔凯 , 等 . 利用设计模式改进分层架构 [J]. 计算机工程与设计 , 2007, 28(15): 3686-3689.

[13] M Fowler. Patterns of Enterprise Application Architecture[M]. Addison Wesley, 2002.

[14] 查修齐 , 吴荣泉 , 高元钧 . C/S 到 B/S 模式转换的技术研究 [J]. 计算机工程 , 2014, 40(1): 263-267.

[15] D Serain. Client/server: Why? What? How? [C]. Proceedings of the International Seminar on Client/Server Computing. La Hulpe, Belgium. 1995: 184.

[16] G Yifang. Tourism Scenic Spot Online Ticketing Management Platform Design Based on B/S Architecture[C]. Proceedings of the Seventh International Conference on Measuring Technology and Mechatronics Automation, IEEE, 2015: 1355-1358.

[17] 侯淑英 . B/S 模式和 C/S 模式优势比较 [J]. 沈阳教育学院学报，2007, 9(2): 98-100.

[18] 许斌 . 面向 MES 基于事件驱动架构的信息交换平台研究 [D]. 上海 : 上海交通大学，2013.

[19] H Xiao, Y Mingwei, Y Yong. A real-time event driven architecture for management information system[C]. Proceedings of the IEEE International Conference on Industrial Technology, IEEE, 2008: 1-4.

[20] 李霞 . MVC 设计模式的原理及实现 [D]. 长春：吉林大学，2013.

[21] H Mcheick, Yan Qi. Dependency of components in MVC distributed architecture[C]. Proceedings of the Canadian Conference on Electrical and Computer Engineering, IEEE, 2011: 000691-000694.

[22] S Nürnberger, T Feller, A Sorin. Ray—a secure micro kernel architecture[C]. Proceedings of the Eighth International Conference on Privacy, Security and Trust, IEEE, 2010: 3-6.

[23] 肖媛元 . 管道 / 过滤器式的软件体系结构的应用研究 [J]. 大众科技 , 2010(11): 21-22.

[24] R Mahesh, A P Vinod. An Architecture For Integrating Low Complexity and Reconfigurability for Channel filters in Software Defined Radio Receivers[C]. Proceeding of the IEEE International Symposium on Circuits and Systems, IEEE, 2007: 2514-2517.

[25] 李小龙 , 毛文林 . 管道 – 过滤器模式的软件体系结构及其设计 [J]. 计算机工程与应用 , 2003,(35): 114-182.

[26] 蒋庆 . 新型管道 – 过滤器模式的研究及其应用 [D]. 南昌：江西师范大学 , 2004.

[27] 胡文华 , 杨选辉 . Broker: 一种分布式系统的体系结构模式 [J]. 科技广场 , 2004(10): 38-40.

[28] H Khandan, K Ono. Knowledge request-broker architecture: A possible foundation for a resource-constrained dynamic and autonomous global system[C]. Proceeding of the IEEE World Forum on Internet of Things (WF-IoT), 2014: 506-507.

[29] 曲枫 , 高兴 . 从基础架构方面对 Blackboard、moodle 和 sakai 三种虚拟平台的比较研究 [J]. 中国西部科技 , 2010, 09(33): 30-30.

[30] B Familiar. Microservice Architecture. Microservices, IoT, and Azure[M]. Apress, 2015.

[31] P H Diamandis, E Anderson, C Lewicki, et al. Space-based structures and methods of delivering space-sourced materials[P]. United States Patent: 9409658, 2016.

[32] J Coutaz, J Coutaz. PAC, an Object Oriented Model for Dialog Design[C]. IFIP Conference on Human-Computer Interaction Held, Federal Republic of Germany, 1987: 431-436.

第 22 章　软件架构模式识别

本书第 4 章讨论了软件架构模式和风格，并强调了架构模式和风格在软件架构生命周期中所起的作用。本章专门讨论软件架构模式的识别问题，重点介绍一些典型的软件架构模式识别技术，而对软件架构模式和风格的定义和案例不再赘述。

22.1　引言

软件架构模式是在软件架构设计过程中，为了解决某个或某些特定问题采用的某种整体或局部的解决方案，这类解决方案将来在解决不同场景类似问题的时候可以重用。简言之，软件架构模式就是整体或局部的有名字的问题 - 解决方案对。近年来，软件架构模式识别受到了学术界和企业界的重视，主要原因是设计人员在使用架构模式进行软件架构设计时，往往存在使用不规范甚至错误的情况，导致的结果是把软件系统存在的问题归结为软件架构模式自身的问题，为自己寻找推卸责任的借口。软件架构模式识别的意义在于：通过识别和恢复系统中可能存在的软件架构模式，判断架构模式使用的合法性和合规性，定位软件系统存在问题的根本原因。另外，随着软件版本迭代频率越来越高，软件架构的演进速度也变得越来越快，跟踪软件架构模式的变化在管理和控制软件架构的演进上就显得尤为重要，因此软件架构模式的识别也越来越受到学术界和工业界的关注。

目前的情况是，设计模式的识别技术已经得到了将近 20 年的发展，相对于架构模式的识别来说技术已经比较成熟，理论上可以做到近似自动化识别设计模式 [1-4]，但也存在很大的研究空间。因为，与软件设计模式的识别一样，软件架构模式的识别也需要解决两个核心问题：模式的描述和模式的识别。然而，目前还没有一套完整的理论方法和技术手段来支撑软件架构模式的识别工作。

本章将结合我们的工作实践，在调研设计模式和架构模式识别现状分析的基础上，重点介绍一种基于本体的软件架构模式识别方法。

22.2　模式识别方法现状

22.2.1　设计模式识别现状

设计模式识别已经研究了很多年，积累了一批自动化的设计模式方法和工具，下面仅简单介绍一下，详细的说明请读者参考相关文献和机构的网站等。

Jussien 等人提出一种基于解释约束的设计模式识别方法，其将设计模式视为一组逻辑规则，通过这组逻辑规则找出源代码中用到的设计模式 [1]。该方法可以识别组合模式、外观模式等，自动化程度较高。

Alnusair 等人提出一种基于语义网的设计模式自动化识别方法，用一阶逻辑表示设计模式，然后再用语义网的知识表示方法来描述系统源码，通过规则推理来自动化识别设计模式实例 [2]。该方法可以识别 23 种经典的设计模式。

Tsantalis 等人提出一种基于相似矩阵的设计模式自动化识别方法，利用矩阵形式化设计模式和源代码中的依赖关系，再通过矩阵的相似性来识别设计模式 [3]。该方法可以识别 23 种经典的设计模式。

Balanyi 等人提出一种基于图挖掘的设计模式自动化识别方法，利用 Columbus 框架提取源代码中的抽象语义图（ASG），DPML 描述的模式用 XML DOM 表示，两者进行匹配 [4]。该方法可以识别 23 种经典的设计模式。

von Detten 等人提出一种基于图挖掘的设计模式自动化识别方法，通过静态程序分析生成模式候选集，再收集程序执行痕迹来筛选候选集以获得最终模式实例 [5]。该方法可以识别 11 种行为型设计模式。

De Lucia 等人提出一种基于模型检查的设计模式自动化识别方法，采用模型检查来静态地验证模式的行为；采用代码检测和监视来动态地验证它对模式定义的遵从性 [6]。该方法可以识别 23 种经典的设计模式。

Kaczor 等人提出一种基于位向量的设计模式自动化识别方法，他们利用位操作的固有并行性，推导出一种高效的位向量算法，明显提高了设计模式识别的精确度 [7]。

22.2.2　架构模式识别现状

从上一节的介绍中我们可以看出，对于设计模式的识别方法可以分为两类：一类是基于图匹配或图挖掘的方式，另一类是基于推理的方式，设计模式识别目前基本可以自动化了，但软件架构模式的识别大多还需要人工参与，即使有一些能够实现自动化的识别方法，但识别的精度不高。下面简单介绍几种架构模式识别方法。

Penta 和 Santonep 等人提出一种基于模型检测 SOA 模式的识别方法，该方法利用系统的日志建立 CCS（Calculus of Communicating System）模型，结合一组候选架构模式得到该系统是否为 SOA 模式 [8]。Paakki 等人提出了一种基于约束可满足问题的架构模式识别方法，约束可满足问题由一组变量和一组约束组成，该问题的目标是得到一组变量使之满足所有约束 [9]。Haitzer 等人提出一种基于架构原语的半自动化架构模式识别方法，主要使用 DSL（Domain Specific Language）来表示架构模式，主要的工作是由模式实例文档工具（Pattern Instance Documentation Tool）完成的 [10]。Sartipi 等人提出了一种基于 ADL（Architecture Description Language）的 AQL（Architecture Query Language）查询语言，他们将架构表示成 AQL 查询语言，使用 AQL 匹配真实恢复出的架构 [11]。Peters 等人提出一种基于语义丰富模块化架构（Semantically Rich Modular Architecture，SRMA）的架构模式图匹配的方法，利用 SRMA 来表示架构模式，利用工具 HUSSAT 表示系统的架构，紧接着用遗传算法进行图匹配 [12]。Lungu 等人提出一种使用源代码结构作为模式，并采用在从源代码提取出的较低级别模式的基础之上，迭代和交互式地产生更高级视图的架构模式识别方法 [13]。Anastasia 等人认为架构可以用逻辑来表示，架构风格可以用配置来描述不同类别的架构。他们提出了用命题配置逻辑（propositional configuration logic）来描述给定的一组组件和配置，然后又提出将一阶逻辑（first-order）和二阶（second-order）逻辑作为命题逻辑的扩展，用来描述不同类别的组件，最后再针对逻辑进行推导 [14]。Yan 介绍了工具 DiscoTect, 可识别运行时面向对象系统的架构模式，通过观察系统的运行时行为预测系统的动态架构 [15]。

架构模式识别技术现在还不是很成熟，这些不成熟主要体现在以下几个方面：覆盖领域窄、识别精度低、自动化程度低和约束条件高。例如，Penta 和 Santonep 的方法只针对于 SOA 模式，局限性太大；Yan 的方法需要系统处于运行状态，而一个开源软件的运行环境的搭建往往很复杂，所以此方法可行性较小；Haitzer 的方法需要软件工程师半自动化地构造抽象的架构组件视图，构造过程中人为因素干扰太大，不能精确地表示出架构模式；Sartipi 的方法需要架构师根据系统分析、文档和领域知识将架构模式表示成 AQL，表示过程中人为因素太多，导致不精确；Peters 的方法将源代码的包依赖图作为系统的架构图，描述的可信度不高，识别过程不精确；Sartipi 的方法和 Peters 的方法将识别过程归结为图匹配的问题，图匹配的容错率虽然较高，但是精确度不高，容易出现匹配错误；Lungu 的方法需要将预先定义好的模式描述与模式库进行匹配，在模式库覆盖面不全的情况下很容易出现错误；Anastasia 的识别过程是利用 Madue 2.0 来进行推理的，对配置逻辑进行推理最大的问题是容错率比较低，很难得出结果。

架构模式识别最大的问题是自动化程度不高，过度依赖人工操作和用户的领域知识。在 Haitzer 的方法和 Sartipi 的方法中，架构模式的描述完全由架构师根据系统文档和系统分析生成。

22.3 两种典型的架构模式识别方法

22.3.1 IDAPO 方法

IDAPO（Identifying Architecture Pattern in OSS）方法的核心思想是不断收集与架构模式应用有关的信息 [16,17]。IDAPO 是一种人工识别的方法，主要利用软件系统的一些模式应用信息来人工地识别系统中使用的架构模式。这些关于软件系统模式应用的信息也有不少是利用网络搜索得来的。IDAPO 方法的处理流程如图 22-1 所示。

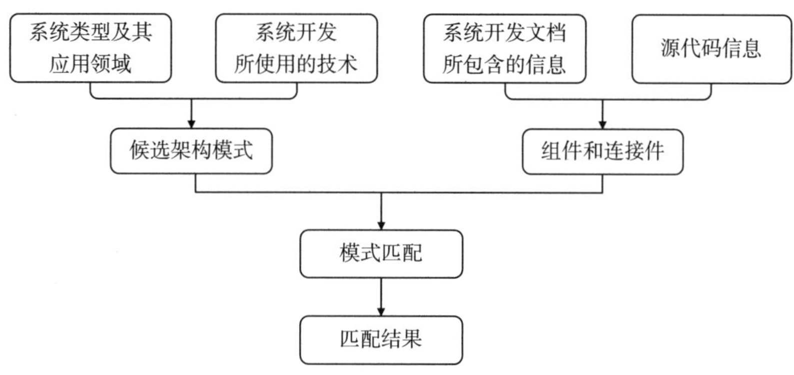

图 22-1　IDAPO 架构模式识别过程

架构模式有很多类型，在系统中使用哪种软件架构模式类型需要考虑到目标系统的类型，所以架构模式的使用与目标系统、应用领域有关。所以，在 IDAPO 架构模式识别过程中，首先需要根据目标系统信息、领域信息等确定系统是否采用架构模式，并列出系统可能采用的架构模式；其次，通过源代码和开发文档（可能不全）可以得到系统架构图，即系统组件和连接件，以及它们之间的关系；最后，通过把系统架构图与候选的架构模式进行比对，即可得到系统所采用的架构模式。

例子：我们以 JBoss 为分析对象。JBoss 是一个广泛应用于工业界的系统，而且有关 JBoss 的文档资料比较齐全，JBoss 采用的架构模式我们也事先知道，所以采用 JBoss 为分析对象 [16,17]。对 JBoss 的分析过程就采用的是 IDAPO 方法，采用了三种不同的信息来源：调查报告、技术报告和以前调查的架构模式识别报告。对每种信息来源做三次不同的分析，得到的结果如表 22-1 所示。

表 22-1　JBoss 系统的架构模式识别结果

模式	调查报告	技术报告	以前模式识别调查报告	是否可信
微内核	√	√	√	√
层次结构	√	√	×	√
管道 – 过滤器	√	×	×	×
Broker	√	×	√	√
动态代理	√	×	√	√
代理	√	√	×	√
拦截器	√	√	√	√
C/S	×	×	√	√
活动库	×	×	√	√
工厂模式	×	×	√	×

根据分析调查报告，我们列出了可能成为候选的架构模式，包括微内核、层次结构、Broker、动态代理、代理、拦截器、C/S 和活动库。根据源代码分析得到组件和连接件的依

赖信息，我们得到候选架构模式列表中只有 20% 的模式被识别出。

22.3.2 基于 DSL 的架构模式识别方法

基于 DSL（Domain Specific Language）的架构模式识别是一种半自动化的方法，有相应的工具支撑，软件架构师在工具使用中起着关键性作用。其中，DSL 是架构师用于描述模式库中的架构模式和特定系统的架构图的语言，而模式实例文档工具是基于模式库和架构图的架构模式自动识别的工具[10]。该方法能够识别的架构模式是由模式库中所存储的架构模式来决定的。也就是说，对于架构模式库中存在的模式，通过该方法就能识别出来。基于 DSL 的架构模式识别方法的原理如图 22-2 所示。

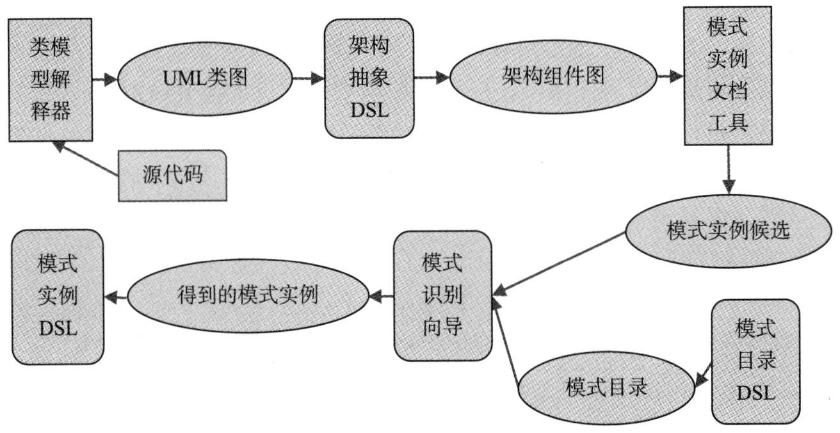

图 22-2 基于 DSL 的架构模式识别方法的原理图

其每一步的任务如下：①利用类模型解析工具从源代码中解析出类图；②架构师根据类图抽象出架构的组件图；③架构师通过总结各种架构模式得到架构模式库（模式库包含了许多架构模式模板，用 DSL 描述，得到的模式库是可重用的）；④根据架构图和架构模式库，通过模式实例文档工具就可以计算出基于架构图哪些模式模板能够被实例化；⑤上一步得到的是一些可能的候选模式实例，架构师对这些模式实例进行识别，进一步得到一个或几个可选的架构模式；⑥用 DSL 描述架构模式，存档。

例子：FreeCol 是用 Java 编写的一个回合制的多玩家开源游戏。它的架构模式是 C/S 架构，单机游戏可只在本地服务器上运行，多玩家游戏必须链接到专用服务器上才能运行。

通过架构的重构和文档处理，我们得到 FreeCol 的架构图，如图 22-3 所示。

通过分析，我们定义了 10 个组件以及它们的关系。通过模式实例文档工具和 DSL 描述，我们得到 FreeCol 的架构基于 Broker 模式的描述，如图 22-4 所示。

这个例子展示了架构模式识别技术在 10 万行左右源代码的中型系统中应用的成果。利用基于 DSL 的架构模式识别方法，得到候选架构模式是 Broker 模式和 MVC 模式。

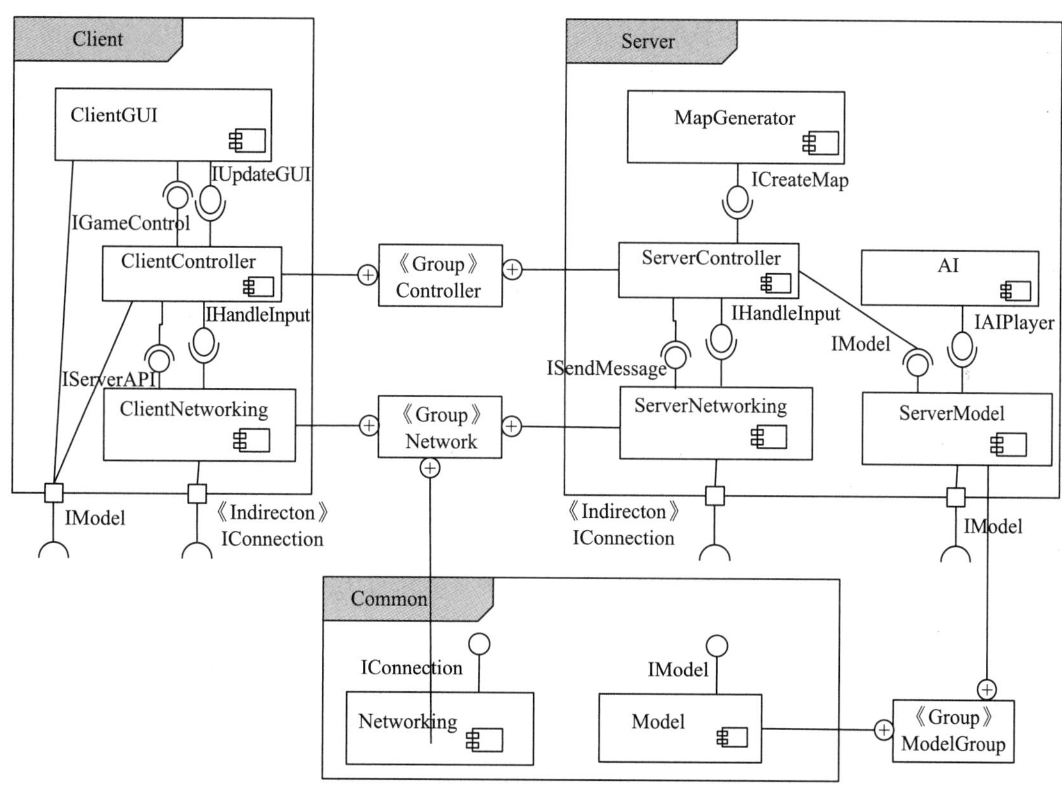

图 22-3　FreeCol 的架构图

```
Pattern Template Broker
consists of:
Client: Component
connector to ClientProxy
ClientProxy: Component
connector to Transport
Transport: Component
ServerProxy: Component
connector to Transport
Server: Component
connector to ServerProxy
```

```
Pattern Instance: Broker
Client: ClientController
ClientProxy: ClientNetworking
Transport: Networking
ServerProxy: ServerNetworking
Server: ServerController
```

图 22-4　面向服务的模式模板及其 Broker 模式实例描述

22.4　基于本体的架构模式识别方法

22.4.1　可行性分析

Pahl 等人提出了可以利用本体在更高级别的抽象上对架构模式进行描述 [18]。实际上，利用本体来进行架构模式识别是有迹可循的，在设计模式识别和架构模式描述方面的前期成果也可以作为前期学习和训练的基础。通过文献调研和分析，我们知道本体在架构模式识别的工作中具有一定优势：①本体论与软件工程学的很多方面存在潜在的相似性。例如，设计模式中包含了很多基于再设计和再编码尝试的知识与经验，可以使得软件制品取得更大的软件复用和灵活性。尽管架构模式和本体不能等同，但它们都涉及词汇表、知识和体系结构，都在知识级上描述概念，因此在实践开发中可以共用软件模式和本体设计资源。在本体库和软件模式目录之间存在着相似之处，把本体看作某些领域的抽象模式或知识框架是很简单的智力转换，也很容易把软件模式模板理解为软件模式本体可能表现出的知识。②本体工程化的长期目标是建立本体知识库，而基于组件的软件工程致力于开发可复用的、预先检验的和可互操作的知识库，并允许设计和开发可独立升级的即插即用的软件组件。本体能够准确地定义组件和组件局部的语义，还能定义关系的类型以及软件组件之间的通信。因此在某种意义上，本体应该是设计和开发可互操作的软件组件的基础。③本体能够形式化、准确地描述出架构模式，将架构模式用形式化语言 OWL（Web Ontology Language）表示。Pahl 等人提出了用本体来描述架构模式，将本体作为一种抽象的、元级别的建模工具，这种表示能够形式化地表示出架构模式所表达的意图[18]。其他文献也都提到了本体在架构模式表示上的可行性和优越性，本体在描述上的强大能力正是描述架构模式这种抽象级别非常高的内容所需要的[19-25]。④架构模式识别过程的主要工作可以交给本体推理机来完成，如现在比较主流的推理机 pellet、HermiT 等，在不同的情况下采用不同的推理机，推理机的推理能力和推理时间也不同。⑤人工参与架构模式的识别不可避免，人工参与的主要目的是表达目标系统设计者的意图，在我们的架构模式识别方案中，意图的表达主要是由用户输入想要识别的架构模式，然后我们再来识别这种模式。⑥对于用本体描述好的架构模式，最终识别结果是组成架构模式的每个组件内包含的元素，这些元素在系统内的粒度是比较细的，但利用基于本体的方法完全可以识别。对于模式的变种，利用识别组件元素方法也可以解决，模式的变种也是在某个范围内的变种，而组成某个架构模式的核心组件元素大体不变。

因此，拟采用本体进行架构模式的描述和识别是一种值得期待的方法。下面简单介绍在架构模式识别实践中是如何利用本体方法的。

22.4.2 识别过程

图 22-5 表示一种基于本体的架构模式识别过程，由此可以看出架构模式识别主要分为三个步骤：①实例层本体构建。对目标系统的源代码进行信息提取，得到程序关系依赖图，然后根据程序关系依赖图构建相应的个体及其关系。②概念层本体构建。针对特定的架构模式，用描述逻辑给出形式化定义，根据这些描述逻辑在本体里描述架构模式。③推理与查询（架构模式实例匹配）。根据源代码构建出的个体和架构模式的描述，推理得到特定架构模式实例。

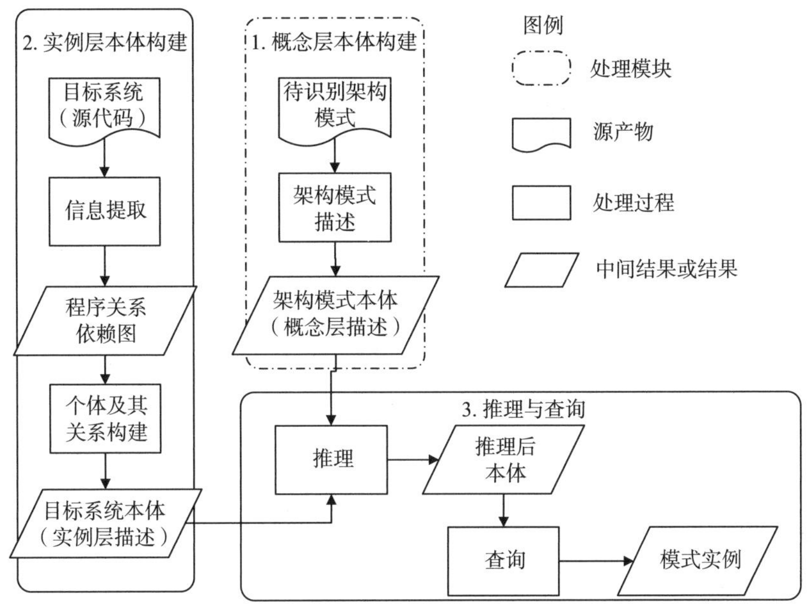

图 22-5　基于本体的架构模式识别过程

22.4.3　典型步骤

下面将针对每个步骤做详细的解释和说明。

1. 概念层本体构建

一个架构模式由多个组件构成，每个组件又由一些组件元素构成，其关系如图 22-6 所示。

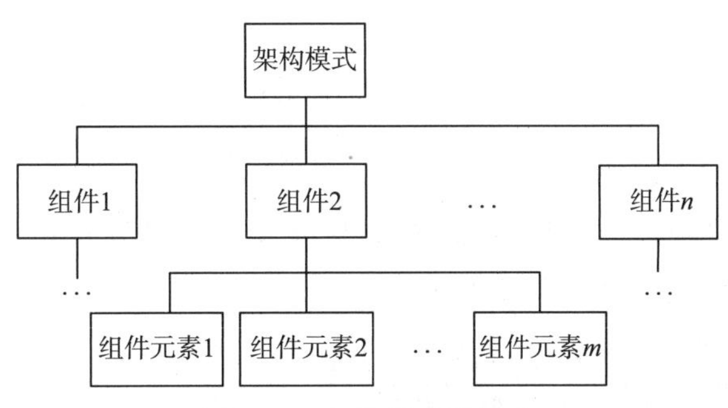

图 22-6　架构模式的构成

其中，每个组件的结构都是不同的，但是每个组件元素所满足的条件是相同的。架构模式的识别是识别出构成架构模式的 n 个组件，而这些组件由某些组件元素构成，不同的架构模式描述方式主要是针对不同的组件元素构成进行的针对性描述。

针对特定的架构模式，我们用描述逻辑来描述，将一个架构模式中的组件元素描述出来就是对架构模式的描述。下面是对架构模式组成的描述：

```
ArchitecturePattern ≡
    containsComponent.(type.Component)
Component ≡
    containsElement.(type.Element)
```

描述逻辑是对一个概念进行刻画。我们以单例（singleton）模式为例，图 22-7 是单例模式的描述逻辑。

Singleton ≡ ∃type.Class ∩ contain.(type.GetInstance) ∩ hasA.(type.Singleton) ∩ contain.(type.Constructor ∩ isPrivate.(true))

Constructor ≡ ∃type.Method ∩ isConstruct.(true)

GetInstance ≡ ∃type.Method ∩ instantiation.(Singleton) ∩ isPublic.(true)

图 22-7　描述逻辑的实例

2. 实例层本体构建

这部分主要有两个过程：信息提取和个体及其关系构建。其中信息提取是通过源代码解析获得程序关系依赖图，个体及其关系构建是根据程序关系依赖图构建出源目标系统的本体（实例层）。

（1）信息提取

从源代码中获得的信息非常丰富，或者可以说获得的信息有许多是冗余的，我们只需提取架构模式所需要的信息即可。信息提取是通过源代码解析得到程序关系依赖图，程序关系依赖图是架构模式识别所需要用到的信息。

信息提取主要包括如图 22-8 所示过程。

图 22-8　信息提取过程

通过源代码解析工具得到源程序的 AST，根据 AST 上的信息得到程序关系依赖图。程序关系依赖图所包含的信息如表 22-2 所示。

表 22-2　架构模式识别需要提取的信息

耦合关系	定义域类型	值域类型	耦合关系	定义域类型	值域类型
继承	类	类	实例化	方法	类
实现	类	类	参数类型耦合	方法	类
组合	类	类	返回值类型耦合	方法	类
关联（排除组合）	类	类	变量声明类型耦合	类	类
调用	方法	方法			

信息提取过程主要提取的实体有类和方法，提取的耦合关系有继承、实现、组合、关联（排除组合）、调用、实例化、参数类型耦合、返回值类型耦合和变量声明类型耦合。针对不同语言，源代码依赖分析技术有所不同。

下面是单例模式的信息提取过程。示例中给出一个符合 Singleton 设计模式的类 LoadBalancer，由 Singleton 设计模式定义的 LoadBalancer 必须保证只能有一个实例对象。LoadBalancer 内部有一个私有静态成员变量（用于存储 LoadBalancer 的唯一实例 instance）、一个私有构造函数、一个公有静态成员方法 getLoadBalancer()，返回唯一实例 instance，从而保证了类 LoadBalancer 有唯一的实例对象。

源代码解析工具能够得到源代码的抽象语法树（AST），如图 22-9b 所示。

```java
package Singleton;

import java.util.*;

class LoadBalancer {
    // 私有静态成员变量，存储唯一实例
    private static LoadBalancer instance = null;

    // 私有构造函数
    private LoadBalancer() {
    }

    // 公有静态成员方法，返回唯一实例
    public static LoadBalancer getLoadBalancer() {
        if (instance == null) {
            instance = new LoadBalancer();
        }
        return instance;
    }
}
```

a）源代码

```
> PACKAGE
> IMPORTS (1)
v TYPES (1)
  v TypeDeclaration [45+299]
    > > type binding: Singleton.LoadBalancer
      JAVADOC: null
      MODIFIERS (0)
      INTERFACE: 'false'
    v NAME
      v SimpleName [51+12]
        > > (Expression) type binding: Singleton.LoadBalancer
          Boxing: false; Unboxing: false
          ConstantExpressionValue: null
          IDENTIFIER: 'LoadBalancer'
      TYPE_PARAMETERS (0)
      SUPERCLASS_TYPE: null
      SUPER_INTERFACE_TYPES (0)
    v BODY_DECLARATIONS (3)
      > FieldDeclaration [89+44]
      > MethodDeclaration [150+28]
      > MethodDeclaration [204+137]
  > CompilationUnit: Singleton.LoadBalancer.java
> > comments (3)
> > compiler problems (1)
> > AST settings
> > RESOLVE_WELL_KNOWN_TYPES
```

b）AST

图 22-9 源码解析工具获得 AST

通过分析 AST 上的依赖关系，可得到如图 22-10 所示的程序关系依赖图。

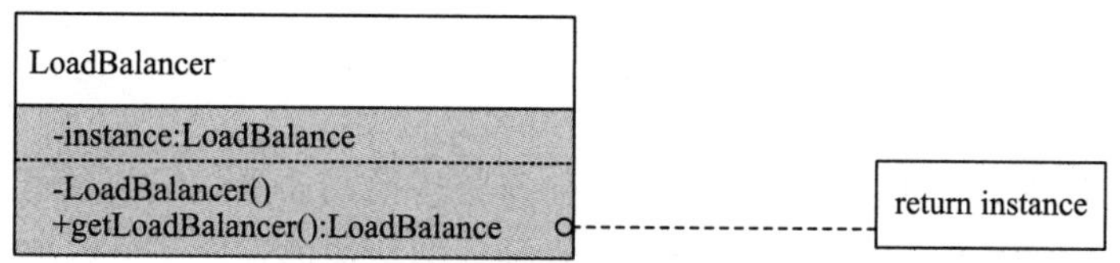

图 22-10 单例模式程序依赖图

（2）个体及其关系的构建

个体构建过程是将信息提取得到的程序关系依赖图构建成本体中的个体（RDF 三元组）。得到的三元组如下所示：

```
LoadBalancer                    rdf:type        Class
LoadBalancer.getLoadBalancer    rdf:type        Method
```

```
LoadBalancer.LoadBalancer        rdf:type         Method
LoadBalancer                     contain          LoadBalancer.getLoadBalancer
LoadBalancer                     contain          LoadBalancer.LoadBalancer
LoadBalancer                     composition      LoadBalancer
LoadBalancer.getLoadBalancer     invoke           LoadBalancer.LoadBalancer
LoadBalancer.getLoadBalancer     isPublic         true
LoadBalancer.LoadBalancer        isConstructor    true
LoadBalancer.LoadBalancer        isPrivate        true
```

上面的三元组构造的关系与图 22-11 等价。在图 22-11 中，矩形表示个体，菱形表示概念类，边表示对象属性，图中表示的是单例模式的本体图。

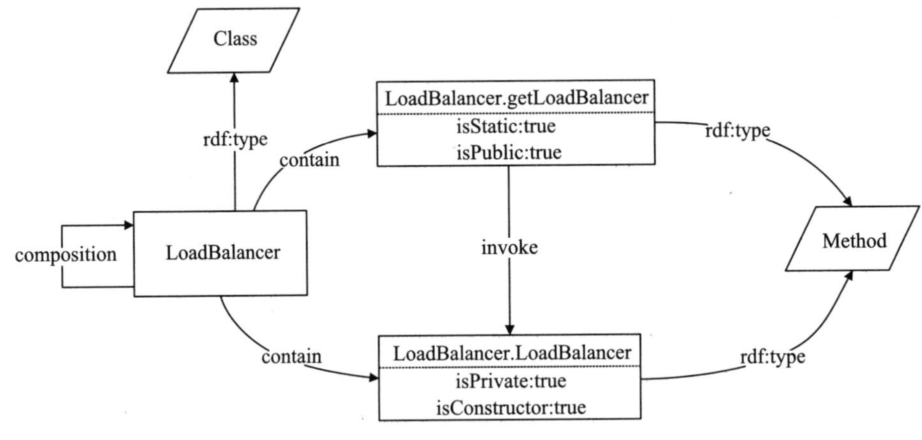

图 22-11　本体里的 RDF 图

个体的构建过程就是将程序依赖图中大量的节点和边（带属性）转换为 RDF 三元组。其实构建出来的个体本质上也是一个图，只不过这个图是使用本体描述的，本体构建过程就是将从源代码提取出来的图转换为本体里的 RDF 图，本体里的 RDF 图就是源目标系统程序的信息。

3. 推理与查询

（1）推理

架构模式的识别过程主要是架构模式实例与架构模式抽象匹配的过程，即推理。根据从源程序构建出来的个体，以及通过描述逻辑描述的架构模式，就可以得到架构模式的实例，即得到组成一个架构模式的组件元素。图 22-12 是一个推理的示例，该示例推理出是单例的类。

上面示例通过概念层的描述刻画了单例模式所满足的条件，实例层的描述就是个体及其关系，通过推理我们得到了新知识：LoadBalancer 是一个单例类。推理的最后结果是一个扩充的知识库，如图 22-13 所示。

推理机内部将概念层描述的相关概念转换为许多规则，然后再由推理机基于规则和已知事实推理出新的知识。我们将概念层本体描述对应到推理机的规则；将实例层构建的个体对应到推理机的事实，也就是已知知识。即在推理机内部存在两部分集合：事实集和规则集，如图 22-14 所示（已将概念层描述转换为规则集）。

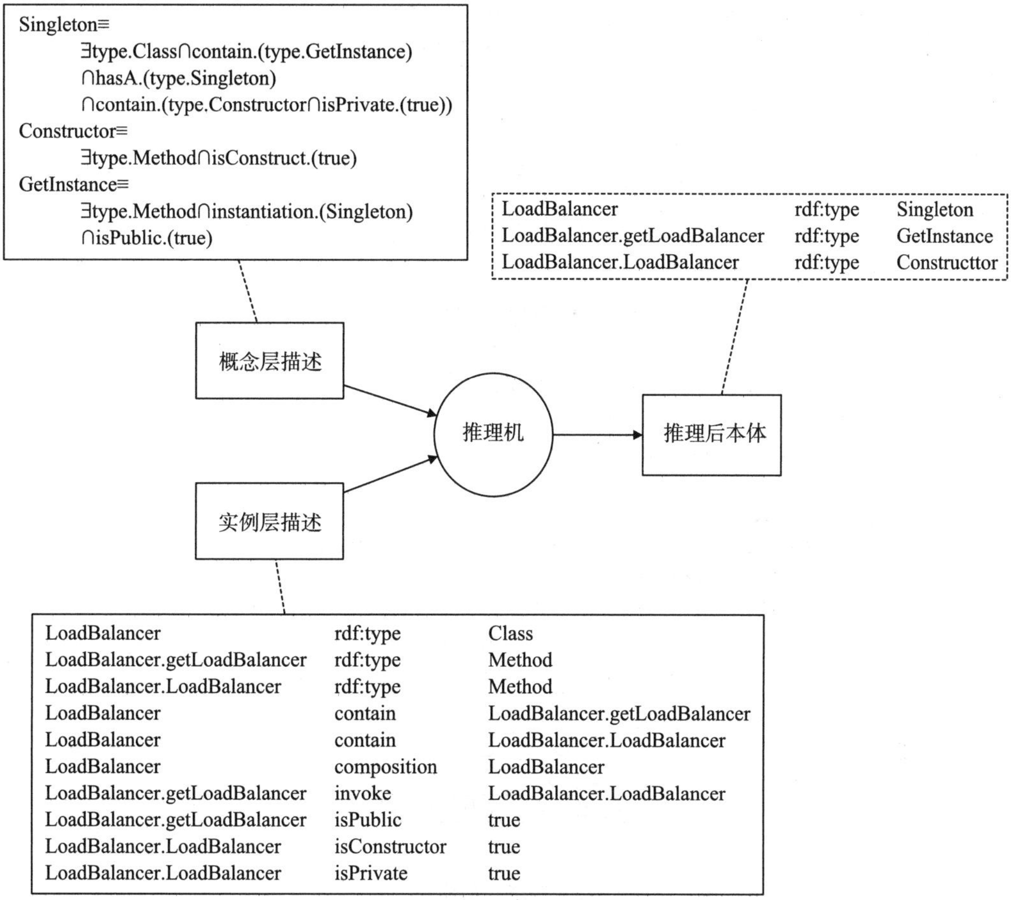

Singleton≡
　　∃type.Class∩contain.(type.GetInstance)
　　∩hasA.(type.Singleton)
　　∩contain.(type.Constructor∩isPrivate.(true))
Constructor≡
　　∃type.Method∩isConstruct.(true)
GetInstance≡
　　∃type.Method∩instantiation.(Singleton)
　　∩isPublic.(true)

LoadBalancer	rdf:type	Singleton
LoadBalancer.getLoadBalancer	rdf:type	GetInstance
LoadBalancer.LoadBalancer	rdf:type	Constructtor

概念层描述

推理机

推理后本体

实例层描述

LoadBalancer	rdf:type	Class
LoadBalancer.getLoadBalancer	rdf:type	Method
LoadBalancer.LoadBalancer	rdf:type	Method
LoadBalancer	contain	LoadBalancer.getLoadBalancer
LoadBalancer	contain	LoadBalancer.LoadBalancer
LoadBalancer	composition	LoadBalancer
LoadBalancer.getLoadBalancer	invoke	LoadBalancer.LoadBalancer
LoadBalancer.getLoadBalancer	isPublic	true
LoadBalancer.LoadBalancer	isConstructor	true
LoadBalancer.LoadBalancer	isPrivate	true

图 22-12　单例模式的推理

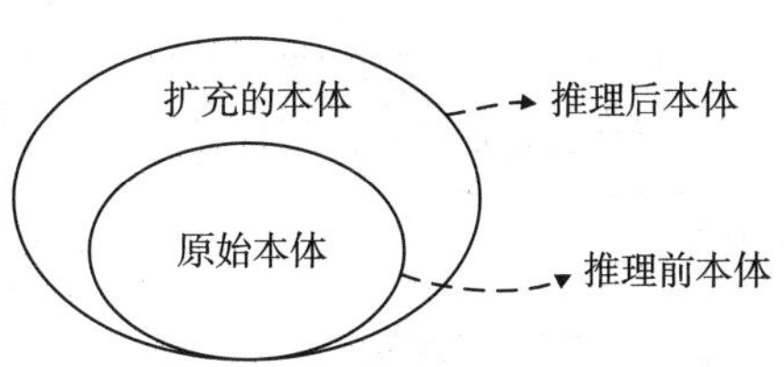

图 22-13　推理前后的区别

为了简化推理过程，我们将每个三元组转换为大写字母，其中每个三元组中带“？”的元素表示变量。我们已知的事实集如图 22-15 所示。

① (?C rdf:type Class)&(?C hasA ?C)&(?C contain ?M)&(?M rdf:type Method)&(?M isConstruct true)&(?M isPrivate true) -> (?C rdf:type sub_Singleton)
② (?M rdf:type Method)&(?C rdf:type sub_Singleton)&(?C contain ?M)&(?M isPublic true)&(?M instantiation ?C) -> (?M rdf:type GetInstance)&(?C rdf:type Singleton)

a）

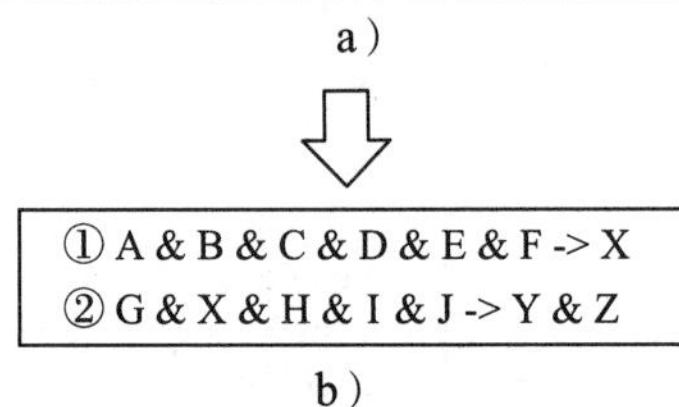

b）

图 22-14　规则集

LoadBalancer	rdf:type	Class
LoadBalancer.getLoadBalancer	rdf:type	Method
LoadBalancer.LoadBalancer	rdf:type	Method
LoadBalancer	contain	LoadBalancer.getLoadBalancer
LoadBalancer	contain	LoadBalancer.LoadBalancer
LoadBalancer	composition	LoadBalancer
LoadBalancer.getLoadBalancer	invoke	LoadBalancer.LoadBalancer
LoadBalancer.getLoadBalancer	isPublic	true
LoadBalancer.LoadBalancer	isConstructor	true
LoadBalancer.LoadBalancer	isPrivate	true

a）

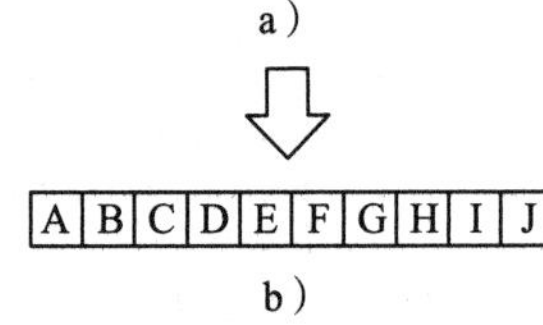

b）

图 22-15　事实集

图 22-16 是推理的过程。

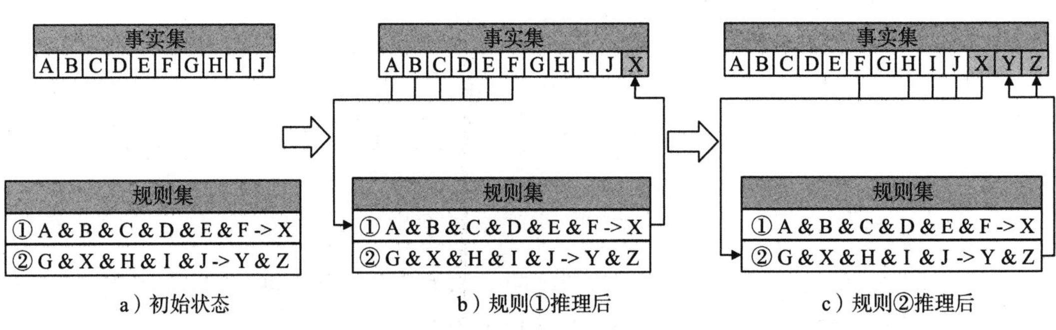

图 22-16　推理过程

其中 A ～ J 为已知的事实，X ～ Z 为推理出的新事实。首先基于规则①，已知事实 A ～ F, 得到事实 X，再由规则②、G ～ J 和上一步得到的新事实 X，得到最后事实 Y 和 Z。

（2）查询

查询即提取推理得到的知识（也可查询不经过推理的知识，但是架构模式识别必须要用到推理）。针对推理得到扩充的知识库，我们无法知道哪些是架构模式识别需要的，通过查询可以筛选出架构模式识别定义的概念的实例，即查询模式实例。下面是查询单例实例的 SPARQL 语句：

```
SELECT  ?single   ?constructor  ?getInstance
    WHERE{
        ?single         rdf:type   Singleton.
        ?constructor    rdf:type   Constructor.
        ?getInstance    rdf:type   GetInstance.
    }
```

通过执行语句，可得到以下结果：

?single	?constructor	?getInstance
LoadBalance	LoadBalance.LoadBalance	LoadBalance.getLoadBalancer

第一行表示变量，第二行及以下都是查询出相应概念类的实例。

22.5　本章小结

本章虽然讨论了软件架构模式的识别问题，特别是比较详细地介绍了一种我们正在使用的基于本体的软件架构模式识别技术。但是，与软件设计模式的识别相比，软件架构模式的识别是一个很复杂的问题，目前所有工作都还只是试探性的，真正的可以有效识别很多类型软件架构模式的技术手段和理论方法还需要进一步建立和完善。

思考题

22.1　什么是软件架构模式和软件设计模式？举例说明二者的区别。

22.2　为什么说软件设计模式识别比软件架构模式识别相对容易？

22.3　软件架构模式识别的意义是什么？

22.4　如何有效识别软件架构模式？

22.5　基于本体的软件架构模式识别技术的优缺点分别是什么？

参考文献

[1]　Y G Guéhéneuc, N Jussien. Using explanations for design-patterns identification[C]. Proceedings of the

International Joint Conference on Artificial Intelligence Workshop on Modelling and Solving Problems with Constraints, 2001: 57-64.

[2] A Alnusair, T Zhao, G Yan. Automatic recognition of design motifs using semantic conditions[C]. Proceedings of the 28th Annual ACM Symposium on Applied Computing. ACM, 2013: 1062-1067.

[3] N Tsantalis, A Chatzigeorgiou, G Stephanides, et al. Design pattern detection using similarity scoring[J]. IEEE transactions on software engineering, 2006, 32(11).

[4] Z Balanyi, R Ferenc. Mining design patterns from C++ source code[C]. Proceedings of the International Conference on Software Maintenance. IEEE, 2003: 305-314.

[5] M von Detten. Towards systematic, comprehensive trace generation for behavioral pattern detection through symbolic execution[C]. Proceedings of the 10th ACM Sigplan-Sigsoft workshop on Program analysis for software tools. ACM, 2011: 17-20.

[6] A De Lucia, V Deufemia, C Gravino, et al. Improving behavioral design pattern detection through model checking[C]. Proceedings of the 14th European Conference on Software Maintenance and Reengineering. IEEE, 2010: 176-185.

[7] O Kaczor, Y G Guéhéneuc, S Hamel. Efficient identification of design patterns with bit-vector algorithm[C]. Proceedings of the 10th European Conference on Software Maintenance and Reengineering. IEEE, 2006: 10-184.

[8] M Di Penta, A Santone, M L Villani. Discovery of SOA patterns via model checking[C]. Proceedings of the 2nd international workshop on Service oriented software engineering: in conjunction with the 6th ESEC/FSE joint meeting. ACM, 2007: 8-14.

[9] J Paakki, A Karhinen, J Gustafsson, et al. Software metrics by architectural pattern mining[C]. Proceedings of the International Conference on Software: Theory and Practice (16th IFIP World Computer Congress). Kluwer Beijing, China, 2000: 325-332.

[10] T Haitzer, U Zdun. Semi-automatic architectural pattern identification and documentation using architectural primitives[J]. Journal of Systems and Software, 2015, 102: 35-57.

[11] K Sartipi. Software architecture recovery based on pattern matching[C]. Proceedings of the International Conference on Software Maintenance. IEEE, 2003: 293-296.

[12] J Peters, J M E M van der Werf. A genetic approach to architectural pattern discovery[C]. Proceedings of the 10th European Conference on Software Architecture Workshops. ACM, 2016: 17.

[13] M Lungu, M Lanza, T Gîrba. Package patterns for visual architecture recovery[C]. Proceedings of the 10th European Conference on Software Maintenance and Reengineering. IEEE, 2006: 10-196.

[14] A Mavridou, E Baranov, S Bliudze, et al. Configuration logics: Modeling architecture styles[J]. Journal of Logical and Algebraic Methods in Programming, 2017, 86(1): 2-29.

[15] H Yan, D Garlan, B Schmerl, et al. Discotect: A system for discovering architectures from running systems[C]. Proceedings of the 26th International Conference on Software Engineering. IEEE, 2004: 470-479.

[16] K J Stol, P Avgeriou, M A Babar. Design and evaluation of a process for identifying architecture

patterns in open source software[C]. Proceedings of the European Conference on Software Architecture. Springer, Berlin, Heidelberg, 2011: 147-163.

[17] K J Stol, P Avgeriou, M Ali Babar. Identifying architectural patterns used in open source software: approaches and challenges[J]. Proceedings of the 14th international conference on Evaluation and Assessment in Software Engineering, UK, 2010:91-100.

[18] C Pahl, S Giesecke, W Hasselbring. An ontology-based approach for modelling architectural styles[C]. Proceedings of the European Conference on Software Architecture. Springer, Berlin, Heidelberg, 2007: 60-75.

[19] 冯志勇 , 文杰 , 晓红 . 本体论工程及其应用 [M]. 北京：清华大学出版社 , 2007.

[20] 甘健侯 , 姜跃 , 夏幼明 . 本体方法及其应用 [M]. 北京：科学出版社 , 2011.

[21] C López, V Codocedo, H Astudillo, et al. Bridging the gap between software architecture rationale formalisms and actual architecture documents: An ontology-driven approach[J]. Science of Computer Programming, 2012, 77(1): 66-80.

[22] C M Bogdan. Concern-Oriented and Ontology-Based Design Approach of Software Architectures[C]. Proceedings of the 10th International Symposium on Symbolic and Numeric Algorithms for Scientific Computing. IEEE, 2008: 249-252.

[23] P Velasco-Elizondo, R Marín-Piña, S Vazquez-Reyes, et al. Knowledge representation and information extraction for analysing architectural patterns[J]. Science of Computer Programming, 2016, 121: 176-189.

[24] N Jlaiel, M B Ahmed. MetaProPOS: a meta-process patterns ontology for software development communities[C]. International Conference on Knowledge-Based and Intelligent Information and Engineering Systems. Springer, Berlin, Heidelberg, 2011: 516-527.

[25] M Guessi, D A Moreira, G Abdalla, et al. OntolAD: a formal ontology for architectural descriptions[C]. Proceedings of the 30th Annual ACM Symposium on Applied Computing. ACM, 2015: 1417-1424.

第23章 结 束 语

计算机学科是一个概念层出不穷、技术更新飞快、思想火花四溅的学科！作为计算机学科的核心部分，软件工程学科的发展史也是新概念、新思想和新技术提出和应用发展的历史——从结构化到面向对象，从组件化到服务化，从惯例过程到敏捷过程，从自动化到智能化，等等。软件工程学科的发展始终围绕着三个核心关注点，即如何提高最终软件产品的质量、如何提高软件开发的效率，以及如何降低软件开发和运维的成本。随着大数据、人工智能和各种新型计算技术的出现、成熟和应用，软件工程师可以有更加广泛的、先进的手段为三个核心关注点服务。

同样，软件架构设计也是实现三个核心关注点目标的手段之一。这是因为好的软件架构设计是实现软件开发早期阶段质量保障的基础，没有好的软件架构根本谈不上软件开发早期的质量保障问题。

23.1 软件架构是早期阶段质量保障的基础

软件缺陷的传播特性如图 23-1 所示，可以看出，早期阶段的缺陷可能发散地传播到后期阶段，甚至呈指数增长趋势发散，由此带来后期阶段的纠错成本急剧增加。

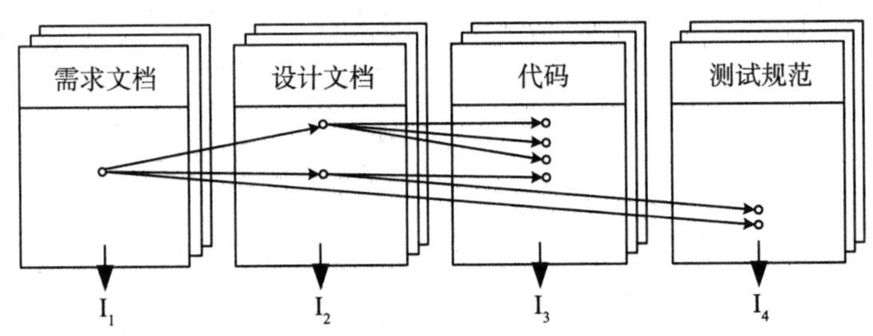

图 23-1 缺陷在文档之间的传播情况

一座大桥架构设计的好坏决定了大桥的寿命；一栋高层建筑架构设计的好坏决定了建筑的寿命；一个团队管理架构的好坏决定了团队战斗力的强弱。同样，一个大型软件架构设计的好坏决定了最终软件质量的好坏、软件开发成本的高低、软件维护成本的高低、软件使用成本的高低，以及软件寿命的长短。

23.2 软件架构的作用

一般来说，软件架构设计是降低成本、改进质量、按时交付产品和按需交付产品的关键因素。

23.2.1 好的架构设计能够满足系统的多种品质

系统的功能性是通过组成软件架构的多种元素之间的交互作用来支持的。然而，架构设计的一个关键特性是系统的品质是通过某些手段来实现的。软件的品质，如性能、安全性和可维护性等，在缺少统一的架构设计视图时是无法实现的，因为这些品质并不是被限制在一个单一的架构设计元素中，而是渗透在整个架构设计体系中。例如，为了满足性能要求，可能需要考虑软件架构中每一个组件的实现时间，同时还要考虑各组件之间通信所花费的时间。同样，为了满足安全性要求，可能需要考虑两个组件之间自然的通信，并且要在需要的特定地方引入安全性提示组件。所有这些关系都属于软件架构，在上面的例子中，包括组件自身和组件之间的关系。

一个与架构设计相关的好处是，我们可以尽早地评估项目开发周期中的这些品质。

23.2.2 架构设计能够使利益相关者达成一致的目标

架构设计过程能够使不同的利益相关者达成一致的目标，因为架构设计提供了一个辩论系统解决方案的渠道。为了支持这种辩论，软件架构设计过程需要确保架构设计被清楚地传达与理解。一个被有效传达的软件架构使得利益相关者可以辩论决议和权衡，反复讨论，最终达成共识。相反，如果一个软件架构没有被有效地传达，那么这种辩论将不会发生。缺乏有效的传达，软件架构所带来的结果可能会是低品质的。

23.2.3 架构设计能够支持计划编制过程

架构设计支持设计和实现活动，因为软件架构是直接用于这些活动的。然而，在架构设计过程所带来的好处中，我们可以证明其中最主要的好处通常是那些与项目计划制定和项目管理相关的架构设计活动，如细节划分、日程安排、工作分配、成本分析、风险管理和技能开发等。架构设计过程可以支持所有这些相关内容，这也正是软件架构师和项目经理应该拥有很密切关系的一个主要原因。

在日程安排方面，各组件之间的依赖性暗示了每一个元素被考虑的顺序。从实施透视图来看，如依赖性告诉我们 Error Log 组件必须最先实现，因为其余组件都要使用它；Customer Management 和 Fulfillment 组件可以同时实现，因为它们之间不存在依赖关系；最后，一旦上述两个组件被实现，那么 Account Management 组件就可以被实现了。通过这个信息，我们可以画出甘特图（项目经理的一个主要计划编制工具），如图 23-2 所示。

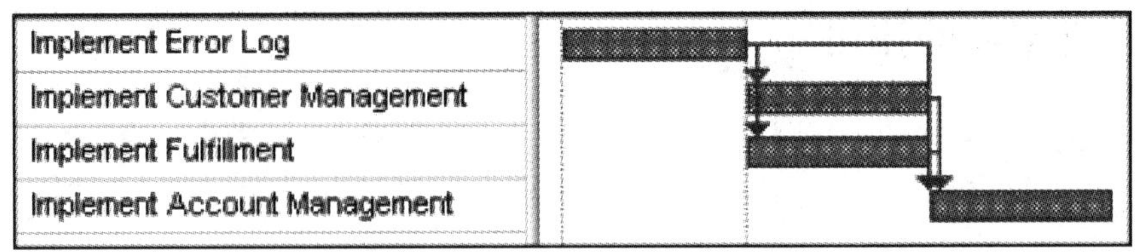

图 23-2　基于架构设计中重要元素之间依赖性的甘特图

在工作分配中，软件架构能够再次帮助我们鉴别需要特定技能的区域，使得我们可以把工作分配给特定的资源（如人）。

架构师还能协助估算项目成本。一个项目的成本来自多个方面。很明显，任务的持续时间和分配给每一部分的资源将会决定劳动力的成本。软件架构同样会帮助我们决定使用交付系统中第三方组件的成本，以及支持开发成果的所有工具的成本，因为架构师参与的活动是一个经过挑选的恰当的开发环境，它允许设计人员、实现人员和其他小组成员使用同一个有效的方式一起工作。架构师的另外一个关注点是如何鉴别和管理项目的技术风险。技术风险的管理包括制定每一个风险的优先次序，以及确定一个恰当的风险缓解策略，而优先权和风险缓解策略将作为输入部分提供给项目经理。

最后，软件架构可确定离散组件的解决方案，它可以为项目提供所需的技术输入。如果项目或者组织中没有足够可用的资源，那么它会明确地辨别出哪里需要技术支持。技术支持可以通过现有员工、外包或者雇佣新员工来实现。

23.2.4　架构设计能够有效地管理复杂性

如今的系统越来越复杂，这种复杂性需要我们来管理。因为一个软件架构一般只把关注点集中在组件、连接件这些元素上，它提供了一种抽象的系统刻画，所以具有有效管理复杂性的作用。同样，架构设计过程考虑组件的递归分解。这是处理一个大的问题的很好方法，它可以把这个大问题分解成很多小问题，再逐个解决。抽象的软件架构之间的通信技术使得管理更加复杂。采取业界标准可以表达这种抽象性，如 UML，因此在现今的产业中文档化软件系统是非常平常的事情。

23.2.5　架构设计为重用奠定了基础

架构设计过程可以同时支持使用和建立重用资源。重用资源对于一个组织来说是有益的，因为它可以降低系统的成本，以及改进系统的质量，而且这些好处已经被证明了。

软件架构能够支持资源重用。软件架构自身也可以被用来作为今后开发系统的一个重用参考资源，甚至软件架构内部的组件也可以被认为是潜在的重用资源。虽然架构设计过程能够鉴别现今项目中存在的资源重用的机会，但是跨项目和企业的资源重用会导致产生很大的冲突。

23.2.6 架构设计能够降低维护费用

架构设计过程可以在很多方面帮助降低维护费用。架构设计过程要确保系统维护人员是主要的利益相关者，并且他们的需求被作为首要任务来满足。一个被恰当文档化的软件架构不应该仅仅为了减轻系统的可维护性，还应该确保集成了恰当的系统维护机制，并且要考虑系统将来的适应性和可扩充性等。

23.2.7 架构设计能够支持冲突分析

架构设计的一个重要好处是它允许我们在改变之前推断它所产生的影响。软件架构确定了主要的组件及其交互作用、两个组件之间的依赖性以及这些组件对于需求的可追溯性。有了这个信息，如需求的改变等可以通过组件的影响来分析。同样，改变一个组件的影响可以通过依赖它的其他组件分析出来。这种分析可以协助我们确定改变所产生的成本、改变对于系统的影响以及改变所带来的风险。这些信息在我们确定改变的优先级以及研究这些改变时是绝对必要的。

23.2.8 架构设计的其他作用

软件架构帮助预测、获取和控制软件质量属性行为，使之较早地达到实际均衡；软件架构在减少软件失效方面是有帮助的；软件架构可以为软件架构级决策提供合理的证明；软件架构有助于演化原型的建立，可以预测和转移风险；软件架构提供了对多个质量目标交互的观察，使之达到均衡。

23.3 软件架构发展趋势

鉴于业界对于软件架构概念的混乱，软件架构专家温昱把软件架构的定义分成组成派和决策派。组成派关注架构实践中的客体——软件，以软件本身为描述对象，分析软件的组成元素，即软件由承担不同计算任务的组件组成，这些组件通过交互完成更高层次的计算。决策派关注架构实践中的主体——人，以人的决策为描述对象，归纳架构决策的类型，

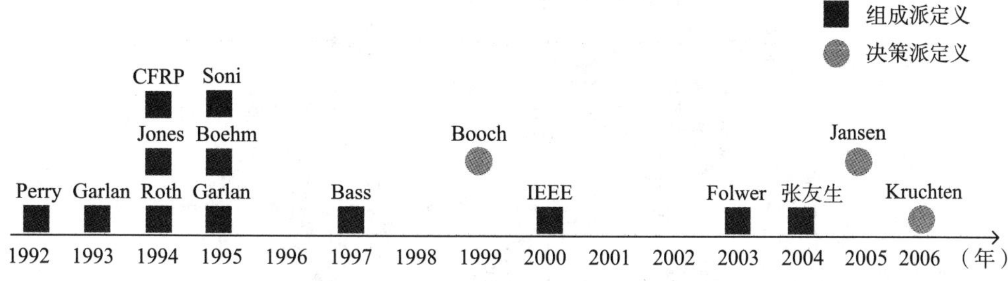

图 23-3 软件架构经典定义的年限分布

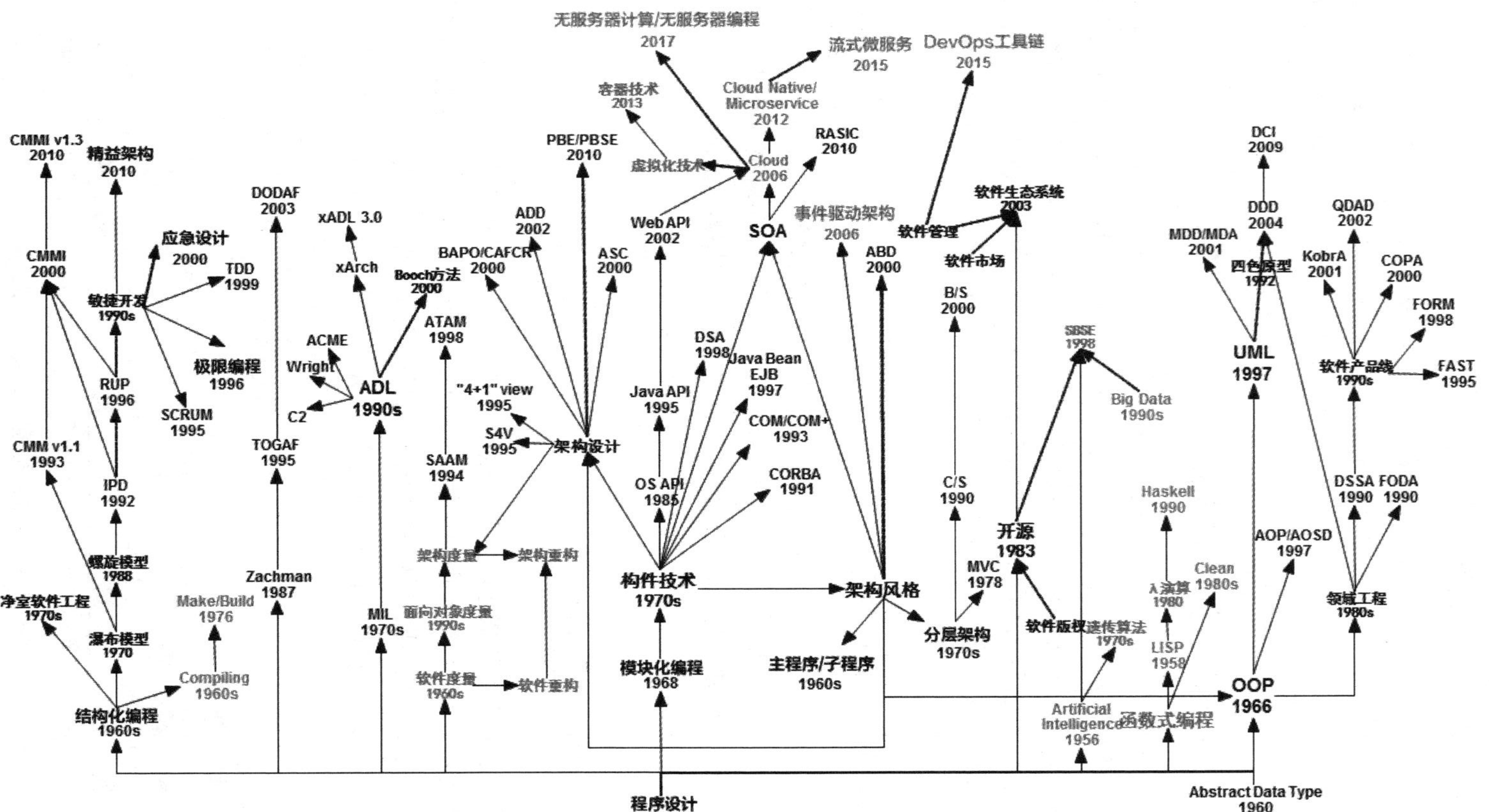

图 23-4 软件架构技术发展路线概览

指出架构决策不仅包括关于软件系统的组织、元素、子系统和架构风格等决策，还包括众多非功能需求的决策。

由图23-3可以看出软件架构兴起初期，研究者对于软件架构的定义大都是组成派的观点。但随着软件架构的应用和发展，组成派观点的一些缺陷逐渐显露出来，软件开发者只注重软件本身，特别是组件本身，在开发过程中经常出现违背原始设计的现象，导致软件成品不能完全满足需求，软件架构形成之后的评价和演化也面临困难。在这样的条件下，决策派的观点引起了重视，即以人的决策为描述对象，从设计决策的角度来指导软件开发。目前软件架构的腐蚀现象比较严重，其主要原因就是软件架构知识的流失。这种知识主要是设计决策，在传统组成派的视角中设计决策是隐含在架构中的，缺乏完善的描述。决策派则将架构视为设计决策的集合，使得设计决策显现在架构中，可以降低架构知识的流失。

从20世纪40年代出现编程算起，架构及相关技术经历了70余年的发展历程。其中关键的技术如图23-4所示。架构发展的主线可以归纳为模块化编程/面向对象编程、构件技术、面向服务开发技术和云架构。这些阶段一方面引起了软件开发方法的演化，另一方面引发了领域工程相关技术的广泛应用。针对架构本身的描述、建模和验证技术也在其中扮演着至关重要的角色。

软件架构的发展历史告诉我们：任何新技术、新方法和新思想的出现都会融入软件架构的发展历程中，所以呈现在我们面前的就是微服务架构、数据驱动架构以及智能架构等。随着人类认知能力的增强，在不远的将来，一定会有更具价值的新型软件架构来到我们面前，指引着我们在那个时代的软件开发工作。

思考题

23.1 软件架构概念是如何提出的？为什么需要软件架构？软件架构的作用有哪些？

23.2 在软件工程学科发展过程中，软件架构为什么是无足轻重的？

23.3 在人工智能和大数据技术发展如火如荼的今天，软件架构如何适应发展？

23.4 谈谈你对静态软件架构、动态软件架构和运行态软件架构的理解。

23.5 谈谈你对智能架构和智能系统软件架构的理解。

参考文献

[1] R W Wolverton. The cost of developing large-scale software[J]. IEEE Transactions on Computers, 1974, 100(6): 615-636.

[2] K Saleh. Effort and cost allocation in medium to large software development projects[J]. International Journal of Computer, 2011, 5(1): 74-79.

[3] B Boehm, P Bose, E Horowitz, et al. Software requirements negotiation and renegotiation aids: a

theory-w based spiral approach[C]. Proceedings of the 17th International Conference on Software Engineering. Seattle, Washington, USA, IEEE, 1995: 243-243.

[4] J Lee, S Ha, K C Kang, et al. Quality requirement elicitation for the architecture evaluation of process computer systems[C]. Proceedings of the Eighth Asia-Pacific Software Engineering Conference. Macao, China, IEEE, 2001: 335-340.

[5] S Feja, S Witt, A Speck. Tool based integration of requirements modeling and validation into business process modeling[M]//Software Design and Development: Concepts, Methodologies, Tools, and Applications. Hershey: IGI Global, 2014: 285-309.

[6] R Heckel, G Engels. Relating functional requirements and software architecture: separation and consistency of concerns[J]. Journal of Software Maintenance and Evolution: Research and Practice, 2002, 14(5): 371-388.

[7] P Eeles. Capturing Architectural Requirements[EB/OL]. http://www.ibm.com/developerworks/rational/library/4706.html.

[8] 维格斯 . 软件需求 [M]. 陆丽娜，等译 . 北京：机械工业出版社，2000.

[9] A Russo, B Nuseibeh, J Kramer. Restructuring requirements specifications[J]. IEE Proceedings-Software, 1999, 146(1): 44-53.

[10] A Davis, S Overmyer, K Jordan, et al. Identifying and measuring quality in a software requirements specification[C]. Proceedings of the First International Software Metrics Symposium. Baltimore, MD, USA, IEEE, 1993: 141-152.

[11] K Pohl, G Böckle, F J van Der Linden. Software product line engineering: foundations, principles and techniques[M]. Berlin: Springer Science & Business Media, 2005.

[12] L J Zhang, J Zhang. Design of service component layer in SOA reference architecture[C]. Proceedings of the 33rd Annual IEEE International Computer Software and Applications Conference. Seattle, WA, USA, IEEE, 2009: 474-479.

[13] R Kazman, L Bass, M Klein. The essential components of software architecture design and analysis[C]. Proceedings of the 12th Asia-Pacific Software Engineering Conference. Taipei, Taiwan, IEEE, 2005: 1207-1216.

[14] H Park, S Kang, Y Choi, et al. Developing object oriented designs from component and connector architectures[C]. Proceedings of the 12th Asia-Pacific Software Engineering Conference. Taipei, Taiwan, IEEE, 2005: 231-238.

[15] M T Power. A first class design constraint for future architecture and automation[C]. Proceedings of the 7th International Conference on High Performance Computing. Berlin: Springer-Verlag, 2000: 215-224.

[16] K Chakrabarty. Design of system-on-a-chip test access architectures under place-and-route and power constraints[C]. Proceedings of the 37th Annual Design Automation Conference. Los Angeles, CA, USA, ACM, 2000: 432-437.

[17] M Van den Berg, A Tang, R Farenhorst. A constraint-oriented approach to software architecture design[C]. Proceedings of the Ninth International Conference on Quality Software. Jeju, South Korea,

IEEE, 2009: 396-405.

[18] I Lytra, H Tran, U Zdun. Constraint-based consistency checking between design decisions and component models for supporting software architecture evolution[C]. Proceedings of the 16th European Conference on Software Maintenance and Reengineering. Szeged, Hungary, IEEE, 2012: 287-296.

[19] V Mannava, T Ramesh. A service configuration and composition design pattern for autonomic computing systems using service oriented architecture[C]. Proceedings of the International Conference on Computational Science. ACM, 2012:401-407

[20] M L Silva, J C Ferreira. Run-time generation of partial FPGA configurations[J]. Journal of Systems Architecture, 2012, 58(1): 24-37.

[21] I R Quadri, A Gamatié, P Boulet, et al. Expressing embedded systems configurations at high abstraction levels with UML MARTE profile: Advantages, limitations and alternatives[J]. Journal of Systems Architecture, 2012, 58(5): 178-194.

[22] A H Eden, R Kazman. Architecture, design, implementation[C]. Proceedings of the 25th International Conference on Software Engineering. IEEE Computer Society, 2003: 149-159.

[23] M K Durmosch, C Egelhaaf, K D Engel, et al. Design and implementation of a multimedia communication service in a distributed environment based on the TINA-C architecture[M]// Trends in Distributed Systems CORBA and Beyond. Berlin, Heidelberg, Springer, 1996: 108-121.

[24] P Bieber, P Siron. Design and implementation of a distributed interactive simulation security architecture[C]. Proceedings of the 3rd IEEE International Workshop on Distributed Interactive Simulation and Real-Time Applications. Greenbelt, MD, USA, IEEE, 1999: 113-119.

[25] G Yasuda. Design and implementation of Petrinet based distributed control architecture for robotic manufacturing systems[C]. Proceedings of the Mexican International Conference on Artificial Intelligence. Berlin, Heidelberg, Springer, 2007: 1151-1161.

[26] H Zhao, H Sang, T Zhang. The design and implementation of a high performance and high flexibility memory interface architecture for embedded application[C]. Proceedings of the 9th International Conference for Young Computer Scientists. IEEE, 2008: 1342-1347.

[27] J Stehr. On the design and implementation of reliable and economical telematics software architectures for embedded systems: a domain-specific framework[D]. University of Paderborn, 2010.

[28] A Nguyen, S Lee, J S Park. Design and implementation of embedded hardware and software architecture in an unmanned airship[C]. Proceedings of the IEEE 14th International Conference on High Performance Computing and Communication & 2012 IEEE 9th International Conference on Embedded Software and Systems. Liverpool, UK, IEEE, 2012: 1730-1735.

[29] J Ioannidis, J G Q Maguire. The design and implementation of a mobile internetworking architecture[C]. Proceedings of the USENIX Winter, 1993: 489-502.

[30] C C Kuo, P Ting, M S Chen, et al. Design and implementation of a network application architecture for thin clients[C]. Proceedings of the 26th Annual International Computer Software and Applications. Oxford, UK, IEEE, 2002: 193-198.

[31] G Anastasi, M Conti, W Lapenna. A power-saving network architecture for accessing the internet from mobile computers: design, implementation and measurements[J]. The Computer Journal, 2003, 46(1): 3-15.

[32] W Y Tseng, C C Chen, D S L Wei, et al. Design and implementation of a high speed parallel architecture for ATM UNI[C]. Proceedings of the International Symposium on Parallel Architectures. Beijing, China, IEEE, 1996: 288-294.

[33] V V Kuliamin. Component architecture of model-based testing environment[J]. Programming & Computer Software, 2010, 36(5): 289-305.

[34] H Muccini, M Dias, D J Richardson. Reasoning about software architecture-based regression testing through a case study[C]. Proceedings of the IEEE 29th Annual International Computer Software and Applications Conference (COMPSAC'05). Edinburgh, Scotland, 2005: 189-195.

[35] C Keum, S Kang, M Kim. Architecture-based testing of service-oriented applications in distributed systems[J]. Information and Software Technology, 2013, 55(7): 1212-1223.

[36] R C Martin. The test bus imperative: Architectures that support automated acceptance testing[J]. IEEE Software, 2005, 22(4): 65-67.

[37] L Lun, X Chi, X Ding. Edge Coverage Analysis for Software Architecture Testing[J]. JSW, 2012, 7(5): 1121-1128.

[38] L J White, T Reichherzer, J Coffey, et al. Maintenance of service oriented architecture composite applications: static and dynamic support[J]. Journal of Software Maintenance & Evolution Research & Practice, 2013, 25(1): 97-109.

[39] B Meng, P B T Khoo, T C Chong. Design and implementation of multiple addresses parallel transmission architecture for storage area network[C]. Proceedings of the 20th IEEE/11th NASA Goddard Conference on Mass Storage Systems and Technologies (MSST'2003). Greenbelt, Maryland, USA, 2003: 67-71.

[40] X He, D Agarwal, S K Prasad. Design and implementation of a parallel priority queue on many-core architectures[C]. Proceedings of the International Conference on High Performance Computing. Pune, India, 2012: 1-10.

[41] L Lun, H Xu. Analysis of the Subsume Relation between Software Architecture Testing Criteria[C]. Proceedings of the International Conference on Computer Science and Software Engineering. Dalian, China, 2008: 698-701.

[42] L Lun, H Xu. An Approach to Software Architecture Testing[C]. Proceedings of the 9th International Conference for Young Computer Scientists. Hunan, China, 2008: 1070-1075.

[43] D Mou, D Ratiu. Binding requirements and component architecture by using model-based test-driven development[C]. Proceedings of the First International Workshop on the Twin Peaks of Requirements and Architecture. IEEE, 2012: 27-30.

[44] D Ganesan, M Lindvall, D Mccomas, et al. Architecture-Based Unit Testing of the Flight Software Product Line[C]. Proceedings of the International Conference on Software Product Lines: Going

Beyond. Springer, Berlin, Heidelberg, 2010: 256-270.

[45] H Muccini, M Dias, D J Richardson. Software architecture-based regression testing[J]. Journal of Systems and Software, 2005, 79(10): 1379-1396.

[46] C Bartolini, A Bertolino, S Elbaum, et al. Bringing white-box testing to Service Oriented Architectures through a Service Oriented Approach[J]. Journal of Systems & Software, 2011, 84(4): 655-668.

[47] J J Li, J R Horgan. χSuds-SDL: A Tool for Testing Software Architecture Specifications[M]. Germany: Kluwer Academic Publishers, 1999.

[48] W Tracz. Test and Analysis of Software Architectures[C]. Proceedings of the ACM Sigsoft International Symposium on Software Testing and Analysis. San Diego, California, USA, 1996: 1-3.

[49] H Agrawal, J L Alberi, J R Horgan, et al. Mining system tests to aid software maintenance[J]. Computer, 1998, 31(7): 64-73.

[50] H Muccini, M Dias, D J Richardson. Systematic Testing of Software Architectures in the C2 Style[C]. Proceedings of the International Conference on Fundamental Approaches to Software Engineering. Springer, Berlin, Heidelberg, 2004: 295-309.

[51] 付燕 . 软件体系结构实用教程 [M]. 西安 : 西安电子科技大学出版社 , 2009.

[52] C Riva, P Selonen, T Systa, et al. UML-based reverse engineering and model analysis approaches for software architecture maintenance[C]. Proceedings of the IEEE International Conference on Software Maintenance. Chicago, IL, USA, 2004: 50-59.

[53] P Bengtsson, J Bosch. Architecture level prediction of software maintenance[C]. Proceedings of the European Conference on Software Maintenance and Reengineering. Amsterdam, Netherlands, Netherlands, 1999: 139-147.

[54] L Chung, N Subramanian. Architecture-based semantic evolution of embedded remotely controlled systems[J]. Journal of Software Maintenance & Evolution Research & Practice, 2010, 15(3): 145-190.

[55] L White, N Wilde, T Reichherzer, et al. Understanding interoperable systems: Challenges for the maintenance of SOA applications[C]. Proceedings of the 45th Hawaii International Conference on System Science. IEEE, 2012: 2199-2206.

[56] D Cotroneo, A Mazzeo, L Romano, et al. An architecture for security-oriented perfective maintenance of legacy software[J]. Information & Software Technology, 2003, 45(9): 619-631.

[57] R Heckel, G Engels. Relating functional requirements and software architecture: separation and consistency of concerns[J]. Journal of Software Maintenance & Evolution Research & Practice, 2012, 14(5): 371-388.

[58] J Castrejón, R Lozano, G Vargas-Solar. Web2MexADL: Discovery and Maintainability Verification of Software Systems Architecture[C]. Proceedings of the European Conference on Software Maintenance and Reengineering. Szeged, Hungary, 2012: 531-534.

[59] E G D Anjos, R D Gomes, M Zenha-Rela. Assessing Maintainability Metrics in Software Architectures Using COSMIC and UML[C]. Proceedings of the International Conference on Computational Science and Its Applications. Springer, Berlin, Heidelberg, 2012: 132-146.

[60] M A Babar. A framework for groupware - supported software architecture evaluation process in global software development[J]. Journal of Software Evolution & Process, 2012, 24(2): 207-229.

[61] B Fonseca, L J Rafael, L J Rafael, et al. A software architecture for collaborative training in virtual worlds: F-16 airplane engine maintenance[C]. Proceedings of the International Conference on Collaboration and Technology.Springer, Berlin, Heidelberg, 2011: 102-109.

[62] H Reza, S Lande. Model based testing using software architecture[C]. Proceedings of the Seventh International Conference on Information Technology: New Generations. Las Vegas, NV, USA, 2010: 188-193.

[63] C Dabrowski, K Mills, J Elder. Understanding consistency maintenance in service discovery architectures during communication failure[C]. Proceedings of the 3rd international workshop on Software and performance. ACM, Rome, Italy, 2002: 168-178.

[64] H A Al-Jamimi, M Ahmed. Prediction of software maintainability using fuzzy logic[C]. Proceedings of the 3rd International Conference on Software Engineering and Service Science. IEEE, 2012: 702-705.

推荐阅读

架构即未来：现代企业可扩展的Web架构、流程和组织（原书第2版）

作者：马丁 L. 阿伯特 等 ISBN：978-7-111-53264-4 定价：99.00元

互联网技术管理与架构设计的"孙子兵法"

跨越横亘在当代商业增长和企业IT系统架构之间的鸿沟

有胆识的商业高层人士必读经典

李大学、余晨、唐毅 亲笔作序 涂子沛、段念、唐彬等 联合力荐

任何一个持续成长的公司最终都需要解决系统、组织和流程的扩展性问题。本书汇聚了作者从eBay、VISA、Salesforce.com到Apple超过30年的丰富经验，全面阐释了经过验证的信息技术扩展方法，对所需要掌握的产品和服务的平滑扩展做了详尽的论述，并在第1版的基础上更新了扩展的策略、技术和案例。

针对技术和非技术的决策者，马丁·阿伯特和迈克尔·费舍尔详尽地介绍了影响扩展性的各个方面，包括架构、过程、组织和技术。通过阅读本书，你可以学习到以最大化敏捷性和扩展性来优化组织机构的新策略，以及对云计算（IaaS/PaaS）、NoSQL、DevOps和业务指标等的新见解。而且利用其中的工具和建议，你可以系统化地清除扩展性道路上的障碍，在技术和业务上取得前所未有的成功。

推荐阅读

架构真经：互联网技术架构的设计原则（原书第2版）

作者：（美）马丁 L. 阿伯特 等 ISBN：978-7-111-56388-4 定价：79.00元

《架构即未来》姊妹篇，系统阐释50条支持企业高速增长的有效而且易用的架构原则

唐彬、向江旭、段念、吴华鹏、张瑞海、韩军、程炳皓、张云泉、李大学、霍泰稳 联袂力荐